教育部特色专业水产养殖学配套建设教材

海洋生物学

李太武　主编

海洋出版社

2013年·北京

图书在版编目（CIP）数据

海洋生物学 / 李太武主编. — 北京：海洋出版社，2013.3（2018.9 重印）
ISBN 978 - 7 - 5027 - 8439 - 3

Ⅰ. ①海…　Ⅱ. ①李…　Ⅲ. ①海洋生物学 - 教材　Ⅳ. ①Q178.53

中国版本图书馆 CIP 数据核字（2012）第 255868 号

责任编辑：杨　明
责任印制：赵麟苏

海洋出版社 出版发行
http://www.oceanpress.com.cn
北京市海淀区大慧寺路 8 号　邮编：100081
北京朝阳印刷厂有限责任公司印刷　新华书店北京发行所经销
2013 年 3 月第 1 版　2018 年 9 月第 3 次印刷
开本：850 mm × 1168 mm　1/16　印张：27.75
字数：783 千字　定价：60.00 元
发行部：62132549　邮购部：68038093　总编室：62114335
海洋版图书印、装错误可随时退换

编 委 会

主　编　李太武

编　委　蒋霞敏　王一农　常亚青

杜晓东　苏秀榕　张德民

杨金龙　吕振明　李成华

前　言

海洋是21世纪人类社会可持续发展的宝贵财富，海洋中丰富的生物资源不仅是人们获得蛋白质新的源泉，也是开发药品和保健品新的资源以及新的经济增长点。海洋生物学是研究海洋中生命现象、过程及其规律的科学，是海洋科学的一个主要学科，也是生命科学的一个重要分支。为推动海洋经济及海洋生物学的发展，满足高等学校教学、科研的需要，我们编写了这本教材。

本书共分5章，内容包括：第一章概述，主要介绍海洋生物学的概念和特点、海洋生物学研究的历史和现状等；第二章海洋生物的分类与特征，主要介绍原核生物、原生生物、海洋真菌、海洋植物、海洋无脊椎动物、半索动物、脊索动物（包括海洋鱼类、海洋爬行类、鸟类和哺乳类）及珍稀、濒危、新物种和深海海洋生物等；第三章海洋生物生态学，主要介绍潮间带、河口、大陆架、珊瑚礁、表层生物、深海的生物；第四章海洋生物学研究与海洋生物技术，主要介绍海洋生物调查、实验海洋生物学、海洋生物工程等；第五章海洋生物资源利用与保护，主要介绍海洋生物的养殖、海洋生物资源综合利用（包括海洋制药、活性物质）、人类活动与海洋生物、海洋生物保护区等。

本书是由宁波大学等5所高等院校的海洋生物学及相关专业的教师合作编写而成，李太武教授担任主编。他们大都是从事海洋生物学教学和科研多年的教授、博士，有着丰富的教学经验和一定的科研理论水平，本书是他们多年辛勤耕耘的结晶。其中，第一章、第二章第三节和第八节、第五章第四节由宁波大学李太武编写；第二章第一节由宁波大学张德民编写；第二章第二节、第四节由宁波大学蒋霞敏编写；第二章第五节由大连海洋大学常亚青和宁波大学李太武、王一农合编；第二章第六节、第七节由宁波大学王一农编写；第三章由上海海洋大学杨金龙编写；第四章第一节由大连海洋大学常亚青编写，第二节、第三节由浙江海洋学院吕振明编写；第五章第一节由大连海洋大学常亚青编写，第二节由宁波大学苏秀榕、李成华编写，第三节由广东海洋大学杜晓东编写。本书所用照片和插图，主要是由编者近年在全国各海区调查中拍摄或绘制，部分还参考了科研论文与互联网资料。

全书由李太武统稿，蒋霞敏、王一农等参加修改。本书的出版得到教育部特色专业项目资助，中国科学院南海海洋研究所黄晖研究员热情为本书封面提供了我国南沙群岛海洋生物的珍贵图片，周军、应琪等人对本书的资料收集和图版整理做出很大贡献，在此一并表示衷心的感谢！

为了内容的衔接和便于学习者使用，编者力求深入浅出，既讲述了形态学与分类的知识，又介绍了海洋生物技术、海洋生物资源利用与保护的最新进展。但由于海洋生物学包罗万象，必须选择、取舍，编写困难较大，因编者能力和水平有限，难免有不足和谬误之处，恳切希望同行和广大读者提出批评和建议，以便修改完善。

编者

2012年4月

目　　录

第一章　概述 …… 1

第一节　海洋生物学的概念和特点 …… 1

一、概念 …… 1

二、学科的发展特点与趋势 …… 3

第二节　海洋生物学研究的历史和现状 …… 4

一、海洋生物学研究的历史 …… 4

二、海洋生物学的今天 …… 11

三、海洋中的眼睛和耳朵 …… 12

第三节　海洋生物学的发展潮流 …… 13

一、海洋动植物资源利用新法及未来的海上农牧业 …… 13

二、深海探测设备的发展与深海资源的开发利用 …… 15

三、利用海洋生物的富集作用开发低含量贵金属资源 …… 17

四、海洋生物技术与海洋药物研究 …… 19

第二章　海洋生物的分类与特征 …… 22

第一节　原核生物 …… 23

一、古菌域 …… 23

二、细菌域 …… 27

第二节　原生生物 …… 40

一、一般特征 …… 40

二、分类 …… 40

三、常见种类 …… 42

第三节　海洋真菌 …… 43

第四节　海洋植物 …… 46

一、藻类 …… 46

二、海洋种子植物 …… 64

第五节　海洋无脊椎动物 …… 68

一、海绵动物门（Spongia） …… 69

二、腔肠动物门（Coelenterata） …… 70

三、栉水母动物门（Ctenophora） …… 76

四、扁形动物门（Platyheminthes） …… 77

五、环节动物门（Annelida） …… 79

六、软体动物门（Mollusca） …… 83

七、节肢动物门（Arthropoda） …… 112

八、棘皮动物门（Echinodermata） …… 120
第六节 半索动物门 …… 128
一、肠鳃纲（Enteropneusta） …… 130
二、羽鳃纲（Pterobranchia） …… 130
第七节 脊索动物门 …… 130
一、尾索动物亚门（Urochordata） …… 130
二、头索动物亚门（Cephalochordata） …… 131
三、脊椎动物亚门（Vertebrata） …… 132
第八节 珍稀、濒危、新物种和深海海洋生物 …… 167
一、珍稀、濒危种类 …… 168
二、深海物种 …… 168
三、新物种和新发现物种 …… 169

第三章 海洋生物生态学 …… 172

第一节 概述 …… 172
一、海洋生物生态学的概念及研究对象 …… 172
二、海洋生物生态学的研究背景 …… 172
三、海洋生物生态学的研究进展 …… 172
第二节 海洋生物生态类群和生态因子 …… 173
一、海洋生物生态类群 …… 173
二、主要生态因子与海洋生物 …… 175
第三节 海洋生物种群和生物群落 …… 179
一、生态系统中的生物种群 …… 179
二、生物群落的组成结构 …… 181
第四节 初级生产力、能流分析及生物地化循环 …… 183
一、海洋初级生产力 …… 183
二、能流分析 …… 184
三、生物地化循环 …… 186
第五节 海岸带生物与生态系统 …… 188
一、海岸带概述 …… 188
二、河口 …… 188
三、潮间带 …… 191
四、珊瑚礁 …… 196
五、大陆架 …… 201
第六节 深海生物与生态系统 …… 205
一、深海生物与栖息环境 …… 205
二、深海生物繁殖 …… 206
三、深海底 …… 206
四、热液口区 …… 207
第七节 海洋生态危机与生物多样性 …… 208

一、海洋污染 …… 208
二、全球气候变化和海洋酸化 …… 209
三、海洋生物多样性 …… 209

第四章　海洋生物学研究与海洋生物技术 …… 211

第一节　海洋生物调查 …… 211
一、海洋生物调查的目的和任务 …… 212
二、海洋生物调查的内容和方法 …… 212
三、工具和设备 …… 213
四、资料的整理 …… 218
五、海洋调查的一般规定 …… 221
第二节　实验海洋生物学研究 …… 222
一、海洋生物实验生态学研究 …… 222
二、海洋生物生理学研究 …… 225
三、海洋生物发育生物学研究 …… 227
四、海洋生物遗传与进化研究 …… 229
五、海洋生物基因组学研究 …… 231
第三节　海洋生物技术 …… 232
一、海洋生物基因工程技术 …… 233
二、海洋生物细胞工程技术 …… 239
三、海洋生物化学工程技术 …… 249

第五章　海洋生物资源利用与保护 …… 255

第一节　海洋生物的养殖 …… 255
一、贝类养殖 …… 255
二、海水鱼类养殖 …… 256
三、虾蟹类养殖 …… 256
四、藻类养殖 …… 257
五、其他经济种类的养殖 …… 257
第二节　海洋生物资源综合利用 …… 258
一、海洋药物 …… 258
二、海洋中药 …… 262
三、海洋生物活性物质 …… 268
第三节　人类活动与海洋生物 …… 276
一、世界大洋环境与生物 …… 276
二、世界海洋生物资源开发 …… 280
三、我国海洋环境与自然资源 …… 281
四、海洋保护区建立与管理 …… 290
第四节　地球、海洋和人类的未来 …… 296
一、海底安居乐业——开拓海底生存空间 …… 296

二、海洋旅游 …… 299
三、休闲确有好去处——滨海国家旅游度假区 …… 301
四、昔日浩瀚不足喜，今日涓滴皆得益——效益巨大的海水全面利用渐成规模 …… 302
五、要珍惜人类最后的资源——科学、合理地开发海洋 …… 303
附录　中国濒危、珍稀海洋动物部分物种名录 …… 306
参考文献 …… 321
中文名索引 …… 332
拉丁文名索引 …… 360

第一章 概　　述

第一节 海洋生物学的概念和特点

一、概念

海洋生物学是研究海洋中的生命现象、过程及其规律的科学，是海洋科学的一个主要学科，也是生命科学的一个重要分支。它研究海洋里生命的起源和演化，生物的分类和分布，发育和生长，生理、生化和遗传，特别是生态。目的是阐明生命的本质，海洋生物的特点和习性及其与海洋环境间的相互关系，海洋中发生的各种生物学现象及其变化规律，进而利用这些规律为人类生活和生产服务。

海洋是一个广阔的领域，包括了许多奇特美妙的生物，各种各样美丽而神秘的海洋生物常吸引许多学生学习海洋生物学这门课程，海洋生物学家们在他们的研究过程中也有很多冒险与惊奇的感受。

1. 研究海洋生物学的意义

海洋是生命的发源地，地球上生命30多亿年的发展史，其中85%以上的时间是完全在海洋中度过的。要研究生命的起源和演化问题，离不开海洋生物学的工作。在一个更基本的水平上，海洋生物有助于我们确定地球本身的性质。海洋生物产生许多氧气供我们呼吸并帮助调节地球的气候。

海洋中的生物门类，主要是动物门类的多样性远远超过陆地和淡水，其中许多门类的动物只能生活在海洋中。要了解整个生物的分类系统及其演化过程，必须研究海洋生物学。

海洋约占地球表面面积的71%，又是众多工业废料的汇集地，海洋生态学的研究不但有利于保护生物的生存环境，而且直接关系到海洋生物资源的开发和利用。

海洋生物具有一些特有的生理机能和生化特点，如海洋鱼类和哺乳类的游泳能力、回声定位和体温调节，已成为仿生学的重要研究内容。

在国民经济建设中，海洋生物学也占有重要地位。海洋生物是人类食品的重要来源，现可供食用的海洋藻类已达近百种，如海带、紫菜等；可供食用的海洋动物则更多，目前，全世界所消耗的动物蛋白质（包括作为饲料用的鱼粉），有12.5%～20.0%（按鲜品计算）来自海洋。海洋生物还可作为工农业和药物原料，如由海藻中提取的琼胶、卡拉胶、褐藻胶已分别用于食品、酿造、涂料、纺织、造纸和印刷工业；目前已从海洋生物体中提炼出多种酶、激素、多肽类、多糖类、脂酸等，用于制作神经毒素、麻醉剂、止血剂、降压剂、抗生物质、抗菌素、抗癌物质等药物。珍珠、红珊瑚、角珊瑚等海洋生物，是名贵的装饰品和工艺原料。红树林和海草具有护堤防浪等作用，它们的生长区是理想的“海洋水产生产农牧化”的基地。海岸线的形成和保护，至少有部分依赖于海洋生物，并且有些海洋生物甚至有助于形成新陆地。不少海洋生物活体和外骨骼（虾蟹壳、贝壳）还具有观赏的价值。海洋及海洋生物还支持全世界的旅游业，为成千上万的人们提供了娱乐项目。

也有一些海洋生物对人类是有害的，如船蛆、海笋、蛀木水虱等海洋钻孔生物，贻贝、牡蛎、藤壶等海洋污着生物会侵蚀码头、墙壁和其他人类建设的海洋设施，附着、腐蚀和碰撞船底，或堵塞管道，它们甚至可能会干扰我们的战争武器，等等。

为了尽可能充分、合理地利用海洋生物资源，解决海洋生物产生的问题及预测人类活动对海洋生物产生的影响，我们必须尽可能地了解海洋生物。此外，我们还需要了解海洋生物为我们研究地球的过去、生命的历史以及我们机体自身所提供的线索。这些是海洋生物学面临的挑战和主要意义所在。

2. 海洋生物学研究的内容

海洋生物学研究的内容极为丰富，且随着海洋调查手段和开发技术的改进而不断地发展。可以说生物学的各个领域——分类、形态、区系分布、生态、生理、生化、遗传等，在海洋生物学中均有相应的发展，但研究程度相差甚远，目前海洋生态的研究较为成熟，已形成海洋生态学。

（1）海洋生物分类学　海洋生物分类学以界、门、纲、目、科、属、种系统研究各种海洋生物的地位，目的是了解海洋生物的资源和进化系统。200 多年来，生物学者基本上遵循林奈（1735）的两界说，把海洋生物划分为海洋植物和海洋动物两大类。随着分类学的发展，科学家们认识到这个分类法有不少缺点，如真菌和大多数细菌并不营光合作用，却被归入植物。所以，20 世纪 50—60 年代以来，学者们提出了多界说，其中具有代表性的是 R. H. 惠特克（1969）的五界说。惠特克把生物分为原核生物界、原生生物界、植物界、真菌界和动物界。但他的分类也存在一些自相矛盾和明显不合理的地方。至于一些学者把海洋生物划分为海洋植物、海洋动物和海洋微生物也不妥当。因为海洋微生物只是众多微小生物的总称，并不从系统发育角度体现生物之间的亲缘关系，而且它包含原核生物和真核生物，单细胞生物和少数多细胞生物，细菌以及部分真菌、植物和动物，十分庞杂，不能与动物、植物并列。有学者将海洋生物划分为海洋细菌、海洋真菌、海洋植物和海洋动物。这种方法虽然分清了真菌、植物、动物，但忽略了大量存在的病毒、噬菌体、支原体、立克次氏体等原核生物。因此，我们认为 R. H. 惠特克的五界说相对合理，本书采用的是五界说，但略有修改。

海洋生物中，现知种类最多的是海洋动物，有 16 万 ~ 20 万种，分布在动物界的数十个门类中。海洋植物有 1 万多种，主要是低等的植物——海洋藻类，高等的海洋种子植物仅有 100 多种。海洋真菌不足 500 种。海洋病毒、细菌等的种类较多。

（2）海洋生物形态学　海洋生物形态学研究海洋生物外部和内部形态的特征及其规律，是海洋生物学和海洋生态学研究必不可少的一部分。海洋与陆地相比具有很大的特殊性，尤其是深海的强大压力和黑暗无光的环境，使海洋动物、海洋细菌等在外部和内部形态上的多样性和特殊性十分明显。这些特征和规律是无法从研究陆栖生物中得到的。

（3）海洋生态学　海洋生态学研究海洋生物之间及其与周围环境的相互关系。它和人类的生活、生产直接相关。海洋个体生态、种群生态、群落生态、生态系的研究是海洋生态学研究的基本层次。海洋个体生态和群落生态研究得较好的是海洋浮游生物和海洋底栖生物；海洋种群生态研究得较为充分的是海洋游泳生物中的鱼类。海洋生态系统以河口生态系、上升流生态系、珊瑚礁生态系及内湾生态系研究进展较快。海洋古生态学是研究古代海洋生物之间及其与地史时期海洋环境的相互关系，20 世纪 60 年代以来，随着石油、天然气等的大力开发和深海钻探计划（DSDP）的实施，发展很快。食物是生态学最基本的课题之一。海洋食物链和食物网、海洋生物生产力，也是海洋生态学的重要研究内容。

（4）海洋生物生理、生化和遗传学　海洋生物生理、生化和遗传学分别研究海洋生物机体各部分的生理机能、化学组成和代谢、遗传特性及其变化规律。由于人类对海洋资源的需求激增，海洋生物在经济上、科学上的价值也愈益重要，因而这些方面的研究都已有不同程度的进展。

（5）生物海洋学　生物海洋学研究生物作为海洋组成部分而产生的各种海洋现象，如海洋浮游生物的“昼夜垂直移动”等现象在时间和空间上分布的特征。这是海洋生物学所特有的一个分支学科，近年来发展较快。

二、学科的发展特点与趋势

现代海洋生物学不仅是一门独立的综合学科，而且也是海洋科学研究中的热点和难点，这是因为海洋中的生命现象较物理、化学现象更为特殊和复杂，因而更具有挑战性；加上海洋生物与人类衣食住行密切相关，使其具有特殊的重要性。目前，该学科的发展特点与趋势主要有以下几方面。

1. 研究空间与时间的扩展与深化

现代海洋生物学研究的空间与时间尺度，一方面在宏观层面上扩展，另一方面向微观中深化。宏观更宏，微观更微。宏观上，全球海洋任何一个海域，从南极到北极，从海面到大洋深处，都在开展生物学调查与研究；科学家们越来越重视全球或大尺度上中、长期的海洋生物学研究。微观上，生物个体研究已从普通个体到微小个体，如浮游生物（20 μm），生理、生化机制的研究已从整体到细胞并深化至分子水平，生态学的研究也深入到微生境、微生态及分子生态学。

2. 学科的交叉与综合

学科的交叉与综合已成为现代海洋生物学的重要发展趋势。科学技术的日新月异，不仅使学科的交叉成为可能，更是促进海洋生物学发展的必要前提。在海洋学层面上，海洋生物学与海洋化学、海洋地质学和物理海洋学之间加快了相互交叉与渗透；在生物学层面上，科学家对海洋生物的研究绝不再局限于单一或两三门学科上，常常是生态学、发育学、遗传学、生物化学、生物物理学和生物数学等多学科的交叉。现代生物技术、计算机技术、化学分析技术、遥感遥测技术以及海洋技术等在海洋生物研究中也得到越来越多的应用。

3. 海上考察试验与室内实验分析相结合

海洋生物学研究起源于海上考察，而且它至今仍然是取得第一手材料与数据的重要源泉。海洋生物学假说与理论的证实最终离不开海上考察或试验。但实验室可以保证科学家在人工控制与模拟的条件下，不受自然环境的限制，随意重复或深入进行各种各样的实验和数据分析。两者结合起来，优势互补，相得益彰。难怪世界各国一方面在建造更多的设备精良、导航准确、性能高超的海洋生物考察船或深海潜水器，另一方面在沿海建立越来越多且现代化程度越来越高的实验室和水族楼。

4. 研究的国际化及竞争与合作

海洋是人类共有的财富，要全面深入地研究海洋生物学，国际合作是必要的和可能的。但各国又具有特有的专属经济区，为了自身的利益，不得不在研究中进行激烈的竞争。比如在鲑鳟鱼资源的捕捞管理上，就连一向称为兄弟同盟的加拿大与美国或欧盟国家之间在谈判配额时，也要你争我吵，各自利用鲑鳟鱼种群 DNA 指纹分析图得到的科学证据，力求多得到一些份额。在国际海洋划界中，渔场物理边界和生物特征无疑是考虑的重点因素之一。

5. 生物资源的持续发展、环境的科学管理成为海洋生物学研究的主要目标

资源与环境是地球科学研究永恒的主题，也是海洋生物学研究的重点。自古以来，海洋是人类“营渔盐之利，行舟楫之便”的场所。蓝色大海源源不断、慷慨无私地提供了大量优质蛋白和化工产品；绵延曲折的海岸带为人类社会铺就了优良美好的生存空间。然而，人类自身的活动不仅给渔业资源的再生造成了威胁，也给地球上生命赖以生存的海洋环境带来了污染和破坏。面对资源短缺、环境恶化和人口“爆炸”的严峻挑战，人类在考虑如何更科学合理地保护、开发和利用海洋生物资源，确保它的持续发展；也在探索如何更好地监测海洋环境的变异和对海洋环境进行有效的科学管理。毫无疑义，海洋生物学研究要把这两个重大问题的解决作为自身的目标。

第二节　海洋生物学研究的历史和现状

一、海洋生物学研究的历史

（一）国外研究的历史

人们可能从第一次看见海洋时就开始研究海洋生物。考古学家已经发现了石器时代海滨野餐的遗留物——贝壳堆。古代的鱼叉和石头或贝壳做的鱼钩也被发现，那时人们不仅能搜集食物，而且通过经验学会判断哪些食物是好吃的、哪些味道很差、不能吃或是有毒的。例如，一个埃及法老的坟墓内具有警告不能吃河豚，它是一种有毒的鱼的标志。事实上，拥有不同文明的沿海人民都积累了许多海洋生物和海洋的实用知识。

1. 海洋探险与海洋生物学研究

随着人们掌握了驾驶船舶和航海的技术，海洋和海洋生物的知识也得到了发展。古代太平洋岛民已经详细记载了海洋生物的知识，至今他们的后代还保留着。他们是完美的水手，能使用风、波浪和海流等的迹象进行远距离的航行。人们还将这些迹象记录在木棒和贝壳制成的不寻常的三维地图上。腓尼基人是第一批西方航海家，到公元前 2000 年，他们已经能够绕地中海和红海航行一圈，并东至大西洋和印度洋。

到古希腊时代，人们已经认识了很多种生活在近岸的生物。生活在公元前 4 世纪的古希腊哲学家亚里士多德被许多人认为是第一位海洋生物学家，他在《动物志》中记述了 170 多种海洋生物，按现代分类包括海绵动物、腔肠动物、蠕虫、软体动物、节肢动物、棘皮动物、原索动物、鱼类、爬行类、海鸟、海兽等 10 多个主要动物类群，其中海洋鱼类就有 110 多种。并且直到今天，他的许多描述还被认为是正确的。亚里士多德还做了其他的研究，比如他记载了鳃是鱼的呼吸器官等。公元初年古罗马 S. C. 普利尼乌斯的《自然历史志》，记录了 170 多种海洋生物。

在众所周知的黑暗时代，大部分欧洲的科学调查是完全中断的。海洋生物的研究步伐也被暂停。当然许多古希腊的研究知识也丢失或者毁坏了。然而，并不是所有海洋探索都停止了，9—10 世纪，北欧海盗还继续在北大西洋探险。在公元 995 年，一个由莱夫·埃里克松领导的海盗组织发现了文兰，即现在的北美。中世纪期间，阿拉伯商人也在活动，他们航行到了东非、东南亚和印度，在此期间他们掌握了风和海流的形式，包括季风，即随季节转变方向的强风。在远东和太平洋，人们也在继续探险和了解海洋。

在文艺复兴时期，由阿拉伯人保存的部分古老的知识被重新发现，激发了欧洲人又开始研究包围着他们的世界。最开始主要是探险航海，在 1492 年，克里斯托弗·哥伦布重新发现“新大陆”但还没有到达欧洲的其他国家，在 1519 年费迪南德·麦哲伦开始他的第一次环球航海探险，其他许多英雄的航海家也为我们了解海洋作出了很大贡献。在此期间，相当精确的地图，特别是欧洲边缘地带的地图第一次出现了。

不久后，探险家们开始对他们航行的海洋以及海洋中生活的事物感兴趣。一个英国的船长——詹姆斯·库克第一个使科学观察成为一种专职工作，在他的海员中就有一个全职的自然科学家，从 1768 年开始，他进行了一系列的航行，是第一个看到南极洲并到过夏威夷、新西兰、大溪地岛的欧洲人。库克也是第一个使用经纬仪这种精密计时器的人，这个新的技术使他能很准确地定位经度，也为准确地绘制地图做好了准备。从北极到南极，从阿拉斯加到澳大利亚，库克延伸和重塑了欧洲人心目中的世界，他还带回了新的物种和新陆地上的故事。虽然库克尊重和欣赏土著文化，但是他于1779年在夏威夷凯阿拉凯夸湾与夏威夷人的冲突中被杀了。

随着海洋探险、航海技术和自然科学研究的迅速发展，海洋生物学进入到科学的研究阶段。1674年，荷兰 A. van 列文虎克最先发现海洋原生动物。1777年，丹麦 O. F. 米勒应用显微镜观察了北海的浮游生物。19世纪前期，C. G. 爱伦贝格在海洋中发现硅鞭藻类。英国 C. R. 达尔文对他在1831—1836年“贝格尔”号航海中采集的蔓足类和珊瑚类，进行了出色研究。德国 J. 米勒于1845年使用浮游生物网，采集和研究海洋浮游生物。英国 E. 福布斯在19世纪中期先后提出海洋生物垂直分布的分带现象，按深度将爱琴海分成8个带；发表《英国海产生物分布图》；出版《欧洲海的自然历史》。德国 V. 亨森于1887年提出浮游生物（plankton）的概念，并对海洋浮游生物开展了定量研究。1891年，德国 E. H. 哈克尔提出游泳动物（nekton）和底栖生物（benthos）两个概念。上述3个生态类群的概念，至今仍广为应用（Rayment，1980；郑重，1964；郑重等，1984）。1908—1913年，丹麦 C. G. J. 彼得松的工作奠定了海洋底栖生物定量研究的基础。1946年，美国 C. E. 佐贝尔的《海洋微生物学》奠定了海洋微生物，主要是海洋细菌的研究基础（Zobell，1946）。瑞典 S. 埃克曼的《海洋动物地理学》、美国 J. W. 赫奇佩斯等的《海洋生态学和古生态学论文集》和 H. B. 穆尔的《海洋生态学》等，都促进了海洋生物学的发展。

从19世纪下叶开始，各国竞相派出海洋考察船、设立滨海生物研究机构，海洋生物的研究工作日益兴盛。其中，最有名的海洋考察是英国“挑战者”号调查船历时3年半（1872—1876）的环球调查，学者们采集了大量深层和中层生物，出版了50卷巨著，所记载的生物的新种达4 400多个，使当时已知的海洋生物种数翻了几番。

20世纪60—70年代以来，由于电子计算机、信息论、控制论和微量化学元素测定等数理化新成就、新技术的应用，海洋生物学的研究发展到新的阶段。如英、日学者利用生物工程技术研制出控制海洋鱼苗性别的方法；美国发射海洋卫星调查海洋鱼群的数量和种类变化等。该阶段的特点如下。

① 海洋生物学研究出现了大综合趋势，海洋生态系研究兴起。如对珊瑚礁生态系、上升流生态系的研究。

② 实验生物学研究大力开展，并与生产实践密切联系，进行水产增养殖研究，“海洋水产生产农牧化”已成为重要的发展方向。

③ 向深海和远洋两个方向发展。研究深海和远洋生物的生命活动、代谢规律和演变及其资源，如对南大洋磷虾资源的调查和利用；美国等国学者在深海海底发现独特的化能自养的细菌和动物等组成的海底热泉生物群落，它们组成了一个与陆地、淡水以及绝大部分海域迥然不同的物质循环和生态系统。

④ 海洋生物药物研究兴起。自20世纪50年代后期在柳珊瑚中发现有价值的药用成分后，沿海各国纷纷从海洋生物中寻找药物，目前已知的海洋药用生物已有1 000多种。

2. 海洋实验室及水下观测设施的发展历程

在“挑战者”号出发前，生物学家们就对从海洋探险带回来的生物体很感兴趣。遗憾的是，海洋科考船只能搭载数量有限的科学家，大部分的生物学家只能看航海船带回码头的、死后保存的海洋生物标本。开始时生物学家只是对新的海洋生命进行简单的形态结构描述，后来他们对这些生物体是如何生活的，它们是如何行使功能的以及如何死亡的感到好奇。这方面的研究必须要有活体，然而船只能在一个地方停留一小段时间，长时间的观察和实验是不可能的。

除了通过船进行海洋研究外，一些生物学家开始在海滨进行研究。1826年，法国的亨利·米尔恩·爱德华兹和维克特·安东尼最早在海滨进行常规观察来研究海洋生物，不久，其他的生物学家也这样做了。这些前辈为研究活体生物开辟了新途径，但是由于没有大型、永久的设备，只能使用随身携带的有限仪器，这无疑限制了调查的范围。最终，专门用于研究海洋生物的永久实验室被建立起来，这些实验室为海洋生物学家保存活体生物，并能使它们长时间地生活提供了条件。第一个这种实验室是动物研究站（Stazione Zoologica），是由德国生物学家于1872年建在意大利的那不勒斯，同年“挑战者”号开始航行。英联邦海洋生物实验室于1879年建在英国的普里茅斯。

在这些早期开端之后，其他的海洋生物实验室也陆续建立起来，其中最早的是美国加利福尼亚州太平洋格罗夫的霍普金斯海洋站、加利福尼亚州圣荷西的斯克里普斯海洋地质研究所和华盛顿州星期五港的星期五海洋实验室。在随后的几年里，在世界范围内出现了更多的实验室，这些实验室在海洋生物学的发展上扮演了至关重要的角色，直到今天它们仍在起作用。

第二次世界大战的爆发对海洋生物学的发展起了重要的作用，一项新技术——声呐（即水底音波探测器）随着潜艇战的重要性提高而发展起来。声呐是以水下回声探测为基础，也是一种听海的方法，长期以来人们一直认为海洋是宁静无声的，有了声呐突然间发现它充满了各种声音，大多是动物发出的声音。战争时期，了解海洋生物不仅仅是海洋生物学家们的追求，而且与国家安全问题密切相关。为了满足战争的紧急需要，许多海洋实验室如斯克里普斯和伍兹霍尔海洋研究所（建于1929年）加快了发展速度。当战争结束后，这些实验室不仅成为重要的研究中心，而且还在继续发展。

就在第二次世界大战结束后一年，第一个真正便携式潜水器——自携式水下呼吸器研究成功，其实潜水器的研究是在法国还被占领的时候进行的，采用的基本技术是由压缩天然气燃烧推动发动机正常工作，它的设计者是法国工程师埃米尔·加尼安。战后，加尼安和他的伙伴——法国人贾库·斯托改进了这些设备，人们在水下可以呼吸压缩空气。斯托继续将他的一生贡献给了潜水和海洋，他的电影、图书和电视节目激发了全世界人们对海洋的兴趣，也常常第一时间警告人们，海洋环境的健康正在不断地受到威胁甚至破坏。

使用潜水器，海洋生物学家第一次在水底观察了自然环境中的海洋生物。现在他们能在海上舒服地工作，搜集标本和做实验，但目前只能在相对有限的浅水进行，通常深度小于50 m。

（二）国内研究的历史

我国东、南两面濒临海洋，大陆海岸线北起辽宁省的鸭绿江口，南至广西壮族自治区的北仑河口，长达18 000 km，是世界上海岸线最长的国家之一。渤海、黄海、东海和南海，是西北太平洋的边缘海，总面积达473万 km^2。在辽阔的中国海域，大小岛屿计有6 000余个。总面积8万 km^2，约占我国陆地国土总面积的0.8%。我国海域自3—41°N，跨越热带、亚热带和温带三大气候带，海洋生物资源十分丰富，近海大陆架蕴藏着丰富的油气资源，浅海滩涂是建场晒盐、发展海水养殖的优良场所。

我国是世界上利用海洋最早的国家之一。古人很早就已从海洋收取“渔盐之利”和“舟楫之便”；同时不断地观察和认识海洋，积累了大量的海洋知识。其中，对一些领域的观察和研究在历史上曾有过辉煌的成就。但是，由于封建统治阶级的腐朽没落，特别是第一次鸦片战争失败以后，帝国主义的入侵和掠夺，我国逐步沦为半殖民地半封建国家，所以我国近代海洋科学的研究进展缓慢。自20世纪50年代以来，我国的海洋科学研究逐步展开，并取得了大量成果，为开发利用海洋资源，振兴经济，作出越来越多的贡献。

1. 我国古代对海洋的认识

我们的祖先在远古时代已开始进行海洋捕捞。在山东省胶州发现的新石器时代大汶口文化遗址中，有大量海鱼骨骼和成堆的鱼鳞。经鉴定，它们隶于鳓鱼、鲮鱼、黑鲷和蓝点马鲛等3目4科。

说明在4 000～5 000年以前，我国沿海先民已能猎取在大洋和近海之间洄游的中、上层鱼类，人们对海洋鱼类习性的认识已有一定的水平。记述公元前11—前6世纪周朝情况的《诗经》中，多次出现“海”字，并有江河“朝宗于海”的认识。西汉时期，已开辟了从太平洋进入印度洋的航线。据记载，三国时出现了我国第一篇潮汐专论——严畯的《潮水论》（已佚）。唐宋时期，我国的潮汐研究已达到很高水平。明代时，出现了我国现存最早的地区性海产动物志——屠本畯的《闽中海错疏》。1405—1433年，明朝郑和7次下“西洋”，最远到达赤道以南的非洲东海岸和马达加斯加岛，比哥伦布从欧洲到美洲的航行（1492—1504年）要早半个多世纪，而且在航海技术水平和对海洋的认识上，也远远超过当时的西方。可见，在古代的很长一段时间内，我国对海洋的认识和利用在世界上是居于前列的。

我国古代对海洋的认识和研究主要集中在海洋地貌、海洋气象、海洋潮汐和海产生物4个方面。同时，为了利用滩涂和抵御海洋自然灾害，在海岸防护和围垦工程方面，也取得许多成就。

（1）海陆分布和海洋地貌知识　战国时代，齐国的邹衍（公元前305—前240）曾提出一种海洋型地球观——大九州说，阐述了世界海陆分布的大势。他认为世界很大，像我国这样大的陆地有81个，彼此被“裨海”相隔，又都被“大瀛海”环绕，再外面才是天地接壤之处。这里所说的“裨海”和“大瀛海”，分别相当于今日的“海”和“洋”。晋代葛洪在《神仙传》一书中，提出“东海三为桑田”，明确地表达了海陆屡有变迁的思想。

我国古代主要采用地文导航，所用的水路簿、针经和海图，均尽可能地详载航线上可用于导航的地貌：山形、水势、岛屿、暗礁、港湾和海底泥等。例如，保存至今的明代胡宗宪《筹海图编》中的《沿海山沙图》、《沿海郡县图》、《登莱辽海图》，《郑开阳杂著》中的《万里海防图》、《海运全图》，茅元仪《武备志》中的《海防图》、《郑和航海图》等。其中，记载海洋地貌最为详尽的是《郑和航海图》，该图是我国古代传统绘图方法绘制海图水平的高峰，较正确地绘有中外岛屿846个，并分出岛、屿、沙、浅、石塘、港、礁、硖、石、门、洲共11种地貌类型。

我国古代海塘图实际是河口海岸地貌图，如清代方观承《两浙海塘通志》和翟均廉《海塘录》中的图。图中明显可见海塘分布并不连续，低平的海岸有海塘分布，塘外有大片滩涂；而海岸山地则没有海塘。

（2）海洋气象知识　我国古代有关海洋气象知识的书籍很多，仅《汉书·艺文志》中提到西汉时海中占验书就有136卷，其中《海中日月彗虹杂占》有18卷。至元、明两代，人们把水手和渔民的天气经验用五言和四言的韵语表达出来。如明代张燮《东西洋考》中记有“乌云接日，雨即倾滴”，“迎云对风行，风雨转时辰”，“断虹晚见，不明天变，断虹早挂，有风不怕”等。

在海事活动中，风是至关重要的天气要素，所以在古代对风的认识较为深刻。我国古代水手、渔民知道用各种方法预测海洋风暴。他们把一年中海上常有风暴的日期记下来，称为“暴日”或“飓日”。一些航海书籍中记有全年暴日及其名称，如《顺风相送》中有逐月恶风条，并总结出暴风季节发生的规律和暴日在不同时节的频率，从而找出海上活动的危险期和安全期。古代预测台风的一种办法是观察海洋现象。海洋长浪有很高的运动速度，台风还在外洋时，其形成的长浪已传播到近海，形成涌浪，造成潮汐异常、海底淤泥搅起、海水发臭、海洋动物表现异常等现象。人们把上述现象称之为“天神未动，海神先动”，并把这种无风的涌浪称为“移浪”或“风潮”。

我国很早就以风作动力，用帆助航。东汉时，利用季风航海已有文字记载，把每年梅雨后出现的东南季风称为“舶风”。唐、宋以后，利用季风航海十分广泛。明代郑和7次出海，多在冬、春季节利用东北季风起航，又多在夏、秋季节利用西南季风返航，说明他们已较充分地认识和利用了亚洲南部、北印度洋上风向和海流季节性变化的规律。在航行途中他们观察日月星辰的出没和位移、风向、天色、云状、霾雾、气温及洋面波涛的变化，预测海洋气象、水文潮汐的变化趋势，保证了航行的安全。

(3) 海洋潮汐知识 我国殷商时代已出现“涛”字，这个字后来被解释为“潮”字的同义词。现见我国古籍最早对海洋潮汐现象作出科学解释的是东汉时期的王充。他在《论衡·书虚》篇中提出“涛之起也，随月盛衰”，对潮汐和月亮的关系进行了论述。西晋杨泉，唐朝窦叔蒙和封演，宋代张君房、燕肃、余靖、沈括，元末明初史伯璿等，坚持并发展了王充的理论。东晋葛洪和唐代卢肇引进了太阳在潮汐中的作用。窦叔蒙指出，“以潮汐作涛，必待于月。月与海相推，海与月相期”；对潮汐周期的推算，也很有见地；并绘制理论潮汐表“窦叔蒙涛时图”。封演用“潜相感致，体于盈缩”的论点解释潮汐成因。张君房在《潮说》中，最早定出潮时逐日推迟数为3.363刻（古时一昼夜为100刻）。燕肃则提出潮汐“随日而应月，依阴而附阳”的理论，并改进理论潮时的推算，指出潮时逐日推迟数有大尽（一朔望月30天）和小尽（29天）之分，定大尽为3.72刻，小尽为3.735刻。沈括坚持“应月说”，最早对“平均高潮间隙”下了明确的定义，并主张用高潮间隙来修改地区性潮汐表。

我国古代对喇叭形河口涌潮的成因，也有深刻的认识。王充在批驳关于伍子胥冤魂驱水形成涌潮的迷信说法后，指出潮汐在大海中只是“漾驰而已”，进入殆小浅狭的河口后，才激起涌潮。葛洪则提出潮汐的“力”和“势”。卢肇提出江水和海潮在狭窄的河道相遇，激而为斗，形成涌潮。燕肃则更确切地提出，钱塘江涌潮是由于河口存在拦门沙坎所致。清代周春注意到钱塘江潮有南潮、北潮之分。两潮交叉重叠处正好在海宁塘靠岸，因此，海宁成为观潮的胜地。

实测潮汐表在我国发展也很早。东汉马援在琼州海峡两边建有“潮信碑”（今无存）。现存北宋吕昌明于1056年编制的“浙江四时潮候图”，曾被刻成石碑立于钱塘江畔供渡江用。它比欧洲现存最早的潮汐表——大英博物馆所藏的13世纪的“伦敦桥涨潮时间表”早得多。明清还出现许多潮汐实测表。

我国古代对潮汐的研究，至宋代达到高峰。由于古代潮汐研究的论述很多，流传下来的文献资料也较多，仅专论就不下数十种。其中，清代俞思谦编辑的《海潮辑说》、翟均廉《海塘录》等收录保存了古代不少潮汐著作。

(4) 海洋生物知识 我国古代对海洋生物的认识和研究，多集中在物种的形态、生态、分布和利用方面。其中，不少种类的名称沿用至今。从远古时代至16世纪，我国有关海洋生物的知识，主要散见于医书和沿海地方志中。16世纪末以后，出现了叙述海洋生物的专著。

公元前3世纪问世的《黄帝内经》，已提到海洋软体动物乌贼和鲍。公元1世纪的《神农本草经》，记载了马尾藻和羊栖菜以及近江牡蛎等6种海洋软体动物的形态、产地、食疗性质和利用方法。宋代寇宗奭编辑的《本草衍义》中，收入的海洋生物药物有海狗、海蛤、玳瑁、牡蛎和乌贼等十多种。

古代对海洋生物的生态习性有不少记载。三国吴人康泰《扶南传》提到，南海珊瑚洲洲底有盘石，珊瑚生其上也。三国沈莹《临海异物志》，叙述了招潮（一种小蟹）的活动与潮汐周期同步的生物节律。唐代段成式《酉阳杂俎》一书，记载了船蛆“攒木食船”；寄居蟹“寄居之虫……本无壳，入空螺壳中载以行”；飞鱼“鱼长一尺，飞即凌云空，息即归潭底”；乌贼“遇大鱼，辄放墨，方数尺，以混其身”等。

明清时期出现了不少地区性的海洋生物专著。主要有明代屠本畯的《闽中海错疏》和清朝郭柏苍的《海错百一录》，重点记录了福建沿海的海洋生物。清朝郝懿行和李调元分别编写的《记海错》和《然犀志》，前者记录了山东沿海的海洋生物，后者记录了广东沿海的海洋生物。

对海洋生物生态习性的了解与掌握，促进了我国古代海产养殖业的发展。据已发现的文献记载，早在宋代就已养殖牡蛎、珍珠贝和蛏，鲻鱼的养殖历史也很悠久。

2. 我国近代的海洋研究

我国近代的海洋科学研究是从20世纪初开始的。开创我国近代海洋研究的学术团体，主要有：中国地学会、中国科学社、中华海产生物学会和太平洋科学协会海洋学组中国分会。中国动物学会和中国地理学会也开展过一些海洋研究活动。

1909年成立的中国地学会，从地学科学的角度，对海洋地理、海洋地质、海产生物和海洋气象等进行研究，并通过其会刊《地学杂志》，宣传海洋科学知识。1914年创办的中国科学社，为促进我国近代海洋科学的发展作出过积极的贡献。该社的著名生物学家秉志、伍献文、王家楫、朱元鼎、陈兼善、陈子英、张玺、曾呈奎、沈嘉瑞、齐仲彦、刘瑞玉等，都是我国近代海洋生物研究的先驱者。中华海产生物学会是我国专事海洋生物学研究的学术团体，1931年7月在厦门大学正式成立，陈子英为主要负责人。每年暑期在厦门举办研究活动和海产生物讲习班。太平洋科学协会海洋学组中国分会于1935年4月10日在南京成立，丁文江任主席。该会是综合性海洋科学研究团体，拟定了研究发展计划，但多数没有实现。

1922年，海军部设立海道测量局，我国的海道测量工作开始起步。至1935年，该局共绘出图30余幅，编有《水道图志》一册。建于1928年的青岛观象台海洋科，是我国第一个海洋水文气象和生物观测研究机构。中国科学社筹建的青岛水族馆也由该科管理。海洋科曾主办刊物《海洋半年刊》。

1937年下半年至20世纪40年代末，我国的海洋科学研究绝大部分陷于停顿。1941年4—10月，由马廷英、唐世凤等组织的福建东山海洋考察，是抗日战争期间国内唯一的一次海洋考察。这期间，在国内外坚持进行海洋生物学研究并取得成果的，有朱元鼎、曾呈奎、郑重等。其中，朱树屏研究成功的“朱氏10号培养液”，为许多国家的人工海藻培养所采用。抗日战争胜利后，童第周在山东大学、马廷英在台湾大学、唐世凤在厦门大学分别创立海洋研究所。厦门大学还设立了海洋学系。

这时期研究的学科多偏重于海洋生物、海洋地理、海洋地质和海洋水文气象方面。本书重点介绍海洋生物的研究概况。

当时有两个研究中心，南方集中在厦门，北方集中在青岛。主要的海洋生物考察有：1927年，中山大学生物系主任费鸿年组织的海南岛沿海生物考察。1934年，中国科学社生物研究所等6个单位组织的海南生物科学采集团。从20世纪30年代初开始，国立北平研究院动物研究所先后对山东沿海的海产动物进行多次调查。1935—1936年组建张玺任领队的胶州湾海产动物采集团，出版调查报告4期3卷。1935年6—12月，国民政府中央研究院动植物研究所组织了渤海和山东半岛沿海的海洋学和生物学调查，由伍献文、王家楫、唐世凤负责，考察内容包括海洋物理、海产生物和渔业，考察报告于1937年2月出版。由于重视实地考察，因而对海洋生物分类、形态的研究取得了一些成果。其中，海洋动物的研究以海洋鱼类、海洋甲壳动物和海洋软体动物为主。

3. 我国当代的海洋科学

（1）发展概况 1950年8月，中国科学院在青岛成立水生生物研究所海洋生物研究室，于1959年1月扩建为中国科学院海洋研究所。1952年，成立山东大学海洋系。1959年3月，建立山东海洋学院。随后，陆续建立了一批海洋科学研究机构。1964年建立了国家海洋局。到1983年，中国科学院、国家海洋局、教育部、地质矿产部、石油部、农牧渔业部、交通部和沿海省、直辖市、自治区，建立各种海洋科研调查机构100多个。

30多年来，我国的海洋科研部门进行了大量的考察和科研工作。20世纪50年代初期，对海洋生物、海洋水文开展了调查研究。1953年，在赵九章教授指导下，有关单位在青岛市小麦岛建立了我国第一个波浪观测站，开始波浪研究工作。同时，一些单位开始研究天津新港泥沙洄淤问题，河流入海河口的演变规律以及我国近海水声学考察工作。1956年，国务院科学技术规划委员会编制12年科学技术发展规划，海洋科学技术发展第一次被列入国家的科学技术规划。

1957—1958年，中国科学院海洋生物研究室进行了渤海及北黄海西部海洋综合调查，并与水产部黄海水产研究所、海军和山东大学海洋系等单位协作，完成了多次同步观测。1958—1960年，国家科委海洋组组织全国60多个单位，进行全国海洋综合调查。1959年，地质部第五物探大队和中国科学院海洋研究所协作，开始在渤海海域进行以寻找石油资源为目标的海洋地球物理调查。同年，地质部航空测量大队对整个渤海和沿海地区，进行了中国首次海上航空磁力测量。20世纪60年代后期以来，为寻找海底石油和天然气开展了大规模的海洋地质和地球物理调查。1974年，中国科学院南海海洋研究所综合考察了西沙群岛海域。1976—1980年，国家海洋局根据我国第一次远程运载火箭试验的要求，在太平洋中部特定海区进行综合调查。1978—1979年，国家海洋局等部门参加了第一次全球大气试验，在中太平洋西部进行调查、试验。1980—1985年，国家海洋局等组织我国沿海10省、直辖市、自治区进行全国海岸带和海涂资源综合调查。1983年，国家海洋局进行了北太平洋锰结核调查和南海中部综合调查。1984年，中国首次派出南极考察队进行南大洋和南极大陆科学考察。同年，中国科学院南海海洋研究所对南沙群岛邻近海域进行了综合考察。

除上述大型海洋考察活动之外，我国从20世纪50年代开始还定期进行海洋水文标准断面调查、海道测量，并进行了中美长江口海洋沉积合作调查、海底电缆路由调查等。我国的海洋科学考察工作，获得了我国大部分近海和部分远洋的资料，为海洋科学研究和海洋开发利用提供了重要资料。

（2）海洋科学研究　我国现代的海洋科学研究，主要是根据社会经济发展的需要，围绕着海洋物理学、海洋地质学、海洋生物学和海洋化学等领域进行的。本书重点介绍海洋生物学方面的研究概况。

海洋生物学方面的研究基础较好、历史较长。30多年来，取得的成果较多。

① 海洋生物分类、区系研究。基本弄清了我国近海各类动植物的种类、形态、生态、分布及资源情况，初步划分了我国海区动植物区系，编写了各种专著。在海藻研究中，曾呈奎等在底栖藻类方面建立了一个新科、一些新属和几十个新种。在海洋鱼类研究中，系统地研究了我国海区的鱼类，特别是石首鱼科和软骨鱼类的分类、演化，已发现我国海区的鱼类有1 200多种。我国海洋无脊椎动物研究的重点是经济价值较大的软体动物、甲壳动物和棘皮动物等。基本上了解了软体动物的种类、形态、特征和地理分布等，发现了一些新属、新种。甲壳动物方面，在黄海和东海已发现的桡足类超过200种，在我国近海已发现的虾类超过300种、蟹类超过600种。在棘皮动物分类研究中，进行了区域性种类的调查研究，并已鉴定出海参纲40余种、海胆纲20余种、蛇尾纲约40种、海星纲约20种。在毛颚动物研究方面，我国各海区已发现29种型，占世界种型的2/5。对环节动物多毛类的研究，在渤海发现多毛类100多种，西沙和中沙群岛海域发现60多种。在海洋生物区系研究中，对底栖藻类、底栖无脊椎动物和浮游动植物区系进行了大量的研究。根据曾呈奎等提出的区系划分的标准，我国学者共同确定了长江口至济州岛和对马岛之间的连线，作为北太平洋温带区系区和印度—西太平洋热带区系区之间的分界线，同时也是我国近海东亚亚区和中日亚区之间的分界线，补充修正了外国学者的划分方案。

② 海洋生态学研究。对我国各海域的浮游生物、底栖生物和游泳生物均开展了系统的研究，包括种群组成、生活习性、季节变化、分布和移动以及与海洋环境的关系等。还开展了生态系的研究。在海洋群落生物学方面，已基本掌握了我国各海区浮游生物和底栖生物的分布和数量变动规律、群落区系特点及其与海区水系、沉积物分布的关系。发现浮游生物数量大小分布的次序是东海、渤海、黄海；底栖生物数量大小分布的次序是黄海、东海、渤海、南海；发现黄海较深水域有冷水性底栖生物群落存在，并占了绝对优势，弄清了黄海生物地理学的特点。在个体和种群生态学研究方面，

主要对经济海产鱼类、虾类等进行了研究，对其生活、生殖习性和洄游规律有了较深入的了解，为渔业资源的合理利用和预报提供了科学依据。从20世纪50年代开始，我国学者对港湾污着生物群落和钻孔生物群落的种类、形态、数量及个体生态和群落生态，进行了系统研究。他们的成果对防钻蚀和污损的研究起了重要作用。

③ 海洋实验生态学研究。经过30多年的努力，在主要经济海产动植物的实验生态学研究方面有了显著的进展，其中海带、紫菜和对虾、贻贝、扇贝、合浦珠母贝、大珠母贝以及鲮鱼、牙鲆、大菱鲆等20多种鱼的实验生态学研究较有成效，成功地解决了苗种培育、育珠技术和人工养殖技术，获得了经济效益。

二、海洋生物学的今天

海洋生物学是随着调查的开展和手段的改进而发展。自20世纪60年代以来，随着新技术和新成就的运用，海洋科学出现了飞跃。相比之下，海洋生物学的发展不如海洋科学的其他学科快，其中一个重要原因是调查手段和工具仍较落后陈旧。因此，海洋生物学的发展，亟待调查和实验手段、仪器的革新。

近几年，世界人均海洋渔业产品的消费量在下降，而且传统的渔场和传统的渔业资源出现了捕捞过度的问题。因此，亟须改变当前传统的狩猎式捕捞方法，对海洋生物实行系统的科学管理和开采；大力开发远洋和深海的海洋生物资源，特别是2 000 m以下的动物资源；注意开辟新的渔业资源，尤其是食物链级次较低的种类，如南大洋的磷虾；同时，大力发展浅海水域的养殖业，早日实现海洋生物农牧化的大面积生产。

海洋生态学研究是海洋生物学目前最为重要也是最为活跃的一个领域。为科学地开发、利用和发展海洋生物资源，满足人类的需求，应更有力地促进海洋生态学在理论和应用方面的进一步发展，了解各个海域的生物组成，种群结构和数量变动规律，群落的构成和更替，生态系的结构和功能及其物质的转换和能量的循环，以确保生物资源（种群密度）能持续地高产，预报生物数量和环境变化的方向，保持生态平衡。同时，促进海洋生物学其他领域（分类、生理、生化、遗传等）的发展。

从海洋生物中寻找新药，已成为海洋生物学研究的一个重要方向。随着海洋药物研究的深入，海洋生物增殖和养殖事业的发展，分子化学、生物工程的理论和手段的引入，不但能不断出现造福于人类的新药、养殖新品种，而且将促进海洋分子生物学、海洋生物工程学的建立和发展。对海洋生物，尤其是对海底热泉化能自养细菌和动物及其生态系等的深入研究，将推动生命起源和演化问题的研究。

相对于过去，现在海洋科考船和海滨基地实验室对于海洋生物学来说一样重要。现在许多大学和其他研究机构都拥有科考船只。现代的船只都装备了最先进的设备用于航行、采样和研究搜集的生物标本。其中一些船只最初是为其他用途而建造的，如“挑战者”号是由军舰改装的，但是越来越多的船只是专为海洋科学研究建造的。

除了通常的船以外，一些特殊的设备也被用来研究海洋世界。高科技潜艇可以下降到海洋的最深处去揭示以前人们从未达到的新世界。各种外形奇特的船只出现在海洋中，为海洋生物学家们提供了特殊的设备。海洋生物学家越来越多地使用遥控车（ROVs）及能拍照、取样和测量的水下机器人，他们已经研制出了各种自动化仪器，能够长时间甚至永久地停留在海洋中，进行连续的数据采集。

早期，海洋实验室也经过了很漫长的发展道路，而今天这些星罗棋布在全球海岸线上的实验室被参加国际学术组织的科学家们共同使用。其中一些实验室配备了当前最先进的设备，其他的实验室只是简单的研究站，供来自偏远地方的科学家使用。甚至有海底实验室，科学家们可以在那里生活数个星期，他们可以全身心地工作，没有任何干扰。海洋实验室不仅是重要的研究机构，也是重要的教育中心。许多实验室在夏季开设课程，使得学生们直观地学习海洋生物学。大部分实验室也为许多大学的研究生提供研究的条件，一些实验室本身也能授予学生海洋生物学硕士学位。因此，除了继续推进当代的研究外，海洋实验室也忙于培训未来专业的海洋生物学家。新的技术为海洋研究提供了大好的机会。如电脑对研究产生了巨大的影响，它能帮助科学家快速地分析大量信息；空间科技也促进了海洋的研究，现在卫星在地球轨道上，对下面的海洋进行监测，因为它们距离地球非常遥远，以至于能在同一时间内观察大范围的海域，并拍下图片。

在电脑的帮助下，科学家们能使用卫星测定海洋表面的温度，跟踪洋流，鉴定当时生物体的丰度和种类以及监控人类对海洋的影响。没有遥感技术或是能在远距离研究地球和海洋的技术，像洋流等一些大尺度的知识特征不可能被观察，这种技术也可用在小尺度中。比如，卫星被用于跟踪鲸鱼、鱼类和其他被微型发射机固定的动物的迁徙活动。在溢油点安放的电子浮标随油漂移，并通过卫星进行跟踪，以监测溢油扩散路径。这些只是日益增加的遥感应用中的一部分。今天的海洋生物学家可以使用任何一种有利于海洋研究的工具。关于海洋的信息也在不断地扩大，虽然通过人们不断地研究学习，许多已经被掌握，但海洋中仍存在许多神秘和有趣的领域有待人们的开发。

三、海洋中的眼睛和耳朵

海洋生物学家常常很苦恼，因为直到现在它们也没有真正“看见”海洋中到底在发生什么。海洋生物学家们可以用网或耙采集样品，能用自动化设备进行测量，能在实验室内做实验，通过这些方法，他们已经对海洋生物有了较全面的了解。我们人类是视觉的动物，虽然通过足够数量的取样、测量及实验，也不能完全取代在自然栖息地实地观察生物体。

进入海洋，亲自进行观察是一种研究方式；潜水和研究潜艇给海洋研究带来了巨大的帮助，它们不仅使我们看到了我们要研究的生物，也使我们能在自然环境下做实验。然而这些方法也存在局限性，潜水员只能潜入浅水区，并只能停留几个小时，潜水也具有一定的身体素质要求；潜艇极其昂贵，并且一次只能装载极少数的、处于拥挤状态的科学家；也存在一定的危险性，与鱼类、鲸鱼、海豹及其他快速游泳动物相比，潜水员和潜艇的速度慢，体积大而笨重，侵入性高。

另一种方式是使用静止摄像机或视频摄像机，它们能在海下自动拍摄或在海洋表面控制海下拍摄。这种相机不可能在刚好的时间和恰好的地点进行拍摄，所以需要用饵料吸引我们感兴趣的动物到摄像机旁。这种系统已经拍摄到了新的、不常见的深海动物，并拍摄到了动物们的生活习性。

与潜水员相比，海豹、海狮、鲸鱼及其他海洋哺乳动物的游泳速度更快，距离更远，并且目前只有少数的静止摄像机进行工作，所以我们不可能拍摄下它们的行为，这就是一直以来人们无法观察动物们复杂行为的一个难题。即使我们能采取某种方式跟得上它们，也可能这时动物的行动已处于非正常状态。所以，为什么我们不让动物自己拍照呢？这个主意是在“动物随身拍”出现后产生的，“动物随身拍”是一种能绑在海龟、鲨鱼、鲸鱼、海豹和海狮等动物身上，结实、精简的水下摄像头。以前我们对这些动物行为的了解，几乎都是从地面上观察到的，“动物随身拍”让我们能在动物长时间生活的水下观察它们。这为我们提供了新的观察方法，使我们越来越多、越来越深入地了解了动物的生活。

不是所有在大海中“看见”东西都依靠我们通常认为的视觉，在海水中光不能穿透很远，这意味着不仅大部分的海洋是黑暗不可见的，而且人造光源的可见程度也有限。另外，声音在水下能长距离地传递，这就是声呐的基础。现在声呐和计算机数据处理产生了详细的三维海底图。科学家们也发展了“接受”声呐的系统，他们使用动物、波浪、行驶过的船只以及其他声音替代自身产生的声音为背景。正如我们知道的，当光波遇到一个物体时反射回我们的眼睛，声波遇到物体如鲸鱼反射回的声波被水下扩音器收集，再经过电脑处理，转换为图片。这样一个系统能在黑暗和相对远的距离中工作，并能降低对动物的干扰。

新技术也被用于监测小型、漂浮生物，即浮游生物，这些生物是地球上最重要的生物类群之一。但是直到现在，浮游生物的采样方法还主要是用筛网进行捕捞，而这种方式常常伤害或杀死它们，或者至少这种方式使它们离开适合的生存环境，并完全破坏了它们的自然行为。想象一下，如果我们对鸟类的了解是完全基于用网抓住它们并在飞机后面拖着，那我们对鸟类的认识必将非常有限！

一些能看见浮游生物的系统仅仅是依赖摄像机，为了精确地跟踪生活在三维空间内的这些生物体，需要 4 个摄像机，他们的三维空间没有固定参考点。其他系统适用一种声呐或者几种声呐和视频的结合体，声呐常常是用于决定生物体的形状和位置，而当他们用带有红色闪光灯的数码相机拍摄时，大部分生物体是不能被看到的。然而，其他系统使用激光检测那些极小的微型生物，甚至能制作成三维的全信息图保存在电脑中，并能在实验室中分析。所有这些系统都帮我们揭示了海洋生命的自然状态。

第三节 海洋生物学的发展潮流

一、海洋动植物资源利用新法及未来的海上农牧业

你相信吗？人们可以在波涛起伏的大海上施肥、耕种，还可以开着联合收割船来收获；生性自由的鱼儿可以在指定的海域里放牧，牧童可能是聪明的海豚或机器人；你每天必喝的鲜奶其实并不产自草原而是来自海上；如今人们还能够在海中种植石油。

这些都是真实的！21 世纪的大海上有田园，有牧场，还有最现代化的加工厂。

你看大海是均质的流体，这儿和那儿没什么差别，也没有一道篱笆将海水隔开。海中的鱼虾可并不这么看。科学家发现，海洋中的生物对生态环境特别敏感。它们能感受到微小的温差和海流，也知道哪儿的海水更肥沃。一些生物对某种微量的化学物质情有独钟，另一些却要求一种特别的底质。虽然海水中也有些生物像粗鲁的流浪汉一样在海洋里到处游荡，但大多数的鱼虾类还是居住在相对固定的水域里，每年都定时沿着固定的路线旅游。因此形成了一些著名的渔场，并定期旺发鱼汛。人们就是根据这些特点来耕海牧鱼的。

最初人们是严格地按照一种生物的原产地环境进行模仿养殖的。海带原本是生长在海底礁石上的，人们就将采到的小苗绑在石头上投入海中进行养殖。扇贝、鲍都生活在深深的海底岩礁上，人们也把小苗播在这种地方，不会潜水的人可看不到它们。但是，善于问个为什么的人逐渐弄懂了什么才是这些海洋生物真正需要的。

海带只要有合适的营养和固着点，并不一定必须生长在海底。现在的海带养殖场地都建在水域宽阔、阳光充足的海面上，由浮漂和绳索组成固着基排列成间隔一定距离的方阵，养殖人员每天开着船穿行其间，施肥、除害、根据天气调整其在海中的位置。海带在这儿长得可比在海底快多了。

在海藻养殖中普遍采用各种施肥法。普通的是在海面上利用一些简单的装置匀速施化肥。也有人用抽取海底富含营养盐的海水灌溉海上田园的方法来施肥。在苏联，人们甚至还用水下犁耙将海底犁一遍，使营养盐浮起。

海珍品鲍干脆住进了真正的楼房里。在最近几年，如果你发现有一所漂亮的大楼里有一层层遮盖的很暗的水池子，经常进进出出的人像医生一样讲究卫生，却喜欢抬一筐筐发腥的海藻或海藻制

品上楼。十有八九，这是一个海珍品养殖基地。

一些十分贵重的鱼类从育苗到养成都被放在室内充气水池中，形成了全人工循环养殖系统。人们给这种养殖方式起了一个现代化的名字：养殖流水线。

这些流水线以后会越来越多地在近海水面上出现。

由于各种原因，远离陆地又没有上升流的大洋上层水域经常是贫瘠的。但是在温度很低、阳光不足的深水处，常年积聚的营养盐却得不到利用。科学家试验用机械方式制造人工上升流获得了成功。海底的营养加上海面的阳光，形成了丰富的初级生产力。不需几年，新渔场诞生了。

在这样的海底再投放一些人工鱼礁，有吃有玩的鱼儿就在这里安家了。

适合做人工鱼礁的材料很多，废旧的汽车、遗弃的机器、旧建筑物的残体、混凝土架都可以。美国在一片平坦的海底投放了大量的人工鱼礁，结果形成了理想的钓鱼场。

将人工培育的一些鱼虾幼苗放养在大海里，待其长大后再捕获的方式叫做放流。这种方法适合于那些活动范围不超出我们控制范围的定居性或洄游性动物。我国近年来向大海放流了对虾、真鲷、黑鲷、牙鲆、河豚、鲮鱼、黄盖鲽和大马哈鱼等，效果不错。其中大马哈鱼有一个特点，它长大后总是要到出生的地方去繁殖后代，所以特别适合放流。

最近几年，公海养鱼在世界上逐渐时兴了起来。因为公海姓公，谁都可以用。美国的一个海产养殖业公司就处心积虑地设计了一套叫做“海上旅行”的养鱼系统，既可以充分利用公海的自然资源，又可以滴水不漏地收获。

这套系统很像海上石油平台（事实上该公司已经开始接受一些石油公司援助的废弃石油平台了），在平台支架的四周装置上 6 个巨型筒式鱼笼，每个鱼笼长为 52.4 m、直径为 12.2 m，四周用渔网围着。这些鱼笼可以升降，也可以转动，清扫、喂食和收获都很方便，遇有风暴就沉入水底。平台的面积为 929 m^2，包括试验室、宿舍、教室和直升机起降台。

这种新装置被用于养殖一些价格很贵的鱼种，产量和饵料转化率都非常高，经济效益显著，已经引起了许多国家的注意。

该公司还有一种叫做“海上明星”的专利系统，将在被污染海区收获的牡蛎在公海净化后上市，效益也很可观。

像陆地上的农牧业使用良种一样，人类耕海牧鱼也使用优良品种。在我国，由生物工程创造出来的良种有多倍体牡蛎、多倍体对虾、多倍体海带、全雌的鲻鱼、全雄的罗非鱼和各种转基因鱼，引进国外技术的良种就更多了。

由于人类的捕猎，海洋中的哺乳动物越来越少。人们在考虑能不能养殖鲸鱼和海豚呢？回答是肯定的。哺乳动物的智商很高，易于驯化，也可以成为我们耕海牧鱼的好帮手，比如为海豚带上无线电装置，让它去为我们放牧鱼虾，也许它比澳洲牧羊犬还要聪明称职。将来人类移居海洋，海洋哺乳动物可以像陆地上的猪、牛、羊、狗一样成为我们的家畜。一头母鲸可以同时为整个社区提供鲜奶，其营养超过牛羊的奶。孩子们甚至还可以骑在海豚背上玩耍。

为了充分利用海洋的营养物质，保护海洋环境，为鱼虾提供栖息场所，有人还提出要绿化海洋，营造“海洋森林”。作为初级生产力，海上农牧业将大量出产各种海藻。如何很好地利用这些藻类是一个重要的课题。

在新加坡，有人利用一般废弃的轮船建造了一个海上养牛场，向附近的海上居民提供牛奶，牛的饲料就是在海中养殖的藻类。这些牛奶的不饱和脂肪酸含量比一般的牛奶要高，对人类的健康甚为有益。

在美国，人们大量养殖生长率高的巨藻。在合适的海区，巨藻每年可以收割 3 ~ 4 次，产量为 250 ~ 1 200 $t/(a \cdot hm^2)$。收获的巨藻被用来提取钾肥、制作动物饵料和人类食品以及生产可以代替石油的甲烷。由于巨藻的量太大了，人们还设计了联合收割船，由收割船将藻体初步脱水再运往综合加工厂。据有关资料介绍，一个面积仅有 0. 1 hm^2 的巨藻养殖场，一年的收入就达 60 万美元！简直让人目瞪口呆。

英国还发明了一台新机器，专门用来加工海藻。该机器每小时可加工 1 t 海藻，产品是一种富含蛋白质的浓缩食品，可直接食用。一台这样的机器的生产能力可以满足 5 万人对蛋白质的基本需求。联合国救灾组织曾经向非洲难民发放这种食品，挽救了许多人的生命。

被联合国粮农组织确定为未来人类的蛋白质仓库而推广的螺旋藻是一种非常原始的单胞藻。它培养简单，生长迅速，干品中有 50% 以上是蛋白质。人体对螺旋藻的营养吸收也很彻底，可达到 75%。现在，这种不起眼的藻类已经成为人人推崇的保健食品。

未来的海洋农牧化是什么样子？你可以展开思维的翅膀尽情地去想象，现在的科学发展速度一日千里，任何个人的思维也跟不上时代的飞跃。但有一点是可以确定的：我们的未来不是梦。

二、深海探测设备的发展与深海资源的开发利用

上九天揽月、下龙宫探宝，这一直是人类的梦想。孙悟空一会儿在王母娘娘的蟠桃园里摘桃子吃，一会儿又到龙王的水晶宫里耍兵器，就是人类这一梦想的形象反映。那么，人类的这一梦想是否已经实现了呢?

1957 年，由苏联研制的第一颗人造地球卫星飞上了天；1962 年，美国的“阿波罗”号宇宙飞船将两名美国宇航员送上了月球；1960 年，美国海军的“的里雅斯特”号深海潜水器携带两名潜水员，首次成功地潜到世界上最深的地方——位于西太平洋关岛附近的马里亚纳海沟的深渊。发生在这短短几年中的一上一下标志着人类征服这两大领域的开端。

如果说人类征服太空的梦想更多的是为了显示人类的能力和满足人类对茫茫宇宙的探索欲望的话，人类征服海洋的努力则更具有现实和经济上的考虑。因为海洋是一个巨大的资源宝库，而人类社会的迅速发展使得陆地上的资源几乎消耗殆尽，迫切地需要打开这个宝库。

千百年来，人类对大海的深处几乎一无所知，因为靠肺呼吸的人只能在大海的表层活动，目前屏气潜水的最高纪录是 100 m，时间为 3 min 40 s。背上氧气瓶的专业潜水员也不可能潜到很深的地方，因为在水中每下潜 10 m 压强就增加 1 atm，潜水员在深水中要经受极大的生理挑战，出水时还需要根据水深进行很长时间的减压，否则会得潜水病，减压时间取决于潜水的深度而不是潜水的时间。现在优秀的潜水员依靠潜水医学的保障已经可以下潜到几百米的深度了。但世界海洋的平均深度为 3 800 m，最深处超过 11 000 m，比世界最高峰珠穆朗玛峰的高度还多 2 000 m。如果不使用深海潜水器，即使最好的潜水员也不可能潜到这个深度。

为了探索海洋，人类发明了各种各样的尖端仪器，它们都是各个时期的最高技术成就的一部分。

航行在海面上的大型海洋调查船是人类探索海洋的生力军。1872 年，英国海洋调查船“挑战者”号在大西洋进行海底拖网采集海底沉积物样品时，首次发现了大洋锰结核资源。此后的 100 多年来，人类利用包括海底录像和声波探测在内的各种先进技术对锰结核资源进行了全面的、深入细致的研究。1978 年，美国出版了《海底沉积物和锰结核分布图》。目前的分析表明，锰结核含有锰、铁、镍、钴、铜等 50 多种元素。它主要分布于水深 3 000 ~ 6 000 m 的海底表层，全世界总储量估计可达 3 万亿 t，其中含镍 164 亿 t、铜 88 亿 t、钴 58 亿 t、锰 4 000 亿 t。同时，科学家发现，太平洋的锰结核资源仍在以每年 1000 万 t 的速度不断生成。

开发深海资源是高投资、多风险的新兴产业，目前还没有哪个国家对大洋锰结核资源进行商业性开采。但随着陆地资源的日益短缺和深海开发技术的提高，海底锰结核资源将成为世界经济持续发展的重要战略物资。

深海钻探技术是人类探索海底财富的重武器。1966 年 6 月，作为美国国家科学基金会“大洋沉积物取样计划”的一部分，深海钻探计划正式开始筹备。1968 年 8 月 11 日，美国钻探船“格洛玛·挑战者”号在美国东海岸开钻，到 1983 年该计划结束时为止，该钻探船在世界海洋 543 个不同海域打了 910 个钻孔，钻进 50 万 m，钻探最大深度为 7 049 m，采了 15 万 m 的岩心，这次调查获得的资料为人类继续进行深海探索提供了依据。1985 年 1 月，由美国、加拿大、英国、法国、日本联合进行的“大洋钻探计划”开始实施，人类对大洋海底的情况有了更多的了解。这两次行动在人类探索海底奥秘的同时，也检验了人类在大洋海底进行探测和研究的巨大能力。

深海钻探技术在取得了重大的科学成果的同时，也对人类社会的经济发展作出了重大贡献：人们在海底发现了现代工业的血液——石油，并由此形成了效益巨大的海上油气产业。海上油气业作为一项新兴产业，发展速度惊人，发展前景广阔，是人类利用现代技术开发海洋的典范。

潜水技能是人类了解海洋不可缺少的手段，各种潜水装置就是人类开发海洋的尖兵。现代潜水系统分为有人潜水系统和无人潜水系统两类。

在影片《泰坦尼克号》中，我们可以看到现代有人潜水装置的工作情景：坐在密闭的抗压潜水舱里的两位探险家注视着舱内的监视器屏幕，周围海水中的环境被清楚地显示出来，这是潜水器上安装的深海摄影仪的功劳。潜水员驾驶着潜水器接近深海中的沉船，并通过控制潜水器前头的机械手将船体切割，取回船上的各种物品。潜水员甚至在舱内操纵摄影仪对沉船内部进行了细致的查看、测量，并将图像和数据发回到大型探测船上。这些资料由船上的计算机系统进行处理后，再将结果和进一步的建议传回到潜水器里，潜水员可以根据实际情况和水上人员的要求进行下一步操作。潜水员还可以通过潜水器的透明舷窗观察周围环境，也可以暂时离开潜水舱直接进入海水中进行采集和观测工作。

有人潜水系统非常灵活机动，作业能力强，作业中经常会有些意外的发现。被称为“未来战略性金属”的海底热液矿就是这样被发现的。同时，深入海底的科学家还发现了生活在水温极低或极高、无光无氧的大洋深处的生物群落，而在此之前，人们一致认为大洋深处是生命的禁区，因为那儿缺乏生命所必需的阳光和氧气。这些生物的存在引起了生命科学界的注意，另一种生命形式被发现了。

自 1960 年以来，美国人一刻也没有放松对深海探测器材的研究。1964 年，美国伍兹霍尔海洋研究所研制成功的“阿尔文”号 3 人深潜器投入使用，随后还设计制造了遥控潜水器，作为“阿尔文”号的助手用于深海调查。遥控潜水器是无人潜水系统，装置有各种先进的机械手和水下电视机，可以从事复杂的切割、电焊、清扫、维修工作。它最大的优点是不需要保障人员生命安全的辅助设备，因而成本较低，适用范围广，可以在有人潜水系统不能到达的危险水域从事一些危险和繁重的机械工作。现在的无人潜水系统充分利用了最新的电脑技术，正向着人工智能的方向发展。

1995 年秋天，被誉为水下飞机的“深潜 1 号”新型潜水器，在美国特雷湾水域进行了首次深潜试验。海水和空气似乎是风马牛不相及的两种物质，但它们有一个共同的特点：都是流体，因此，人类早就有过“水下飞航”的梦想。“水下飞机”的外形和飞行原理与普通飞机类似，也是利用两侧机翼与海水相对运动产生的力一边前进一边下沉或上浮的。水下飞机还装有垂直推力器，在前进速度为零的情况下可作垂直升降。因此，“深潜 1 号”的灵活性、水中潜入速度和深度都是前所未有的，它的研制成功是人类探索海洋的又一个里程碑。

在征服海洋的进军中，各国都竭尽全力来跟上前进步伐，谁也不甘落后，因为深海的资源属于大家，谁有实力谁就能拥有财富，这是经济世界里铁的法则。苏联、美国、法国、德国、加拿大都是深海探索领域里的强国，近 10 年来我国和日本也在这方面取得了相当的成绩。1986 年，日本政府投资 830 万美元，设计建造了“深海 6500”号潜水器，其最大潜水深度可达 6 500 m，并利用它在海底建立了自动化微生物实验室。我国是世界上少数几个能够实现潜艇水下对接、人员转移技术的国家之一，可在水下 200 m 处实行人员转移。

正像进入太空离不开航天器一样，开发利用深海则离不开深海装载装备。拥有大深度载人潜水器和具备精细的深海作业能力，是一个国家深海技术竞争力的综合体现。有了载人深潜器，科学家可以直接参与深海前沿科学研究。自 20 世纪末以来，国际海底区域竞争形势越来越激烈。2000 年前后，中国大洋协会组织各方专家以及政府部门负责人进行深入论证，达成研发载人深潜器的共识，形成了需求论证报告，并报科技部。2002 年，国家高技术研究发展计划（简称“863”计划）重大专项“7 000 米载人潜水器项目”正式批复。经过 7 年联合攻关，终于实现了载人潜水器耐压结构、生命保障、远程水声通信、系统控制等关键技术的突破。“蛟龙”号潜水器长、宽、高分别为 8.2 m、3.0 m、3.4 m，质量不超过 22 t。它的外形像一条鲨鱼，有着白色圆圆的“身体”、橙色的“头顶”，身后装有一个“X”形稳定翼，在稳定翼的四个方向各有 1 个导管推力器。“蛟龙”号有效负载为 220 kg（不包括乘员质量）；最大下潜深度超过 7 000 m；最大速度为每小时 25 n mile，巡航速度为每小时 1 n mile；载员 3 人；正常水下工作时间为 12 h。

载人深潜试验遵循“由浅入深、循序渐进、安全第一”的原则，海上试验分阶段逐步达到最大设计深度 7 000 m。2009 年，“蛟龙”号在我国南海成功进行了 20 次下潜，最大下潜深度达 1 109 米。2010 年 8 月 26 日，“蛟龙”号深海载人潜水器在我国南海取得 3 000 米级海试成功，最大下潜深度达到 3 759 m，这标志着我国成为继美、法、俄、日之后第五个掌握 3 500 m 以上大深度载人深潜技术的国家。2012 年 6 月 27 日，“蛟龙”号载人潜水器被布防入水，开始进行 7 000 米级第六次海试，也是全部海试中的最后一次下潜试验，本次试验“蛟龙”号到达最大深度 7 035 m，并坐底。“蛟龙”号在之前已经进行过 5 次下潜试验，在第五次试验中，“蛟龙”号经过 3 个多小时的下潜，潜至 7 062.68 m，是目前世界上同类型载人潜水器的最大下潜深度；第一次至第四次下潜深度分别为 6 671 m、6 965 m、6 963 m 和 7 020 m。这意味着“蛟龙”号可在占世界海洋面积 99.8% 的广阔海域自由行动。它具有针对作业目标稳定的悬停定位能力，这为该潜水器完成高精度作业任务提供了可靠保障；具有先进的水声通信和海底微地形地貌探测能力，可以高速传输图象和语音，探测海底的小目标；配备了多种高性能作业工具，确保载人潜水器在特殊的海洋环境和海底地质条件下完成保压取样和潜钻取芯等复杂任务。

据介绍，未来“蛟龙”号的使命包括运载科学家和工程技术人员进入深海，在海山、洋脊、盆地和热液喷口等复杂海底有效执行各种海洋科学考察任务，开展深海探矿、海底高精度地形测量、可疑物探测和捕获等工作，并可以执行水下设备定点布放、海底电缆和管道的检测以及其他深海探询及打捞等各种复杂作业。

深海探测设备在我国的海洋调查和海洋资源开发中发挥了重大的作用。

近几十年来，人类利用先进的深海探测设备已经对世界海洋进行了广泛的调查，取得了一系列重大成果。海洋是个聚宝盆，海底的财富更是种类丰富、多姿多彩，任何一个想象力丰富的人也难以想象到海底能有这么多的宝藏。尽管还有许多困难等待着克服，但横亘在我们面前的最大障碍已经消除了。静静地等待着我们数万年的龙宫如今已是热闹非凡，各种各样的探测器材将海底的奥秘呈现在亿万人的面前。人类似乎来到了一个超大型的超级市场，只需相应的花费，就可以拥有这些让人惊喜的奇珍异宝了。面对如此的诱惑，又有谁能够止步呢？

三、利用海洋生物的富集作用开发低含量贵金属资源

科学家已经发现，世界上已发现的 100 多种元素中有 80 多种可以在海洋中找到，人类需要的许多金属在海水中都有很可观的储量。如用于制造原子弹的铀，在陆地上的储量只有 100 万 t，在海水

中却有45亿t之多；被作为财富象征的黄金，在陆地上的储量只有3.5万t，在海水中却有500万t以上。在工农业生产中用途广泛的钾有500×10^{12}t。在核聚变中起重要作用的锂有2 300亿t，比陆地上多25 000倍，被称为"未来的能源救星"的重水约有200×10^{12}t。

这些物质在海水中虽然总量很大，却均匀地分散在海水中，每吨海水中的含量并不高，如铀为0.003 3 mg/L，碘为0.06 mg/L，锂为0.17 mg/L，钾为380 mg/L，金为0.000 004 mg/L，用常规的方法提取费事费钱，用于生产很不合算。科学家计算过，从海水中直接提取1 t碘，要处理2 000万t海水；提取1 t铀，要处理4亿t海水，按目前海水提铀水平核算，成本是陆地贫铀矿提取成本的6倍。提取1 t黄金，要处理的海水就更是个天文数字了，所以目前人们手中的金子还都是从陆地的矿石和矿砂中得到的。正如守着金山讨饭吃一样，人们对着大海干着急。故事里阿里巴巴喊着"芝麻、芝麻，开门吧"，宝库的门就自动地打开了，人们也幻想着能找到打开海洋财富宝库大门的钥匙。

现在，这个钥匙终于被科学家找到了，这就是海洋生物的富集作用。

生物的富集作用对科学界来说并不是件新鲜事，不同的生物对营养成分的要求不同，因此就会在体内积聚一些特定的物质，这些物质在生物体内的含量经常比自然界中的平均含量高出几千倍，所以被称为"富集"。在陆地探矿中有一种植物探矿法，利用的就是某些植物在生长过程中能够在体内富集某些特定的矿物质的特性。海洋生物生活的环境是海水，而海水由于上亿年的混合，其包含的各种物质的比例几乎可以看做是恒定的。在同样的海水里，构成海洋生物身体的物质却大不相同。海洋生物富集作用的例子很多。硅藻是一类微藻的统称，硅藻的身体虽然小，在显微镜下看却很完美。它的身体最外层是两片有着美丽花纹的壳，这两片壳是由二氧化硅形成的。大量的硅藻死亡后壳会沉积到海底形成硅藻软泥，人们在人工条件下大量培养硅藻时也必须向培养液中加入硅元素，因此，我们可以用硅藻富集硅元素。海带等褐藻中含有大量的碘，因此，海带是制碘工业中的主要原料，我们日常也把吃海带作为从食物中补充碘的主要途径，所以，我们说海带可以富集碘元素。牡蛎、蛤蜊、鲍等有壳软体动物的壳都是由钙质组成的，肉中的锌、铜、钴含量也非常高。对虾、海蟹的甲壳是由钙和磷组成的。类似的例子还有许多。

但是什么样的富集作用对我们最有用处呢？科学家寻找它们的原则有3条：其一，这种生物是可以在自然海水中大量培养的；其二，培养出来的生物体是易于大量收集的；其三，所富集的元素是我们需要提取的。根据这些原则，从鲍中提取钙或铜、从对虾中提取钙或磷都是不合适的。我们应把着眼点放在富集陆地上缺乏的贵重金属的生物上。

法国人正在筹建一座植物提铀的中间工厂，因为科学家经过大量的工作终于发现了有些藻类能大量富集铀，有的能富集达海水含量的5万倍，使其含量达到150 mg/L。这个含量已经超过了陆地上贫铀矿的含量，因此可以算得上是"植物铀矿"了。

日本人发现小球藻和海带对金离子有很好的吸附作用。同时，海带对钴、小球藻对银的吸附效果也很好。尤其重要的是，日本人还培养出一种特别有发展前途的"富铀"小球藻，它生长快，可以达到很大的密度，使海水提铀的成本大大地降低了。这个发现使深受陆地资源不足限制的日本人欣喜若狂。靠流动的海水就能得到代表财富的黄金和代表现代军事力量的铀，这是日本人梦寐以求的事情。现在日本政府非常关注这项成就的产业化，在各方面予以支持。

因为事关财富和军事，世界上其他国家也都在严格的保密中争分夺秒地进行着研究工作。到底各国的进程如何？掩不住的竞争热流从那静悄悄的试验室里不时地传出，已经有一些技术结出了硕果。

我们确切知道的是，我国在这场竞争中也没有落后。未来的新产业正在孕育之中。

四、海洋生物技术与海洋药物研究

大海，不仅为人类创造了一个有益于人类健康的自然环境，而且还为人类提供了医治百病的灵丹妙药。辽阔的海洋，是人类硕大无比的“保健箱”。

早在古埃及时，人们就知道从河豚中提取治疗癫痫病的药剂。我国秦汉时期《黄帝内经》中就有乌贼入药的配方。公元前5世纪南齐《名医别录》中已有了马尾藻和海带药性和用法的记载。举世公认的明代药物巨著《本草纲目》中收录的海洋药物多达99种。在几千年来“医食同源”、“药食并用”的传统中医理论影响下，数以千万计的海洋中成药、药膳、验方蕴藏于中国医学宝库中。我国利用海洋生物入药的历史可谓源远流长。

时至今日，随着科学技术的发展，人类对海洋药物的利用，早已不限于天然采集、直接口服、捣烂敷用了。海洋生物生活史的研究，人工育苗、养殖技术的突破，化学与分离技术的长足进展，使海洋药物产业进入了人工培植、分子提取与合成的新阶段。在现代化的高科技手段支持下，从海洋生物体内获取的具有药用价值的初生代谢产物和次生代谢产物，除可开发成天然药物外，还可利用海洋生物活性物质新颖的结构作为先导物，设计合成出治疗疑难病症的新药。此外，还可通过生物工程技术探索海洋生物活性物质，研制出各种具有独特疗效的药物，为人类的生命之船保驾护航。

目前，各国的科学家通常对海洋棘皮动物、环节动物、软体动物、腔肠动物、海洋微生物和海洋微藻类等海洋生物的广泛研究，从中分离和鉴定了数以万计的海洋天然有机物，它们的特异化学结构和药理活性，多是陆源天然有机物所无法比拟的。例如，墨西哥科学家从珊瑚中提取的前列腺素，能治疗高血压、溃疡、动脉硬化等病症；美国宾夕法尼亚州马加尼研究学院从鲨鱼中提取一种角鲨烯抗菌素，能抑制多种细菌对人体的侵害；日本京都大学海洋药物研究室从冲绳岛海域的鸡冠珊瑚中提取出一种治疗脑血管硬化、冠状动脉硬化和心脏病的化合物，临床效果显著；日本从海洋细菌中提取的“海拿登”具有极强的抗癌作用，并已进入临床试验；美国关岛大学从红海藻中提取到一种能抑制癌细胞繁殖的化合物，还从海兔体内发现一种被吞食的海藻具有解毒功能。

世界上有20多个国家将珊瑚应用于骨科、矫形外科、颅颌骨外科、美容外科和口腔外科。法国医生在骨折手术中采用珊瑚做材料已达数万例，并且正在研究用珊瑚代替金属治疗骨折患者。最近国外又发现某些软体动物具有抗病毒、抗细菌感染和抗肿瘤的作用，是研究新护生素和抗癌药物的来源。因此，海洋药物成为许多研究机构和企业竞相研究的重点。例如，美国斯克里普斯海洋研究所致力于海洋微生物抗感染和抗癌药源研究；美国一家关节炎科学公司，制订了一项十年研究开发计划，投入巨资和人力，研究开发抗炎症新药、伤口愈合剂和其他海洋新药以及保健食品、食品添加剂、动物饲料等；河豚毒素已制成成药出售，广泛用于内科、外科、皮肤科和眼科，对心血管疾病、哮喘、百日咳、胃痉挛等也有明显疗效，目前国际市场上每克河豚毒素价值17万美元。

我国应用海洋药物治疗疾病有着悠久的历史，而采用现代化的科学技术进行开发研究则起步稍晚。但因有我国传统的中医药理论作指导以及民间应用海洋药物的丰富实践经验，使得我国海洋药物研究从一开始就走上了与人民群众防病治病、提高健康水平密切相连的道路。进入21世纪，海洋生物已成为提供新天然化合物（新药先导物）的主要来源。世界上海洋天然产物的研究正方兴未艾，走在这一领域前列的是美国、日本、欧盟等科技发达国家。他们工作的特点是非常重视海洋生物的基础研究，十分强调多学科交叉合作，综合应用海洋生物学、生态学、天然产物化学、分子生物学和药理学的方法和技术，集中开展海洋生物中天然有机小分子活性化合物的发现、结构优化和新药开发研究。短期内发现一批有重要活性和成药前景的新药先导化合物，并有20多个化合物已进入临床研究的不同阶段。此外，西班牙 PharmaMar 公司开发的抗癌新药 Ecteinascidin 743（源自海鞘）目前已在欧洲和美国完成了Ⅲ期临床，有望在不久之后正式被批准成为临床使用药物。当前，国内的工作还较多地停留在初级代谢产物的研究开发阶段，如海藻多糖、甲壳素、鲨鱼软骨素和酶制剂等。这些大分子物质的化学结构往往不明确，理化性质不确定，作用机制不明了。因此，它们作为药物在品质控制、知识产权保护等方面存在困难，这对形成自主知识产权的创新成果十分不利，形势十分严峻。我国几乎还没有具有自主知识产权、结构明确、机理清楚的海洋药物进入临床研究，而且有特色的海洋药物先导化合物也少有报道。为应对这种局面，尤其是在我国加入世界贸易组织（WTO）后医药领域面临更加严峻的知识产权和研究创新的挑战，我国近年来显著加大了对海洋资源开发利用的重视和资金投入，制定了《中国海洋21世纪议程》，并将海洋生物技术列入了国家高技术研究发展计划。在国家计划的宏观导向和指导调控下，“十五”期间，国家海洋“863”计划首次将“海洋药物研究”列为一个独立专题，并启动了以提供新药先导物为目的的海洋天然产物研究项目。通过执行该项目，国内一些著名高校、科研机构近年来对我国东南沿海的海藻、海绵及红树林等常见海洋生物进行了细致深入的研究，获得了大量有关这类海洋生物的化学、生物、药理等方面的知识。进入“十一五”，国家更加重视对海洋生物和海洋药物的研究，并加大了在这方面的财政投入，国内更多的科研机构加入海洋天然活性物质研究领域，昭示着这一学科的蓬勃发展趋势和美好的前景。当前我国海洋天然产物的研究与国际先进水平之间的距离正在缩小，“向海洋要食物、向海洋要药物”已经从一句口号变成现实，全国范围的、多方面的海洋生物资源开发利用为我国国民经济的持续健康发展注入活力并做出巨大贡献（郭跃伟，2009）。

目前，我国投入工业化生产的以海洋药物为主，配以其他中药制成的海洋中成药已达65种。另外，在海洋天然高分子化合物的药用、某些海洋生物活性物质的提取、分离、鉴定等方面，也达到或接近国际水平，已有10余种海洋化学药物投产，取得了令人鼓舞的成就。

就在各种海洋药物以其独特的疗效，形成医药界一道亮丽的风景的同时，以海洋生物为原料的海洋保健食品研究开发也捷报频传。1995年，中国科学院海洋研究所经过不懈努力，成功地从海藻中提取人类最佳的补碘产品——活性碘“海藻晶”，该产品为人类消灭碘缺乏病作出贡献，成为人类健康的福星。山东省长岛县海洋药物研究所研制的“刺参玉液”、“海洋减肥宝”，荣成市的“海藻保”等海洋保健食品批量投入香港、青岛、广东等市场，深受消费者欢迎。珠海新珠医药公司的“海珍口服液”和深圳海王药业有限公司的“海胆王”，在有900多家厂商参加的中国优质保健产品评奖中，以其独特的魅力在强手如林的竞争中，双双荣获金奖。目前，国内外利用海洋生物研制和开发的海洋保健食品已形成多个系列，如鱼油系列、水解蛋白系列、海藻系列、贝类系列等。我国海洋保健食品工业虽然基础较为薄弱，但近年来发展十分迅速，已成为海洋水产品加工利用的重要组成部分，已有数百种新产品相继研制成功，并投放市场。

展望未来，海洋药物和保健食品业的前程一片光明。科学家们发现，从海洋提取的药物和保健食品因含有多种活性物质，更符合人体的调节机理，而且副作用小、无污染，从而在抗肿瘤、抗病毒、抗真菌和促进人体保健方面的作用显著。癌症、艾滋病、某些瘟疫，令人“谈虎色变”；心脑血管疾病、免疫性退行性疾病是生命的可怕杀手。战胜这些病魔的灵丹妙药都有可能在海洋中找到。到目前为止，已经发现具有重要生理及药理活性的化合物达上千种，我国近海已发现具有药用价值的生物有700多种。已经发现某些海洋药物在抗肿瘤、杀菌、止血、降压、麻醉、镇痛等方面比其他药物更胜一筹。

据预测，在未来的新药研究当中，内源性生物活性物质和海洋生物活性物质最有前途。目前利用生物技术，分离各种有价值的海洋生物活性物质基因，培育新的药源生物，是解决药源问题的有效途径。科学研究证明，海洋生物活性物质的初始来源大部分甚至可能是全部来自低等海洋生物，而生物技术的应用对于低等生物要比高等生物更容易实现。因此，运用生物技术获取大量海洋生物活性物质是切实可行的，它从根本上解决了某些海洋药物的资源缺乏问题，使工业化生产成为可能。

今后在对药用海洋生物资源的系统调查的基础上，随着海洋生物技术和中医药学理论的不断发展，将会有更多的海洋生物活性物质被挖掘出来。我国的海洋药物和保健食品业将有一个大规模的发展。海洋药物将成为21世纪药理作用最特殊、疗效最显著、副作用最小、最受患者欢迎的药品，许多疑难症将由海洋药物攻克；海洋保健食品遍及全球，食用海洋系列保健食品将成为一种新时尚。

思考题：

1. 什么是海洋生物和海洋生物学？
2. 研究海洋生物学的意义有哪些？
3. 简述海洋生物学研究的内容。
4. 海洋生物学研究的目标是什么？
5. 了解海洋生物学研究的历史，重点是国内的研究历史。
6. 了解海洋生物学的发展潮流。

第二章　海洋生物的分类与特征

最早的生物分类系统，把生物分为两大界（kingdom），即植物界（Plantae）和动物界（Animalia）。18 世纪瑞典自然科学家林奈（C. Linnaeus）是这种分界的奠基人。根据这种分类方法，凡有绿色叶片，可以进行光合作用，制造有机物，根生于土中，不能自由运动，并能无限生长的就是植物。与此相反，能自由运动，不营光合作用，以植物或其他有机物为营养，并有限生长的，都属动物界。

德国生物学家赫克尔（E. Haeckel）于1886 年提出三界学说：植物界、动物界和原生生物界（Protista）。原生生物包括简单的真核生物，多为单细胞生物，亦有部分是多细胞的，但不具组织分化。

1969 年美国生物学家惠特克（R. H. Whittaker）提出了五界分类系统。他首先根据核膜结构有无，将生物分为原核生物（Prokaryotes）和真核生物（Eukaryotes）两大类。原核生物单独成一界，即原核生物界（Prokaryotes 或 Monera）。真核生物根据细胞多少进一步划分，由单细胞或没有组织分化的多细胞组成的低等生物归入原生生物界（Protista）。余下的多细胞真核生物又根据它们的营养类型分为真菌界（Fungi 或 Mycota），营腐生异养生长；植物界（又称后生植物界，Metaphyta），营光合自养生活；动物界（又称后生动物界，Metazoa），行异养生活。

多年以来，原核生物与细菌作为同义词使用，直到 20 世纪 70 年代后期，这个概念受到了沃斯（C. R. Woese）的挑战。沃斯和同事在比较了60 多种不同 16*S* rRNA 序列后，发现了一群序列奇异的细菌——甲烷菌及一些嗜盐菌、嗜热菌，这些细菌与其他细菌之间的 16*S* rRNA 序列差异比跟真核生物的 18*S* rRNA 序列差异还要大，从而提出这些特殊原核生物是地球上的第三种生命形式。由于这些原核生物的生活环境和地球上出现生命初期的环境（如厌氧、高温等）相似，因而将之命名为古菌（Archaea）。在此基础上，沃斯提出细胞生物的三域系统（three-domain），即细菌域（Bacteria）、古菌域（Archaea）和真核生物域（Eukarya）。基于其他保守分子和全基因组序列系统发育分析的数据也完全支持生物三域说。古菌尽管在细胞大小、结构及基因组结构方面与细菌相似，但在与遗传信息传递相关的物质及过程等方面却类似于真核生物，因而说，古菌是细菌的形式，真核生物的内涵。沃斯认为，应把原核生物界分成两界：古细菌界和真细菌界，形成六界生物分类系统。在进化上，沃斯根据它们在分子水平上的差异认为，所有生物有 3 种最基本的类型：古细菌、真细菌和最简单的真核生物。由于它们彼此间在分子水平上的差异大小近于相等，所以它们可能或多或少直接起源于地球上的原始生命，即原始生命在自然选择过程中，或迟或早地出现了这 3 种类型的独立进化途径（图 2－1）。

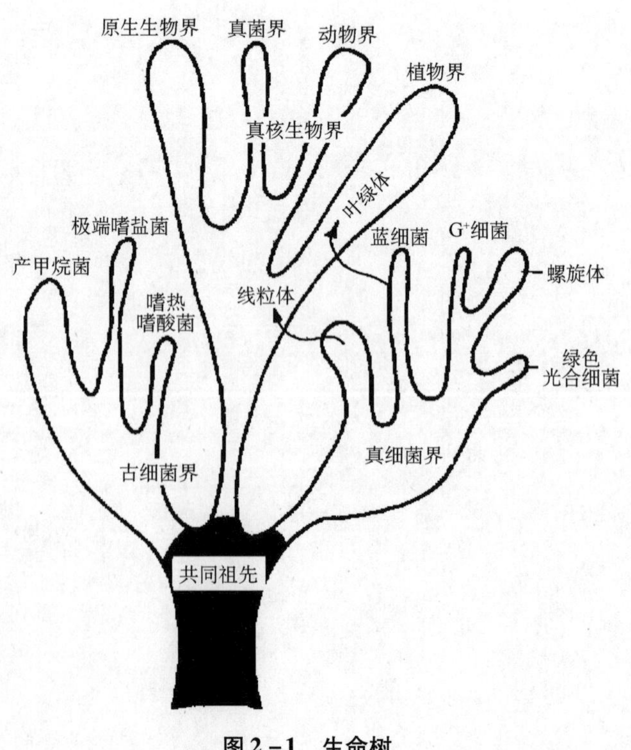

图 2－1　生命树

我国学者裘维蕃等于 1990 年提出菌物

界（Myceteae）取代真菌界，包括真菌，黏菌和假菌（卵菌等）3类。

目前，生物分类学上使用较广泛的主要是惠特克的五界分类系统，所以本书仍按照五界分类系统进行描述。

第一节　原核生物

原核生物是个体最小、结构最简单的生物。其特点是核质与细胞质之间无核膜，因而无成形的细胞核；遗传物质是不与组蛋白结合的环状双螺旋脱氧核糖核酸（DNA）丝，但有的原核生物在其主基因组外还有更小的能进出细胞的质粒DNA；以简单二分裂方式繁殖，无有丝分裂或减数分裂；没有性行为，有的种类有时有通过接合、转化或转导，将部分基因组从一个细胞传递到另一个细胞的准性行为；鞭毛仅由几条螺旋或平行的蛋白质丝构成；细胞质内仅有核糖体（沉降系数为70*S*），没有线粒体、高尔基体、内质网、溶酶体、液泡和质体、中心粒等细胞器；细胞内的单位膜系统除蓝细菌另有类囊体外一般都由细胞膜内褶而成，其中有氧化磷酸化的电子传递链在细胞膜内褶的膜系统上进行光合作用；化能营养细菌则在细胞膜系统上进行能量代谢；大部分原核生物有成分和结构独特的细胞壁。

在《伯杰氏系统细菌学手册》（第二版）中，原核生物分为古菌域和细菌域两个域。

一、古菌域

古菌又叫古生菌或古细菌，是一类很特殊的原核生物，多生活在极端的生态环境中，如高温、极热、极酸等。它们没有核膜及内膜系统，DNA也以环状形式存在并具有内含子。大多数古菌有扁平直角几何形状的细胞，而在细菌中从未见过。细胞壁不含肽聚糖和胞壁酸，结构和化学组成多样。双层或单层的细胞膜所含脂类是非皂化性甘油二醚的磷脂，即甘油和烃链之间只有醚键，而细菌和真核生物为酯键。核糖体介于原核生物和真核生物之间，具有组蛋白，形成类似真核生物核小体的构造。有许多特殊的辅酶，如绝对厌氧的产甲烷菌有辅酶M、F420、F430等。呼吸类型：多为严格厌氧、兼性厌氧，少数专性好氧，繁殖速度较慢，进化也比细菌慢。主要分为三个门。

（一）泉古菌门（Crenarchaeota）

泉古菌门极端嗜热、嗜酸，代谢元素硫，多数生活在陆地硫黄热泉或海底热液口中。形态多样，包括杆状、球状、丝状和盘状细胞。革兰阴性。专性嗜热的，生长温度范围为70～113 ℃，是目前已知的能够允许生物生长的最高温度。所有的菌都嗜酸，最低pH值为2.0，化能无机自养或异养，化能异养菌可能进行硫呼吸。泉古菌的成员广泛存在于海洋环境中。对南极水中和海冰中古菌基因序列的研究及后来的其他研究都证明，泉古菌门是深海水域中生命形式最多的古菌。

目前本门只有一个纲，即热变形菌纲（Thermoprotei），包括热变形菌目（Thermoproteales）、暖球形菌目（Caldisphaerales）、硫还原球菌目（Desulfurococcales）、硫化叶菌目（Sulfolobales）4个目，已知的海洋细菌都集中在热变形菌目和硫还原球菌目中。

1. 热变形菌目

细胞呈杆状或丝状，细胞直径为0.15～0.60 μm，长度可达100 μm；细胞末端通常形成膨大的球状体，最适生长温度为75～100 ℃，中度嗜酸，生长的pH值范围为4.5～7.0。目前该目有热变形菌科和热丝菌科2个科、5个属。各属间的区别主要是对氧的需求、生长温度和pH值。

热变形菌属（*Thermoproteus*）。细胞呈直杆状，直径约为0.4 μm，长度可达100 μm。细胞末端有球状结构——“高尔夫”球杆。细胞膜脂类特殊，是以醚键连接的带分支的甘油脂，40 碳脂穿透整个膜，使其成单分子层膜。厌氧到兼性厌氧生长；超嗜热生长（75～100 ℃）；化能无机营养时以 CO_2 为唯一碳源，从反应 $H_2 + S^0 \rightarrow H_2S$ 中获得能量；化能有机营养时从反应：有机物（碳源）$+ S^0 \rightarrow H_2S + CO_2$ 获得能量，生活于硫黄热泉和海底热泉。该属目前描述的种有 3 个，模式种为 *T. tenax*。

2. 硫还原球菌目

硫还原球菌目细胞呈不规则的类球体状，直径为 0.3～2.5 μm，超嗜热，最适生长温度均高于 85 ℃；中度嗜酸，生长 pH 值范围为 4.5～7.0。该目包括硫还原球菌科（Desulfurococcaceae）和热网菌科（Pyrodictiaceae）2 个科。

海洋硫还原球菌科有气热火菌属（*Aeropyrum*）、火球菌属（*Ignicoccus*）、葡萄嗜热菌属（*Staphylothermus*）、斯提特菌属（*Stetteria*）、热盘菌属（*Thermodiscus*）、热网菌属（*Pyrodictium*）、火叶菌属（*Pyrolobus*）7 个属。火球菌属是化能无机营养型的硫酸盐还原菌，其结构独特，细胞被一层外膜松散地包围，形成很大的周质空间，其中含有小囊，可能具有运输功能；葡萄嗜热菌属形成球状聚集体，进行化能有机营养，可发酵生成 CO_2、H_2 和脂肪酸，广泛分布在近海和深海热液系统，是有机物质的主要降解者，它是已知最大的古菌成员，虽然通常它的直径约为 1 μm，但在高营养浓度下它能形成很大的细胞，直径可达 15 μm。热网菌属的细胞是圆盘状的，层叠成菌丝状，借助于很细的中空管道连到硫晶体上。火叶菌属模式种为烟囱火叶菌（*P. fumarii*），分离自热液区黑烟囱，最适生长温度为 106 ℃，最高生长温度为 113 ℃，处于对数生长期的细胞可耐受 121 ℃高温 1 h（这个温度是当时已知的最高生长温度，直到最近，又有新的最高生长温度纪录，一株分离自太平洋海面以下 2 400 m 的深海热泉口附近的嗜热菌，在 121 ℃仍有繁殖能力，倍增时间为24 h）。这种极端环境下，嗜热菌可能是初级生产力的一个重要来源。细胞是叶球状的，细胞壁由蛋白质组成。它专性好氧，行化能无机营养，所需能量来自反应：

$$4H_2 + NO_3^- + H^+ \rightarrow NH_4^+ + 2H_2O + OH^- \quad (a)$$

$$5H_2 + S_2O_3 \rightarrow 2H_2S + 3H_2O \quad (b)$$

或

$$H_2 + 1/2O_2 \rightarrow H_2O \quad (c)$$

直到最近，泉古菌门被认为是极端嗜热的，但是在寡营养海水中广泛存在着与其相近的 16 *S* rRNA 序列，包括南极以及温度低于 −2 ℃的深海海水。海水中的原核生物随着深度的增加而减少，细胞数从接近海面的 10^5～10^6个/mL 到水下 1 000 m 时为 10^3～10^5 个/mL。细菌多普遍分布在 150 m 以上的海水里。但当低于这个深度时，古菌所占的比例等于或超过了细菌。这个模式终年都很稳定。

（二）广古菌门（Euryarchaeota）

广古菌门包含了古菌中的大多数种类，包括经常能在动物肠道中发现的产甲烷菌、在极高盐浓度下生活的盐杆菌、一些超嗜热的好氧和厌氧菌，总共 8 个纲。

1. 产甲烷菌

产甲烷菌是一类能够利用一碳或二碳化合物产生甲烷的古菌，不能代谢比乙酸更复杂的有机物。产甲烷菌是一群迄今为止所知的最严格厌氧的化能自养或化能异养的古菌群。产甲烷菌广泛存在于湖泊、海洋等水域底部。

大多数产甲烷菌能利用 H_2，并以 CO_2 作为氧化剂产生能量和合成细胞物质。这个产 ATP（通过产生质子泵）的能量反应是：$4H_2 + H^+ + HCO_3^- \rightarrow CH_4 + 3H_2O$。一些产甲烷菌也利用甲基化合物（如甲醇、甲胺、二甲基硫醚）、甲酸盐、乙酸盐、丙酮酸盐或 CO。像糖和脂肪酸这样的多碳化合物不能直接用来产生甲烷，但是由于产甲烷菌存在于与细菌共生的群落中，实际上任何有机物最终都能被产甲烷菌转化为甲烷。嗜热甲烷菌是海底热液口微生物群体的重要成员。在海底厌氧沉积物中，产甲烷菌控制了大量甲烷气体的产生；这些气体一直以甲烷水合物形式尘封了数千年。

产甲烷菌共有 25 个属，分布在甲烷杆菌纲（Methanobacteria）、甲烷球菌纲（Methanococci）、甲烷微菌纲（Methanomicrobia）、甲烷火菌纲（Methanopyri）4 个纲的 6 个目中。

2. 甲烷球菌纲

甲烷球菌纲包括 1 个目 2 个科。

甲烷球菌目（Methanococcales）：细胞呈球杆状，生长在海洋中，利用 $H_2 + CO_2$ 或甲酸盐产生甲烷。细胞壁具有硫层；在无肌醇的质膜中含有 N－乙酰葡萄糖胺和羟基古菌醇、卡克醇或环化的古菌醇。

甲烷超嗜热球菌属（*Methanocaldococcus*）是甲烷球菌目甲烷超嗜热球菌科（Methanocaldococcaceae）的模式属。细胞为规则或不规则的球状，直径为 1～3 μm。细胞染色为革兰阴性，而且在 SDS 中很快被分解。细胞运动，生有一束极生鞭毛。严格厌氧，极端嗜热，最适生长温度为 80～85 ℃。H_2 是产甲烷的电子供体，不利用甲酸、乙酸、甲醇和甲胺。在无机盐中自养生长，有时复杂的有机碳源可刺激生长，氨、硝酸盐和 N_2 可作为氮源。以硫化物和元素硫为硫源。

模式种詹氏甲烷超嗜热球菌（*M. jannaschii*）分离于深海热液口环境，DNA 的 GC 含量为 31%～33%。

詹氏甲烷超嗜热球菌是热液口微生物群落中最重要的成员之一，它主要消耗 H_2 和火山口地理化学活动产生的 CO_2。由于詹氏甲烷超嗜热球菌特殊的生理和生存环境，人们对其给予了特别关注。1996 年，Bult 等对它进行了全基因组序列分析。这是第一个完成基因组测序的古菌。其基因组全长为 1.6 Mb，并含有 58 kb 和 16 kb 大小的 2 个质粒，尽管它与能量产生、细胞分裂和物质代谢相关的基因和细菌更相似，但其与 DNA 复制、转录和翻译相关的基因和真核生物更相似。这支持了三域中所有生物从一个共同的祖先进化而来的假说。然而，詹氏甲烷超嗜热球菌绝大部分基因与细菌和真核生物基因没有同源性。

3. 甲烷火菌纲

该纲目前仅 1 目 1 科 1 属 1 种。

甲烷火菌目（Methanopyrales）细胞呈杆状，超嗜热。细胞壁含有假胞壁酸；质膜中无卡克醇和环化的古菌醇。

甲烷火菌属（*Methanopyrus*）是目前发现的生长温度最高的甲烷菌。其特点是杆状细胞，成链排列，长约为 2～14 μm，宽约为 0.5 μm。细胞通过形成隔而分裂，具有双层的细胞包被，细胞壁由假胞壁酸组成，含有 L－谷氨酸，L－丙氨酸，L－赖氨酸，L－鸟氨酸，N－乙酰半乳糖胺和塔罗糖胺。膜脂中含有 2，3－二－O－植烷酸－sn－甘油和 2，3－二－O－香草基－sn－甘油。依赖于 DNA 的 RNA 聚合酶为 AB′B″亚单位型。革兰阳性，运动。最适生长温度为 98 ℃，最高生长温度为 110 ℃（代时为 1 h），最低生长温度为 84 ℃。最适的 NaCl 浓度为 2%。生长 pH 值范围为 5.5～7.0。化能自养。利用 H_2 还原 CO_2 产甲烷，不利用甲酸、乙酸、甲醇、甲胺、丙醇、L（+）－乳酸和甘油产甲烷。含有 F420。细胞中具有高浓度的 2，3－二磷酸甘油酸。可还原元素硫为 H_2S，并引起细胞裂解。DNA 的 GC 含量为 59%～60%。目前只有一个种被描述，即坎氏甲烷火菌（*M. kandleri*），分离于 2 000 m 深处的热液口，后来也从其他热泉和海底黑烟囱分离到这个菌。

2002 年，Slesarev 等发表了坎氏甲烷火菌的全基因组序列，全长为 1 695 kb，基因注释鉴定了 1 692个蛋白质的编码基因和 39 个 rRNA 的结构基因。坎氏甲烷火菌的蛋白质含有异常高比例的负电荷氨基酸，可能是它适应细胞内高盐浓度和高温的机制。坎氏甲烷火菌代表了古菌一个很深的分支，和其他甲烷古菌的亲缘关系很远，但基因组显示坎氏甲烷火菌和其他甲烷菌属于同一个进化分支。而坎氏甲烷火菌的独特之处在于它的信号蛋白和表达调控蛋白很少，而且它的基因组中似乎很少有横向转移所获得的基因，可能是它特殊的极端生境的反映。

4. 热球菌纲

热球菌纲（Thermococci）包括1目1科3属。

热球菌属（*Thermococci*）为快速形成高度能动的球形细胞，直径约为0.8 μm，属于厌氧化能有机营养型，利用复杂的底物，如蛋白质、碳水化合物等，以硫作为电子受体。生长温度范围为50～100 ℃，最适生长温度是80 ℃左右。大多数种是海洋种，多发现于海底热液口，其生境压力高达200 atm（1 atm=101 325 Pa）以上。最佳生长NaCl浓度为3%。除一个嗜碱种外，都是在中性pH值条件下生长。一些种有很强的抗辐射能力。

广古菌门的一些超嗜热菌的系统发育位置是分支的最底端。有趣的是，在古菌和细菌两域的分支上，超级嗜热的古菌和细菌都处在接近树底部的位置，这也使这些生物最接近那些在地球早期更热条件下最先进化形成的生物。因此，一些科学家认为生命可能进化自海底热口和地表岩浆。

5. 古球菌纲

古球菌纲（Archaeoglobi）包括1目1科3属。

古球菌属（*Archaeoglobus*）细胞一般为不规则球形、三角形，直径为0.4～2.0 μm，单个或成对，单极多生鞭毛，革兰阴性。菌落可略呈绿黑色，在420 nm处可产蓝绿色荧光，严格厌氧，化能自养，氧化H_2，还原硫酸盐，产生H_2S，并产少量甲烷。极端嗜热，最适生长温度约为80 ℃，分布于深海海底、热泉和地层深部储油层。

6. 盐杆菌纲

盐杆菌纲（Halobacteria）包括1目1科18属，都是极端嗜盐菌。这是一群生活在高盐环境（如盐湖、盐碱湖、晒盐场及含盐浓度高的农场）的古菌。最低生长NaCl浓度为1.5 mol/L（约为9%），最适生长NaCl浓度为2～4 mol/L（12%～23%），最高生长NaCl浓度为5.5 mol/L（约为32%，NaCl的饱和浓度）。细胞壁缺少肽聚糖，含有醚质以及典型的古菌RNA聚合酶结构。对大多数细菌型抗生素不敏感，具有典型的古菌特性。以二分分裂的形式繁殖，不形成休眠态或孢子。多数嗜盐古菌不运动，少数以鞭毛运动。化能有机营养菌，大多数种为专性好氧菌。多数嗜盐古菌利用氨基酸和有机酸作为能源和碳源，有一些种还可以氧化碳水化合物，最适生长需要若干生长因子（主要是维生素）。电子传递链系统含有a型、b型和c型细胞色素，通过由细胞膜驱动的化学渗透机制形成的质子动力而获得能量。有些嗜盐古菌可以厌氧生长，以碳水化合物的发酵以及与硝酸盐或延胡索酸盐呼吸而获得能量。极端嗜盐古菌的生长需要高浓度的钠离子，而钠离子主要分布在细胞的外部环境；为了抵御钠离子所产生的外部渗透压，细胞内部往往积累大量（4～5 mol/L）的钾离子以维持渗透压的平衡。基因组的组成非常特别，含有一些可占细胞总DNA 25%～30%的大型质粒，这些质粒的GC含量为57%～60%，而染色体DNA的GC含量为66%～68%。极端嗜盐古菌的基因组还含有大量的高度重复序列，但其功能不清楚。

嗜盐杆菌属（*Halobacterium*）的成员是极端嗜盐古菌中第一个被描述以及研究最透彻的代表菌。在最适生长条件下幼龄液体培养物的细胞呈杆状，在老龄培养物和固体培养基上可能出现多形态和球杆状的细胞。细胞在蒸馏水中裂解。细胞运动，革兰阴性。要求中等浓度的Mg^{2+}（5～50 mol/L）。生长要求氨基酸。最适生长NaCl浓度为3.5～4.5 mol/L。生长的pH值范围为5～8。含有典型的硫酸三糖基二醚和硫酸四糖基二醚。

嗜盐杆菌和其他一些种能利用光能和被称为细菌视紫红质的膜蛋白合成 ATP。细菌视紫红质能与类胡萝卜色素复合，吸收光，形成一个质子推动力以产生 ATP。这里光不是用于光合作用，而是为质子泵将 Na^+ 泵出细胞和 K^+ 泵入细胞提供能量，并且在有机营养缺乏时提供足够的能量进行弱的代谢活动。嗜盐杆菌也还有其他类型的视紫红质。嗜盐视紫红质能捕获光能，将 Cl^- 泵入细胞以平衡 K^+ 的运输。其他两个视紫红质分子起着光传感器的作用，它们影响着鞭毛的旋转，增强细菌趋光性。最近，在变形菌门的海洋细菌中也发现了细菌视紫红质。

（三）初生古菌门（Korarchaeota）

Pace 从美国国家黄石公园微生物群体调查中发现了一个新的古菌门——初生古菌门的 RNA 序列，但至今未得到该门的纯培养物。2002 年，Huture 报道，从海底热泉中分离到一种目前已知最小的古菌，命名为 *Nanoarcheaum*，其细胞直径只有 400 nm。而且基因组也是迄今最小的，只有480 kb。它也是迄今发现的唯一一个寄生的古菌，寄生在极端嗜热厌氧的古菌——火球菌上。但在进化上它代表了一个最古老的生物分支——纳米古菌门（Nanoarchaeota），它与已描述的 3 个古菌门的 16*S* rRNA 序列同源性只有 69% ~81% 。

二、细菌域

细菌域细胞形态多样。细胞壁多含肽聚糖和胞壁酸，结构和化学组成多样。细胞膜所含脂类是酯键相连的磷酸类脂，具有双层膜。遗传物质为环状或丝状的 DNA 分子，不含内含子，核糖体的沉降系数是 70*S*，对氯霉素和卡那霉素敏感。代谢类型多样，严格厌氧、兼性厌氧，专性好氧，光能营养或化能营养。

在《伯杰氏系统细菌学手册》（第二版）中，细菌域包括 23 个门。本书主要介绍常见的海洋细菌。

（一）产液菌门（Aquificae）

产液菌门包括 1 纲 1 目 1 科 7 属。

产液菌目特征为：嗜热，所有菌株最适生长温度在 70 ℃或更高，发现于陆地或浅海温泉。运动或不运动的杆状，长为 0. 2 ~0. 6 μm，宽为 0. 3 ~0. 6 μm。革兰阴性。不形成芽孢。在某些条件下可形成长丝状。所有成员可以利用 H_2、O_2、CO_2 进行化能无机营养、微好氧生长。除嗜酸产水小杆菌（*Hydrogenobaculum acidophilum*）外，所有成员的最适生长 pH 值为6. 0 ~8. 0。DNA 的 GC 含量为31% ~48% 。广泛分布于全球，由于具有无机化能自养代谢途径，在高温生态系统中它们是细菌生物量的初级生产者。

产液菌属（*Aquifex*）的特征为：具有圆形末端的杆状细胞，大小为（0. 4 ~0. 5）μm ×（2 ~6）μm。单生、成对或多达 100 个细胞聚集。生长过程中细胞内形成楔形折光区。不形成芽孢。复杂的被膜由肽聚糖层（胞壁质类型 Aγ）、外膜和表层蛋白构成。胞壁质中含有二氨基庚二酸。复杂脂质的主要组分有氨基磷脂、糖脂和磷脂。中心脂主要由甘油烷基醚构成。革兰阴性。靠丛生鞭毛运动。严格好氧或微好氧。极度嗜热，最适生长温度为 85 ℃，最高生长温度达 95 ℃，最低生长温度为 67 ℃，这是迄今为止生长温度最高的细菌之一。在 1% ~5% NaCl 环境下生长，最适生长浓度为3% 。可在 pH 值为 5. 4 ~7. 5 的条件下生长，最适生长 pH 值为 6. 8，严格无机化能自养，通过还原柠檬酸途径固定 CO_2。以 H_2、硫代硫酸盐和 S^0 作为电子供体，氧和硝酸盐为电子受体。DNA 的 GC 含量为 40% ~47% 。模式种为嗜高温产液菌（*A. pyrophilus*）。

（二）栖热袍菌门（Thermotogae）

栖热袍菌门仅含 1 纲 1 目 1 科 6 属。

栖热袍菌类嗜热，不形成芽孢，杆状细胞外面具有壳状包被（袍）。革兰阴性，但是肽聚糖中不含内消旋－二氨基庚二酸；严格厌氧发酵；发酵葡萄糖产生乙酸、CO_2 和 H_2；生长受 H_2 抑制；对溶菌酶敏感；脂质中含有罕见的长链二元脂肪酸。广泛分布于世界各地，主要生长在低盐火山或高温环境，如浅海或深海热液系统及陆地油田。其中，栖热袍菌属（*Thermotogo*）可在 90 ℃的高温下生长，它与产液菌门都是目前已知的具有最高生长温度的细菌。由于它们具有严格的有机营养途径，使之成为高温生态环境的消费者。

栖热袍菌属特征：杆状细胞，单个或成对，0.6 μm×（1.5～11.0）μm，杆状细胞外环绕有典型的鞘状外层结构（“袍”），细胞的末端伸出气球状结构，其大小为 0.6 μm×（3.5～14.0）μm，不产芽孢。革兰阴性。靠鞭毛运动。严格厌氧。嗜热或嗜超高温，最适生长温度为66～80 ℃。最适生长 pH 值 6.5～7.5。异养生长。发酵葡萄糖产生乙酸、CO_2 和 H_2。还原硫代硫酸盐产生 H_2S。生长受 H_2 抑制。对细胞壁、蛋白质及核酸生物合成抑制剂敏感。海洋菌株可在高达 3.75% 的 NaCl 环境中生长。DNA 的 GC 含量为 39.6%～50.0%。分离自地热海水沉积物或潮汐泉、油库等。包括 9 个种，模式种为海栖热袍菌（*T. maritime*）。

海栖热袍菌的基因组测定已经完成，为 1 860 725 bp 的环状染色体，GC 含量平均为46%。预测其基因组含有 1 877 个编码区，但仅有 54%（1 014）已知其功能。研究发现，尽管该菌基因组的主体部分为细菌，但却有约 1/4 的基因组具有古菌的背景，这可能意味着该种细菌在生物进化中具有特殊的地位。大量的基因从事营养运输和利用，使其保持利用广泛底物生长的能力。

在生物技术上的应用：与产液菌门细菌一样，栖热袍菌门产生的胞内及胞外高度热稳定的酶可能会给化学工业和食品工业等生物催化行业带来巨大效益。一种海栖热袍菌产生的重组木聚糖酶可在 100 ℃保持数小时活性，此类木聚糖酶在纸浆和造纸工业中具有巨大应用潜力。高热稳定的淀粉酶可用于淀粉加工，高温葡萄糖异构酶可用于玉米糖浆的生产。

（三）异常球菌－栖热菌门

异常球菌－栖热菌门是一群对环境逆性具有高度抗性的细菌，包括抗辐射的异常菌纲和抗热的栖热菌纲。栖热菌纲 1 目 1 科，包括栖热菌属（*Thermus*）、海热菌属（*Marinithermus*）、大洋热菌属（*Oceanithmus*）、火山热菌属（*Vulcanithermus*）和亚栖热菌属（*Meiothermus*）5 个属，模式属是栖热菌属。

栖热菌目的特征是，细胞为长短不等的直杆状，也可呈丝状，无鞭毛，革兰阴性。无内生芽孢。绝大多数菌株可形成含黄色或红色色素的菌落，一些菌株不产色素。好氧，具有严格的呼吸型代谢，但是，一些菌株可以硝酸盐和亚硝酸盐为电子受体厌氧生长。氧化酶阳性，绝大多数接触酶阳性。嗜热，最适生长温度为 50～75 ℃。呼吸醌主要是 MK－8。肽聚糖中主要的氨基酸是鸟氨酸。所含脂类主要包括 1 种磷酸类脂和 1～2 种糖脂，脂肪酸以支链脂肪酸为主；许多菌株含 2－羟基和（或）3－羟基脂肪酸。异养，一些菌株可氧化硫化合物化能自养生长。可在中性或碱性热液区分离、检测到。

栖热菌属的特征：直杆状，直径为 0.5～0.8 μm，长度不等，为 5～10 μm；在某些培养条件下可呈丝状，长为 20～200 μm；某些菌株具有稳定的丝状体形态。不运动，无鞭毛。不产生内生芽孢。革兰阴性。多数菌株形成黄色菌落，一些菌株菌落无色。好氧，严格呼吸型代谢，但是一些菌株以硝酸盐和亚硝酸盐为最终电子受体厌氧生长。氧化酶和接触酶阳性。嗜热，最适生长温度为 70～75 ℃；绝大多数菌株最高生长温度低于 80 ℃。最适生长 pH 值为 7.8。肽聚糖中主要的氨基酸是鸟氨酸。以 iso－支链脂肪酸和 anteiso－支链脂肪酸为主；一些菌株含有 3－羟基脂肪酸。所有菌株可降解蛋白质和多肽。一些菌株可水解淀粉。可以以单糖、二糖、氨基酸、有机酸为唯一碳源和能源生长。绝大多数菌株生长需要酵母提取物或辅助因子。发现于中性至碱性热液区，普遍也可从人为高温环境分离得到。基因组 DNA 的 GC 含量为 57% ~65%。模式种为水生栖热菌（*T. aquaticus*）。

栖热菌属产生的内切酶、修饰酶、DNA 聚合酶、蛋白酶、碳水化合物酶等，由于其在高温下具有高度活性的特点而广泛应用于现代生物技术研究与生产，其中又以水生栖热菌产生的酶类应用最广。水生栖热菌产生的 DNA 依赖的 DNA 聚合酶（Taq DNA 聚合酶）使得体外自动化大量扩增 DNA 特定片段成为可能，使 PCR 技术对生物学研究产生了革命性影响。此外，水生栖热菌产生的内切酶 Taq Ⅰ已广泛应用于分子生物学，它还可产生热稳定的蛋白酶、β－葡萄糖苷酶、RNA 聚合酶等。

（四）硝化螺菌门（Nitrospirae）

硝化螺菌门包括 1 纲 1 目 1 科。该门细菌的基本特征为革兰阴性，弯曲、弧形或螺旋形细胞。代谢方式多样，大部分属是好气、化能自养菌，包括硝化细菌、异化硫酸盐还原细菌和趋磁细菌。其中，高温脱硫弧菌属是嗜热、嗜酸、厌氧的。硝化螺菌属（*Nitrospira*）是海洋细菌。

硝化螺菌属特征：细胞呈松散螺旋状至弧状，宽为 0.3 ~0.4 μm，长为 0.8 ~1.0 μm。无运动性。无胞质内膜。周质空间的厚度是其他革兰阴性菌的 2 倍。化能无机自养型。亚硝酸盐只作为能源，但混合营养时的生长好于无机自养生长。在亚硝酸盐和有机底物存在时，代时由 90 h 降至 23 h，细胞生物量增加。海水对于生长是必需的。培养基中含有 70% ~100% 的海水且添加了亚硝酸盐、丙酮酸盐、甘油、酵母提取物或蛋白胨时最适生长，分离自不同的海水环境，如海水和海洋沉积物。模式种为海洋硝化螺菌（*N. marina*）。

（五）蓝细菌门（Cyanobacteria）

蓝细菌又称蓝藻，由于它们比一般细菌大得多，进行产氧光合作用，而且形态和大小接近于藻类，本书仍将其归入海洋藻类中讲述。

（六）绿细菌门（Chlorobi）

绿细菌门只有 1 纲 1 目 1 科 6 属。是严格厌氧、专性光合营养生长的细菌，革兰阴性，外形有球形、椭圆形、直形和弯曲形的。通过光合作用利用简单有机化合物进行生长；单个细胞和培养物呈绿色或棕色。光合色素位于绿囊体（chlorosome）内，绿囊体位于细胞质膜的下方并与其连接。除少量的细菌叶绿素 a 外，作为主要成分的是细菌叶绿素 c 、细菌叶绿素 d 或细菌叶绿素 e；可以利用硫化物作为固定 CO_2 的电子供体，少数种可利用硫代硫化物作为电子供体。当生长环境中有光照和硫化物存在时，硫的颗粒会在细胞外累积，硫可以继续氧化为硫酸盐。大多数属要求一个或多个生长因子，通常需要生物素、硫胺素、烟酸和对氨基苯甲酸。许多菌株具有固定分子氮的能力，贮藏物质通常是聚磷酸盐。这类细菌多出现于水体沉积物、含硫泉水和温泉中，个别菌株已从海港水体中分离到。模式属为绿细菌属（*Chlorobium*）。突柄菌属（*Prosthecochloris*）和绿滑菌属（*Chloroherpeton*）是海洋细菌，而绿细菌属及 2003 年才定的新属 *Chlorobaculum* 中也有海洋种类。

突柄菌属的细胞分裂前呈球形或短杆形，大小为（0.5 ~0.7）μm×（0.5 ~1.2）μm；每个细胞有 10 ~20 个突柄，大小为（0.10 ~0.17）μm×（0. 07 ~0.30）μm，末端圆滑。细胞单个或成群或链状存在。不含气泡，不运动，革兰阴性。在各个方向上进行二分分裂。分离不完全时，细胞群呈带分枝的链状，其形状取决于分裂的方向。细胞悬浮物绿色或棕色。以细菌叶绿素 c 或细菌叶绿素 e 作为主要的细菌叶绿素成分，含类胡萝卜素。光合器官包括天线结构的绿色体，即长的卵形泡囊，位于细胞质膜的下方并连在质膜上。不含气泡。厌氧。在 H_2S 存在时，行光合作用，产生并积累元素硫作为氧化性中间产物，以硫粒的形式积累在细胞外的培养基中，最终氧化为硫酸盐。在硫化物和重碳酸盐存在时，乙酸盐、丙酮酸盐和其他一些底物被光同化。氨作氮源，可以固定四氧化二氮。生长需要维生素 B_{12}。生长温度范围是 20 ~ 30 ℃，适宜 pH 值为 6.7 ~ 7.0。耐受 NaCl 范围为 0.2% ~7.0%，最适约为 2%。GC 含量为 50.0% ~56.1%。模式种为江口突柄绿菌（*P. aestuarii*）。

突柄菌属是最普遍的海洋绿硫细菌，生境是含有 H_2S 的污泥和海水池塘以及 NaCl 浓度高达 18% 的湖泊。

（七）变形杆菌门（Proteobacteria）

变形杆菌门是细菌域中最大的一个门，数量大，种类多，也是表型多样性最丰富的一个系统发育群。所有的变形菌门细菌均为革兰阴性，其外膜主要由脂多糖组成。很多种类利用鞭毛运动，但有一些非运动性的种类，或者依靠滑行来运动。虽然根据 16*S* rRNA 序列分析，将它们归为一个大的系统发育群内，相互之间有一定关系，但它们在形态、生理、生活史上却非常多样化。在形态上有杆状、球状、弯曲状、螺旋状、环状、牙槽状、出芽状、丝状、鞘状，甚至有的菌体可以流动。对温度的适应上，绝大多数是嗜中温型的，一些菌是嗜热型的，另有一些菌则是嗜冷型的。该门的细菌多数靠极生鞭毛或周生鞭毛运动，少数细菌（如黏细菌）则能通过菌体的变形而进行滑动。绝大多数细菌是自由生活的，一些菌可内共生于原生动物和无脊椎动物的细胞内。变形细菌门的细菌产能机制也十分多样，既有化能有机营养型，又有化能无机营养型、氧化氨的亚硝化单胞菌，还有光能营养型。根据它们对氧的需求，又可将这些菌分为严格好氧、严格厌氧、兼性好氧及微好氧。这一类群的一些细菌在碳素、硫素及氮素的地球物质循环中起着重要作用。变形杆菌门分为 α - 变形杆菌纲、γ - 变形杆菌纲、β - 变形杆菌纲、δ - 变形杆菌纲、ε - 变形杆菌纲 5 个纲，约有 460 个属（占所有已有效发表细菌属的 40% 以上），1 800 多种。

1. 光合细菌分类学地位变化

光合细菌（photosynthetic bacteria）又称光养细菌（phototrophic bacteria），是能进行光合作用的一群原核生物。光合细菌有广义和狭义之分。广义的光合细菌包括产氧光养细菌（oxygenic phototrophic bacteria）和不产氧光养细菌（anoxygenic phototrophic bacteria）。产氧光养细菌，又叫蓝细菌，也称蓝藻，与高等植物一样进行产氧光合作用；不产氧光养细菌，即狭义的光合细菌，也即通常所说的光合细菌，也即人们通常所说的厌氧光合细菌（anaerobic photosynthetic bacteria），它们进行不产氧光合作用。不产氧光合作用，只涉及一个光反应系统，即光反应系统 Ⅰ，光合色素是细菌叶绿素（包括细菌叶绿素 a，细菌叶绿素 b，细菌叶绿素 c，细菌叶绿素 d，细菌叶绿素 e，细菌叶绿素 g 等），供氢体不是水，而是分子氢、硫化氢、硫、硫代硫酸钠或一些简单的有机化合物，没有氧气产生。

早期，所有的光合细菌都是在厌氧光照条件下进行光合作用的，但是到了 20 世纪 80 年代，人们发现了一类含有细菌叶绿素 a 和类胡萝卜素的好氧细菌（aerobic bacteriochlorophyll-containing bacteria），这些细菌专性好氧，在好氧条件下产生细菌叶绿素 a，细胞内也有类似于不产氧光养细菌光合结构的内膜系统，能量来源以呼吸能为主，光合作用即使有，也是对化能的补充，但它们在厌氧光照条件下，既不生长，也不产生光合色素。研究发现，这类光合细菌广泛存在于海洋中，特别是近海环境中。

在《伯杰氏系统细菌学手册》出现之前，所有光合细菌都放到红螺菌目中，之下设红螺菌科（包括所有的紫色非硫细菌）、着色菌科（包括所有的紫色硫细菌）、绿菌科（包括所有的绿色硫细菌）和多细胞丝状绿细菌科（绿色非硫细菌）4 个科。但在《伯杰氏系统细菌学手册》第二版中，绿菌科和多细胞丝状绿细菌科各列出单成一门，绿细菌门和绿屈挠菌门的着色菌科归为变形杆菌门的γ-变形杆菌纲的着色菌目，而红螺菌科的分类变化最大，与后来发现的含有细菌叶绿素a的好氧细菌一样，都被分散在变形杆菌门中α和β两个纲的多个科中，与化能细菌的属混杂在一起。现在认为，光合器官的性质对种和属的鉴定还是重要的，但对较高分类阶元，如科、目等则没有太大意义。目前所发现的海洋紫色非硫细菌和好氧不产氧菌都在α-变形杆菌纲，包括红螺菌目（Rhodospirillales）的红螺旋菌属（*Rhodospira*）、红弧菌属（*Rhodovibrio*）、玫瑰螺菌属（*Roseospira*），红细菌目（Rhodobacterales）的小红卵菌属（*Rhodovulum*）、红海菌属（*Rhodothalassium*）、*Rhodobaca*菌属，根瘤菌目（Rhizobiales）的红微菌属（*Rhodomicrobium*）、红菌属（*Rhodobium*）和玫瑰螺菌属（*Roseospirillum*）。含有细菌叶绿素a的好氧细菌包括红细杆菌目（Rhodobacterales）的玫瑰色杆菌属（*Roseobacter*）、玫瑰变色杆菌属（*Roseovarius*）、粉色活动菌属（*Roseivivax*）、红色单胞菌属（*Rubrimonas*）和鞘氨醇单胞菌目的赤细菌属（*Erythrobacter*）等。

另外，还有一群新发现的含有叶绿素g的不产氧光合细菌，归为厚壁菌门的梭菌纲梭菌目，主要是陆生菌。

2. 硝化细菌分类地位的变化

硝化细菌包括氨氧化菌和亚硝酸氧化菌，氨氧化菌通过将氨氧化成亚硝酸获得能量，而亚硝酸氧化菌则氧化亚硝酸至硝酸而获取能量。它们都营自养生活，通过卡尔文循环固定CO_2。在《伯杰氏系统细菌学手册》之前，硝化细菌都统一放到了硝化杆菌科。但在《伯杰氏系统细菌学手册》第二版中，氨氧化菌包括β-变形杆菌纲亚硝化单胞菌目的亚硝化单胞菌科（Nitrosomonaceae）和γ-变形杆菌纲着色杆菌目着色杆菌科的亚硝化球菌属（*Nitrosococcus*），而亚硝酸氧化菌则分为α-变形杆菌纲根瘤菌目的硝化杆菌属（*Nitrobacter*）、γ-变形杆菌纲着色杆菌目外硫菌科的硝化球菌属（*Nitrococcus*）、δ-变形杆菌纲脱硫杆菌目硝化刺菌科（Nitrospinaceae）的硝化刺菌属（*Nitrospina*）以及一个新的硝化螺菌门。

3. α-变形杆菌纲

α-变形杆菌纲绝大多数是寡营养型（即能在营养贫瘠的环境里生活）。紫色非硫细菌能够进行光合作用。一些属有独特的代谢类型，如甲基营养型（甲基杆菌属）、无机化能营养型（硝化杆菌属）。该纲内的细菌约有一半以上在形态上有明显的特征，如柄细菌属（*Caulobacter*）和丝微菌属（*Hyphomicrobium*）。

（1）红螺菌目　红螺菌目包括2个科。生理生化特征多样，有光养细菌、化养细菌、固氮细菌、趋磁细菌等。

磁螺细菌属（*Magnetospirillum*）：磁螺细菌属的细菌是趋磁细菌中的一类。最早由Blakemore于1975年发现的。这些细菌菌体中含有大小均一、数目不等的磁小体，其成分为Fe_3O_4，外有一层磷脂、蛋白质和糖蛋白组成的膜磁颗粒的排列与地磁的南北方向一致。其功能是导向作用，即借鞭毛游向对该菌最有利的泥水界面微氧环境处生活。已发现许多形态各异且产生不同种类磁颗粒的趋磁细菌。它们广泛分布于海水或淡水环境中，但得到纯培养的种类不多。模式种为格利菲斯瓦尔德磁螺菌（*M. gryphiswaldense*）。

（2）立克次体目（Rickettsiales）　立克次体目是动物细胞内专性寄生菌，细胞革兰阴性，曾从患病的鱼和虾中分离到立克次体，但海洋环境中的立克次体研究很少。

（3）红细杆菌目　红细杆菌目只有红细杆菌科（Rhodobacteraceae）1个科，包括23个属。生理生化特征多样，有光养细菌、化养细菌等。

①小红卵菌属。细胞卵圆形至杆形，大小为（0.5～0.9）μm×（0.9～2.0）μm。单极生鞭毛，

运动或不运动，细胞进行二分分裂，革兰阴性。兼性厌氧光养菌，即光照厌氧和黑暗好氧条件下均能很好生长。光照生长形成囊泡状光合内膜和细胞叶绿素 a 及球烯（spheroidine series）。厌氧培养物为黄绿色至黄棕色，而好氧培养物粉色至红色。中温嗜盐，最佳生长盐度范围为 0.5% ~7.5% 的 NaCl。最佳生长方式是利用各种有机化合物进行光合异养生长。最佳碳源为丙酮酸、乳酸钠、低分子脂肪酸、三羧酸循环中间产物及一些糖类，也能利用甲酸钠生长。在 H_2S 和硫代硫酸钠存在时，可进行光自养或光异养生长。在高浓度 H_2S（2 mmol/L 或更高）存在时仍可生长。H_2S 氧化最终产物是硫酸盐。醌类主要是辅酶 Q10。脂肪酸主要是 $C_{18:1}$。膜脂含有硫脂但没有卵磷脂。DNA 的 GC 含量为 62.1% ~67.7%。生境为海洋和高盐环境。模式种为嗜硫小红卵菌（*Rhodovulum sulfidophilus*）。

② 玫瑰色杆菌属。细胞卵圆或杆状，大小为（0.6 ~0.9）μm×（1.0 ~2.0）μm，亚极生鞭毛运动。革兰阴性，细胞进行二分裂，在好氧条件下，合成细菌叶绿素 a，以化能混养型营养生长为主，不产氧光合作用只是补充作用。厌氧条件下不合成细菌叶绿素，不生长。细胞悬液在波长805 ~807 nm有大的吸收峰，在 868 ~873 nm 近红外区有较小的吸收峰。主要的胡萝卜素是 Spheroidenone。主要的醌类是辅酶 Q10，不含甲基萘醌。主要的细胞脂肪酸是 $C_{18:1}$。生长要求钠离子、生物素、硫胺素和烟酸。最适生长 pH 值为 7.0 ~8.0。最适生长温度为 20 ~30 ℃。可利用一些有机酸作为唯一有机碳源，不利用甲醇。对氯霉素、青霉素、四环素、链霉素和多黏菌素敏感。水解明胶和吐温 80。接触酶和氧化酶均为阳性。DNA 的 GC 含量是 56% ~60%。模式种为海滨玫瑰杆菌（*Rosebacter litoralis*）。玫瑰色杆菌可从海洋藻类、植物、动物或悬浮颗粒的表面分离到。免培养的分子方法分析表明，玫瑰色杆菌相关类群细菌在海洋中大量存在，但其生态作用还不太清楚。

（4）鞘氨醇单胞菌目　鞘氨醇单胞菌目包括 1 科 9 属。主要是以含有细菌叶绿素 a 的好氧细菌为主，其中赤细菌属是常见海洋细菌。

（5）柄杆菌目（Caulobacterales）　柄杆菌目包括 1 科 4 属。为水生的化能有机营养型细菌，好氧。通常通过菌体形成的柄的一端附着于物体的表面并在另一端产生带鞭毛的游动细胞。多个柄聚在一起形成玫瑰花一样群体。这科的细菌至少有下面 3 个特征中的 1 项不同于其他细菌：有柄（prostheca）、有茎（stalk）或出芽（budding）生殖。柄是细胞通过延伸形成的，在结构上也有细胞质膜和细胞壁，比成熟细胞要细。茎是细胞产生的无生命的附属物。而出芽生殖完全不同于细菌的二分裂。常见的属有柄杆菌属（*Caulobacter*）和不黏柄菌属（*Asticcacaulis*）。

柄杆菌属的细菌细胞为带极生鞭毛的杆状或生有一个柄及固着物，靠固着物吸附于物体表面。在营养贫瘠的淡水及海水中都能分离到柄杆菌，土壤中也可找到这类菌。它们通常吸附于细菌、藻类及其他微生物上面并从被吸附物上吸取营养。营养缺乏时，细胞能长到自身长度的 10 倍以上。

（6）根瘤菌目　根瘤菌目包括 10 个科。主要是土壤细菌。这里介绍两个重要的海洋细菌属。

① 硝化杆菌属。硝化杆菌属（*Nitrobacter*）属于慢生根瘤菌科（Bradyrhizobiaceae）。细胞短杆状，常呈楔形或鸭梨形。出芽繁殖。细胞具有一顶复杂的细胞质膜系统形成的极冠。一般不运动。革兰阴性。细胞富有使细胞悬浮液呈现一种淡黄色的细胞色素。有些菌株是专性化能自养型菌，它们将亚硝酸盐氧化成硝酸盐并固定 CO_2 以满足能量和碳素的需要。有些菌株也能异养生长，但比自养条件下时的生长率低。严格好氧，用氧作为最终电子受体。DNA 的 GC 含量为 60.7% ~61.7%。生长的 pH 值范围是 6.5 ~8.5。生长的温度范围为 5 ~40 ℃。通常分布于土壤、淡水和海水中。

② 生丝微菌属。生丝微菌属（*Hyphomicrobium*）属于生丝微菌科（Hyphomicrobiaceae）。细菌以不等二分裂繁殖。细胞表面的突起物形成菌丝，在菌丝顶端发芽形成新的细胞。成丛的母细胞的一端通常吸附于固体的表面，另一端伸长形成菌丝，菌丝末端形成芽体。芽体长出鞭毛后即脱离母体游走。之后，子细胞失去鞭毛，一段时间后又产生菌丝并进入下一轮出芽繁殖。化能有机营养型。

能利用一碳化合物如甲醇、甲胺、甲醛、甲酸很好地生长。以乙酸、乙醇或高级脂肪酸为营养时，生长缓慢。在含有糖或氨基酸的培养基上生长很差。可利用的氮源有尿素、氨基化合物、氨、硝酸盐、亚硝酸盐等，不需要维生素。广泛分布于淡水、海水、土壤之中。模式种为普通丝微菌（*H. vulgare*）

4. β-变形杆菌纲（Betaproteobacteria）

β-变形杆菌纲的细菌与α-变形杆菌纲的细菌在代谢上有类似的地方，但多数细菌趋向于在厌氧环境下通过分解有机物来获取营养物质的生活。一些细菌可以利用氢、氨、甲烷和挥发性脂肪酸。β-变形杆菌纲在代谢类型上也非常多样化，可以是化能异养型、光能自养型、甲基营养型及化能自养型。该纲现包括7个目，12个科。海洋中常见的主要有如下几个目。

（1）伯克霍尔德目　多是土壤细菌，但在海洋生境中可以见到产碱杆菌属（*Alcaligens*）和青枯菌属（*Ralstonia*）。它们都是H_2氧化细菌，可以固定CO_2进行自养生长，但通常利用还原性有机物进行异养生长。这些细菌多在沉积物中或附着在悬浮颗粒物上。

（2）亚硝化单胞菌目　包括3个科，其中亚硝化单胞菌科（Nitrosomononaceae）为氨氧化菌，包括亚硝化单胞菌属（*Nitromonas*）和亚硝化螺菌属（*Nitrosospira*）2个属。

（3）嗜氢菌目（Hydrogenophilales）　嗜氢菌目只有1个科，2个属。

（4）嗜甲基菌目

（5）红环菌目

5. γ-变形杆菌纲

γ-变形杆菌纲内的细菌种类和数量非常大，有13个目，25个科。代谢类型有化能有机营养型、兼性厌氧及能发酵的类型。它们在能量代谢上非常多样化。研究最多的肠杆菌科（Enterobacteriaceae）、假单胞菌科（Pseudomonadaceae）和固氮菌科（Azotobacteriaceae）均在该纲。一些重要的海洋细菌主要分布在着色杆菌目、弧菌目、交替单胞菌目、硫发菌目、甲基球菌目、海洋螺菌目。一些菌能进行光合作用、利用甲基或氧化硫。

（1）着色杆菌目　着色杆菌目包括着色杆菌科（Chrometiaceae）、外硫红螺菌科（Ectothiorhodospiraceae）和盐硫杆菌科（Halothiobaccillaceae）。革兰阴性，细胞呈球状、弧状、螺旋状或杆状。二分裂繁殖，依靠鞭毛运动或不运动，一些种含有气泡。

着色杆菌科和外硫红螺菌科除个别属外，均是不产氧光合细菌，即紫色硫细菌（purple sulfur bacteria）。含细菌叶绿素a或细菌叶绿素b以及多种类胡萝卜素。以专性光能自养为主，严格厌氧，利用CO_2为碳源，H_2S作为光合作用的供氢体进行光合作用，但不产生O_2。元素硫以硫粒的形式积累在细胞内或细胞外。硫酸盐是硫化合物的最终氧化产物。许多菌株能利用分子氢作为电子供体。所有的菌株都能光合同化一些简单的有机物质，其中被利用最广泛的是醋酸盐和丙酮酸。已证明许多菌株能固定分子氮。贮藏物质为聚-β-羟基丁酸和聚磷酸盐。有些种可黑暗好氧化能异养生长。

着色杆菌科海洋光合细菌有海洋着色杆菌属（*Marichromatium*）、盐着色杆菌属（*Halochromatium*）、杆状着色菌属（*Rhabdochromatium*）、硫球菌属（*Thiococcus*）、硫磺球菌属（*Thioflavicoccus*）、硫碱球菌属（*Thioalkalicoccus*）、硫红弧菌属（*Thiorhodovibrio*）、盐荚硫菌属（*Thiohalocapsa*）和着色菌属（*Isochromatium*）。外硫红螺菌科的光合细菌均是嗜盐种。

着色菌科的亚硝化球菌属，外硫红螺菌科的硝化球菌属和*Arhodomonas*属以及盐硫杆菌科都不能进行光合作用。它们均是海洋细菌。亚硝化球菌属和硝化球菌属分别以氧化氨和亚硝酸进行化能自养生长。

在自然界中，紫色硫细菌存在于厌氧和含硫酸盐的水域中，多数种的最适生长温度为20～30 ℃。在天然水域中，它们常生活于含CO_2和H_2S的厌氧水层中，有时因大量增殖而呈现红色。该菌之所以能大量增殖，是因为在厌氧环境中，以H_2S为营养源的生物极少，H_2S对其他生物的生长起抑制作用，另一原因是该类细菌以光能作能量来源。

（2）硫发菌目（Thiotrichales）　硫发菌目形态、代谢及生态方面均呈现出多样性。有单细胞、多细胞丝状；有鞘或无鞘，不动、滑动或靠鞭毛游动；有化能自养的硫氧化菌，有化能异养，包括甲基营养，还有专性鱼细胞内寄生。分为硫发菌科（Thiotrichaceae）、鱼立克次体科（Piscirichettsiaceae）和弗朗西斯菌科（Francisellaceae）3个科，最大的科是硫发菌科（Thiotrichaceae）。

硫发菌科中研究最多的是贝日阿脱菌属（*Beggiatoa*）和亮发菌属（*Leucothrix*）。它们能够滑行。贝日阿脱菌属是微好氧菌，生长在含硫化合物丰富的硫泉、有腐败植物的淡水、稻田、盐泽地、海洋沉积物中。菌丝中含有短的盘状的细胞，无鞘。贝日阿脱菌属代谢上非常多样。它能氧化H_2S成硫颗粒，储存于由细胞质膜内折形成的小袋中。贝日阿脱菌属还能进一步将硫氧化为硫酸盐。通过电子传递链产生能量。一些菌株还能利用乙酸作为唯一碳源进行异养生活。另一些菌则可利用CO_2进行自养生活。

亮发菌属是好氧化能有机营养菌，多细胞丝状体或呈毛状体，由短的柱状或卵圆形细胞（性原细胞，gonidia）并连而成，细胞直径为2～3 μm，长度可达400 μm，无鞘，不运动。它们通常生活在海洋中，靠一个附着物附于固体表面。亮发菌属有一个完整的生活史，其扩散靠形成性原细胞。培养过程中，多个性原细胞一端固着在一个固着器上，分裂生长成丝状体，形成玫瑰花盘状结构（rosette）。革兰阴性，严格好氧，异养。亮发菌属是水产养殖或水族箱海洋生物的条件致病菌。

鱼立克次体科为海洋菌，鱼立克次体（*Piscirichettsia*）是鱼专性细胞内寄生菌。

（3）甲基球菌目（Methylococcales）　甲基球菌目细菌革兰阴性，杆状到球状。多数种可形成胞囊状休眠体，细胞膜内延形成盘状的层叠式内膜系统。严格好氧呼吸代谢，氧为电子受体。专一利用甲烷和其他一碳化合物做碳源和能源，不利用含碳碳键的化合物。主要含C_{16}脂肪酸。生境广泛，包括淡水、海水、土壤、矿业废水，有些是软体动物和须腕动物的内共生菌。仅1个科，包括甲基球菌属（*Methylococcus*）、甲基杆状菌属（*Methylobacter*）、甲基单胞菌属（*Methylomonas*）、喜热嗜甲基属（*Methylocaldum*）、甲基微菌属（*Methylomicrobium*）和甲基球状菌属（*Methylosphaera*）6个属。模式属为甲基球菌属。

全世界厌氧的环境中都有甲基营养型细菌的存在。氧化甲烷的细菌利用甲烷作为能源和碳源。甲烷首先被甲烷单氧酶氧化成甲醇，甲醇再被甲醇脱氢酶氧化成甲醛。氧化过程中产生的电子用于电子传递链产生能量。甲醛可通过两条途径吸收：一个是形成丝氨酸，另一个是合成6－磷酸果糖和5－磷酸核糖。甲基营养型细菌曾在20世纪70年代前被用于从甲烷或甲醛产生单细胞蛋白；后来发现这类细菌在难降解化合物的生物降解中发挥作用。另外，该群的菌也可用于生物可降解塑料、生物多聚体、氨基酸、维生素和辅酶等。

（4）海洋螺菌目（Oceanospirillum）　海洋螺菌目绝大多数属耐盐或嗜盐，运动，好氧或微好氧或兼性厌氧的化能有机营养型。包括海洋螺菌科、盐单胞菌科（Halomonadaceae）及近年新发现的食碱菌科（Alcanivoraceae）和河氏菌科（Hahellaceae）。模式属为海洋螺菌属（*Oceanospirillum*）。

海洋螺菌属的细胞呈紧密的顺时针螺旋。细胞直径为0.4～1.2 μm。螺旋长度为2～40 μm。形成聚羟基丁酸。所有的种都能形成一个薄壁的球状体，在长时间培养时这种现象尤为明显。革兰阴性。细胞的两端各有一丛鞭毛。能运动。化能有机营养型。O_2作为末端的电子受体。不进行硝酸盐呼吸。最适生长温度为25～32 ℃。氧化酶阳性。不产生吲哚。不能水解酪蛋白、淀粉、马尿酸、七叶素。生长时需要海水。不能发酵碳水化合物，也不能将其氧化。氨基酸或有机酸盐可以充当碳源。通常不需要生长因子。分离自海岸边的海水中或海边的淤泥当中。GC 含量为45% ~50% （T_m）。模式种为细长海洋螺菌（*O. linum*）。

（5）假单胞菌目　假单胞菌目包括假单胞菌科和莫拉菌科2个科。假单胞菌科是一类最重要的土壤细菌，一些种是人类及动植物的致病菌。莫拉菌科中的嗜冷菌属（*Psychrobacter*）是嗜冷海洋菌。

嗜冷菌属细胞球状或球杆状，革兰阴性，不运动，好氧，大多数菌株嗜冷；能在5 ℃温度下生长，最佳温度在20 ℃，通常在35 ~37 ℃不生长。耐盐，能在6.5%或更高的NaCl浓度下生长。可从外海、深海、海冰及鱼类皮肤、鳃和畜禽皮肤样品中分离到。模式种为静止嗜冷菌（*P. immobilis*）。

（6）交替单胞菌目（Altermonadales）　交替单胞菌目细菌革兰阴性，直或弯曲的杆状。单个极生鞭毛运动。化能异养生长，兼性厌氧或严格好氧。包括所有的嗜冷细菌和大部分嗜压菌。大多数菌生长需要 Na^+，且多数在海水培养基上可最佳生长。海洋生境包括表面水、海冰及深沟沉积物。模式属为交替单胞菌属（*Alteromonas*）。包括1科15属，分别是交替单胞菌属、假交替单胞菌属（*Pseudoalteromonas*）、希瓦氏菌属（*Shewanella*）、异希瓦氏菌属（*Alishewanella*）、海杆状菌属（*Marinobacter*）、海杆菌属（*Marinobacterium*）、深海杆菌属（*Idiomarina*）、冰居菌属（*Glaciecola*）、铁还原单胞菌属（*Ferrimonas*）、科威尔菌属（*Colwellia*）、微泡菌属（*Microbulbifer*）、嗜冷单胞菌属（*Psychromonas*）、*Moriella* 属、*Aestuariibacter* 属和 *Thalassomonas* 属。

交替单胞菌属，直的杆状菌，1 μm×（2 ~3）μm，单个或成对。不积累聚羟基丁酸盐。革兰阴性，极生鞭毛运动，菌落不产色素。化能异养好氧生长。氧做电子受体进行严格的呼吸代谢。不还原硝酸盐，也不用硝酸盐做电子受体。可利用醇类、有机酸和氨基酸做碳源。生长需要 Na^+。模式种为迈氏交替单胞菌（*Alteromonas macleidii*）。

科威尔菌属是嗜冷菌，有些也是嗜压菌。分离自终年寒冷的海洋环境。嗜冷科威尔菌（*C. psychrerythraea*）的菌株34 H于 -5 ℃的液体培养基中生长，能在 -10 ℃下游动。有的科威尔菌（*C. hadaliensis*）不但严格嗜冷，而且专性嗜压。

（7）弧菌目（Vibrionales）　在《伯杰氏系统细菌学手册》第二版中，只有1科3属，即弧菌科（Vibrionaceae），弧菌属（*Vibrio*）、发光杆菌属（*Photobacterium*）和盐弧菌属（*Salinivibrio*）。弧菌属是模式属。利斯特菌属（*Listonella*）的2个种在这里归为弧菌属，分别是鳗弧菌（*V. anguillarum*）和海弧菌（*V. pelagius*）。但鱼类病原学上鳗利斯特菌（*Listonella anguillarum*）的名称仍是有效的。异单胞菌属（*Allomonas*）也取消，其唯一种 *A. enterica* 与河流弧菌（*V. fluvialis*）是同一种。

弧菌目均为革兰阴性杆菌，挺直或弯曲状；通常以极生鞭毛运动，某些细菌在一定生长条件下可产生与极生鞭毛波长不一样的鞭毛，数量从几根到上百根。有机化能营养菌，既是发酵型又是呼吸型代谢。氧化酶阳性。几个种由葡萄糖产生丁二醇，发酵碳水化合物产酸，有的还产气。有些种有分解蛋白质的作用，有些种产生吲哚。兼性厌氧菌，无严格的营养要求。绝大多数种生长需要 Na^+，最佳生长的NaCl浓度为0.5% ~3.0%。一些种或菌株可生物发光。常见于淡水、咸淡水或海水中，偶见于鱼或人体内。一些种是人类或动物的致病菌。细菌DNA的GC含量为39% ~63%。

弧菌属描述：不产芽孢的短杆菌，弯曲弧状或直杆状，大小为0.5 μm×（1.5 ~3.0）μm，单在或偶尔联成“S”形或螺旋形。在老培养物或不利条件下，该属细菌常形成卷曲形。单极生鞭毛，有些种在细胞一端丛生两根或多根鞭毛。在固定培养基上能形成比极生鞭毛波长小的侧生鞭毛。某些种的鞭毛有一个中心，并带有一个外鞘（在电镜制片中可见到），鞭毛被包在由细胞壁外膜延伸形成的外鞘内。通常在不良环境条件下可形成原生质球体。革兰阴性，不抗酸，没有荚膜。在标准培养基上生长良好而又迅速。

有机化能营养菌，既是呼吸型（利用氧）又是发酵型代谢。碳水化合物类的代谢发酵有混杂的产物而无 CO_2 或 H_2。氧化酶阳性。无色素或黄色。一般能生长在具有简单碳源的无机铵培养基上，本属内的各种菌大都可氧化谷氨酸盐和琥珀酸盐，但利用底物的范围是相当窄的。V－P 阳性，发酵葡萄糖产酸而不产气，能利用果糖、麦芽糖和甘油，脲酶阴性。

兼性厌氧菌，最适温度生长范围为 18～37 ℃，pH 值范围为 6.0～9.0。最适 NaCl 浓度通常为 3.0%，大多数种在以海水为基础的培养基中生长良好，有的菌株在缺少氯化钠情况下不生长。通常对弧菌抑制剂 2，4－二氨基－6，7－异丙基蝶啶（O/129）和新生霉素敏感。

本属细菌 DNA 的 GC 含量为 40%～50%（T_m 法）。

模式种为霍乱弧菌（*V. cholerae*）。

大多数弧菌是非致病性的，是普通的水生菌，见于淡水和海水以及人和动物的消化道中。有些种是人和动物（鱼），尤其是水产动物的重要致病菌。已报道对动物致病的弧菌有：霍乱弧菌、创伤弧菌（*V. vulnificus*）、副溶血弧菌（*V. parahaemolyticus*）、哈维弧菌（*V. harveyi*）、溶藻弧菌（*V. alginolyticus*）、河流弧菌、最小弧菌（*V. mimicus*）、鲨鱼弧菌（*V. carchariae*）、杀鲑弧菌（*V. salmonicida*）、杀对虾弧菌（*V. penaeisida*）、鱼肠道弧菌（*V. ichthyoenteri*）等，前 3 种还是人类的重要病原菌。费氏弧菌（*V. fischeri*）是水产动物重要的共生菌。

迄今为止，已有至少 6 个种 8 株弧菌的基因组被测序。所有的弧菌都有一大一小两条染色体。保守性基因多在大染色体上，而一些适应环境的基因则多在小染色体上。

（8）发光细菌　发光细菌在海洋环境中很常见，独立生存于海水中或有机残片上，或为许多海洋动物的肠道共生菌及发光器官共生菌。某些发光器官共生菌从未被培养过，但是，所有能分离到并培养过的海洋发光细菌都是弧菌科的成员，最普遍的是明亮发光细菌（*Photobacterium phosphoreum*）、雷氏发光细菌（*P. leiognathi*）、费氏弧菌与哈维弧菌。

参与细菌生物发光反应的酶——荧光素酶是一个混合功能氧化酶，能同时催化还原性黄素单核苷酸（$FMNH_2$）和一个如肉豆蔻醛这样的长链脂肪醛（RCHO）的氧化。由于一个电子激发态中间分子的产生，才释放出波长约 490 nm 的蓝绿光。所有发光细菌的荧光素酶都是由 α、β 亚基组成的二聚体，两个亚基分别由邻近 *lux* 操纵子的 *lux*A 与 *lux*B 基因编码，该酶与其他基因编码的酶一起利用脂肪酸前体催化醛类发光底物的合成。整个过程要消耗 ATP 与 NADPH。重组 *lux* 基因技术作为报告系统来监控基因表达已得到广泛使用，具有重要的生物技术应用前景。费氏弧菌的生物发光的抑制作用也已作为一项专利性试验应用于环境污染评估中。

生物发光的调节涉及细菌细胞间的通信机制，群体感应（quorum sensing）。该机制首先在费氏弧菌中被发现。

6. δ－变形杆菌纲

δ－变形杆菌纲内目前有 7 个目，可分为两个类群。一个类群的细菌能捕食其他细菌，如蛭弧菌（*Bdellovibrio*）和黏细菌目（Myxococcales）。另一个类群是能在氧化有机物同时将硫酸盐或硫还原为 H_2S 的厌氧菌，所有的中温硫酸盐还原菌和大部分硫还原细菌均在该类群，具有亚硝酸氧化菌的硝化刺菌属也在该群。

中温硫酸盐还原细菌是一群还原硫酸盐产生 H_2S 的严格厌氧细菌，具有丰富的多样性。从细胞形态上分，有球形、椭圆形、杆状、弯曲状或螺旋状、细胞积聚体，具有气囊的细胞及可滑动的多细胞丝状体；从营养类型上看，用于还原硫酸盐的电子供体包括 H_2、醇类、有机酸及其他一元羧酸和二元酸、一些氨基酸、少数糖类、苯基酸和其他的芳香族化合物。

硫酸盐还原细菌典型的生境是水体的下部，如水底和沉积物，那里的环境是无氧的。从海水沉积物中分离到的硫酸盐还原细菌的种类丰富多彩，这是因为海水中的 SO_4^{2-} 含量很高（28 mmol/L），可维持它们良好的生长。它们的引人之处是其代谢的终产物 H_2S，这种具有明显刺激味的气体在所形成的水环境中产生 FeS 使沉积物变黑，并对植物、动物和人有害。

（1）脱硫弧菌目（Desulfovibrionales）　脱硫弧菌目包括 4 科 8 属。

脱硫弧菌属（*Desulfovibrio*）是脱硫弧菌科（Desulfovibrionaceae）的模式属，它们的细胞或多或少弯曲，并运动。最常利用的有机底物是乳酸、丙酮酸、乙醇，在多数情况下也利用苹果酸和延胡索酸。这些电子供体只能被不完全氧化为乙酸。常用的电子供体是 H_2，但自养生长时除了 CO_2 还要求乙酸作为碳源。它们不能氧化长链的脂肪酸。在无外源电子受体时可通过发酵丙酮酸而生长，有时也利用苹果酸和延胡索酸；当无 SO_4^{2-} 时，代谢乳酸产生 H_2，但这个反应只能在 H_2 压很低时才能进行，如在产甲烷菌的共培养物中。但只有脱硫弧菌属的菌株存在这种互营生长形式。脱硫弧菌属所有的成员都含有双亚硫酸还原酶脱硫弧菌素，它们的萘醌是 MK－6，典型的细胞脂肪酸均含奇数 C 原子（主要是 C_{15} 和 C_{17}），并带有异或反异分支。

（2）脱硫杆菌目（Desulfobacterales）　脱硫杆菌目包括 3 科 19 属。

脱硫杆菌属（*Desulfobacter*）的多数种为卵圆状、运动或不运动的细胞，少数种的细胞弯曲似脱硫弧菌。最常见的特征性电子供体是乙酸。脱硫杆菌属是完全氧化型的硫酸盐还原细菌中唯一一个具有三羧酸循环的属，它们含有 TCA 环中关键的酶 a－酮戊二酸：铁氧还蛋白氧化还原酶。脱硫杆菌属的种似乎是典型的高盐或海水微生物，生长要求 NaCl 含量大于 100 mmol/L，$MgCl_2$ 含量大于 5 mmol/L。其主要的脂肪酸是棕榈酸、10－甲基棕榈酸和环丙基脂肪酸。

（3）硫还原单胞菌目（Desulfuromonadales）　硫还原单胞菌目包括 3 科 6 属。

硫还原单胞菌属（*Desulfuromonas*）的特征是：细胞卵圆或直到微弯的杆，运动。多数菌株具有一根侧生或亚极生的鞭毛，菌落和细胞沉淀呈粉红或带黄色－褐色到红色。严格厌氧、中温生长。能够经分解代谢还原元素硫，并以此作为一种呼吸代谢而获得生长的能力。乙酸是最重要的电子供体和碳源，有的种也利用乙醇、丙醇、丙酮酸、琥珀酸或一些其他简单的有机酸，但不氧化 H_2 和甲酸。在无元素硫时，有些菌株也可以乙酸为电子供体、以苹果酸或延胡索酸作为电子受体生长。只有少数种是绝对依赖于元素硫作为电子受体。硫还原单胞菌属的成员不还原硫酸盐、亚硫酸盐或硫代硫酸盐，但利用元素硫的生长十分快，氧化乙酸硫还原单胞菌（*D. acetoxidans*）在乙酸加元素硫上的生长代时是 2.5 h，而利用乙酸加苹果酸的代时是 7 h。

硫还原单胞菌属的种在无氧的海水或含盐沉积物中的数量很大且分布广泛，在沉积物中它们与绿色硫细菌形成很和谐的共培养物，尤其是在有乙酸或另一个有机电子供体存在时，海洋中的绿色硫细菌可将 H_2S 氧化为元素硫，而当有一个无机电子供体和 CO_2 时，它只能同化有机物（乙酸），因此，只能依赖于由元素硫还原菌产生的 H_2S。在这个互营作用中，元素硫是这两种细菌间电子传递的催化剂。

（4）蛭弧菌目（Bdellobibrionales）　蛭弧菌目有 1 科 4 属，分别为蛭弧菌属（*Bdellovibrio*）、食细菌属（*Bacteriovorax*）、云母弧菌属（*Micavibrio*）和吮吸蛭弧菌属（*Vampirovibrio*）。模式属是蛭弧菌属。

蛭弧菌属的特征：单细胞，弧形或逗点状，有时呈螺旋状。大小为（0.3～0.6）μm×（0.8～1.2）μm；端生鞭毛很少多于一根，有的在另一端生有一束纤毛。蛭弧菌的鞭毛还具鞘膜，它是细胞壁的延伸物，并包围着鞭毛丝状体，所以比其他细菌的鞭毛粗 3～4 倍。蛭弧菌运动活跃，革兰阴性。最主要的特征是蛭弧菌的生活史有两个阶段。既有自由生活的、能运动、不进行增殖的形式；又有在特定宿主细菌的周质空间内进行生长繁殖的形式。这两种形式交替进行。它们可以利用多种革兰阴性细菌生长，可至少利用几个属，如食菌蛭弧菌（*Bdellovibrio bacteriovorus*）109J 能够利用埃希菌、假单胞菌、根瘤菌、色杆菌、螺菌及其他细菌。

蛭弧菌侵入宿主细菌的方式十分独特。开始时，它以很高的速度（每秒高达100个细胞长度）猛烈碰撞宿主细胞，无鞭毛端直接附着于宿主细胞壁上，然后，菌体以100 r/s以上的转速产生一种机械“钻孔”效应，加上蛭弧菌入侵时的收缩而进入宿主细胞的周质空间。从“钻孔”到进入只需几秒钟便可完成。蛭弧菌侵入周质空间的同时失去鞭毛，受到感染的宿主细胞也开始膨胀，变为一个对渗透压并不敏感的球形体，此称“蛭弧体”。这时，“蛭弧体”增长，比原来大几倍，然后匀称地分裂，形成许多带鞭毛的个体——子代细胞。随着细胞的增殖和某些酶的产生，宿主细胞壁进一步瓦解，子代蛭弧菌释放出来。完成这一生活周期约需4 h。子代细胞遇到敏感宿主又可重新侵染，开始下一个循环。

蛭弧菌广泛分布于自然界，如土壤、垃圾、淡水和海水。

7. ε-变形杆菌纲

ε-变形杆菌纲内目前只包括1个目，即弯曲杆菌目（Campylobacterales），该目有2个科。有些种是人类和动物重要的病原菌，如弯曲杆菌属（*Campylobacter*）和螺杆菌属（*Helicobacter*）的细菌。

（八）坚壁菌门（Firmucutes）

坚壁菌门为单细胞，细胞壁肽聚糖含量高达50%～80%，细胞壁厚10～50 nm，革兰阳性，菌体有球状、杆状或不规则杆状、丝状或分枝丝状等，二分裂方式繁殖，少数可产生内生孢子（称为芽孢）或外生孢子（称分生孢子），全为化能营养型，没有光能营养。其基因组GC含量低于50%。

在厚壁菌门中，芽孢杆菌属（*Bacillus*）和梭状杆菌属（*Clostrium*）是最大的2个属，并且以土壤腐生细菌最为人所知。但是它们也是海洋沉积物中常见的种类，不过关于它们在海洋沉积物中的数量和分布的信息相对较少。它们的特别之处是能产生极端耐热的、抗逆性的内生芽孢。这使得它们可以抗高温、辐射和干燥，并且内芽孢可以存活数千年。芽孢杆菌属通常是好氧的，而梭状杆菌属则是严格厌氧的。梭状杆菌有一个很广的发酵代谢途径，产生有机酸、乙醇和H_2。一些类群也是有效的N_2固定者。梭状杆菌在厌氧海洋沉积物中的分解和氮循环中起着主要的作用。有一个种——肉毒梭菌，作为一个毒素源与鱼产品相联系而显得很重要。

葡萄球菌属（*Staphylococcus*）、乳酸杆菌属（*Lactobacillus*）和李斯特菌属（*Listeria*）是好氧的，球状或杆状细菌，具有典型的呼吸代谢。它们有时可以从海洋样品中分离到，但可能只是海洋细菌群落中很小的成员。它们可以使鱼发病和引起食物中毒。链球菌属（*Streptococcus*）的一些种是温水型鱼类的重要病原体，鲑肾杆菌（*Renibacterium salmoninarum*）是鲑鱼的专性病原体。

（九）放线菌门（Actinobacteria）

放线菌门细胞呈分枝生长，菌落呈放射状，具有菌丝和孢子结构，革兰阳性，细胞壁由肽聚糖组成，并含有二氨基庚二酸（DAP），而不含真菌细胞壁所具有的纤维素或几丁质，放线菌大部分是腐生菌，普遍分布于土壤中，一般都是好气性；有少数是和某些植物共生的，也有些是寄生菌，可致病，一般是厌气菌。放线菌DNA的GC含量高。

近年，通过16 *S* rRNA分子多样性的研究结果和新的培养方式的建立，在深海沉积物中已发现超过1 300种放线菌，人们预计其中很大一部分是新的类群。深海沉积物中的优势类群主要有：小单孢菌亚目（Micromonosporineae）、微球菌属（*Micrococcus*）、诺卡氏菌属（*Nocardia*）、链霉菌属（*Streptomyces*）。人们普遍认为放线菌主要分布在海洋沉积物中或是存在于无脊椎动物共生体中，而浮游生物式的生存方式相当少见。

分枝杆菌是一类生长缓慢、好氧杆状生物，细胞壁的特殊组成使它们在酸性条件下很快被染色。

它们作为腐生生物广泛分布于如沉积物、珊瑚、鱼类和藻类的表面。一些种，如海洋分枝杆菌（*Mycobacterium marinum*）为鱼类和海洋哺乳动物的病原体，并可以传给人类。

放线菌门的主要生态意义在于它们分泌各种胞外酶，降解多聚糖、蛋白质和脂肪等大分子物质和通过异养作用促进营养物质的循环上。链霉菌也是产生大量次级代谢产物的细菌。很多广泛使用的抗生素来自于链霉菌。一些医药公司对海洋链霉菌多样性进行了调查，并分离出具有巨大的生物应用潜能的独特化合物。

（十）浮霉状菌门（Plactomycetes）

浮霉状菌门包括1纲1目1科4属。

浮霉状菌门是细菌中一个截然不同的分支，它们也产生柄，但其性质完全不同于变形菌门的有柄细菌的柄，因为它们的柄是一个独立的蛋白附属物，而非细胞的一个延伸。不同寻常的还有：它们也没有肽聚糖，细胞壁是由富含半胱氨酸与脯氨酸的蛋白组成的S-层。浮霉菌的生命周期中，能动具鞭毛的游动细胞吸附于一个表面并从相反一极分裂出新细胞。目前发现的海洋浮霉菌包括浮霉菌属（*Plactomyces*）、*Pirulella* 属以及一些未被培养的类型。它们生长缓慢。浮霉菌存在于海雪中，在这里它们对异养碳循环起了主要作用。尽管浮霉菌在细菌系统发育树上占据了一个中心地位，但它们的一些特征使人们将其与真核生物联系起来。例如，它们细胞中有膜包围的区室，将代谢及遗传组分相互隔离在不同区室中，在某些种中，细胞核由一层单位膜包裹，混淆了我们对于真核细胞结构的传统定义。

（十一）螺旋体门（Spirochaetes）

螺旋体门是革兰阳性菌，菌体呈紧密的线圈状，其显著特性是活动性强。这是由于它具有内鞭毛，位于细胞周质间隙，即细胞质和细胞壁之间。内鞭毛旋转成规则的螺旋，像其他细菌鞭毛一样，导致原生质柱状物旋转到相反的方向，进而导致弯曲和急动性的运动。螺旋体门包括1纲1目3科13属。一些属如脊膜螺旋体属（*Critispira*）和螺旋体属（*Spirochaeta*）广泛分布于海洋中，但是其生态角色却知之甚少。很多都是严格厌氧的，且多发现于沉积物中，很可能它们也是海洋动物肠道内重要的组成部分。脊膜螺旋体属出现在特定的软体动物消化道中，但仍然不可培养。

（十二）拟杆菌门（Bacteroidetes）

拟杆菌门包括拟杆菌纲（Bacteroidetes）、黄色菌纲（Flavobacteria）和嗜胞菌纲（Sphingobacteria）3个纲。

这个类群是一类形态多样、好氧或专性厌氧的化能异养菌。一些关键属，如噬纤维菌属（*Cytophaga*）、黄杆菌属（*Flavobacterium*）、拟杆菌属（*Bacteroides*）、屈挠杆菌属（*Flexibacter*）和噬纤维素菌属（*Cellulophaga*）的很多种的系统发育呈现出多个分支，其分类学也是很混乱。最近，基于对 *gyr*B 基因的分析，建立了一个新属强黏杆菌属（*Tenacibaculum*）以容纳屈挠杆菌属中的海洋类型。很多噬纤维菌属和黄杆菌属中分离自海洋的种具有特殊的曲红素（flexirubin）和类胡萝卜素。分离自海洋沉积物、海雪、动植物体表的一些种类，在与其生境相近温度和好氧条件下，在琼脂培养基上形成带颜色的菌落，很容易分离出来。它们最大的特点是可以滑动，并可以产生各种各样的胞外酶，这些酶可以降解琼脂、纤维素和几丁质等聚合物。琼脂由于可以抵抗细菌的降解而成为一个通用的平板培养基凝胶载体。但是在培养从海洋中分离到的噬纤维菌-黄杆菌-拟杆菌（CFB）类群的细菌时常可以看到琼脂平板的软化或形成一个个坑。CFB类群产生的水解酶在降解复杂有机物质如浮游植物的细胞壁和甲壳动物的外骨骼方面具有重要的生态意义。一些种是鱼类和无脊椎动物的病原体。很多是嗜冷性的，常分离自海洋冷水生境及海冰。拟杆菌属常栖息于哺乳动物的肠道，它们在海里可以存活很长一段时间。

（十三）疣微菌门（Verrucomicrobia）

疣微菌门细菌的研究很少，只有很少的土壤菌株得到了纯培养。尽管在海洋沉积物发现有它们的分子序列，但是对它们的生理特征和在海洋生境中的作用还一无所知。

第二节 原生生物

原生生物（protist 或 protoctists）是单细胞生物，它们的细胞内具有细胞核和有膜的细胞器。比原核生物更大、更复杂。多为单细胞生物，亦有部分是多细胞生物，但不具组织分化。此界是真核生物中最低等的，且所有原生生物都生存于水中。原生生物可分为三大类，藻类、原生动物类、原生菌类。原生菌类和藻类分别在本章第一节和第四节详述，本节主要叙述原生动物。

一、一般特征

原生动物是动物界中最低等的一类真核单细胞动物，个体由单个细胞组成。与原生动物相对，一切由多细胞构成的动物，称为后生动物。原生动物个体一般微小，5 μm 至 5 mm，大多数在 30 ~ 300 μm；体形结构多样化：以球形、卵圆形和扁平为主，有的身体裸露，有的分泌有保护性的外壳，或体内有骨骼。原生质为复杂的胶体，以鞭毛、纤毛或伪足来完成运动。有光合、吞噬和渗透营养 3 种。有些营吞噬营养的原生动物具有胞口、胞咽、食物泡和胞肛等胞器，主要通过体表进行呼吸、排泄。伸缩泡只能排出一部分代谢废物，主要是调节水分，原生动物以各种细胞器完成各种生活机能。

原生生物生殖分无性生殖和有性生殖。无性生殖包括等二分裂、纵二分裂、横二分裂、裂体生殖（多分裂）、孢子生殖、出芽生殖。有性生殖包括配子生殖、接合生殖。原生动物一般以有性和无性两种世代相互交替的方法进行生殖。在环境不良的条件下，大多数原生动物可形成包囊度过不良环境。

原生动物分布极广，多为世界性的。可生活于海水及淡水，底栖或浮游，但也有不少生活在土壤中或寄生在其他动物体内。

二、分类

已经记录的原生动物约 6.6 万种，现存约 3.9 万种，其中自由生活的约 7 000 种，常见的有 300 ~ 500 种。对于原生动物的分纲动物学家一直有争论，为方便起见，一般将原生动物分为 5 纲，即鞭毛纲（Mastigophora）、肉足虫纲（Sarcodina）、纤毛纲（Ciliata）、孢子纲（Sporozoa）和吸管虫纲（Suctoria）。孢子纲全为寄生生活的种类；鞭毛纲在动物学分类中分为植鞭亚纲（Phytomastigina）和动鞭亚纲（Zoomastigina），植鞭亚纲的物种一般具有色素体，能进行光合作用，在水生生物学中一般将其归入藻类研究的范畴，在金藻门、甲藻门、隐藻门、绿藻门和裸藻门中，都有具鞭毛的种类，也将其统称为鞭毛藻类；而动鞭亚纲很多也是寄生的种类。为此，本节中仅叙述以下 3 纲。

（一）肉足虫纲

肉足动物又称根足动物（Rhizopoda），以细胞质突起形成的伪足作为运动和摄食的胞器。结构简单，无固定的体形和胞口，吞噬与胞饮作用于体表的任何部位。内部细胞质可分为两层：外层厚而透明，内层富含颗粒而稀薄，具有流动性。大多数为单核，个别种类为多核。分为以下 2 个亚纲。

1. 根足亚纲（Rhizopoda）

伪足为叶状、根状或丝状，内无轴丝。

（1）变形目（Amoebida）　生活史简单，单核，细胞裸露无壳、具叶状伪足，体无定形，无鞭毛期，常营无性生殖。种类多，淡水、海水和半咸水中均有分布，少数种类在洁净水域营浮游生活，多数在污染水域营底栖生活，存在于腐烂水生植物茎、叶、丝状藻体及浅水沿岸石块等物体基质上。体外包以柔软质膜，大多数伪足运动时，伪足基部不融合，形状多变；细胞核通常 1～2 个；虫体较小，一般为 20～500 μm，如大变形虫（*Amoeba proteus*）（图版 1－1）。

（2）表壳目（Arcellinida）　细胞被膜状壳，上有 1 孔，伪足叶状、指状或丝状，分枝简单不交织。主要分布在污水水体中。细胞分泌的薄膜硬化成几丁质外壳，背腹面观圆形，侧面观呈壳盘状，如砂表壳虫（*Arcella arenaria* ）（图版 1－2）。

（3）网足目（Gromiida）　伪足为丝状、线状并交织成网状。分布于海岸附近，草食性。细胞多核。壳呈圆形、椭圆形，少数叶片形。如卵形网足虫（*Gromia oviformis*）（图版 1－3）。身体横断面宽度为 150～3 000 μm，壳孔为壳直径的 1/5。壳上具有形状各异的红褐色颗粒。丝状足分支并吻合构成伪足网。

（4）有孔虫目（Foraminifera）　壳通常多室，壳的类型有假几丁质的壳、胶结壳、钙质壳。伪足细长，具黏性，常交织成网。壳呈塔式螺旋状，房室圆形至卵圆形。现存种壳的大小为 0.5～10.0 mm，较大的化石种类壳可达120 mm。大多数栖息在海洋，极少数种类生活于河口等半咸水域，多数有孔虫营底栖生活，少数营浮游生活。底栖种类多在海底或海藻上爬行或固着生活。如泡抱球虫（*Globigerina bulloides*）（图版 1－4），呈塔式螺旋状，房室球形或卵圆形，辐射排列，壳壁石灰质。为典型大洋性浮游动物，数量很大，死亡后遗壳沉降到海底形成有孔虫软泥。

2. 辐足亚纲（Actinopoda）

细胞体多为圆球形，伪足具有高度发达且规则排列的微管束，伪足呈辐射对称的针状排列，用作浮游或捕食。

（1）太阳虫目（Actinophryida）　身体呈圆球形，有一大的中央核或若干核位于中央区，核被一囊状外质包围。伪足呈针状，内有硬的轴丝，自细胞核附近伸出，长度为细胞直径的 1～2 倍，形成如太阳光芒状。如放射太阳虫（*Actinophrys sol*）（图版 1－5），体外无胶质膜，不粘外来物质，体小，直径为 25～50 μm。

（2）放射虫目（Radiolaria）　全部海产，多营浮游生活，主要分布在热带大洋区，许多种类具有发光能力。虫体死亡后遗壳沉积海底，形成放射虫软泥。细胞质明显地分为内质、外质两层，内外层之间由骨质中央囊隔开，囊上有 1 个或多个小孔。内质具有 1 个或多个核，并常有油滴。中央囊外有很多大空泡和共生的黄藻，并伸出细长的伪足。伪足具轴丝。外壳硅质，壳面常有雕刻花纹。如透明等棘虫（*Acanthometra pellucida*）（图版 1－7），骨针 20 根，等长、同形，中央囊成球形，大洋暖水种。

（二）纤毛纲

纤毛纲是原生动物中结构分化最复杂的一类。基本特征是纤毛或由纤毛形成的胞器至少在生活史一个阶段出现，纤毛通常呈行列状，可汇合成波动膜、小膜或棘毛。体内具大、小两种核型，有伸缩泡。通常在水体中自由生活，也有爬行、附着和寄生的种类。无性生殖均为横二分裂，少数也可进行出芽或复分裂生殖；有性生殖为接合生殖，少数有同配或异配。

自由生活的纤毛虫，大部分为浮游生物的组成部分，是鱼类的饵料；少部分营固着生活或寄生于鱼鳃或体表，能吃鳃组织细胞和红血细胞，对鱼苗、鱼种危害较大。

1. 全毛目（Holotricha）

体纤毛均匀分布于体表面，作平行或螺旋状排列。口缘附近的纤毛较其他部位长。动物性或腐生性营养。淡水、海水均有分布，如毛板壳虫（*Coleps hirtus*）（图版1－8），主要生活在有机质丰富的水中，细胞呈桶形或榴弹状，外有纵横排列整齐的膜质板片，纤毛自板片间的孔道伸出体外。胞口纤毛较长，围口板片有尖角状突起。体后端浑圆或有2个至数个棘突。体纤毛15～18列。体长为40～110 μm。游泳迅速，以各种小动物为食，素有“清道夫”之称。

2. 缘毛目（Peritrichida）

形态多样，有梨形、球形、钟形等，缺少体纤毛，口纤毛特化形成小膜围口区（唇带），包围口周，逆时针旋转。单个或群体营浮游或固着生活。如树状聚缩虫（*Zoothamnium arbuscula*）（图版2－2），群体分枝，柄内有肌丝，多栖息于有机质污染严重水体的水生植物或甲壳类动物的壳和附肢上。养殖幼虾被大量固着会发生死亡，对水产养殖带来严重危害。

3. 旋毛目（Stylonychia）

体大，呈拉长形或圆柱形。某些种类有强伸缩性，或含色素。胞口周围的纤毛十分发达，形成围绕胞器的口缘膜，其运动时做顺时针方向旋转。体纤毛常均匀分布全身。多营浮游生活。如游仆虫（*Euplotes* sp.）（图版2－4），腹面扁平，背面稍隆起，常有纵行的肋条。小膜口缘区发达，无波动膜，无侧缘纤毛。

4. 沙壳虫目（Tintinnida）

口围纤毛多，身体其余部分无纤毛或仅有稀疏的纤毛。体表分泌胶质宽松的被膜（兜甲），有时其中含有外来颗粒。兜甲的结构是沙壳虫分类的重要依据。多数为海产，但亦见于淡水和半咸水。如拟铃虫属（*Tintinnopsis*）（图版2－5），呈杯形或碗形，壳上有砂粒，壳前部螺旋状。

（三）吸管虫纲

球形或椭圆形，无胞口，利用吸管（触手）来捕捉小型纤毛虫为食。

吸管虫目（Suctorida）

绝大多数成体以柄固着在其他水生动植物体上生活。仅幼体具体表纤毛，成体纤毛完全消失，如固着吸管虫（*Podophrya fixa*）（图版2－6）等。

三、常见种类

肉足虫纲 Sarcodina

根足亚纲 Rhizopoda

变形目 Amoebida

辐射变形虫 *Amoeba radiosa* Dujardin

蝙蝠变形虫 *A. vespertilis* Penard

蛞蝓变形虫 *A. limax* Dujardin

大变形虫 *A. proteus* Pallas（图版1－1）

表壳目 Arcellinida

普通表壳虫 *Arcella vulgaris* Ehrenberg

砂表壳虫 *A. arenaria* Ehrenberg（图版1－2）

网足目 Gromiida

卵形网足虫 *Gromia oviformis* Dujardin（图版1－3）

有孔虫目 Foraminifera

抱球虫科 Globigerinidae

泡抱球虫 *Globigerina bulloides* Dujardin Orbigny，1826（图版 1－4）

辐足亚纲 Actinopoda

太阳虫目 Actinophryida

放射太阳虫 *Actinophrys sol* Ehrenberg（图版 1－5）

轴丝光球虫 *Actinosphaerium eichhorni*（Ehrenberg）（图版 1－6）

放射虫目 Radiolaria

透明等棘虫 *Acanthometra pellucida* J. Müller（图版 1－7）

纤毛纲 Ciliata

全毛目 Holotricha

毛板壳虫 *Coleps hirtus* Hitzsch（图版 1－8）

双刺板壳虫 *C. bicuspis* Noland

似钟虫 *Vorticella similes* Stokes（图版 2－1）

树状聚缩虫 *Zoothamnium arbuscula* Ehrenberg（图版 2－2）

旋毛目 Stylonychia

天蓝喇叭虫 *Stentor coeruleus* Ehrenberg（图版 2－3）

游仆虫属未定种 *Euplotes* sp. （图版 2－4）

沙壳虫目 Tintinnida

拟铃虫属 *Tintinnopsis*（图版 2－5）

吸管虫纲 Suctoria

吸管虫目 Suctorida

固着吸管虫 *Podophrya fixa*（Müller）（图版 2－6）

第三节 海洋真菌

海洋真菌是指能在海水中繁殖和完成生活史、又能在海水培养基上良好生长的真菌类群，又称海水真菌。它们适应海水的酸碱度，耐高渗透压能力较强，一般寄生于海藻和海生动物，或者腐生于浸沉在海水中的木材上，也可生长在含盐的湿地和榜树沼泽中。

海洋真菌可分为海藻寄生菌、木材腐生海水菌和匙孢囊目 3 类。海藻上的寄生种类有根肿菌属、破囊壶菌属、链壶菌属、水霉属、冠孢壳属、隔孢球壳属、球座菌属、近枝链孢属和变孢霉属等。常见的木材腐生海水菌有冠孢壳属、海生壳属、木生壳属、桡孢壳属、白冬孢酵母属、拟珊瑚孢属、腐质霉属和无梗孢属等。匙孢囊目寄生在红藻上，分解卤素的能力较强。匙孢囊属提供了菌类起源于红藻的证据，有人认为它是海水中木材着生子囊菌的直接祖先。

海洋真菌常有如下特点：如果属于子囊菌亚门，则主要为有分解纤维素活力的核菌纲的成员，子囊壳黑色，子囊孢子常具有含酸性多糖的附属丝，有利于黏附在新基质上，通常无分生孢子世代；如果是不完全菌，则孢子为顶壁孢子型，多为暗色。

子囊菌（sac fungi）是产生子囊的菌类的总称。子囊菌亚门（Ascomycotion）真菌一般称作子囊菌，是一类高等真菌。它们共同的特征是有性生殖形成子囊孢子，但形态、生活史和生活习性的差别很大。根据爱因渥思（C. Ai nsworth）和比斯贝（G. R. Bisby）的统计，共有 1 950 属、15 000 种。

除单细胞的酵母菌外，营养体所谓菌丝中有隔膜。通过有性繁殖，在子囊中产生子囊孢子。并且菌丝组成菌丝体，形成含有子囊的子实体。无性繁殖一般是依靠分生孢子。子囊菌有以下几种：不形成子囊果的原子囊菌纲；在假囊壳中形成双层壁子囊的腔菌纲；在各种子囊果中形成单壁子囊的真子囊菌纲。在真子囊菌纲中又有：闭囊果中分散存在着球状子囊，或子囊壳中柱状子囊并列的核菌类；子囊盘内表面柱状子囊并列的盘菌类。也有很多在各方面与子囊菌类似，但不知是否形成子囊的种类，这些种类被归为半知菌纲。

子囊菌亚门是真菌门中最大的一个亚门。该亚门与担子菌亚门因结构复杂，合称高等真菌。主要特征是营养体除极少数低等类型为单细胞（如酵母菌）外，均为有隔菌丝构成的菌丝体。细胞壁由几丁质构成。有性过程中形成子囊，是子囊菌有性过程中进行核配和减数分裂发生的场所，在子囊中产生具有一定数目（多为8个，有的为4个、16个或其他数目）的子囊孢子。无性生殖发达，产生不同类型的分生孢子进行繁殖。水生或陆生。腐生在多种多样的基物上或寄生在很多种的动植物上，也有许多子囊菌可与藻类共生形成地衣。较早的分类很少考虑地衣子囊菌的特征，而是依据非地衣子囊菌的子囊果性质、子囊特征和排列方式，本亚门下分半子囊菌纲、不整囊菌纲、核菌纲、腔菌纲、虫囊菌纲、盘菌纲6纲。在子囊菌亚门真菌中，有许多种类是重要的植物病原菌，有的种类可以引起人和畜的深部疾病。同时，也有许多种类是食品、发酵、医药等工业用菌。

子囊菌大都是陆生的，营养方式有腐生、寄生和共生，有许多是植物病原菌。腐生的子囊菌可以引起木材、食品、皮革的霉烂以及动植物残体的分解；有的可用于抗生素、有机酸、激素、维生素的生产和酿酒工业中；有的是食用菌（如羊肚菌、块菌）。少数子囊菌和藻类共生形成地衣，称为地衣型子囊菌。寄生的子囊菌除引起植物病害外，少数可寄生人、禽畜和昆虫体上。危害植物多引起根腐、茎腐、果（穗）腐、枝枯和叶斑等症状。

子囊菌的营养体是发达、有隔膜的菌丝体，少数（如酵母菌）为单细胞。子囊菌的营养体为单倍体。许多子囊菌的菌丝体可以形成菌组织，如子座和菌核等结构。

无性繁殖产生分生孢子。许多子囊菌的无性繁殖能力很强，在自然界经常看到的是它们的无性阶段。由于分生孢子的形成在许多子囊菌的生活史中占很重要的位置，所以它的无性阶段也称作分生孢子阶段。有些高等子囊菌不产生分生孢子。

有性生殖产生子囊孢子。子囊孢子的形状变化很大，有近球形、椭圆形，腊肠形或线形等。子囊孢子单细胞、双细胞或多细胞，颜色从无色至黑色，细胞壁表面光滑或具有条纹、瘤状突起等。

子囊（ascus）是子囊菌有性生殖产生的，其内产生子囊孢子（ascospore），呈囊状结构。子囊大多呈圆筒形或棍棒形，少数为卵形或近球形，有的子囊有柄。一个典型的子囊内含有8个子囊孢子。有的子囊只有一层壁（单囊壁），而有的有两层壁（双囊壁）。在子囊成熟后子囊壁大多仍然完好，少数子囊菌的子囊壁消解。有些子囊的顶部是封闭的，没有孔口，子囊孢子释放时，子囊壁消解或破裂；有的顶部有孔口或狭缝或囊盖，子囊孢子通过子囊顶部的孔口或狭缝释放。有些子囊菌的子囊整齐地排列成一层，称为子实层，有的高低不齐，不形成子实层。

子囊大多产生在由菌丝形成的包被内，形成具有一定形状的子实体，称作子囊果（ascocarp）。有的子囊菌子囊外面没有包被，是裸生的，不形成子囊果。子囊果有4种类型：子囊果包被是完全封闭的，没有固定的孔口称作闭囊壳（cleistothecium）；子囊果的包被有固定的孔口，称作子囊壳（perithecium）；子囊果呈盘状的称作子囊盘（apothecium）；子囊产生在子座组织内，子囊周围不另外形成真正的子囊果壁，这种内生子囊的子座称作子囊座（ascostroma）。寄生植物的子囊菌形成子囊果后，往往在病组织表面形成小黑粒或小黑点状的病斑。

在许多子囊菌的子囊果内除了子囊外，还包含有一至几种不孕丝状体。这些丝状体有的在子囊形成后消解，有的仍然保存，主要有以下几种类型。

① 侧丝（paraphysis）。一种从子囊果基部向上生长，顶端游离的丝状体。侧丝生长于子囊之间，通常无隔，有时有分枝，侧丝吸水膨胀，有助于子囊孢子释放。

② 顶侧丝（apical paraphysis）。一种从子囊壳中心的顶部向下生长，顶端游离的丝状体。穿插在子囊之间。

③ 拟侧丝（paraphysoid）。形成在子囊座性质的子囊果中，自子囊座中心顶部向下生长，与基部细胞融合，顶端不游离。

④ 类似拟侧丝的残留物。指子囊在子囊座中发育形成子囊腔时，子座组织在子囊间残留下的幕状残留物。

⑤ 缘丝（periphysis）。指子囊壳孔口或子囊腔溶口内侧周围的毛发状丝状体。

⑥ 拟缘丝（periphysoid）。沿着子囊果内壁生长的侧生缘丝，它们向上弯曲，都朝向子囊果的孔口。

子囊菌有性生殖的质配方式主要包括配子囊接触交配、授精作用和体细胞结合。大多数子囊菌在质配后经过一个短期的双核阶段才进行核配。核配产生的二倍体细胞核在幼子囊内发生减数分裂，最后形成单倍体的子囊孢子。子囊孢子萌发产生芽管发育成菌丝体。不同子囊菌有性生殖质配的方式可以不同，但子囊和子囊孢子形成的过程大致相同。下面以烧土火丝菌（*Pyronema omphalodes*）为例，说明子囊菌典型的有性生殖过程。

有性生殖开始时，部分菌丝体的分枝分别形成多核、较小的雄器（antheridium）和较大的产囊体（ascogonium）。当雄器与产囊体上的受精丝（trichogyne）接触后，在接触点形成一个孔口，雄器中的许多细胞核就通过受精丝进入产囊体，与其中的细胞核配对形成成对的双核。随后从产囊体上形成若干产囊丝（ascogenous hypha），产囊丝还可以分枝。产囊丝和它的分枝顶端细胞有一对核，一个来自雄器，一个来自产囊体。产囊丝发育形成子囊。产囊丝的顶端细胞，先弯曲成钩状体，称作产囊丝钩（crozier），产囊丝钩中的双核并裂后形成两个隔膜，分隔为3个细胞，顶端和基部细胞都是单核的，中间双核的细胞称作子囊母细胞。子囊母细胞中的双核进行核配成为一个二倍体的细胞核。子囊母细胞伸长，其中二倍体的细胞核进行减数分裂形成4个单倍体细胞核，每个单倍体细胞核又各自进行一次有丝分裂，最后形成8个单倍体的细胞核。这些细胞核和它们周围的细胞质形成8个子囊孢子。在子囊母细胞发育过程中，产囊丝钩顶部的单核细胞可以向下弯曲与基部的单核细胞融合形成双核细胞，并继续生长形成一个新的产囊丝钩，再次形成子囊母细胞并发育成子囊。这一过程可以重复多次，结果形成成丛的子囊。从雄器与产囊体的细胞核配对开始到双核在子囊母细胞中核配，是子囊菌的双核阶段；子囊母细胞中的双核核配到减数分裂之前，是子囊菌的二倍体阶段。子囊菌在核配后紧接着就进行减数分裂，因此，它的二倍体阶段很短。

子囊果的包被有3种主要来源：一是产囊体的柄和产囊体周围的营养菌丝被激活，菌丝细胞迅速分裂并交织形成子囊果的包被；二是先形成子囊果，性器官是在幼子囊果内的菌丝上形成的；三是子囊果为子囊座，子囊果的包被是形成子囊座的菌组织。

由于对各类子囊菌之间的亲缘关系的了解不深，各真菌学家对子囊菌的分类意见不一。按照Ainsworth在1973年的分析系统，子囊菌亚门分为6个纲，分纲的主要依据是有性阶段的特征，即是否形成子囊果及子实层、子囊果的类型和子囊的特征等。除了虫囊菌纲，其余5个纲的真菌均与植物病害有关。子囊菌亚门各纲及其主要分类依据如下。

① 半子囊菌纲（Hemiascomycetes）：无子囊果，子囊裸生。

② 不整囊菌纲（Plectomycetes）：子囊果是闭囊壳，子囊无规律地散生在闭囊壳内，子囊孢子成熟后子囊壁消解。

③ 核菌纲（Pyrenomycetes）：子囊生在有孔口的子囊壳内，或有规律地排列在无孔口的闭囊壳基部形成子实层。

④ 腔菌纲（Loculoascomycetes）：子囊果是子囊座，子囊是双层壁的。

⑤ 盘菌纲（Discomycetes）：子囊果是子囊盘。

⑥ 虫囊菌纲（Laboulbeniomycetes）：子壳果是子囊壳，营养体简单，大多无菌丝体，不产生无性孢子，均为节肢动物的寄生菌。

第四节　海洋植物

在辽阔而富饶的海洋里，除了生活着形形色色的动物之外，还有种类繁多、千姿百态的海洋植物。海洋植物可以分为两大类：低等的藻类和高等的种子植物。

一、藻类

藻类是一群最简单、最古老的低等植物，无胚，具叶绿素，能进行光合作用，自养型的孢子植物。在海洋植物中占主体，种类繁多，多数个体微小，小的几微米，大的几米甚至百米以上。形态多种多样，有单细胞、多细胞群体、丝状体、膜状体、叶状体和管状体等。某些种类有叶、柄和固着器的分化，但均无真正的根、茎、叶的分化。多数藻类内部结构简单，无明显的组织分化，但褐藻种类有表皮层、皮层和髓的分化。多数真核藻类有细胞壁，但细胞壁的结构和化学成分各不相同。除蓝藻门、原绿球藻门外均具有真核，有核膜、核仁，形成染色体；具有质体、线粒体、高尔基体和液泡等细胞器。除蓝藻门、原绿球藻门外具有形态多种多样色素体。藻类的光合色素有三大类：叶绿素类，包括叶绿素 a，叶绿素 b，叶绿素 c，叶绿素 d 等；类胡萝卜素，包括 5 种胡萝卜素和多种叶黄素；藻胆素，也称为藻胆蛋白。光合色素的差异，是藻类分门的最重要依据之一。

藻类的繁殖方式有无性生殖和有性生殖。无性生殖又包括分裂生殖、营养繁殖、孢子生殖。所谓分裂生殖就是单细胞个体直接分裂产生子一代。所谓营养繁殖主要指多细胞藻体的部分细胞不产生生殖细胞，不经有性过程，离开母体后继续生长，直接发展成新的藻体的生殖方式。它包括细胞分裂、藻体断裂、小枝、珠芽等。所谓孢子生殖就是藻体细胞直接或经过有丝分裂、减数分裂产生的无性生殖细胞，由它直接萌发成单项配子体或孢子体。包括动孢子、不动孢子两大类，不动孢子又可分为厚壁孢子、休眠孢子、复大孢子、似亲孢子、四分孢子、单孢子、多孢子、果孢子、内壁孢子、异形胞。有性生殖包括同配生殖、异配生殖和卵式生殖；合子（或受精卵）不发育成胚。

藻类的生活史多种多样，有单体型生活史、双单体型生活史。所谓单体型生活史就是在生活史中只出现一种类型的藻体，没有世代交替的现象，根据藻体细胞为单倍或二倍染色体又分为单体型单倍体生活史如衣藻（*Chlamydomonas* sp.）和单体型双倍体生活史如例马尾藻（*Sargassum* sp.）。所谓双单体型生活史就是在生活史中其个体发育变化的全过程不仅有核相交替，还有两种个体形态的藻体交替出现（世代交替），又分等世代型、不等世代型。所谓等世代型就是孢子体和配子体的外形相似，如石莼（*Uva lactuca*）。所谓不等世代型就是孢子体和配子体的形态不同。孢子体发达的不等世代型：孢子体大于配子体，如海带（*Laminaria japonica*）。配子体发达的不等世代型：配子体大于孢子体，如囊礁膜（*Monostroma angicava*）。

根据生态分布藻类植物可分为浮游藻类、漂浮藻类和底栖藻类。浮游藻类有硅藻门、甲藻门和绿藻门的单细胞种类以及蓝藻门的一些丝状的种类。漂浮藻类指漂浮生长在海上，如马尾藻类。底栖藻类指固着生长在一定基质上，如红藻门、褐藻门、绿藻门的多数种类生长在海岸带上；这些底栖藻类在一些地方形成了带状分布。一般来说，在潮间带的上部为绿藻，中部为褐藻，下部则为红藻。

迄今为止，关于藻类的分类地位世界各国藻类学家并没有统一认识。早期的植物学家多将藻类和菌类纳入一个门，即菌藻植物门。随着人们对藻类植物认识的不断深入，特别是从1931年巴喧（Pascher）的平行进化学说发表以后，认为藻类不是一个自然分类群，并根据它们营养细胞中色素的成分和含量及其同化产物、运动细胞的鞭毛以及生殖方法等分为若干个独立的门。对于分门的看法，有很大的分歧。本书根据我国藻类学家钱树本等（2005）认同的把海藻分为11个门：蓝藻门（Cyanophyta）、红藻门（Rhodophyta）、隐藻门（Cryptophyta）、黄藻门（Xanthophyta）、金藻门（Chrysophyta）、甲藻门（Pyrrophyta）、硅藻门（Bacillariophyta）、褐藻门（Phaeophyta）、裸藻门（Euglenophyta）、绿藻门（Chlorophyta）、原绿藻门（Prochlorophyta）。其中原绿藻门因为报道不多，在此不作介绍。

（一）蓝藻门

1. 一般特征

蓝藻门是一群非常古老、细胞结构简单而又特殊的藻类，它没有完整的细胞核，没有色素体，没有鞭毛和纤毛。有细胞壁，内层是纤维质，外层是果胶质。多数细胞外有胶被（衣鞘），含有黏质缩氨肽，称蓝藻胶被，能适应不良环境。外部形态多样，有单细胞体、非丝状群体、丝状群体，内部常有假液泡，虽然无色素体，但有光合色素，成分有叶绿素a、α－胡萝卜素、β－胡萝卜素、束丝藻黄素、束丝藻叶素、金黄素、蓝藻黄素、玉米黄素、c－蓝藻蛋白、c－红藻蛋白、别藻蛋白等。由于各种蓝藻所含的色素成分及其比例不同，而使藻体呈现不同颜色。蓝藻的内含物主要是蓝藻淀粉。蓝藻门的种类无有性繁殖，只有分裂生殖、营养繁殖和孢子生殖。

2. 系统分类

目前已经发现和记载的蓝藻门植物大约有1 500种，蓝藻大多数是淡水种，海生的较少，我国海域内记录的约48属131种。只有1个纲，即蓝藻纲（Cyanophyceae），有以下3个目。

（1）色球藻目（Chroococcales）　藻体单细胞或非丝状群体。无论是单细胞还是群体都呈球形。繁殖方式以细胞分裂为主，无内生孢子或外生孢子，无藻殖段。

如铜锈微囊藻（*Microcystis aeruginosa*）（图版2－7），细胞球形或长圆形，直径为3～6 μm，多数排列紧密；群体为球形、长圆形，形状不规则网状或窗格状，微观或肉眼可见。群体具无色、柔软而有溶解性的胶被。细胞淡蓝绿色或橄榄绿色，往往有假空胞。海生，分布很广，自由漂浮于水中，或附着于水中的各种基质上。大量繁殖时，往往在水面形成一种绿色的粉末状团块。

（2）管胞藻目（Chamaesiphonales）　藻体单细胞或群体。胶质鞘具有层纹或为特殊的胶质鞘管，繁殖为内生孢子或外生孢子，无藻殖。

（3）颤藻目（Osillatoriales）　藻体为丝状体。繁殖没有内生孢子或外生孢子，以藻殖段、异形胞或厚壁孢子繁殖。

常见有钝顶螺旋藻（*Spirulina platensis*）（图版2－8），细胞呈圆柱形，细胞间隔不明显，组成螺旋状群体。无色素体，色素均匀分布。整个藻丝细胞宽为6～8 μm，螺宽为26～36 μm，螺距宽为43～57 μm。

3. 常见种类

蓝藻门 Cyanophyta

　蓝藻纲 Cyanophyceae

　　色球藻目 Chroococcales

色球藻科 Chroococcaceae

铜锈微囊藻 *Microcystis aeruginosa* Kütz，1846（图版2-7）

管胞藻目 Chamaesiphonales

筒管孢藻 *Chamaesiphon incrustans* Grun.

皮果藻科 Dermocarpaceae

草绿皮果藻 *Dermocarpa prasina*（Rein.）Born. et Flah.

孤生皮果藻 *D. solitaria* Collins et Hervey，1917

蓝枝藻科 Hyellaceae

簇生蓝枝藻 *Hyella caespitosa* Bornet et Flahault，1889

颤藻目 Osillatoriales

颤藻科 Osillatoriaceae

钝顶螺旋藻 *Spirulina platensis*（Nordstedt）Geitler，1925（图版2-8）

极大螺旋藻 *S. maxima* Setch.

（二）红藻门

1. 一般特征

红藻门在整个藻类中有其特殊的地位，藻体有单细胞、群体、多细胞体。多细胞体又有简单的丝状体、膜状体、柱状体、叶片状体和复杂的丝状体（单轴形、多轴形）。有细胞壁，内层是纤维质，外层是藻胶（琼胶、海萝胶、卡拉胶等），有些还发生钙化作用。有明显的核仁，色素体的形状有星形、片状、带状、透镜形、盘形。色素含叶绿素 a、叶绿素 d、叶黄素、胡萝卜素、红藻红素、红藻蓝素；生长在深海的藻呈红色，生长在海滨的藻呈紫色，淡水红藻呈深绿色或蓝绿色，但死后藻体变红。同化产物为近似淀粉的红藻淀粉（floridean starch）或红藻糖（floridose），个别藻还含有硝酸盐。

红藻生活史中不产生游动孢子，无性生殖是以多种无鞭毛的静孢子进行，有的产生单孢子，如紫菜（*Porphyra*）；有的产生四分孢子，如多管藻（*Polysiphonia*）。红藻一般为雌雄异株，有性生殖的雄性器官为精子囊，在精子囊内产生无鞭毛的不动精子；雌性器官称为果胞（carpogonium），果胞上有受精丝（trichogyne），果胞中只含 1 个卵。果胞受精后，立即进行减数分裂，产生果孢子（carpospore），发育成配子体植物；有些红藻果胞受精后，不经过减数分裂，发育成果孢子体（carposporophyte），果孢子体是二倍体，不能独立生活，寄生在配子体上。果孢子体产生果孢子时，有的经过减数分裂，形成单倍的果孢子，萌发成配子体；有的不经过减数分裂，形成二倍体的果孢子，发育成二倍体的四分孢子体（tetrasporophyte），再经过减数分裂，产生四分孢子（tetrad），发育成配子体。

红藻的生活史中，有的无世代交替现象，如紫菜（甘紫菜具世代交替）；有的则有明显的世代交替，如海索面属（*Nemalion*）。有世代交替：绝大多数种类有 2 个或 3 个世代，即孢子体世代、配子体世代、果孢子体世代。

红藻喜生长在低潮带或潮下带，水清的海区生长在 30～60 m，多生于潮间带岩石的背阴处，石缝或石沼中，也有少数喜生于暴露的风浪大的岩石上。

红藻门的经济价值很高。在红藻中，紫菜是一种食用藻类，它含有丰富的蛋白质，不仅营养丰富，而且味道鲜美。此外，石花菜（*Gelidium amansii*）、海萝（*Gloiopeltis furcata*）等均可食用。鹧鸪菜（*Caloglossa leprieurii*）、海人草（*Digenea simplex*）是常用的小儿驱虫药。从红藻中提取的琼胶，被应用在医药工业和纺织工业上，并广泛作为培养基。

2. 系统分类

红藻约有 558 属，3 700 多种。其中约有 200 种生于淡水中，其余均为海产，是海洋藻类植物的主要部分，有以下 2 个纲。

（1）原红藻纲（Protoflorideae）　藻体构造简单，单细胞，丝状体或膜状体。内部构造无分化，色素体星形，1 个；蛋白核 1 个，生长方式为散生；无性繁殖产生单孢子；多数海产，少数生于淡水中，也有的生长在潮湿地面上。

本纲只有 1 个目，即红毛菜目（Bangiales）。本目的紫菜广泛分布于世界温带和亚热带沿海，约有 45 种，我国有 12 种。

细胞各具一星状色素体，其中央为球状的蛋白核。海产或陆生，约有 9 属 65 种。分布于北太平洋西部和北大西洋两岸的温带和亚热带地区，我国有 4 属 16 种，盛产于东海和南海沿岸各地。藻体线状或薄膜状，以基部细胞或由基部细胞长出的假根丝固着于基质上。藻体一般不分枝，但生长在淡水或陆地上的种类则有单细胞或呈简单分枝状的，散生，细胞之间一般无孔状胞间联系。无性生殖是由营养细胞直接转化成单孢子；少数具有有性生殖的种类，产生精子囊和果胞，受精后分裂形成果孢子囊；在各种之间精子囊和果孢子囊多有一定的排列方式，可供分类上的参考。果孢子可萌发成为一种生活在石灰质基质的丝状体；减数分裂发生在壳孢子分裂的过程中。如紫菜藻体为薄膜状，体形为卵形、披针形或圆形；色紫红、紫褐或带蓝绿，以其基部细胞向下延伸的假根丝固着在生长基质上。紫菜体形及其大小、色泽等常因种类、生态条件、生活环境和季节的不同而有所变异。紫菜藻体虽然比较大，但其营养部分一般由 1 层细胞所组成，细胞各具 1 个星状色素体（有的具有 2 个），色素体中部有 1 个球状蛋白核，藻体边缘细胞有的排列平整或呈锯齿状，有的则由数排乃至 10 排的退化细胞所组成。

（2）真红藻纲（Florideae）　植物体多数为多细胞体，少数为单细胞或群体。外部形态多变化，丝状体、圆柱状、亚圆柱状分枝、叶片状或壳状，也有钙化似珊瑚的。原始种类色素体星状，蛋白核一个。内部构造分单轴型和多轴型。一般为顶端生长。无性繁殖形成四分孢子囊，产生四分孢子，有的种类也产生单孢子。有性生殖为卵配生殖。多为雌雄异株，少数为同株。精子囊由分枝顶端细胞或皮层细胞形成。果胞由分枝的表面细胞形成。本纲绝大多数种类生活史中有配子体、果胞子体和孢子体，分以下 6 个目。

① 海索面目（Nemalionales）。藻体丝状、圆柱状或扁压；无叶状体。单条或分枝。单轴或多轴型。胶黏柔软，大多数不钙化（有例外）。单轴型的藻体无皮层，多轴型的髓部由纵走根状丝交织而成，皮层由分枝的丝状体（又称同化丝）组成。色素体呈星状，有的种类含有 1 个蛋白核，胞间具有初生纹孔连接。

② 石花菜目（Gelidiales）。藻体为亚圆柱形或扁压，羽状分枝，对生或互生，单轴型，四周为皮层，外层细胞小，含色素体。果胞枝为一个细胞。有滋养细胞，没有辅助细胞。囊果隆起，一面或两面开口。四分孢子囊“十”字形或带形分裂。

③ 隐丝藻目（Cryptonemiales）。我国约有 7 科 37 属 76 种。藻体单轴或多轴式。单轴藻体具一个圆顶形的顶端细胞；多轴式具多个顶端细胞。直立或匍匐，叶片状或皮壳状；不分枝或具丰富的分枝；钙化或不钙化。髓部和皮层起源于初生丝体，有的种类具薄壁组织。细胞一般为单核，具一个至数个叶绿体，无蛋白核。生殖器官散生，或生于生殖巢或生殖窝内。散生的四分孢子囊埋在皮层内，非散生的则见于生殖巢或生殖窝内，“十”字形分裂，不规则或层形分裂。精子囊成斑状见于藻体表面，或集生成群，或在生殖窝内呈链状，或呈分枝簇状。果胞枝由 2 ~ 5 个细胞组成，最多可达 12 个细胞，远离或贴近辅助细胞枝。产孢丝小，全埋或在生殖窝内；或大而突出；不育的包被组织或有或无。

④ 杉藻目（Gigartinales）。我国约有21属70种，该目藻体直立，分枝或不分枝，直立枝呈圆柱状、扁压或叶片状，大部分藻体肥厚多肉，有的藻体分枝上具乳头状或疣状突起。内部构造有单轴式和多轴式。细胞一般偏小，排列紧密，内含几个小盘状色素体，无蛋白核。髓部细胞大且相互密接，或由平行的纵丝组成。大部分种类具外形相似的孢子体和配子体，在未成熟时很难区别。四分孢子囊由藻体表面细胞形成，少数种的孢子囊集生成群呈生殖瘤状。精子囊自表面细胞向外生成，生于深浅不等的、下陷在藻体表面的生殖窝内。囊果球形或半球形，生于体内，略为隆起。大部分有果被组织。除个别种类外，所有种类的辅助细胞为普通营养丝的一个间生细胞，并产生并孢丝，其中的部分或全部细胞形成果孢子囊。果胞枝短，由3~4个细胞组成。

⑤ 红皮藻目（Rhodymeniales）。藻体直立，枝圆柱状或叶片状，分枝或不分枝，内部构造为多轴型，髓部中空或呈实体，但不具纵藻丝，皮层由薄壁细胞组成。四分孢子囊生在藻体表面层下，互相分离，也有集生于生殖瘤，四分孢子囊四面锥形或“十”字形分裂。精子囊生于子囊群中。果胞枝由3~4个细胞组成，辅助细胞在受精前已形成，是生长在支持细胞上的2个细胞枝的顶端细胞，产孢丝由辅助细胞向表面生长。大多数形成果孢子囊，成熟的囊果有果被，生在藻体表面。如金膜藻（*Chrysymenia wrightii*）（图版4-5）。

⑥ 仙菜目（Ceramiales）。我国有35属74种。藻体直立或匍匐，丝状分枝或非丝状分枝。丝状分枝的藻体单轴，都具皮层或仅主轴具皮层，或分枝的全部具皮层；非丝状分枝的藻体呈多轴管状、圆柱状或扁平叶状体，皮层细胞有或无。分枝多样化；有的枝端具毛丝体，有的顶端呈钳状，有的常弯曲成肥厚的钩状。雌雄同体或异体。雄配子体产生的精子囊集生成簇状，或生于体表面，或生在特殊的小枝上。果胞枝由4个细胞组成，受精后，支持细胞又产生辅助细胞，有一条联络管将果胞与辅助细胞相连而融合（仙菜科、红叶藻科和绒线藻科），或果胞与辅助细胞直接融合（松节藻科），融合后的辅助细胞产生产孢丝，由产孢丝形成果孢子囊；成熟的囊果裸露或被有果被。四分孢子囊单生、集生或轮生，裸露或生于皮层细胞中，“十”字形或四面锥形分裂；有的种类产生多孢子囊或副孢子囊。

3. 常见种类

红藻门 Rhodophyta

原红藻纲 Protoflorideae

红毛菜目 Bangiales

红毛菜科 Bangiaceae

条斑紫菜 *Porphyra yezoensis* Ueda，1932（图版3-1）

圆紫菜 *P. suborbiculata* Kjellman，1897

坛紫菜 *P. haitanensis* Chang et Zheng，1960（图版3-2）

长紫菜 *P. dentata* Kjellman，1897

甘紫菜 *P. tenera* Kjellman，1897

真红藻纲 Florideae

石花菜目 Gelidiales

石花菜科 Gelidiaceae

石花菜 *Gelidium amansii*（Lamouroux）Lomouroux，1813

大石花菜 *G. pacificum* Okamura（图版3-3）

匍匐石花菜 *G. pusillum*（Stackh.）Le Jolis，1863

鸡毛菜 *Pterocladia tenuis* Okamura（图版3-4）

隐丝藻目 Cryptonemiales

海膜科 Halymeniaceae

蜈蚣藻 *Grateloupia filicina* C. Agardh，1822（图版 3－5）

繁枝蜈蚣藻 *G. ramosissima* Okamura，1913

舌状蜈蚣藻 *G. livida*（Harv.）Yamada，1963

拟厚膜藻 *Pachymeniopsis elliptica*（Holm.）Yamada（图版 3－7）

厚膜藻 *Pachymenia carnosa* J. Ag.（图版 3－8）

内枝藻科 Endkocladiaceae

海萝 *Gloiopeltis furcata*（Pvstels et Ruprecht）J. Agardh，1851（图版 3－6）

珊瑚藻科 Corallinaceae

珊瑚藻 *Corallina officinalis* Linnaeus，1758（图版 4－1）

无柄珊瑚藻 *C. sesslis* Yendo

粗珊藻 *Calliarthron yessoense*（Yendo）Manza

杉藻目 Gigartinales

沙菜科 Hypneaceae

简枝沙菜 *Hypnea chordacea* Kütz.

江蓠科 Gracilariaceae

真江蓠 *Gracilaria vermiculophylla*（Ohmi）Papenfuss，1967

龙须菜 *G. lemaneiformis*（Bory）Greville，1830（图版 4－4）

杉藻科 Gigartinaceae

小杉藻 *Gigartina intermedia* Suring.

角叉菜 *Chondrus ocellatus* Holmes，1896

育叶藻科 Phyllophoraceae

叉枝藻属未定种 *Gymnogongrus* sp.（图版 4－2）

红翎菜科 Solieriaceae

麒麟菜属未定种 *Eucheuma* sp.（图版 4－3）

红皮藻目 Rhodymeniales

红皮藻科 Rhodymeniaceae

金膜藻 *Chrysymenia wrightii*（Harv.）Yamada，1932（图版 4－5）

环节藻科 Champiaceae

节荚藻 *Lomentaria hakodatensis* Yendo，1920

仙菜目 Ceramiales

仙菜科 Ceramiaceae

日本仙菜 *Ceramium japonicum* Okamura，1936

松节藻科 Rhodomelaceae

粗枝软骨藻 *Chondria crassicaulis* Harv.，1859（图版 4－6）

日本凹顶藻 *Laurencia nipponica* Yamada

凹顶藻属未定种 *L.* sp.（图版 4－8）

鸭毛藻 *Symphyocladia latiuscula*（Harv.）Yamada，1941（图版 4－7）

（三）金藻门

1. 一般特征

金藻多为单细胞或群体，少数为丝状体，多数种类具鞭毛，能运动。鞭毛 2 条，等长或不等长，

1条或3条的很少。细胞裸露或在表质上具有硅质化鳞片、小刺或囊壳。大多数种类为裸露的运动细胞，在保存液中会失去几乎所有细胞特征。色素含叶绿素a、叶绿素c、β-胡萝卜素、叶黄素、金藻素等，色素体1~2个，片状，侧生。贮存物质为白糖素和油滴。细胞核1个。液胞1~2个，位于鞭毛的基部。单细胞种类的繁殖，常为细胞纵分成2个子细胞，群体以群体断裂成2个或更多的小片，每个段片长成一个新的群体，或以细胞从群体中脱离而发育成一新群体。不能运动的种类产生动孢子，有的可产生内壁孢子（静孢子），这是金藻特有的生殖细胞，细胞球形或椭圆形，具2片硅质的壁，顶端开一小孔，孔口有一明显胶塞。

2. 系统分类

金藻门仅金藻纲（Chrysophyceae）1纲，约有200个属，1 000种左右。特征同门，根据从单细胞到丝状体的进化阶段分为以下5个目。

① 金胞藻目（Chrysomonadales）。细胞具鞭毛，大多数裸露，能运动单细胞或群体。如球等鞭金藻（*Isochrysis galbana*）细胞裸露、形状多变，大多数椭圆形，幼年花生形，老年圆球形，长为4~7 μm，宽为2~5 μm，前端有2条等长的鞭毛，1~2个黄褐色片状色素体，1个细胞核，后端有2~5个白糖素。是双壳类的优良饵料。

② 根金藻目（Rhigochrgsidales）。营养细胞不具鞭毛，藻体为变形虫状的单细胞或群体。

③ 金囊藻目（Chrysocapsales）。藻体胶群体，营养细胞不具鞭毛。

④ 金球藻目（Chrysophaerales）。藻体单细胞或非丝状群体，有细胞壁，营养细胞具鞭毛。

⑤ 褐枝藻目（Chrysotrichales）。藻体为分枝丝状体。

3. 常见种类

金藻门 Chrysophyta

金藻纲 Chrysophyceae

金胞藻目 Chrysomonadales

金胞藻亚目 Chrysomonadineae

等鞭藻科 Isochrysidaceae

球等鞭金藻 *Isochrysis galbana* Green et Pienaar，1977

湛江等鞭金藻 *I. zhangjiangensis* Cheng，1995

土栖藻科 Prymnesiaceae

绿色巴夫藻 *Pavlova viridis* Cheng，1982

硅鞭藻亚目 Silicoflagellineae

网骨藻科 Dictyochaceae

小等刺硅鞭藻 *Dictyocha fibula* Ehrenberg，1839

六异刺硅鞭藻 *D. speculum*（Ehrenberg）Haeckel，1887

（四）黄藻门

1. 一般特征

藻体单细胞、群体、多核管状体或多细胞的丝状体。细胞壁的主要成分为果胶化合物，有的含有少量的硅质和纤维素，少数种类细胞壁含有大量纤维素。单细胞或群体的个体细胞的细胞壁多数由相等或不相等的“U”形的二节片套合组成；丝状体或管状的细胞壁由“H”形的二节片套合成；少数种、属细胞壁无节片构造。黄藻色素的主要成分是叶绿素a、叶绿素b、β-胡萝卜素和叶黄素。黄藻有丰富的类胡萝卜素，细胞常呈黄绿色。色素体一至多个，盘状、片状或杯状。一般呈黄绿色或黄褐色。在某些环境中，黄色素含量少，呈现出绿色。储存物质为油滴及白糖素。游动的种类以细胞纵分裂进行营养繁殖。丝状种类常由丝体断裂繁殖。无性繁殖产生动孢子、似亲孢子或不动孢子。动孢子具 2 条不等长的鞭毛。具有性繁殖的种类少，常为同配，仅 1 属为卵式生殖。

海产的种类很少，主要分布在淡水水体中，或生于潮湿的地面、树干和墙壁上。在水温较低的春季较多。

2. 系统分类

黄藻门只有 1 个纲。由于黄藻比较难研究，有些种仅有 1 次报道，因此，种的数量不是十分准确。根据黄藻植物体进化的不同阶段，一般分为以下 6 个目。

① 异鞭藻目（Heterochloridales）。单细胞具 2 根鞭毛。细胞裸露。细胞内单核，有些种类呈暂时的变形虫状。生殖方式为细胞分裂和产生游孢子。

② 根变藻目（Rhizochloridales）。本目藻体具有伪足的变形体状原生质体。单独或借细胞质桥相互连接在一起，裸露或一部分包被体包裹，细胞内单核或多核，生殖方式为细胞质体分裂和产生游孢子、不动孢子。

③ 异囊藻目（Heteroglocales）。本目包括变形的群体的种类，有些种类的营养体具有运动细胞的特征，如伸缩泡、眼点等，可直接转变为游动状态。生殖为群体断裂，也可产生游孢子或休眠孢子。少数海产。如异胶藻（*Heterogloea endochloris*）为单细胞，椭圆形，长为 4.0 ~ 5.5 μm，宽为 2.5 ~ 4.0 μm，可作为饵料。

④ 异丝藻目（Heterotrichales）。本目藻体呈简单丝状体或分枝，无性生殖为产生游孢子、不动孢子或厚壁孢子；个别有性生殖。

⑤ 异球藻目（Heterococcales）。本目藻体具有细胞壁的单细胞，细胞壁是两个“U”形半片套合组成，营养细胞不能运动，细胞内单核或多核，生殖方式为游孢子、不动孢子（似亲孢子）。

⑥ 异管藻目（Heterosiphonales）。本目藻体全部多核，呈管状的单细胞黄藻，藻体分两部分，有无色的假根和有色的简单分枝的管状藻体，无性生殖为产生游孢子、不动孢子或厚壁孢子；有性生殖为同配、异配和卵配。

3. 常见种类

黄藻门 Xanthophyta

异鞭藻目 Heterochloridales

异鞭藻科 Heterochloridaceae

赤潮异弯藻 *Heterosigma akashiwo*（Hada）Hada，1978

异丝藻目（黄丝藻目）Heterotrichales

黄丝藻科 Tribonemataceae

近缘黄丝藻 *Tribonema affine* G. S. West，1904

小型黄丝藻 *T. minus* Hazen，1902

异囊藻目 Heteroglocales

异囊藻科 Heterocapsaceae

异胶藻 *Heterogloea endochloris*

异球藻目 Heterococcales（柄球藻目 Mischococcales）

海球藻科 Halosphaeraceae

绿海球藻 *Halosphaera viridis* Schmitz，1878

异管藻目 Heterosiphonales

假双管藻 *Pseudodictomosiphon constricta* Yam，1893

（五）硅藻门

1. 一般特征

硅藻门在整个藻类中有其特殊的地位，大多为单细胞；形状多样，有“辐射对称”和“两侧对称”，群体形状多样，有丝状、带状、放射状、锯齿状等；无有鞭毛的营养细胞。色素含叶绿素 a、叶绿素 c、胡萝卜素、岩藻黄素、硅藻黄素、硅甲藻素。色素体 1 个或多个，形状多样（颗粒状、盘状、片状等）；藻黄绿色、黄褐色。光合产物主要是脂类。

细胞壁由两个瓣片套合而成，上面具有花纹，其成分含有果胶质和硅质。硅藻可借助细胞分裂进行营养繁殖，但经数代后也能通过配子的接合或自配形成复大孢子。硅藻是水生动物的食料。浮游硅藻是海洋中主要的初级生产力，硅藻死后，遗留的细胞壁沉积成硅藻土，可作耐火、绝热、填充、磨光等材料，又可供过滤糖汁等用。

2. 系统分类

（1）中心硅藻纲（Gentricae） 花纹辐射对称排列。细胞圆盘形、圆柱形或三角形、多角形等。细胞外面常有突起和刺毛。没有壳缝或假壳缝，不能运动。中心硅藻大多分布于海水中，淡水种类很少。本纲分成以下 3 个目。

① 圆筛藻目（Coscinodiscales）。细胞圆盘形或鼓形，壳面圆，辐射对称，壳面无角状突起和结节，有的种类壳缘具小刺。如中肋骨条藻（*Skeletomema costatum*）（图版 5 -2），细胞透镜形，直径为 6 ~7 μm，周缘着生一圈刺毛，与邻细胞的刺毛相连成群体，1 ~10 个黄褐片状或粒状色素体。

② 盒形藻目（Biddulphiales）。细胞小盒形，形状如面粉袋，具角状凸起及棘刺。壳面扁椭圆形、三角形、多角形或半月形。大部分在海洋中营浮游生活。如并基角毛藻（*Chaetoceros decipiens*）（图版 5 -5），细胞圆柱形，壳面椭圆形或圆形，壳环面四角形，四角有刺毛，常连成群体。大部分在海中营浮游生活。

③ 管状硅藻目（Rhizosoleniales）。如笔尖形根管藻（*Rhizosolenia styliformis*）（图版5 -8），细胞从贯壳轴拉长而呈管形，壳面突起呈截形或鸭嘴形，末端具小刺。

（2）羽纹硅藻纲（Pennatae） 壳面花纹为左右对称。有壳缝或管壳缝，壳缝在细胞壁的中线上，为无硅质的狭缝；管壳缝常在细胞壁的边缘，管状，有狭缝和外界相通及小孔（即船骨点）和内部相通的构造。能行动。壳缝和管壳缝在发生上是相互关联的。缝的有无、壳面的形态是分类的主要依据。色素体少而大，少数小而多。通常是自由行动的底栖种类。浮游生活的很少。一般生活在沿海和淡水水域中。

① 无壳缝目（Araphidinales）。壳面仅有横线纹构成的假壳缝，而没有真正的壳缝，单细胞或为放射状、星状群体，壳面通常为线形或披针形，两侧对称。如长海毛藻（*Thalassiothrix longissima*）（图版 6 -1），细胞细长，单独生活，壳面狭披针形，两端略异形，浮游生活。

② 单壳缝目（Monoraphidinales）。上壳缝退化，只有下壳缝。如卵形藻（*Cocconeis* sp.）（图版 6 -4），细胞扁平，横轴直或略弯曲成弧形和屈膝形。壳面宽卵形、椭圆形或近圆形，上下壳构造不同，多营附着生活。

③ 双壳缝目（Biraphidinales）。细胞上下壳面均有壳缝，壳缝位于壳面正中线、边缘或四周。细胞舟形、楔形、弓形、月形、“S”形等。如舟形藻（*Navicula* sp.）（图版 6 -6），细胞三轴对称，中轴区狭窄，壳缝发达，壳面线形、披针形、椭圆形，末端头状或钝圆，壳面具横线纹、布纹或窝孔纹，壳环面长方形。

④ 管壳缝目（Raphidionales）。两壳都具管状壳缝，有龙骨突或龙骨点。如尖刺拟菱形藻（*Pseudonitzschia pungens*）（图版 6 -7），环壳面呈纺锤形，细胞间重叠等于或超过细胞长度的 1/3。

壳面观线形，末端尖细。营浮游生活。

3. 常见种类

硅藻门 Bacillariophyta

中心硅藻纲 Gentricae

圆筛藻目 Coscinodiscales

圆筛藻科 Coscinodiscaceae

偏心圆筛藻 *Coscinodisus excentricus* Ehrenberg，1893

细弱圆筛藻 *C. subtilis* Ehrenberg，1841

琼氏圆筛藻 *C. jonesianus*（Greville）Ostenfeld，1915

星脐圆筛藻 *C. asteromphalus* Ehrenberg，1844

线形圆筛藻 *C. lineatus* Ehrenberg，1838（图版 5 – 1）

畸形圆筛藻 *C. deformatus* Mann，1907

虹彩圆筛藻 *C. oculusiridis* Ehrenberg，1839

明壁圆筛藻 *C. debilis* Grove，1886

条纹小环藻 *Cyclotella striata*（Kuetz）Grunow，1880

中肋骨条藻 *Skeletonema costatum*（Greville）Cleve，1878（图版 5 – 2）

海链藻属未定种 *Thalassiosira* sp.（图版 5 – 3）

直链藻属未定种 *Melosira* sp.（图版 5 – 4）

盒形藻目 Biddulphiales

角毛藻科 Chaetoceraceae

并基角毛藻 *Chaetoceros decipiens* Cleve，1973（图版 5 – 5）

洛氏角毛藻 *C. lorenzianus* Grunow，1863

盒形藻科 Biddulphiaceae

布氏双尾藻 *Ditylum brightwellii*（West）Grunow，1881（图版 5 – 6）

中华盒形藻 *Biddulphia sinensis* Grenille，1866（图版 5 – 7）

管状硅藻目 Rhizosoleniales

根管藻科 Rhizosoleniaceae

笔尖形根管藻 *Rhizosolenia styliformis* Brightwell，1858（图版 5 – 8）

羽纹硅藻纲 Pennatae

无壳缝目 Araphidinales

等片藻科 Diatomaceae

长海毛藻 *Thalassiothrix longissima* Cleve et Grunow，1880（图版 6 – 1）

佛氏海线藻 *Thalassionema frauenfeldii*（Grun）Grunow，1880

短纹楔形藻 *Licmophora abbreviata* Agardh，1831（图版 6 – 2）

亚得里亚海杆线藻 *Rhabodonema adriaticum* Kützing，1844（图版 6 – 3）

单壳缝目 Monoraphidinales

卵形藻科 Cocconeiaceae

卵形藻属未定种 *Cocconeis* sp.（图版 6 – 4）

褐指藻科 Phaeodactylaceae

三角褐指藻 *Phaeodactylum tricornutum* Bohlin，1897（图版 6 – 5）

双壳缝目 Biraphidinales

舟形藻科 Naviculaceae

布纹藻属未定种 *Gyrosigma* sp.

舟形藻属未定种 *Navicula* sp. （图版6－6）

诺氏曲舟藻 *Pleurosigma normanii* Ralfs.

簇生曲舟藻 *P. fasciola* Ehrenberg，1841

管壳缝目 Raphidionales

菱形藻科 Nitzschiaceae

尖刺拟菱形藻 *Pseudonitzschia pungens*（Grunow ex P. T. Cleve）Hasle，1993（图版6－7）

柔弱拟菱形藻 *P. delicatissima*（Cleve）Heiden，1928

洛氏菱形藻 *Nitzschia lorenziana* Grunow，1880

双菱藻科 Surirellaceae

双菱藻属未定种 *Surirella* sp. （图版6－8）

（六）甲藻门

1. 一般特征

甲藻大多为有鞭毛、能活动的单细胞个体；少数为群体。球形、椭圆形等，有背、腹、顶、底之分。背隆腹平或凹。其色素含叶绿素 a、叶绿素 c、β－胡萝卜素和甲藻素、多甲藻素；色素体多个、盘状，也有棒状、带状等；藻体黄褐色、红褐色或黄绿色。少数种类无色素。除少数种类裸露无壁外，多具有由纤维素构成的细胞壁。甲藻的细胞壁称为壳，是由许多具有花纹的甲片相连而成的。壳又分上壳和下壳两部分，在这两部分之间有一横沟，与横沟垂直的还有一条纵沟，在两沟相遇之处生出横、直不等长的2条鞭毛。色素体1个或多个，呈黄绿色或棕黄色，除含叶绿素 a、叶绿素 c 外，还含有多量的胡萝卜素和叶黄素。海产种类的光合产物多为脂类，淡水产的多为淀粉。繁殖方式主要是细胞分裂，或是在母细胞内产生无性孢子，进行孢子生殖，有性生殖只在少数属、种中发现。多产于海洋中，行浮游生活，有时在海岸线附近大量繁殖，形成赤潮。

2. 系统分类

根据钱树本等（2005）的分类系统，将甲藻分为2个亚门，即甲藻亚门（Dinophytahe）和寄生藻亚门（Syndiniopycidae）。甲藻亚门又分为3个纲，具体如下。

（1）甲藻纲（Dinophyceae） ① 裸甲藻亚纲（Gymnodiniphycidae）。只有裸甲藻目（Gymnodiniales）。大部分裸露或具周质膜，具明显的纵、横沟。如裸甲藻（*Gymnodinium* sp.）（图版7－1），细胞裸露，卵圆形或椭圆形，具纵横沟。横沟通常环绕细胞一周，纵沟长度不等，有的仅位于下锥部，多数略向上锥部延伸。色素体多个，盘状或棒状。海水、淡水均有分布。海水中不少种类是形成赤潮的重要生物。

② 多甲藻亚纲（Peridiniphycidae）。第一，膝沟藻目（Gonyaulacales）。具甲类，细胞甲板不对称排列。如叉角藻（*Ceratium furca*）（图版7－2），为单细胞，明显不对称，上体部呈三角形，其中一角向上渐细变顶角，两后角平行或分歧，长短不一。该种在我国沿海分布广泛，数量很多。

第二，多甲藻目（Peridiniales）。具甲类，细胞具多块甲板，甲板比膝沟藻对称。如大多甲藻（*Peridinium grande*）（图版7－4），细胞壁厚，具甲片，甲片缝很清楚，细胞呈球形、椭圆形或多角形，大多呈双锥形。前端常呈细而短的圆顶状，或突出成角状；后端钝圆，或分叉成角状，或有2～3个刺。

③ 鳍藻亚纲（Dinophycidae）。只有鳍藻目（Dinophysiaoes）1目。具甲类，有横沟，靠细胞前部，似颈。纵沟短，边缘生边翅。如具尾鳍藻（*Dinophysis caudata*）（图版7－6），细胞中型，左右

侧扁，体长为 70 ~ 100 μm，宽为 39 ~ 51 μm。壳板厚，表面布满细密的鱼鳞状网纹，每个网纹中有小孔。下壳长，后部延伸成细长而圆的突出。上边翅向上伸展呈漏斗形，具辐射状肋；下边翅窄，向上伸展，无肋，左沟边翅几乎是细胞长度的 1/2，并有 3 条肋支撑，右沟边翅后端逐渐缩小近似三角形。本种可产生腹泻性贝毒 DSP。

④ 原甲藻亚纲（Prorocentrophycidae）。只有原甲藻目（Prorocentrales）。具甲类，无横沟和纵沟，有鞭毛的顶端着生，有的种类有毒。如闪光原甲藻（*Prorocentrum micans*）（图版7 -7），细胞卵形或心脏形，左右侧扁。鞭毛 2 条，自细胞前端两半壳之间伸出，一条向前，另一条环绕细胞前端，在两半壳之间有一个齿状突起。壳面上布满小孔。

（2）夜光虫纲（Noctiluciphyceae）　只有夜光虫目（Noctilucales）。无甲类，自由生活，发光，具有毒性。如夜光藻（*Noctiluca scintillans*）（图版 7 - 8），单细胞，球形。个体大，1 ~ 2 mm，肉眼可见。横沟消失不明显，纵沟很深与口沟相通。在口沟处有一条发达的触手，鞭毛退化。细胞中央有 1 个大液泡，细胞核 1 个。夜光藻在海洋中由于受海浪的冲击夜间发生闪光，夜光藻是发生赤潮的主要种类之一。为沿岸表层种类，分布广，遍及世界各海，形成的赤潮对渔业危害很大。

3. 常见种类

甲藻门 Pyrrophyta

甲藻纲 Dinophyceae

裸甲藻亚纲 Gymnodiniphycidae

裸甲藻目 Gymnodiniales

裸甲藻科 Gymnodiniaceae

裸甲藻属未定种 *Gymnodinium* sp.（图版 7 - 1）

多甲藻亚纲 Peridiniphycidae

膝沟藻目 Gonyaulacales

角藻科 Ceratiaceae

叉角藻 *Ceratium furca*（Ehrenberg）Clapurede et Lachmann，1859（图版 7 - 2）

三角角藻 *C. tripos* Nitzsch（图版 7 - 3）

大角角藻 *C. macroceros*（Ehrenberg）Cleve，1897

纺锤角藻 *C. fusus*（Ehrenberg）Dujardin，1841

多甲藻目 Peridiniales

多甲藻科 Peridiniaceae

大多甲藻 *Peridinium grande*（Kofoid，1907）Balech，1974（图版 7 - 4）

海洋多甲藻 *P. oceanicum*（Vanhoffen，1897）Balech，1974（图版 7 - 5）

鳍藻亚纲 Dinophycidae

鳍藻目 Dinophysiaoes

鳍藻科 Dinophysiaceae

具尾鳍藻 *Dinophysis caudata* Savill-Kent，1881（图版 7 - 6）

原甲藻亚纲 Prorocentrophycidae

原甲藻目 Prorocentrales

闪光原甲藻 *Prorocentrum micans* Ehrenberg，1833（图版 7 - 7）

夜光虫纲 Noctiluciphyceae

夜光虫目 Noctilucales

夜光藻科 Noctilucaceae

夜光藻 *Noctiluca scintillans*（Macartney）Kofoid et Swezy，1921（图版7－8）

（七）褐藻门

1. 一般特征

褐藻在整个藻类中有其特殊的地位，是藻类最高级的类群，绝大多数为海产，能生活在深水中，为多细胞个体，营固着生活，是海底森林的主要成分。简单的是分枝丝状体；进化的种类有类似根、茎、叶的分化。色素体1个至多个，粒状或小盘状。含叶绿素a和叶绿素c、β－胡萝卜素、叶黄素、褐藻素（主要是墨角藻黄素）。藻体的颜色因所含各种色素的比例不同而变化较大，藻体一般呈橄榄绿色或深褐色。同化产物为海带多糖和甘露醇。繁殖方式有营养繁殖、无性生殖（动孢子，静孢子）和有性生殖（同配、异配、卵配）。营养细胞均无鞭毛，游动孢子和雄配子则具有两条侧生、不等长的鞭毛。在生活史中，褐藻除了墨角藻目的种类外，在整个生活史过程中都有双倍体的孢子体世代和单倍体的配子体世代交替生长，世代交替明显，减数分裂都在孢子囊形成孢子时的第一次分裂时进行。它们的世代交替有两种类型：等世代交替（网地藻属）和不等世代交替（海带）。

2. 分类

绝大多数海产，现存约250属，1 500种，淡水产仅8种。我国海产的约有80属250种。分为3个纲：褐子藻纲（Phaeosporeae）、不动孢子纲（Aplanosporeae）、圆子纲（Cyclosporeae）。

（1）褐子藻纲　无性生殖以动孢子进行，有性生殖有同配、异配、卵配。

本纲共分9个目，即水云目（Ectocarpales）、线翼藻目（Tilopteridales）、马鞭藻目（Cutleriales）、黑顶藻目（Sphacelariales）、海带目（Laminariales）、网管藻目（Dictyosiphonales）、索藻目（Chordariales）、酸藻目（Desmarestiales）、毛头藻目（Sporochnales）。这里仅介绍我国海域常见的几个目。

① 海带目。本目在异形世代生活史中，有一个大型的孢子体世代，配子体世代通常为微小的丝状体。孢子体一般均为大型的膜状体、单条或带状、圆柱状至扁平状。有固着器、柄和叶的分化。生长方式为间生长。单室孢子囊由表皮细胞形成，位于叶面上或特殊的孢子叶上，一般群生。孢子囊间有隔丝。如裙带菜（*Undaria pinnatifida*）孢子体黄褐色，高为6.5～52.0 cm，宽为3.0～5.4 cm，外形很像破的芭蕉叶扇，明显地分化为固着器、柄及叶片三部分。固着器由叉状分枝的假根组成，假根的末端略粗大，柄稍长，扁圆形，中间略隆起，叶片的中部有柄部伸长而来的中肋，两侧形成羽状裂片。叶面上有许多黑色小斑点。

② 网管藻目。具有明显的世代交替。孢子体大，圆柱形，管状中空，囊状、扁平叶状或带状，单条或具有分枝。藻体是由真正的薄壁组织构成。顶端生长或毛基生长。每个表皮细胞具有1至数个条状或盘状色素体。孢子体着生单室囊或多室囊或同一藻体上着生两种孢子囊，单生或集生成群。配子体小，丝状。主要生长在潮间带和潮下带的礁石和石沼中。我国有6属12种，如萱藻（*Scytosiphon lomentarius*），藻体黄褐色至深褐色，管状，直立丛生，高为6.5～70.0 cm，直径为2～5 mm。单条圆柱状体，相隔1.5～8.0 cm，部分收缩呈节。藻体幼时为异丝体，中实，后由直立丝体纵分裂成膜状体，中空，圆柱形，扁压或扭曲，节部一般缢缩，但有的平滑无节。顶端和基部尖细，固着器盘状。藻体内部结构，皮层由圆形至多角形的细胞组成，髓部由大而无色的细胞组成。

③ 索藻目。生活史为异形世代交替。孢子体较大，是由分枝较多的丝状体相互交织而成的假膜体。生长方式为顶端生长和居间生长。某些种类呈明显的单轴或多轴。色素体1个至数个，片状、带状或盘状，多数具有蛋白核。孢子体上仅生单室囊，不集生成群。配子体较小，是分枝的丝体，多室配子囊单列或多列，配子配合大多数为同配。如铁钉菜（*Ishige okamurai*）（图版8－6），藻体

黑褐色，干后黑色。革质，坚硬，直立，丛生，高为2.8～3.6 cm，直径为1.0～1.5 mm。复叉状分枝，枝圆柱状，稍有棱角或扭曲，枝顶扁圆。藻体基部具小盘状固着器和圆柱形短柄。藻体切面观，皮层厚，由小细胞组成，与体表垂直排列，髓部由错综交织、排列紧密的丝状细胞组成。

④ 酸藻目。具有明显的世代交替。孢子体大，藻体羽状分枝，假膜状。配子体丝状体，生长方式为毛间生长。我国海域只发现酸藻（*Desmarestia viridis*）（图版 8－7），藻体生活时黄绿色，下部圆柱状，数回对生羽状分枝，向上分枝尖细，呈极细毛状，各枝有中轴，枝多而密，对生。

（2）不动孢子纲　无性生殖以不动孢子进行，一般为四分孢子。有性生殖为卵配。本纲只有 1 个目，即网地藻目（Dictyotales）。

本目我国有 9 属 30 种，均为海产，主要分布在亚热带和热带海洋，温带高温的夏秋两季也有，主要生长在低潮带石沼中和岩石上。藻体扁平，膜状，双分枝，有或无中肋。直立体通常在同一平面上分枝。分生组织位于顶端，每一分枝顶端都具有 1 个顶细胞。成熟的藻体由皮层和髓部组成：皮层由一层比较小的含有盘状色素体的细胞组成，髓部由 1 层至数层较大的薄壁细胞组成，大多数无蛋白核。如网地藻（*Dictyota dichotoma*）藻体黄褐色，叶状，膜质，高为 3～6 cm，宽约为 0.5 cm。藻体直立，下部不匍匐错综，直立部分扇状，二叉状分枝，分枝角度小，小于 90°，有时呈羽状，枝顶端二裂，钝圆。藻体扁平，固着器形状不规则。

（3）圆子纲　本纲藻类生活史中只有孢子体世代。顶端生长。孢子体上产生配子囊。没有无性生殖。本纲仅 1 个目，即鹿角菜目（Fucales）。

本目包含种类较多，约有 40 属 350 种，大多数是固着在潮间带或潮下带的岩石上生长。如羊栖菜（*Hizikia fusiforme*），藻体黄褐色，肉质，高为 3～45 cm。主枝圆柱形，直径为 2～3 mm，互生分枝。叶的外形变化很大，长短不一，以棍棒形为主，全缘，气囊麦粒状，有柄，固着器为叉状分枝的假根，末端能长出新个体。生殖托圆柱形，有柄，先端钝头。雄托长为 4～10 mm，直径为 1.0～1.5 mm。

3. 常见种类

褐藻门 Phaeophyta

褐子藻纲 Phaeosporeae

海带目 Laminariales

海带科 Laminariaceae

海带 *Laminaria japonica* Areschoug，1851（图版 8－1）

翅藻科 Alariaceae

裙带菜 *Undaria pinnatifida*（Harv.）Suringar，1872（图版 8－2）

管藻目 Dictyosiphonales

萱藻科 Scytosiphonaceae

囊藻 *Colpomenia sinuosa*（Roth）Derb. et Sol.，1851（图版 8－3）

萱藻 *Scytosiphon lomentarius*（Lyngb.）Link，1833（图版 8－4）

鹅肠菜 *Endarachne binghamiae* J. Agardh.（图版 8－5）

索藻目 Chordariales

铁钉菜科 Ishigeaceae

铁钉菜 *Ishige okamurai* Yendo，1907（图版 8－6）

酸藻目 Desmarestiales

酸藻科 Desmarestiaceae

酸藻 *Desmarestia viridis*（Mueller）Lamour，1813（图版 8－7）

水云目 Ectocarpales

水云科 Ectocarpaceae

水云 *Ectocarpus arctus* Kütz

不动孢子纲 Aphlanoporeae

网地藻目 Dictyotakes

网地藻科 Dictyotaceae

大团扇藻 *Padina crassa* Yamada，1931（图版8－8）

网地藻 *Dictyota dichotoma*（Huds.）Lamx.，1809（图版9－1）

叉开网翼藻 *Dictyopteris divaricata* Okam.，1932（图版9－2）

厚缘藻 *Dilophus okamurai* Dawson，1950（图版9－3）

圆子纲 Cyclosporeae

鹿角菜目 Fucales

墨角藻科 Fucaceae

鹿角菜 *Silvetia siliquosa*（Tseng et chang）Serrao，cho，Boo et Brawley，1999（图版9－4）

马尾藻科 Sargassaceae

半叶马尾藻 *Sargassum hemiphyllum*（Turn.）J. Agardh，1889.

瓦氏马尾藻 *S. vachellianum* Greville，1848（图版9－5）

草叶马尾藻 *S. graminifolium*（Turner）J. Agardh，1848

鼠尾藻 *S. thunbergii*（Mertens）O'kitze，1893（图版9－6）

铜藻 *S. horneri*（Turn.）C. Agardh，1820（图版9－7）

羊栖菜 *Hizikia fusiforme*（Harv.）Okamura，1932（图版9－8）

（八）裸藻门

1. 一般特征

裸藻又称眼虫藻，与金藻、甲藻、隐藻和绿藻中的具鞭毛的种类一起称为鞭毛藻类。

裸藻是一类具鞭毛、能运动的单细胞藻类，细胞裸露，无细胞壁。细胞质外层衍化为表质，表质较坚硬的种类，细胞可保持一定的形态，而表质柔软的种类细胞常会变形。表质光滑，或具有纵行、螺旋形线纹及点纹或肋纹等。有的种类细胞外具有胶质的囊壳，囊壳常因铁质沉淀程度不同而呈现出不同的颜色。

裸藻类的色素有叶绿素 a、叶绿素 b 和 β－胡萝卜素等，色素组成与绿藻门相似。有些种类具有特殊的裸藻红素（euglenarhodine），植物体多呈绿色，仅少数种类呈血红色，有些种类无色素体。色素体一般为盘状、片状或星状。有色素的种类细胞前端一侧有一个红色的眼点，具感光性，使藻体具趋光性。无色素的种类大多没有眼点这个结构。

裸藻储存淀粉为副淀粉，又称裸藻淀粉，兼有脂肪。副淀粉是一种遇碘不变色的非水溶性多聚糖，反光性强。繁殖方式主要以纵裂方式繁殖。没有无性生殖和有性生殖。

2. 分类

裸藻的分类国内外没有统一，按照1950年G. M. 史密斯的分类系统，裸藻门仅设1纲，即裸藻纲（Euglenophyceae），2个目，即裸藻目（Euglenales）和柄裸藻目（Colaciales）。而我国钱树本等（2005）将裸藻纲分为以下3个目。

（1）变形裸藻目（Eutrepiales） 变形裸藻目具有2根伸出体外的鞭毛，游泳时一根鞭毛伸向前方，另一根鞭毛伸向体后。没有特殊的摄食细胞器。

（2）裸藻目　裸藻目具有2根不等长鞭毛，其中一根鞭毛伸向前方，另一根鞭毛留在体内。

裸藻（图版10－1，图版10－2）细胞多为纺锤形，少数为圆柱形，多数种类表质软，形状易变。具叶绿体，呈星状、盘状或颗粒状。具或不具蛋白核。少数种类具特殊的裸藻红素，使细胞呈红色；同化产物是副淀粉，呈杆形、环形或卵形。该属约有150种，我国现有记录的约为40种。分布较广，多数产于淡水中，少数产于半咸水中。

扁裸藻（图版10－3，图版10－4）藻体背腹侧扁，正面观常为圆形、卵形或椭圆形，有的螺旋状扭转，背侧隆起成脊状，后端多延伸成刺状，叶绿体圆盘形，无蛋白核；同化产物为副淀粉，形状有环形、圆盘形、球形及哑铃形。

囊裸藻（图版10－5，图版10－6）细胞外具一胶质的囊壳，囊壳呈球形、卵形、椭圆形、圆柱形或纺锤形等。表面光滑或具点纹、孔纹、网纹、颗粒、棘刺等纹饰。囊壳内由于含有铁和锰的沉积而呈黄色、橙色或褐色；鞭毛由圆形的鞭毛孔伸出。

（3）异线目（Heteromenatales）　异线目具有2根伸出体外的鞭毛，游泳时一根鞭毛伸向前方，另一根鞭毛伸向体后。具有特殊的摄食细胞器——咽杆器。

3. 常见种类

裸藻门 Euglenophyta

　裸藻纲 Euglenophyceae

　　裸藻目 Euglenales

　　　裸藻属未定种 *Euglena* sp. （图版10－1，图版10－2）

　　　扁裸藻属未定种 *Phacus* sp. （图版10－3，图版10－4）

　　　囊裸藻属未定种 *Trachelomonas* sp. （图版10－5，图版10－6）

（九）隐藻门

1. 一般特征

隐藻是一类单细胞（少数为不定群体），结构较为复杂的双鞭毛藻。藻体前端较宽，钝圆或斜向平截。有背腹之分，侧面观背面隆起，腹面平直或凹入。前端偏于一侧具有向后延伸的纵沟，有的种类具有1条口沟，自前端向后延伸，纵沟或口沟两侧常具有多个棒状的刺丝泡。多数种类具有鞭毛，能运动。鞭毛2条，略等长，自腹侧前端伸出或生于侧面。不具纤维素细胞壁，细胞外有一层周质体，柔软或坚固。隐藻的光合作用色素有叶绿素a、叶绿素c，β－胡萝卜素等。还有藻胆素。色素体1~2个、大形叶状。隐藻的颜色变化较大。多为黄绿色，黄褐色，也有蓝绿色、绿色或红色的。生殖多为细胞纵分裂，不具鞭毛的种类产生游动孢子，有些种类产生厚壁的休眠孢子。

隐藻门植物种类不多，但分布很广，淡水较多、海水较少，沼盐隐藻是广盐性种类，既能生活在海湾，河口低盐水域，也能忍受盐沼池的高盐水。隐藻在海洋浮游生物群落中占有一定地位，是水肥、水活、好水的标志。

2. 分类

此门仅1纲，即隐藻纲（Cryptophyceae），分5科。我国记载仅1科。常见的2个属为蓝隐藻属（*Chroomonas*）和隐藻属（*Cryptomonas*）。

如卵形隐藻（*Cryptomonas ovata*）（图版10－7），藻体呈卵圆形，前端有1个明显凹陷的口沟和2条等长的鞭毛，腹部较为平直，背部明显隆起。藻体呈橄榄色。

蓝隐藻（*Chroomonas* sp.）（图版10－8）呈胞卵圆形或椭圆形，前端常斜截，略凹陷，后端钝圆，向腹侧弯曲。有两条不等长的鞭毛。色素体1个，有时2个，周生，盘状，蓝色或蓝绿色。

3. 常见种类

隐藻门 Cryptophyta

隐藻纲 Cryptophyceae

隐鞭藻目 Cryptomonadales

隐鞭藻科 Cryptomonadaceae

卵形隐藻 *Cryptomonas ovata*

波罗的海隐藻 *C. baltica*（Karsten）Butcher，1994

深隐藻 *C. prvfunda* Butcher，1994

蓝隐藻属未定种 *Chroomonas* sp.

尖尾蓝隐藻 *C. acuta* Uterm，1925

（十）绿藻门

1. 一般特征

绿藻门在整个藻类中有其特殊的地位，通常为草绿色，细胞内含有叶绿素 a、叶绿素 b、叶黄素及胡萝卜素，有完整的细胞核和色素体。有细胞壁，内层是纤维质，外层是果胶质。外部形态多样化，有游动单细胞或群体、非游动单细胞或群体、丝状体、膜状体、异丝体、管状多核体。运动细胞多具有 2 条、4 条或多条等长、顶生的鞭毛，内含物为淀粉。有各种各样的繁殖方式，无性生殖包括细胞分裂、似亲孢子、游泳孢子、不动孢子；有性生殖包括动配子结合（同配、异配、卵配）和静配子结合。

有些种类在生活史中有世代交替现象。多生于淡水中，海产的种类较少，在我国海域记载的有 194 种。营浮游、固着或附生生活，还有少数种类为寄生或共生。

2. 分类

（1）结合藻纲（Chlorophyceae） 生活史中不产生有鞭毛的游动细胞，有性生殖只有接合生殖。此纲全为淡水种。

（2）绿藻纲（Conjugatophyceae） 生活史中具有鞭毛的游动细胞，有性生殖为动配子结合，但没有接合生殖。包括 12 目，即团藻目（Volvocales）、四孢藻目（Tetrasporales）、绿球藻目（Chlorococcales）、丝藻目（Ulotrichales）、胶毛藻目（Chaetophorales）、石莼目（Ulvales）、溪菜目（Prasiolales）、鞘藻目（Oedogoniales）、刚毛藻目（Cladophorales）、管枝藻目（Siphonocladales）、绒枝藻目（Dasycladales）和管藻目（Siphonales）。其中，海生性种类主要分布在如下 7 个目。

① 团藻目。藻体是单细胞、群体或由不动细胞构成的不定群体；细胞形状不规则，有球形、椭圆形、心形、纺锤形等，除极少的例外，细胞前端绝大多数都有 2～4 根尾鞭型鞭毛，有色素体 1 个到多个，形状多样，有淀粉核 1 个到多个，有眼点和伸缩泡。平板形每个细胞内有 1 个到多个或缺少蛋白核、多具 1 个细胞核，也有多核的。无性生殖是产生动孢子，也有静孢子。有性生殖为同配、异配、卵配。如心形扁藻（*Platymonas subcordiformis*），藻体为广卵形，长为 16～30 μm，宽为 12～15 μm，有 4 根鞭毛，1 个杯状色素体，是水产动物幼体的良好饵料。

② 绿球藻目。藻体是单细胞的、群体或定形群体；每个细胞内有 1 个到多个或缺少蛋白核、多具 1 个细胞核，也有多核的。无性生殖是产生似亲孢子或动孢子、静孢子。有性生殖为同配、卵配。如蛋白核小球藻（*Chlorella puenoidosa*）（图版 11－3），藻体为圆球形，直径为 3～5 μm，是水产动物幼体的良好饵料。

③ 刚毛藻目。藻体为单列或分枝的丝状体，细胞内含 2 个或多个细胞核，基本常有假根，细胞壁厚，外层有几丁质，中层果胶质，内层纤维质，细胞质中央含一个大液泡，色素体多呈网状。蛋

白核1个。无性生殖是产生动孢子。有性生殖为同配、卵配。

④ 石莼目。藻体是由1~2层细胞组成的叶状体或管状体，有1个细胞核，色素体1个，片状或杯状，含1个或多个淀粉核；无性生殖是产生动孢子。有性生殖为同配、异配、卵配。如孔石莼藻体有卵形、椭圆形、圆形和披针形，叶片上有形状、大小不一的孔，这些孔可使叶片分裂成不规则裂片。叶边缘略有皱褶或呈波状。叶基部有盘状固着器，但无柄。株高为10~40 cm。颜色碧绿，干后浓绿色。辽宁、河北、山东和江苏沿海均有分布，长江口以南沿海虽也有生长，但逐渐稀少。孔石莼全年均有，繁殖生长期主要在冬春季节，春末夏初是采收盛期。

⑤ 丝藻目。藻体是由一列细胞构成的不分枝的丝状体，有固着性的，也有浮游性的。大多有1个细胞核，色素体1个，带状，含1个或更多的蛋白核；无性生殖是产生动孢子，有性生殖为同配、异配、卵配。如软丝藻（*Ulothrix flacca*）（图版12-5），藻体固着在中潮带岩石上，分布于各海区。

⑥ 管藻目。本目我国海区有5科12属。为管状多核体，仅在生殖时产生隔壁。有明显的分枝，分化成匍匐枝与直立枝。细胞内有很多盘状或梭形叶绿体，每一叶绿体有1个蛋白核或无；色素中还有管藻素和管藻黄素。藻体有时依靠横断分枝进行营养繁殖；无性生殖是产生游动孢子；有性生殖多为异配。有的属种有异形世代交替。大部分海产，绝大多数分布在热带和亚热带海域中，少数分布在温带或寒带海域。生长在中、低潮带的礁石、石块、贝壳、珊瑚枝及其他基质上。如刺松藻（*Codium fragile*），藻体黑绿色，海绵质，幼体被白色绒毛。高为10~30 cm，向上多分叉枝，生长在低潮带岩石上。刺松藻具有清热解毒、消肿利水、驱虫的功效。

⑦ 管枝藻目。本目有14属80多种，全部分布在热带和亚热带海洋中；主要生长在中、低潮带和大干潮线附近的岩石、石块或珊瑚碎块上。我国有10属20多种，藻体不钙化，管状，具分隔，由不同形状和不规则排列的多核细胞及假根系组成。叶绿体网状，有蛋白核或无。无性生殖是产生双鞭毛动孢子；有性生殖为同配、卵配。如法囊藻（*Valonia aegagropila*）（图版12-8）产于南海海区和台湾省东南部，少数可向北延伸到福建省南部沿岸。

3. 常见种类

绿藻门 Chlorophyta

绿藻纲 Chlorphyceae

团藻目 Volvocales

杜氏盐藻 *Dunaliella salina*（Dunal）Tead（图版11-1）

心形扁藻 *Platymonas subcordiformis*（图版11-2）

衣藻 *Chlamydomonas reinhardii* Dang

绿球藻目 Chlorococcales

蛋白核小球藻 *Chlorella puenoidosa*（图版11-3）

刚毛藻目 Cladophorales

刚毛藻科 Cladophoraceae

膨胀刚毛藻 *Cladophora utriculosa* Kutz.（图版11-4）

绢丝刚毛藻 *C. stimpsonii* Harv., 1895（图11-5）

中间硬毛藻 *Chaetomorpha media*（Ag.）Kutz.（图版11-6）

气生硬毛藻 *C. aerea*（Dillw.）Kutz., 1849

石莼目 Ulvales

石莼科 Ulvaceae

石莼 *Ulva lactuca* L., 1753（图版11-7）

花石莼 *U. conglobata* Kjellm, 1897（图版11-8）

孔石莼 *U. pertusa* Kjellm, 1897（图版 12 - 1）

长石莼 *U. linza* L.

浒苔 *Enteromorpha prolifera*（Muller）J. Agardh, 1883

肠浒苔 *E. intestinalis*（L.）Nees, 1820（图版 12 - 2）

缘管浒苔 *E. linza*（L.）J. Agardh, 1983（图版 12 - 3）

礁膜科 Monostromataceae

礁膜 *Monostroma nitidum* Wittr., 1866（图版 12 - 4）

管藻目 Siphonales

羽藻科 Bryopsidaceae

羽状羽藻 *Bryopsis pennata* Lamx.

羽藻 *B. lumose*（Hudson）C. Agardh, 1823（图版 12 - 6）

松藻科 Codiaceae

刺松藻 *Codium fragile*（Sur.）Hariot, 1889（图版 12 - 7）

二、海洋种子植物

海洋种子植物是海洋中的高等植物，它们和陆地的高等植物一样能进行光合作用，用种子来繁生后代。海洋种子植物有三大类：海草、盐沼植物和红树林植物。

（一）海草

海草是指生活在热带和温带海域的浅水海岸带，一般在潮下带浅水 6 m 以上环境中的单子叶植物，普遍生长在珊瑚礁的泻湖和大陆架的浅水里。具备 4 种机能以适应其海生生活：具有适应于盐介质的能力；具有一个很发达的支持系统；具有完成正常生理活动以及实现花粉释放和种子散布的能力；具备与其他海洋生物竞争的能力。海草可以稳定底泥沉积物，增加腐殖质，是附生动植物重要的底物，有利于提高浮游生物繁殖，提高初级生产力，不但是动物食物的来源，还是动物栖息地和隐蔽场所，所以成为幼虾稚鱼的优良繁生场所，亦利于某些海鸟的栖息。同时是控制浅水水质的关键植物；大叶藻和虾形藻等的干草还是良好的保温材料和隔噪声材料，可用于建筑业。海草还能造纸、食用、用作饲料与肥料。

1. 主要特征

海草在演化上被认为是再次下海。为适应生活环境，它们在形态构造上有一些相应的特征：有发育良好的根状茎（水平方向的茎），使各个个体在附着基上交织生长以巩固植体，进而形成海草场；叶片柔软，呈带状或切面构造为圆柱状，以便在海水流动时保持直立，叶片内部有规则排列的气腔，以便于漂浮和进行气体交换；花着生于叶丛的基部，雄蕊（花药）和雌蕊（花柱和柱头）高出花瓣以上，花粉一般为念珠形且黏结成链状，以借海水的流动受粉。

2. 系统分类

海草属于沼生目（Helobiae），在世界上分布广泛，全世界有 50 ~ 60 种海草，我国沿海现知有 8 属 14 种。其中海菖浦、海神草、喜盐草、海神藻、二药藻和针叶藻等属暖水性，产于广东和广西沿海；虾形藻和大叶藻属温水性，主要分布在辽宁、河北和山东沿海。

海菖蒲（图版 13 - 1），海生，沉水草本，叶狭线形，互生，花单性异株，雄花多数，微小，包藏于一个近无柄、由 2 苞片组成、压扁的佛焰苞内，最后逸出而浮于水面；花被片阔椭圆形，2 轮；雄蕊 3，花药无柄；退化子房缺；雌花遥大，单生，无柄，生于一个长佛焰苞内，花茎旋卷；外轮花被片长椭圆形，覆瓦状排列，内轮花被片较长，线形，近镊合状排列；退化雄蕊缺；子房卵状，有6棱，具长喙，6室；花柱6，2裂，胚珠在每一胎座上少数；果卵状，有喙，不开裂。

喜盐草（图版13－2），沉水草本，生于海岸或海水中；茎纤细，每节有卵形至长椭圆形的叶一对；花单性同株或异株，单生于一个无柄、腋生的小佛焰苞内，雄花具柄，雌花无柄；花被片3，花药近无花丝；子房1室，有胚珠数至多颗；花柱3，丝状；果近球形，有喙。

3. 常见种类

单子叶植物纲 Monocotyledoneae

沼生目 Helobiae

眼子菜科 Potamogetonaceae

川蔓藻 *Ruppia rostellata* Koch

角果藻 *Zamnichellia palustis* Less

大叶藻科 Zosteraceae

丛生大叶藻 *Zostera caespitosa* Miki

日本大叶藻 *Z. japonica* Ascherson & Craebner

大叶藻 *Z. marina* Linnaeus

海神藻科 Cymodoceaceae

海神藻 *Cymodocea rotundata* Ehrenberg & Hemprich ex Ascherson

二药藻 *Halodule uninervis*（Forskål）Ascherson

针叶藻 *Syrinodium isoetifolium*（Ascherson）Dandy

全楔藻 *Thalassodendron ciliatum*（Forskål）de Hartog

聚伞藻科 Posidoniaceae

聚散藻 *Posidonia australis* Hooker f.

水鳖科 Hydrocharitaceae

海菖蒲 *Enhalus acoroides*（L. f.）Royle（图版13－1）

喜盐草 *Halophila ovalis*（R. Brown）Hooker f.（图版13－2）

海神草 *Thalassia hemprichii*（Ehrenberg）Ascherson

（二）盐沼植物

1. 主要特征

所谓盐沼植物是指生长在处于海洋和陆地两大生态系统的过渡地区，周期性或间歇性地受海洋咸水体或半咸水体作用的一种淤泥质或泥炭质的湿地生态系统内，具有较高的草本或低灌木植物。其具有以下几个基本特点：处于滨海地区，受海洋潮汐作用影响；具有以草本或低灌木为主的植物群落，盖度通常大于30%；适应潮汐水体；适宜基质以淤泥或泥炭为主。

2. 系统分类

盐沼中的植物长期生活在多盐的生理性干旱条件下，种类十分贫乏，通常仅3～5种/m^2，而且常形成单种群落。藜科（Chenopodiaceae）植物是盐沼中占优势的种类。根据盐沼植物对多盐环境的适应方式，可以区分以下两个生态型。

（1）盐生植物　这类植物对盐土的适应性很强，能生长在重盐渍土上，从土壤中吸收大量可溶性盐分并积聚在体内而不受害。这类植物的原生质对盐类的抗性特别强，能忍受6%甚至更高浓度的 NaCl 溶液。它们的细胞液浓度很高，并具有极高的渗透压，所以能从高盐浓度盐土中吸收水分，故又称为真盐生植物。植物的茎和叶肉质化，而且其肉质性随盐分增高而增强。水分占植物体的92%以上，呈中性和弱碱性，因此，植物在生理性干旱条件下得以维持正常生命活动。有的植物叶片退化、缩小，或与茎合生成筒状，仅下表面与外界接触，以减少水分蒸腾。

盐角草（图版 13－3），一年生低矮草本，高为 3～20 cm，植株常发红色，茎直立，自基部分枝，直伸或上升，小枝肉质，叶肉质多汁，几不发育，近圆球形，长为 2～3 mm，灰绿色，基部下延，抱茎或半抱茎，成叶鞘状，仅在顶部呈近圆球形突起；穗状花序，长为 1.0～2.5 cm，直径为 3～4 mm，互生于近圆球形突起的苞叶叶片中，每苞叶聚生 3 朵花，花基部稍联合；雄蕊 1～2，长过花被，子房卵形，两侧扁，种子卵圆形或圆形，种皮黄褐色，密生乳头状小突起；花果期为 7—9 月。

盐地碱蓬（图版 13－4），一年生草本，高为 20～80 cm，绿色或紫红色；茎直立，圆柱形，略有条棱，上部多分枝；枝细瘦，开展或斜生。叶条形，半圆柱状，直伸，或不规则弯曲，长为 1.0～2.5 cm，宽为 1～2 mm，先端尖或微钝，枝上部的叶较短。花两性兼有雌性；腋生团伞花序，通常 3～5 花，在分枝上再排列成有间断的穗状花序；花被片卵形，稍肉质，边缘膜质，果时背面稍增厚，花药卵形或矩圆形，柱头 2，有乳头。胞果包于花被内，果实成熟后种子露出。种子横生，双凸镜形或歪卵形，有光泽，表面具不清晰的点纹。花果期为 7—10 月。

（2）泌盐植物　泌盐植物能从盐渍土中吸取过多的盐分，但并不积存在体内，而是通过茎、叶表面密布的盐腺细胞把吸收的盐分分泌排出体外，分泌排出的结晶盐在茎、叶表面又被风吹雨淋扩散。盐沼植物具有抵御风暴潮灾害、净化污染物、固沙促淤、为野生动植物提供适宜生境等多种重要的生态功能。

二色补血草（图版 13－5），多年生草本，高达 60 cm，全体光滑无毛。茎丛生，直立或倾斜。叶多根出；匙形或长倒卵形，基部窄狭成翅柄，近于全缘。花茎直立，多分枝，花序着生于枝端而位于一侧，或近于头状花序；萼筒漏斗状，棱上有毛，缘部 5 裂，折叠，干膜质，白色或淡黄色，宿存；花瓣 5，匙形至椭圆形；雄蕊 5，着生于花瓣基部；子房上位，1 室，花柱 5，分离，柱头头状。蒴果具 5 棱，包于萼内。花果期为 7—10 月。

芦苇（图版 13－6），多年生草本，植株高大，地下有发达的匍匐根状茎。茎秆直立，秆高为 1～3 m，节下常生白粉。叶鞘圆筒形，无毛或有细毛。叶舌有毛，叶片长线形或长披针形，排列成两行。叶长为 15～45 cm，宽为 1.0～3.5 cm。圆锥花序分枝稠密，向斜伸展，花序长为 10～40 cm，小穗有小花 4～7 朵；颖有 3 脉，一颖短小，二颖略长；第一小花多为雄性，余两性；第二外桴先端长渐尖，基盘的长丝状柔毛长为 6～12 mm；内稃长约为 4 mm，脊上粗糙。具长、粗壮的匍匐根状茎，以根茎繁殖为主。

3. 常见种类

被子植物门 Angiospermae

双子叶植物纲 Dicotyledoneae

石竹目 Caryophyllales

藜科 Chenopodiaceae

盐角草 *Salicornia europaea* L.（图版 13－3）

盐地碱蓬 *Suaeda salsa* Kitag（图版 13－4）

光碱蓬 *S. laevissima* Kitag

灰绿碱蓬 *S. glauea* Bunge

蓝雪科 Plumbaginaceae

二色补血草 *Limonium bicolor*（Bunge） O. Kuntze（图版 13－5）

中华补血草 *L. sinense*（Girard） Kuntze

单子叶植物纲 Monocotyledoneae

禾本科 Gramineae

大米草 *Spartina anglica* C. E. Hubb

互花米草 *S. alterniflora* Loisel

芦苇 *Phragmites communis*（Cav.）Steud（图版 13－6）

莎草科 Cyperaceae

海三棱藨草 *Scirpus mariqueter* Tang et Wang

柽柳科 Tamaricaceae

柽柳 *Tamarix chinensis* Lour.

（三）红树林

红树林是指一群适应生长在热带、亚热带河口潮间带的木本植物。但真正红树林植物是指只生活在潮间带的木本植物，而且演化出气生根、支柱根或胎生行为等特性来适应河口潮间带的特殊环境。

红树林以凋落物的方式，通过食物链转换，为海洋动物提供良好的生长发育环境，同时，由于红树林区内潮沟发达，吸引深水区的动物来到红树林区内觅食栖息，生产繁殖。由于红树林生长于亚热带和温带，并拥有丰富的鸟类食物资源，所以红树林区是候鸟的越冬场和迁徙中转站，更是各种海鸟的觅食栖息，生产繁殖的场所。

红树林另一重要生态效益是它的防风消浪、促淤保滩、固岸护堤、净化海水和空气的功能。盘根错节的发达根系能有效地滞留陆地来沙，减少近岸海域的含沙量；茂密高大的枝体宛如一道道绿色长城，有效抵御风浪袭击。

红树林的工业、药用等经济价值也很高。具有建材、制药、造纸、制革，抗污染等多种用途。

红树林为人们带来大量日常保健自然产品，如木榄和海莲类的果皮可用来止血和制作调味品，它的根能够榨汁，是贵重的香料。叶可用于控制血压。红树林的果汁擦在身体上可以减轻风湿病的疼痛。红树林的果实榨的油，可用于点油灯，还能驱蚊和治疗昆虫叮咬和痢疾发烧等。

1. 主要特征

红树林植物具有一系列特殊的生态和生理特征。它们具有呼吸根或支柱根；当果实在树上时种子即可在其中萌芽成小苗，然后再脱离母株，下坠插入淤泥中发育为新株（胎萌习性）。为了防止海浪冲击，红树林植物的主干一般不无限增长，而从枝干上长出多数支持根，扎入泥滩里以保持植株的稳定。同时从根部长出许多指状的气生根露出于海滩地面，在退潮时甚至潮水淹没时用以通气，故称呼吸根。胎萌是红树林另一适应现象：果实成熟后留在母树上，并迅速长出长达 20～30 cm 的胚根，然后由母体脱落，插入泥滩里，扎根并长成新个体。在不具胚根的种类则有一种潜在的胎萌现象，如桐花树（*Aegiceras corniculatum*）的胚，在果实成熟后发育成幼苗的雏形，一旦脱离母树，能迅速发芽生根。在生理方面，红树植物的细胞内渗透压很高。这有利于红树植物从海水中吸收水分。细胞内渗透压的大小与环境的变化有密切的关系，同一种红树植物，细胞内渗透压随生境不同而异。另一生理适应是泌盐现象。某些种类在叶肉内有泌盐细胞，能把叶内的含盐水液排出叶面，干燥后现出白色的盐晶体。泌盐现象常见于薄叶片的种类，如桐花树等。不泌盐的种类则往往具有肉质的厚叶片作为对盐水的适应。同一种红树植物生长在海潮深处的叶片常较厚；生长于高潮线外陆地上的叶片常较薄。

2. 系统分类

根据国际红树林组织（international society for mangrove ecosystem）所列，全世界目前有 62 科 30 属 243 种。我国目前已知的红树植物有 16 科 19 属 30 种，红树植物分别隶属于双子叶植物纲和单子叶植物纲。

秋茄（图版13－7），为常绿乔木，是红树林中重要的树种之一，种子在母树上发芽；叶对生，革质，倒卵形，先端浑圆；花白色，3～5朵组成腋生的短聚伞花序；萼5～6裂，裂片线形，长在1.2 cm以上；花瓣5～6，狭窄，早落，分裂成线状的裂片数枚；雄蕊多数，分离或基部部分合生；花药4室，纵裂；子房1室，或幼时3室，下位，有胚珠6颗；果长椭圆形，中部为苞片所围绕。

木榄（图版13－8），为常绿乔木。具膝状呼吸根及支柱根。树皮灰色至黑色，内部紫红色。叶对生，具长柄，革质，长椭圆形，先端尖。单花腋生；萼筒紫红色，钟形，常作8～12深裂，花瓣与花萼裂片同数，雄蕊约为20枚。具胎生现象，胚轴红色，繁殖体圆锥形。

目前，全世界的红树林面积约为1 400万 hm^2，其中分布密度最高的是印度洋和西太平洋的临海地带，地理分布集中在南北纬度0°—25°。在我国，红树林主要分布于广西、广东、台湾和福建四省或自治区。

3. 常见种类

被子植物门 Angiospermae

双子叶植物纲 Dicotyledoneae

桃金娘目 Myrtales

红树科 Rhizophiraceae

秋茄 *Kandelia candel*（L.）Druce（图版13－7）

木榄 *Bruguiera gymnorrhiza*（L.）Savigny（图版13－8）

海莲 *Bruuiera sexangula*（Lour.）Poir

红树 *Rhizophora apiculata* Bl.

角果木 *Ceriops tagal*（Perr.）C. B. Rob.

海桑科 Sonneratiaceae

海桑 *Sonneratia caseolaris*（L.）Engl.

杜鹃花目 Ericales

紫金牛科 Myrsinacea

桐花树 *Aegiceras corniculatum*（L.）Blanco

第五节 海洋无脊椎动物

海洋生物主要分为3个大的类别，分别是海洋动物、海洋植物（藻类）和海洋微生物。依据传统的分类方法，海洋动物还可以根据其脊椎的有无而将其分为脊椎动物和无脊椎动物2个大类，其中，无脊椎动物是最大的一个类群，初步估计，无脊椎动物的数量至少占世界上所有动物个体总数的97%。所有的无脊椎动物，每一个大的类群中都包含有生活在海洋中的代表性物种，有些类群则几乎全部都是海生的。除了绝大多数种类都生活在陆地上的昆虫纲种类之外，在其他类群中海洋无脊椎动物几乎都占据着相对的多数。在国内外的不同动物分类体系中，海洋无脊椎动物的分类方法不尽相同，根据国内比较常见的动物分类体系，海洋无脊椎动物基本上可以分为海绵动物门、腔肠动物门、扁形动物门、线形动物门、软体动物门、环节动物门、节肢动物门、棘皮动物门、半索动物门等几个主要门类，另外还有栉水母动物门、纽形动物门、轮虫动物门、星虫动物门、螠虫动物门、线虫动物门、帚虫动物门、腹毛动物门、兜甲动物门、动吻动物门、颚胃动物门、棘头动物门、内肛动物门、外肛动物门、有爪动物门、缓步动物门、腕足动物门、毛颚动物门等若干种类少的门类，总计有20多个门。本书仅介绍常见的几个门。

一、海绵动物门（Spongia）

海绵是由特殊细胞组成的复杂的多细胞聚合体，这些细胞相互联系，但尚未形成组织与器官，所以海绵是结构最简单的多细胞动物之一。几乎所有的海绵都是海生的，它们营固着生活，黏附在岩石等固形物的表面或底部。它们的形态、大小与体色变化巨大，但身体结构变化不大。它们有一个特殊的结构——水沟系，根据水沟的简单与复杂分为单沟型、双沟型和复沟型三类。海绵动物有单体的，也有群体的，外形多种多样，其中单体海绵有高脚杯形、瓶形、球形和圆柱形等形状，群体海绵的外形包括分枝的、圆的、大体积的火山形等，呈薄壳状的海绵生长在岩石上或珊瑚上。海绵体表有无数小孔，是水流进入体内的孔道，与体内管道相通，体内有一个中央腔，其上端开口形成整个个体的出水孔。通过水流带进食物与排出废物。水管的网络结构与相对有弹性的骨骼结构使得大部分海绵的结构特殊。

（一）形态特征

海绵动物的共同特征如下。

① 体壁由两层细胞组成，体壁上有许多进水小孔，因而也被称作多孔动物（porifera）。

② 体壁围绕成一个大的中央腔，中央腔有一个大的出水口与外界相通。通过体壁上的进水小孔与中央腔和出水口进行体内外水交换，完成其摄食、呼吸、排泄等生理活动。

③ 细胞分化简单，具有与原生动物领鞭毛虫相似的领鞭毛细胞（choanocyte）。在后生动物中，除了海绵动物具有该种细胞之外，在其他后生动物中未曾发现过。

④ 胚胎发育过程中，动物极与植物极的后期分化也不同于其他后生动物。因此，海绵动物被认为是后生动物进化过程中的一个侧支，也被称为侧生动物（parazoa）。

相对于原生动物而言，海绵动物及其之后的各个门类都被称为后生动物。

许多海绵进行无性生殖，出芽或分枝与母体脱离后形成与母体一样的海绵。一些海绵也进行有性生殖，与大多数动物不一样，海绵的配子不是由生殖腺产生，而是由中胶层的领细胞或其他细胞产生。配子与别的动物的相似：大的富含营养的卵子，小的带有鞭毛的精子。大多数海绵为雌雄同体，可以同时产生卵子和精子；也有些种类是雌雄异体。海绵释放配子到水中，称为产卵，但卵子通常留在体内，当精子进入体内后进行受精。

早期发育在海绵体内进行，最终带鞭毛的细胞球被释放到水中，这个浮游的幼虫称为实胚幼虫（两囊幼虫），它随水流漂浮直到固着发育成一个小的海绵。

（二）系统分类

全世界已发现的海绵动物有 9 000 余种，其中约有一半为化石种。现存种类，大约有 150 种生活在淡水中，其余全部生活在海洋中。分布海域从潮间带直至水深 9 000 m 的海底，以近河口海域的分布量较为丰富。

海绵动物门包括钙质海绵纲、六放海绵纲、寻常海绵纲 3 个纲。各纲生物的主要特征如下。

1. 钙质海绵纲（Calcarea）

体型较小，个体大小一般不超过 10 cm；外形呈管状或瓶状，横截面辐射对称；骨针钙质，分为单轴、三轴、四轴等几种类型；中胶层薄，领鞭毛细胞相对较大。一般多生活于浅海，代表种有毛壶、白枝海绵等（图版14－1）。

2. 六放海绵纲（Hexactinellida）

体型较大，个体大小一般为 10～100 cm，单体呈瓶形或漏斗形，辐射对称；具有单柄或单轴骨针，骨针硅质，常联合成束状或网格状，呈三轴六放型，故名六放海绵，又称玻璃海绵（glass sponge)。一般多生活于水深 400～900 m 的海底。代表种有偕老同穴（*Euplectella* sp.）（图版 14－2）、玻璃海绵等。

3. 寻常海绵纲（Demospongia）

体型大，复沟型，单体呈瓶形或漏斗形，辐射对称；具有硅质骨针或海绵丝，或者两者联合，骨针为单轴或四射轴型，而不像六放海绵纲那样呈六放型，多埋藏在海绵丝中形成网格状。寻常海绵纲的数量大约占海绵动物的90%以上，其分布自浅海直至水深数千米的深海，少数分布于淡水中（只有一个科）。代表种有穿贝海绵、沐浴海绵等（图版 14－3 至图版 14－8）。

海绵形状多样，有分支的管型、球形或火山形，有的个体也可以长到很大。薄壳状海绵体形细小，有的颜色漂亮，它们生长在岩石或死亡的珊瑚礁上。玻璃海绵，如偕老同穴，生活在深海的底泥中，且由硅质的骨针组成网带状的骨骼；穿贝海绵能穿过 $CaCO_3$ 形成孔道，如在牡蛎的壳与珊瑚上经常可见。钙质海绵在身体的下方由钙质骨骼形成底座，其中含有骨针与海绵蛋丝。首先发现的钙质海绵是化石，但之后潜水时发现它们生长在水下洞穴中及珊瑚礁的斜表面上。

一些海绵具有商业价值，浴海绵（洗澡用的海绵）的收集在墨西哥湾与地中海是一项重要的产业。一些海绵产生的化学物质（生物活性物质）对人类的健康有益，已被人们认识并尝试提取用于商业生产。

（三）常见种类

钙质海绵纲 Calcarea

同腔目 Homocoela

白枝海绵属未定种 *Leucosolenia* sp.（图版 14－1）

异腔目 Heterocoela

毛指海绵 *Sycon coronatum* Ellis et Solander

冈田指海绵 *S. okadai* Hozawa

长柄指海绵 *S. yatsui* Hozawa

日本毛壶 *Grantia nipponica* Hozawa，1918

管海绵 *Grantessa shimeji* Hozawa

寻常海绵纲 Demospongia

单轴目 Monaxonida

寄居蟹皮海绵 *Suberites domumcula*（Olivi），1792

日本矶海绵 *Reniera japonica* Kadota

二、腔肠动物门（Coelenterata）

海绵之后的动物的组织水平进化了许多，这种进步可使组织行使特定的功能，使得腔肠动物能进行游泳（浮游）、对外界的刺激作出反应、捕食以及别的行为。腔肠动物门又称刺胞动物门（Cnidaria），也是海洋中一类相对原始的多细胞动物，包括海葵、水母、珊瑚以及与它们有亲缘关系的动物。腔肠动物除了有组织的分化之外，它的体制为辐射对称，通过其体内的中央轴有许多个切面可把身体分为相等的两部分，这种对称使得其从任何一个面看起来都相似，没有头尾，前后，背腹之分。一般把口在的那一面称为口面，背面称为反口面。

（一）形态特征

腔肠动物有两种体型：水螅型，附着生活阶段呈圆筒囊状；水母型，钟形，像口面朝下的水螅，可以自由生活。一些腔肠动物的生活史既包括水螅型又包括水母型。一些刺胞动物的生活史中水螅型和水母型同时出现，但其他种类一生中只有水螅型或水母型。水螅型与水母型，以及两者的综合型与交替型都是辐射对称。

水螅型与水母型的结构相同，在身体的中间有口，外面呈同心圆形包围着细长、指状的触手。用于捕猎物时，触手伸得很快，食物从口进入消化循环腔中，消化循环腔是个盲管，只有一个开口，就是口。腔肠动物通过触手上的刺细胞捕食小猎物。

腔肠动物具有两胚层，外部的称为外胚层，内部的称为内胚层，内胚层构成消化循环腔的黏膜层。在两胚层之间有一薄的中胶层，神经网和间细胞位于中胶层中。在水母中，中胶层加厚形成圆顶形罩。中胶层呈凝胶状，由蛋白质和大量的水组成。

体壁虽然大多数也是由 2 层细胞组成，但与海绵动物相比已有了许多进化，如身体都具有比较固定的辐射对称或两辐射对称体制；构成体壁的细胞分别来源于胚胎时期的外胚层和内胚层，细胞间开始出现组织分化，初步形成了上皮、神经等组织；中央腔细胞出现分化，成为消化腔，同时还出现了细胞外消化和细胞内消化两种过程。消化腔的出现被认为是动物由低等向高等发展的重要步骤。

共同特征为：具有攻击及防卫功能的刺细胞，这也是该门动物命名的依据；许多种类为群体，群体中具有二态（dimorphism）或多态（polymorphism）现象；生活史中常有世代交替现象。

（二）系统分类

腔肠动物大约有 10 000 个物种，绝大部分生活在海洋中，分布海域以浅海水域最多，少数为深海种。刺胞动物门（腔肠动物门）包括 3 个纲，分别是水螅纲、钵水母纲、珊瑚纲。在我国海域目前已记录到的刺胞动物共 1 010 种，分属于 3 纲，水螅纲在我国海域已记录到 456 种，代表种有水螅和薮枝螅；钵水母纲在我国海域已记录到 39 种，代表种有海蜇；珊瑚纲在我国海域已记录到 515 种，代表种是珊瑚和海葵。

1. 水螅纲（Hydrozoa）

水螅纲动物是刺胞动物门中唯一包含极少数淡水种类的一个纲，其余种类皆为海生。本纲包含物种约 3 000 种，多数营群体生活，少数为单体。

水螅的种类有多种形态与生活史，由许多软柔的、浓密的水螅体构成羽毛状或扫帚状，它们附着在海岸建筑基座、海藻、岩石、贝壳或其他物体表面。有些水螅体被特化成捕食、防御与生殖组织。

水螅纲动物的生殖分无性和有性两种。出芽生殖为其无性生殖的主要方式。有性生殖是精卵结合。大多数种类为雌雄异体，少数为雌雄同体。精巢为圆锥形，卵巢为卵圆形。卵巢内一般每次成熟一个卵，也有的种类一次成熟几个卵。卵在成熟时，卵巢破裂，使卵露出。精巢内形成很多精子，成熟的精子，出精巢后，游近卵子与之受精。受精卵进行完全卵裂。生殖体是很小的透明的水母型，这些小水母通常是浮游在水面上释放配子，受精卵发育成营漂浮生活的幼虫。大部分腔肠动物的幼虫是浮浪幼虫，是圆柱状布满纤毛的两层细胞体。经过一段时间的漂浮，浮浪幼虫附着下来，变态成为水螅体。一些水螅，没有水螅体阶段，浮浪幼虫直接发育成水母体，另一些水螅没有水母体阶段，水螅体直接产生配子。

水螅以各种小甲壳动物、小昆虫幼虫和小环节动物为食。以触手捕食，被捕获的食物可能比水螅大很多倍。呼吸和排泄，没有特殊的器官，由各细胞吸氧，排出二氧化碳和废物。水螅的再生能力强。

水螅纲代表种为薮枝螅（*Obelia* sp.）（图版 15 - 2）。群体，固着生活，高 6 ~ 50 mm，大多在 20 mm 左右，不分枝或多少分枝，分枝者又有互生和不规则分枝几种。分枝基部螅茎上具数量不等环轮，这是分类的依据之一，分枝的顶端具芽体，芽体的形状、长和宽亦是分类的依据。芽体基部具环轮（分类依据之一），体外被有透明的芽鞘，口缘平滑或具齿，伸出20余条实心触手，呈辐射排列，主要为捕食器官，较小的消化循环腔由口与外界相通，用于消化和吸收营养，所以芽体是营养体，负责捕获食物、为其他器官提供营养（图版15－3，图版15－4）。在螅茎与分枝之间或芽体与分枝之间生出生殖体，多为长瓶状，外被透明生殖鞘，柄短具少数环轮。中央为子茎，其周围着生水母芽，成熟后逸出体外成为水母型，很小，伞缘具20余条触手（tentacle）（图版15－6）。

薮枝螅的群体内部由螅茎连通，其体壁由两层细胞构成，体表的一层为外胚层，具有保护和感觉的功能，里面的一层为具有营养功能的内胚层，在两层细胞之间为中胶层。

外胚层包括皮肌细胞、腺细胞、感觉细胞、神经细胞、刺细胞和间细胞。其中，皮肌细胞数目最多，皮肌细胞基部的肌原纤维沿着身体的长轴排列，它收缩时可使水螅身体或触手变短。感觉细胞（sensory cell）分散在皮肌细胞之间，特别在口周围、触手和基盘上较多，其体积很小，端部有感觉毛，基部与神经纤维连接。神经细胞（nerve cell）位于外胚层细胞的基部，接近于中胶层的部分，神经细胞的突起彼此连接起来形成网状，传导刺激向四周扩散。刺细胞（cnidoblast）是腔肠动物所特有的，它遍布于体表，触手上特别多。刺细胞有囊状的刺丝囊（nematocyst），囊内贮有毒液及一盘旋的丝状管。水螅有4种刺丝囊：穿刺刺丝囊，其中有一条细长中空的刺丝，当受刺激时，刺丝向外翻出，可以把毒素注射到捕获物或其他小动物体内，将其麻醉或杀死；卷缠刺丝囊，不注射毒液，只缠绕捕获物；还有2种黏性刺丝囊，与捕食和运动有关。间细胞（interstitial cell），主要在外胚层之间，有一堆堆的小细胞，大小与皮肌细胞的核相似，一般认为它是一种未分化的胚胎性的细胞，可分化为刺细胞和生殖细胞等。中胶层为内外胚层分泌的胶状物质，薄而透明，在身体和触手都是连续的。中胶层像有弹性的骨骼，对身体起支持作用。

内胚层包括内皮肌细胞、腺细胞和少数感觉细胞与间细胞。在内胚层细胞的基部也有分散的神经细胞，但未连接成网。内皮肌细胞又称营养肌肉细胞（nutritivemuscular cell），是一种具有营养机能兼收缩机能的细胞，在细胞的顶端通常有2条鞭毛（1～5条），由于鞭毛的摆动能激动水流，同时也可伸出伪足吞食食物。腺细胞在内皮肌细胞之间，分散于内胚层各部位。腺细胞所处的部位不同，其功能也不同。

2. 钵水母纲（Scyphozoa）

钵水母纲动物包含物种约200种，全部都生活在海洋中。其生活史中主要阶段是单体水母型，水螅型阶段不发达，或者完全消失。水母体不具有缘膜，构造要比水螅纲的水母体复杂。

本纲动物的一般特征是：水母体体型较大，伞径一般在2～40 cm，个别种类可达1～2 m，如海蜇；身体呈四辐射对称，伞缘具4个或8个缺刻，内有感觉囊（rhopalium）；中胶层发达，主要由蛋白质和黏多糖形成的凝胶构成，其中还含有由外胚层起源的细胞和胶原纤维；胃循环腔复杂，辐射管发达，生有由内胚层起源的胃丝，胃丝上具有刺细胞；生殖细胞起源于内胚层；垂唇末端向外延伸形成4个口腕（oral arm），口腕内侧有沟，内生纤毛，触手、垂唇、口腕及伞部分布有刺细胞（图版16－5至图版16－7，图版17－1至图版17－8）。

钵水母的水螅体很小，并且释放小水母体幼体，一些种类没有水螅体。钵水母通过钟状体的有节奏的收缩进行游泳，但是它们的游泳能力有限，主要还是随水流漂浮。一些钵水母的水母体是已知的最危险的海洋生物之一，它们的螯刺能引起剧痛甚至使人致命。

钵水母纲代表种海蜇（*Rhopilema esculentum*）（图版17－1）为大型食用水母，经济价值很高，尤畅销远东各国。营养成分独特之处是含脂量极低，蛋白质和无机盐类等含量丰富。可食部分主要是中胶质。海蜇作为保健食品，还具有舒张血管、降低血压、消痰散气、润肠消积等功能。

海蜇隶属腔肠动物门（Coelenterate）、钵水母纲（Scyphomedusae）、根口水母目（Rhizostomeae）、

根口水母科（Rhizostoidae）、海蜇属（*Rhopilema*）。海蜇主要产于我国沿海，日本西部和朝鲜南部有小规模生产，苏联远东海区曾有记录。目前，海蜇已在我国沿海开展增殖放流。

海蜇在海洋中营浮游生活，终生生活于近岸水域，尤其喜栖底质为泥或泥沙的河口附近，分布区水深一般为 5～20 m，有时达 40 m。对水温适应范围一般为 16～32 ℃，最适为 18～24 ℃，对盐度的适应范围为 8～35，最适为 14～20。喜栖光照度在 2 400 lx 以下的弱光环境。我国近海北起鸭绿江口，南至北部湾的广阔近岸水域都有海蜇分布，以浙江近海和辽东湾数量最多。

海蜇的伞为半球形，中胶层很厚，含有大量水分和胶质物，伞边缘无触手，8 个感觉器将伞缘平分为 8 个区，每个区的伞缘有 14～20 个小舌状的缘瓣（lappets），其数目为种的分类依据之一。口腕愈合，大形口消失，有 8 对翼状肩板，口柄下部各有 8 个腕，每个腕分成三翼，其边缘具吸口。口腕上具触手，各腕末端有一棒状附属器，附属器与腕管相通。肩板上也有吸口和触手。

消化系统较复杂，由口进去为胃腔，向四方扩大成 4 个胃囊，由胃囊上和胃囊之间伸出辐管（radial canal），辐管均与伞边缘的环管（ring canal）相连，胃囊里有 4 个由内胚层产生的马蹄形生殖腺，生殖腺内侧具胃丝，其上有很多刺细胞，食物进入胃囊后，即被刺丝杀死，胃丝也起着保护生殖腺的作用。海蜇雌雄异体，精子成熟后随水流进入雌体内受精，也有的在海水内受精，完全卵裂。

海蜇的运动主要靠内伞的环状肌有节奏地舒张和收缩。环肌收缩时，将伞体下腔的海水挤压出去，利用产生的反作用力推动蜇体朝伞顶方向前进。成体海蜇的环肌每分钟收缩 50 次左右，这种环肌的伸缩运动，从出生到死亡，昼夜不断，成体在静水池中的游泳速度为 4～5 m/min。与其他水生动物比较，海蜇自游能力弱，游泳速度缓慢。因此，风向、风力、海流和潮汐等对海蜇的水平分布有一定影响。海蜇具较灵敏的感觉器，能在不同水层作垂直移动，在风平浪静的黎明、傍晚和多云的白天，常浮游于水域上层；大风、暴雨、急流、烈日下或夜晚，多活动于水域底层或近底层。这种灵敏的感觉和垂直移动的功能，对保持其种族的生存和分布区域的相对稳定有重要意义。

3. 珊瑚纲（Anthozoa）

珊瑚纲动物全部都是水螅型的群体或单体，没有水母型世代。珊瑚纲动物的水螅体结构要比水螅纲和钵水母纲的水螅体复杂得多，其消化循环腔内出现薄的隔膜，为消化大量食物增加了消化面积。本纲动物的一般特征是：身体呈八分或六分的两辐射对称；口部体壁内陷形成口道，胃腔内具有由内胚层和中胶层向内延伸而形成的隔膜；肌肉发达，中胶层中有细胞存在，许多种类还具有外骨骼；生殖细胞来源于内胚层。

珊瑚纲动物大约有 7 000 种，全部都生活在海洋中，是本门中包含物种最多的一个纲（图版 18－1 至图版 30－4）。

珊瑚纲代表种强健鹿角珊瑚（*Acropora robusta*），属腔肠动物门（Coelenterata），珊瑚纲（Anthozoa），石珊瑚目（Scleractinia），鹿角珊瑚科（Acroporidae），鹿角珊瑚属（*Acropora*）。珊瑚骨骼为厚皮壳板状，或成楔形分枝，或板状分枝融合表面有脊或柱棒状突起。在分枝顶端有圆形的轴珊瑚体，不明显，经常是 1 个以上。辐射珊瑚体大小相等，斜口管形，或紧粘贴，或蜗牛壳状到有圆和狭裂状开口。其骨骼上有密的融合刺组成。生活时为淡黄色。

（三）常见种类

水螅纲 Hydrozoa

　水螅水母亚纲 Hydroidomedusae

　　花水母目 Anthomedusae

裸芽亚目 Gymnoblastea

棒螅水母科 Clavidae

灯塔水母 *Turritopsis nutricula* Mc Crady，1857（图版 16 - 2）

真枝螅科 Eudendridae

真枝螅属未定种 *Eudendrium* sp.（图版 15 - 5）

被芽亚目 Calyptoblastea

薮枝螅科 Eucopidae

平坦薮枝螅 *Obelia plana*

双枝薮枝螅 *O. dichotoma* Linnaeus，1758（图版 15 - 7）

曲膝薮枝螅 *O. geniculata* Linnaeus，1758（图版 15 - 1）

真瘤手水母科 Eutimidae

甲形海洋水母 *Oceania armata*

软水母目 Leptomedusae

红色水母 *Crossota norvegica*（图版 16 - 1）

硬水母目 Trachylina

花笠水母科 Olindioidae

钩手水母 *Gonionemus vertens* A. Agassiz，1862

管水母亚纲 Siphonophorae

囊泳目 Cystonectae

僧帽水母科 Physaliidae

僧帽水母 *Physalia physalis* Linnaeus，1758（图版 16 - 4）

钟泳目 Calycophorae

双生水母科 Diphyidae

尖角水母属未定种 *Eudoxoides* sp.（图版 16 - 3）

钵水母纲 Scyphozoa

旗口水母目 Semaeostomeae

霞水母科 Cyaneidae

棕色霞水母 *Cyanea ferruginea* Eschscholtz，1829（图版 16 - 6）

北极霞水母 *C. arctica*（图版 16 - 7）

狮鬃水母 *C. capillata*（Linnaeus，1758）（图版 17 - 6）

洋须水母科 Ulmaridae

发水母属未定种 *Phacellophora* sp.（图版 16 - 5）

海月水母 *Aurelia aurita*（Linnaeus，1758）（图版 17 - 8）

根口水母目 Rhizostomeae

硝水母科 Mastigiidae

巴布亚硝水母 *Mastigias papua*（Lesson，1830）（图版 17 - 3）

鞭棍水母科 Catostylidae

珍珠水母 *Phyllorhiza punctata*（图版 17 - 2）

马赛克水母 *Catostylus mosaicus*（图版 17 - 5）

根口水母科 Rhizostomatidae

海蜇 *Rhopilema esculentum* Kishinouye，1891（图版 17 - 1）

沙海蜇 *Nemopilema nomurai* Kishinouye，1922（图版 17－4）

倒立水母科 Cassiopeidae

朝天水母 *Cassiopeia frondosa*（图版 17－7）

珊瑚纲 Anthozoa

六放珊瑚亚纲 Hexacorallia

海葵目 Actiniaria

细指海葵科 Metridiidae

绣球海葵 *Metridium senile*（图版 18－5）

海葵科 Actiniidae

管形海葵属未定种 *Cerianthids* sp.（图版 18－1）

螺旋触手海葵 *Macrodactyla* cf. *doreensis*（图版 18－3）

等指海葵 *Actinia equine* Linnaeus，1767（图版 18－6）

莲花海葵 *Andresia parthenopea*（图版 18－7）

樱花海葵 *Urticina felina*（图版 18－4）

绿海葵科 Sagartiidae

绿海葵 *Sagartia leucolena*（图版 18－2）

绿疣海葵 *Anthopteura midori* Uchida et Muramatsu（图版 18－8）

石珊瑚目 Scleractinia（造礁石珊瑚类）

杯形珊瑚科 Pocilloporidae

杯形珊瑚属 *Pocillopora* spp.（图版 19－1 至图版 19－8）

排孔珊瑚属 *Seriatopora* spp.（图版 20－1 至图版 20－5）

柱形珊瑚属 *Stylophora* spp.（图版 20－6 至图版 20－8）

鹿角珊瑚科 Acroporidae

蔷薇珊瑚属 *Montipora* spp.（图版 21－1 至图版 21－6）

星孔珊瑚属 *Astreopora* spp.（图版 21－7，图版 21－8）

鹿角珊瑚属 *Acropora* spp.（图版 22－1 至图版 22－7）

石芝珊瑚科 Fungiidae

圆饼珊瑚属 *Cycloseris* spp.（图版 23－1，图版 23－2）

双列珊瑚属 *Diaseris* spp.（图版 23－3 至图版 23－5）

石芝珊瑚属 *Fungia* spp.（图版 23－6 至图版 23－8）

绕石珊瑚属 *Herpolitha* spp.（图版 24－1 至图版 24－3）

多叶珊瑚属 *Polyphyllia* spp.（图版 24－4 至图版 24－6）

履形珊瑚属 *Sandalolitha* spp.（图版 24－7，图版 24－8）

帽状珊瑚属 *Halomitra* spp.（图版 25－1，图版 25－2）

足柄珊瑚属 *Podabacia* spp.（图版 25－3 至图版 25－5）

石叶珊瑚属 *Lithophyllon* spp.（图版 25－6 至图版 25－8）

菌珊瑚科 Agariciidae

牡丹珊瑚属 *Pavona* spp.（图版 26－1 至图版 26－3）

厚丝珊瑚属 *Pachyseris* spp.（图版 26－4 至图版 26－6）

角珊瑚目 Antipatharia

角珊瑚（黑珊瑚）属 *Antipatharia* spp.（图版 26－7，图版 26－8）

八放珊瑚亚纲 Octocorallia

苍珊瑚目 Helioporacea

苍珊瑚科 Helioporidae

苍珊瑚属 *Heliopora* spp. （图版 27－1 至图版 27－4）

根枝珊瑚目 Stolonifera

笙珊瑚科 Tubiporidae

笙珊瑚 *Tubipora musica* Linnaeus，1758（图版 27－5 至图版 27－8）

软珊瑚目 Alcyonacea（图版 28－1 至图版 28－8）

软珊瑚科 Alcyoniidae

豆荚软珊瑚属 *Lobophytum* spp. （图版 28－6）

聚集豆荚软珊瑚 *L. mirabile* Tixier-Durivault，1956（图版 28－5）

肉质豆荚软珊瑚 *L. sarcophytoides* Moser，1919（图版 28－7）

肉质软珊瑚属 *Sarcophyton* spp. （图版 28－2）

指软珊瑚属 *Sinularia* spp.

冠指软珊瑚 *S. pavida* Tixier-Durivault，1970（图版 28－8）

棘软珊瑚科 Nephtheidae

棘穗软珊瑚属 *Dendronephthya* spp. （图版 28－3）

柳珊瑚目 Alcyonacea

柳珊瑚属 *Gorgonian* spp.（图版 29－1 至图版 29－6）

日本红珊瑚 *Corallium japonium* Kishinouye，1903（图版 29－7，图版 29－8）

皮滑红珊瑚 *C. konojoi* Kishinouye，1903

瘦长红珊瑚 *C. elatius*（Ridley，1882）

海鳃目 Pennatulacea

磷海鳃（海笔）*Pennatula phosphorea* Linnaeus，1758（图版 30－1 至图版 30－4）

三、栉水母动物门（Ctenophora）

栉水母动物门是具有两辐射对称体型的多细胞海洋生物，目前已发现的种类大约 100 种，全部都生活在海洋中。

（一）一般特征

身体呈两辐射对称，表面常具有由成行栉板（comb plate）组成的栉带（comb band）。多数种类身体无色透明，体型呈球形、卵圆形、扁平或者带形，在海洋中营漂浮生活，或者营爬行或固着生活。体壁由表皮层、胃层以及发达的中胶层组成，具有发达的胃循环腔，与钵水母很相似但又不同于刺胞动物。栉水母动物的触腕上缺少刺丝囊，除了一个种外均无刺细胞，但具有黏细胞（colloblasts），捕食时可以利用其具有黏细胞的两条触腕俘获食物。多数种类能生物发光。

（二）系统分类

栉水母动物门包括 2 纲 5 目。有触手纲（Tentaculata）：有触手的水母。包括球栉水母目（Cydippida），如侧腕栉水母（*Pleurobrachia*）；兜水母目（Lobata），如 *Mnemiopsis*；带栉水母目（Cestida），如带栉水母（*Cestum*）；扁栉水母目（Platyctenea），如扁栉水母（*Ctenoplana*）。无触手纲（Nuda）：无触手的水母。仅包含瓜水母目（Beroda）1 目，如瓜水母（*Beroe cucumis*）。栉水母动物门代表种有侧腕栉水母、带栉水母等。

栉水母动物是在冷水和温水中都有分布的动物。它们是贪吃的食肉动物，一群栉水母可以吃掉一大群鱼类幼体和其他浮游生物，猎物被两条具黏细胞（colloblasts）的触腕所捕获。与腔肠动物不同，栉水母动物触腕上缺少刺丝囊。

（三）常见种类

有触手纲 Tentaculata

球栉水母目 Cydippida

侧腕水母科 Pleurobrachidae

球型侧腕水母 *Pleurobrachia globosa* Moser，1903（图版 30－6，图版 30－7）

兜水母目 Lobata

淡海栉水母 *Mnemiopsis leidyi*（图版 30－5）

叶状栉水母 *Bathycyroe fosteri*（图版 30－8）

无触手纲 Nuda

瓜水母目 Beroida

瓜水母科 Beroidae

瓜水母 *Beroe cucumis* Fabricius，1780

卵形瓜水母 *B. ovata* Chamisso et Egsenhardt，1821

四、扁形动物门（Platyheminthes）

扁形动物为具有 3 胚层并且出现了器官系统分化、但尚未形成体腔的一类生物，其体型为两侧对称，因背腹向扁平而得名。与身体呈辐射对称或两辐射对称、两胚层、仅有组织分化的刺胞动物相比，扁形动物又有了更进一步的进化，其消化道的结构虽然与刺胞动物和栉水母动物相似，也只有一个开口（即口），但在外胚层与内胚层之间不再像刺胞动物和栉水母动物那样只是由简单的胶状物组成，而是由中胚层细胞填充。在胚胎发育中，中胚层可以产生肌肉、生殖系统以及其他一些器官。动物界的系统进化是由扁形动物开始才出现真正两侧对称体型的，扁形动物之后的门类即使再出现辐射对称体型那也是次生的，即幼体期体型为两侧对称、至成体期又改变为辐射对称体型的。

（一）形态特征

扁形动物的一般特征为：体型背腹扁平，两侧对称，前端形成明显或不明显的头部，神经系统及感觉器官多集中于头部。有口但无肛门，没有独立的消化腺。雌雄同体，但需要异体交配生殖；生殖器官出现生殖腺、生殖导管及交配器等。海水种类要经过螺旋型卵裂及幼虫发育阶段才能发育为成体，淡水种类为直接发育。具有梯状神经系统，神经索之间出现横向联系，大多数种类的神经细胞开始集中形成脑。

（二）系统分类

扁形动物根据其生活环境和生活方式的不同被分为两大类，其中不到 20% 的种类营自由生活，80% 以上的种类营寄生生活。现存的扁形动物大约有 18 000 种，分属涡虫纲、吸虫纲、单殖纲、绦虫纲 4 个纲。其中，海洋中最常见的是涡虫纲，多为营自由生活的肉食性动物，其余 3 纲则大多为营寄生生活的种类。

1. 涡虫纲（Turbellaria）

涡虫纲动物大约有 3 000 种，大多都在浅海潮间带的石块下或海藻丛中隐居生活，对温度和盐度变化的适应能力较强；少数种类还可以进入淡水中生活，只有极少数种类（大约 150 种）营共生或者寄生生活。本纲动物的主要特征为：大部分种类个体较小，身体扁平，体长通常在几毫米到十几毫米之间，个别种类身体呈带状，最大体长可达 60 cm 左右；多数种类具有比较明显的头部，头前端生有 1 对眼，口与生殖孔开口于腹中线上，少数种类头部不明显。

涡虫纲代表种：厚涡虫（*Pseudoctylochus obscurus*）。生活在海水中的石块下，身体呈扁平的椭圆形，较厚，背面稍凸，多黄褐色，腹面色浅，后端稍向内凹如呈缺刻状。触角及眼点均不甚明显。雌雄生殖孔前后密集排列，位近身体后端。

表皮（epidermis）由外胚层来源的柱形上皮细胞组成，表皮下面是非细胞构造的有弹性的基膜，再下面是中胚层形成的肌肉层，共有 3 层，外层为环肌，中层为斜肌，内层为纵肌，肠壁由一层内胚层来源的柱状上皮形成，其中的空腔即为肠腔。

口在腹面，位于腹面近中央处，具有肌肉质的咽。咽后紧接着是肠，由一支主干分出许多分枝，每支分枝又反复分出小支，小支末端封闭为盲管，无肛门。不能消化的食物仍由口排出。

无特殊的呼吸、循环器官，依靠体表扩散作用进行气体交换。焰细胞和排泄管构成排泄系统。头部有一对脑神经节，由此分出一对腹神经索通向体后，在腹神经索之间还有横神经相连，构成梯形的神经系统。

涡虫为雌雄同体，需要交配进行异体受精（cross - fertilization）。涡虫交配时，两虫各翘起体尾端的一段，腹面贴合，各从生殖孔内伸出阴茎进入对方的生殖腔内，输入精子，对方的精子暂时储存在受精囊内，当卵巢排卵时，精子从囊内游出，沿阴道、输卵管到达输卵管前端与卵受精。涡虫除进行有性生殖外，还可进行无性生殖，淡水及陆地的涡虫以分裂方式进行无性生殖。

以活的或死的蠕虫、小甲壳类及昆虫的幼虫为食物。具有很强的再生能力。

2. 吸虫纲（Trematoda）

吸虫纲是扁形动物门最大的一个类群，种类超过 6 000 种，代表种有日本血吸虫、中华枝睾吸虫、布氏姜片吸虫等。所有的吸虫类都是寄生的，即靠其他动物而生存，以别的动物的组织、血液或肠容物为食。原始种类大多营外寄生生活，主要寄生在软体动物及鱼类的体表；比较进化的种类则大多营内寄生生活，主要寄生在脊椎动物的体内。

本纲动物除了具有扁形动物的共同特征外，还具有以下主要特征：身体细长或呈叶形，背腹扁平，体长范围一般在 0.2 ~ 6.0 cm。具有适应寄生生活的吸盘与吸钩等器官，体表纤毛及腺细胞消失。消化道退化，体表面出现兼具保护和吸收寄主营养物质功能的皮层。行无氧呼吸。神经与感觉器官退化。

3. 单殖纲（Monogenea）

单殖纲动物大约有 1 100 种，主要寄生在鱼类、两栖动物的体表及鳃上，营外寄生生活。代表种有似多盘吸虫等。大多数种类体长 1 ~ 5 mm，少数可达 20 mm。本纲动物的一般特征为：身体背腹扁平，前端有口，口周围生有肌肉质的吸盘，或生有黏附腺（adhesive gland），后端具有一个大的附着器，具有钩及吸盘；雌雄同体，生活史中只有一个寄主，无中间寄主，不存在无性生殖。

4. 绦虫纲（Cestoda）

绦虫纲也营寄生生活，其幼体在无脊椎动物和脊椎动物中都有发现。代表种有牛绦虫、猪绦虫等。

本纲动物的一般特征如下。

① 除个别种类的体形与吸虫比较相似之外，大多种类身体呈扁平的长带状。

② 身体分为头节（scolex）、颈节（neck）以及节裂体；节裂体是由重复的多个节片组成，节片数最少 2 片，多者则可达 4 000 片。

③ 头节很小，其上生有吸沟或吸盘、倒钩等结构，可依靠这些构造吸附在宿主的肠壁上，并将

其整个身体悬挂在宿主的肠内。头节的结构可作为本纲动物分类的重要依据之一。

④ 无口和肠，可直接通过体壁来吸取宿主肠内的食物作为营养。

⑤ 多数种类为雌雄同体，仅个别种类雌雄异体；其发育过程除个别种类为直接发育外，大多数种类均有幼虫期；中间宿主可为甲壳类、软体动物、环节动物、脊椎动物等，而终寄主则均为脊椎动物。绦虫体长可能惊人，人们在抹香鲸体内发现过一条长约 15 m 的绦虫。

（三）常见种类

涡虫纲 Turbellaria

多肠目 Polycladida

纤扁科 Leptoplanidae

薄背平涡虫 *Notoplana humilis*（Stimpson）

平角科 Planoceridae

平角涡虫 *Planocera reticulata*（Stimpson）

寡盂对平角涡虫 *Paraplanocera oligoglena*（Schmarda，1859）（图版 31－2）

美涡虫科 Callioplanidae

缘美涡虫 *Callioplana marginata* Stimpson，1857（图版 31－1）

伪角科 Pseudoceridae

双边伪角涡虫 *Pseudoceros bimarginatus* Meixner，1907（图版 31－3）

铁锈色伪角涡虫 *P. ferrugineus* Hyman，1959（图版 31－4）

五、环节动物门（Annelida）

（一）形态特征

环节动物是具有三胚层、真体腔、两侧对称体型、身体最早出现分节现象的一类动物。环节动物的共同特征如下。

① 身体分节，每个体节还生有比较原始的附肢——疣足（parapodium），成为其有效的运动器官。

② 体节可分为口前叶、躯干节、肛节等几种不同的类型，口前叶位于身体的最前端，其后为许多躯干节，最后端的一节为肛节；躯干节的第一节称围口节，与口前叶共同组成头部；肛节之前的几个体节为生长带，生长过程中新体节的形成主要是在该部位完成。

③ 具有比较发达的由中胚层形成的真体腔，体腔在每个体节之间再由其前后节的体腔膜愈合成隔板相分隔；体腔中充满了液体，消化道穿过所有的分节而贯穿于整个体腔。

（二）系统分类

环节动物大约有 12 000 个物种，分为 3 个纲，即多毛纲、寡毛纲、蛭纲。

1. 多毛纲（Polychaeta）

多毛纲是环节动物门中最大的一个纲，大约包括 8 000 多个种，除了极少数生活在淡水中，绝大多数都生活于海洋。沙蚕是本纲的代表性种。

本纲动物的一般特征为：身体呈长柱形，背腹扁平，体长一般为 10 cm 左右，但最小的种类仅有 1 mm，而最大的种类体长可达 3 m；每个体节都有一对扁平的、由体壁延伸形成的疣足，疣足上生有坚硬而尖锐的刚毛；头部感觉器官发达，生有眼、触手、腹侧触须等；雌雄异体，个体发育中经过担轮幼虫期；大多数种类营穴居，有的则营永久性管居、游泳等。

许多多毛动物的生活史中都包括浮游幼虫时期，被称为担轮幼虫，其身体围有一条纤毛带，可以游泳并营漂浮生活。

多毛纲大小各异，一般为5～10 cm。营底上爬行性生活，有时在泥沙内、珊瑚或石下隐藏。肉食性。头部特征明显，具有几对眼、触角等感觉器官以及吻、颚片等摄食器官，也有的种类依靠摄食海底的有机碎屑。多毛动物的疣足发达，运动能力强，但也有些多毛动物在泥和沙中营埋栖型生活。

2. 寡毛纲（Oligochaeta）

寡毛纲包含约3 500个种，海产种类较少，大约只有200种。寡毛纲动物的分布比较广泛，很多种类是世界性分布的。从生态上本纲生物可以分为水生和陆生两种类型，代表种为蚯蚓。

本纲动物的一般特征为：身体呈圆柱形，体型大小差别较大，小的种类不足1 mm，大的种类可达1～3 m；身体分节但不分区，疣足退化，体表少刚毛，因此，被称为寡毛纲；靠近身体前部的几个体节体壁上皮细胞形成厚的上皮环带，环带可以分泌黏液，具有利于交配、营养卵等作用；雌雄同体，交配受精，直接发育。

3. 蛭纲（Hirudinea）

蛭纲大约包含500种，绝大多数都生活在淡水中，少数种类生活在海洋中，可吸附在海水鱼和海洋无脊椎动物身体上生活。

本纲动物的一般特征是：身体呈柱形或卵圆形，背腹略扁平，体型相对较小，体长大多在3～6 cm，少数种类超过20 cm；体表完全缺乏刚毛，但次生性地出现体环，无疣足，但身体两端各有一个吸盘；雌雄同体，性成熟时出现环带，由环带形成卵茧。

（三）常见种类

多毛纲 Polychaeta

游走亚纲 Errantia

叶须虫目 Phyllodocida

叶须虫科 Phyllodocidae

中华半突虫 *Phyllodoce*（*Anaitides*）*chinensis* Uschakov et Wu，1959

乳突半突虫 *P.*（*A.*）*papillosa* Uschakov et Wu，1959

栗色仙须虫 *Genetyllis castanea*（Marenea，1879）

背叶虫 *Notophyllum foliosum*（Sars，1835）

双带巧言虫 *Eulalia bilineata*（Johnston，1840）

巧言虫 *E. viridis*（Linnaeus，1767）

张氏神须虫 *Eteone*（*Mysta*）*tchagsii* Uschakov et Wu，1959

特须虫科 Lacydoniidae

拟特须虫 *Paralacydonia paradoxa* Fauvel，1913

鳞沙蚕科 Aphroditidae

澳洲鳞沙蚕 *Aphrodita australis* Baird，1865

多鳞虫科 Polynoidae

软背鳞虫 *Lepidonotus helotypus*（Grube，1877）

覆瓦哈鳞虫 *Harmothoë imbricata*（Linnaeus，1767）

金扇虫科 Chrysopetalidae

西方金扇虫 *Chrysopetalum occidentale* Johnson，1897

吻沙蚕科 Glyceridae

长吻吻沙蚕 *Glycera chirori* Izuka，1912
中锐吻沙蚕 *G. rouxii Audouin* et M. Edwards，1833
白色吻沙蚕 *G. alba*（Müller，1788）
头吻沙蚕 *G. capitata* Öersted，1843
裂虫科 Syllidae
千岛膜裂虫 *Typosyllis adamantens kurilensis* Chlebovitsch，1959
似环膜裂虫 *T. armillaris*（Müller，1776）
扁膜裂虫 *T. fasciata*（Malmgren，1867）
杂色膜裂虫 *T. variegate*（Grube，1860）
海女虫科 Hesionidae
海女虫 *Hesione splendida* Savigny，1818
小健足虫 *Micropodarke dubia*（Hessle，1925）
白毛虫科 Pilargiidae
白毛钩虫 *Cabira pilargitormis*（Uschakov et Wu，1962）
沙蚕科 Nereidae
多美沙蚕 *Lycastopsis augeneri* Okuda，1937
光突齿沙蚕 *Leonnates persica* Wesenberg-Lund，1949
拟突齿沙蚕 *Paraleonnates uschakovi* Chlebovitsch et Wu，1962
环唇沙蚕 *Cheiloneresis cyclurus*（Harrington，1897）
双管阔沙蚕 *Platynereis bicanaliculata*（Baird，1863）
真齿沙蚕 *Nereis neoneanthes* Hartman，1948
异须沙蚕 *N. heterocirrata* Treadwell，1931
多齿沙蚕 *N. multignatha* Imajima and Hartman，1964
旗须沙蚕 *N. vexillosa* Grube，1851
游沙蚕 *N. pelagica* Linnaeus，1758
宽叶沙蚕 *N. grubei*（Kinberg，1866）
日本刺沙蚕 *Neanthes japonica*（Izuka，1908）
琥珀刺沙蚕 *N. succinea*（Frey et Leuckart，1847）
黄色刺沙蚕 *N. flava* Wu et Sun，1981
锐足全刺沙蚕 *Nectoneanthes oxypoda*（Marenzeller，1879）
红角沙蚕 *Ceratonereis erythraeensis* Fauvel，1918
双齿围沙蚕 *Perinereis aibuhitensis*（Grube，1878）
弯齿围沙蚕 *P. camiguinoides*（Augener，1922）
杂色伪沙蚕 *Pseudonereis variegata*（Grube，1857）
齿吻沙蚕科 Nephthyidae
中华内卷齿蚕 *Aglaophamus sinensis*（Fauvel，1932）
无疣卷齿吻沙蚕 *Inermonephtys inermis*（Ehlers，1887）
毛齿吻沙蚕 *Nephtys ciliata*（Müller，1776）
多鳃齿吻沙蚕 *N. polybranchia* Southem，1921
寡鳃齿吻沙蚕 *N. oligobranchia* Southem，1921
加州齿吻沙蚕 *N. californiensis* Hartman，1938

囊叶齿吻沙蚕 *N. caeca*（Fabricius，1780）
矶沙蚕目 Eunicida
矶沙蚕科 Eunicidae
岩虫 *Marphysa sanguinea*（Montagu，1815）
欧努菲虫科 *Onuphidae*
巢沙蚕 *Diopatra amboinensis* Audouin et Milne-Edwards，1833
索沙蚕科 *Lumbrineridae*
异足索沙蚕 *Lumbrineris heteropoda*（Marenzeller，1879）
四索沙蚕 *L. tetraura*（Schmarda，1861）
双唇索沙蚕 *L. cruzensis* Hartman，1944
花索沙蚕科 Arabellidae
线沙蚕 *Drilonereis filum*（Claparède，1870）
花索沙蚕 *Arabella iricolor*（Montagu，1804）
窦维虫科 Dorvilleidae
日本叉毛豆维虫 *Dorvillea japonica*（Annenkova，1937）
隐居亚纲 Sedentaria
锥头虫目 Orbiniida
锥头虫科 Orbiniidae
叉毛锥头虫 *Orbinia dicrochaeta* Wu，1962
矛毛虫 *Phylo felix* Kinberg，1866
平衡囊尖锥虫 *Scoloplos*（*S.*）*acmeceps* Chamberlin，1919
异毛虫科 Paraonidae
独指虫 *Aricidea fragilis* Webster，1879
海稚虫目 Spionida
海稚虫科 Spionidae
马丁海稚虫 *Spio martinensis* Mesnil，1896
磷虫科 Chaetopteridae
毛磷虫 *Chaetopterus variopedatus* Renier，1804
日本中磷虫 *Mesochaetopterus japonicus* Fujiwara，1934
丝鳃虫科 Cirratulidae
须鳃虫 *Cirriformia tenticulata*（Montagu，1808）
小头虫目 Capitellida
小头虫科 Capitellidae
典型小头虫 *Capitella capitata capitata*（Fabricius，1780）
丝异须虫 *Heteromastus filiforms*（Claparède，1864）
沙蠋科 Arenicolidae
巴西沙蠋 *Arenicola brasiliensis* Nonato，1959
节节虫科 Maldanidae
异齿短脊虫 *Asychis disparidentata*（Moore，1904）
持真节虫 *Euclymene annandalei* Southern，1921
海蛹目 Opheliida

海蛹科 Opheliidae

日本臭海蛹 *Travisia japonica* Fujiqara, 1933

仙女虫目 Amphinomida

仙女虫科 Amphinomidae

黄斑海毛虫 *Chloeia flava*（Pallas, 1766）（图版 31 - 5）

棕色海毛虫 *C. fusca* Mclntosh, 1885（图版 31 - 6）

梯斑海毛虫 *C. parva* Baird, 1870（图版 31 - 7）

脆毛虫 *Pherecardia striata*（Kinberg, 1857）（图版 31 - 8）

蛰龙介虫目 Terebellida

帚毛虫科 Sabellaridae

锥毛似帚毛虫 *Lygdamis giardi*（McIntosh, 1885）

笔帽虫科 Pectinariidae

壳砂笔帽虫 *Pectinaria conchilega* Grube, 1867

日本双边帽虫 *Amphictene japonica* Nilsson, 1828

蛰龙介科 Terebellidae

长突树蛰虫 *Pista elongata* Moore, 1909

不倒翁虫目 Sternaspida

不倒翁虫科 Sternaspidae

不倒翁虫 *Sternaspis scutata*（Renier, 1807）

缨鳃虫目 Sabellida

缨鳃虫科 Sabellidae

斑鳍缨虫 *Branchiomma cingulata*（Grube, 1870）

胶管虫 *Myxicola infundibulum*（Renier, 1804）

龙介虫科 Serpulidae

内刺盘管虫 *Hydroides ezoensis* Okuda, 1934

三犄旋鳃虫 *Spirobranchus tricornis*（Mörch, 1863）

螺旋虫科 Spirorbidae

日本右旋虫 *Dexiospira nipponicus* Okuda, 1934

六、软体动物门（Mollusca）

（一）形态特征

软体动物常具有 1 ~ 2 枚贝壳，也称为贝类，是动物界中仅次于节肢动物的第二大门类，全世界的现存种类超过 11 万种，化石种约为 35 000 余种，其踪迹几乎遍布全世界的各个角落。软体动物的形态是多种多样的，从外表上看，不同类群之间的差异有时非常悬殊，但是，都具有如下共同的特征：身体柔软，体型为两侧对称（有些种类成体不对称，但幼虫期对称），身体不分节或假分节；通常由头部（双壳类没有头部）、足部、躯干部（内脏囊）、外套膜和贝壳 5 部分构成；体腔退化，只有围心腔或围绕生殖腺的腔；消化系统比较复杂，除双壳类外，其他种类的口腔中均有摄食器官（颚片和齿舌）；神经系统主要包括神经节、神经索和一个围绕食道的神经环；间接发育的种类具有担轮幼虫和面盘幼虫两个形态不同的发育阶段。

（二）系统分类

软体动物的分类方法在不同的文献中不尽相同，大多将软体动物门分为无板纲、单板纲、多板纲、腹足纲、双壳纲、掘足纲、头足纲共7纲。

1. 无板纲（Aplacophora）

无板纲是软体动物中的原始种类，全部海产，主要分布在低潮线以下直至深海的海底，一般在软泥中营穴居型生活，少数种类可以在珊瑚礁中匍匐生活。

体形比较细长，呈蠕虫状。身体结构比较简单，某些软体动物的典型构造，如头、足、内脏囊、外套膜等结构不完善或者完全缺乏。体表无贝壳，生有石灰质的骨片或针状物，起保护作用。身体的腹面通常有一条沟，称为“腹沟”，是由外套膜的两侧向腹面卷曲而形成。有些种类腹沟不明显，有些种类缺乏腹沟。足位于腹沟中，借此进行运动，少数种类没有足。外套腔位于身体的后方，腔内具有肛门和肾孔的开口，鳃也位于外套腔中。消化器官较简单，齿舌比较原始，有或无。肠道较直，具有盲囊，起消化腺的作用，类似肝脏。呼吸器官为本鳃，羽状，位于外套腔中。心脏位于围心腔中，由一心室和一心耳组成。血管系统非常退化。排泄系统很原始，肾为简单的管状，一端开口在围心腔中，另一端开口在排泄腔中。神经系统主要由围咽神经环、脑神经节、足神经节、侧神经节以及相应神经连索构成。大多数种类为雌雄同体，极少数种类雌雄异体。生殖输送管不直接通向外界，成熟的生殖细胞直接落入围心腔，然后再经过肾管排出体外。

无板纲约100种，分2目，多数种属新月贝目，少数属毛皮贝目。

① 新月贝目（Neomeniomorpha）。身体延长，蠕虫状。头部通过一个收缩部与体躯分开，身体呈圆筒状。全身被有角质带棘的外皮，腹面无腹沟。口和排泄腔位于身体的两端。排泄腔内有2枚发达的羽状鳃。中肠具盲囊，有肝的作用。肾具有生殖输送管的作用。雌雄异体，无交接器。齿舌特殊，具1枚大的齿片，齿片上生有多变的锯齿。

② 毛皮贝目（Chaetodermomrpha）。身体两侧对称，头和排泄腔区与体躯之间的界限不明显。口位于腹面近前端，排泄腔位于身体后端部或接近端部。具有腹沟，腹沟中有足，或至少在腹面有一长条形的区域，该区域无角质外皮。具足腺。鳃围绕在肛门边缘，呈褶叠状，有时缺乏。雌雄同体。齿舌的形状正常或缺乏齿舌。中肠没有盲囊。自由生活或营寄生生活。

2. 单板纲（Monolacophora）

单板纲动物大多数是化石种。1952年丹麦的“海神”号调查船在哥斯达黎加海岸以西水深3 350 m的海底发现了10个活的单板类动物［新蝶贝（*Neopilina galatheae*）］，引起了人们对单板类动物极大的研究兴趣。此后，又陆续在太平洋、南大西洋、印度洋等多个海域水深2 000～7 000 m的海底发现了7个新种。这些“活化石”的发现，为人们探讨贝类的起源与进化提供了新的材料。

体长一般为0.3～3.0 cm，具有1个两侧对称的、扁平的帽形壳，壳质薄而脆，壳顶位于中线前缘的上方，指向前端。幼虫的胚壳右旋型，成体的壳顶部分仍可以发现该痕迹。新蝶贝的形态与多板纲的石鳖较相似，头部很不发达，无眼，口位于头部腹面，其前方两侧有1对叶状并且具纤毛的缘膜，口的后方有1对褶状物，称为口后触手，外套膜位于身体的背面，其边缘环绕着整个动物体的周缘，足部扁平宽大，其前缘有足腺，能分泌黏液以助爬行，在外套膜与足部之间有1条外套沟将两者分隔开来，肛门和6对肾孔也位于身体后端的外套沟内。齿舌较长，齿式通常为5·1·5，胃中具有晶杆，能够搅拌食物。鳃位于外套腔的两侧，栉鳃型，5～6对。心脏位于围心腔中，由1心室和2心耳构成，在心室和心耳之间具有瓣膜。肾脏6对，第一对开口于外套沟的前端，其余5对的开口均靠近鳃的基部。神经系统构造比较简单，具有1对脑神经节，由围口神经索和口后神经索联系而成，形成环状的神经中枢。1对侧神经索，位于身体两侧，在直肠的腹面相连形成侧神经环，主要控制外套膜、鳃以及内脏等部位。1对足神经索在足的前后端连接，形成足神经索，主要控制口后的触手及平衡器。无眼和嗅检器，口后触手是其主要感觉器官，平衡器1对，位于触手的后方。一般为雌雄异体，体外受精。

大多数为化石种，在古生代泥盆纪（35 000 万年前）已绝灭。根据壳形、壳顶位置和肌痕，把单板纲分为 3 目，即罩螺目、古祐目、弓壳目。

① 罩螺目（Tryblidioidea）。生活在早寒武世至现代。

② 古祐目（Archinacelloidea）。生活在晚寒武世至早志留世。

③ 弓壳目（Cyrtonellida）。生活在早寒武至中泥盆世。

3. 多板纲（Polyplacophora）

多数种类体长为 2 ~ 12 cm，个别种类体长可达 20 ~ 30 cm。体呈卵圆形，左右对称，背腹扁平。体背面生有 8 枚覆瓦状排列的石灰质壳板（贝壳），因此被称为多板类。8 枚壳板按形态和位置分为头板、中间板、尾板 3 类。壳板的形状、大小和花纹是分类学上的重要分类依据。多板类的头部构造简单，没有触角和眼。某些种类的贝壳表面生有“微眼”，具有感光作用。足非常发达，几乎占据了身体的整个腹面，适于在岩石表面吸附生活。在足与外套膜之间形成外套沟，其中有多对栉状鳃，其数量因种而异，一般 6 ~ 88 对，当遇到刺激时，可以把外套沟中的水挤压到体外而形成真空，使身体牢固地吸附在附着物上。当足脱离附着物时，肌肉吸缩身体蜷曲形成球状，从而达到自我保护的目的。开管式循环系统。心脏由 1 心室和 2 心耳组成。肾脏 1 对，位于消化管腹面的两侧。神经系统主要由环绕食道的神经环和由此向后派生的 2 对神经索（足神经索和侧神经索）构成。神经中枢是位于身体背部的加厚部分，形成原始的脑。大多数种类为雌雄异体，少数雌雄同体。生殖腺呈长筒形，位于围心腔的前方，精巢多为橘红色，卵巢多为绿褐色。

多板纲动物世界性分布，约 600 种，另有约 350 种化石种。按嵌入片的形状分为 2 目，即鳞侧石鳖目和石鳖目。

① 鳞侧石鳖目（Lepidopleurida）。贝壳缺乏嵌入片，不插入外套膜中，体长为 1 cm 左右，鳃的数目较少，主要生活在深海中。仅 1 科，即鳞侧石鳖科（Lepidopleuridae），体小，长圆形，壳板白色，无嵌入片，尾板比头板稍大，环带上有多种棘和簇状鳞，鳃 10 对。

② 石鳖目（Chitonida）。壳板具嵌入片，其上还具有锯齿，以利于附着在外套膜中。鳃的数目较多，十几对到几十对不等，包括多板纲中绝大多数的种类，多在沿岸潮间带生活。

4. 腹足纲（Gastropoda）

腹足纲动物也称为螺类或腹足类，是软体动物门中最大的纲，包括现存种 75 000 余种以及大约 15 000 种化石种。腹足纲动物的分布非常广泛，在海洋中其分布水域可以从潮间带一直延续至深海的海底，一些种类可以营远洋漂浮生活，也有一部分种类生活在淡水水域，少数种类可以生活在陆地上。

（1）外部形态　第一，贝壳。

腹足纲动物通常只具有 1 枚贝壳，仅有极少数种类具有 2 枚贝壳（如双壳螺），还有个别种类在幼虫发育期具有贝壳，但成体期贝壳消失（如裸鳃类）。绝大多数种类的贝壳为外壳，少数寄生种类的贝壳为内壳（如内壳螺）。

腹足纲动物在演化过程中身体发生旋转和卷曲，形成了不对称的体制，同时贝壳也随之发生旋转卷曲，成为螺旋形壳。大多数种类的贝壳为右旋型，即当壳顶向上、壳口面向观察者时，壳口位于壳轴的右侧，少数种类为左旋型。海洋贝类除了蛾螺科中的某些种类贝壳左旋现象比较常见之外，其他种类极为少见；陆生肺螺亚纲中左旋与右旋同时存在。

腹足类的贝壳一般由多个螺层构成的，贝壳每旋转一周称为 1 个螺层。螺层的数目在不同种类之间差异很大，三列笋螺（*Terebra triseriata*）的螺层数可超过 20 层，而鲍科和宝贝科贝类则只有三四层。贝壳可以分为螺旋部和体螺层两部分，螺旋部包括多个螺层，主要容纳动物的内脏囊，体螺层则是贝壳的最后一个螺层，容纳动物的头部和足部。体螺层和螺旋部的大小比例因种而异，有的种类体螺层非常大，而螺旋部极小，如鲍科、宝贝科等；有的种类螺旋部极高而体螺层相对较小，如笋螺科、锥螺科等。螺旋部的顶端称为壳顶，是贝壳最早形成的部分，又称胚壳。壳顶的形状在不同种类之间变化很大，有些种类的壳顶常被腐蚀磨损。螺层的表面常生有生长线、螺肋、纵肋、突起、棘以及各种花纹等。螺层之间的界线称为“缝合线”，有的种类缝合线较浅，有的种类缝合线很深，梯螺科的部分种类缝合线都非常深，有的甚至可以达到各螺层之间出现分离的程度。螺层的数目可以这样计算：从壳口开始向上数缝合线的数目，然后再加 1，所得结果就是螺层数，如我们数得的缝合线是 5 条，那么其螺层就是 6 层。

壳口的形状与动物的食性密切相关。肉食性种类的壳口前、后端大多都具有缺刻或者沟，其中，前端的沟称为“前沟”，后端的沟称为“后沟”。有些种类（如骨螺）的前沟非常发达，可向前延伸成长管状，成为吻伸出的通道，后沟则一般都不发达。具有前沟或后沟的壳口称为“不连续壳口”或“不完全壳口”。草食性种类的壳口大多近似于圆形，无缺刻或沟，称为“完全壳口”，如马蹄螺科、蝾螺科贝类。壳口靠中轴的一侧称内唇，内唇的边缘常向外翻卷而紧贴于体螺层上，有的种类内唇上还生有褶纹，如笔螺科、榧螺科、涡螺科贝类等；与内唇相对的一侧称外唇，外唇随动物的生长而逐渐加厚，有些种类外唇上还具有齿状突起或缺刻，有些种类外唇非常扩张，如凤螺科的许多种类都具有发达的外唇。

贝壳的旋转中轴称为“螺轴”，位于贝壳的中央。贝壳旋转在基部所遗留的小窝称为“脐”。各种螺类脐的深浅通常是不一样的，有的很深，有的很浅，有的被内唇边缘所覆盖而变得不明显；还有的种类由于内唇向外卷旋转，在基部形成了一个小凹陷，称为“假脐”。

腹足类贝壳的前、后、左、右方向是按动物行动时的姿态来决定的。壳顶为后端，反侧则为前端；有壳口的一面为腹面，反侧则为背面。在测量贝壳时，以背面向上，腹面向下，后端向着观察者，前端则视为基部，由壳顶至基部的距离为贝壳的高度（壳高），贝壳体螺层左右两侧最大的距离为贝壳宽度（壳宽）。

第二，外套膜。

外套膜为一层很薄的膜状组织，包被于内脏囊之外，其游离缘在内脏囊与足的交接处常环绕成领状，称“外套领”。外套膜与内脏囊之间的空隙称为“外套腔”，鳃、肛门、生殖孔和排泄孔等一般都位于外套腔内。不同种类的外套腔发育程度不同，有的种类外套腔很浅，其肛门和生殖孔直接与外界相通。有些种类本鳃消失，皮肤的一部分形成了两次性鳃，如海牛；部分原始种类的外套膜边缘呈不连续状，外套膜上有一条或长或短的裂缝，其裂口位置相当于直肠的末端，可以使排泄物迅速排出，生殖产物也会从这个裂口排出，如翁戎科贝类。有的种类的外套膜边缘显著扩张，在运动时外套膜从贝壳的腹面两侧向上伸展，能将整个贝壳包被起来，如宝贝科、梭螺科和琵琶螺科的大部分种类。腹足类的外套膜上皮细胞间含有许多色素细胞，有红色、黄色、蓝色等，可以使动物体呈现出绚丽多姿的色彩，部分种类的外套膜上还长有各种形状的小刺、突起等附属物。

第三，头部。

除个别种类外，腹足纲动物的头部都比较发达，位于身体的前端，呈稍扁的圆筒状。头部生有 1 对或 2 对触角，触角大多呈棒状或鞭状，可以伸缩。眼与触角的位置关系在不同种类之间差异也比较大，具有 2 对触角的种类眼多生于后触角的顶端，如鳃类及肺螺亚纲中的柄眼目；有 1 对触角的种类眼的位置可以在触角的顶端，也可以在触角的基部或中部，如前鳃类及肺螺亚纲中的基眼目。一些种类的头部还具有某些附属物，如蜗牛的口具有触唇，鲍的触角之间具有头叶，圆田螺具有颈叶等。此外，有的种类头部器官还发生特化，如雄性蜘蛛螺（*Lambis lambis*）的触角特化为授精用的交接器。

第四，足部。

足的形态常因生活方式的不同而不同。生活在泥沙滩上的种类足部非常发达，并发生分化，足部前部称为“前足”，后部称为“后足”，前、后足之间的部分称为“中足”。某些种类的前足非常发达，在动物爬行时足的作用就像耕地的犁，可以将身体前方的泥沙推至身体的两侧，其前足甚至能延伸至背部并覆盖贝壳的一部分，如玉螺科、榧螺科和竖琴螺科贝类，部分在沙层中穴居的种类，运动时靠足部充血形成类似犁或锚的形状，用以挖掘泥沙，并拖动身体前进，如笋螺科贝类；还有的种类足的左右两侧特别发达，形成侧足，可以向背部卷曲与外套膜接合，卷盖贝壳，宝贝科、梭螺科以及大部分的后鳃类贝类的足即为这种类型；在翼足类动物中，其侧足特化为浮游器官，形似翅膀，同时还能帮助其收集食物；异足类的足高度特化，形如鱼鳍，当它们在大洋上漂流的时候，鳍足可以起到控制前进方向的作用，如龙骨螺属贝类；鲍的足扁平，宽大，呈圆盘状，分为上足和足两部分：上足生有许多触角和小丘；有的种类的足面中央有一条纵沟，将足分为左右两部分，爬行时两部分能够交替运动，如圆口螺属贝类；部分营固着生活的种类（如蛇螺），足部退化成为一个用来塞住壳口的小型盘状突起；营寄生生活的种类，足部则退化成为肌肉质的小突起。

足是腹足类动物的主要运动器官，其皮肤表面通常有大量的单细胞黏液腺，这些腺体一般都集中在足部的某个区域内，形成皮肤凹陷，称为“足腺”。常见的足腺有以下几种。

① 足前腺。位于足的前缘沟。该腺体多出现在前鳃类和后鳃类中，分泌的黏液起润滑作用，便于动物在基质上匍匐爬行。

② 上足腺。开口于吻和足前缘中央线上的腺体。营固着生活的蛇螺和陆生肺螺类的这种腺体非常发达，其分布几乎占了足部的全长。

③ 腹足腺。在中央线的前半段有一个孔状开口，其分泌物即从这个孔内流出。该器官与双壳类的足丝腺腔相当。

④ 后腺。按照其分布的位置可以分为背后腺及腹后腺两种。背后腺常出现在陆生肺螺类中，其上面通常有 1 个或数个角状隆起；腹后腺是一种皮部腺体，常出现在后鳃类中，如侧鳃科和片鳃科动物，腺体呈皱褶或凹陷状，有些种类呈长管状凹陷。

有些足腺的分泌物与空气接触后会发生硬化，形成动物的支持器。蛞蝓的足腺分泌物硬化后呈丝状；海蜗牛则可以形成浮囊，里面充满空气，被覆在足的下面，可以借此漂浮或携带卵群。

第五，厣。

厣是腹足纲动物特有的一种保护器官，由足部后端背面的皮肤分泌而成。厣分为角质和石灰质两种，因动物的种类不同而异。厣表面多生有生长纹，生长纹的排列方式分螺旋形和非螺旋形两种，前者的生长纹呈螺旋形排列，又分为多旋型和寡旋型两种；后者的生长纹不呈螺旋形，有同心形、覆瓦形、爪形等多种。生长纹一般都有一个核心部，称厣核，其位置有的接近于厣的中央部位，有的则偏向厣的一侧。厣的大小和形状常常与壳口一致，当动物的身体完全缩入壳内后便用厣把壳口盖住，就像一个盖子，起保护作用。也有部分种类的厣比较小，不能完全盖住壳口，如芋螺科和凤螺科等贝类。前鳃类中有些种类只在幼虫期有厣，到成体时厣消失，如鲍科、鹑螺科、宝贝科、竖琴螺科以及涡螺科和榧螺科中的某些种类。还有一些种类的厣退化，如皮氏蛾螺的厣只有芝麻粒大小。此外，柄眼目的一些种类虽然没有厣，但外套膜能分泌黏液形成膜，将壳口封闭，借此躲避不良的气候条件，这种黏液膜被称为“膜厣”。

第六，内脏囊。

腹足类动物的内脏囊是不对称的，这种不对称体制的出现并不是原来就有的。从化石种腹足类的研究中发现，在寒武纪早期地层中出现的某些早期化石种腹足类的贝壳是对称的，呈平面盘旋状卷曲；一种在泥盆纪地层中发现的化石种腹足类贝壳也是对称的。在研究腹足类胚胎发育后也发现，担轮幼虫的腹足类期也是对称的，发育至面盘幼虫期后身体才出现扭转，随后经过1个不对称的生长过程，最终才形成了成体不对称的体制。比较形态学、发生学以及古动物学的研究结果都表明，腹足类动物早期的体制是两侧对称的，而以后的不对称体制是在进化过程中形成的。

人们推测，腹足类动物也是由与软体动物一样的祖先动物进化而来的。首先这种祖先动物由于体积的增加以及头、足经常缩入壳下，使内脏囊得到了充分的发展并不断地在身体背部隆起，结果由内脏囊顶端悬垂下来的外套膜及由外套膜分泌的贝壳都随内脏囊的隆起而增加高度，使身体背部及贝壳演变成长圆锥形，但这种体形不利于动物在水中运动及生存，于是逐渐出现了内脏囊顶端开始做平面盘旋，后形成的外壳包围在先形成外壳的外侧，由此而形成的壳与内脏囊仍然是对称的，正如早期地层中发现的化石种类壳是平面盘旋的那样。

（2）内部构造　第一，消化系统。

消化系统由消化管和消化腺两部分组成。腹足类消化管原本是直的，口在前，肛门在后。但是在幼虫发育过程中发生扭转，因此，消化管从身体的后方折向右侧，继而再转向背方，使口和肛门不在一条直线上了。

① 口和口腔。口通常位于身体的前端、头部的腹面，大多呈裂缝状，向前突出形成吻。肉食性种类的吻特别发达，如芋螺科动物，有些种类吻的长度甚至可以超过贝壳的长度；玉螺科动物的吻部腹面具有穿孔腺，所分泌的酸性液体可以腐蚀穿透其他贝类的外壳，从而将猎物杀死，并成为其食物；有的种类（如芋螺）还具有毒腺，其毒性甚至可以对人类造成威胁。口腔又称口球，是位于口后方的一个膨大部分。口腔内生有颚片和齿舌，唾液腺也开口于口腔内。

颚片：颚片是由外表皮增厚而形成的，颚片数量成双的种类分别着生于口腔的两侧，只有1枚颚片的种类则着生于口腔的中央。颚片一般为几丁质，平滑或者呈鳞片状，边缘锐利，有的还具有小齿。有些种类的2枚颚片发生愈合，如玉螺属动物的颚片在背部相连接，片螺属则完全愈合而形成一个单片，某些海兔的颚片位于腹面，在口腔顶部形成一个具有角质刺的背盖。肉食性贝类中有很多种类缺乏颚片，如芋螺科和笋螺科等。此外，马蹄螺科、延管螺科、无舌总科和异足类也都没有颚片。

齿舌：齿舌位于口腔底部的舌突起上，由基膜和许多小齿构成。齿舌是由口腔后方的“齿舌囊”分泌的，其中囊壁的下表皮细胞形成基膜，上表皮细胞形成小齿。小齿按照其分布位置可以分为中央齿、侧齿和缘齿3种类型。中央齿通常只有1枚，侧齿和缘齿的形状和数量在不同种类之间变化较大，小齿的排列方式通常用“齿式”来表示。例如，斑玉螺的齿舌带上每一横列有7枚小齿，即1枚中央齿、2枚侧齿和4枚缘齿，用齿式可表示为：2·1·1·1·2；皱纹盘鲍的齿舌带上每一横列有1枚中央齿，10枚侧齿，缘齿非常多，齿式可以表示为：∞·5·1·5·∞。但不是所有的腹足类都具有这3种类型的小齿，骨螺科、蛾螺科以及大部分中腹足目种类都缺乏缘齿，只保留中央齿和侧齿；某些后鳃类和芋螺科种类缺乏中央齿和缘齿，只保留侧齿。原始腹足目（除去舌柱总科）种类的侧齿数目很多，中腹足目动物中每侧只有3枚，而新腹足目动物（除去弓舌总科外）则只有1枚。不同种类腹足类动物不仅每一横列小齿的数目不尽相同，而且在齿舌带上的列数也相差很大，可以由数十行至百余行。腹足类动物齿舌的形状、数目和大小是分类学上的重要依据。通常情况下，如果某种腹足类具有大型的齿，那么其齿的总数就一定比较少；如果齿比较小，则数量就比较多。肉食性腹足类小齿的数量一般都比较少，但尖锐而强大，齿端多具有钩、刺等，有的还具有毒腺（如芋螺科）；草食性种类的齿一般都小而且多，齿的顶部大多比较钝，也有的齿细密而狭长。齿舌带依附在齿舌软骨上，通过肌肉的伸缩带动齿舌运动，把进入到口腔中的食物磨碎。通常，齿舌前部的几横列小齿形态常有变化，这是因为经常锉磨食物而受到损伤的缘故。

② 食道。腹足类的食道一般都比较长，食道的壁上有许多皱褶和多纤毛细胞。在食道中通常还有一个膨大的部分，称嗉囊。嗉囊的主要作用是储藏食物，食物可以在嗉囊中储存一段时间，然后再输送到胃中进行消化。

③ 胃。腹足类的胃由于消化管的弯曲而受到挤压，因此，一般呈口袋状或盲囊状。有些种类的胃壁中具有强有力的收缩肌，能够充分搅拌食物；前鳃类的胃壁比较薄，肌肉不发达，收缩能力较弱；后鳃类的胃壁上具有角质咀嚼板，能够对食物进行研磨和搅拌；某些肉食性后鳃类（如枣螺科）的咀嚼板由许多块软骨联结而形成一个强壮的砂囊，能将食物压成碎片；海兔的胃中也具有一些硬板状结构，而且其上面还长有小刺。腹足类的胃与肠之间大多都有一个幽门盲囊，里面有一个"晶杆"，具有搅拌食物和消化食物的作用。

④ 肠。腹足类的肠道内具有一个明显的纵脊，有时分为 2 条，中央形成一条沟，称为"肠沟"。肠的长短与动物的食性密切相关，草食性种类的肠道长而且弯曲，通常会反复折叠；肉食性种类的肠一般都比较短，相对较直。大多数原始腹足目动物的肠道会穿过心室，田螺科动物的肠穿过围心腔，鹑螺科动物的肠则穿过肾脏。肠的末端为直肠，直肠末端开口于肛门。

⑤ 肛门。腹足类动物的肛门开口位置一般在外套腔的右侧前方（左旋种类在左侧前方）；大部分后鳃类动物的肛门则开口于外套腔的后方。

⑥ 消化腺。腹足类的消化腺包括唾液腺、食道腺和肝脏等。

唾液腺：一般位于口腔的周围，开口于齿舌的左右两侧。几乎所有的腹足类动物都具有这种腺体，其形状一般为簇状、管状或袋状。柄眼目动物的唾液腺很发达，呈叶状，称为"桑柏氏器"。唾液腺是一种黏液腺，缺乏酶类，没有消化作用，但是肉食性贝类的唾液腺则含有蛋白分解酶，某些种类的唾液腺中还含有少量酸性物质（如玉螺科），可以利用其腐蚀食物的贝壳。

食道腺：新腹足目贝类特有的消化腺，一般位于食道的中部，称为"勒布灵氏腺"。这种腺体在框螺科和细带螺科中不发达，骨螺科形成一个腺质块，蛾螺科则形成一个薄壁的长盲囊。

肝脏：腹足类最重要的消化腺，能分泌淀粉酶或蛋白酶，进行细胞外消化。肝脏位于胃的周围，呈黄褐色或绿褐色，叶状分支，通常为 2 叶，一般左叶较小。肝脏通过输出管与胃相连，输出管末端开口于胃腔中。肝脏除了能分泌消化酶外，后鳃类和肺螺类的肝脏还具有排泄作用，同时还具有解毒和类似肠一样的吸收作用。

第二，呼吸系统。

大部分腹足类动物的呼吸作用是由本鳃完成的。本鳃位于外套腔中，分为两种类型，即楯鳃型和栉鳃型。楯鳃型在鳃的中轴两侧对生有许多小鳃叶，呈羽毛状；栉鳃型仅在鳃轴的一侧列生鳃叶。比较原始的腹足类具有 1 对鳃，位于身体的左右两侧，大多数腹足类由于身体的扭转，导致只有一侧有鳃，另一侧的鳃消失。扭转还导致部分种类最初由右侧发生的鳃转移到身体的左前侧，如大部分前鳃类；后鳃类由于发生二次扭转，左侧的鳃仍然是由左侧发生来的。有些腹足类的本鳃完全消失，演化出二次性鳃；有些种类还可以通过皮肤表面进行呼吸。有些生活在海岸附近的种类，如短滨螺，它们不仅具有鳃，而且还可以通过外套膜的内表面进行呼吸；日本菊花螺和某些椎实螺，虽然属于肺螺类，但是由于生活在水中，外套膜的内表面发生延伸，形成了二次性鳃。

第三，循环系统。

腹足类的循环系统由心脏和血管组成。心脏一般位于身体背方的围心腔中，由心室和心耳组成。心室 1 个，一般呈梨形或卵圆形，肌肉比较发达；心耳的数量与鳃的数量一致。

第四，排泄系统。

腹足类的最主要排泄器官为肾脏，位于围心腔附近，通过孔与围心腔相通。有些种类具有细长的输尿管，开口于外套腔中。腹足类的肾脏在最初发生阶段是左右对称的，由于身体发生扭转而导致其中一侧的肾受到挤压而退化甚至消失。原始腹足目动物（除蜒螺科）具有1对肾脏，但左右不对称，左肾相对不发达。具有1对肾脏的种类生殖腺开口于右肾，并且右肾管的一部分变成生殖细胞输送管。

此外，腹足类动物的围心腔腺和血窦也具有一定的排泄作用。原始腹足类的围心腔腺位于心耳的外壁上，某些中腹足类和后鳃类动物的围心腔腺则位于围心腔的内壁上，海兔类则位于动脉管的前端。位于身体各处的血窦中存在着“莱狄氏细胞”，也具有排泄作用。

第五，神经系统。

腹足类的神经系统由神经节和神经连索组成。脏神经节及由其分化出的神经是不对称的，这是由于内脏器官的不对称所造成的。

原始腹足类的神经节不集中，脑神经节位于食道的两侧，彼此远离，它们之间由一条长的神经连索相连；比较进化的腹足类神经节相对集中，脑神经节彼此接近，甚至存在侧神经节与脑神经节相愈合的现象；高等腹足类的神经中枢都集中在头部，即食道前端的周围，这种高度的集中使动物体对外界具有更强的反应能力，能对食物或者天敌作出快速判断；营寄生生活的腹足类神经系统多发生特化。

腹足类的肠神经节一般有3个：1个位于中间，称为“脏神经节”或“腹神经节”，其余2个位于消化管的两侧。两侧的脏神经节由于身体的扭转而左右易位，侧脏神经连索则交叉成为“8”字形，因此，前鳃类又被称为“扭神经类”。原先位于右侧的脏神经节移至消化管的上方，并伸向左侧，称为“肠上神经节”；原先在左侧的脏神经节由食道下方延伸至右侧，称“肠下神经节”。后鳃类中的某些原始种类，虽然出现二次扭转，但仍然还能看出原先的扭转痕迹。

脑神经节控制头部的各种器官，如眼、平衡器及各种附属物；足神经节控制足的全部和头的一部分；侧神经节控制外套膜及几乎所有的附属器官；肠上和肠下神经节和脏神经节共同控制本鳃、嗅检器以及一部分外套膜；腹神经节主要控制心脏、肾脏以及生殖腺等内脏；胃肠神经节控制消化器官。

第六，生殖系统。

腹足类的生殖器官主要包括生殖腺、输送管、交接器和交接囊等。

雌雄异体的种类生殖腺是单一的，一般位于消化腺的表层；雌雄同体的种类则既有精巢又有卵巢，可以在不同的时期分别产生精子和卵子。

输送管是输送精子或卵子的管道，一端与生殖腺相连，另一端通向体外。雌雄异体的腹足类生殖输送管的形态和位置比较相似；雌雄同体的种类生殖输送管有多种情况：最简单的形式是没有分化，精卵同管输送，通过精沟直接与交接器相连；另一种是生殖输送管发生分叉，分别形成雄性输送管和雌性输送管。

大部分中腹足类和新腹足类动物雄性都具有交接器，即“阴茎”，多位于身体前方右侧。交接器具有许多附属物，特别是那些雌雄同体的种类，附属物有各种形式，某些陆生腹足类的交接器具有一个很长的盲囊，称为“鞭状体”，可以分泌精荚，里面藏有一定数量的精子。雌性则具有交接囊（受精囊），是用来接受精子的器官。

（3）分类系统　腹足纲动物通称螺类，是软体动物中最大的纲，包括有75 000种生存种及15 000种化石种。包括3个亚纲，即前鳃亚纲、后鳃亚纲及肺螺亚纲。

第一，前鳃亚纲（Prosobranchia）。

腹足纲中最大的一个亚纲，生存种超过55 000种。

外套腔位于身体前端，鳃1~2个，位于心耳之前，通常有螺旋形的贝壳，侧脏神经连索扭成“8”字形，因此又称为“扭神经类”。大多数雌雄异体，海水、淡水中生活，极少数种可以在陆地上生活，包括3个目，即原始腹足目、中腹足目和新腹足目。

① 原始腹足目（Archaeogastropoda）。本鳃呈楯状。大部分种类具有2个心耳。神经系统集中不显著，足神经节呈长索状，左右2个脏神经节彼此远离。具有1个脑下食道神经连索。嗅检器不明显，位于鳃神经上。平衡器中含有许多耳沙。眼的构造简单，开放或形成封闭的眼泡。肾脏1对，开口在乳头状的突起上。生殖腺一般开口在右肾中（但是蜒螺科只有1个左肾，生殖孔独立）。吻或水管缺乏，齿舌带上的小齿数目极多。包括4个总科：对鳃总科（Zeugobranchia）、帽贝总科（Patellacea）、马蹄螺总科（Trochacea）、蜒螺总科（Neritacea）。常见种如皱纹盘鲍（*Haliotis discus hannai*）（图版32－4），壳卵圆形或椭圆形，由霰石型结构的石灰质构成，外被1层褐色的角质壳皮，内表面覆有珍珠层，壳顶较低，位于贝壳的右后部，外壳具有壳孔数3～5个。头部位于体前端、足的背面。头部背面两侧各有一个细长的触角。触角基部各伸出一眼柄，眼着生于眼柄顶端。足位于身体的腹面，足蹠面扁平，适于匍匐爬行或吸附于岩石上。外套包被在身体的背面。将贝壳移去后，可看到中央区一大型的右侧壳肌及极退化的左侧壳肌，内脏团主要部分环绕在右侧壳肌的下缘。足部肌肉特别发达，质量可占软体部质量的60%～70%，是食用的主要部分。内部器官包括消化系统、循环系统、生殖系统、神经系统与感觉器官、呼吸器官、排泄器官等。消化道很长，约为体长的3倍，齿舌发达，齿式为∞·5·1·5·∞。鳃位于外套腔内，1对，楯状，左鳃比右鳃略大，入鳃血管在鳃背部，出鳃血管在鳃的腹面。心脏位于围心腔中，具1心室2心耳，直肠由前至后穿过心室。肾脏1对，大小不对称，左肾小，位于围心腔的左前方，右肾较大。鲍的神经系统不集中，具有扭神经类的原始特征，神经节延长扁平，无侧足神经连索。雌雄异体，外观无明显区别。生殖季节雌性生殖腺灰绿色，雄性呈乳黄色。生殖产物由右肾孔排出，经呼吸腔，自壳孔排出体外，故右肾孔起排泄和生殖双重作用。繁殖水温为20 ℃左右。排出体外的成熟卵呈球形，外被胶质卵膜，沉性。卵径为220 μm，卵黄径为180 μm。排出体外的成熟精子全长60 μm，顶体近似圆锥形。经过卵裂、桑椹胚、囊胚、原肠胚、担轮幼虫、面盘幼虫、围口壳幼虫、上足分化幼虫、稚鲍等几个主要形态发育阶段，面盘幼虫浮游期短，消化道发育不完善，不能摄食。匍匐变态后，第一个壳孔形成后被称为稚鲍。皱纹盘鲍为草食性，食物以海藻类为主。在浮游幼虫阶段由于消化道尚未发育完善，不进行摄食，所需能量完全依靠体内储存的卵黄物质提供；匍匐幼虫开始，以摄食小型单细胞底栖性硅藻类为主，至稚鲍期，饵料开始由单一的底栖硅藻类逐步向多种小型藻类及大型海藻的幼苗等转化；壳长10～20 mm以上的幼鲍直至成鲍，均以摄食某些大型海藻类为主，海带（*Laminaria japonica*）、裙带菜（*Undaria pinnatifida*）、江蓠（*Gracilaria minor*）、石莼（*Ulva* spp.）等都可成为其优良饵料。

② 中腹足目（Mesogastropoda）。神经系统相当集中。平衡器1个，仅有1枚耳石。唾液腺位于食道神经节的后方；有些种类则穿过食道神经环。通常没有食道附属腺、吻和水管。排泄和呼吸系统没有对称的痕迹，右侧相应器官退化。心脏只有1个心室、1个心耳，不被直肠穿过。鳃1枚，栉状，通过全表面附在外套膜上。肾直接开口在身体外面，有的具有一条输尿管。具有生殖孔。雄性个体具有交接器。齿式通常为2·1·1·1·2。包括古纽舌总科（Architaenioglossa）、麂眼螺总科（Rissoacea）、蟹守螺总科（Cerithiacea）、凤凰螺总科（Strombacea）、玉螺总科（Naticacea）、宝贝总科（Cypraeidae）、鹑螺总科（Tonniacea）等。常见种如微黄镰玉螺（*Lunatica gilva*），曾名福氏乳玉螺、福氏玉螺，俗称香螺。壳略呈球形。螺层约6层。缝合线明显。壳顶尖细，壳顶处3个螺层很小。体螺层膨大。壳面光滑无肋，生长线细密。壳面黄褐色或灰黄色。壳内面棕黄色或灰紫色。壳口卵圆形。外唇简单而薄；内唇上部薄，至脐部稍加厚，接近脐的部分形成1个结节状的棕黄色胼胝体。厣角质。脐孔深而明显，部分被内唇伸展的胼胝所填塞。栖息于潮间带中、低潮区的砂质、泥砂质或软泥质滩涂。广泛分布于我国南北方沿海海域。经济种类，肉供食用。

③ 新腹足目（狭舌目）（Neogastropoda）。具有螺旋形外壳和水管沟。厣或有或无。神经系统集中，食道神经环位于唾液腺的后方，没有被唾液腺输送管穿过；胃肠神经节位于脑神经中枢附近。口吻发达，食道具有不成对的食道腺。外套膜的一部分包卷而形成水管。雌雄异体，雄性具有交接器。嗅检器为羽毛状。齿舌狭窄，齿式一般为1·1·1或1·0·1。海产。包括4个总科：骨螺总科（Muricacea）、蛾螺总科（Buccinacea）、涡螺总科（Volutacea）、弓舌总科（Toxoglossa）。常见种如脉红螺（*Rapana venosa*）（图版34-3），贝壳较大，壳质坚厚。螺层约7层，缝合线浅，螺旋部小，体螺层膨大，基部收窄。壳面除壳顶光滑外，其余壳面具有略均匀而低平的螺肋和结节。螺旋部中部及体螺的上部具肩角，肩角上具有或强或弱的角状结节。有角状结节的螺肋，在体螺层上通常有4条，第一条最强，向下逐渐减弱或不显。壳面黄褐色，具有棕色或紫褐色点线花纹，有变化。壳口大，内呈鲜艳杏红色（老壳），有光泽。外唇边缘随着壳面的螺肋形成棱角。内唇上部薄，下部厚，向外伸展与绷带共同形成假脐。厣角质，厣核位于外侧。雌雄异体，在青岛每年6月初至8月中旬产卵，产卵的高峰期在7月下旬。在青岛胶州湾内、大连产量较多，为渔民生产对象。栖息环境，从潮间带至水深约20 m岩石岸及泥沙质的海底都有，从潮间带采到的多为幼体，成体栖息较深。为黄渤海沿岸广泛分布的种类，向南可分布到浙江沿海。日本、朝鲜、俄罗斯远东海也有分布。肉肥大可食，味美；贝壳可供作贝雕工艺的原料及诱捕章鱼之用。肉、贝壳和厣均可药用。肉食动物，故为养殖贝类（缢蛏、泥蚶）的敌害。

第二，后鳃亚纲（Opisthobranchia）［直神经亚纲（Euthyneura）］。

除捻螺外，侧脏神经连索不扭成“8”字形。营水中呼吸，本鳃和心耳一般在心室的后方，也有本鳃消失而代之为二次性鳃。外套腔大多消失。贝壳一般不发达，有退化倾向（无腔类），也有完全缺失的无壳类（裸鳃类），少数有内壳（被鳃类）。除了捻螺类外，都没有厣。雌雄同体。现存约1 000种。全部海产。分8个目，即头楯目、无楯目（海兔目）、被壳翼足目、裸体翼足目、囊舌目、无壳目、背楯目、裸鳃目。

① 头楯目（Cephalaspidea）。贝壳发达，具外壳或内壳，或多或少呈螺旋形。除捻螺外都无厣。外套腔较发达，外套膜后部成为大型的外套叶，突出于外套孔下。头部通常无触角，其背面有掘泥用的楯盘。无眼柄。侧足发达。具本鳃。胃中常具有角质或石灰质的咀嚼板。侧神经连索通常较长，生活于沙泥中，也有营浮游生活的。包括15科。常见种如泥螺（*Bullacta exarata*）（图版34-5），俗称吐铁、麦螺、梅螺等。壳薄脆，白色，呈卵圆形。无螺层及脐。壳口广阔，长度与壳长几乎相等。壳面被褐色外皮。贝壳不能完全包裹软体部，前端和两侧分别被头盘的后叶片、外套膜侧叶及侧足的一部分所遮盖，只有贝壳的中央部分裸露。足发达。匍匐栖息于内湾潮间带中、低潮区的泥沙滩上。广泛分布于我国南北方沿海海域。经济种类，肉供食用，养殖种类。

② 无楯目（海兔目）（Anaspidea）。无头楯，有2对触角；贝壳薄，部分或全部被外套膜包裹；足的两侧部分也位于贝壳上。如海兔科（Aplysiidae），成体贝壳完全退化成为内壳，呈板状或斧状，具石灰质或仅存角质膜。腹足宽，后端呈尾状，因静止时很像坐着的兔子而得名。广布世界各暖海，我国已报道19种。海兔属侧足发达，能作游泳器官。其他各属侧足小。有紫汁腺，能发射紫色汁液杀伤小型动物或逃避敌害。生活在海藻上的海兔用强大的齿舌刮食藻类，常因刮食不同的藻类而改变体色。生活在海涂上的种类吞食泥沙，主要摄食底栖硅藻、小型无脊椎动物。雌雄同体。2个海兔互相交尾或数个海兔连成一串进行交尾，前边一个起雌性作用，后边一个起雄性作用，中间个体既起雌性又起雄性作用。卵群呈索带状缠成一团，固着于海藻、石块上，称为海粉丝、海索面，味美可食，用以治疗眼炎或作清凉剂。海兔含有海兔毒素，食用海兔肉会引起头晕、呕吐、失明等症，严重者有生命危险。常见种如蓝斑背肛海兔（*Notarchus leachii*），体长超过100 mm，体呈纺锤形，卵群带晒干后称为“海粉”，具有解血热的医疗作用，亦可食用，是一种名贵的海味品，远销东南

亚各国。我国福建已进行人工养殖。

③ 被壳翼足目（Thecosomata）。有石灰质壳或软骨的厚皮，贝壳螺层不多；有厣。足的前侧部分成为翼状副足（前鳍），用来浮游。分布在热带和亚热带海洋，也有少数种类出现在两极海域。主要栖息于海洋表面至深约200 m处，仅少数种类生活在更深的水层中。

④ 裸体翼足目（Gymnosomata）。成体无外套膜和贝壳。足的两侧演化为鳍状，为浮游器官。浮游翼足类种类生态类型的划分在古海洋气象、海洋地质、海洋物理和海洋生物等学科研究中具有重要的意义。

⑤ 囊舌目（Sacoglossa）。壳、外套膜及本鳃均消失。触手1对，齿舌上仅1列纵行小齿，藏在背侧的1个囊内。

⑥ 无壳目（Acochlidiacea）。成体无贝壳，具有骨针。长的内脏团形成身体的后部，背部无附属物。

⑦ 背楯目（Notaspidea）。贝壳扁平，位于体背，或游离，或被外套膜覆盖，或无贝壳；无侧足和外套腔，栉鳃大。体呈卵圆或长圆形，相当肥厚。头部的前一对触角愈合，形成头幕。嗅角通常小，呈耳形，外侧有裂沟。口幕发达，三角形或梯形。口吻强大，颚片、齿舌发达。有的种类外套小，不能完全掩盖鳃和足部；有的种类外套宽，能掩盖鳃和足部。腹足大，后端通常有足腺。鳃呈栉状，位于体右侧，有鳃膜附于体壁，后端游离。雌、雄生殖孔彼此靠近，通常有3个叶片状物保护。分布于我国、日本、新西兰、澳大利亚温带、热带海域的潮间带岩礁、海藻间以及潮下带浅水区。常见种如蓝无壳侧鳃（*Pleurbranchaea novaezealandiae*），头幕大，前缘有许多树枝状小突起。外套小，前端和头幕愈合，后端与足部分开，侧边不能完全掩盖鳃。腹足背面平滑，足底后端有足腺。体呈灰黄色，体表有紫色细纹，足底黑褐色。阴茎能突出体外呈膨大的叶状物。春季交尾产卵，卵群呈螺旋带状。在沿海潮间带和潮下带浅水区生活。以强大的口吻捕食双壳类，为浅海贝类养殖的敌害。人、畜误食会导致死亡。

⑧ 裸鳃目（Nudibranchia）。壳、外套膜及本鳃均消失；体背具有数目较多的裸鳃及其他次生鳃；内脏团平坦；齿舌带上每1横列4枚小齿。成体贝壳完全消失。体呈卵圆或椭圆形，低平或稍凸。外套宽，覆盖头部和腹足，通常有瘤状突起。在外套背部有1对嗅角，嗅角柄部明显，上部有褶叶，状如牛的头角。裸鳃目（海牛）广布世界各海域，暖海海域的种类最多。生活在沿岸岩礁、石头下，或潮间带海涂到深海底，以强大的齿舌刮食藻类、苔藓虫、珊瑚虫和底栖硅藻类等。常见种如日本石磺海牛（*Homoiodoris japonica*），我国沿海潮间带岩石下的常见种，日本也有分布。体小型、柔软。成体贝壳完全消失。本鳃消失，体背侧缘列生二次性鳃。头部明显，头颈部细长，口触手细长，嗅角小，棍棒状，平滑，或有螺旋状褶襞。眼明显，位于嗅角基部附近。背鳃突起，细长或呈纺锤形，排列于背侧两缘，每列由许多鳃突起组成，有肝脏分枝到达，代替鳃叶营呼吸作用。通常背鳃突起末端有刺丝囊，能放射刺丝御敌或捕杀小动物，背鳃突起容易脱落，以避强敌。生殖孔和肛门位于体右侧鳃列之间。腹足狭长，前侧隅圆形或呈尖角状，后端削尖形成尾部，利于在海藻间爬行。齿舌通常单列，侧齿数目少。在潮间带的海藻间可以见到。7月交尾产卵，卵群产于石莼或石头上，呈波折细带状，盘绕8～18圈。

第三，肺螺亚纲（Pulmonata）。

本鳃消失，以右侧外套腔内壁特化成“肺”进行气体交换。1～2对触角，触角端部或基部有1对眼。胚胎期有厣，成体时多消失。壳不同程度退化或包在外套膜内。1心室1心耳，肾脏1个。神经系统集中在食管前端，侧脏神经链一般不交叉成“8”字。雌雄同体，直接发育。现存约20 000种。多栖于陆地或淡水，少数见于潮间带或咸水中。

肺螺亚纲分为2目，即基眼目和柄眼目。

① 基眼目（Basommatophora）。触角1对，眼位于触角基部。常见种如日本菊花螺（*Siphonaria-japonica*）（图版34－6），壳锥形，形似笠帽贝。壳质脆。壳顶近中央。自壳顶向四周发出粗细不等的放射肋。壳面黄褐色，内面黑褐色，具瓷质光泽。壳内面有与壳表面放射肋相应的放射沟。生活于潮间带高潮区，在岩石上吸附爬行，为高潮区的标志生物，我国沿海均有分布。

② 柄眼目（Stalommatophora）。触角2对，眼位于后触角的顶端。常见种如石磺［土海参（*Onchidium verrulatum*）］，体长为4～5 cm，裸露无贝壳，近长椭圆形。常栖息在潮间带高潮区岩石上，能长时间离开海水生活，以吞食泥沙和藻类为生。

5. 双壳纲（Bivalvia）

双壳纲动物现存种类约有25 000种，绝大多数种类栖息于海底的泥沙层中，营埋栖（穴居）生活；少数种类生活在半咸水或者淡水中。

（1）外部形态　大多数双壳类都具有2枚贝壳，左右对称或不对称。壳的大小、形状、颜色等因种而异。最小的种类贝壳仅有2 mm，最大的种类壳长可超过1 m。贝壳的背方大多有突出的“壳顶”，是贝壳最初形成的部分（即“胚壳”）。通常可根据壳顶的位置来确定贝壳的方向，壳顶指向贝壳的前方。壳顶前方有一个椭圆形或心形小凹陷，称“小月面”；壳顶后方与小月面相对的位置称“楯面”。有些种类壳顶的前、后方还具有壳耳，分别称“前耳”和“后耳”。贝壳的表面生有许多同心形生长线，有些种类以壳顶为中心向贝壳的腹侧形成许多突出的放射肋，生长线及放射肋的形状在不同种类之间变化很大。

两枚贝壳的相互衔接部分称“铰合部”。铰合部一般具有齿，两壳的齿可以相互嵌合，使贝壳紧密关闭。铰合齿的数目、形态以及排列方式是分类的重要依据。原始种类的铰合齿数目多，形状相似，排列成1列或2列，如蚶科种类；较进化的种类铰合齿的数目少，且发生分化，分为主齿和侧齿，主齿居中间，位于壳顶部的下方；侧齿位于主齿的前、后两侧，分别称为前侧齿和后侧齿；有些种类没有铰合齿。海笋及船蛆在贝壳内面壳顶的下方还生有1个棒状物，称为“壳内柱”。

在铰合部的背面，大多有1条黑色或褐色的几丁质韧带。韧带具有弹性，其功能是连接两枚贝壳，具有使贝壳张开的作用。韧带与闭壳肌相配合可以控制双壳类2枚贝壳的张开与闭合。韧带分为外韧带和内韧带两种类型。外韧带位于壳顶后方，两壳的背缘；内韧带位于铰合部中央的韧带槽中。大多数贝类只有一种韧带，少数种类则可以同时具有两种韧带。

贝壳的内面比较光滑，通常具有比较清晰的肌痕，外套膜环走肌的痕迹称为“外套痕”；水管肌的痕迹称为“外套窦”，闭壳肌的痕迹称为“闭壳肌痕”等，它们的形态、大小和数量与肌肉的性质有关。前缩足肌痕一般位于前闭壳肌痕附近；后缩足肌痕多位于后闭壳肌痕的背侧。

（2）内部构造　第一，消化系统。

双壳纲的消化系统主要由唇瓣、口、食道、胃、肠及各种消化腺组成。

唇瓣位于身体的前端、口的两侧，多呈三角形，左右各1对。唇瓣分为上唇和下唇，具有纤毛和沟嵴，通过纤毛的不断摆动，食物被有选择地通过沟嵴进入到口中。

口是一个简单的横裂，左右外唇瓣基部联合，形成口的上唇，左右内唇瓣基部联合，形成口的下唇。双壳类几乎都不形成口腔，也没有颚片、齿舌和相关消化腺。

食道短，仅是食物的通道，上有纤毛，没有附属腺体。

胃膨大，呈口袋状，通常有1个幽门盲囊，内含晶杆。晶杆为一个几丁质的棒状物，其末端伸入胃腔中，依靠幽门盲囊表面的纤毛摆动做一定的方向旋转运动，搅拌食物；晶杆内还含有糖原酶，在胃液作用下可以使晶杆溶解并将糖原酶释放出来，消化食物。

双壳类的消化腺主要为肝脏（消化盲囊），大多呈褐色，包被在胃的周围，有的还可伸入足内。在生殖季节，肝脏经常被生殖腺所包被。细胞中含有大量的消化酶，如蛋白酶、淀粉酶、蔗糖酶、脂肪酶等，主要成分是淀粉酶。消化盲囊中的吞噬细胞还具有细胞内消化作用。

第二，呼吸系统。

呼吸作用主要依靠鳃来完成。鳃位于外套腔的两侧，由外套膜内壁延伸而成。按照形态分成以下 4 种类型。

① 原鳃型：为最原始的类型，在动物的身体两侧各有一个羽状本鳃，鳃轴向上隆起，其两侧各有一行排列成三角形的小鳃叶。这种类型的鳃与腹足类动物的羽状鳃没有太大的差别。

② 丝鳃型：鳃叶延长成丝状，但形态与原始型鳃仍很相似。有些种类的鳃丝前、后侧具有许多纤毛，鳃丝可依靠这些纤毛而相互连接在一起，这种联系称为“丝间联结”。身体两侧单条的鳃丝被结合成为 2 枚相连的鳃瓣，故双壳类又被称为“瓣鳃类”。

③ 真瓣鳃型。外鳃瓣上行板的游离缘与外套膜内缘相愈合，内鳃瓣上行板前部的游离缘与背部隆起的侧面相愈合。这种类型的鳃不仅在鳃板之间有血管相互联系，而且在同列的鳃丝中也通过血管贯通，在鳃板间形成许多横隔代替了纤毛的联系，使鳃具有了极为规则的格子状构造。

④ 隔鳃型。每侧的两片鳃瓣互相愈合，并严重退化，失去呼吸作用，在外套膜与背部隆起之间仅有一个肌肉质的有孔隔膜，而真正具有呼吸作用的则是外套膜的内表面。在双壳类动物中仅孔螂总科具有这种类型的鳃，因此这类动物又被称为“隔鳃类”。

双壳纲动物的鳃不仅是呼吸器官，而且还是滤食器官。有些种类的两片鳃板之间还可以充当育儿室。

第三，循环系统。

双壳类的心脏由 1 个心室和 2 个心耳构成，位于围心腔中，极少数种类的心脏位于外套腔中。心室与心耳之间有小孔相通，并具有肌肉质的瓣膜，其作用是当心室收缩时可以防止血液逆流回心耳。心耳呈三角形，壁比较薄，由单层上皮细胞构成，其外壁上通常还有一层褐色的腺质上皮，称围心腔腺，具有排泄作用。有些种类（如扇贝、贻贝、珠母贝等）的 2 个心耳还彼此相通。

双壳类中，特别是具有水管的种类，通常由心室派生出前、后 2 支大动脉，前大动脉位于直肠的背侧，其分支延伸至内脏囊、足部和外套膜；后大动脉位于直肠的腹面，其分支延伸至直肠和外套膜的后端。蚶、船蛆、牡蛎等种类，2 支动脉管或多或少地愈合。胡桃蛤科、贻贝科、不等蛤科、蛏螂科等种类的心室仅派生出一支前大动脉。

当双壳类动物的足、外套膜及水管收缩时，会产生一定的压力，使血液向心脏逆流，因此，对于那些足和水管比较发达的种类，其动脉管必须有一种特殊装置来阻止血液的逆流。通常在后动脉基部生有一个括约肌，或者在水管动脉内有一个瓣膜，这些装置均可以阻止血液的逆流。此外，还有一种发达的动脉球，它有一个瓣膜与心室分离。在有水管的种类中，动脉球主要位于后动脉管或围心腔中；扇贝、贻贝和蚌的动脉球则位于前动脉管内，其位置可以在围心腔的内侧或在围心腔的外方。凡是有动脉球的种类，当水管、外套膜或足部收缩时，这些部位的血液虽然被压向心脏逆流，但都充满在动脉球中。

血液的循环过程为：心室收缩时，血液经过动脉及各个分支到达身体的各处，然后再汇集到静脉窦中。大静脉不成对，位于围心腔和足部之间，通过揩伯尔氏瓣与足窦分离。当足收缩时，此瓣则自动关闭，防止血液逆流。静脉血通过大静脉输送至 2 个肾脏之间的肾静脉中，当其经过肾脏的静脉网时，可将血液中的废物排入肾脏。然后血液再次汇集，进入入鳃血管。血液在鳃中经过气体交换成为动脉血，通过出鳃血管，经心耳回到心室，准备进行下一个循环。此外，还有一部分静脉血可以通过外套膜的表面进行排泄和呼吸，变为动脉血之后再汇入总静脉，直接经心耳回到心室。

（3）分类系统　根据双壳类贝壳的形态、铰合齿的数目、闭壳肌的发育程度和鳃的构造，双壳纲分为 6 亚纲，即古多齿亚纲、隐齿亚纲、翼形亚纲、古异齿亚纲、异齿亚纲和异韧带亚纲。

第一，古多齿亚纲（Palaeotaxodonta）。

两壳相等，能够完全闭合。贝壳表面具有黄绿色壳皮。壳内面多具有珍珠光泽。铰合齿数量多，沿前、后背缘分布。通常具有内、外韧带。前、后闭壳肌相等。鳃呈羽状。成体没有足丝。由于具有双栉鳃，是原始类型，故又称原鳃亚纲（Protobranchia）。仅1目，即胡桃蛤目（Nuculoida）。

胡桃蛤目（银锦蛤目）壳小而厚，卵圆形；栖鳃小，鳃丝完全横列。我国黄海、渤海有分布。常见种如小胡桃蛤（*Nucula paulula*），贝壳近三角形或卵圆形，前背缘长，近弧形；后部短，多呈截形。壳面被有黄绿色或褐色壳皮，具同心生长纹及放射纹；壳内多具珍珠光泽，内缘常有锯齿状细缺刻；铰合齿数量多，由前、后齿列组成，二者之间有内韧带槽。本科动物比较原始，其外套线完整而无窦，外套膜在腹面不愈合，未形成水管；本鳃为原鳃型。生活于低潮线以下至深海泥沙或细颗粒沉积区，以有机碎屑为食。

第二，隐齿亚纲（Cryptodonta）。

多等壳，小而薄，纹石质。铰合齿不发育，或具栉齿。外韧带。闭壳肌多为等柱，外套线完整，偶具小外套湾。现生种类具原鳃。海生，多埋栖，滤食性。种类较少，仅1目1科，蛏螂目（Solemyoida），蛏螂科（Solemyidae），我国不产。

第三，翼形亚纲（Pterimorphia）。

壳呈卵形、长方形或圆形，两壳相等或不等。壳顶两侧常具翼状的前、后耳。铰合齿多或退化，前闭壳肌较小或完全消失。多数种类具足丝，无水管，鳃为丝鳃型。包括4目，即蚶目、贻贝目、珍珠贝目和牡蛎目。许多种类是重要的经济贝类。

① 蚶目（Arcoida）。铰合齿数目多，排成列。贝壳相等或不相等，前后近相等，表面常有带毛壳皮。前、后闭壳肌均发达，足部具深沟，常具足丝。心脏在围心腔内，具2支大动脉。鳃丝状，一般反折；鳃叶游离，没有叶间联系。侧神经节与脑神经节合一，外套膜游离，无水管。外套痕简单。我国沿海已知有60余种。许多种类具有较高的经济价值，大多种类可食用。常见种如泥蚶（*Tegillarca granosa*）（图版34－7），俗称贡蚶、银蚶、粒蚶、血蚶等。壳坚厚，卵圆形，两壳相等，膨胀。壳顶凸出，尖端向内卷曲。韧带面宽，呈菱形。壳面白色，被褐色壳皮。放射肋粗壮，18～22条，肋上具明显的结节。壳内面灰白色，边缘具齿状缺刻。铰合部直，齿细密。前闭壳肌痕小，三角形，后闭壳肌痕大，四方形。生活在潮间带至浅海的软泥质或泥砂质海底，并常发现于河口附近。我国南北方沿海海域都有分布。经济种类，肉供食用，浙江重要的养殖种类。

②贻贝目（Mytiloida）。前闭壳肌较小或完全消失，后闭壳肌大。铰合齿退化，或成结节状小齿。鳃丝间由纤毛盘联系或由结缔组织联系。体对称，两壳同形。壳皮发达。心脏仅有1支大动脉。生殖腺扩大而达外套膜中，生殖孔开口于肾外孔之旁，有明显的肛门孔。外套膜有1个愈着点。足小，以足丝附着于外物上生活。多数种类海产，少数淡水产。常见种如厚壳贻贝（*Mytilus coruscus*）（图版35－3），俗称淡菜、贻贝，干制品称淡菜、蝴蝶干。贝壳大，呈楔形，壳质厚。壳顶位于贝壳的最前端，稍向腹面弯曲。背缘与后腹缘相接处成一钝角。壳皮厚，黑褐色，边缘向内卷曲成一镶边。壳内面紫褐色或灰白色，具珍珠光泽，闭壳肌痕明显。铰合部窄，2枚不发达的粒状小齿。足丝粗，极发达。以足丝附着栖息于低潮线以下至20 m水深的浅海中。分布于我国黄、渤海和东海。经济种类，肉供食用，浙江已开展人工育苗和养殖。

③ 珍珠贝目（Pterioida）。铰合齿大多数退化成小结节或完全没有。鳃丝曲折，鳃丝间以纤毛盘相连接，鳃瓣间以结缔组织相连接。前后闭壳肌不等大，或前闭壳完全消失。足不发达或退化。主要有珍珠贝总科（Pteriacea）、扇贝总科（Pectinacea）、不等蛤总科（Anomiacea）。常见种如栉孔扇贝（*Chlamys farreri*）（图版35－5），贝壳大型，圆扇形。壳背缘较直，腹缘呈圆形。两壳侧扁，壳高略大于壳长，宽度约为高度的1/3。壳顶位于背缘，尖。壳顶的前方和后方具有壳耳；前耳大，

约为后耳的 2 倍。右壳前耳下方有明显的足丝孔和 6～10 枚小栉齿。两壳大小略等，右壳较平，左壳较凸，右壳约有 20 余条较粗的放射肋，两肋间还有小肋。左壳有主要放射肋 10 条左右，每 2 条肋间还有数条小肋。这些放射肋在壳顶部细而较平，至腹缘渐粗大并生有棘状突起；有的个体棘状突起极发达。一般为浅褐色、紫褐色，间或亦有黄褐色、杏红色、黄色或灰白色等。贝壳内面颜色较浅，多呈浅粉红色，有与壳面放射肋相应的肋纹；外套痕不明显，闭壳肌痕略显。铰合线直，无齿；内韧带极发达、位于三角形的韧带槽中。外套膜薄，外套缘厚，分 3 层；外层薄，白色，不具触手；中层较厚，呈灰黄色，有极发达的触手，外套膜边缘没有愈合点。触手在靠近腹面中央处，常成 4 行或 5 行排列；至背面两侧，行数则递减至 2～3 行，触手的基部有蓝色的外套眼，较大，每侧有 30 个左右；内层极发达，与前两层垂直，上面有深褐色的斑点，边缘上有 1 排小触手，这一层成为帆状部。唇瓣稍呈三角形，位于口唇的外侧，每侧各有 1 对。口唇较发达，有树枝状的分枝。闭壳肌非常发达，稍圆，位于体中部后侧；后收足肌位于足的后方靠左侧。鳃为新月形，左右各 1 个，位于内脏囊的两侧，充满整个外套腔。直肠穿过心室，开口于后端。足细长，蠕虫状，足丝腺较发达。足丝细丝状，淡黄褐色，发达。暖温性种，一般在 15～20 ℃时生长良好，4 ℃以下贝壳不能生长。营附着生活，多栖息在水流较急的清水中，垂直分布自低潮线附近至潮线下 60 m 的水域。每年的 5 月上旬至 6 月中旬为其第一个繁殖期，8 月中旬至 10 月上旬为第二个繁殖期。雌雄异体，成熟时雄性生殖腺呈乳白色，雌性生殖腺为橘红色，精卵分别排到海水中，在海水中受精、发育和孵化，1 年可达性成熟。在我国黄渤海、日本、朝鲜半岛和俄罗斯远东沿海都有分布。垂直分布自低潮线附近至潮线下 60 m 的水域。营附着生活，以足丝附着在海底的礁石、石块及贝壳等物体上。移动时，足丝脱落，开合双壳，在海水中自由游动，尤以较小的个体游泳活泼。我国北方沿海的主要养殖种。

④ 牡蛎目（Osteroida）。两壳不等，左壳较大，并用来固着在岩石上。铰合齿和前闭壳肌退化。无足和足丝。牡蛎是海产贝类中主要的养殖品种。常见种如长牡蛎（*Crassostrea gigas*），曾名太平洋牡蛎、太平洋长牡蛎、日本真牡蛎、日本长牡蛎等。贝壳大型，壳质厚，形态常随栖息环境而变化，壳面黄褐色。右壳较平，鳞片坚厚，环生鳞片呈波纹状，排列稀疏，放射肋不明显。左壳深陷，鳞片粗大，以左壳壳顶固着。壳内面白色，闭壳肌痕大，常呈紫色，韧带槽长而深。固着于低潮线以下至 20 m 深的岩石上。长江口以北沿海有分布。经济种类，肉供食用。已进行人工育苗和养殖生产，是重要的养殖种类。

第四，古异齿亚纲（Palaeoheterodonta）。

铰合齿分裂，或者分成位于壳顶的拟主齿和向后方延伸的长侧齿，或者退化。一般具有前、后闭壳肌痕各 1 个，大小接近。鳃构造复杂，鳃丝间和鳃瓣间以血管相连。

仅蚌目（Unionoida），淡水产。

第五，异齿亚纲（Heterodonta）。

贝壳变化大，形状多样。铰合齿少，或者不存在。一般有前、后闭壳肌各 1 个，大小接近。鳃的构造复杂，鳃丝间和鳃瓣间有血管相连。外套膜通常有 1～3 个愈着点，在水流的出入孔处常形成水管。包括帘蛤目和海螂目。许多种类是重要的经济贝类。

① 帘蛤目（Veneroida）。壳体外形多样。一般两壳相等；铰合部通常很发达，式样变化很多；主齿强壮，常伴有侧齿发育；韧带多数位于外侧，少数种类有内韧带；闭壳肌为等柱型，前后闭壳肌痕近相等，水管发达。帘蛤目为双壳贝中最多、也是最为多样化的类群，已知 2 500 种以上，许多种类是经济种类。常见种如文蛤（*Meretrix meretrix*）（图版 36－3），贝壳呈圆三角形。两壳大小相等。壳顶突出，位于背面偏前方。小月面狭长呈矛头状。楯面长卵圆形。壳表光滑，被有 1 层黄褐色的壳皮。同心生长线清晰。壳面花纹随个体而有差异。壳内面白色，右壳具 3 枚主齿和 2 枚前侧齿，左壳具 3 枚主齿和 1 枚前侧齿。埋栖在潮间带中、低潮带及浅海区细砂层中。我国沿海习见

种。经济种类，肉供食用。我国重要的养殖贝类。

② 海螂目（Myoida）。壳薄；两壳相等或不相等，前后由略不等边到极不等边；壳体全由霰石所构成；无珍珠壳层；小月面与楯面不发育或发育不佳；壳顶不突出；内韧带位于一个匙状的着带板上（称之“内韧托”）；闭壳肌为等柱型或异柱型；无齿型，或者在两壳各有1个类似主齿的瘤状突起（与异齿型铰合齿的主齿不同源）；掘穴生活类别的水管很发达。常见种如海笋（*Pholas dactylus*），贝壳薄，两壳相等，前后端开口，白色，具淡褐色壳皮，壳面有肋、刺和生长纹；壳顶近前端，前端贝壳边缘向外卷，成为前闭壳肌和原板的附着面。水管极发达。足短，呈柱状，末端平，呈截形。贝壳的背、腹和后端常具副壳。在泥沙滩上穴居生活。

第六，异韧带亚纲（Anomalodesmacea）。

两壳常不相等，壳内面一般具有珍珠光泽；铰合齿缺乏或弱；韧带常在壳顶内方的匙状槽中，具有石灰质小片；一般雌雄同体。分以下2目。

① 笋螂目（Pholadomyoida）。铰合部退化或具有匙状突出的韧带槽，外鳃瓣或多或少退化。常见种如金星蝶铰蛤（*Trigonthracia jinxingae*），栖息于浅海水深10～100 m的细砂质海底。分布于我国沿海。

② 隔鳃目（Septibranchida）。鳃变成一个肌肉横隔膜。

6. 掘足纲（Scaphopoda）

掘足纲是一类在泥沙中穴居的小型软体动物，全世界仅有350种左右，全部生活在海洋中。

掘足纲动物的贝壳呈象牙形或喇叭形的管状，稍向腹面一侧弯曲，直径由后向前逐渐加大，两端开口；壳长为0.4～15.0 cm，一般多在3～6 cm。壳表面光滑，或具有纵肋和生长纹。前端壳口较大，称为“头足孔”，头与足可由此孔伸出壳外，并挖掘泥沙潜至泥沙层中生活。后端的壳口较小，称为“肛门孔”，生活时一般都露于滩面外，是水流出入的通道。其软体部的形状与壳基本一致，借助于背面（凸面）的柱状肌肉附着于壳上。外套膜在原始种类中仍为两叶状，但多数种类已愈合成为管状，两端开口。通过外套膜表面的纤毛摆动以及身体肌肉的收缩，水流可以自前端壳口流入壳内，再由后端壳口流出，完成气体交换。身体前端具一个圆锥形的头。头周围有一圈细长的触手，称为头丝，其末端有黏着盘，具有触觉和摄食的功能。头的顶端为口，其基部两侧具触角叶。足圆柱形，适合于在泥沙中钻穴。足的末端生有1圈叶状皱褶，以增加附着能力；有的种类足末端延伸形成盘状，起锚的作用，使其附着得更加牢固。运动时靠足的收缩带动身体前进。

掘足类的消化器官比较简单，在外套腔的前端背面有1个不能伸缩的吻，吻的中央为口，口内有颚片和齿舌，齿式为2·1·2，齿舌的功能相当于腹足纲后鳃类的胃板，能压碎食物（有孔虫等）的壳。食道的后方是胃，胃与肝脏相通。肝脏分左右2叶，由许多小盲管组成，突出于外套腔中。肠道曲折，末端为肛门，开口于足的基部。

无鳃，呼吸作用由外套膜的内表面完成。循环系统简单，仅有血窦。心脏位于直肠的背侧，极不完全，仅有1个腔，缺乏心耳。肾脏1对，呈囊状，左、右互不相连。神经系统包括脑神经节以及侧、足、脏等神经节。脑神经节和侧神经节相接近，位于口球的背侧。足神经节与一对平衡器相接，位于足部中央。脏神经节左右对称，在肛门附近。

大多为雌雄同体，生殖腺位于身体后方的正中央，生殖输送管与右侧肾管相连，生殖产物经右肾管排出。

掘足纲分2目，即角贝目和管角贝目。

① 角贝目（Dentalliida）。贝壳角状，足的先端尖，有2个翼状褶，口的周围有8个叶状唇瓣。

② 管角贝目（Siphonodentaliacea）。贝壳中部粗，两端略细，足的末端呈盘状，口的周围无唇瓣。

7. 头足纲（Cephalopoda）

头足纲动物是软体动物中最进化的一个分支，多数种类善于运动，具有较强的捕食能力，全部生活在海洋中。现存种类约650种，化石种类超过9 000种。

（1）外部形态　第一，贝壳。

头足类的贝壳可以分为外壳、内外壳、内壳和假外壳4种类型。

现存的头足类中，仅有四鳃亚纲中的鹦鹉螺类具有外壳。壳形呈平面盘旋状，两侧对称。贝壳内生有许多横隔板，将贝壳分隔成许多个小的"室"。其中最后的一个室最大，称为"住室"，动物的整个软体部就居于其中；其他小室内都充满空气，称为"气室"，气室具有调节身体比重、控制身体上浮或下沉的作用。随着其身体的不断生长，身体后端的表皮不断地分泌隔板，贝壳也随之不断增大。隔板呈半月形，前凹后突，板的两端与壳相连处称为缝合线。隔板中央有向后伸出的小突起，其中央有孔。生活时前后突起之间由活体组织相连，形成一个纵贯所有壳室的体管（串管），体管起到将空气运送至各个气室的作用。

二鳃亚纲中的原始种类旋壳乌贼（*Spirula spirula*），其贝壳结构与上述类型有些相似，但贝壳的大部分都包埋在外套膜内，只在身体后端部分裸露于体外，被称为内外壳。壳内部的小室、缝合线与鹦鹉螺不同，呈连续状，体管位于壳的腹缘。因而可以认为，旋壳乌贼是由四鳃类演化到二鳃类的中间过渡类型。

现存头足类动物大多只具有内壳。内壳又分为石灰质内壳和角质内壳两种不同的类型。石灰质内壳由闭椎、背楯和顶鞘3部分组成，大部分现存的乌贼目动物背楯十分发达，几乎占据了贝壳的全部，闭锥和顶鞘退化，如金乌贼的内壳闭锥退化成一个小室，顶鞘缩小变成壳后面的一个骨针。枪形目的种类，内壳为角质内壳，薄而透明，中央有一条纵肋，并自纵肋向两侧生有极细的放射状纹。

八腕目中的船蛸类，其雌体在产卵期间可以分泌二次性的假外壳，该外壳是由其两只特化的背腕分泌而形成。这种外壳的作用是保护卵，当幼体孵化至能独立行动后，母体就会将贝壳丢弃。八腕目的其他种类几乎都不具有内壳，个别种类能形成皮下骨针，具有一定的支持作用。

第二，外套膜和躯干。

头足类的外套膜形似口袋，将所有的内脏器官都包裹在其中，被称为"胴部"。生活于近海的种类胴部多呈球形，一般游泳能力较差，如短蛸、耳乌贼等；生活于远洋和深海的种类由于擅长游泳，因此胴部延长为锥形或纺锤形，如枪乌贼。有些种类的胴部两侧还具有肉鳍，是由皮肤扩张而成的，在游泳时能保持身体的平衡及控制前进的方向。肉鳍按照其着生位置可以分为周鳍型、中鳍型和端鳍型3种类型。

头足类的体表面大多呈紫色、褐色、黄色、黑色等，因种而异。同一个种有时会因环境的改变、求偶交配、受到刺激或干扰等原因而改变体色。这是由于其表皮中含有许多色素细胞，色素细胞中含有色素颗粒，周围有微小的肌纤维向四周辐射并附着在其他细胞上，当肌纤维收缩时，色素细胞向四周扩展，细胞变为扁平状，色素颗粒显露，体色随之变深；当肌肉松弛时，细胞变小，色素颗粒隐蔽，体色也随之变浅。有些种类体内可以同时存在几种色素细胞，色素细胞成群或成层分布于体壁内，由于光线强度不同，不同的色素细胞可以扩展或者隐蔽，从而引起体色的改变。体色改变受神经及激素控制，视觉反应是其最主要的刺激方式。

很多生活在中层或深海中的头足类，在其身体的表面，尤其是眼周围、触腕末端、外套膜背缘等部位，具有发光器，能产生蓝绿色的冷光。不同种头足类的发光机制基本上是相同的，即在某些无机离子及高能三磷酸腺苷（ATP）的协调作用下，荧光素在荧光素酶的参与下发生被氧化的化学过程。头足类发光的生物学意义可能与引诱异性、诱捕食物及对抗敌害等有关，特别是对于那些生活在深海无光层中的种类则显得更为重要。

第三，头部。

头足类的头部具有1对发达的眼。眼的构造十分复杂，类似人眼的结构，外方被有透明的角膜，起保护作用。角膜大多是封闭的，有些种类的角膜上具有与外界相通的小孔（如大王乌贼总科的种类）。头部还具有一些凹陷或孔，如十腕类动物眼的前方通常有一个小孔，称为“泪孔”；金乌贼眼的后方、靠近外套膜边缘处有一个小孔或凹陷，称为“嗅觉凹陷”。

第四，足部。

头足类动物的足部包括腕和漏斗两个部分。

腕环生在头的前方、口的周围，腕的内侧生有吸盘或小钩。吸盘周围有由皮肤形成的薄膜，称为“侧膜”或“保护膜”。不同种头足类腕的数目是不同的，如鹦鹉螺大约有90条腕，二鳃亚纲中的八腕目动物有8条腕，十腕类动物有10条腕，其中的2条是专门用来捕捉食物的触腕。腕又分多种类型：

① 生殖腕。只有雄性头足类动物才具有生殖腕。其普通腕中有1条或者1对腕茎化，称为“茎化腕”，雌雄交配时是用来交接精子的。生殖腕的位置因种类的不同而不同，八腕目通常为右侧第三腕，十腕类一般是左侧第四腕。生殖腕的形态一般与其相对的另一条腕明显不同，有的在长度上小于另一条腕，有的是腕的一侧膜特别加厚而形成一条精液沟，有的是腕上的部分吸盘缩小而变成肉刺状，也有的是腕的末端形成一个舌状端器。茎化的部位有的种类是在腕的顶端，有的是在腕的基部，也有的种类则全腕茎化。通过生殖腕不仅可以鉴别头足类的雌雄，其形态还可以作为分类学上的依据。

② 触腕。位于十腕类动物的第三对和第四对腕之间，通常比较狭长。在触腕的基部、头的两侧有一对“触腕囊”，有些种类可以将触腕完全缩入囊中，也有些种类的触腕只能缩入一部分。触腕通常有一个极长的柄，柄的顶端呈舌状，称为“触腕穗”。触腕穗内面生有吸盘，有的种类还生有小钩。触腕穗的外面还具有膜状的腕鳍。不同种头足类的触腕形态与结构差异很大，在分类学上具有重要意义。吸盘一般都位于腕和触腕穗的内面，在腕上的排列方式及构造也可以作为分类学上的重要依据。八腕目头足类的吸盘是一个简单的环状肌肉盘，多纵向排列成1列或2列，只有个别属的头足类具有3列吸盘；十腕类头足类的吸盘构造比较复杂，吸盘大多呈球状或半球状，称为“吸盘球”。吸盘球的开口部为圆形、半月形或裂缝状，周围分布有许多放射状肌肉，球内部则为一个空腔，腔壁周围生有角质环。其外缘生有许多小齿，小齿的形状、数目以及排列方式也可以作为区分不同种类的特征。吸盘球通过柄与腕相连，柄通常不与吸盘口位于一条垂直线上。十腕类头足类腕上的吸盘多排列成2列或4列，触腕上的吸盘则可排列4列。通常位于中央的数列（或数个）吸盘较大，位于边缘、基部或顶端的吸盘相对较小。吸盘的主要作用是吸附外来物，它依靠腔底面肌肉的收缩，使腔内形成真空，依靠压力作用而将其他物体牢牢地吸附。十腕类的角质环和疣带是用来避免吸盘球移动的装置。有些头足类在腕与腕之间还具有由头部皮肤延伸而形成的腕间膜（也称伞膜）。腕间膜的数量在各腕之间并不是恒等的。

③ 漏斗是由足部特化而来的。原始种类（如鹦鹉螺）的漏斗由2个左右对称的侧片构成，并不是一个完全的管状。二鳃亚纲头足类的漏斗左右2片完全愈合成一个完整的管状，此管又可以分为以下3个部分。

水管：略呈锥形，前端游离。管中有舌瓣，能防止外界的水进入体内。在水管内壁的背腹面，各有一个倒“V”字形的“漏斗器”，其分泌物有润滑作用，以利于废物排出，保持水管畅通。八腕目头足类没有舌瓣，漏斗器位于水管内壁的背面，呈“˩ ˪”形。

漏斗基部：漏斗基部连接于水管的后端，比水管部宽大，隐藏于外套膜内，与胴体连接。漏斗基部通过闭锁器与外套膜相接。十腕类的闭锁器十分发达，软骨质，由两部分组成，一部分位于漏斗外侧基部，凹槽状，左右各1个，称为“闭锁槽”或“钮穴”；另一部分位于外套膜内面，为软骨质突起，也是左右各 1 个，称为“闭锁突起”或“钮突”。闭锁突起恰好嵌入闭锁槽中。八腕目头足类的闭锁器不太发达，没有真正的软骨质构造，只具有由漏斗两侧肌肉加厚而形成的突起，以及由外套膜内面两侧形成的凹陷。

漏斗下掣肌：体背面两侧各有 1 束肌肉，可控制漏斗的运作。漏斗是头足纲动物用于快速游动的主要器官。其作用机理是：头足类可以依靠闭锁器使外套膜边缘张开或关闭。当外套膜边缘张开时，海水能进入外套腔内，再利用闭锁器使外套膜与漏斗基部紧闭，海水便被封闭在外套腔内，不能溢出，然后依靠外套肌肉的收缩，将外套腔内的海水通过漏斗孔急速喷出，依靠喷射水的反冲力推动其快速游动。水流的喷射速度越快，游动越迅速。漏斗不仅能为头足类运动提供动力，还是排泄物、生殖产物、墨汁等的排出通道。

（2）内部构造　第一，消化系统。

头足类的口腔为肌肉质，又称“口球”。口腔中有一对类似鹦鹉喙的颚片，黑色，边缘锐利，其功能是切割食物。鹦鹉螺的颚片上还被覆有石灰质沉淀。口腔底部有齿舌，齿式为 3・1・3；鹦鹉螺没有中央齿，每列侧齿数为 4 枚；个别种类无齿舌。在齿舌的前方或附近有一肥大的舌突起，外皮很厚，且具乳头突，可能是具有类似味蕾的作用。头足类的齿舌除了能锉碎食物外，还有推进食物的功能。

食道很长，具有嗉囊（个别种类没有）。嗉囊是暂时储藏食物的器官。

胃囊状，球形或长圆形。胃壁肌肉发达，前后分别有贲门和幽门。在胃与肠交接处，有 1 个附属盲囊，其形状因动物种类不同而异，大多数种类呈螺旋形，称为“螺旋盲囊”；有的种类则呈球形或延长为囊形。金乌贼的盲囊内表面有许多褶皱，以增加消化面积，上面还生有纤毛，肝脏导管开口于盲囊中。

肠较短，末端接肛门。肛门开口于外套膜的前端中央线上，在肛门部还有 2 个侧瓣。除鹦鹉螺、须蛸和章鱼外，在肛门附近还有一个墨囊，墨囊由墨腺和墨囊腔两部分构成。两者之间有壁分隔，由墨腺孔相通，墨腺分泌的墨汁积蓄在墨囊腔中。

消化腺包括唾液腺、副舌腺、肝胰脏等。

① 唾液腺。开口于口腔内。八腕目有 2 对唾液腺，十腕类唾液腺不发达，仅在齿舌后方有 1 个不成对的口球腺，相当于前 1 对唾液腺的胚体，后 1 对唾液腺很小。鹦鹉螺没有后 1 对唾液腺，仅在口腔的两侧有类似功能的腺体。唾液腺能分泌各种消化酶，尤其后唾液腺能分泌蛋白酶和淀粉酶，并且具有毒性，能杀伤猎物。十腕类的唾液腺没有分泌消化酶的功能，仅为毒腺。

② 肝脏（肝胰脏）。最大的消化腺，分泌淀粉酶及胰蛋白酶，均输入到胃中。

③ 副舌腺。二鳃类的副齿舌前方有 1 个体积不大的副舌腺，是由腺质器上皮的褶皱形成的，短蛸的副舌腺在口腔的后腹面。

第二，呼吸系统。

头足类的鳃两侧对称，前端游离。大部分种类有 2 枚鳃，鹦鹉螺有 4 枚鳃。鳃呈羽状，某些二鳃类的羽状鳃两侧不相等。鳃内血管丰富，依靠外套腔的收缩作用，水流通过鳃完成呼吸作用。鳃叶数因种类而异，八腕目的鳃叶数比较少，鳃轴特别发达，分鳃叶为 2 列。

第三，循环系统。

属闭管式循环系统，包括心脏、血管和微血管。某些种类（如鹦鹉螺）仍存在血窦，因此比较低等的头足类其循环系统只是接近于闭管式。

心脏位于胃的腹面中央，或者稍偏后。在八腕目中围心腔非常退化，心脏不位于围心腔中。包括心室和心耳，心室 1 个，心耳数与鳃数相同，鹦鹉螺有 4 个心耳，二鳃类只有 2 个。

由心室向前分支出前行大动脉，把血液输送至身体前部；向后则分支出 1 条较小的后行大动脉，把血液输送至身体后部。生殖腺动脉较小，能输送血液到生殖腺。

低等头足类的血液通过动脉流到组织间的血窦中，再汇入门静脉。门静脉与副静脉等汇合成入鳃静脉。入鳃血管进入鳃轴后，再分支到鳃小叶中，进行气体交换后生成动脉血，通过出鳃血管流回心耳，再回到心室。在鳃的基部形成一个收缩的膨大部，即鳃心。鳃心具有一个腺质的附属物，相当于双壳类的围心腔腺。鹦鹉螺没有鳃心。

头足类的动脉血压很高，可超过脊椎动物的血压，章鱼的血压可达到 80 mm 水银柱。

第四，排泄系统。

肾呈囊状，体积很大，壁非常薄。

鹦鹉螺有 4 个肾，每个肾都有一个独立的开孔。每个肾上还具有腺质附属物，是分泌的场所。附属物的另一侧位于体腔或围心腔内，即围心腔腺。

二鳃亚纲有 2 个肾。八腕目头足类的 2 个肾在中央线上相接，并与围心腔腺的囊前端相通；大部分十腕类的 2 个肾彼此相通。肾包括许多附属物，这些附属物呈海绵状，是肾的分泌部分。十腕目的肾 - 围心腔孔位于围心腔的最前端。肾外孔两侧对称，位于直肠的前部腹面，乌贼的比较靠前，柔鱼的稍偏后，大王乌贼则开孔于乳头状突起上。二鳃类的腺质附属物在形态上与其他软体动物的围心腔腺相似，也是分泌器官。

头足类的排泄物常含有固体凝结物，不含尿酸，主要是鸟粪素。

第五，神经系统。

头足类神经系统主要由脑神经节、足神经节和侧脏神经节组成，这些神经节均集中在头部，围绕在食道基部。

十腕类的脑神经中枢分成两个部分，一部分在前方，较小；另一部分在后方，较大。脑神经节两部分的分离程度在不同种类之间有差异，如柔鱼分离程度较大，乌贼和枪乌贼则分离程度较小。前后两部分由 2 支脑神经连索联系，常发生愈合。八腕目脑神经节的两部分完全集中在一起，仅有一个简单的横沟。

十腕类的足神经中枢和脏神经中枢紧密相连，仅在中央线上分离，与腹足类相似。八腕目的腕神经节和足神经节很接近，腕神经节只生出 8 支神经，控制着腕的运动。足神经节主要控制漏斗，并且派生出神经纤维到腕神经内，同腕神经节一起控制腕的运动。

侧神经中枢分出粗大的外套神经。腹面为脏神经节，主要分出脏神经。在脏神经节的前侧方，还有 1 对膨大的视神经节，体积比整个脑部还要大。

二次性神经中枢表现在外套神经节和脏神经上。外套神经节又称“星芒神经节”，位于外套腔内壁背缘附近。柔鱼、枪乌贼等的左右外套神经节相互愈合。二次性神经中枢存在于脏神经上，主要表露在鳃的基部。

胃腹神经节以神经连索与脑神经节相连，并派生出神经至消化管，一直延伸到胃部，并在胃上形成一个大的胃神经节。

第六，感觉器官。

① 触觉器。是头足类触觉最敏感的部位，包括腕和触手。

② 嗅觉器。位于头足类眼的腹侧，其上皮具有许多感觉细胞，可接受来自脑神经节“上额叶”的神经。大多数头足类为一个简单的洞穴，鹦鹉螺则是由一个突起上的凹洞构成。

③ 嗅检器。鹦鹉螺的鳃间具有乳头状的突起，称为“前嗅检器”，由鳃神经纤维控制；在肛门后方有乳头状突起，称“后嗅检器”。嗅检器具有味觉的作用。二鳃类鳃的外套腔边缘具有嗅觉陷。

④ 平衡器。头足类的平衡器一般有 2 个腔。二鳃类的平衡器位于腹面，介于足神经节和脏神经节之间，彼此相接，仅由一个隔板相隔离，完全保藏在头软骨内；鹦鹉螺的平衡器位于足神经节侧，

靠近头软骨。平衡器中具有耳沙或耳石。

⑤ 视觉器。二鳃类眼的构造相当复杂，眼的最外面有一层透明的表层，称为“假角膜”（false cornea），假角膜在十腕类中不完全愈合，留有孔洞。在十腕类其余种类和八腕目中，假角膜是封闭的，仅留有泪孔。假角膜的下方为眼的前室，在前室中有虹彩，虹彩具肌纤维，能收缩，使瞳孔扩大或缩小。瞳孔通常呈肾形、圆形或卵圆形。巩膜与虹彩相连，组成眼球的壁，并由巩膜软骨作为支持。晶体是由角膜的内外两面产生的，因此形成了内外两段，它被一环状的纤毛突起所支持。晶体的前半部较小，凸出于前室中；后半部较大，凸出在后室中。后半部的晶体不完全充满后室，后室的其余空间由“玻璃状液”的胶体填充。后室的壁由网膜构成，为视觉器官的最主要部分。网膜由一层网膜细胞构成，细胞内有色素，尤其以下部和下端附近最多。在黑暗中所有色素都聚集在细胞的基部。网膜包被着杆状体，与杆状体相连的面上构成了一个界限层。杆状体甚长，密集，向着眼后室中心。网膜与视神经纤维相接，这些视神经纤维由视神经节分出。在整个眼球的外面，即假角膜外方形成一个横的眼皮（下眼皮）。眼皮在八腕目中很发达，收缩时能完全覆盖眼球。二鳃类眼的发育过程可以分为三个步骤：首先是外胚层内陷形成一个凹陷的眼泡，其底部是网膜；然后内陷出现虹彩和晶体；最后内陷生出前室和角膜。

第七，生殖器官。

头足类雌雄异体，两性的体形和结构有差异。雄性有 1 个或 1 对用来交配的茎化腕。

雌性生殖腺包括卵巢、输卵管、蛋白腺、缠卵腺和副缠卵腺。卵巢通常形成一个卵巢腔。卵细胞被包在滤泡内，每一滤泡中只含 1 个卵，以卵柄固定。卵成熟时，由于相互的挤压而成为多面体。繁殖季节，成熟的卵外皮自行破裂，落入腔内，然后进入输卵管。卵在输卵管中经过一个腺质的膨大部，叫做“输卵管腺”或“蛋白腺”。鹦鹉螺的这个部分位于生殖腺的腔壁，十腕类位于输卵管的末端，八腕目则位于输卵管的中部。外套腔的内壁分化出一对对称的腺体，称为“缠卵腺”。鹦鹉螺的缠卵腺位于外套膜的侧方；二鳃类在内脏囊壁上、直肠的两侧，开口于生殖孔附近；大王乌贼总科的某些种类和八腕目无缠卵腺。某些二鳃类（如乌贼）在缠卵腺的前方还有一对较小的腺体，称“副缠卵腺”。

输卵管腺和缠卵腺能产生卵的外膜和一种弹性的物质，该物质遇水时很快就“硬化”，把卵黏附成卵群。

雄性生殖腺包括精巢、精巢囊、输精管、储精囊、前列腺、精荚囊和阴茎等。精巢和卵巢相似，也是体腔特化的一部分。成熟的精子落入精巢囊内，由此处通往输精管。鹦鹉螺的输精管通道上有一个腺质囊，称为“精囊”；一个收集器，称为“尼德汗氏囊”或“精荚囊”。鹦鹉螺的左侧输精管退化，与生殖腺腔不通，但遗有囊状物的痕迹，被称为“梨形囊”。二鳃类除了有精囊和精荚囊外，在两囊之间还有一个摄护腺。某些二鳃类（如乌贼），输精管在精囊和摄护腺之间还有一个小管，开口于外套腔内。

精巢在输精管始端是游离的，到达精囊时就开始包被一种鞘状外皮，形成精荚，精荚再进入精荚囊中，彼此以平行方向排列。成熟时，精荚由输精管经漏斗输送至茎化腕。每个精荚由一个带弹性的鞘内陷形成，凹陷的深处积蓄精子，一端常卷曲呈螺旋形的弹出装置。精荚成熟后，弹出部分延长，牵引出内部积蓄的精子，自行破裂后将精子释放出来。

（3）分类系统　头足类包括鹦鹉螺、乌贼、柔鱼、章鱼等。身体左右对称。头部发达，两侧有一对发达的眼。足的一部分变为腕、位于头部口周围。外套膜肌肉发达，左右愈合成为囊状的外套腔，内脏即容纳其中，外套两侧或后部的皮肤延伸成鳍，可借鳍的波动而游泳。贝壳一般被包在外套膜内，退化形成角质或石灰质的内骨，称为海螵鞘，可入药。神经系统较为集中，脑神经节、足神经节和脏侧神经节合成发达的脑，外围由软骨包围。心脏很发达。雌雄异体。大多可供食用。全部海生。以鳃和腕的数目等特征分为以下2亚纲。

第一，四鳃亚纲（Tetrabranchia）［外壳亚纲（Ectocochlia）］。

具钙质盘旋的外壳；腕数多，达数十个，腕上无吸盘；漏斗叶状；2对鳃，故名四鳃类；2对心耳；2对肾脏；无墨囊。约9 000种，大多为化石类群，现存仅鹦鹉螺目。

鹦鹉螺目（Nautiloidea）。外壳的隔膜与壳壁结合的缝合线为直线，不折叠。约有3 500种，绝大多数为化石种，出现于寒武纪后期，古生代前半期最繁盛，到中生代以后衰落。现存仅鹦鹉螺属（*Nautilus*）3～4种。分布于南太平洋热带海区，在200～400 m海底营底栖生活，可短暂地浮动和游泳。鹦鹉螺具2对鳃，60（雄）～90（雌）个小腕，但腕上不具吸盘和钩，也没有墨汁囊。壳由两层物质组成，外层是瓷质层，内层是富有光泽的珍珠层。壳的内腔由横隔板分为30多个壳室，动物身体位于最后一个隔壁的前边，即被称为“住室”的最大壳室中。其他各层由于充满气体以致浮力增加，称为“气室”。每一隔层凹面向着壳口，中央有一个不大的圆孔，被体后引出的索状物穿过，彼此之间以此相联系。被截剖的鹦鹉螺，像旋转的楼梯，一个个隔间由小到大顺势旋开，它决定了鹦鹉螺的沉浮。我国仅在海南、西沙和南沙发现过空壳，极少采到活体标本，已列为国家一级重点保护野生动物。

第二，二鳃亚纲（Dibranchia）［鞘亚纲（Neocoleoidea）或内壳亚纲（Entocochlia）］。

具钙质、几丁质或角质内壳，或无壳；腕8～10条，腕上具吸盘；漏斗为一完整的管子；1对鳃，故名二鳃类；1对心耳；1对肾脏；具有墨囊。包括现存的大多数头足类，分为2总目7目，主要有乌贼目、枪形目、章鱼目。

① 乌贼目（Sepioidea）。腕10条，腕上具吸盘。其中有2条腕长，称触腕，一般仅在末端有吸盘。内壳石灰质。胴部两侧大部有鳍。胴部、头部及漏斗基部以软骨的闭锁器相连，雌体一般具缠卵腺。常见种如曼氏无针乌贼（*Sepiella maindroni*），中型乌贼，一般胴体长15 cm。前部椭圆形，后端圆，长度为宽度的2倍。眼部后面有一腺孔，常流出近红色的腥臭液体。肉鳍前段狭窄，向后部渐宽，位于胸部两侧全缘，末端分离。腕5对，4对长度相近，第四对腕较其他腕长。各腕吸盘大小也相近。其角质环外缘具尖锥形小齿。触腕超过腕长，触腕穗狭小。眼背白花斑明显。石灰质内壳长椭圆形，长度约为宽度的3倍，角质缘发达，后端无骨针。

② 枪形目（Teuthoidea）。体狭长，呈枪形。肉鳍通常为端鳍型。腕10条，腕吸盘多数为两列，触腕穗吸盘多数为4列；吸盘有柄，角质环小齿发达，有些种类的吸盘特化成钩。内壳角质。输卵管1对或1个。常见种如中国枪乌贼（*Loligo chinensis*），头部两侧的眼径略小，眼眶外有膜。头前和口周具腕10条，其中4对腕甚短，腕上具2列吸盘，左侧第四腕茎化，部分吸盘变形为突起，司传递精荚至雌体的功能；1对腕甚长，称触腕或攫腕，有穗状柄，触腕穗上有吸盘4列。胴部圆锥形，肉鳍分列于胴部两侧中后部，两鳍相接略呈纵菱形，少数种类的肉鳍包被胴部全缘，胴部腹面具漏斗。内壳薄，不发达，角质，披针叶形，包埋于外套膜内。具墨囊，喷墨能力较弱。主要分布于我国沿海，澎湖群岛和闽南海域是主要渔场。

③ 章鱼目（八腕目）（Octopoda）。腕8条，吸盘有柄，无角质环；腕间膜（伞膜发达）。鳍小或缺，胴长短于腕长，胴部以皮肤突起、凹陷或以闭锁器与漏斗基部嵌合相连。内壳退化或完全消失。雌体不具缠卵器。

有须类外套膜侧具1对或2对鳍，腕上有须毛，深海产；无须类无鳍，腕上无须毛。

（三）常见种类

无板纲 Aplacophora

新月贝目 Neomeniomorpha

隆线新月贝 *Neomenia carinata* Tullberg

毛皮贝目 Chaetodermomrpha

闪耀毛皮贝 *Chaetoderma nitidulum* Loven

单板纲 Monolacophora

新蝶贝 *Neopilina galatheae*

多板纲 Polyplacophora

鳞侧石鳖目 Lepidopleurida

鳞侧石鳖科 Lepidopleuridae

低粒鳞侧石鳖 *Lepidopleurus assimilis*（Carpenter，1892）

锉石鳖科 Ischnochitonidae

花斑锉石鳖 *Ischnochiton comptus*（Gould，1859）

函馆锉石鳖 *I. hakodaensis* Pilsbry，1893

朝鲜鳞带石鳖 *Lepidozona coreanica*（Reeve，1874）

鬃毛石鳖科 Mopaliidae

网纹鬃毛石鳖 *Mopalia retifera* Thiele，1909

史氏鬃毛石鳖 *M. schrenckii* Thiele，1910

毛肤石鳖科 Acanthochitonidae

红条毛肤石鳖 *Acanthochiton rubrolineatus*（Lischke，1873）（图版 32－1）

石鳖目 Chitonida

石鳖科 Chitonidae

日本花棘石鳖 *Acanthoplura japonica*（Lischke，1873）（图版 32－2）

腹足纲 Gastropoda

前鳃亚纲 Prosobranchia

原始腹足目 Archaeogastropoda

翁戎螺科 Pleurotomariidae

红翁戎螺 *Mikadotrochus hirasei*（Pilsbry，1903）

鲍科 Haliotidae

皱纹盘鲍 *Haliotis discus hannai* Ino，1951（图版 32－4）

杂色鲍 *H. diversicolor* Reeve，1846（图版 32－6）

耳鲍 *H. asinina* Linnaeus，1758

花帽贝科 Nacellidae

嫁蝛 *Cellana toreuma*（Reeve，1855）（图版 32－3）

笠贝科 Acmaeidae

史氏背尖贝 *Notoacmea schrenckii*（Lischke，1868）（图版 32－5）

雀斑拟帽贝 *Patelloida lentiginosa*（Reeve，1855）

矮拟帽贝 *P. pygmaea*（Dunker，1860）

马蹄螺科 Trochidae

大马蹄螺 *Trochus niloticus* Linnaeus，1767（图版 32－7）

单齿螺 *Monodonta labio*（Linnaeus，1758）

锈凹螺 *Chlorostoma rustica*（Gmelin，1791）（图版 32－8）

蝾螺科 Turbinidae

角蝾螺 *Turbo cornutus* Solander，1786（图版 33－1）

金口蝾螺 *T. chrysostomus* Linnaeus，1758

银口蝾螺 *T. argyrostomus* Linnaeus，1758

蝾螺 *T. petholatus* Linnaeus，1758

夜光蝾螺 *T. marmoratus* Linnaeus，1758

蜒螺科 Neritidae

渔舟蜒螺 *Nertia albicilla* Linnaeus，1758（图版 33－2）

齿纹蜒螺 *N. yoldii* Récluz，1840

中腹足目 Mesogastropoda

滨螺科 Littorinidae

粒结节滨螺 *Nodilittorina radiata*（Eydoux et Souleyet，1852）（图版 33－3）

短滨螺 *Littorina*（*L.*）*brevicula*（Philippi，1844）

锥螺科 Turritellidae

棒锥螺 *Turritella bacillum* Kiener，1845

强肋锥螺 *T. fortilirata* Sowerby，1914

汇螺科 Potamodidae

珠带拟蟹守螺 *Cerithidea cingulata*（Gmelin，1791）（图版 33－4）

纵带滩栖螺 *Batillaria zonalis*（Bruguiere，1972）

古氏滩栖螺 *B. cumingi*（Crosse，1862）

多形滩栖螺 *B. multiformis*（Lischke，1869）

蛇螺科 Vermetidae

覆瓦小蛇螺 *Serpulorbis imbricata*（Dunker，1860）（图版 33－5）

梯螺科 Epitoniidae

小梯螺 *Epitonium scalare minor* Graban et King，1928

耳梯螺 *Depressiscala aurita*（Sowerby，1844）

尖高旋螺 *Acrilla acuminata*（Sowerby，1844）

轮螺科 Architectonicidae

大轮螺 *Architectonica maxima*（Philippi，1848）（图版 33－6）

凤螺科 Strombidae

水晶凤螺 *Strombus canarium* Linnaeus，1758

斑凤螺 *S. lentiginosus* Linnaeus，1758

带凤螺 *S. vittatus* Linnaeus，1758

黑口凤螺 *S. sratrum*（Röding，1798）

水字螺 *Lambis chiragra*（Linnaeus，1758）

玉螺科 Naticidae

微黄镰玉螺 *Lunatica gilva*（Philippi，1851）

斑玉螺 *Natica tigrina*（Röding，1798）

广大扁玉螺 *Neverita reiniana* Dunker，1877

扁玉螺 *N. didyma*（Röding，1798）

梭螺科 Ovulidae

卵梭螺 *Ovula ovum*（Linnaeus，1758）

宝贝科 Cypraeidae

阿文绶贝 *Mauritia arabica*（Linnaeus，1758）（图版33-7）

虎斑宝贝 *Cypraea tigris* Linnaeus，1758

货贝 *Monetaria moneta*（Linnaeus，1758）（图版33-8）

环纹货贝 *M. annulus*（Linnaeus，1758）

蛇首眼球贝 *Erosaria caputserpentis*（Linnaeus，1758）

冠螺科 Cassididae

唐冠螺 *Cassis cornuta*（Linnaeus，1758）

万宝螺（宝冠螺）*Cypraecassis rufa*（Linnaeus，1758）

沟纹鬘螺 *Phalium strigatum strigatum*（Gmelin，1791）

嵌线螺科 Cymatiidae

法螺 *Charonia tritonis*（Linnaeus，1758）

粒神螺 *Apollon olivator rubustus*（Fulton，1798）

毛嵌线螺 *Cymatium pileare*（Linnaeus，1758）

蛙螺科 Bursidae

习见赤蛙螺 *Bursa rana*（Linnaeus，1758）

琵琶螺科 Ficidae

白带琵琶螺 *Ficus subintermedius*（d'Orbigny，1852）

鹑螺科 Tonnidae

中国鹑螺 *Tonna chinensis*（Dillwyn，1817）（图版34-1）

带鹑螺 *T. olearium*（Linnaeus，1758）

沟鹑螺 *T. sulcosa*（Born，1778）（图版34-2）

新腹足目 Neogastropoda（狭舌目 Stenoglossa）

骨螺科 Muricidae

脉红螺 *Rapana venosa*（Valenciennes，1846）（图版34-3）

浅缝骨螺 *Murex trapa* Röding，1798

疣荔枝螺 *Thais clavigera* Kuster，1860

黄口荔枝螺 *T. luteostoma*（Holten，1803）

蛾螺科 Buccinidae

香螺 *Neptunea arthritica cumingii* Crosse，1862

略胀管蛾螺 *Siphonalia subdilatata* Yen，1936

褐管蛾螺 *S. spadicea*（Reeve，1846）

方斑东风螺 *Babylonia areolata*（Link，1807）

泥东风螺 *B. lutosa*（Lamarck，1822）

甲虫螺 *Cantharus cecillei*（Philippi，1844）

盔螺科 Galeodidae

管角螺 *Hemifusus tuba*（Gmelin，1781）

织纹螺科 Nassariidae

红带织纹螺 *Nassarius succinctus*（A. Adams，1851）

纵肋织纹螺 *N. variciferus*（A. Adams，1851）

榧螺科 Olividae

伶鼬榧螺 *Oliva mustelina* Lamarck，1881

红口榧螺 *O. miniacea*（Röding，1798）

笔螺科 Mitridae

中国笔螺 *Mitra chinensis* Gray，1834

竖琴螺科 Harpidae

竖琴螺 *Harpa conoidalis* Lamarck，1843

华贵竖琴螺 *H. nobilis* Röding，1798

涡螺科 Volutidae

电光螺 *Fulgoraria rupestris*（Gmelin，1791）

瓜螺 *Cymbium melo*（Solander，1786）

衲螺科 Cancellariidae

金刚螺 *Cancellaria spengleriana*（Deshayes，1830）

白带三角口螺 *Trigonaphera bocageana*（Crosse et Debeaux，1863）

芋螺科 Conidae

桶形芋螺 *Conus betulinus* Linnaeus，1758

将军芋螺 *C. generalis* Linnaeus，1758

织锦芋螺 *C. textile* Linnaeus，1758

信号芋螺 *C. litteratus* Linnaeus，1758

塔螺科 Turridae

细肋蕾螺 *Gemmula deshayesii*（Doumel，1839）

黄短口螺 *Inquistor flavidula*（Lamarck，1822）

假主棒螺 *I. pseudoprinciplis*（Yokoyama，1920）

笋螺科 Terebridae

环沟笋螺 *Terebra bellanodosa* Gralau et King，1928

罫纹笋螺 *T. maculata*（Linnaeus，1758）（图版 34 -4）

后鳃亚纲 Opisthobranchia

头楯目 Cephalaspidea

阿地螺科 Atyidae

泥螺 *Bullacta exarata*（Philippi，1848）（图版 34 -5）

囊螺科 Retusidae

婆罗囊螺 *Retusa boenensis*（A. Adams，1850）

壳蛞蝓科 Philinidae

经氏壳蛞蝓 *Philine kinglipini* Tchang，1934

日本壳蛞蝓 *P. japonica* Lischke，1874

无盾目 Anspindea

海兔科 Aplysiidae

中华海兔 *Aplysia sinensis* Sowerby，1869

背盾目 Notaspidea

侧鳃科 Pleurobranchidae

蓝无壳侧鳃 *Pleurobranchaea novaezealandiae* Cheeseman，1878

裸鳃目 Nudibnanchia

多角海牛科 Polyceridae

福氏多角海牛 *Polycera fuitai* Baba，1937
三岐海牛科 Triophidae
多枝卷发海牛 *Caloplocamus ramosus*（Cantraine，1835）
叉棘海牛科 Rostangidae
草莓叉棘海牛 *Rostanga arbutus*（Angas，1864）
石璜海牛科 Homoiodorididae
日本石璜海牛 *Homoiodoris japonica* Bergh，1881
片鳃科 Arminidae
微点舌片鳃 *Armina babai*（Tchang，1936）
亮点舌片鳃 *A. punctilucens*（Bergh，1870）
肺螺亚纲 Pulmonata
基眼目 Basommatophora
菊花螺科 Siphonariidae
日本菊花螺 *Siphonaria japonica*（Donovan，1834）（图版 34 – 6）
双壳纲 Bivalvia
翼形亚纲 Pterimorphia
蚶目 Arcoida
蚶科 Arcidae
舟蚶 *Arca navicularis* Bruguière，1792
泥蚶 *Tegillarca granosa*（Linnaeus，1758）（图版 34 – 7）
结蚶 *T. nodifera*（Martens，1864）
毛蚶 *Scapharca subcrenata*（Lischke，1869）（图版 34 – 8）
魁蚶 *S. broughtonii*（Schrenck，1867）
褐蚶 *Didmarca tenebriea*（Reeve，1844）
帽蚶科 Cucullaeidae
粒帽蚶 *Cucullaea labiata granulose* Jonas，1846（图版 35 – 1）
蚶蜊科 Glycymerididae
衣蚶蜊 *Glycymeris vestita*（Dunker，1877）（图版 35 – 2）
贻贝目 Mytiloida
贻贝科 Mytilidae
紫贻贝 *Mytilus edulis* Lamarck，1819
厚壳贻贝 *M. coruscus* Goyld，1861（图版 35 – 3）
翡翠贻贝 *Perna viridis*（Linnaeus，1758）（图版 35 – 4）
条纹隔贻贝 *Septifer virgatus*（Wiegmann，1837）
长偏顶蛤 *Modiolus elongatus*（Swainson，1821）
短石蛏 *Lithophaga curta*（Lischke，1784）
江珧科 Pinnidae
栉江珧 *Atrina pectinata*（Linnaeus，1767）
珍珠贝目 Pterioida
珍珠贝科 Pteriidae
合浦珠母贝 *Pinctada fucata martensii*（Dunker，1872）（图版 35 – 6）

大珠母贝 *P. maxima*（Jameson，1901）
珠母贝 *P. margaritifera*（Linnaeus，1758）
扇贝科 Pectinidae
栉孔扇贝 *Chlamys farreri*（Jones et Preston，1904）（图版 35 - 5）
海湾扇贝 *Argopecten irradians*（Lamarck，1819）
虾夷扇贝 *Patinopecten yessoensis*（Jay，1857）
嵌条扇贝 *Pecten albicans*（Schroter，1802）
不等蛤科 Anomiidae
中国不等蛤 *Anomia chinensis* Philippi，1849（图版 35 - 7）
海月蛤科 Placunidae
海月 *Placuna placenta*（Linnaeus，1758）（图版 35 - 8）
牡蛎目 Osteroida
牡蛎科 Ostreidae
僧帽囊牡蛎 *Saccostrea cucullata*（Born，1778）（图版 36 - 1）
棘刺牡蛎 *S. echinata*（Quoy et Gaimard，1835）（图版 36 - 2）
近江巨牡蛎 *Crassostrea ariakensis*（Wakiya，1929）
密鳞牡蛎 *Ostrea denselamellosa* Lischke，1869
异齿亚纲 Heterodonta
帘蛤目 Veneroida
鸟蛤科 Cardiidae
滑顶薄壳鸟蛤 *Fulvia mutica*（Reeve，1845）
加州扁鸟蛤 *Clinocardium californiense*（Deshayes，1857）
砗磲科 Tridacnidae
大砗磲 *Tridacna gigas*（Linnaeus，1758）
鳞砗磲 *T. squamosa* Lamarck，1819
蛤蜊科 Mactridae
四角蛤蜊 *Mactra veneriformis* Reeve，1854
西施舌 *Coelomactra antiquata*（Spengler，1802）（图版 36 - 4）
樱蛤科 Tellinida
彩虹明樱蛤 *Moerella iridescens*（Benson，1842）（图版 36 - 5）
竹蛏科 Solenidae
大竹蛏 *Solen graudis* Dunker，1861
长竹蛏 *S. strictus* Gould，1861
帘蛤科 Veneridae
菲律宾蛤仔 *Ruditapes philippinarum*（Adams et Reeve，1850）
波纹巴非蛤 *Paphia undulata*（Born，1778）
日本镜蛤 *Dosinia japonica*（Reeve，1850）
饼干镜蛤 *D. biscocta*（Reeve，1850）
文蛤 *Meretrix meretrix*（Linnaeus，1758）（图版 36 - 3）
青蛤 *Cyclina sinensis*（Gmelin，1791）
海螂目 Myoida

海螂科 Myidae

砂海螂 *Mya arenaria* Linnaeus, 1758

篮蛤科 Corbulidae

焦河篮蛤 *Potamocorbula ustulata*（Reeve, 1844）

缝栖蛤科 Hiatellidae

东方缝栖蛤 *Hiatella orientalis*（Yokoyama, 1920）

日本海神蛤 *Panopea japonica* A. Adams, 1850

海笋科 Pholadidae

脆壳全海笋 *Barnea fragilis* Sowerby, 1849

船蛆科 Teredinidae

船蛆 *Teredo navalis* Linnaeus, 1758

异韧带亚纲 Anomalodesmacea

笋螂目 Pholadomyoida

鸭嘴蛤科 Laternulidae

剖刀鸭嘴蛤 *Laternula boschasina*（Reeve, 1860）

渤海鸭嘴蛤 *L. marilina*（Reeve, 1860）

鸭嘴蛤 *L. anatina*（Linnaeus, 1758）

隔鳃目 Septibranchida

孔螂科 Poromyidae

栗壳孔螂 *Poromya castanea* Habe, 1952

掘足纲 Scaphopoda

角贝目 Dentalliida

角贝科 Dentalliidae

大角贝 *Fissidentalium vernedei*（Sowerby, 1860）（图版 36 –6）

变肋变角贝 *Dentalium octangulatum* Donovan, 1803

头足纲 Cephalopoda

四鳃亚纲 Tetrabranchia

鹦鹉螺目 Nautiloidea

鹦鹉螺科 Nautilidae

鹦鹉螺 *Nautilus pompilius* Linnaeus, 1758

二鳃亚纲 Dibranchia

枪形目 Teuthoidea

柔鱼科 Ommastrephidae

太平洋鱿 *Todarodes pacificus* Steenstrup, 1880

枪乌贼科 Loliginidae

火枪鱿 *Loliolus beak* Sasaki, 1929

日本枪鱿 *L. japonica*（Hoyle, 1885）

长枪鱿 *Heterloligo bleekeri* Keferstein, 1866

乌贼目 Sepioidea

乌贼科 Sepiidae

金乌贼 *Sepia esculenta* Hoyle, 1885

针乌贼 *S. aculeata* Van Hasselt，1834

拟目乌贼 *S. lycidas* Gray，1849

曼氏无针乌贼 *Sepiella maindroni* de Rochebrune，1884

耳乌贼科 Sepiolidae

双喙耳乌贼 *Sepiola birostrata* Sasaki，1918

八腕目 Octopoda

船蛸科 Argonautidae

船蛸 *Argonauta argo* Linnaeus，1758（图版 36 – 7）

锦葵船蛸 *A. hians* Solander，1786（图版 36 – 8）

章鱼科 Octopodidae

短蛸 *Amphioctopus fangsiao*（d'Orbigny，1839 – 1841）

长蛸 *Octopus minor*（Sasaki，1920）

真蛸 *O. vulgaris* Cuvier，1797

七、节肢动物门（Arthropoda）

节肢动物是动物界中包含种类最多、数量最大的一个门类，包含的物种多达 120 万种，约占动物物种总数的 80% 以上。从高山到深海，从水中到陆地，甚至土壤、空气和动植物体内、体外均有它们的踪迹。

（一）形态特征

节肢动物的分节不再像环节动物那样同律分节，而是由一些具有相同结构、机能和附肢的体节组成几个不同的体区（tagma），同时分化出头部、躯干部，多数分为头部、胸部和腹部等。

节肢动物的共同特征为：身体分节，附肢也分节，附肢与躯体间以关节连接；具有几丁质的外骨骼，外骨骼是由其下层的上皮组织所分泌的几丁质形成的，其身体和附肢都被外骨骼覆盖；一般为雌雄异体，多数为雌雄异形，在发育中有的为直接发生，有的为间接发生。

（二）系统分类

根据体节的组合、附肢以及呼吸器官等特征，把节肢动物分为 2 亚门 6 纲，即原节肢动物亚门（Protarthropoda），有爪纲（Onychophora），亦称原气管纲（Prototracharta）；真节肢动物亚门（Euarthropoda），肢口纲（Merostomata），蛛形纲（Arachnoida），甲壳纲（Crustacea），多足纲（Myriapoda）及昆虫纲（Insecta）。

其中，肢口纲全部种类、甲壳纲大多数种类及蛛形纲少数几种生活在海洋中，下面分别介绍。

1. 肢口纲

鲎是本纲唯一幸存的、可以代表节肢动物化石种的一个类群，被称为节肢动物的活化石。现存种只有 5 种，生活在我国东海以南、印度洋、大西洋及东南亚、美国等沿海。

肢口纲代表种为中国鲎（*Tachypleus tridentatus*），其特征是体分头胸部和腹部，头胸部有 6 对附肢，即 1 对螯肢（chelicera）和 5 对步足，具有一个可覆盖整个身体及 5 对附肢的蹄形外壳，特称盾甲（peltidium）；盾甲背面左右两侧各有一复眼，近前缘中央有一对小的单眼。无触角。腹部分为中体和末体，中体由 7 个体节愈合而成，呈菱形，腹肢 7 对，背面也被覆一片甲壳，其左右侧缘各列生 6 枚活动刺；末体萎缩，最多由 3 个体节愈合形成，尾节向后延长称为尾剑（tail spine）（图版 37 – 1）。

2. 甲壳纲

甲壳类动物大约有 150 000 种，大部分生活在海洋中。人们所熟识的各种虾、蟹以及水蚤（鱼虫)、丰年虫等均属于甲壳动物。甲壳动物，特别是小型甲壳类在海洋中几乎处处都可以发现其踪迹，在浮游动物群中、在海藻丛中、在海底的岩石上以及海底沉积层中、在其他动物的体内或体表都可能发现它们。桡足类是浮游生物中数量特别多并且也非常重要的甲壳类动物，也是海洋中最常见的物种之一，是个体数量几乎可以与昆虫相提并论的一大类生物。甲壳动物是节肢动物门中仅次于昆虫的第二大类群。

甲壳动物的一般特征如下。

① 具有被甲状的几丁质外骨骼，有的种类外骨骼透明而柔软，有的种类外骨骼中沉积有大量钙而变得坚硬。

② 大多数种类身体分为头部、胸部、腹部 3 个体区，其中，许多种类的头部与胸部又愈合而形成头胸部；原始种类则仅分为头部与躯干部。

③ 不同体区的附肢出现形态与功能的分化，如头部附肢可分化为触角及大颚和小颚，胸部附肢特化为步足、螯足，腹部附肢特化为游泳肢等多种类型。步足、螯肢多为单肢型，游泳肢多为双肢型。

④ 头部具有 2 对触角，区别于其他节肢动物（如昆虫类只有 1 对触角，螯肢类无触角）；胸部大多具有 5 对步足，明显区别于昆虫类的 3 对足。

⑤ 个体发育过程中有无节幼体阶段，无节幼体只有 3 个体节和 3 对附肢；以后又经过多次蜕皮，发育成为成体。原始种类体节多达数十节，高等种类体节数减少，体区界线明显。

甲壳动物可分为前、中、后 3 个部分，头部生有触角、复眼、颚、颚足等附属的感觉器官和摄食器官，复眼的结构与昆虫相似。甲壳类常在头部最后一节形成皱褶，发育过程中向后及向两侧延伸并分泌外骨骼硬化而形成背甲或头胸甲，若延伸至两侧盖住附肢及下面的鳃，则称为鳃盖；鳃盖与身体之间的空隙称为鳃腔。低等种类有的没有背甲（如丰年虫），有的种类则身体完全包被在背甲中（如蚌虫）。不同种类的甲壳动物体型大小差异较大，小的甲壳类体长只有几毫米，而大的种类足的跨度可达 3 m；此外，在形态结构、体区划分、体节数、附肢分化等方面不同种类之间也存在着很大的差异及多样性。

本纲中经济价值最大的类群是十足目，所以我们重点探讨十足目动物。十足目动物属软甲亚纲，大约有 10 000 种，是甲壳类中体型最大的类群。又可细分为 2 个亚目，即游泳亚目（Natantia）与爬行亚目（Reptania）。前者包括中国明对虾、日本沼虾等对虾类和真虾类（图版 37 - 2 至图版 37 - 7）；后者由龙虾类、寄居虾类和蟹类组成（图版 37 - 8，图版 38 - 1 至图版 38 - 8，图版 39 - 1 至图版 39 - 3）等。十足目动物的共同特征是基本上都具有 5 对步足，第一对步足常特化为螯肢，用于捕捉猎物和御敌。头部和胸部愈合在一起，称为头胸部，其余部分称为腹部。

甲壳纲代表种为中国明对虾（*Fenneropenaeus chinensis*），属节肢动物门，甲壳纲，软甲亚纲，十足目，对虾科，对虾属。中国明对虾属洄游性甲壳动物，主要产于我国黄海、渤海地区，是我国主要的海洋渔业资源，在对虾养殖业中也占有很重要的地位。从身体结构及生长发育过程来说，中国明对虾既有甲壳动物的普遍特征，同时又具有自身独特的特性（图版 37 - 2）。

中国明对虾个体较大，体形侧扁。雌体长为 18 ~ 24 cm，体呈灰青色，俗称青虾。雄体长为 13 ~ 17 cm，体呈黄色。甲壳薄，光滑透明。对虾全身由 20 个体节组成，头部 5 节、胸部 8 节、腹部 7 节。头部和胸部愈合为头胸部（cephalothorax），外有一个坚固的头胸甲（carapace）包裹着，头胸甲前缘中央突出形成额角，额角上下缘均有锯齿。后面为腹部（abdomen），由 6 个腹节和 1 个尾节（telson）构成，表面覆有腹甲，能自由弯曲活动。肛门位于尾节腹面，为一纵裂缝。除尾节外，各节均有附肢（appendage）1 对，共 19 对，基本为双肢型（biramous），各附肢形态和功能常有所不同。有 5 对步足（pereiopod），前 3 对呈钳状，后 2 对呈爪状，为爬行、捕食器官。

消化系统由消化道和消化腺两个部分组成。消化道分为前肠、中肠和后肠，消化腺则是肝胰脏。

前肠包括口、食道和胃，内壁覆有几丁质层。中肠则是一条从幽门胃向后延伸至第六腹节前方的一条直管，肝胰脏则包围于位于胸部的中肠和幽门胃周围。后肠为较膨大部分，壁上有大量的皮肤腺，有润滑粪便的功能。肝胰脏成对，但在中国明对虾中已经联合在一起，位于头胸部中后区，是一种大型消化腺。

鳃为呼吸器官，共25对，位于胸部两侧的鳃腔中。鳃可分为枝状鳃和肢鳃，前者为主要呼吸器官，后者有辅助呼吸的功能。

中国明对虾为雌雄异体。雄性生殖系统由精巢、贮精囊、输精管、精荚囊、雄性生殖孔、交接器和雄性附肢等组成，精巢成对，位于心脏下方。雌性生殖系统由卵巢、输卵管、雌性生殖孔和1个在体外的纳精囊组成，卵巢成对，位于身体背侧。雄虾精巢当年10月即成熟，而雌虾必须到次年4—5月才能成熟产卵。秋末10—11月，雄虾将包有精子的精荚送入雌虾的纳精囊，翌年4—6月，雌虾成熟，开始产卵，同时受精。受精卵在水温20 ℃左右，完全卵裂，经过24 h的孵化，进入幼虫期。从无节幼体（nauplus）开始蜕皮6次，约4 d后进入溞状幼体（zoea）期，再经过7 d左右进入糠虾幼体（mysis）期，最后再经过约7 d的发育形成仔虾（postlarva）。仔虾再经过大约25 d的发育形成幼虾，最后逐渐长大成成虾。

3. 蛛形纲［海蜘蛛纲（Pycnogonida）］

海蜘蛛属节肢动物门海蜘蛛纲，仅外表似陆地上的蜘蛛。具有4对（或更多对）分节的附肢。吻很大，前端生有口，常用来摄食像海葵和水螅虫一类的柔软的无脊椎动物。海蜘蛛大多是冷水性的，但几乎遍及所有海洋。伊氏海蜘蛛（*Anoplodactylus evansi*）（图版39－4），分布在塔斯马尼亚岛至澳大利亚本岛的亚热带和温带区域。

（三）常见种类

甲壳纲 Crustacea

蔓足亚纲 Cirripedia

围胸目 Thoracica

有柄亚目 Pedunculata

茗荷科 Lepadidae

茗荷 *Lepas anatifera anatifera* Linnaeus，1758

铠茗荷科 Scalpellidae

棘刀茗荷（棘花龟足）*Smilium scorpic*（Aurivillus，1892）

花茗荷科 Poecilasmatidae

蟹板茗荷 *Octolasmis neptuni*（Mac Donald，1869）

有盖亚目 Operculata

藤壶科 Balanidae

白脊藤壶 *Balanus albicostatus* Pilsbry，1916

网纹藤壶 *B. reticulates* Utinomi，1967

糊斑藤壶 *B. cirratus* Darwin，1854

泥藤壶 *B. uliginosus* Utinomi，1967

尖吻藤壶 *B. rostratus* Hoek，1989

刺巨藤壶 *Megabalanus volcano*（Pilsbry，1916）

古藤壶科 Archaeobalanidae

高脊星藤壶 *Chirona cristatus* Ren et Liu，1978

高峰星藤壶 *C. amaryllis* Darwin，1854
小藤壶科 Chthamalidae
东方小藤壶 *Chthamalus challengeri* Hoek，1883
软甲亚纲 Malacostraca
等足目 Isopoda
圆柱水虱科 Cirolanidae
日本圆柱水虱 *Cirolana japonensis* Richerdson，1905
哈氏圆柱水虱 *C. harfordi japonica* Thielemann，1910
蛀木水虱科 Limnoridae
日本蛀木水虱 *Limnoria japonica* Richerdson，1909
团水虱科 Sphaeromidae
日本尾突水虱 *Cymodoce japonica* Richerdson，1906
雷伊著名团水虱 *Gnorimosphaeroma rayi* Hoestlandt，1969
盖鳃水虱科 Idoteidae
光背节鞭水虱 *Synidotea laevidorsalis* Miers，1881
拟棒鞭水虱 *Cleantiella isopus*（Grube，1881）
平尾棒鞭水虱 *Cleantis planicauda* Benedict，1899
海蟑螂科 Ligiidae
海蟑螂 *Ligia exotica*（Roux，1828）
端足目 Amphipoda
钩虾亚目 Gammeridea
藻钩虾科 Ampithoidae
雷氏藻钩虾 *Ampithoe ramondi* Audouin，1826
强壮藻钩虾 *A. valida* Smith，1873
异钩虾科 Anisogammaridae
中华原钩虾 *Eogammarus sinensis* Ren，1992
跳钩虾科 Talitridae
板跳钩虾 *Orchestia plantensis* Kröyer，1845
双眼钩虾科 Ampeliscidae
日本沙钩虾 *Byblis japonicus* Dahl，1945
麦秆虫亚目 Caprellidea
麦秆虫科 Caprellidae
多棘麦秆虫 *Caprella acanthogaster* Mayer，1890
角突麦秆虫 *C. scaura* Templeton，1836
英高虫亚目 Ingolfiellidea
英高虫科 Ingolfiellidae
日本拟背尾水虱 *Paranthura japonica* Richerdson
口足目 Stomatopoda
虾蛄科 Squillidae
口虾蛄 *Oratosquilla oratoria*（de Haan，1844）
十足目 Decapoda

枝鳃亚目 Dendrobranchiata
对虾总科 Penaeidea
对虾科 Penaeidae
中国明对虾 *Fenneropenaeus chinensis*（Osbeck，1765）（图版 37－2）
周氏新对虾 *Metapenaeus joyneri*（Mier's，1880）
鹰爪虾 *Trachypenaeus curvirostris*（Stimpson，1860）
赤虾属未定种 *Metapenaeopsis* sp.（图版 37－3）
赤虾属未定种 *M.* sp.（图版 37－4）
樱虾总科 Sergestioidea
樱虾科 Sergestidae
中国毛虾 *Acetes chinensis* Hansen
日本毛虾 *A. japonica* Kishinouye，1905
腹胚亚目 Pleocyemata
真虾次目 Caridea
玻璃虾总科 Pasiphaeoidea
玻璃虾科 Pasiphaeidae
细螯虾 *Leptochela gracilis* Stimpson，1860
鼓虾总科 Alpheoidea
鼓虾科 Alpheidae
鲜明鼓虾 *Alpheus distinguendus* de Man，1909
短脊鼓虾 *A. brevicristatus* de Haan，1849
日本鼓虾 *A. japonicus* Miers，1879
长眼虾科 Ogyridae
东方长眼虾 *Ogyrides orientalis*（Stimpson，1859）
藻虾科 Hippolytidae
安波鞭腕虾 *Lysmata amboinensis*（de Man，1888）（图版 37－5）
锯齿鞭腕虾 *L. debelius* Bruce，1983（图版 37－6）
直额七腕虾 *Heptacarpus rectirostris*（Stimpson，1860）
屈腹七腕虾 *H. geniculatus*（Stimpson，1860）
中华安乐虾 *Eualus sinensis*（Yu，1931）
水母宽额虾 *Latreutes anoplonyx* Kemp，1914
刀形宽额虾 *L. laminirostris* Ortmann，1890
红条鞭腕虾 *Lysmata vittata*（Stimpson，1860）
长臂虾总科 Palaemonoidea
长臂虾科 Palaemonidae
脊尾白虾 *Exopalaemon carinicauda* Holthuis，1950
葛氏长臂虾 *Palaemon*（*Palaemon*）*gravieri*（Yu，1930）
锯齿长臂虾 *P. serrifer*（Stimpson，1860）
巨指长臂虾 *P. macrodactylus* Rathbun，1902
褐虾总科 Crangonoidea
褐虾科 Crangonidae

圆腹褐虾 *Crangon cassiope* de Man，1906

脊尾褐虾 *C. affinis* de Haan，1849

螯虾次目 Astacidea

礁螯虾总科 Enoplometopoidea

礁螯虾科 Enoplometopoidae

西方礁螯虾 *Enoplometops occidentalis*（Randall，1840）（图版 37－7）

海蛄虾次目 Thalassinidea

海蛄虾总科 Thalassinoidea

美人虾科 Callianassidae

哈氏美人虾 *Nihonotrypaea harmandi*（Bouvier，1901）

扁尾和美虾 *N. petalura*（Stimpson，1860）

蝼蛄虾科 Upogebiidae

大蝼蛄虾 *Upogebia major*（de Haan，1841）

伍氏蝼蛄虾 *U. wuhsienweni* Yu，1934

龙虾次目 Palinuridea

龙虾总科 Palinuroidea

龙虾科 Palinuridae

长臂正龙虾 *Justitia longimanus*（H. Milne Edwards，1837）（图版 37－8）

杂色龙虾 *Panulirus versicolor*（Latreille，1804）（图版 38－1）

锦绣龙虾 *P. ornatus*（Fabricius，1798）（图版 38－2）

异尾次目 Anomura

寄居蟹总科 Paguroidea

陆寄居蟹科 Coenobitidae

椰子蟹 *Birgus latro*（Linnaeus，1767）（图版 38－3）

寄居蟹科 Paguridae

方腕寄居蟹 *Pagurus ochotensis* Brandt，1851（图版 38－4）

毛足寄居蟹 *P. nigrivittatus* Komai，2003

海绵（栉螯）寄居蟹 *P. pectinatus*（Stimpson，1858）

活额寄居蟹科 Diogenidae

艾氏活额寄居蟹 *Diogenes edwardsii*（de Haan，1849）

短尾次目 Brachyura

蟹总科 Brachyura

绵蟹科 Dromiidae

沈氏拟绵蟹 *Paradromia sheni* Yang et Dai，1981

关公蟹科 Dorippidae

颗粒拟关公蟹 *Paradorippe granulata* de Haan，1841

日本拟平家蟹 *Heikeopsis japonica* Von Siebold，1824

端正关公蟹 *Dorippe polita* Alcock et Anderson，1894

馒头蟹科 Calappidae

中华虎头蟹 *Orithyia sinica*（Linnaeus，1771）

黎明蟹科 Matutidae

红线黎明蟹 *Matuta planipes* Fabricius, 1798

玉蟹科 Leucosiidae

豆形拳蟹 *Philyra pisum* de Haan, 1841

隆线拳蟹 *P. carinata* Bell, 1855

疙瘩拳蟹 *P. tuberculata* Stimpson, 1858

蜘蛛蟹科 Majidae

有疣英雄蟹 *Achaeus tuberculatus* Miers, 1879

枯瘦突眼蟹 *Oregonia gracilis* Dana, 1851

四齿矶蟹 *Pugettia quadridens*（de Haan, 1839）

慈母互敬蟹 *Hyastenus pleione*（Herbst, 1803）

菱蟹科 Parthenopidae

强壮武装紧握蟹 *Enoplolambrus validus*（de Haan, 1837）

梭子蟹科 Portunidae

三疣梭子蟹 *Portunus trituberculatus*（Miers, 1876）

日本蟳 *Charybdis japonica*（A. Milne-Edwards, 1861）

双斑蟳 *C. bimaculata*（Miers, 1886）

紫斑光背蟹 *Lissocarcinus orbicularis* Dana, 1852（图版 39－3）

黄道蟹科 Cancridae

两栖黄道蟹 *Cancer amphioctus* Rathbun, 1898

隆背黄道蟹 *C. gibbosulus*（de Haan, 1835）

扇蟹科 Xanthidae

下齿爱洁蟹 *Atergatopsis subdentatus* de Haan, 1835（图版 39－1）

红斑瓢蟹 *Carpilius maculatus*（Linnaeus, 1758）（图版 39－2）

颗粒仿权位蟹 *Medaeus granulosus*（Haswell, 1882）

小型毛刺蟹 *Pilumnus spinulus* Shen, 1932

团岛毛刺蟹 *P. tuantaoensis* Shen, 1948

马氏毛粒蟹 *Pilumnopeus makiana*（Rathbun, 1929）

贪精武蟹 *Parapanope euagora* de Man, 1895

长脚蟹科 Goneplacidae

泥脚隆背蟹 *Carcinoplax vestitus*（de Haan, 1835）

隆线强蟹 *Eucrate crenata* de Haan, 1835

裸盲蟹 *Typhlocarcinus nudus* Stimpson, 1858

豆蟹科 Pinnotheridae

中华豆蟹 *Pinnotheres sinensis* Shen, 1932

圆豆蟹 *P. cyclinus* Shen, 1932

隐匿豆蟹 *P. pholadis* de Haan, 1835

宽豆蟹 *P. dilatatus* Shen, 1932

海阳豆蟹 *P. haiyangensis* Shen, 1932

青岛豆蟹 *P. tsingtaoensis* Shen, 1932

戈氏豆蟹 *P. gordoni* Shen, 1932

肥壮巴豆蟹 *Pinnixa tumida* Stimpson, 1858

蓝氏三强蟹 *Tritodynamia rathbunae* Shen, 1932

中型三强蟹 *T. intermedia* Shen, 1935

霍氏三强蟹 *T. harvathi* Nobili, 1905

沙蟹科 Ocypodidae

痕掌沙蟹 *Ocypoda stimpsoni* Ortmann, 1897

弧边招潮 *Uca arcuata* (de Haan, 1835)

宽身大眼蟹 *Macrophthalmus dilatum* (de Haan, 1835)

日本大眼蟹 *M. japonicus* de Haan, 1835

齿大眼蟹 *M. dentatus* Stimpson, 1858

悦目大眼蟹 *M. erato* de Man, 1888

六齿猴面蟹 *Camptandrium sexdentatum* Stimpson, 1858

隆线拟闭口蟹 *Paracleistostoma cristatum* de Man, 1895

宽身闭口蟹 *Cleistostoma dilatatum* de Haan, 1835

谭氏泥蟹 *Ilyoplax deschampsi* (Rathbun, 1913)

秉氏泥蟹 *I. pingi* Shen, 1932

锯脚泥蟹 *I. dentimerosa* Shen, 1932

圆球股窗蟹 *Scopimera globosa* de Haan, 1835

长趾股窗蟹 *S. longidactyla* Shen, 1932

双扇股窗蟹 *S. bitympana* Shen, 1930

方蟹科 Grapsidae

格雷陆方蟹 *Geograpsus grayi* (H. Milne-Edwards, 1853)(图版 38 – 5)

褶痕厚纹蟹 *Pachygrapsus plicatus* (H. Milne-Edwards, 1837)(图版 38 – 6)

长趾方蟹 *Grapus longitarsis* Dana, 1851 (图版 38 – 8)

弓蟹科 Varunidae

巴氏无齿蟹 *Acmaeopleura balssi* Shen, 1932

中华绒螯蟹 *Eriocheir sinensis* H. Milne Edwards, 1835

狭颚新绒螯蟹 *Neoeriocheir leptognathus* Rathbun, 1913

平背蜞 *Gaetice depressus* (de Haan, 1835)

绒毛近方蟹 *Hemigrapsus penicillatus* (de Haan, 1835)

肉球近方蟹 *H. sanguineus* (de Haan, 1835)

中华近方蟹 *H. sinensis* Rathbun, 1929

长指近方蟹 *H. longitarsis* (Miers, 1879)

天津厚蟹 *Helice tientsinensis* Rathbun, 1931

沈氏厚蟹 *H. sheni* Sakai, 1939

相手蟹科 Sesarmindae

双齿相手蟹 *Sesarma bidens* (de Haan, 1835)(图版 38 – 7)

无齿相手蟹 *S. dehaani* H. Milne-Edwards, 1835

斑点相手蟹 *S. pictum* (de Haan, 1835)

海蜘蛛纲 Pycnogonida

皆足目 Pantopoda

尖脚海蜘蛛科 Phoxichilidiidae

伊氏海蜘蛛 *Anoplodactylus evansi* Clark（图版 39－4）

砂海蜘蛛科 Ammotheidae

壮丽无缝海蜘蛛 *Achelia superba*（Loman，1911）

八、棘皮动物门（Echinodermata）

棘皮动物是一个有着大约 7 000 个物种的大类群，全部为海产。其分布海域广，从浅海直至深海、从极地一直到热带海洋中几乎都有分布。大部分种类营底上生活。在动物系统进化中，棘皮动物是一类比较古老的类群，但现存的棘皮动物又属于比较进化的一个门类。前述的各门类无脊椎动物都属于原口动物，它们的口都起源于胚胎时期的原肠胚胚孔；自棘皮动物起则属于后口动物，其肛门起源于胚胎时期的原肠胚胚孔，而口则是在其个体发育过程中由消化道的另一端重新形成的。此外，棘皮动物的卵裂属放射型卵裂，体腔形成为肠腔法，这些特征又不同于上述的各类原口动物。在动物界，棘皮动物、半索动物和脊索动物 3 个门类属于后口动物。

（一）形态特征

棘皮动物的共同特征有：幼体为两侧对称，而成体体型为五辐射对称；具有发达的真体腔；具有特殊的水管系统以及管足；体壁由外胚层起源的表皮细胞与中胚层起源的真皮细胞和内胚层起源的体腔膜组成；真皮层内具有钙化的小骨片，有些种类由小骨片再连接组成内骨骼，小骨片还可以突出表皮而形成棘、刺、突起等，棘皮动物即由此而得名。

（二）系统分类

棘皮动物可分为 2 亚门 5 纲，分别是有柄亚门的海百合纲和游在亚门的海星纲、海蛇尾纲、海胆纲、海参纲。

1. 海星纲（Asteroidea）

海星纲现存种类约 1 600 种，化石种约 300 种。自浅海至深海均有分布。其身体呈星形，由 1 个中央体盘和 5 条辐射状伸出的腕组成，腕与中央体盘无明显分界。腕的数目多数种类为 5 条，有些种类则为十条甚至数十条，但数目通常都是 5 的倍数。腕的口面中央具有步带沟，步带沟内生有 2～4 行管足，移动时海星可借助管足进行缓慢地爬行。其个体大小大多在 12～24 cm。内骨骼由相互连接的碳酸钙骨板组成，形成了一个相对可伸缩的骨架，允许腕在某种程度上也能伸缩。反口面经常覆盖有棘状突起，有些突起特化成为钳状器官，称为叉棘。海星除进行有性生殖外，有的种类还能通过体盘分裂进行无性生殖。其再生能力非常强，身体碎裂后，一条腕或 1/15 的体盘都可以再生成为一个完整的新个体。

体为五角或扁平星状，腕和盘的界限多不明显。腕普通为 5 个，也有多到 45 个的。腕的长短和盘的大小的比例是分类上的依据。

口在腹面中央，常有膜质的围口部，无齿。从口到各腕内有一条敞开的步带沟，沟内有 2 行或 4 行管足，管足常带吸盘。背面间幅部常有 1 个圆形、大而显著和表面带细沟纹的筛板（穿孔板）。腕多的种类，筛板可增加为 2～5 个或更多。肛门小，在靠近中央的间幅。各腕末端有端触手，其基部下面有一红色眼点，上方有一较大的端板。

体外面常有棘、疣、颗粒和叉棘。有些海星的小棘成束地生长在骨板的柱状突起上，称为小柱体。也有少数海星的皮肤完全裸出。体壁内的石灰质骨板借结缔组织纤维结合成网状、复瓦状或铺石状。从背面或背腹两面的骨板间伸出膜质的皮鳃，是呼吸器官。

海星的叉棘主要有 5 种。石灰质板在身体的某些部位常较大而显著，排列也较规则和整齐：腕和盘缘常有 2 列长方形和连续的上缘板及下缘板，步带沟底有一列成对排列的步带板，步带沟每边有一列侧步带板，上述这些板上，尤其在上、下缘板和侧步带板上的棘、疣、颗粒等，也常较大而规则，数目因种而异，是分类上的几种重要特征。有些海星的下缘板和侧步带板间，有一行到数行排列较规则的腹侧板。

海星类多为雌雄异体，但仅有少数种能从外形上区别雌雄，也有一些种为雌雄同体。生殖腺多分枝成丛状，在腕内基部每边一个；也有具很多生殖腺沿着腕边排成一列的。成熟和接近成熟的生殖腺常伸入腕内。卵在水中受精。有些种系直接发育，但多数须经过浮游的羽腕幼体（bipinnaria）期。某些种海星的羽腕幼体到末期在3个腹前腕的尖端生有小突起，腕基部有一大吸盘，能在变态期间营附着生活，特称为短腕幼体。

海星生活在海洋，主要分布在北太平洋区域。多为肉食性，以软体动物、棘皮动物和蠕虫等为食。口能扩张，胃也能翻出体外包裹食物。身体再生能力强（图版39－5，图版39－6）。

海星纲代表种海燕（*Asterina pectinifera*），分布在我国北方沿海和日本、朝鲜和俄罗斯远东沿海，可做肥料，沿海有些地区居民有吃其生殖腺的习惯。

体为五角或扁平星状，腕数通常为5个，也有具4个、6个、7个或8个腕的。反口面隆起，边缘锐峭，口面很平，反口面骨板有两种：初级板大而隆起，呈新月形，其凹面弯向盘的中心，各板上有小棘15～40个；在初级板间夹有次级板，各板上具5～15个颗粒状小棘。每个侧步带板有棘2行，腹侧板为不规则的多角形，呈覆瓦状排列，每板上有棘3～10个。

口板大而明显，各具棘2行：一行在边缘，数目为5～8个；一行在口面，数目为5～6个，筛板为圆形，通常一个，但也有具2个或3个筛板的。

生活时反口面为深蓝或丹红色交错排列，但变异很大，口面为橘黄色。生活在沿岸浅海的沙底、碎贝壳和岩礁底，生殖季节为6—7月。

2. 海蛇尾纲（Ophiuroidea）

海蛇尾纲是现存棘皮动物中最大的一个纲，包括现存种约2 000种和化石种200种。浅海和深海均有分布，在深海软泥海底比较丰富。其身体呈扁平的星形，由一个中央体盘和5条辐射状伸出的腕组成，腕与中央体盘之间分界明显。腕细长，没有步带沟。腕内具有发达的骨板，管足不具有坛囊及吸盘。

身体多为扁平星状、盘圆状或带五角形。腕细长，与盘的界线明显。腕通常为5个，也有4个或6个或更多的。

口在腹面中央，周围各间辐部有一大形的口楯。5个口楯中的一个较特殊，具一个或多个细孔，为筛板。各口楯的内侧有一对长形、排列像“八”字的侧口板。

多数蛇尾的每一腕节，被4块腕板覆盖着，即1个背腕板，2个侧腕板和1个腹腕板。各侧腕板上有2～15个腕棘。

蛇尾纲绝大多数为雌雄异体，很难从外形上分辨出性别。生殖腺在盘内间辐部，开口于生殖囊，此囊能暂时接受生殖产物，再排入水中而受精。从卵发生的蛇尾幼体与海胆幼体很相似。有些蛇尾是雌性同体，而且是胎生。卵在生殖囊内受精后，发育成小蛇尾，再出来营独立生活，生殖囊等于它们的育室。

蛇尾纲在棘皮动物门中种数最多，分布在世界各海洋，种类最多的是印度—西太平洋区域，有少数种是世界性遍布种。垂直分布是从潮间带到6 000余米的深海。营底上或底内生活，有的常集成大群。栖息在各种底质和柳珊瑚等腔肠动物的体上及海绵类的孔道和海藻间。有些种与其他动物营共栖。饵料主要是有机质碎屑和微小的底栖生物，借腕和口触手的活动以摄取食物，有些以小浮游动物如桡足类和被囊类的有尾幼体等为食。本纲动物的再生能力也很强，腕和盘的上部包括胃和生殖腺等，损伤或断后都能够再生。有少数种如辐尾蛇等能用裂体法繁殖。

3. 海胆纲（Echinoidea）

海胆纲现存种约900种，但化石种多达7 000种。浅海和深海均有分布，以浅海岩质及沙质海底分布较多。

海胆体呈球形、半球形、心形或盘形。口面平坦，反口面（背面）隆起。壳上有许多针状可动的棘刺，具有叉棘和管足。部分种类的成体为五辐射对称，具有5条步带和5条间步带，步带和间步带沿背腹方向相间排列，多数组织器官的数量及排列也具有五辐射对称特征，可食用种类大多都属于这种类型；也有部分种类在进化过程中体型逐渐向两侧对称演化，体形变为楯形、心形等，但其部分组织器官仍保留有五辐射对称特征。幼体期体型为两侧对称。

石灰质骨板由口到肛门排列为10个纵带，很有规则。每个带又由2列多角形小板组成，其中有10列（5带）具管足孔，称为步带，壳板上每对管足孔相当于一个管足；同步带相间排列的10列（5带），称间步带。一个海胆壳由约3 000块小板愈合而成。壳的反口端有一组自成一系的骨板，称为顶系。顶系包括围肛部和5个生殖板及5个眼板。

口在围口部中央，中央有5个白齿，系咀嚼器官——亚氏提灯的一部分。正形海胆围口部多为膜质，头帕类海胆围口部盖有复瓦状骨板，心形海胆口不在口面中央，移向身体前方，呈现出一定程度的两侧对称。肠管长而弯曲。正形海胆肛门都在顶系之内，但心形海胆和楯形海胆的肛门偏离顶系，移到壳的后缘，或移到口面，靠近口部。

棘的形状和大小变化都很多，通常分为大棘、中棘和细棘，它们是和载棘的疣一致的。棘的基部疣环形带磨齿的扩张部称为磨齿环。海胆纲的疣为钝圆锥状，疣突的顶上有一乳头突。海胆纲的叉棘特别发达，式样很多，是很重要的分类特征。

海胆类分布世界各海洋，其中以印度—西太平洋区种类最多。垂直分布从潮间带到水深7 000 m。栖息于各种底质，包括硬的石底、贝壳底和珊瑚礁底，软的沙底、泥沙底及软泥底。珊瑚礁内有少数种类营钻石生活。楯形海胆多潜伏在沙滩表面，心形海胆穴居在沙底或泥沙底，营底内生活。

正形海胆靠管足运动，靠叉棘保持壳面清洁。棘长的种类，如冠海胆，棘司运动，管足司感觉。心形和楯形海胆的管足形态分化，呈触手状，司感觉或摄食，棘短而细，能掘泥沙，但移动能力弱。正形海胆的管足有吸盘，管足壁内常有或多或少的特形骨片，如杆状体和“C”形体等。心形海胆的管足变异很大，有丛毛状、叶状形，小而简单的。楯形海胆的管足多而细小，有的还分布到间步带。

海胆类为雌雄异体，除少数种外，外形上难辨雌雄。正形海胆通常有5个生殖腺，歪形海胆通常只有2~4个生殖腺。卵和精子在水中受精，在发育过程中经过海胆幼体。海胆幼体和蛇尾幼体相似，但其后侧臂伸向侧面或后方。

正形海胆和歪形海胆的食性不同，正形海胆是杂食性动物，有的种类以藻类为主，歪形海胆吞食沉积物。

海胆的棘和其他外部器官损伤后都能够再生，壳的裂痕或断口也能够修复。

可食用海胆50种左右，可食用海胆在繁殖期生殖腺肥满，含有大量的蛋白质、氨基酸、高度不饱和脂肪酸、糖类和其他生理活性物质，不但具有较高的食用价值，同时还有极好的药用功效，尤其对心脑血管疾病有较好的防治效果。海胆不但可以鲜食，还可加工成各种高档食品，可加工成“云丹”，在日本被视为最名贵水产品之一。海胆养殖的经济效益高，近年来在我国已迅速发展成为产业。

海胆纲代表种光棘球海胆（*Strongylocentrotus nudus*），壳为半球形，最大者壳的直径可达10 cm。口面平坦，围口部边缘稍向内凹。步带较窄，约为间步带的2/3，但到围口部边缘却等于或反比间步带略宽。每步带板上有1个大疣，2~4个中疣和多数小疣，管足孔每6~7对排列成一斜弧。赤道部各间步带板上有1个大疣，大疣的上方和两侧有15~22个大小不等的中疣和小疣，排列成半环形，把各板上的大疣隔开。各大疣的基部周围有疣轮。顶系稍隆起，第一和第五眼板接触围肛部。

围肛部近圆形，肛门偏于后方。大棘很粗壮，赤道部的大棘长约 3 cm，表面有纵条痕，上部较细，末端成折断形。管足内有“C”形骨片，它的两端稍膨大，并且有二分枝状的突起。成年个体的棘为黑紫色，幼小个体的棘为紫褐或黑褐色，管足为黑褐或紫褐色。壳为灰绿或灰紫色。生活在沿岸到水深 180 m、海藻多的岩礁底。以海藻为食。繁殖季节在 6 月中旬到 7 月中旬，生殖腺可供食用。分布在日本北部、朝鲜半岛以及我国的辽东半岛和山东半岛北部沿海。

4. 海参纲（Holothuroidea）

海参纲现存种约 1 200 种，化石种较少。海参分布于世界温带区和热带区的所有海洋，从潮间带到海洋深处都有海参生活。除了少数漂浮和浮游的平足目外，绝大多数均营底栖生活。在浅水区域，它们常藏于石缝中或石下，不少种类生活于泥底或沙底，匍匐于海底，或钻在沙内或泥内。海参平时多隐匿在石下，喜集聚。其外部形态与其他棘皮动物差别较大，外观似蠕虫状，身体沿口极与反口极方向纵向延长而成为圆柱形，口和肛门分别位于身体的前后两端，同时沿纵轴方向分为背面与腹面、步带区和间步带区。背面较隆起，分布有 2 个步带区；腹面相对较平坦，分布有 3 个步带区，腹面步带区内管足分布比较密集；步带区和间步带区相间排列。因而从外观上看该体型似乎为两侧对称体制，但身体横截面仍具有五辐射对称特征。体壁内骨板数减少，大多成微小的骨片状埋藏在体壁中。体表没有棘和叉棘，只有管足。口管足变成触手状，围绕在口的周围排成一圈。本纲动物体形及个体大小变化较大，小的种类体长在 3.0 cm 左右，而大的种类则可达1.5 m，大部分种类体长 10～30 cm。体色的变化也比较大，有褐色、灰色、黑色、黄色、橘红色、灰绿色等。海参纲动物的再生能力也比较强，身体断裂后或内脏损失后，都可以在较短的时间内再生。有些种类遇到敌害生物后，可以通过吐出内脏的方式来避免被摄食，吐脏后的个体可以在较短的时间内再生出新的内脏。

海参纲包括 6 个目，由于广泛的地理分布和栖息生境的多样，因此，它们形态迥异。

芋参目（Molpadida）：体形钝，常有明显的尾部；触手 15 个，具指状分枝；无管足和疣足，但有肛门疣、触手坛囊和呼吸树；骨片包括桌形体、皿状体、纺锤形杆状体和变化了的锚状体；常有葡萄酒色小体或称磷酸盐体（phosphatic）。

枝手目（Dendrochirotida）：触手枝形，数目为 10～30 个；有翻领部和收缩肌；但触手缺坛囊；管足常不规则遍布全体，或仅限于步带；生殖腺两束，位于肠系膜的两侧；有呼吸树，但缺居维氏器；石灰环壁变化不大，从简单到复杂；骨片变化不大，从简单的穿孔板到复杂的桌形体和网状球形体。

无足目（Apodida）：身体延长呈蠕虫状；触手羽状或指状。数目为 10～25 个；体壁平滑或粗糙，大型种常由于收缩，呈念珠状，有许多气泡状突起；呼吸树，触手坛囊和肛门疣都缺；体腔内有纤毛漏斗；骨片包括锚和锚板，轮形体，或杆状体，或西格马体（sigmodid bodies），无桌形体和磷酸盐体。

指手目（Dactylochirotida）：触手为 8～30 个，呈指状，各指常分为两支；石灰环简单，没有后延部；身体呈“U”形，坚硬，并完全包围在一个由覆瓦状排列的骨板构成的壳内。

楯手目（Aspidochirotida）：楯形触手为 10～30 个，多为 20 个；体呈圆筒状，腹面常成足底状。背腹面常有明显的区别，特别是疣足明显的种类；无翻领部和收缩肌，纵肌 5 对；生殖腺一束或两束，位于肠系膜的一侧或两侧；有呼吸树，常有居维氏器；骨片常为桌形体、扣状体或花样体等。

平足目（Elasipodida）：体形两侧对称，有的具有大锥形的疣足，有的身体周围有边缘，有的具尾部。触手楯形或叶形，数目为 10～20 个；有管足，但数目不多。无收缩肌和呼吸树。后肠的肠系膜附着在右背间步带，常靠近右背纵肌附近。

热带海区海参资源丰富，呈多种性，印度—西太平洋海区是世界上海参种类最多的区域。

海参纲中的部分经济种类（如刺参、梅花参等）在我国以及东南亚等地区被视为最名贵的水产品，具有非常高的市场价格和广阔的发展前景，成为近年来水产养殖产业中的新宠，产业发展极其迅速。

海参典型体形为圆筒状，口在身体前端，包围有形状不同的触手；肛门在体后位，其周围常有不甚明显的小疣。棘皮动物的五辐射对称结构，在海参纲由5列具管足的步带表现出来，多数海参腹面平坦，形如足底，生有许多管足，背面隆起，生有许多大小不同的疣足。

多数海参的体壁厚，呈革状，且黏滑，海参的体长悬殊，最小的种类仅数厘米，最大的海参可达1 m，甚至2 m。海参体色多为晦暗，从灰色、褐色到绿色或黑色，但腹面色泽一般都较浅。

海参纲代表种仿刺参（*Apostichopus japonicus*），又名刺参（图版40－8），属棘皮动物门（Echinodermata），海参纲（Holothuroidea），楯手目（Aspidochirota），刺参科（Stichopodidae），仿刺参属（*Apostichopus*），为典型的温带种类。据目前所得资料记载，刺参主要分布于35—44°N的广大西北太平洋沿岸；北起俄罗斯远东沿海，经日本海、朝鲜半岛到我国黄海、渤海，江苏连云港外的平山岛是刺参在我国自然分布的南限。我国刺参的主产区位于辽宁、山东、河北等北方沿海地区。

刺参背面体色一般为黄褐色、栗子褐色，此外还有绿褐色、赤褐色、紫褐色、灰白色和纯白色，腹面为浅黄褐色或赤褐色。体长一般为20 cm，直径为4 cm。体呈扁的圆筒形，两端稍细，横断面略呈四角形，身体柔软，伸缩性很大。与其他棘皮动物一样，刺参体壁分为5个步带区和5个间步带区，彼此相间排列，其中背面有两个步带区和3个间步带区，腹面有3个步带区和2个间步带区。背面稍隆起，有4～6行圆锥状的疣足，成为突起的肉刺，是变形的管足。腹面比较平坦，有水管系统在腹面的末端突起，称为管足，其末端有吸盘，因此具有吸附外物的作用，密集的管足在腹面排成3条不规则的纵带。

口偏于腹面，通常有20个楯状触手排列在口的周围，呈环状排列。触手表面粗糙，靠扫和抓将食物送入口内，同时，具有一定的吸附和过滤水中颗粒的作用。口位于围口膜中央，其入口处呈环状突起，口四周有楯状触手伸出。肛门位于体后端腹面，稍偏于背面。生殖孔位于体前端背部距头部后部1～3 cm的间步带区上，生殖孔四周色素较深，略显凹陷，特别是在生殖季节明显可见，除生殖季节外，生殖孔难以看清。

身体体壁由外至内分为皮层、结缔组织层、肌肉层和体腔膜层4层。

皮层最外层是角质层，具有保护的作用，表皮在角质层下面，表皮下是比较厚的结缔组织，是刺参的主要食用部分。表皮与结缔组织之间有很多塔形等微小的石灰质的骨片或骨针的内骨骼。

结缔组织层较厚，是刺参的主要营养部分。肌肉层由环肌和纵肌组成，环肌贴附在结缔组织内侧，纵肌5条，成束在环肌下，3条位于腹壁。环肌层在肛门形成括约肌，从环肌层上升为纵肌纤维。在环肌与纵肌内侧为一层薄膜，附在体腔表面，称为体腔膜。膜延伸与肠相连称为悬肠膜，共3片，一片在背面为背悬肠膜，一片在左侧为左悬肠膜，另一片在右侧为右悬肠膜。体腔膜内包含各个脏器，形成体腔。腔内有体腔液，内含大量的变形血细胞，有排泄及呼吸功能。

刺参的消化系统由口、咽、食道、胃、前肠、中肠、排泄腔和肛门组成。

口位于身体前端、偏腹面，在围口膜的中央，周围有括约肌，触手从口中伸出体外，通过触手将海底的混有泥沙的食物颗粒吞入消化道中。咽部为口向下的一段，咽周围具有由5个辐片和5个间辐片构成的石灰环（该部分又称“沙嘴”，食用刺参时应去除），这些骨片都为白色，它支撑并保护着消化管的始端。咽部下段为食道，食道下端是具有弹性的囊状胃，略呈淡黄色。刺参的食道和胃都很短，其黏膜层为假复柱状上皮，肌层发达。胃下连接着粗细大致均匀的肠管，肠管一般透明，肠壁很薄，是体长的3倍多，是消化食物和吸收营养的部分。肠靠腹壁的悬肠膜连接悬挂在体腔内。刺参无特化的消化腺。肠的后端膨大形成排泄腔，周围有许多放射状肌肉与体壁连接，肌肉伸缩可使水进出肛门，流向呼吸树进行呼吸。排泄腔上皮中的黏液细胞通过分泌黏液，可将食物残渣黏合成条状或球状粪便排出体外，同时亦可避免食物残渣进入到呼吸树中。

刺参的呼吸作用由呼吸树和管足两部分完成。呼吸树是排泄腔壁向体腔内伸入一条短而粗的薄壁管，由此分出两支树枝状的管子，各枝再向前分出许多小分支盲囊，外形非常像树枝。通常左侧呼吸树比右侧长，其细枝与肠管上面的背血管网相接，海水经过呼吸树时氧气进入血管，由血液带到身体的其他器官，同时排出二氧化碳。此外刺参的管足也可进行气体交换，帮助呼吸。

刺参的水管系统发达，主要分为环状水管和辐水管等。环状水管位于石灰环的后方，是一个无色透明的小环，围绕食道，其腹侧有一个膨大且尖端变细的盲囊——波里氏囊，具调节水管内水压的作用。环水管的背侧有一个细而白、多少有些弯曲且尖端膨大的细管，称为石管。从环状水管分出5条沿身体纵向走向的辐水管，每个辐部有一条，5条辐水管向后各沿5条纵肌中央纵沟伸延到体末端，同时它向两侧分出许多侧枝，其腹面的侧枝接连管足，背面的侧枝连接疣足。因此，水管系统可以通过调节水流进出管足，支配管足的活动。在管足的基部形成坛囊，坛囊的肌肉收缩能力很强，囊内有瓣膜，能配合囊的伸缩使水流进入管足，坛囊的收缩膨胀作用亦可帮助身体运动，环水管向前分出触手，水管入触手内腔，在其基部同样有触手坛囊，可以调节触手的运动。

刺参的循环系统由血管及血窦组成，无心脏。食道周围有一环状血管，它位于环状水管的后缘，由环状血管分出5条血管，沿5个辐部分布并埋藏在皮肤肌肉层中，一直延伸到的身体的后端。肠壁外附有肠血管，一条在肠和悬肠膜相接的一侧，称为背肠血管，这条血管向肠壁分出很多细小的支管，右侧的支管粗大分枝少；左侧的支管较细而分支多，与左侧的呼吸树相密接。另一条称为腹肠血管。

刺参的神经系统组织由外神经系统和深层神经系统两部分组成。外神经系统又称口神经系统，由围食道的神经环分出5条辐神经。辐神经的分枝末梢分布在触手、管足、坛囊以及体表皮层内，司感觉作用。

刺参雌雄异体，从外形上很难区分性别。生殖腺位于身体前端，为形状似扫帚状的盲囊结构。有一根生殖输送总管与外界相通，总管由11～13条分枝组成，分枝很长，主分枝又分出许多次级小分枝。生殖期雌性生殖腺呈杏黄色或橘红色，雄性生殖腺呈淡乳黄色或乳白色。

刺参依靠管足吸盘附着于其他物体上或海底上活动。刺参主要以小型动植物及其碎屑、底栖藻类、海藻碎屑以及混在泥沙里的有机物质等为食。

5. 海百合纲（Criniodea）

海百合是现有的棘皮动物中最古老、最原始的一个纲，其大多数种类已经灭绝，现存种类仅630种，但化石种多达5 000余种。现存种类中，约80余种具有长柄，多在深海的软泥或沙质海底营固着生活，为柄海百合类；其余550种无柄，多自由生活于潮间带及浅海硬质海底或珊瑚礁上，为海羊齿类，或称为羽星类。

柄海百合外形似植物，可分为根、茎、冠三部。海羊齿类的茎（柄）仅幼体时期存在，以后即退化，仅留下最顶端的节，称为中背板。

茎普通称为柄，由多数骨板构成。茎上有的具分枝的附肢；有的具不分枝、带节和每间隔相当距离做轮状排列的卷枝。海羊齿类的卷枝，都生在中背板的卷枝窝内。窝的形状和排列是分类上重要的依据之一。无卷枝窝的部分称为背极。卷枝都略弯向下方，每个卷枝由多数节构成，各节背面常有背棘，最末节变为端爪。卷枝节的形状、大小和数目等也是分类的依据。

冠包括萼和腕两部。萼的外侧由结实和规则排列的石灰质板构成，呈杯状或圆锥状。这些板在单环类为5个基板和5个辐板排列。海羊齿类的基板在变态时已从萼的表面消失，从萼外仅能看到它的中背板和辐板。

萼的上面有口、肛门和步带沟。海羊齿类的萼通常称为盘，口多位于盘的中央，紧接着5条步带沟。肛门常在盘后面的肛门锥上；但栉羽星科中，有许多种的肛门锥在盘中央，口和步带沟反而在盘缘。步带沟在盘缘分为2条，随着腕的分枝伸达腕的末端，并向各羽枝内分出一个侧枝。步带沟内生有触手。

腕由多数腕板构成，腕板间分动关节和不动关节；前者由肌肉连接，外观有一明显的横沟；后者仅有韧带连接，中间被一轻微、模糊和波浪状的细缝所分隔，其位置常随种类不同而不同。腕数原始是5个，常一再分枝成多数个，因而从外观上看好似10个腕。

腕除不动关节靠下边的一节外，每节上有一羽枝。羽枝可分为口羽枝、生殖羽枝和末梢羽枝；羽枝的步带沟上常有边板和盖板。

其食物主要为浮游生物、悬浮有机物及其碎屑，利用触手从水中获取食物。海百合纲动物雌雄异体，具有鲜艳的体色，再生能力很强。

（三）常见种类

海星纲 Asteroidea

显带目 Phanerozonia

砂海星科 Luidiidae

砂海星 *Luidia quinaria* Von Martens，1865

东方砂海星 *L. orientalis* Fisher，1913

蛇海星科 Ophidiasteridae

蓝指海星 *Linckia laevigata*（Linnaeus，1758）（图版39-5）

新飞地海星 *Neoferdina cumingii*（Gray，1840）（图版39-6）

有棘目 Spinulosa

海燕科 Asterinidae

神海燕 *Astertina cepheus*（Müller et Troschel，1842）

棘海星科 Echinasteridae

鸡爪海星 *Henricia leviuscula*（Stimpson，1857）

刺鸡爪海星 *H. spiculifera*（H. L. Clark，1901）

粗鸡爪海星 *H. aspera robusta* Fisher，1911

太阳海星科 Solasteridae

陶氏太阳海星 *Solaster dawsoni* Verrill，1878

轮海星 *Crossaster papposus*（Linnaeus，1758）

钳棘目 Forcipulata

海盘车科 Asteriidae

多棘海盘车 *Asterias amurensis* Lütken，1871

异色海盘车 *A. versicolor* Sladen，1889

日本长腕海盘车 *Distolasterias nipon*（Döderlein）

座冠海星 *Coronaster volsellanus*（Sladen，1889）

尖棘筛海盘车 *Coscinasterias acutispina*（Stimpson，1862）

正海星科 Zoroasteridae

菲律宾正海星 *Zoroaster carinatus philippinensis* Fisher，1916

海蛇尾纲 Ophiuroidea

真蛇尾目 Ophiurae

阳燧足科 Amphiuridae

滩栖阳燧足 *Amphiura vadicola* Matsumoto，1915

柯氏双鳞蛇尾 *Amphipholis kochii* Lütken，1872

日本倍棘蛇尾 *Amphioplus japonicus*（Matsumoto，1915）

辐蛇尾科 Ophiactidae
近辐蛇尾 *Ophiactis affinis* Duncan，1879
紫蛇尾 *Ophiopholis mirabilis*（Duncan，1879）
刺蛇尾科 Ophiotrichidae
马氏刺蛇尾 *Ophiothrix marenzelleri* Koehler，1904
刺蛇尾属未定种 *Ophiothrix* sp.（图版 39－7）
美妙刺蛇尾 *O. nereidina*（Lamarck，1816）（图版 39－8）
真蛇尾科 Ophiuridae
司氏盖蛇尾 *Stegophiura sladeni*（Duncan，1879）
金氏真蛇尾 *Ophiura kinbergi*（Ljungman，1867）
浅水萨氏真蛇尾 *O. sarsii vadicola* Bjakonv，1854
海胆纲 Echinoidea
鳞棘目 Lepidocentroida
柔海胆科 Echinothuridae
囊海胆 *Asthenosoma varium* Grube，1868（图版 40－1）
脊齿目 Stirodonta
疣海胆科 Phymosomatidae
海刺猬 *Glyptocidaris crenularis* A. Agassiz，1863
拱齿目 Camarodonta
刻肋海胆科 Temnopleuridae
细雕刻肋海胆 *Temnopleurus tereumaticus*（Leske，1778）
哈氏刻肋海胆 *T. hardwikii*（Gray，1855）
刻孔海胆 *Temnotrema sculptum*（A. Agassiz，1863）
球海胆科 Strongylocentrotidae
光棘球海胆 *Strongylocentrotus nudus*（A. Agassiz，1863）
马粪海胆 *Hemicentrotus pulcherrimus*（A. Agassiz，1863）
长海胆科 Echinometridae
石笔海胆 *Heterocentrotus mammilatus*（Linnaeus，1758）（图版 40－2）
长海胆 *Echinometra mathaei mathaei*（Blainville）（图版 40－4）
全雕目 Holectypoida
斜海胆科 Echinoneidae
卵圆斜海胆 *Echinoneus cyclostomus* Leske，1778（图版 40－3）
盾形目 Clypeasteridae
豆海胆科 Fibulariidae
尖豆海胆 *Fibularia acuta* Yoshiwara，1898
心形海胆目 Spatangoida
拉文海胆科 Loveniidae
心形海胆 *Echinocardium cordatum*（Pennant，1777）
海参纲 Holothuroidea
枝手目 Dendrochirota
瓜参科 Cucumariidae

棘刺瓜参 *Pseudocnus echinatus*（Marenzeller，1881）

日本五角瓜参 *Pentacta nipponensis* H. L. Clark，1938

沙鸡子科 Phyllophoridae

正环沙鸡子 *Phyllophorus ordinatus* Chang，1935

高骨沙鸡子 *P. hypsipyrga*（V. Marenzeller，1881）

楯手目 Aspidochirota

刺参科 Stichopodidae

梅花参 *Thelenota ananas*（Jaeger，1833）（图版 40 - 7）

仿刺参 *Apostichopus japonicus*（Selenka，1867）（图版 40 - 8）

芋参目 Molpadonia

芋参科 Molpadiidae

紫纹芋参 *Molpadia roretzii*（V. Marenzeller，1877）

尻参科 Caudinidae

海棒槌 *Paracaudina chilensis*（Müller，1850）

海地瓜 *Acaudina molpadioides*（Semper，1868）

无足目 Apoda

锚参科 Synaptidae

卵板步锚参 *Patinapta ooplax*（V. Marenzeller，1881）

棘刺锚参 *Protankyra bidentata*（Woodward et Barrett，1858）

歪刺锚参 *P. asymmetrica*（Ludwig，1875）

海百合纲 Crinoidea

栉羽星目 Comatulida

玛丽羽枝科 Mariametridae

皇家光滑羽枝 *Liparometra regalis*（Carpenter）（图版 40 - 5）

掌丽羽枝 *Lamprometra palmata palmata*（J. Müller，1841）（图版 40 - 6）

海洋齿科 Antedonidae

锯羽丽海羊齿 *Antedon serrata*（A. H. Clark，1908）

第六节　半索动物门

半索动物门（Hemichordata）的形态结构和生活史在某些方面具有脊索动物和棘皮动物的基本特征。例如，半索动物由中体（领）形成腕与触手，类似于棘皮动物由中体腔形成腕与管足；两者在胚胎发育，如卵裂、胚层、体腔形成、口的形成等方面也十分相似，同时还具有相似的幼虫阶段，说明它们有共同的起源；但是，半索动物又具有鳃裂和中空的管状神经，具有一些水生脊索动物的特征，说明它们之间也存在一定亲缘关系。因而可以认为半索动物是介于棘皮动物与脊索动物之间的一个相对低等的后口动物门类。其基本特征为：外形大多为蠕虫状，咽及前端体壁具有鳃裂，背神经在前端形成中空的管状，咽部前端突出一个盲囊进入吻中的前体腔内，称为口索（stomochord）；身体可分为吻、领（collar）、躯干 3 个部分，分别与后口动物的前体、中体、后体相对应；体腔为三分型，口属于后口；放射型卵裂，肠腔法形成体腔及中胚层（表 2 - 1）。

表 2-1 动物界重要门类的主要特征

门	代表种	区别特征	栖息方式	组织水平	对称	分节	消化道	气体交换	循环系统
多孔动物门（海绵动物门）	海绵	领细胞	底栖	细胞	不对称	不	没有	体表	没有
腔肠动物门	海蜇，水母，珊瑚	刺丝囊	底栖，浮游	组织	辐射	不	不完全	体表	没有
栉水母动物门	栉水母	有纤毛栉板，黏细胞	大多浮游		辐射	不	不完全	体表	没有
扁形动物门	涡虫，吸虫，条虫	扁平身体	大多底栖、寄生		两侧	不	不完全或消失	体表	没有
纽形动物门	带状蠕虫	长吻	大多底栖		两侧	不	完全	体表	闭管式
线虫动物门	线虫，蛔虫	假分节身体	大多底栖，寄生		两侧	不	完全	体表	没有
环节动物门	多毛类，寡毛类，水蛭	分节	大多底栖		两侧	是	完全	鳃	闭管式
星虫动物门	星虫	可伸缩的长吻	底栖	↑	两侧	不	完全	体表	没有
螠虫动物门	螠虫	不能伸缩的吻	底栖		两侧	不	完全	体表	闭管式
须腕动物门	—	没有口或消化系统	底栖		两侧	降低	没有	体表	闭管式
软体动物门	蜗牛，蛤，牡蛎，章鱼	外套膜，齿舌（一些种头没有）	底栖		两侧	不	完全	鳃	开管式，闭管式
节肢动物门	甲壳动物（蟹虾），昆虫	外骨骼，分节附肢	底栖，浮游寄生	器官系统	两侧	是	完全	鳃（甲壳动物中）	开管式
苔藓动物门	苔藓虫	总担，饰带状群体	底栖		两侧	不	完全	体表	没有
帚形动物门	帚虫	总担，蠕虫状身体	底栖		两侧	不	完全	体表	闭管式
腕足动物门	腕足动物	总担，类似干贝壳的壳	底栖		两侧	不	完全	体表	开管式
毛颚动物门	箭虫	透明的，有鳍的身体	大多浮游	↓	两侧	不	完全	体表	没有
棘皮动物门	海星，蛇尾，海胆，海百合	管足，五辐射对称，水管系	大多底栖		辐射（成体）两侧（幼虫）	不	完全	体表	没有
半索动物门	柱头虫	背面的，中空的神经管，鳃裂	底栖		两侧	降低	完全	体表	部分开管，部分闭管
脊索动物门	尾索动物，脊椎动物（鱼等）	背面的，中空的神经管，鳃裂，脊索	底栖，浮游		两侧	降低	完全	鳃，肺	闭管式

半索动物门包含近100个种，分为2个纲，分别是肠鳃纲和羽鳃纲。代表种有柱头虫、头盘虫、无管虫等。

一、肠鳃纲（Enteropneusta）

肠鳃纲动物主要分布于浅海，多数分布在潮间带水域，在泥沙中穴居或石块下活动。

身体呈蠕虫状，脆弱易折。个体大小一般为10～45 cm，小的种类仅为1～2 cm，最大的种类可达2.5 m。身体圆柱形，分为吻、领、躯干3部分。吻部短小，柱形，后端有柄与领连接；领前伸环绕吻，腹面生有口；躯干部细长，前端背中线两侧各有一列小孔，为鳃裂孔（gille pore），其数目因种而异。

二、羽鳃纲（Pterobranchia）

羽鳃纲动物多分布于深海，多附着在岩石或贝壳上，以柄附着，体外分泌有虫管，营管居生活。身体圆柱形，个体大小一般为1～5 mm，群体生活时基部有匍匐茎相连。吻呈楯形，用以吸附管壁，其基部有口。身体脆弱易折。吻部短小，柱形，后端有柄与领连接，领前伸环绕吻。领腹面生有口。躯干部细长，前端背中线两侧各有一列小孔，为鳃裂孔（gille pore），其数目因种而异。

大多数是柱头虫或肠鳃动物，体呈蠕虫状，沉积物食性，自由生活或生活在“V”形管中。一些柱头虫在海底火山口周围被发现，而且数量很大。其体长度一般为8～45 cm，有的种类长度可达2.5 m。它们以摄取沉积物中的有机物为主，摄食时用一个粗的、能分泌黏液的吻来收集有机物质，然后运送到口中。

第七节　脊索动物门

脊索动物门（Chordata）是动物界中最高等的门。现存种类不论在外部形态和内部结构上，或是生活方式方面，都存在着极其明显的差异，但作为同属一门的动物，具有如下几点主要的共同特征：低等种类终生具有脊索，高等种类只在胚胎期具有，成体被脊柱代替；低等种类终生具有咽鳃裂，高等种类仅见于胚胎期和某些幼体（蝌蚪），成体消失；心脏位于消化管腹面，多为闭管式循环（无脊椎动物的心脏一般位于消化管背面、多为开管式循环）；尾位于肛门后（无脊椎动物一般肛门位于尾末端）；内骨骼起源于中胚层、可生长，无脊椎动物一般为外骨骼（外胚层、不能生长）。

全世界脊索动物约有4万多种，分3亚门，即尾索动物亚门、头索动物亚门、脊椎动物亚门。

一、尾索动物亚门（Urochordata）

尾索动物主要特征：脊索和背神经管仅存于幼体的尾部，成体退化或消失；成体具被囊（tunic），故又称被囊动物，大多数种类营固着生活或自由生活；有些种类有世代交替现象。

全世界约有1 370种，我国海域报道125种。

本亚门分3纲，即尾海鞘纲、海鞘纲、樽海鞘纲。

（一）尾海鞘纲（Appendiculariae）[有尾纲（Appendiculata）、幼形纲（Larvacea）]

本纲是尾索动物中的原始类型，因成体终生具有幼体的尾和脊索而得名。

本纲动物全是小型浮游动物。体小如蝌蚪，具背神经管和尾索。生长发育过程中无逆行变态，故又名幼形纲（Larvacea）。成体分躯干和尾两部分。躯干椭圆形；尾扁平，尾部中央为尾索。运动时靠尾的摆动而将水打进入水孔，再压缩身体而将水自出水孔挤出，以推动身体前进。绝大多数雌雄同体。精巢和卵巢位于躯干的后端。卵巢一个，位于左右精巢之间，生殖腺成熟后破体壁而出。

全世界有1目3科60余种。异体住囊虫（*Oikopleura dioica*）、长尾住囊虫（*O. longicauda*）和红粒住囊虫（*O. rufescens*）是我国东海的常见种。

（二）海鞘纲（Ascidiacea）

通称海鞘，壶状或囊状，外有保护性被囊。雌雄同体，异体受精。幼体经数小时游泳后，以前端吸附在其他物体上。尾部萎缩消失。除1个神经节外，脊索和神经索完全消失。经变态发育为成体。广布于各海洋，附着于岩石、码头的木桩、船底、海藻上或埋于浅海的泥沙中。种类繁多，约有1 250种，附着于水下物体或营水底固着生活。分为单海鞘和复海鞘2大类。

常见种如柄海鞘（*Styela clava*）（图版41－1），成体呈长椭圆形，基部以柄附着在海底或被海水淹没的物体上。另一端有2个相距不远的孔：顶端的一个是入水孔，孔内通消化管，中间有一片筛状的缘膜，其作用是滤去粗大的物体，只容许水流和微小食物进入消化道；位置略低的一个是出水孔。一般情况下，水流从入水孔进，出水孔出；但是在遭遇刺激或惊扰时两个孔可同时喷水。它们除了可以成簇密集生活外，还能附着在同种的其他个体上，同时自身又可以被其他个体附着，形成垒叠的聚生现象。雌雄同体，生殖细胞成熟后，通过各自的生殖导管将成熟的性细胞输入围鳃腔，然后经由出水管孔排出体外，或在围鳃腔内受精。幼体外形酷似蝌蚪，长约为0.5 mm，尾部有发达的脊索，脊索背部有发达的背神经管；消化道前端分化成咽，有少量成对的鳃裂；身体腹侧有心脏。幼体经过几小时的自由生活后，用身体前端的附着突起粘在其他动物身上，开始变态，幼体的尾连同内部的脊索和尾部肌肉逐渐萎缩，最终消失，神经管和感觉器官也退化而成为一个神经节，咽部扩张，鳃裂数急剧增多，同时形成围绕咽部的围鳃腔，附着突起也为海鞘的柄所代替。柄海鞘是海鞘类中的优势种，常与盘管虫、藤壶及苔藓虫等附着在一起，固着在码头、船坞、船体以及海水养殖的海带筏和扇贝笼上，是沿海污损生物的重要指标种。

（三）樽海鞘纲（Thaliacea）［海樽纲（Thaliacea）］

体呈桶形或樽形。成体无尾，入水孔和出水孔分别位于身体的前后端。被囊薄而透明，囊外有环状排列的肌肉带，肌肉带自前往后依次收缩时，流进入水孔的水流即可从体内通过出水孔排出，以此推动樽海鞘前进，并在此过程中完成摄食和呼吸作用。生活史较复杂，繁殖方式是有性与无性的世代交替。樽海鞘纲约有65种，单体或群体，营飘浮、自由游泳生活。如樽海鞘（*Doliolum deuticulatum*）（单体），体桶状，半透明，类似海蜇，长为1～10 cm。以水中的浮游植物为食，通过吸入、喷出海水完成在水中的移动。刚出生的海鞘像小蝌蚪，有眼睛、有脑泡，尾部很发达，中央有一条脊索，脊索背面有一条直达身体前端的神经管，咽部有成对的鳃裂，还能在海里自由地游泳；几小时后，身体前端就渐渐长出突起并吸附在其他物体上；随后，尾部逐渐萎缩以至消失。神经管也退化，只留下一个神经节。咽鳃裂急剧增加。体外同时产生被囊。

二、头索动物亚门（Cephalochordata）

脊索纵贯全身，并伸到身体最前端，超过了神经管的长度而得名，又称全索动物。仍属无头类。头索动物终生具有3个主要特征：有纵贯背部、起支撑作用的脊索，有背神经管，咽部两侧有许多鳃裂。这些基本特征在高等脊索动物中只存在于胚胎或幼虫期，在成体一般消失，或分化为更高级的器官。

头索动物亚门仅1纲［头索纲（Cephalochorda）］、1目［文昌鱼目（Amphioxiformes）］，全世界

约有25种，分布在热带和亚热带的浅海中。如文昌鱼（*Branchiostoma belcheri*），外形似无眼、无明确头部、体细长的小鱼。肉红色、半透明，体侧扁，长约为5 cm，头尾尖，体内有1条脊索，有背鳍、臀鳍和尾鳍。生活在沿海泥沙中，以浮游生物为食。文昌鱼得名于厦门的文昌阁，这是我国最先发现文昌鱼群的地方。文昌鱼是珍稀名贵的海洋野生头索动物，被列为我国重点保护对象。文昌鱼虽能游泳，但大部分时间是将身体埋在洋底的沙砾或泥中。觅食时，将身体前部伸出沙砾表面，以滤食流过鳃裂的水中的食物颗粒。夜间常在近洋底处游泳。身体两端渐细，中间较粗，体表覆以一层鞘状的表皮。雌雄异体，外形相同。生殖腺沿体壁排列，突入围鳃腔。水中受精。2 d后孵出，幼体随洋流漂流，直到变态为成体。成体随即沉入水底，借身体的迅速运动而在洋底钻入沙砾中。

三、脊椎动物亚门（Vertebrata）

脊椎动物亚门是动物界中结构最复杂，进化地位最高的类群。形态结构彼此悬殊，生活方式千差万别。除具脊索动物的共同特征外，其他特征还有：出现明显的头部，中枢神经系统呈管状，前端扩大为脑，其后方分化出脊髓；大多数种类的脊索只见于发育早期（圆口纲、软骨鱼纲和硬骨鱼纲例外），以后即为由单个的脊椎骨连接而成的脊柱所代替；原生水生动物用鳃呼吸，次生水生动物和陆栖动物只在胚胎期出现鳃裂，成体则用肺呼吸；除圆口纲外，都具备上、下颌；循环系统较完善，出现能收缩的心脏，促进血液循环，有利于提高生理机能；用构造复杂的肾脏代替简单的肾管，提高排泄机能，新陈代谢产生的大量废物能更有效地排出体外；除圆口纲外，水生动物具偶鳍，次生水生动物和陆生动物具成对的附肢。

本亚门分7纲，即圆口纲、软骨鱼纲、硬骨鱼纲、两栖纲、爬行纲、鸟纲和哺乳纲。

（一）圆口纲（Cyclostomata）

脊椎动物亚门中现存最原始的一纲。

1. 主要特征

身体裸露无鳞，呈鳗形；全为软骨；无偶鳍；无肩带和腰带；无上、下颌，所以又称无颌纲；具1个鼻孔；鳃呈囊状，又称囊鳃类；舌肌发达，上附角质齿，舌以活塞式运动舐刮鱼肉；脊索终生存在；内耳半规管1～2个。栖居于海水或淡水中，营半寄生或寄生生活。外形像鱼，但不是鱼，比鱼类低级得多，还没有出现上、下颌，因而称为无颌类（Agnatha）。它们都有一个圆形的口吸盘，故又称圆口类。这是一类营寄生生活而引起显著特化的动物，由于它们的一般结构甚为原始，在脊椎动物进化史上代表着动物已进入有头、有雏形脊椎骨，但还无上、下颌这一发展水平，故在动物演化上占有一定地位。通过对它们的研究，使我们了解一些在5亿年前生活的古老脊椎动物。但从它们的寄生习性和特化结构来看，圆口类并不在进化的主干上，而是由古老的原始脊椎动物分化出来的一个侧支。

2. 系统分类

现存圆口纲动物分2目，即盲鳗目、七鳃鳗目。

（1）盲鳗目（Myxiniformes）　本目只1科（盲鳗科）32种，通称盲鳗。体鳗形；外鼻孔1个，开口于吻端，嗅囊的内鼻孔与口腔相通，吻端有口须；无背鳍；眼埋皮下；口不呈漏斗状吸盘；舌肉质颇发达，上有强大角质栉状齿2列，用以刮食鱼肉；外鳃孔1～16对，左侧具咽皮管，鳃囊及咽皮管直接与咽相连；皮肤黏液腺显著发达，在体侧近腹部各成一纵列的小孔；鳃弓位于鳃的外部，相当退化；软骨质，头骨背面完全为膜质，内耳的2个半规管互相套位，外观似1个。盲鳗常袭击病鱼或攫食上钩或落网的鱼类，自鳃部钻入体腔，食内脏和肌肉。分布在温带及亚热带海域。如蒲氏黏盲鳗（*Eptatretus burgeri*），体延长呈圆柱状，体后方侧扁。眼退化为皮肤所覆盖。无上下颌。

口腔外缘具4对须；口腔外侧左右各有2列齿，其内列齿2~3颗齿的基部愈合，齿列式（6~8）3/2（7~9）。鳃孔每侧6个，彼此间距大，呈纵线排列，左侧最后一个大于其余鳃孔。体侧各有1列黏液孔，可依位置区分为鳃前区、鳃区、鳃肛区及肛后区4区，黏液孔数分别为（18~21）、（4~6）、（46~51）、（11~12），总数为79~90。无鳞。肛门位于体后端。无背鳍、臀鳍、胸鳍及腹鳍，仅有尾鳍。体色呈灰褐色，腹部淡灰色；背部中央有一白带，有白色眼斑点。主要栖息在较浅海域，营寄生生活，一般吸附于其他鱼类的鳃上或颊部，亦可由鳃部咬穿体壁，食内脏及肌肉，仅留皮骨；有时会吸附并咬食落网的鱼类。分布于西北太平洋区，从日本海、日本东部到我国台湾省。台湾省分布于东北部沿海。主要为底拖网捕获，全年皆产。以前盲鳗无人食用，皆以下杂鱼处理，近来才有餐厅特别烹调，价格昂贵。食用时需先剥皮，去除内脏后方可食用。

（2）七鳃鳗目（Petromyzoniformes）　只1科（七鳃鳗科）41种，我国仅存3种。口呈漏斗状吸盘；鼻孔在头的顶部，嗅囊不与口腔通；无须，口缘有短穗状突起，具2背鳍；口内有许多角质齿，种类各异；幼鱼变态前眼不发达，成体发达；肛门在体长3/4处；鳃囊7对。成体较大，体质量可达250 g，两背鳍分离，下唇板齿6~7枚，为半寄生性，有吸附型的口漏斗和角质齿，口位于漏斗底部，鼻孔在两眼中间的稍前方，吸鱼体血肉，不寄生时食浮游动物。白天隐居水底，夜间觅食，有终生生活在淡水的种类，也有洄游的种类。幼鱼在海里生长，成长后溯河至淡水产卵，有筑巢习性。每次产卵8万~10万粒，产卵后亲体一般死亡，幼鱼期3~4年，幼鱼口呈马蹄形，眼不发达。大多数种类的成鳗营半寄生生活，少数非寄生种类的角质齿退化消失，无特殊的呼吸管。分布于江河和海洋，我国东北的黑龙江、松花江、嫩江、鸭绿江、乌苏里江均产。

常见种如日本七鳃鳗（图版41-2），又名八目鳗，全体近圆筒形，尾部侧扁，体长可达60 cm以上。头的两侧各有7个分离的鳃孔，与眼排成一直行，形成8个像眼的点，故通称八目鳗。眼发达，具松果眼，具感光作用。眼睛后面身体两侧各有7个鳃孔，鼻孔1个，位于头背面两眼的中间，后方有一个白色皮斑。头前腹面有呈漏斗状吸盘，张开时呈圆形，周缘皱皮上有许多细软的乳状突起，无口须，背鳍2个。雌雄异体，发育要经过较长的幼体期，经变态成为成体。成体营半寄生生活，有害于渔业。典型的洄游性鱼类。秋季由海进入江河，在江河下游越冬，翌年5—6月，当水温达15 ℃左右时溯至上游繁殖。选择水浅、流快、沙砾底的水域进行挖坑筑巢产卵，雄鱼以吸盘吸着雌鱼头部，同时排卵、授精。生殖时期的成鱼停止摄食。卵极小，每次产卵8万~10万粒，卵黏附在巢中沙砾上。产卵后亲鱼死亡。卵孵化后不久即成为仔鳗。仔鳗营泥沙中生活，白天埋藏在泥沙下，夜晚出来摄食。此阶段的仔鱼与成鱼很不相像，口吸盘不发达，呈三角形，称为沙隐幼鱼，营自由生活。营独立生活时，以浮游动物为食。仔鳗期以腐殖碎片和丝状藻类为食。幼鱼在江河里生活4年后，第五年变态下海，在海水中生活2年后又溯江进行产卵洄游，寿命约为7年。八目鳗为肉食性鱼类。既营独立生活，又营寄生生活，经常用吸盘附在其他鱼体上，用吸盘内和舌上的角质齿锉破鱼体，吸食其血与肉，有时被吸食之鱼最后只剩骨架。

3. 常见种类

圆口纲 Cyclostomata

盲鳗目 Myxiniformes

盲鳗科 Myxinidae

蒲氏黏盲鳗 *Eptatretus burgeri*（Girard，1855）

七鳃鳗目 Petromyzoniformes

七鳃鳗科 Petromyzontidae

日本七鳃鳗 *Lampetra japonica*（Martens，1868）（图版41-2）

（二）软骨鱼纲（Chondrichthyes）

1. 主要特征

内骨骼完全由软骨组成，常钙化，但无任何真骨组织；体常被盾鳞；每侧5~7个鳃孔，分别开口于体外；或鳃孔1对，被以皮膜；雄鱼腹鳍里侧鳍脚为交配器；肠短，具螺旋瓣；心脏动脉圆锥有数列瓣膜；无鳔；无大型耳石；泄殖腔或有或无；卵大，富于卵黄，盘状分裂，体内受精。卵生、卵胎生或胎生。

经济价值高，肉、鳍可食用，皮可制革。

2. 系统分类

世界性分布，分2亚纲13目，全世界有49科约840种；我国有13目40科约200种。

（1）板鳃亚纲（Elasmobranchii） 两鳃瓣之间的鳃间隔特别发达，甚至与体表相连，形成宽大的板状，故名板鳃类，鳃裂5~7对，不具鳃盖。口位于头部吻的腹面，宽大而横裂，亦有横口鱼类之称，大多数种类眼后有喷水孔1个。皮肤鳍条为角质鳍条，歪尾形，不具鳔。体被盾鳞，鳃裂开口于体表，无鳃盖褶。输卵管前端开口于体腔。具泄殖腔，体内受精，卵生或卵胎生。多种鲨鱼已经进化具有精细的生殖方法，有的成为妊娠期可长达2年的活胎携带者，是脊椎动物中妊娠期最长的。板鳃类全为肉食性鱼类，用侧线系统和嗅觉器官追踪猎物，视觉不发达。除少数种类能到淡水中生活外，绝大多数生活在海洋中。

本亚纲分2总目，即侧孔总目（鲨总目）和下孔总目（鳐形总目）。

第一，侧孔总目（Pleurotremata）［鲨总目（Selachomorpha）］。

此总目为一群比较凶猛的大型食肉性软骨鱼类，250~300种，我国海域约有130种。主要特征：身体呈长纺锤形，鳃裂5对（极少数6~7对），开口于头部两侧，又称侧孔类。鳃裂侧位，胸鳍正常，不与吻的前缘愈合。分8目，即六鳃鲨目、虎鲨目、须鲨目、真鲨目、鲭（鼠）鲨目、角鲨目、扁鲨目、锯鲨目。

① 六鳃鲨目（Hexanchiformes）。结构原始。鳃孔6~7个。眼无瞬膜或瞬褶。有喷水孔。背鳍1个，无硬棘，后位，具臀鳍；胸鳍的中轴骨伸达鳍的前缘，前鳍软骨无辐状鳍条。脊椎分节不完全，但椎体多少钙化，脊索部分或不缢缩。吻软骨1个。颌两接型，上颌以筛突和耳突接于头骨，不与舌颌软骨相连。卵胎生。化石见于中生代侏罗纪。现存种很少，但广布于太平洋和大西洋热带和亚热带海域。1科4种。我国海域3种。常见种如扁头哈那鲨（*Notorynchus cepedianus*），体延长，前部较粗大，后部细狭，一般体长为2~3 m。头宽扁，尾狭长。口大，上颌长于下颌，下颌每侧有6个牙，牙扁并呈梳状。鳃孔7个，最后1个鳃孔位于胸鳍基底，故又称“七鳃鲨”。体背灰褐色，腹面灰白色，体表散布不规则之黑色斑点。背鳍1个，位于体后方；尾鳍很长，后部有一缺刻。分布于全世界的温带海域。地中海、印度洋及太平洋西北部都有分布。我国产于东海和黄海。夏秋两季生产，在黄海产量较大，为渔业捕捞对象之一。皮可制革，肉供食用，肝可制鱼肝油。

② 虎鲨目（Heterodontiformes）。中小型鲨，体长可达1.5 m，体粗大而短，头高，近方形。吻短钝，眼小，椭圆形，上侧位。鼻孔具鼻口沟。口平横，上、下唇褶发达。上、下颌牙同型，每颌前、后牙异型，前部牙细尖，3~5齿头，后部牙平扁，臼齿状。喷水孔小，位于眼后下方。鳃孔5个。背鳍2个，各具1硬棘；具臀鳍；尾鳍宽短，帚形；胸鳍宽大。栖息底层，食贝类及甲壳类动物。用背鳍鳍棘防御敌害。体黄色并具黑色横纹，是避免敌害的警戒色。虎鲨每次产卵2枚，卵具圆锥形角质囊，末端有长丝，借此固着于附着物上。分布在太平洋、印度洋各热带与温带海区。常见种如宽纹虎鲨（*Heterodontus japonicus*）（图版41－3），体延长，长在1 m以上。前部粗大，后部细小。头高大，方形，眼椭圆形，上侧位，无瞬膜。眶上突起显著。鼻孔大，近吻端与口隅相通形

成鼻口沟。口平横，唇褶发达。牙上、下颌同型，前部牙细小，3～5齿头；后部牙宽扁，臼齿状、方形或长方形，齿面圆凸，多行。喷水孔小，位于眼的后缘垂直线下方。鳃孔5个，向后依次狭小，最后3～4个鳃孔位于胸鳍基底上方。背鳍2个，各具1硬棘；尾鳍短，帚形，尾椎轴略上翘；上叶很发达；臀鳍起点稍后于第二背鳍基底，基底与尾基间距比基底长不到2倍；腹鳍近方形，鳍脚粗大，圆管形；胸鳍大。体黄褐色，具深褐色宽横纹，在头后宽狭纹交叠。在较寒水域近海底层栖息。运动不活泼。食贝类和甲壳动物。卵生，卵壳呈螺旋形。产量很少。在我国分布于黄海及东海。日本、朝鲜沿海也有分布。

③ 须鲨目（Orectolobiformes）。鳃孔5对。背鳍2个，无棘，具臀鳍。眼无瞬膜或瞬褶。椎体具辐射状钙化区，4个不钙化区无钙化辐条侵入。颌舌接型，上颌仅以韧带连于头骨。全世界3科30种，我国近海3科11种。如鲸鲨（*Rhincodon typus*）（图版41－4），体呈圆柱状或稍纵扁；体侧隆嵴明显；头扁平而宽广。吻短。眼小，侧位，无瞬膜。喷水孔小，位于眼后方。鳃裂特大，具独特的过滤构造，鲸鲨吸进一口水，闭上嘴巴，然后从鳃排出水。在嘴巴关闭与鳃盖打开之间的短暂期间，浮游生物就被排列在鳃与咽喉的皮质鳞突（dermal denticles）所困住。这个类似过滤器般的器官是鳃耙的独特变异，可以阻止任何大于2～3 cm的物体通过，液体则会被排出。任何被鳃条之间的过滤器官所阻塞的物体会被鲸鲨吞下去。口裂极大，前位，横向；口角具唇褶；无口鼻间沟。第一背鳍远大于第二背鳍；胸鳍特大，为稍窄之镰刀状；臀鳍与第二背鳍同大，基底亦相对；尾鳍叉形，上尾叉比下尾叉长2倍，由上叶及下叶之中部、后部组成，下尾叉则由下叶前部突出而成。体呈灰褐色至蓝褐色，体侧散布许多白色斑点及横纹，而这些斑纹排列呈棋盘状。鲸鲨是最大的鲨，鳃呼吸，是鱼类中最大者，通常体长在10 m左右，最大个体体长达20 m，体质量为15 t。身体延长粗大，每侧各具2个显著皮嵴。眼小，无瞬膜。口巨大，上下颌具唇褶。齿细小而多，圆锥形。喷水孔小，位于眼后。鳃孔5个，宽大。鳃耙角质，分成许多小枝、结成过滤网状。背鳍2个，第二背鳍与臀鳍相对。胸鳍宽大。尾鳍分叉。体灰褐或青褐色，具有许多黄色斑点和垂直横纹。鲸鲨是我国沿海的经济鱼类，肝可制鱼肝油和工业用油，做肥皂、油漆、蜡烛等的原料；皮可制革；肉、骨和内脏可制鱼粉，用以喂养家禽和家畜。鲸鲨几乎没有天敌，人类捕捞是其数量减少的一个主要原因。鲸鲨季节性聚集的地区是水产业的目标之一。东南亚和我国台湾省是鲸鲨主要捕捞区，捕捞上来的鲸鲨主要食用其肉质，有时也会将它的鳍割下以制作鱼翅。在其他地方虽然不是捕捞对象，但也会被误捕。鲸鲨是卵胎生的种类，曾有记录一尾怀孕的鲸鲨怀有超过300尾的胎仔，这可能是软骨鱼类中每胎孕子数最高的种类。尽管成熟的鲸鲨有不少被渔获的记录，却很少发现怀孕的个体，由此推测鲸鲨是十分的晚熟，怀孕的概率很低。鲸鲨生活于暖温性大洋海区的中、上层，主要分布在热带和温带海区，在我国南海、台湾海峡、东海、黄海南部较为常见。鲸鲨被世界自然保护联盟认为是濒危物种。

④ 真鲨目（Carcharhiniformes）。背鳍2个，无硬棘。具臀鳍。鳃孔5个。颌舌接型。吻软骨3个。眼有瞬褶或瞬膜。椎体具辐射状钙化区域，4个不钙化区域有钙化辐条侵入。肠的螺旋瓣呈螺旋形或画卷形。多分布于热带、温带海域。全世界有7科200余种，我国4科约60多种，是我国软骨鱼类中最多的一个类群。常见种如白边真鲨（*Carcharhinus albimarginatus*）（图版41－5），又称白边鳍白眼鲛，大而细长，身体最长可达3 m左右，生活在离岸较远岛屿的暗礁附近。体呈暗灰色，各鳍末端镶有白边，胸鳍窄而长，第一背鳍圆形。白边真鲨行动敏捷、迅速，它可以在珊瑚礁区来回自由穿梭觅食，从不主动攻击人类，它喜欢吃那些生活在海底部的硬骨鱼、小型软骨鱼、章鱼，幼小的鲨鱼出生时只有65 cm长。白边真鲨主要进食深海和中海层的鱼类，包括小型的鲨鱼及头足纲动物。胎生。雄性鲨鱼咬住雌性鲨鱼以便完成交配；交配后雌性鲨鱼的第一背鳍尖可能会被咬掉。雌性鲨鱼1年后会产下1～11条（通常是5～6条）幼鲨。新生鲨体长为63～68 cm。雄性鲨鱼在体

长约1.6~1.8 m为时性成熟，雌性鲨鱼在体长为1.6~2.0 m时性成熟。白边真鲨可作为人类的食物来源。它们主要是被流刺网和延绳钓捕捞的，肉可加工制成各种不同的肉制品，鳍可制成鱼翅，皮可制成皮革，肝可加工制成维生素药品及油，其他剩下的部分则可制成鱼粉。由于捕猎后它们整个身体的所有部分都能被人类加以食用和利用，因此经济价值极高。

⑤ 鼠（鲭）鲨目（Isuriformes）。鳃孔5对。背鳍2个，无棘，具臀鳍。眼无瞬膜或瞬褶。椎体具辐射状钙化区，4个不钙化区无钙化辐条侵入。颌舌接型，上颌仅以韧带连于头骨。两颌前后方牙齿同形。常见种如姥鲨（*Cetorhinus maximus*）（图版41-7），大型鲨鱼，仅次于鲸鲨。一般体长为6 m。最大的姥鲨总长可达12.27 m，体质量达19 t。有一个像巨穴般的颚（阔达1 m，在摄食时保持张开）、较长及明显的鳃裂（差不多环绕整个头部，且有更完善的鳃耙），眼睛较细。牙少，呈钩状，只有上颚的首3~4列及下颚的6~7列牙齿是有功用的。姥鲨的尾柄有很多龙骨，皮肤布满盾鳞及一层黏液，鼻端尖，尾鳍呈半月形。体型较大的姥鲨可以拍动背鳍。姥鲨身体呈很多不同的颜色，一般背部都是深褐色至深蓝色或黑色，腹部则呈暗白色。肝脏占体质量的25%及差不多整个腹腔的长度，在控制浮沉及长期储存能量中有重要作用。雌性姥鲨只有右边的卵巢仍有效用，这是鲨鱼中特有的特征。由于姥鲨的速度很慢、不具攻击性及丰富的数量，在历史上是渔业的主要收获。身体可以制成食物及鱼粉，鱼皮可制成皮革，有高角鲨烯成分的肝脏可制成鱼肝油。被渔猎的主因是它的鳍，亦即鱼翅中的天九翅。其他部分，如软骨亦会用作中药及日本的春药。

⑥ 角鲨目（Squaliformes）。背鳍2个，硬棘有或无；臀鳍消失。鳃孔5个，椎体环型或多环型。吻软骨1个。主要分布于世界各温水、冷水海区或深海。全世界3科87种，我国1科10种。如白斑角鲨（*Squalus acanthias*），又名棘角鲨、萨氏角鲨。2个背鳍都有鳍棘，没有臀鳍。白斑角鲨的群族达数百至数千条。群族一般会由差不多体型的个体组成。随水温的变化而向南或向北洄游，向浅处或深处移动。主要食稍小的鱼类，也食各种软体动物及甲壳动物，亦是其他大型鱼类、其他鲨鱼及水中的哺乳动物的猎物。分布于世界上大部分的浅水及海面海域，尤其是在温带的水域。主要栖息在沿海冷水区域，在我国近海主要分布于黄海。白斑角鲨在欧洲、美国、加拿大、新西兰及智利都会用作食物。鱼肉主要销往英格兰、法国等国家。鳍及尾巴则会制成价值较次等的鱼翅。

⑦ 扁鲨目（Squatiniformes）。体平扁；吻短而宽；胸鳍宽大并向头侧延伸，游离如袍袖，因而旧称袖鲛，西方俗称天使鱼或僧鱼；眼上位；口宽大，亚前位；牙上、下颌同型，细长单齿头型；鼻孔前位；鳃孔5个，宽大，延伸至腹面；背鳍2个，无硬棘。广泛分布于热带及温带的大西洋、地中海和太平洋，非洲南部东岸也有分布。本目仅1科（扁鲨科）约13种。我国2种。如日本扁鲨（*Squatina japonica*）（图版41-8），通常体长在1.0 m以内，大者可达1.5 m，喷水孔间隔大于眼间隔；胸鳍外缘与后缘呈90°；胸鳍前、后方及背鳍基底无暗色斑块。常浅埋于泥沙中，头部露出，静待鱼类到来，起而捕之。身体常分泌大量黏液，以去除泥沙。行动滞缓，不善游泳。食鱼类、甲壳类和软体动物。卵胎生。胎儿具很大卵黄囊，卵黄管粗短，每次产十多仔。分布于黄海、渤海和东海，朝鲜和日本沿海也有分布。为黄海和东海次要经济鱼类。

⑧ 锯鲨目（Pristiophoriformes）。体延长，体长可达4 m。吻很长，剑状突出，边缘具锯齿。腹面在鼻孔前方具1对皮须。头颇平扁。眼上侧位，具瞬褶。喷水孔大，位于眼后。鼻孔圆形，距口远。牙细小而尖，多行。鳃孔5~6个，均位于胸鳍起点的前方。背鳍2个，无硬棘，无臀鳍。锯鲨栖息于近海底层，吻锯为自卫利器。食甲壳动物、蠕虫类及小鱼等。肉质优良。本目1科5种，我国近海1种。如日本锯鲨（*Pristiophorus japonicus*），中型海产，通常体长为70 cm，体质量为1 000 g，最大个体体长可达1 m。体延长，前部稍宽扁，后部稍侧扁。头的背面宽扁，腹面平坦，尾细长。吻平扁，很长，突出呈剑状，边缘具锯齿；在吻的腹面具1对皮须；眼大，上侧位，具一低平瞬褶，不能上闭。口宽大，浅弧形，上唇褶消失，下唇褶稍发达。牙小，平扁，基部甚宽，齿头细尖。喷

水孔近三角形，位于眼后。鳃裂 5 个，中大，下部转入腹面，最后一个恰位于胸鳍基底前部。背鳍 2 个，无硬棘。第一背鳍位于体腔后部上方，起点后于胸鳍里角上方；第二背鳍比第一背鳍稍小而同形。尾鳍狭长。腹鳍比第二背鳍小。胸鳍宽大。尾基上下方无凹洼，尾柄下侧具一皮褶。体灰褐色，腹面白色，各鳍后缘浅色；吻上具暗色纵纹 2 条。性凶猛，以带锯齿的长吻猎取食物，以鱼、虾、软体动物为食。生活在冷温性近海的底层。分布于澳大利亚、日本、朝鲜等海区，我国分布于东海、黄海。肉味鲜美，带锯齿的长吻可制作工艺品，是收藏对象。

第二，下孔总目（Hypotremata）［鳐形总目（Batomorphp）］。

身体扁平形、菱形或圆盘形。胸鳍极度扩张，沿体侧直达头部，并与头部和躯干部相互愈合，使鱼体构成菱形或圆盘形。口和鼻孔位于腹面，鳃裂 5 对，开口在头部之腹面，故又称下孔类。眼和喷水孔在背面，躯干和尾退化成细鞭状。是一类营海底栖生活的软骨鱼类，游泳能力不强，主要靠一圈扇子一样的胸鳍波浪般地运动向前进平时隐藏在沙里，突然进攻游近的蟹和虾等种类。牙齿石臼状，适应于压碎软体动物、甲壳动物。背部长有一根剧毒的红色刺。

下孔总目分 4 目，即锯鳐目、鳐形目、鲼形目、电鳐目。

① 锯鳐目［Pristiformes（Pristiophoriformes）］。成鱼最大体长可达 9 m，吻锯长为 2 m，宽为 30 cm。吻平扁狭长，剑状突出，边缘具坚硬吻齿。无鼻口沟。鳃孔 5 个，腹位，位于胸鳍基底内侧。背鳍 2 个，无硬棘；胸鳍前缘伸达头侧后部；尾粗大，尾鳍发达；奇鳍与偶鳍的辐状软骨后端具很多角质鳍条。行动滞缓，常潜伏泥沙上，用吻锯掘土觅食，偶尔也上升至水面。主要摄取泥沙中的甲壳类或其他无脊椎动物，也用吻锯袭击成群的鱼类而食其受伤的个体。卵胎生，胎儿具大型卵黄囊，吻锯柔软，吻齿包于皮膜中。每胎约产 10 余仔。仔鱼刚出生时，体长约为 60 cm。分布于热带、亚热带各近岸海区和各大河口，有些进入江河、湖泊，甚至定居于淡水中并进行繁殖。肉质鲜美，鳍可制鱼翅，皮可制革，肝可制鱼肝油。本目仅 1 科（锯鳐科）6 种，我国有 2 种。如钝锯鳐（*Anoxypristis cuspidata*）（图版 42－1），体延长而平扁，背面稍圆凸，腹面平坦。头平扁，三角形；尾宽大，向后渐细小，下侧具一皮褶，自腹腔后面伸达尾鳍下叶上方。吻平扁，狭长，坚硬，具 3～5 个钙化软骨，作剑状突出，前部稍斜，前端圆钝；吻齿 25 对。眼上侧位，椭圆形，上缘连于皮上，下眼睑具瞬膜。喷水孔中大，卵圆形，斜列于眼后方。鼻孔狭长，斜侧位，鼻孔长稍大于眼径或鼻间隔；前鼻瓣具一小三角形突出，后鼻瓣外侧具一扁狭薄膜，内侧具一袜状突出，转入鼻腔中。鼻间隔颇宽，约等于鼻孔至口端的距离。口宽，横裂；上唇褶发达，牙细小而多，2 颌牙同型，铺石状排列。口内在上颌牙带后方具一宽腭膜，后缘细裂，中部凹入。鳃孔 5 个，颇小，斜列于头之后部腹面、胸鳍基底内侧。背鳍 2 个，无硬棘，约同型同大，后缘凹入，上角钝尖，前缘圆凸，下角延长尖突；第一背鳍起点位于腹鳍基底后端上方；第二背鳍与第一背鳍的距离约为第二背鳍基底长 2.5 倍，起点距尾鳍比距第一背鳍基底稍近。尾鳍宽短。腹鳍比背鳍稍小，后缘凹入，里角稍尖突。胸鳍颇大，后缘微凹，外角圆钝，里角尖突，基底伸达第一鳃孔前方。背面暗褐色，腹面白色。体背面肩上、胸鳍和腹鳍前缘均具一浅色横条。体光滑或具稀疏细鳞；鳍的前缘和上部也具鳍。分布于我国南海和东海南部，也见于红海、印度洋、印度尼西亚。东海和南海次要经济鱼类，产量不大。肉质鲜美，鳍可制鱼翅，皮可制革，肝可制鱼肝油。

② 鳐形目（Rajiformes）。体盘宽大，近亚圆形或近斜方形。吻或短或长，吻软骨发达或不发达。具鼻口沟。胸鳍前延，伸达或不伸达吻端，背鳍一般 2 个，有时 1 个或无，位近尾端；腹鳍前部分化为足趾状构造，有掘沙土的功能。广泛分布于热带和温带各近岸海区。8 科 315 种；我国有 6 科 28 种。如斑鳐［*Raja*（*Okamejei*）*kenojei*］（图版 42－2），体平扁，体盘略呈圆形或斜方形。一般体长为 30～50 cm。体盘宽度大于长度，体质量为 1 000～5 000 g。尾平扁狭长，侧褶发达、吻中长，吻端突出。幼体和雌性成体前缘稍波曲，吻稍突出；雄性成体前缘波曲很显著，吻显著突出。

眼小，椭圆形，吻长比眼径大3.6~4.4倍。喷水孔位于眼后。前鼻瓣宽大，伸达下颌外侧，后鼻瓣前部作半环形突出于外侧，形成一入水孔。口中大，横平；牙细小而多，铺石状排列，雄体尖锐，雌体平滑。栖息在较寒海区沙底，常浅埋沙中，露出眼和喷水孔，白日潜伏，晚上活动觅食。主要食蟹、虾等甲壳动物、软体动物和小鱼等。卵生、每胎产1~2仔。卵壳扁长方形，四角具角状突出，密具丝状黏性细条，附于藻、碎贝壳或石块上。刚孵出仔鱼体长约为9 cm。分布于我国黄海和东海；朝鲜、日本沿海亦有分布。为黄海和东海的次要经济鱼类，肉多刺少，无硬骨。肉可鲜食，但更多的是腌制加工成淡干鱼。

③ 鲼形目（Myliobatiformes）。体平扁，体盘宽大、圆形、斜方形或菱形。吻或短或长，无吻软骨。鼻孔距口很近，具鼻口沟，或恰位于口前两侧。胸鳍前延，伸达吻端，或前部分化为吻鳍或头鳍；背鳍1个或无；尾一般细长呈鞭状，尾鳍上、下叶退化或尾稍粗短，具尾鳍。9科150多种。如赤魟（*Dasyatis akajei*）（图版42-3），体极扁平，体盘近圆形，宽大于长。吻宽而短，吻端尖突，吻长为体盘长的1/4。眼小，突出，几乎与喷水孔等大。喷水孔紧接于眼后方；口、鼻孔、鳃孔、泄殖孔均位于体盘腹面。鼻孔在口的前方，鼻瓣伸达口裂。口小，口裂呈波浪形，口底有乳突5个，中间3个显著。齿细小，呈铺石状排列。体盘背面正中有一纵行结刺，在尾部的较大；肩区两侧有1行或2行结刺。尾前部宽扁，后部细长如鞭，其长为体盘长的2.0~2.7倍，在其前部有一根有锯齿的扁平尾刺，尾刺基部有一毒腺。在尾刺之后，尾的背腹面各有一皮膜，腹面较高且长。体盘背面赤褐色，边缘略淡；眼前外侧、喷水孔内缘及尾两侧均呈橘黄色，体盘腹面乳白色，边缘橘黄色。底栖鱼类，常居住于底质为泥沙的深潭中，多在夜间活动，主要以小鱼、小虾及软体动物为食。卵胎生，春季交配，秋季产卵，每胎产7~8个，母鱼有护仔现象。分布于我国南海和东海，长江口咸淡水中亦有。尾刺有毒。活体常挥动尾部进行刺击，人捞捕或处理鱼货时常被刺伤。由于尾刺两侧倒生锯齿，刺入皮肉再拔出时，尾刺两侧锯齿往往使周围组织造成严重裂伤，而尾刺毒腺分泌的毒液则使患者立即发生剧痛、烧灼感，继而全身阵痛、痉挛。创口很快变成灰色，苍白，然后周围皮肤红肿，并伴有全身症状，如血压下降、呕吐、腹泻、发烧畏寒、心跳加速、肌肉麻痹，甚至死亡。若治疗不当，数天后仍会复发，且有后遗症，如伤及手指，则手指强直，不能屈弯。肉味尚佳，皮厚实，含丰富的胶质，水发后烹制成“大扒鱼皮”，味道鲜美，是宴席上的珍品。除食用外，还有一定药用价值。其肉性味甘、咸平，无毒，有补气之功效。尾毒毒液是一种氨基酸和多肽类的蛋白质，其药性咸、寒，对于中枢神经和心脏具有一定的效应，有清热消炎、化结、除症之功效。尾刺研末入药，对治疗胃癌、食道癌、肺癌、乳腺炎、咽喉炎、疟疾、牙痛、魟鱼尾刺刺伤均有一定疗效。其肝除作为制作鱼肝油的原料外，煮食后能治夜盲症。

④ 电鳐目（Torpediniformes）。身体平扁，卵圆形，5个鳃裂，鳃裂和口位于腹位，吻不突出，臀鳍消失，尾鳍小，胸鳍宽大，胸鳍前缘和体侧相连接。在胸鳍和头之间的身体每侧有一个大的发电器官，能发电，以电击猎物。卵胎生。分布在热带和亚热带近海，半埋在泥沙中等待猎物，一般体形较小，没有食用价值。最大电鳐个体可以达2 m。在头胸部的腹面两侧各有一个肾脏形蜂窝状的发电器。排列成六角柱体，叫电板柱。电鳐身上共有2 000个电板柱，有200万块电板。电板之间充满胶质状的物质，起绝缘作用。每个电板的表面分布有神经末梢，一面为负电极，另一面则为正电极。电流的方向从正极流到负极，也就是从电鳐的背面流到腹面。在神经脉冲的作用下，这两个放电器就能把神经能变成电能，放出电来。单个电板产生的电压很微弱，由于数量很多，就能产生很强的电压，电鳐的每一个电板，只是肌纤维的变态，发电器官是从某些鳃肌演变而来的。发电器官最主要的枢纽，是器官的神经部分，电鳐能随意放电，完全能够掌握放电时间和强度。靠发出的电流击毙水中的小鱼、虾及其他的小动物，是一种捕食和打击敌害的手段。本目3科38种。如日本单鳍电鳐（*Narke japonica*），眼小而突出；喷水孔边缘隆起；前鼻瓣宽大，伸达下唇；皮肤柔软。

背鳍1个。头侧与胸鳍间有大型发电器。体盘亚圆形。腹鳍外角不突出，后缘平直。尾具侧褶。背部赤褐色，具少数不规则暗斑。鳃孔5个，狭小，直行排列。齿细小而多。近海底栖鱼类。大连沿海有分布，肉可食。

（2）全头亚纲（Holocephali） 头大，侧扁，体表光滑或偶有盾鳞；鳃裂4对，外被一皮膜状鳃盖，仅一对鳃孔通体外；背鳍2个，第一背鳍有1个能自由竖立的硬刺，尾细长如鞭；雄性除腹鳍内侧的鳍脚外，尚有腹前鳍脚及额鳍脚。仅1目3科近30种，我国产5种。

1目即银鲛目（Chimaeriformes），分布于大西洋和太平洋，栖息于深海2 600 m或更深处。夜间活动，出水即死亡。体由前向后逐步变细。体长为60～200 cm，雌鱼大于雄鱼。体延长侧扁。吻短，圆锥形，或延长尖突，或延长平扁，似叶钩状。两颌齿呈板型的喙状物。头大，侧扁。口腹位，上颌与脑颅愈合。背鳍2个，第一背鳍具有强大的硬棘，可以自由竖垂。第二背鳍低而延长，或短而三角形。尾歪形，下叶比上叶大，尾椎轴稍上翘；或圆形，尾鳍上、下叶近相等，尾椎轴平行，或线形。体表光滑，无鳞（幼体具有盾鳞）。胸鳍特宽大。雄鱼除鳍脚外，尚具腹前鳍脚及额鳍脚。卵大，圆筒形或椭圆形。肠具3～5螺旋瓣。心脏的动脉圆锥具3列瓣膜。鳃丝与鳃间隔几乎等长。鳃裂4对，外被一膜状鳃盖，后具一总鳃孔。无椎体，脊索不分节地缢缩；无泄殖腔。呼吸时水流主要经鼻孔的鼻口沟至口内，口一般闭合。游泳缓慢，依靠身体后部、第二背鳍和尾部波动前进。胸鳍起推进和平衡作用。体内受精。食贝类、甲壳类和小鱼。如黑线银鲛（*Chimaera phantasma*），俗称兔子鱼、海兔子。3.5亿年前，从鲛的祖先分出来的软骨鱼类，有“活化石”之称。中型海产鱼类。体长为30～60 cm，体质量为250～600 g。最大的个体长达1.5 m。体银灰色，侧扁，延长，向后细小。头高而侧扁，约为全长1/8，头宽等于头高1/2；头的上部、背鳍上部、背侧上部暗褐色，侧线暗褐色；侧线下方胸鳍与腹鳍之间具一黑色纵带。雄性的眼前上方具一柄状额鳍脚，能竖垂。吻柔软，高而圆钝。眼大，上侧位，斜椭圆形；眼径约为头长1/3。鼻孔圆形，位于口前，左右鼻孔互相靠近；具鼻口沟。口中大，横裂。外鳃孔1个，位于胸鳍基部前方；鳃孔宽约与眼径相等。鳃膜连于颊部。背鳍2个；第一背鳍具一扁长硬棘，能竖垂，后缘上部具锯齿，下部具一浅沟，前缘锋利，长约与最长鳍条相等，起点恰与鳃孔相对；第二背鳍延长低平，后缘圆形。尾鳍上叶低平，短，下叶低平延长，伸达尾条前1/2处，尾条后部光滑。臀鳍低平，后端尖突，与尾鳍下叶以一凹缺相隔。腹鳍中大，前缘、后缘圆凸；雄性腹鳍里侧具三叉形鳍脚。腹鳍前方另具一扁圆腹前鳍脚，藏于皮囊之中，能伸缩，里缘具8枚锯齿。胸鳍很宽大，前缘稍圆凸；基底具一宽大肌肉柄。侧线波曲平直，在第二背鳍与臀鳍凹缺处弯下，沿着尾的下缘后延。栖息于2 000 m水深的海洋中，冬季和生殖季节游向近海。以贝类、甲壳类和小鱼为食。分布于我国南海、东海和黄海及朝鲜、日本沿岸。肉可食，肉味鲜美，肝可制鱼肝油，具有治病药效。

3. 常见种类

软骨鱼纲 Chondrichthyes

板鳃亚纲 Elasmobranchii

侧孔总目 Pleurotremata

六鳃鲨目 Hexanchiformes

六鳃鲨科 Hexanchidae

扁头哈那鲨 *Notorynchus cepedianus*（Peron，1807）

虎鲨目 Heterodontiformes

虎鲨科 Heterodontidae

宽纹虎鲨 *Heterodontus japonicus*（Maclay et Macleay，1884）（图版41－3）

须鲨目 Orectolobiformes

鲸鲨科 Rhincodontidae

鲸鲨 *Rhincodon typus* Smith，1829（图版41－4）

真鲨目 Carcharhiniformes

双髻鲨科 Sphyrnidae

路氏双髻鲨 *Sphyrna lewini*（Griffith et Smith，1834）（图版41－6）

皱唇鲨科 Triakidae

皱唇鲨 *Triakis scyllium* Müller et Henle，1839

白斑星鲨 *Mustelus manazo* Bleeker，1854

灰星鲨 *M. griseus* Pietschmann，1908

猫鲨科 Scyliorhinidae

梅花鲨 *Halaelurus burgeri*（Müller et Henle，1838）

真鲨科 Carcharhinidae

白边真鲨 *Carcharhinus albimarginatus*（Rüppell，1837）（图版41－5）

镰状真鲨 *C. falciformis*（Bibron，1839）

铅灰真鲨 *C. plumbeus*（Nardo，1827）

鼠鲨目 Lamniformes

鼠鲨科 Lamnidae

尖吻鲭鲨 *Isurus oxyrinchus* Rafinesques，1810

噬人鲨 *Carcharodon carcharias*（Linnaeus，1758）

姥鲨科 Cetorhinidae

姥鲨 *Cetorhinus maximus*（Gunner，1765）（图版41－7）

角鲨目 Squaliformes

角鲨科 Squalidae

白斑角鲨 *Squalus acanthias* Linnaeus，1758

扁鲨目 Squatiniformes

扁鲨科 Squatinidae

日本扁鲨 *Squatina japonica* Bleeker，1858（图版41－8）

锯鲨目 Pristiophoriformes

锯鲨科 Pristiophoridae

日本锯鲨 *Pristiophorus japonicus* Günther，1870

下孔总目 Hypotremata

锯鳐目 Pristiformes

锯鳐科 Pristidae

钝锯鳐 *Anoxypristis cuspidata*（Latham，1794）（图版42－1）

鳐形目 Rajiformes

鳐科 Rajidae

斑鳐 *Raja*（*Okamejei*）*kenojei* Müller et Henle，1841（图版42－2）

鲼形目 Myliobatiformes

魟科 Dasyatidae

赤魟 *Dasyatis akajei*（Müller et Henle，1841）（图版42－3）

斑点魟 *Potamotrygon motoro*（图版42－4）

电鳐目 Torpediniformes

电鳐科 Torpedinidae

黑斑双鳍电鳐 *Narcine maculata*（Shaw，1804）

丁氏双鳍电鳐 *N. timleii*（Bloch et Schneider，1801）

单鳍电鳐科 Narkidae

日本单鳍电鳐 *Narke japonica*（Temminck et Schlegel，1850）

全头亚纲 Holocephali

银鲛目 Chimaeriformes

银鲛科 Chimaeridae

黑线银鲛 *Chimaera phantasma* Jordan et Snyder，1900

澳氏兔银鲛 *Hydrolagus ogilbyi*（Waite，1898）

长吻银鲛科 Rhinochimaeridae

太平洋长吻银鲛 *Rhinochimaera pacifica*（Mitsukuri，1895）

（三）硬骨鱼纲（Osteichthyes）

脊椎动物中种类最多的一个类群，现存约 19 000 种，广布于地球各个水域，其中许多类群是重要经济动物。

1. 形态特征

形态极为多样，具有一些区别于软骨鱼纲的共同特征：成体的骨骼大多为硬骨，口位于吻端，鳃间隔退化，具鳃盖骨，鳃裂不直接开口于体表，尾鳍大多为正尾型，即尾鳍的上下叶对称，尾椎的末端向上翘但仅达尾鳍基部，体表大多被圆鳞或栉鳞，两者都是骨质鳞，圆鳞的游离缘圆滑，栉鳞的游离缘呈齿状。少数硬骨鱼被硬鳞，鳞片呈菱形，表面有一层闪光质。大多数有鳔，作为身体比重的调节器，借鳔内气体的改变来帮助调节身体的浮沉。一般没有交配器，体外受精，体外发育，卵小，成活率低，但产卵量大。

包括鱼类中的绝大多数种类，是水中生活最成功、最繁盛的脊椎动物。

2. 系统分类

分 2 亚纲，即肉鳍亚纲（2 总目）和辐鳍亚纲（9 总目）。

（1）肉鳍亚纲（Sarcopterygii）　口腔内具有内鼻孔，有原鳍型的偶鳍，即偶鳍有发达的肉质基部，鳍内有分节的基鳍骨，外被鳞片，呈肉质状或鞭状，肠内有螺旋瓣。分 2 总目 3 目，即总鳍总目（腔棘目）和肺鱼总目（澳洲肺鱼目、美洲肺鱼目）。

第一，总鳍总目（Crossopterygiomorpha）。

一类出现于泥盆纪（3.6 亿年前）的古鱼，也是当时数量最多的硬骨鱼类，上石炭纪（2.5 亿年前）基本绝迹，现存仅腔棘鱼目中的矛尾鱼科。具有一系列原始特征，如中轴骨是一条纵行的脊索，不存在椎体等。早期的总鳍鱼类栖息于淡水中，有鳃、鳔和内鼻孔，能在气候干燥、周期性缺氧水域中用鳔呼吸空气，同时凭借肌肉发达的肉叶状偶鳍支撑鱼体爬行。总鳍鱼类一直被认为已于中生代末期的白垩纪时完全绝灭。1938 年 12 月在非洲东南沿岸河口水深 70 m 处首次捕获一尾体长为 1.8 m、体质量为 95 kg 的总鳍鱼，依据其尾形定名为矛尾鱼（*Latimeria chalumnae*），以后又在科摩罗群岛附近的海域中陆续捕得多尾矛尾鱼，总鳍鱼的孑遗已成为动物界最珍贵的“活化石”之一。

腔棘目（Coelacanthiformes）。中轴骨骼是尚未骨化的弹性脊索，椎体不存在；偶鳍支撑叶的末端圆形，具中轴骨，由 4 个坚实软骨组成，且有侧嵴条；体鳞菱形或圆形，外层为似珐琅质的

cosmine层；头下有一对喉板。现仅存1科1种，即矛尾鱼科（Latimeriidae）矛尾鱼。矛尾鱼头大、口宽，牙齿锐利。体呈长梭形，躯体粗壮，全长为1～2 m，体质量为13～80 kg，体被平列的圆鳞而带金属蓝色；体表粗糙，体后部和鳍基部鳞较小，侧线完全。背鳍2个，第一背鳍鳍条骨化，具嵴，呈棘状，第二背鳍与胸鳍、腹鳍、臀鳍外形相似，呈柄状，鳍条着生在很厚的肉质鳍柄上。偶鳍内骨骼排列分节为非对称式。尾鳍外形近似矛状，3叶，由一个中心小叶将整个尾鳍平分上下两部。脊索终生存在，其上方和下方有小块硬骨。肠内具螺旋瓣。鳔小，无呼吸功能，只起调节鱼体比重的作用。肉食性，专吃乌贼和鱼类，食量极少，每昼夜仅吃10～20 g鱼肉。卵胎生，卵径为9 cm，幼仔在输卵管中可长达33 cm。生活在水深为50～550 m的海洋中，游泳迅速，夜行性，白天像冻死的僵鱼一样成群躺在约200 m深的海底洞穴里，日落后爬出洞穴，寻找食物。矛尾鱼可以灵敏地感受到磁场的微小变化，当小鱼等猎物途经附近时，周围磁场发生变化，它便冲向猎物，饱食一顿。矛尾鱼类在适应海洋生活的进化过程中，摒弃了它们远祖用鳔呼吸的习性，所以鳔已变成充有结缔组织和脂肪的2个囊状结构，内鼻孔也随之发生次生性外移而在口腔中消失。

第二，肺鱼总目（Dipneustomorpha）。

以“肺”（鳔）呼吸空气，偶鳍支撑叶尖锐；具内鼻孔；现生种类具覆瓦状的圆鳞；尾鳍与背鳍、臀鳍相连，在水中，鳍能像脚一样支撑身体。有动脉圆锥，心脏分成不完全的两部分；头下无喉板。分布于热带水域，体长可达2 m。河水干涸时，作茧状伏于泥底或洞穴中。现仅存2目3科5种。

① 澳洲肺鱼目（角齿鱼目）（Ceratodiformes）。因齿板呈角状而得名。现在生存只有1科1属1种，即澳洲肺鱼（*Neoceratodus forsteri*）。营呼吸作用的鳔为单个肺囊，不成对，又被称为单肺类。大部分骨骼终生为软骨，具很发达的脊索，无椎体，心脏有动脉圆锥，肠内具螺旋瓣，具泄殖腔。胸鳍、腹鳍为双列式原鳍，在分节的主轴骨两侧为羽状支鳍骨，背鳍、臀鳍和尾鳍相连。颌弓和脑颅的连接是自接型。我国多次发现角齿鱼化石，是古老而形态极为特殊的淡水鱼类。澳洲肺鱼体长为125 cm，体质量为10 kg，体呈长梭形，覆盖大而薄的圆鳞，胸鳍、腹鳍呈叶状，其肉质部分具鳞；背鳍、尾鳍、臀鳍相连为一。鳔长，不成对，鳔内有2条纤维带，一背一腹将鳔分为左右两部分，并在两侧形成许多对称中隔，将鳔分隔成许多对称的小气室（肺泡）。鳃5对，发达，可以用鳃和鳔（肺）同时进行呼吸，也可以单独使用肺或鳃呼吸。产于澳大利亚昆士兰。

② 美洲肺鱼目（Lepidosireniformes）。营呼吸作用的鳔为双叶，也称双肺类，2科2属4种。体延长近似鳗形；偶鳍退化，呈鞭状，其上无鳞片和鳍条；鳃部分退化，鳃弓5对或6对；幼鱼具羽状外鳃；体被细小圆鳞。生活在河流或缺水且有时完全干涸的沼泽中。其他结构特点与澳洲肺鱼目（角齿鱼目）类似。主要种类如美洲肺鱼（*Lepidosiren paradoxa*），又称泥鳗，体鳗形，被覆埋于皮下的细小圆鳞；胸鳍、腹鳍极端退化，只留一根分节的主轴骨，呈鞭状。在所栖水域开始干涸时，便部分地改为肺呼吸；当完全干枯时，就钻入淤泥中，进入休眠状态，完全用肺呼吸。干旱期过后，水位恢复，肺鱼就从泥中钻出，进行生殖。卵产在水底挖出的穴道中，雄鱼留在其中，守候受精卵到孵化成幼鱼。在此期间，雄鱼的腹鳍肥大，生出许多具有丰富血管的丝状物，可自血液中分离氧气，有利于其幼鱼的孵育。幼鱼两侧有4对羽状外鳃，外鳃存在期很短。以各种动、植物为食，其中以软体动物为主。

（2）辐鳍亚纲（Actinopterygii）［真口亚纲（Teleostomi）］　偶鳍不呈原始型，基部无肉质浆叶（多鳍鱼目除外），支鳍骨1行，鳍条呈辐射状排列。无内鼻孔，绝大多数种类有鳔。鳃间隔退化。泄殖腔不存在，肛门与泄殖孔一般不位于腹鳍基底附近（鲟形目例外），肛门开口于泄殖孔的前方。体被硬鳞、圆鳞或栉鳞，或裸露无鳞。无鳍脚。是现生鱼类中种类最多的亚纲，分9总目36目，我国产28目。9总目分别为硬鳞总目、鲱形总目、鲤形总目、鳗鲡总目、骨舌总目、银汉鱼总目、鲑鲈总目、鲈形总目、蟾鱼总目。

第一，硬鳞总目（Ganoidomorpha）。

古老类群的残余，保留一些原始性状。腹鳍腹位，胸鳍位低，尾鳍歪尾型或短截歪尾型；大多数在喉部具有喉板；大多数鳞片为菱形硬鳞；大部分有螺旋瓣；心脏动脉圆锥有3～8列瓣膜。

① 多鳍鱼目（Polypteriformes）。1科11种。具硬鳞、喷水孔以及其他原始性状。体长，近圆筒形，略宽。口大，颌具细齿。有较长的鼻管。眼小。鳃孔大。背鳍由5～18个分离的特殊小鳍组成。胸鳍基部具有发达的肉叶，其上被覆细小鳞片，其内为1软骨板和2骨条，向外有很多“鳍担骨”支持鳍条，向内连至肩胛骨和乌喙骨。腹鳍短；臀鳍亦短小，靠近尾鳍；尾鳍圆形。分布于非洲的尼罗河和刚果河中。栖息于温暖的浅湾和沼泽地带。耐受力强，即使在缺氧条件下也能生存。性凶猛，成鱼主要捕食鱼类。亲鱼有护卵护仔的习性。

② 鲟形目（Acipenseriformes）。古老的大型鱼类。现存2科25种，其中纯淡水种类15种。我国现存8种。具有许多与软骨鱼相似的特征，体形似鲨，具长吻，口横位于吻的腹面，歪形尾，骨骼大部为软骨，脊索发达，终生存在，肠内有螺旋瓣。体呈梭形，具5纵行骨板状硬鳞或仅在尾鳍上叶背有1行棘状硬鳞；吻尖长或呈平扁匙状；尾鳍歪型；口裂直或新月形，位于头腹面，能伸缩吸食；口前须细小；眼小；外鼻孔2对，有小型喷水孔；牙细小或消失；大部分骨骼为软骨；肠内具退化的螺旋瓣；背部一般深灰或灰黄，侧部黄白或乳白，幼体色较深。本类群在古生代和中生代初期曾盛极一时，现仅存少数几种，仅分布于北半球。为溯河产卵洄游性或淡水定居性鱼类，健游。春季或秋季产卵。主要种类如中华鲟（*Acipenser sinensis*）（图版42－5），大型的溯河洄游性鱼类，是我国特有的古老珍稀鱼类。世界现存鱼类中原始的种类之一。最早出现于距今2.3亿年前的早三叠世，一直延续至今，生活于我国长江流域，是珍贵的“活化石”。体呈纺锤形，头尖吻长，口前有4条吻须，口位在腹面，有伸缩性，并能伸成筒状，体被覆5行大而硬的骨鳞，背面1行，体侧和腹侧各2行。介于软骨与硬骨之间，骨骼骨化程度普遍地减退，中轴为未骨化的弹性脊索，无椎体。歪尾型，偶鳍具宽阔基部，背鳍与臀鳍相对。腹鳍位于背鳍前方，鳍及尾鳍的基部具棘状鳞，肠内具螺旋瓣，肛门和泄殖孔位于腹鳍基部附近，输卵管的开口与卵巢远离。个体较大，最大体质量达560 kg，是长江中最大的鱼，有“长江鱼王”之称。寿命较长，可达40龄。性成熟较晚。在产卵群体中，雄鱼年龄一般为9～22龄，体质量为40～125 kg；雌鱼为16～29龄，体质量为172～300 kg。年平均增长速度，雄鱼为5～8 kg，雌鱼为8～13 kg。从幼鱼长到大型成鱼需8～14年。典型的溯河洄游性鱼类，平时栖息在海中觅食成长，开始成熟的个体于7—8月由海进入江河，在淡水栖息1年性腺逐渐发育，至翌年秋季，繁殖群体聚集于产卵场繁殖，产卵以后，雌性亲鱼很快即开始降河。产出的卵黏附于江底岩石或砾石上面，在水温17～18 ℃的条件下，受精卵经5～6 d孵化。刚出膜的仔鱼带有巨大的卵黄囊，形似蝌蚪，顺水漂流，12～14 d以后开始摄食。再年春季，幼鲟渐次降河，5—8月出现在长江口崇明岛一带，9月以后，体长已达30 cm的幼鲟陆续离开长江口浅水滩涂，入海肥育生长。中华鲟是底栖鱼类，肉食性，主要以一些小型的或行动迟缓的底栖动物为食，在海洋主要以鱼类为食，甲壳类、软体动物次之。河口区的中华鲟幼鱼主食底栖鱼类和蚬类等，产卵期一般停食。中华鲟在分类上占有极其重要地位，是研究鱼类演化的重要参照物，在研究生物进化、地质、地貌、海侵、海退等地球变迁等方面均具有重要的科学价值和难以估量的生态、社会、经济价值。但由于种种原因，这一珍稀动物已濒于灭绝。保护和拯救这一珍稀濒危的“活化石”对发展和合理开发利用野生动物资源、维护生态平衡，都有深远意义。中华鲟属国家一级重点保护野生动物，目前人工授精繁殖幼鲟已取得成功，增殖放流成效显著。

③ 弓鳍鱼目（Amiiformes）。1科1种。较古老的淡水鱼。尾鳍近歪尾型；前颌骨不能伸缩，紧连头骨；前胸鳍的后鳍基骨上有数块支鳍骨；鳞多为菱形硬鳞。一般体长为30～60 cm，最大可达90 cm，雄鱼略小；体圆筒形；口大，具齿；体被圆鳞；水中缺氧或离水能借助鳔的作用从空气中吸

收氧气。分布于北美东部各河流和大湖区。常栖息于水草丛生的水域，以鱼、虾和软体动物为食，春季在沿岸淡水区繁殖。

④ 雀鳝目（Lepisosteiformes）。1 科 7 种。一般体长为 1 ~ 2 m，最大的可达 3 m。体延长，上、下颌亦长。口裂深，具锐齿。背、臀鳍相对并位于体后部；无脂鳍；腹鳍腹位。各鳍无硬刺。侧线完全。鳔有鳔管与食道背部相连，鳔多分室，形如肺，鳔壁密布微血管，可营气体代谢。体被菱形硬鳞，具后凹椎体及近歪形尾，系低等硬骨鱼。是大型凶猛鱼类，主要生活于淡水，偶入咸淡水。喜单独生活。卵有毒，呈绿色，黏附于水草或砾石上。孵化后幼鱼仍悬垂在固着物上。肉可食。常见种如斑雀鳝（*Lepisosteus oculatus*）（图版 42 - 6），身体背部中央，由眼至尾部呈现纵列状的斑点。体形长筒形。嘴部前突，有齿，酷似鳄鱼嘴。体色青灰，体表布满深色斑纹。皮肤有硬鳞覆盖，皮坚鳞厚，体型怪异。体长可达 1.2 m。鳃呼吸，若水浑，呈现缺氧状态，就会将长嘴突出水面，直接吸取空气，用鳔来呼吸。适宜水温为 18 ~ 30 ℃，适应范围很广，对水质不挑剔，喜食小鱼等活饵，驯服后也可喂食人工饲料。在北美的冬天，在水底作假死状，度过冬天。春天 3—4 月产卵，将卵产于水草上。淡水种类，常见于水族馆，也作为宠物养在家中水族箱中，个体长大后常被弃于河流中，严重破坏本地水域的生态平衡。也可在咸淡水中生活。

第二，鲱形总目（Clupeomorpha）。

腹鳍腹位，鳍条一般不少于 6 枚；胸鳍基部位置低，接近腹缘；鳍无棘，圆鳞。主要有 6 目，即海鲢目、鲱形目、鲑形目、鼠鱚目、灯笼鱼目、拟鲸鱼目（辫鱼目）。

① 海鲢目（Elopiformes）。3 科 11 种，我国 3 科 3 种。体较大，呈纺锤形，侧扁，体被圆鳞；鳍无鳍棘；背鳍 1 个；偶鳍基部有数片腋鳞；尾鳍深叉形。在生长过程中，有变态发育。分布于热带及亚热带海域，偶尔进入咸淡水或淡水。主要种如大海鲢（*Megalops cyprinoids*），体较短壮，略侧扁。被大圆鳞，侧线直。背鳍稍小于臀鳍，最后鳍条延长为丝状。背鳍、臀鳍基底没有鳞鞘。体背部青灰色，腹部银白色。吻端青灰色。各鳍淡黄色。背鳍和尾鳍的边缘灰色。胸鳍末端散有小黑点。体长可达 100 cm。暖水性近海中、上层鱼类。栖息于热带和亚热带海水域，有时进入河口区。摄食小虾和小鱼。幼鱼发育经变态过程。

② 鼠鱚目（Gonorhynchiformes）。4 科 16 种，14 种产于淡水，我国产 2 种。口小，上颌缘主要由前颌骨组成；两颌无牙、体被圆鳞或栉鳞，无脂鳍；有鳃上器官；鳔有或无；无眶蝶骨、基蝶骨；尾下骨 5 ~ 7 块；无颞孔。主要分布于热带和亚热带。常见种如遮目鱼（*Chanos chanos*），体延长形，稍侧扁，体长为 30 ~ 40 cm、体质量为 3 kg 左右，大者体长为 1.5 m、体质量为 10 kg。头前部稍平扁，近似纺锤状。眼大，脂眼睑发达，眼被完全遮盖，故名“遮目鱼”。口小，吻钝圆，上颌正中具一凹陷，下颌缝合处有一凸起，上、下颌的凹凸相嵌。两颌无牙。体被小圆鳞，头部无鳞。侧线发达。背部青灰色，腹部银白色。背鳍位于腹鳍前上方，基部有鳞鞘；胸鳍及腹鳍基部具一尖长腋鳞；尾鳍深叉形，上、下叶均尖长。体延长，稍侧扁，截面呈卵圆形；圆鳞，鳞小，鳞片在背鳍与臀鳍基形成鳞鞘；口端位，口小，下颌中央具突起，无齿，胸鳍低位，尾鳍深分叉。热带及亚热带水域鱼类，能适应各种不同盐度的栖息环境，淡水、红树林区、海洋中的砂质底地形或珊瑚礁区的环境，皆有其踪迹。一次可产卵上百万颗，春、秋季节之仔稚鱼期常在靠海近岸河口区随波逐流，渔民捞捕后，售与养殖户蓄养，人工繁殖亦已成功。

③ 鲱形目（Clupeiformes）。4 科 330 种，我国产 3 科。是最接近原始类型的硬骨鱼类。体被圆鳞或栉鳞。背鳍和臀鳍无真正鳍棘；腹鳍腹位，有些种类无腹鳍；尾鳍为正尾型。无棘状鳞。椎体中央通常有一孔。无韦伯氏器。常有下尾骨。上颌口缘常由前颌骨和上颌骨构成。有上枕骨。鳔有或无，鳔存在时具鳔管。广泛分布于全世界各海域和某些淡水水域，其中 26 种生活于淡水中。鲱形目种类是重要的经济鱼类，主要种如太平洋鲱（*Clupea pallasi*），头小，体呈流线型；色鲜艳，体侧

银色闪光、背部深蓝金属色；体延长而侧扁，体长一般在 25～35 cm。口端位。眼中大，有脂眼睑。前颌骨小，上颌骨长方形，辅上颌骨 2 块。下颌、犁骨和舌上均有细牙，上颌和腭骨无牙。鳃膜不与颊部相连，体被薄圆鳞，腹部钝圆，棱鳞弱小。背鳍位于体的中部与腹鳍相对，鳍条 15～17 根，臀鳍中等长，有鳍条 18 根，尾鳍深叉形。背侧蓝黑色，腹侧银白色，为冷水性中、上层鱼类。食浮游生物。以桡足类等浮游甲壳动物以及鱼类的幼体为食。成大群游动，自身又为体型更大的掠食动物，如鳕鱼、鲑鱼和金枪鱼等所捕食。适低温，水温要求在 10 ℃以下，平时栖息较深海域，繁殖时游向近海产卵，产卵后鱼群分散。春季产卵，沉性黏着卵，怀卵量为 3 万～10 万粒。繁殖期自 12 月至仲夏，产卵时间取决于纬度和温度。每条雌鱼可产 4 万枚黏性卵，附着于海草或岩石上；约 2 周后幼鱼孵出。幼鱼约 4 年后成熟，寿命可达 20 年。分布于北太平洋西部，我国只产于黄海。体内多脂肪，供鲜食或制罐头食品，卵巢大，富营养价值，是重要水产品之一。

④ 鲑形目（Salmoniformes）。25 科 510 种，纯淡水种类 82 种。我国 18 科 91 种，其中 45 种是深海种。上颌缘一般由前颌骨与上颌骨构成，具齿；一般有前后脂眼睑；多数有脂鳍，位于背鳍后或臀鳍前；一般被圆鳞；通常胸鳍位低，腹鳍腹位。多为冷水性鱼类。栖息于淡水、海水中。有些是溯河洄游性鱼类，洄游性种类在环境隔绝和食物丰富的情况下易变成陆封型。肉食性。常见种如大麻哈鱼（*Oncorhynchus keta*），体长而侧扁，一般体长为 60 cm 左右，侧扁，略似纺锤形；吻端突出，形似鸟喙，生殖期雄鱼尤为显著，相向弯曲如钳状，使上、下颌不相吻合。口大，内生尖锐的齿，上、下颌各有 1 列利齿，齿形尖锐向内弯斜，除下颌前端 4 对齿较大外，余齿皆细小。是凶猛的食肉鱼类。头后至背鳍基部前渐次隆起，背鳍起点是身体的最高点，从此向尾部渐低弯。上颌骨明显，游离，后端延至眼的后缘。眼小，鳞细小，作覆瓦状排列。脂鳍小，位置靠后。尾鳍深叉形。生活在海洋时体色银白，入河洄游不久色彩则变得非常鲜艳，背部和体侧先变为黄绿色，逐渐变暗，呈青黑色，腹部银白色。体侧有 8～12 条橙赤色横斑条纹，雌鱼较浓，雄鱼条斑较大，吻端、颌部、鳃盖和腹部为青黑色或暗苍色，臀鳍、腹鳍为灰白色。到了产卵场时，体色更加黑暗。在海里生活 4 年之后，8—9 月性成熟，成群结队地从外海游向近海，进入江河，涉途几千里，溯河而上，回到出生地。入江后停止摄食，有些大麻哈鱼进入乌苏里江、松花江等黑龙江的清冷支流，以寻找最理想的产卵场所。产卵前，雌鱼用腹部和尾鳍清除河底淤泥和杂草，拨动细沙砾石，建筑一个卵圆形的产卵床。产卵后，亲鱼守护在卵床边，直到死亡。100 多天后，卵孵出，来年春天，小鱼顺流而下，游向大海，一旦性成熟，又会历经千难万险，游回家乡。大麻哈鱼有很高的经济价值，不仅肉味鲜美，鱼子更为名贵。鱼子大，直径约为 7 mm，色泽嫣红透明，宛如琥珀，营养价值极高，是做鱼子酱的上好原料。

⑤ 灯笼鱼目（Myctophiformes）。15 科 400 余种。大多数种类体上具各种形状的发光器，在夜间或幽暗的深水中发出各种不同颜色的光泽，鲜艳夺目，因形似灯笼而得名。口裂宽，具齿。骨无硬骨细胞。具有鳃弓收缩肌。背鳍和臀鳍不具鳍棘；腹鳍通常腹位；一般具脂鳍。鳔有或无，若有鳔时，具鳔管。有输卵管。多数种类体上被鳞。海产，绝大多数生活在中深层海区里。主要种如大鳞新灯鱼（*Neoscopelus macrolepidotus*），体中等大，长形，侧扁。头大，吻中等大，前端突出，吻长约等于眼径。口大，倾斜，上颌延伸至眼下方，末端扩大，下颌略突出于上颌；上下颌具绒毛齿带。体被薄圆鳞，易脱落；侧线完整。背鳍位于中部前，具软条 12～13，后部具一脂鳍；臀鳍基底略等或等于背鳍基底，具软条 12～13 条；胸鳍延长，末端可达肛门；尾鳍叉形。各部位之发光器位置于下：颊部发光器 9 个，沿颊部侧缘呈直线排列；体侧发光器 24 个，由胸鳍基部上方起至尾柄中部；胸部发光器 9 个，由颊部后方至腹鳍基的前方；腹尾发光器 24 个，由腹鳍基部至尾柄后部，其中由腹鳍基部后方至臀鳍起点间 10 个，臀鳍基部上方 6 个，尾柄上 8 个；腹鳍前发光器 9 个，位于胸部发光器的下侧，前面 3 个较小；前部正中线发光器 23 个，首 2 个较小；后部正中线发光器 5 个，

皆小型；胸鳍下方发光器3个，三者排列呈三角形；胸鳍基底发光器3个，三者排列呈浅弧形；腹鳍附属发光器3个，皆小型，三者排列呈三角形；腹部发光器1个；肛门周围发光器8个。栖息于大陆棚或岛屿斜坡缘水域，栖息深度在300～800 m。分布于世界三大洋之热带及亚热带沿岸海域。

⑥ 拟鲸鱼目（辫鱼目）（Cetomimiformes）。10科约40种，我国2科3种，因有些种类的体形与鲸类相像而得名。身体柔软且具发光组织。眼小或退化，口大，口裂甚宽，上颌缘由前上颌骨或上颌骨组成。体多数裸露，少数种类具易脱落的薄鳞，极少数皮肤上有小刺。腹鳍存在时，呈腹位、胸位或喉位；背鳍大多和臀鳍相对，位于体的后部；多数种类无脂鳍。体通常为黑色，但也呈现橙色和红色。侧线由一定数量的小孔组成。大部分种类分布于世界各大洋，栖息于深海。

第三，鳗鲡总目（Anguillomorpha）。

体延长，大致呈鳗形；腹鳍腹位或无腹鳍，背鳍与臀鳍通常延长，且与尾鳍相连；仔鱼体如柳叶，个体发育经明显变态。分3目，即鳗鲡目、囊咽鱼目、背棘鱼目，我国仅产鳗鲡目。

① 鳗鲡目（Anguilliformes）。19科约600种，我国有12科110多种。一般无腹鳍；体长蛇形；鳃孔狭窄；鳍无硬刺或棘；背鳍及臀鳍均长，一般在后部相连续；胸鳍有或无。体无鳞，有鳞时为细小圆鳞。鳔若有时具鳔管。脊椎骨数多，可多达260个。我国大多数种海产，仅极少数种类进入淡水河流中。生殖时远离海岸，常把卵产在深海中。发育中有变态现象，仔鱼带状，称叶状幼体，无色透明，在漂流接近沿岸过程中逐渐变态，有伸长期、收缩期及稚鱼期3个阶段。个别种类营寄生生活。体中等大。多数种类为经济鱼类。我国大多数种产于东海、南海，仅极少数种类进入淡水河流中。世界各地均有分布。常见种如日本鳗鲡（*Anguilla japonica*），身体细长如蛇形，体长最大可达1.3 m，前端圆柱形，自肛门后渐侧扁，尾部细小，头尖长。吻钝圆，稍扁平；口大，端位；上下颌及犁骨均具尖细的齿；唇厚，为肉质；前鼻孔近吻端，短管状，后鼻孔位于眼前方，不呈管状；眼中等大小；鳃孔小，位于胸鳍基部下方，左右分离。侧线发达而完全、鳞细而长，隐蔽于表皮内。背鳍低而长，其起点距肛门较距鳃孔为近；背鳍和臀鳍起点间距短于头长，但长于头长之半。无腹鳍，臀鳍低长，与尾鳍相连，尾鳍短，呈圆形。体背部灰黑色，腹部灰白或浅黄，无斑点。雄鳗通常在江河口成长；而雌鳗则逆水上溯进入江河的干、支流和与江河相通的湖泊，有的甚至跋涉几千公里到达江河的上游各水体。它们在江河湖泊中生长、发育，往往昼伏夜出，喜欢流水、弱光、穴居，具有很强的溯水能力，其潜逃能力也很强。到达性成熟年龄的个体，在秋季又大批降河，游至江河口与雄鳗会合后，继续游至海洋中进行繁殖。据推测其产卵场在30°N以南和我国台湾省东南，水深为400～500 m，水温为16～17 ℃，盐度30以上的海水中，一次性产卵，1尾雌鳗可产卵700万～1 000万粒。卵小，直径约为1 mm，浮性，10 d内可孵化，孵化后仔鱼逐渐上升到水表层，以后随海流漂向我国、朝鲜、日本沿岸，冬春在近岸处变为白苗，并随着色素的增加而变为黑苗。开始溯河时为白苗，到溯河后期则以黑苗为主，混杂少量白苗。鳗鲡的性腺在淡水中不能很好地发育，更不能在淡水中繁殖，雌鳗鲡的性腺发育是在降河洄游入海之后才得以完成。在秋末（8—9月）大批雌鳗接近性成熟时降河入海，并随同在河口地带生长的雄鳗至外海进行繁殖。鳗鲡常在夜间捕食，食物中有小鱼、蟹、虾和水生昆虫等，也食动物腐败尸体，更有部分个体的食物中发现有高等植物碎屑。摄食强度及生长速度随水温升高而增强，一般以春、夏两季为最高。池养的鳗鲡在盛夏时摄食强度降低。水温低于15 ℃或高于30 ℃时，食欲下降，生长减慢；10 ℃以下停止摄食。冬季潜入泥中，进行冬眠。鳗鲡能用皮肤呼吸，有时离开水，只要皮肤保持潮湿，就不会死亡。鳗鲡在黄河、长江、闽江及珠江等流域均有分布。鳗鲡肉质细嫩，味美，尤含有丰富的脂肪，肉和肝的维生素A的含量特别高，具有较高的营养价值，已进行人工养殖。

② 背棘鱼目（Notacanthiformes）。3 科约 100 种，我国 1 科 2 种。前上颌骨及颌骨具齿，背鳍在肛门前，且具软条 9～13 条，无硬棘。凹陷状的侧线延伸整个身体，鳞片较大的侧线孔在身体两侧，约为 30 个侧线鳞数。

第四，骨舌总目（Osteoglosso）。

仅 1 目，即骨舌鱼目。

骨舌鱼目（Osteoglossiformes）现生存 4 科 20 种。口上位或端位，上颌缘由前颌骨和上颌骨构成。鳔与内耳相连或不相连。如有腹鳍，则为腹位；胸鳍位低；无脂鳍；背鳍小或中等，位于体之中部或后部；臀鳍一般位于体之后部或与尾鳍相连。体被圆鳞，具侧线，热带淡水鱼类。常见种如双须骨舌鱼［银龙鱼（*Osteoglossum bicirrhosum*）］，中大型淡水鱼类。一般体长为 30～50 cm，体质量为400～600 g，最大的个体长可达 1 m。体延长，侧扁。口上侧位。吻须 1 对。头部和鳃盖部具有大型板状骨骼。鳃为蜂窝状，可用以呼吸外界空气。背鳍与臀鳍较长，位于体后部。胸鳍大。腹鳍位于胸鳍的后方。尾鳍短小。体被大的鳞片，鳞片呈粉红色的半圆形状。体银白色，并含有蓝色、青色等淡混合色，闪闪发光。生活在热带的江河湖泊中，喜静，平常在水草丛生环境中游弋，当遇猎食对象时能迅速出击，以鱼、虾、贝为食。

第五，鲤形总目（Cyprinomorpha）。

腹鳍腹位，背鳍 1 个。通常鳍无棘，有时背鳍、臀鳍及胸鳍有 1～3 枚棘，是分节的假棘，由鳍条骨化而成，某些种类有脂鳍，鳔有管通于消化管。具有韦伯氏器，其中三脚骨与鳔相联系，故称此类为骨鳔类。广泛分布于世界各大洲，大部分生活在淡水水域，尤以热带淡水中最多。种类繁多，约有 5 000 种，其中许多种类具有重要的经济价值。

鲤形总目分 2 目，即鲤形目、鲇（鲶）形目。

① 鲤形目（Cypriniformes）（淡水）。现生淡水鱼类中最大的一目，6 科 2 422 种，我国约有 563 种，其中许多种是我国的特产鱼类。体前端第四至第五椎骨已特化与内耳联系，成韦伯氏器；口常能伸缩，无齿；头无鳞；大多无脂背鳍；大多数下咽骨镰刀状且有齿 1～4 行；有或无圆鳞；须有或无；大多终生不入海。主要分布于亚洲东南部。

② 鲇（鲶）形目（Siluriformes）。30 科约 2 200 种。两颌多具发达的须（多者 4 对），且鳔借一列韦氏小骨与内耳相连，称骨鳔类。体大多裸露无鳞，有的被以骨板。上颌骨一般退化变小，无齿，仅作为上颌须的须基。齿发达，眼小，胸鳍及背鳍常有用于自卫的硬刺，具毒腺。脂鳍常存在。均为底栖肉食性鱼类，很多是重要的食用鱼，也是一般的游钓鱼。绝大多数生活于淡水。常见种如大多齿海鲇（*Netuma thalassinus*），体长形，前部宽阔、后部侧扁，一般体长为 60～80 cm、体质量为 2 000～3 000 g，大者可达 9 000 g。头大且平扁，眼较小，眼间隔宽而平坦。口大，下位，在口角外形成较厚的唇褶。有触须 3 对，上颌 1 对较长，下颌 2 对较短。体裸露无鳞、皮肤光滑。侧线明显且平直。体背部深绿色，腹部银白色。背鳍位于胸鳍后上方；背鳍、胸鳍各有一硬棘，棘的前后缘有锯齿；尾鳍深叉形呈灰黄色；其他各鳍均为浅紫色。分布于印度洋和太平洋，我国产于南海和东海，尤以南海产量较多。主要渔场在北部湾，渔期为 3— 6 月。为南海一般的经济鱼类，肉质不佳，一般多加工成咸干品，但其卵特大，经济价值高。

第六，银汉鱼总目（Atherinomorpha）。

腹鳍腹位、亚胸位，鳍条 5～9；胸鳍位高，基底斜或垂直；背鳍 1 个或 2 个。鳔无管。体被圆鳞。分 3 目，即鳉形目、银汉鱼目、颌针鱼目。

① 鳉形目（Cyprinodontiformes）（小型淡水鱼类）。10 科 680 种，我国 2 科 3 种。鳔无管；鳍无鳍棘；口有齿。腭骨上通常具小刺；无侧线或仅头部有；背鳍 1 个，位置很靠后；腹鳍腹位，鳍条至多 7 条；无中喙骨及眶蝶骨；上颌骨不形成口上缘；鳃条骨 4～7 条；胸鳍有辐鳍骨 4 条；椎突与

椎体同骨化；脊椎 26 ~ 53 个；有上、下肋骨，而无肌间骨刺。主要为亚洲、非洲及美洲热带的小型淡水鱼类，是常见的观赏鱼类。

② 银汉鱼目（Atheriniformes）。5 科 235 种。我国仅 1 科 6 种。体型较小，圆筒形，或侧扁；侧线无，或很不发达；一般具 2 背鳍，第一背鳍存在时，具柔韧的鳍棘，第二背鳍与臀鳍通常具 1 棘，其余为分枝鳍条；腹鳍小，胸位或腹位；被圆鳞或栉鳞。

③ 颌针鱼目（Beloniformes）。体细长，被圆鳞，各鳍均无硬棘，胸鳍位高，侧线位低接近腹缘，有些种类下颌延长如针状。鳍无棘，背鳍 1 个；侧线低位，与腹缘平行。海产，也有进入淡水的，分布于热带及温带水域中。主要种如燕鳐须唇飞鱼（*Cheilopogon agoo*），又称飞鱼、文鳐、燕鱼。体长而扁圆、略呈梭形。一般体长为 20 ~ 30 cm，体质量为 400 ~ 1 500 g。背部宽，两侧较平，至尾部渐变细，腹面甚狭。头短，吻短，眼大，口小。牙细，上下颌成狭带状。背鳍 1 个，位于体的后部与臀鳍相对。胸鳍特长且宽大，可达臀鳍末端；腹鳍大，后位，可达臀鳍末端。两鳍伸展如同蜻蜓翅膀。侧线位极低，近于腹缘。尾鳍深叉形，下叶长于上叶。被大圆鳞，鳞薄极易脱落。头、体背面青黑色，腹部银白色，背鳍及臀鳍灰色，胸鳍及尾鳍浅黑色。我国主要产于南海和东海南部，海南岛东部和南部海区产量较多，4—5 月为捕捞旺季，具有一定的经济价值，可淡晒或盐渍后制成干品，是制造罐头的好原料。

第七，鲑鲈总目（Parapercomorpha）。

腹鳍亚胸位、胸位或喉位。鳔无管。圆鳞或栉鳞。奇鳍有棘或无棘，有些种类具脂鳍。尾鳍骨骼具有一正中轴尾下骨片。分 2 目，即鲑鲈目和鳕形目，我国仅产鳕形目。

① 鲑鲈目（Percopsiformes）。体具背脂鳍，上颌主要由前上颌骨形成，腹鳍腹位，或亚腹位；背鳍前部具鳍棘 1 ~ 2 枚，鳍条 9 ~ 12 条；臀鳍具鳍棘 1 ~ 2 枚，鳍条 6 ~ 7 条；胸鳍位低；鳃膜条骨 6 条，尾下骨 2 块。肛门位正常，于臀鳍之前，侧线完整。根据背脂鳍及上颌的结构等特征，被认为是鲑形目与鲈形目之间的过渡类群，分布于美国及加拿大江河流域。

② 鳕形目（Gadiformes）。11 科 708 种，产量较大，因其典型属种的肉洁白如雪而得名。体长形。背鳍 1 ~ 3 个；臀鳍 1 ~ 2 个；常有胸鳍；腹鳍鳍条 0 ~ 17 条，多为喉位或颏位；尾鳍担鳍骨正型，真正尾鳍条很少或无；除长尾鳕科外均无硬鳍刺，下颏中央常有一须，多有圆鳞，分布广，多为冷水性或深海底层鱼类。主要种如大头鳕（*Gadus macrocephaius*），体延长，稍侧扁，尾部向后渐细，一般体长为 25 ~ 40 cm，体质量为 300 ~ 750 g。头大，口大，上颌略长于下颌，颏部有一触须，须长等于或略长于眼径。两颌及犁骨均具绒毛状牙。体被细小圆鳞易脱落，侧线明显，背鳍 3 个，臀鳍 2 个，各鳍均无硬棘，完全由鳍条组成。头、背及体侧为灰褐色，并具不规则深褐色斑纹，腹面为灰白色。胸鳍浅黄色，其他各鳍均为灰色。分布于北太平洋，我国产于黄海和东海北部，主要渔场在黄海北部及东南海区，冬汛期为 12 月至翌年 2 月份；夏期汛为 4—7 月。属冷水性底层鱼类，为北方沿海出产的海洋经济鱼类之一。

第八，鲈形总目（Percomorpha）。

腹鳍胸位或喉位；鳍一般有棘，体通常被栉鳞，稀有裸出或被小骨片或骨板；许多种类头部骨骼上具刺；口裂上缘仅由上颌骨组成；鳔无管或无鳔。分 10 目，即金眼鲷目、海鲂目、月鱼目、刺鱼目、鲻形目、合鳃目、鲈形目、鲉形目、鲽形目、鲀形目。

① 金眼鲷目（Beryciformes）。14 科 164 种。尾鳍分枝鳍条 18 ~ 19 条，前缘有棘状鳞；腹鳍腹位、胸位或喉位，鳍棘无或 1 枚，鳍条 6 ~ 10 条（少数为 3 条或 5 条）；背、臀鳍多有鳍棘；有栉鳞、圆鳞或无鳞；鳃 3 ~ 4 个；常有鳔，少数尚有鳔管。多为深海或远洋近底层鱼类，有些可生活于水深超过 5 000 m 的水层，常垂直洄游，昼降海底、夜升至水上层。西太平洋最多，大西洋西部较多。常见种如日本松球鱼（*Monocentrus japonicus*），体长可达 170 mm；体被大栉鳞、形似松果球而

得名。体卵圆，稍侧扁；头大，粗骨嵴及蒙薄皮的黏液囊发达；吻钝圆，微突出，背中嵴前后端叉状，鼻孔邻近眼前缘；眼侧中位，口稍低斜，上颌后端略伸过眼后缘；下颌前端较上颌稍短，前段每侧腹面缺刻内有一卵圆形黑色发光器官；有假鳃，肛门近臀鳍前缘，鳞粗板状，互连；侧线前段位稍高，到尾柄侧中位；尾鳍浅叉状；鲜鱼橙黄色，鳞边黑色连接呈网状；口前部，颊部与鳃颊常灰或黑色，后背鳍、胸鳍及尾鳍黄红色。暖水性底层海鱼，分布于我国黄海中部到南海，远达日本、澳大利亚及东非。

② 海鲂目（Zeiformes）。6 科 36 种，均海产，我国产 3 科 10 种。体侧极扁且高；上颌显著突出，无辅上颌骨；鳞细小或仅有痕迹；背、臀鳍基部及胸腹部有棘状骨板；背鳍鳍棘部发达，与鳍条部区分明；背鳍有鳍条 5 ~ 10 条，棘间膜延长呈丝状；臀鳍有鳍棘 1 ~ 4 枚；背、臀鳍及胸鳍条均不分枝；腹鳍胸位，通常有鳍棘 1 枚，鳍条 5 ~ 9 条；鳔无管，有或无牙。主要分布于太平洋、大西洋、印度洋和南极，生活于深海，分布较广。常见种如远东海鲂（*Zeus faber*），体型较大，体长为 30 cm 左右，大者可达 50 cm。体椭圆形，甚侧扁而高。背鳍棘较细长，棘间鳍膜延长成线状。沿背鳍及臀条的基部各具 1 行棘状骨板，体下侧沿胸腹部亦具 1 行棘状骨板。体侧中部侧线上方有 1 个大于眼径具白色环的暗色圆斑。近底层鱼类。主要分布于太平洋西部，我国产于南海、东海与黄海。

③ 月鱼目（Lampriformes）。11 科约 40 种，我国产 2 科 2 种。体延长呈带状，卵圆形或椭圆形，侧扁；头部无棘及锯齿；口小，两颌一般能伸缩，无后耳骨；牙细小或无；有假鳃；体通常具圆鳞或无鳞，或呈瘤状凸起；各鳍无真正鳍棘；腹鳍如存在时位于胸鳍下方或稍后，鳍条 1 ~ 17 条；臀鳍有或无；鳔无鳔管。主要种如皇带鱼（*Regalecus glesne*），长带形，大型鱼。长可达 9.0 m，体质量约为300 kg。最大能长到 15.2 m，体质量为 454 kg。体亮银色；腹鳍红色，桨状；背鳍亦呈红色，长于头顶如鬃冠。广布于热带深海，在 800 m 以下的深海生活，来到海面的皇带鱼都是生病或者将死的个体。

④ 刺鱼目（Gasterosteiformes）。8 科，包括海龙、海马等类群。上颌能伸缩，前颌骨的上升突起很发达；无后匙骨；有围眶骨多块；有鼻骨及顶骨；前方的椎骨不细长；体细长形；背鳍 1 个，位置靠后，与臀鳍相对；腹鳍亚胸位或无；背鳍前方背面常有游离硬鳍棘；口小，位吻端。大多海产。常见种如三斑海马（*Hippocampus trimaculatus*），头与躯干成直角，形似马头；尾细长，能卷曲。运动时扇动背鳍作直立游泳。体长为 10 ~ 18 cm；背鳍鳍条 20 ~ 21 条；臀鳍 4 条；胸鳍 17 ~ 18 条。头冠短小，顶端具 5 个短小突棘。吻管较短，不及头长的 1/2。体节 1、4、7、11 骨环，尾节 1、5、9、13、17 骨环，背方接接呈隆起状嵴，背侧方棘亦较其他种类为大。体黄褐色乃至黑褐色，眼上具放射状褐色斑纹，体侧背方第一、第四、第七节小棘基部各具一大黑斑，是三斑海马与其他种类的明显特征。雄鱼有孵卵育儿囊，受精卵在囊内发育，每尾可产出 400 ~ 500 尾小海马。海马是珍贵药材，有强心、散结、消肿、舒筋活络、止咳平喘等功效，除了主要用于制造各种合成药品外，还可以直接服用健体治病。分布于我国东海、南海。

⑤ 鲻形目（Mugiliformes）。3 科约 145 种，我国有 2 科 31 种。背鳍 2 个，前后分离，第一背鳍由鳍棘组成；腹鳍腹位或亚胸位。本目鱼类肉质肥嫩，多为食用鱼，其中鲻科某些种类近年已发展成为国际养殖对象。主要种如鲻鱼（*Mugil cephalus*），体延长，前部近圆筒形，后部侧扁，一般体长为 20 ~ 40 cm，体质量为 500 ~ 1 500 g。全身被圆鳞，眼大、眼睑发达。牙细小呈绒毛状，生于上、下颌的边缘。背鳍 2 个，臀鳍有鳍条 8 条，尾鳍深叉形。体、背、头部呈青灰色，腹部白色。我国沿海均产，沿海的浅海区、河口、咸淡水交界的水域均有分布，尤以南方沿海较多，且鱼苗资源丰富，有的地方已进行人工养殖，人工繁殖鱼苗亦已成功，也可捕捞天然鱼苗进行养殖，是我国南海及东海的养殖对象。

⑥ 合鳃鱼目（Synbranchiformes）。3 科，我国仅有 1 科 1 种，即黄鳝，栖于池塘、稻田或小河中，常潜伏于泥穴中。体鳗形，光滑无鳞，鳍无棘，背鳍、臀鳍延长，与尾鳍相连，无腹鳍，或者小，如存在为喉位。左右鳃孔移至腹面呈“V”形裂缝，鳃常退化由口咽腔及肠代行呼吸。无鳔。肉味美，经济价值较高。

⑦ 鲈形目（Perciformes）。150 科 7 800 种，是鱼类中种类最多的目，我国产 91 科约 1 030 种。鳍具鳍棘，又称棘鳍类。上颌骨通常不参加口裂边缘的组成；背鳍一般为 2 个，互相连接或分离，第一背鳍为鳍棘（有时埋于皮下或退化），第二背鳍为鳍条；尾鳍分枝鳍条不超过 17 条。无韦氏器。绝大多数分布于温热带海区，少数生活在淡水水域，很多种类是重要经济鱼类。主要种如花鲈（*Lateolabrax japonicus*）（图版 43 - 1），体长，侧扁，背腹面皆钝圆；头中等大，略尖。吻尖，口大，端位，斜裂，上颌伸达眼后缘下方。两颌、犁骨及口盖骨均具细小牙齿。前鳃盖骨的后缘有细锯齿。鳞小，侧线完全、平直。背鳍 2 个，仅在基部相连，第一背鳍为 12 枚硬棘，第二背鳍为 1 枚硬棘和 11 ~ 13 条软鳍条。体背部灰色，两侧及腹部银灰色，体侧上部及背鳍有黑色斑点，斑点随年龄的增长而减少。鲈鱼喜欢栖息于河口咸淡水处，亦能于淡水中生活。主要在水的中、下层游弋，有时也潜入底层觅食。鱼苗以浮游动物为食，幼鱼以虾类为主食，成鱼则以鱼类为主食。性成熟的亲鱼一般是 3 冬龄、体长达 600 mm 左右的个体。生殖季节于秋末，产卵场在河口半咸水区。分布于我国、朝鲜及日本，我国沿海及通海的淡水水域中皆产。个体大，一般体质量为 1.5 ~ 2.5 kg，最大个体可达 15 kg，肉味佳美，是主要的养殖种类。

⑧ 鲉形目（Scorpaeniformes）。21 科约 1 164 种，我国有 15 科 110 余种。眶下骨突后延，在颊部形成骨甲，又称甲颊类。中、小型鱼类，多数体形粗钝，笨重，体平扁，圆形或纺锤形。身体特化部位较多，如头部具棘突、皮瓣和毒腺；腹鳍连合成吸盘；具假鳃；口大，齿较细小，鳃耙粗短等。不善游泳，常潜伏，一般生活于沿岸底层岩礁石砾或沙泥环境中，以底栖无脊椎动物和小型游泳生物为食。大部分种类分布于北太平洋和印度—西太平洋，大西洋种类较少。主要种如褐菖鲉（*Sebastiscus marmoratus*）（图版 43 - 7），头部背面具棱棘，眼间隔凹深，较窄；眶前骨下缘有一钝棘。上下颌、犁骨及腭骨均有细齿带。背鳍鳍棘 12 枚；胸鳍鳍条常为 18 条。体侧有 5 条暗色不规则横纹。暖温性底层鱼类，栖息于近岸岩礁海区。卵胎生。分布于北太平洋西部，我国沿海均产，为习见鱼类，已开始养殖生产。

⑨ 鲽形目（Pleuronectiformes）。9 科 538 种，我国产 8 科 134 种。体甚侧扁，又名比目鱼。从幼鱼到成鱼有变态现象，仔鱼体两侧各具一眼，左右对称，变态后一眼移至另一侧，变为不对称，无眼侧通常无色。均为底层海水鱼类，其分布与环境，如海流、水深和水温等因素有密切关系。少数种类可进入江河淡水区生活，多数为重要经济鱼类。主要种如条鳎（*Zebrias zebra*）（图版 43 - 8），体呈舌状，一般体长为 15 ~ 20 cm、体质量为 100 g 左右。眼睛小、眼间隔平坦，两眼均在右侧。体两侧均被小栉鳞，头前部的鳞变形为绒毛状感觉突。口小、两侧口裂不等长。颌不发达，牙细小，仅无眼侧两颌有绒毛状齿带。有眼侧（背面）呈淡黄褐色，并具深褐色横带花纹，上下均延伸至背鳍和臀鳍；无眼侧胸鳍退化，体呈乳白色，尾端背面有艳黄色纵点花纹 6 ~ 7 条。背鳍、臀鳍和尾鳍全部相连接。侧线明显，呈直线状。大多停栖于珊瑚礁外缘的沙地上，将鱼体埋于沙泥中，露出两眼观察四周，肉食性，以小型底栖无脊椎动物为主。略能改变体色，泳速慢。分布于太平洋西部，我国近海均产，尤以东海产量最多。

⑩ 鲀形目（Tetraodontiformes）。11 科 320 余种，我国产 11 科 106 种。鳃孔小，侧位，体被骨化鳞片、骨板、小刺或裸露。背鳍 1 个或 2 个；腹鳍胸位、亚胸位或消失，鳔和气囊有或无。海洋鱼类，少数生活在淡水中，或在一定季节进入江河。主要分布于太平洋、印度洋和大西洋热带和亚热带的暖水水域，少数生活在温带或寒温带。食道可向前腹侧及后腹侧扩大成气囊，遇敌时吞空气或

水，使胸腹部膨大成球状，漂浮于水面。有些种类具有毒素（河鲀毒素）。主要种如绿鳍马面鲀（*Thamnaconus septentrionalis*）（图版 44－2），体较侧扁，呈长椭圆形，一般体长为 20～30 cm、体质量为 400 g 左右。头短，口小，牙门齿状。眼小、位高、近背缘。鳃孔小，位于眼下方。鳞细小，绒毛状。体呈蓝灰色，无侧线。第一背鳍有 2 枚鳍棘，第一鳍棘粗大并有 3 行倒刺；腹鳍退化成一短棘附于腰带骨末端不能活动，臀鳍形状与第二背鳍相似，始于肛门后附近；尾柄长，尾鳍截形，鳍条墨绿色。第二背鳍、胸鳍和臀鳍均为绿色，故而得名。分布于太平洋西部，我国主要产于东海及黄海、渤海，东海产量较大。对马海峡和闽东渔场，旺汛期为 12 月至翌年 3 月；我国钓鱼岛渔场旺汛期为 3—5 月，舟山渔场和舟外渔场的盛渔期为 5—6 月，在黄海中北部及渤海南部渔期为 4—10 月。该鱼为我国重要的海产经济鱼类之一，年产量仅次于带鱼。营养丰富，除鲜食外，经深加工制成美味烤鱼片畅销国内外，是出口的水产品之一。

第九，蟾鱼总目（Batrachoidomorpha）。

体短粗，平扁或侧扁，皮肤裸出，有小刺或小骨板；鳃孔小，位于胸鳍外侧的腹面、腹鳍胸位或喉位；均为底栖的肉食性鱼类。分 4 目，即蟾鱼目、海蛾鱼目、喉盘鱼目、鮟鱇目，我国产 2 目。

① 蟾鱼目（Batrachoidiformes）。1 科 64 种，我国海域无记录。头部及口缘常具许多触须状小皮瓣。上、下颌及腭骨具弯曲犬牙或具绒毛状牙。鳃孔狭，具 3 个全鳃。鳃盖骨上有硬棘。体一般无鳞，个别种类具发光器。背鳍 2 个，胸鳍宽圆，有鳔。为热带、亚热带暖水性和暖温性近岸底层小型鱼类，主要产于美洲，栖于沿岸浅水、河口或随潮汐上溯江河，少数种类生活于淡水。活动迟缓，但在追捕食饵时能快速游动。离水时能发声，数小时不死。背鳍棘和鳃盖棘可竖起，刺具毒液，肉味鲜美，有些种类的肝脏有毒。

② 海蛾鱼目（Pegasiformes）。1 科 5 种，我国 3 种。体宽短，平扁，因似飞蛾而得名；躯干部圆盘状，尾部细长或较短，微能活动。头短，吻部突出，两鼻骨愈合突出，形成一具锯齿的吻部。眼大，下侧位；口小，下位，稍可伸出，无牙。鳃盖各骨愈合成大型鳃板，鳃孔窄小，位于胸鳍基部前方。肛门位于体中部稍前方腹面。体无鳞，完全被骨板，躯干部骨板密接，不能活动。背鳍 1 个；臀鳍短小，与背鳍相对，均位于尾部；胸鳍宽大，侧位，翼状，具指状鳍条；腹鳍亚腹位，尾鳍后缘截形。广布于西太平洋及印度洋热带、亚热带水域，为暖水性近海小型鱼类。

③ 喉盘鱼目（Gobiesociformes）。2 科 114 种，我国海域无记录。因喉部具吸盘而得名，口能伸缩，口裂伸达眼中部下方。唇厚，下唇有时分为对称排列的皮褶。牙小，锥形，绒毛状或三叉形。鳃孔大，前鳃盖骨和方骨间具孔，前鳃盖骨后部尖。体光滑无鳞。头部黏液孔发达，侧线孔不明显。背鳍常位于尾部和尾鳍相连；臀鳍和背鳍同形、相对，无鳍棘。胸部具一由匙骨和后匙骨支持的吸盘，圆形或椭圆形，由部分胸鳍和腹鳍组成，分前、后两部，腹鳍位于吸盘后部的两侧。无鳔。暖水性和温水性近岸底层鱼类，广布于大西洋、印度洋及太平洋热带和温带暖流地区。行动迟缓，生命力强，离水不死。具保护色。

④ 鮟鱇目（Lophiiformes）。16 科 265 种。第一背鳍棘游离呈引诱食饵之钓具。体平扁或侧扁，粗短或延长。头大，平扁或侧扁。眼中大或较小，位于头的背面或头侧。口宽大或小，通常上位。上颌由前颌骨组成，常可伸缩；下颌一般突出。假鳃有或无。鳃盖骨细小。体无鳞，皮肤裸露或具硬棘，或被细小棘刺。背鳍由鳍棘部和鳍条部组成，鳍棘部常具 1～3 枚独立鳍棘，位于头的背侧，第一鳍棘常形成瓣膜状或球茎状吻触手；胸鳍具 2～4 条长形鳍条基骨，下方最后一鳍条基骨末端颇扩大，形成假臂；腹鳍如存在，为喉位。鳔如存在，无鳔管。分布于三大洋热带及温带海区。底层鱼，大部分种类生活于大洋深处，一般均具瓣膜状或球茎状吻触手，用以引诱食饵；或用假臂状胸鳍在海底匍匐，爬近猎物捕食。常见种如黄鮟鱇（*Lophius litulon*）（图版 44－3），生活在温带500～1 000 m 的海底。体长可达 1.5 m，头大，由上往下看，宛如有柄的煎锅。皮肤薄而疏松，裸露无

鳞。头的两侧、下颌及身体上有许多皮质突起，静止不动时皮质突起使黄鮟鱇能伪装成环境的一部分，体色能随周围环境的色彩而变化，有利于隐藏自身，使猎物放松警惕而靠近。吻端具有2条鳍棘，最前面的鳍棘伸长像钓竿，前端有穗状皮肤皱褶，像钓鱼用的鱼竿和鱼饵，黄鮟鱇利用此饵状物摇晃来引诱猎物，再一口吞下去，口内的很多牙齿倒向内边，形成倒牙，被吞下的鱼就很难逃脱了。黄鮟鱇很少游泳，大多在海底静止不动，等待猎物上钩。行动时，使用发达的胸鳍爬行或身体左右摇摆而游泳。黄鮟鱇肉质鲜美，具有一定的经济价值。

3. 常见种类

硬骨鱼纲 Osteichthyes

肉鳍亚纲 Sarcopterygii

腔棘目 Coelacanthiformes

矛尾鱼科 Latimeriidae

矛尾鱼 *Latimeria chalumnae*

澳洲肺鱼目（角齿鱼目）Ceratodiformes

澳洲肺鱼 *Neoceratodus forsteri*

美洲肺鱼目 Lepidosireniformes

美洲肺鱼 *Lepidosiren paradoxa*

辐鳍亚纲 Actinopterygii（真口亚纲 Teleostomi）

鲟形目 Acipenseriformes

鲟科 Acipenseridae

中华鲟 *Acipenser sinensis* Gray，1835（图版42－5）

雀鳝目 Lepisosteiformes

斑雀鳝 *Lepisosteus oculatus*（图版42－6）

海鲢目 Elopiformes

大海鲢科 Megalopidae

大海鲢 *Megalops cyprinoids*（Broussonet，1782）

鼠鱚目 Gonorhynchiformes

遮目鱼科 Chanidae

遮目鱼 *Chanos chanos* Forsskål，1775

鲱形目 Clupeiformes

鲱科 Clupeidae

太平洋鲱 *Clupea pallasi* Valenciennes，1847

鲥鱼 *Tenualosa reevesii*（Richardson，1846）

斑鰶 *Konosirus punchtatus*（Temminck et Schlegel，1846）（图版42－7）

锯腹鳓科 Pristigasteridae

鳓鱼 *Ilisha elongata*（Bennett，1830）

鳀科 Engraulidae

刀鲚 *Coilia nasus* Temminck et Schlegel，1846

太的黄鲫 *Setipinna taty*（Valeinciennes，1848）

鳀 *Engraulis japonicus* Temminck et Schlegel，1846

胡瓜鱼目 Osmeriformes

胡瓜鱼科 Osmeridae

香鱼 *Plecoglossus altivelis*（Temminck et Schlegel，1846）
中国大银鱼 *Protosalanx chinensis*（Basilewsky，1855）
灯笼鱼目 Myctophiformes
新灯鱼科 Neoscopelidae
大鳞新灯鱼 *Neoscopelus macrolepidotus* Johnson，1863
拟鲸鱼目（辫鱼目）Cetomimiformes
辫鱼科 Ateleopodidae
紫辫鱼 *Ateleopus purpureus* Tanaka，1915
囊鳃鳗目 Saccopharynhiformes
宽咽鱼科 Eurypharyngidae
宽咽鱼 *Eurypharynx pelecanoides* Vaillant，1882
鳗鲡目 Anguilliformes
鳗鲡科 Anguillidae
日本鳗鲡 *Anguilla japonica* Temminck et Schlegel，1846
海鳗科 Muraenesocidae
海鳗 *Muraenesox cinereus*（Forskål，1775）（图版 42－8）
鲇（鲶）形目 Siluriformes
大多齿海鲇 *Netuma thalassina*（Rüppell，1837）
银汉鱼目 Atheriniformes
小银汉鱼科 Atherionidae
糙头细银汉鱼 *Atherion elymus* Jordan et Starks，1901
颌针鱼目 Beloniformes
飞鱼科 Exocoetidae
燕鳐须唇飞鱼 *Cheilopogon agoo*（Temminck et Schlegel，1846）
竹刀鱼科 Scombresocidae
秋刀鱼 *Cololabis saira*（Brevoort，1856）
鱵科 Hemiramphidae
长吻鱵 *Hemiramphus viridis*（van Hasselt，1823）
鳕形目 Gadiformes
鳕科 Gadidae
大头鳕 *Gadus macrocephaius* Tilesius，1810
金眼鲷目 Beryciformis
松球鱼科 Monocentridae
日本松球鱼 *Monocentrus japonicus*（Houttuyn，1872）
海鲂目 Zeiformes
海鲂科 Zeidae
远东海鲂 *Zeus faber* Linnaeus，1758
月鱼目 Lampriformes
月鱼科 Lampridae
斑点月鱼 *Lampris guttatus*（Brünnich，1788）
皇带鱼科 Regalecidae

皇带鱼 *Regalecus glesne* Ascanius，1772

刺鱼目 Gasterosteiformes

海龙鱼科 Syngnathidae

三斑海马 *Hippocampus trimaculatus* Leach，1814

大海马（克氏海马）*H. kelloggi* Jordan et Snyder，1901

刺海马 *H. histris* Kaup，1853

管海马 *H. kuda* Bleeker，1852

莫氏海马 *H. mohnikei* Bleeker，1853

哈氏刀海龙 *Solenognathus hardwickii*（Gray，1830）

尖海龙 *Syngnathus acus* Linnaeus，1758

鲻形目 Mugiliformes

鲻科 Mugilidae

鲻鱼 *Mugil cephalus* Linnaeus，1758

大鳞龟鲛 *Chelon macrolepis*（Smith，1846）

龟鲛 *C. haematocheila*（Temminck et Schlegel，1845）

尖头龟鲛 *C. tade*（Forsskål，1775）

鲈形目 Perciformes

狼鲈科 Moronidae

花鲈 *Lateolabrax japonicus*（Cuvier et Valeinciennes）（图版 43－1）

鮨科 Serranidae

密点石斑鱼 *Epinephelus chlorostigma*（Valeinciennes，1928）

青石斑鱼 *E. awoara*（Temminck et Schlegel，1842）

军曹鱼科 Rachycentridae

军曹鱼 *Rachycentron canadum*（Linnaeus，1766）

马鲅科 Polynemidae

四指马鲅 *Eleutheronema tetradactylum*（Shaw，1804）

石首鱼科 Sciaenidae

大黄鱼 *Larimichthys crocea*（Richardson，1846）

小黄鱼 *L. polyactis* Bleeker，1877（图版 43－2）

黄姑鱼 *Nibea albiflora*（Richardson，1846）（图版 43－3）

棘头梅童鱼 *Collichthys lucidus*（Richardson，1844）

鮸鱼 *Miichthys miiuy*（Basilewsky，1855）

鲷科 Sparidae

真赤鲷 *Pagrus major*（Temminck et Schlegel，1843）

黑棘鲷 *Acanthopagrus schlegelii*（Bleeker，1854）（图版 43－4）

鲭科 Scombridae

日本鲭 *Scomber japonicus*（Houttuyn，1782）（图版 43－5）

带鱼科 Trichiuridae

带鱼 *Trichiurus japonicus* Temminck et Schlegel，1844（图版 43－6）

鲅科 Cybiidae

蓝点马鲛 *Scombermorus niphonius*（Cuvier et Valeinciennes）

鲳科 Stromateidae

银鲳 *Pampus argenteus*（Euphrasen，1788）

鰕虎鱼科 Gobiidae

大弹涂鱼 *Boleophthalmus pectinirostris*（Linnaeus，1758）

魣科 Sphyraenidae

油魣 *Sphyraena pinguis* Günther，1874

鲉形目 Scorpaeniformes

鲉科 Scorpaenidae

褐菖鲉 *Sebastiscus marmoratus*（Cuvier，1829）（图版 43－7）

鲽形目 Pleuronectiformes

鳎科 Soleidae

条鳎 *Zebrias zebra*（Bloch，1787）（图版 43－8）

舌鳎科 Cynoglossidae

窄体舌鳎 *Cynoglossus gracilis* Günther，1873

牙鲆科 Paralichthyidae

牙鲆 *Paralichthys olivaceus*（Temminck et Schlegel，1846）（图版 44－1）

鲽科 Pleuronectidae

木叶鲽 *Pleuronichthys cornutus* Temminck et Schlegel，1846

鲀形目 Tetraodontiformes

单角鲀科 Monacanthidae

绿鳍马面鲀 *Thamnaconus septentrionalis*（Günther，1874）（图版 44－2）

黄鳍马面鲀 *T. hypargyreus*（Cope，1871）

鲀科 Tetraodontidae

暗纹东方鲀 *Fugu obscurus*（Abe）

鮟鱇目 Lophiiformes

鮟鱇科 Lophiidae

黄鮟鱇 *Lophius litulon*（Jordan，1902）（图版 44－3）

（四）两栖纲（Amphibia）

原始的、初登陆的、具五趾型的变温四足动物，皮肤裸露，分泌腺众多，混合型血液循环。其个体发育周期有一个变态过程，即以鳃（新生器官）呼吸生活于水中的幼体，在短期内完成变态，成为以肺呼吸能营陆地生活的成体。由水中生活的幼体阶段至陆地生活的成体阶段，五趾型附肢；皮肤柔滑；内鳃消失，以肺和皮肤呼吸；心房分隔为二，形成双循环；但效率还低，血液不能完全"清浊分流"；有中耳，可接受空气声波。

现生种有 3 目 40 科 4 000 余种。我国有 11 科 270 余种，海洋种类 1 目 1 科 1 种。

1 目即无尾目［Salientia（Anura）］。体短宽；有四肢，较长；幼体有尾，成体无尾，跳跃型活动，幼体为蝌蚪，从蝌蚪到成体的发育中需经变态过程，如蛙和蟾蜍，头骨骨化不全。海陆蛙（*Rana cancriuvora*）是迄今所知的唯一能在海水中生活的蛙类，体长为 6～8 cm，头长等于或略大于头宽。吻端钝尖，吻棱圆，不很显著。鼓膜大而明显。犁骨齿极强，舌后端缺刻深。前肢较短，后肢粗壮而短。背面皮肤较粗糙。背面褐黄色，背面及体侧有黑褐色斑纹，上、下唇缘有 6～8 条深色纵纹。主要以蟹类为食，又名食蟹蛙。白天多隐蔽在洞穴或红树林根系之间，傍晚到海滩觅食。我国分布于台湾、广东、澳门、海南、广西，国外分布于菲律宾、中南半岛、印度尼西亚及东帝汶。生活在近海的咸水或半咸水地区，其活动范围一般不超出咸水区域 50 ~ 100 m。

（五）爬行纲（Reptilia）

1. 主要特征

头骨全部骨化，外有膜成骨掩覆，以一个枕髁与脊柱相关联，颈部明显，第一、第二枚颈椎特化为寰椎与枢椎，头部能灵活转动，胸椎连有胸肋，与胸骨围成胸廓以保护内脏。腰椎与 2 枚以上的荐椎相关联，外接后肢。除蛇类外，一般有 2 对五出的掌型肢（少数的前肢四出），水生种类掌形如桨，指、趾间连蹼以利于游泳，足部关节不在胫跗间而在两列跗骨间，成为跗间关节。四肢从体侧横出，不便直立；体腹常着地面，行动是典型的爬行；只少数体型轻捷的能疾速行进。大脑小脑比较发达。心脏为 3 室（鳄类心室虽不完全隔开，但已为 4 室）。肾脏由后肾演变，后端有典型的泄殖肛腔，雌雄异体，有交接器，体内受精，卵生或卵胎生。具骨化的腭，使口、鼻分腔，内鼻孔移至口腔后端；咽与喉分别进入食道和气管，从而呼吸与饮食可以同时进行。

2. 系统分类

现存的爬行动物包含 4 个目，近 8 000 种。我国海洋种类 2 目 24 种。皮肤干燥，缺少腺体；表皮角质化，外被角质鳞片或盾片；五趾型的附肢及带骨进一步发达和完善，指、趾端具爪；脊柱分化明显；体内受精，产羊膜卵，发育无变态。

（1）喙头目（Rhynchocephalia） 现仅存 1 科 2 种，仅残存于新西兰北部沿海的少数小岛上，数量稀少。头骨具上、下 2 个颞孔，脊椎双凹型，肋骨的椎骨段具钩状突；腹部有胶膜肋；肱骨的远端有肱骨孔。在三叠纪种类最多、分布最广，几乎遍及全世界。外形像蜥蜴，其差别为有锄骨齿；有发达的胶甲；雄性无交接器；泄殖肛孔横裂；有瞬膜（第三眼睑），当上、下眼睑张开时，瞬膜可自眼内角沿眼球表面向外侧缓慢地移动；头顶有发达的顶眼，具有小的晶状体与视网膜，动物幼年时，可透过上面透明的鳞片（角膜）感受光线的刺激，成年后，由于该处皮肤增厚而作用不显。体被原始的颗粒状鳞片。多栖居在海鸟筑成的地下洞穴中，彼此和睦相处，主要食物是昆虫或其他蠕虫和软体动物。寿命可达 300 年。

（2）龟鳖目（Chelonia） 现存 2 亚目约 220 种。遍布各大洋。身体宽短，背腹具甲。硬甲壳的内层为骨质板，来源于真皮；外层或为角质甲，或为厚的软皮，均来源于表皮。大多数种类的颈、四肢和尾部都可以在一定程度上缩进甲内。脊椎骨和肋骨大都与背甲的骨质板愈合在一起，胸廓不能活动。上、下颌无齿而具坚硬的角质壳。雄性有交配器，卵生，有石灰质或革质的卵壳。水栖生活，少数种类营陆地生活。寿命较长，一般可活数十年，甚至达 200 余年。海洋龟鳖类我国现存 5 种，即绿海龟（*Chelonia mydas*）（图版 44 - 4）、棱皮龟（*Dermochelys coriacea*）、玳瑁（*Eretmochelys imbricata*）、蠵龟（*Caretta caretta*）、太平洋丽龟（*Lepidochelys olivacca*）。绿海龟因其身上的脂肪为绿色而得名，体庞大，外被扁圆形的甲壳，只有头和四肢露在壳外，体长为 80 ~ 100 cm，体质量为 70 ~ 120 kg，巨形绿海龟体长可达 150 cm，体质量为 250 kg。头略呈三角形，暗褐色，两颊黄色，颈部深灰色，吻尖，嘴黄白色，鼻孔在吻的上侧，眼大，前额上有一对额鳞，上颌无钩曲，上下颌唇均有细密的角质锯齿，下颌唇齿较上颌长而突出，闭合时陷入上颌内缘齿沟，舌已退化。背腹扁平，腹甲黄色，背甲呈椭圆形，茶褐色或暗绿色，上有黄斑，盾片镶嵌排列，具由中央向四周放射的斑纹，色泽调和而美丽。中央有椎盾 5 枚，左右各有肋盾 4 枚，周围每侧还有缘盾 7 枚。四肢特化成鳍状的桡足，可以像船桨一样在水中灵活地划水游泳。前肢浅褐色，边缘黄白色，后肢比前肢颜色略深。内侧指趾各有一爪，前肢的爪大而弯曲，呈钩状。雄性尾较长，相当于其体长的 1/2，雌性尾较短。尾部的脊骨经盐酸处理后，可以隐约看出生长年轮。年平均生长为 10～15 kg，以 2～4 龄时生长最快，寿命可达 100 岁以上。在眼窝后面生有排盐的腺体，能把体内过多的盐分通过眼的边缘排出，还能使喝进的海水经盐腺去盐而淡化。广泛分布于太平洋、印度洋及大西洋温水水域，我国北起山东沿海、南至北部湾均有发现。

（3）蜥蜴目（Lecertifromes） 18 科约 3 000 种，分布于热带和亚热带地区。大多具 2 对附肢，有的种类 1 对或 2 对均退化消失，但体内有肢带的残余。一般具外耳孔，鼓膜位于表面或深陷。眼具活动的眼睑和瞬膜（第三眼睑）。舌发达，多扁平而富肌肉。下颌骨左右两半靠骨缝牢固相连，口的张大有限。一些种类的尾遇敌害时常自断，断裂后可活动一段时间，以转移敌人注意力并逃脱；尾可再生，再生尾与原尾外形有异。多以昆虫或其他节肢动物、蠕虫等为食。有些种类兼吃植物，也有专吃植物的。卵生或卵胎生。如海洋鬣蜴（*Amblyrhynchus cristatus*）（图版 44－5）生活在加拉帕戈斯群岛，是唯一一种在海洋中觅食的鬣蜴，体长在 50 cm 左右，适应环境能力极强，以海草为食物来源。

（4）蛇目（Serpentiformes） 约 3 000 种，我国约 200 种，现存的海蛇约有 50 种，均为剧毒蛇，我国有 23 种。世界性分布，主要分布于热带和亚热带。身体细长，四肢、胸骨、肩带均退化，以腹部贴地而行。围颞窝的骨片全部失去而不存在颞窝。头骨特化，左右下颌骨不愈合，以韧带松弛连接，一些骨块彼此形成能动关节，使口可以开得很大，可达 130°，以吞食比其头大数倍的食物。脊椎骨数目多，可达 141～435 枚。犁鼻器发达。雄蛇尾基部两侧有 1 对交接器，交配时自内向外经泄殖肛孔两侧翻出。卵生或卵胎生。主要种如青环海蛇（*Hydrophis cyanocinctus*）（图版 44－6），长为 1.5～2.0 m，其躯干略呈圆筒形，体细长，后端及尾侧扁。背部深灰色，喜欢在大陆架和海岛周围的浅水中栖息。潜水深度不等，浅水青环海蛇的潜水时间一般不超过 30 min，在水面上停留的时间也很短，每次只是露出头来，很快吸上一口气就又潜入水中了；深水青环海蛇在水面逗留的时间较长，特别是在傍晚和夜间更不舍得离开水面了，潜水的时间可长达 2～3 h。青环海蛇具有集群性、趋光性，常成千条在一起顺水漂游，晚上用灯光诱捕收获更多。

（5）鳄目（Crocodilia） 现存包括 3 科 7 属 21 种。双颞窝类，是最高等的爬行动物。体长大，尾粗壮，侧扁。头扁平、吻长。鼻孔在吻端背面。五指，四趾（第五趾常缺），有蹼。眼小而微突。头部皮肤紧贴头骨，躯干、四肢覆有角质鳞片或骨板。颅骨坚固连接，不能活动；具顶孔。齿锥形，着生于槽中，为槽生齿。舌短而平扁，不能外伸。外鼻孔和外耳孔各有活瓣司开闭。心脏四室。无膀胱。阴茎单枚，肛孔内通泄殖腔，孔侧各有 1 个麝腺；下颌内侧也各有 1 个较小的麝腺。长者达 10 m。两栖生活，分布于热带、亚热带的大河与内地湖泊；极少数入海。以鱼、蛙、小型兽为食。主要种如咸水鳄（*Crocodylus porosus*），也称湾鳄，是现存世界上最大的爬行动物，分布在东南亚及澳大利亚北部一带。成年雄性咸水鳄平均身长为 5.5 m，体质量为 770 kg，大者体长超过 7 m，体质量超过 1.5 t。雌性咸水鳄比雄性小很多，通常体长在 2.5～3.0 m。与其他鳄鱼相比，颈部鳞甲较薄，身体宽度较大。属凶猛的大型鳄鱼，具地盘意识。拥有适应高盐度水质的生理结构。咸水鳄位于湿地食物链的最高层。幼鳄以捕食昆虫、两栖类、甲壳类、小的爬行类及鱼类为主，成鳄会捕食体型更大的动物，但主要以泥蟹、鲈鱼、龟、巨蜥及水鸟为食物，体形更大的咸水鳄成体会捕食野牛、野猪及猴子，饥饿时甚至吃其他鳄类，如泽鳄、澳洲淡水鳄、食鱼鳄和暹罗鳄。在澳大利亚，咸水鳄曾有食人，甚至袭击船只的记录，故又名“食人鳄”。交配季节在 5—6 月。雄性以身躯压在雌性背上，前肢抓紧雌鳄不放，用尾绕着雌性后段，进行交配，持续数小时之久。湾鳄利用腐草作为巢穴，每次产卵 20～90 枚。经过 75 d（爪哇）至 96 d（斯里兰卡）便可孵出幼鳄。

3. 常见种类

爬行纲 Reptilia

龟鳖目 Chelonia

海龟科 Cheloniidae

绿海龟 *Chelonia mydas* Linnaeus, 1758（图版 44－4）

玳瑁 *Eretmochelys imbricate* Linnaeus, 1766

蠵龟 *Caretta caretta* Linnaeus, 1758

太平洋丽龟 *Lepidochelys olivacca*（Escholtz, 1829）

棱皮龟科 Dermochelyidae

棱皮龟 *Dermochelys coriacea*（Vendalli, 1761）

蜥蜴目 Lecertifromes

海洋鬣蜴 *Amblyrhynchus cristatus*（图版 44－5）

蛇目 Serpentiformes

瘰鳞蛇科 Acrochordidae

瘰鳞蛇 *Acrochordus granulatus*（Schneider）

眼镜蛇科 Elapidae

蓝灰扁尾海蛇 *Laticauda colubrina*（Schneider, 1799）

扁尾海蛇 *L. laticaudata*（Linnaeus, 1758）

半环扁尾海蛇 *L. semifasciata*（Reinwardt, 1837）

龟头海蛇 *Emydocephalus ijimae* Stejneger, 1898

棘眦海蛇 *Acalyptophus peronii*（Dumeril et Bibron, 1853）

棘鳞海蛇 *Astrotia stokesi*（Gray, 1846）

青环海蛇 *Hydrophis cyanocinctus* Daudin, 1803（图版 44－6）

青灰海蛇 *H. caerulescens*（Shaw, 1802）

环纹海蛇 *H. fasciatus atriceps*（Guenther, 1864）

黑头海蛇 *H. melanocephalus*（Gray, 1848）

淡灰海蛇 *H. ornatus*（Gray, 1842）

平颏海蛇 *Lapemis curtus*（Shaw, 1802）

小头海蛇 *Microcephalophis gracilis*（Shaw, 1802）

长吻海蛇 *Pelamis platurus*（Linnaeus, 1766）

海蝰 *Praescutata viperina*（Schmidt, 1852）

截吻海蛇 *Kerilia jerdonii* Smith, 1849

游蛇科 Colubridae

黑斑水蛇 *Enhydris bennetii*（Gray）

蝰科 Viperidae

蛇岛蝮蛇 *Gloyclius shedaoensis*（Zhao, 1979）

鳄目 Crocodilia

咸水鳄 *Crocodylus porosus*

（六）鸟纲（Aves）

1. 主要特征

体被羽，恒温，卵生，胚胎外有羊膜。前肢成翅，有时退化。多营飞翔生活。心脏二心房二心室。骨多空隙，内充气体。呼吸器官除肺外，有辅助呼吸的气囊。

2. 系统分类

分2亚纲，其中古鸟亚纲（Archaeornithes）为化石纲，代表种有中生代的始祖鸟（Archaeopteryx）和孔子鸟（Confuciusornis）。今鸟亚纲（Ratitae）包括白垩纪的化石鸟类和现存的全部鸟类。今鸟亚纲分4总目。其中，齿颌总目（Odontognathae）为白垩纪的化石鸟类，口内尚有牙齿，代表种为黄昏鸟（*Hesperornis*）；平胸总目（古颌总目）（Ratitae），适于在地面上奔走的大型走禽类，无海洋种类；突胸总目（今颌总目）（Carinatae），包括现存鸟类的绝大多数，海洋鸟类11目；企鹅总目（Sphenisciformes），也称楔翼总目（Impennes），不会飞翔、擅长游泳和潜水的海洋鸟类。全世界已发现9 755种，我国有1 294种，海鸟183种。

（1）突胸总目（今颌总目）　翼发达，善于飞翔，胸骨具龙骨突起。具充气性骨骼（气质骨），锁骨呈“V”字形，肋骨上有钩状突起。正羽发达，羽小枝上具小钩，构成羽片，体表有羽区及裸区之分。最后4~6枚尾椎骨愈合成一块尾综骨。雄鸟绝大多数均不具交配器。为鸟纲最大的1个总目，包括现存鸟类的绝大多数。共27个目，其中海洋鸟类11目。

① 潜鸟目（Gaviiformes）。1科5种，我国4种。广泛分布于北方高纬度地区，冬季南迁。嘴直而尖；两翅短小；尾短，被复羽所掩盖；脚在体的后部，跗骨侧扁，前3趾间具蹼。在岛上或水边的沼泽地营巢。雏鸟为早成鸟。常见种如红喉潜鸟（*Gavia stellata*），体形似鸭，翅长约为28 cm，体长为61 cm，是体型最小的潜鸟。头顶灰褐，杂以黑褐纵纹；上体余部（包括翅、尾等）大都为黑褐色，并散布着白色斑点；头和颈的两侧以至下体几乎纯白。夏季成鸟的脸、喉及颈侧灰色，特征为一栗色带自喉中心伸至颈前成三角形，颈背多具纵纹。上体其余部位黑褐无白色斑纹，下体白。冬季成鸟的颏、颈侧及脸白色，上体近黑而具白色纵纹，头形小，颈细，游水时嘴略上扬。种群数量稀少。我国东北部黑龙江，南至东部沿海经北戴河、旅顺至广东、海南岛及台湾北部有过境记录。繁殖期主要栖息于北极苔原和森林苔原带的湖泊、江河与水塘中，迁徙期间和冬季则多栖息在沿海海域、海湾及河口地区。善游泳和潜水，游泳时颈伸得很直，常常东张西望，飞行亦很快，常呈直线飞行。起飞比较灵活，不用在水面助跑就可在水中直接飞出，因而在较小的水塘亦能起飞，但在陆地上行走却较困难，常常在地上匍匐前进。

② 䴙䴘目（Podicipediformes）。1科22种，我国5种。羽毛松软如丝，头部有时具羽冠或皱领；嘴细直而尖；翅短圆，尾羽均为短小绒羽；脚位于体的后部，前趾各具瓣状蹼，早成性。广泛分布于全球，主要栖息繁殖于淡水湖泊。常见种如凤头䴙䴘（*Podiceps cristatus*），体长在50 cm以上，体质量为0.5~1.0 kg，是体型最大的䴙䴘。嘴长且尖，从嘴角到眼睛长着一条黑线。脖子长，向上方直立，通常与水面保持垂直的姿势。夏季时头的两侧和颏部都变为白色，前额和头顶黑色，头后面长出两撮小辫一样的黑色羽毛，向上直立，故称作凤头䴙䴘。颈部还围有一圈由长长的饰羽形成的，像小斗篷一样的翎领，基部棕栗色，端部黑色，极为醒目。嘴形直，细而侧扁，端部尖；眼先（即眼睛前面的部位）裸露，颈部较为细长，翅短小。尾巴更短，仅剩有几根柔软的绒羽，或几乎没有。脚位于身体的后部，靠近臀部，适于潜水生活。爪钝而宽阔。身体上的羽毛短而稠密，具有抗湿性，不透水。雏鸟为早成性鸟。分布广泛，数量较多，是我国较为常见的水鸟之一，但近年来种群数量明显减少。

③ 鹱形目（Procellariiformes）。4科110种。中、大型海鸟。嘴强大具钩，由很多角质片覆盖；

鼻呈管状，故又称管鼻类。两翅长而尖，善于飞行，几乎终年翱翔海上。尾呈凸尾或方尾状。前趾具蹼，后趾甚小或不存在。在远岛的地面或岩崖上营巢，雏鸟晚成性，广布于各大洋。主要种如短尾信天翁（*Diomedea albatrus*），翅膀展开有3 m宽，是最大的信天翁，成年鸟可达11 kg，体白色，在头颈泛淡黄色。年轻的鸟棕黑色，成长期间逐渐发白。主要以海面的鱼卵、虾和乌贼为食，一般在清晨或日落的时间进食。常在远洋空中翱翔，善于滑翔飞行，终日不倦，不怕暴风，偶尔跟随船只，叫声洪亮。分布于我国沿海各省，福建、台湾、山东都有发现。种群数量甚稀少。在我国台湾北部钓鱼岛及赤尾屿繁殖，过去也见于澎湖列岛。

④ 鹈形目（Pelecaniformes）。6科68种。主要分布于温热带水域，是热带海鸟的重要组成类群，全球大部分地区都可以看到鹈形目鸟类，有一些种类甚至扩展到了两极地区。大多具全蹼，四趾均朝前；嘴下常常有发育程度不同的喉囊。以鱼、软体动物等为食。常见种如斑嘴鹈鹕（*Pelecanus philippensis*），栖息于沿海海岸、江河、湖泊和沼泽地带，以鱼类等为食，也吃蛙、甲壳类、蜥蜴、蛇等。曾经在我国长江下游和福建等东南沿海地区较为常见，但近来很难见到。目前属于国家二级重点保护野生动物。

⑤ 鹳形目（Ciconiiformes）。5科115种。中型涉禽。颈和脚均长，脚适于步行；嘴形侧扁而直；眼先裸出；胫的下部裸出；后趾发达，与前趾同在一平面上。栖于水边或近水地方。觅吃小鱼、昆虫类及其他小型动物。在高树或岩崖上营巢，雏鸟为晚成性。遍布全球的温带和热带地区。常见种如牛背鹭（*Bubulcus ibis*），成鸟夏羽大都为乳白色，头、颈橙黄；前颈基部着生橙黄色蓑羽，背上具一束桂皮红棕色蓑羽，向后延伸至尾羽末端，有时甚至更长。冬羽几呈橙黄色，长羽全部脱落，仅头顶留下少许。牛背鹭与家畜，尤其是水牛形成了依附关系，在湿地中较干的地方出现，往往跟水牛在一起，跟随在家畜后捕食被家畜从水草中惊飞的昆虫，也常在牛背上歇息，因而得名“牛背鹭”。长江以南繁殖的种群多数为留鸟，长江以北多为夏候鸟。

⑥ 雁形目（Anseriformes）。2科160种，全世界分布，大多具有季节性迁徙的习性。中、大型游禽。羽毛致密；嘴多扁平，先端具嘴甲；前趾间具蹼；尾脂腺发达；在地面上或树洞中营巢，雏鸟早成性。主要种如大天鹅（*Cygnus cygnus*），又称白天鹅，大型游禽，体长为120~160 cm，翼展为218~243 cm，体质量为8~12 kg，寿命约为8年。全身羽毛均雪白，有黄色和黑色的嘴，头部和嘴的基部略显棕黄色，嘴的端部和脚为黑色。身体肥而丰满，脖子的长度是鸟类中占身体长度比例最大的，甚至超过了身体的长度。腿较短，有黑色的蹼，游泳前进时，腿和脚折叠在一起，以减少阻力；向后推水时，脚上的蹼全部张开，形成一个酷似船桨的表面，交替划水。

⑦ 隼形目（Falconiformes）。5科321种，我国1科2种，全世界分布，肉食性猛禽。嘴粗壮有钩，基部被蜡质；翼发达，善于疾飞和翱翔；尾羽大多12枚；脚强健，趾端具利爪；视觉敏锐；晚成鸟。羽毛具重要的经济价值。主要种如白尾海雕（*Haliaeetus albicilla albicilla*），体大，褐色。特征为头及胸浅褐，嘴黄而尾白。翼下近黑的飞羽与深栗色的翼下成对比。嘴大，尾短呈楔形。飞行似鹫，显得懒散，蹲立不动达几个小时，飞行时振翅甚缓慢。高空翱翔时两翼弯曲略向上，主要栖息于沿海、河口、江河附近的广大沼泽地区以及某些岛屿。较为罕见，在黑龙江、内蒙古为夏候鸟，甘肃为留鸟，辽宁、河北、北京、山西、宁夏为旅鸟，上海、浙江、台湾及长江以南其他地区为冬候鸟。

⑧ 鹤形目（Gruiformes）。11科203种，大型涉禽。颈长，喙长，腿长，胫下部裸露，蹼不发达，后趾细小，着生位较高；翼圆短；尾短；鸣管由气管与部分支气管构成；有的种类气管发达，能在胸骨和胸肌间构成复杂的卷曲，有利于发声共鸣。早成鸟。全世界分布。主要种如丹顶鹤（*Grus japonensis*），因头顶有“红肉冠”而得名，具备鹤类的特征。成鸟除颈部和飞羽后端为黑色外，全身洁白，头顶皮肤裸露，呈鲜红色，是东亚地区所特有的鸟种，因体态优雅、颜色分明，有

吉祥、忠贞、长寿的寓意。国家一级重点保护野生动物。

⑨ 鸻形目（Charadriiformes）。18 科，包括鸻鹬类、鸥类和海雀类 3 个比较繁杂的大类群，分别是涉禽类、擅长游泳和飞翔的海洋鸟类及适应潜水生活的海洋鸟类，这 3 个类群有时也被分成 3 个独立的目。为中、小型涉禽。眼先被羽；嘴细而直，间亦向上或向下弯曲。颈和脚均较长，胫的下部裸出；多数结群。主食蠕虫、昆虫或其他水生动物。大多为候鸟。早成性。主要种如蛎鹬（*Haematopus ostralegus*），体粗短。长为 40 ~ 50 cm。腿粗，深绯红色。翼长而尖。嘴长而扁，楔形，橙红色。羽色由黑、白花（包括 1 个白色宽翅斑）至全黑色。主要以软体动物（如牡蛎、蛤和贻贝）为食，退潮时软体动物留在海滨，贝壳半张开时，蛎鹬立即啄食。见于温带至热带地区。我国见于沿海一带，夏季在东北、河北、山东等地繁殖，冬季迁至南方。

⑩ 鸥形目（Lariformes）。4 科 115 种，我国有 4 科 37 种。多系海洋鸟类，有些见于内陆江河湖沼。嘴细而侧扁；翅尖长；尾短圆或长而呈叉状；脚短，前趾间具蹼，雄性不具交接器。喜群居，在繁殖季节，常成千上万集结于僻静的江河、岛屿或荒滩上营巢育雏。巢一般是在地面的浅穴内铺上少许杂草，有的直接把卵产在地上。一般每窝产卵 2 ~ 3 枚。卵色浅褐、浅青、浅绿和淡灰，具暗褐色或红褐色斑点。主要分布于北大西洋和太平洋；我国东海岛屿亦有繁殖。常见种如海鸥（*Larus canus*），中等体型。腿及无斑环的细嘴绿黄色，白尾，初级飞羽羽尖白色，具大块的白色翼镜。冬季头及颈散见褐色细纹，有时嘴尖有黑色。海鸥身姿健美，惹人喜爱，其身体下部的羽毛就像雪一样晶莹洁白。海鸥是候鸟，分布于欧洲、亚洲至阿拉斯加及北美洲西部。迁徙时见于我国东北各省。越冬在整个沿海地区，包括海南省及台湾省；也见于华东及华南地区的大部分内陆湖泊及河流。海鸥的解释有二：广义的海鸥是鸥科 40 余种海鸟的总称；狭义的海鸥是鸥科、鸥属的一个物种。

⑪ 雨燕目（Apodiformes）。2 科 96 种，小型攀禽。嘴形短阔而平扁；两翅尖长；尾呈叉状；飞时张口，捕食空中昆虫。用自己唾液混合所取得的材料，甚至完全用唾液营巢，即“燕窝”。主要种如白喉针尾雨燕（*Hirundapus audacutus*），体长为 21 cm 左右。额黑褐或灰白，背乌白，上体余部黑色有蓝绿光泽，尾羽先端针刺状；颏、喉及尾下覆羽白色，下体余部褐色。嘴黑，脚褐红。多栖息在海拔 1 800 ~ 2 000 m 的岩壁，以飞虫为食。分布于我国内地沿海，旅鸟。

（2）企鹅总目（楔翼总目） 不会飞翔、擅长游泳和潜水的海洋鸟类。体羽呈鳞片状，均匀分布于体表，骨骼沉重，胸骨有发达的龙骨突。仅 1 目，即企鹅目（Sphenisciformes）。

企鹅目只有企鹅科（Spheniscidae）1 科，包括 6 属 18 种企鹅。全部为不会飞翔而擅长游泳和潜水的海洋鸟类。体羽呈鳞片状，均匀分布于体表，骨骼沉重，胸骨有发达的龙骨突。企鹅通常被当做是南极的象征，但企鹅最多的种类却分布在南温带，其中南大洋中的岛屿，南美洲和新西兰都比较多，在这里有 6 属 13 种企鹅营巢，其中有 2 个属限于澳大利亚、新西兰地区，而企鹅中最大的属角企鹅属也是以澳大利亚、新西兰地区为分布中心。企鹅第二大属环企鹅属则主要分布于亚热带和热带地区，甚至可到达赤道附近，而在南极大陆沿岸营巢的企鹅只有 2 属 4 种，亚南极有 2 属 2 种，而真正在南极大陆越冬的则只有皇企鹅。现存于世的企鹅有 18 种，它们分别是王企鹅、帝企鹅、巴布亚企鹅、阿德利企鹅、南极企鹅、冠企鹅、竖冠企鹅、长冠企鹅、凤冠企鹅、史纳尔岛企鹅、史氏角企鹅、黄眼企鹅、小鳍脚企鹅、白翅鳍脚企鹅、斑嘴环企鹅、麦氏环企鹅、洪氏环企鹅、加岛环企鹅。

① 王企鹅属（*Aptenodytes*）。有 2 种，分别为帝企鹅和王企鹅，是最大型也是最漂亮的企鹅。帝企鹅身高 1 m 以上，体质量可超过 30 kg，是唯一在南极大陆沿岸一带过冬的鸟类，并在冬季繁殖，帝企鹅每次只产 1 枚卵，孵化时由雄企鹅将其放在两脚的蹼上并用肚皮盖住，此期间，雄企鹅停止进食，完全靠脂肪维持生命，直到幼企鹅孵出，其体质量可减轻 1/3。王企鹅体型稍小些，嘴则比较长，颜色更加鲜艳，主要分布于南大洋一带及亚南极地区，最北可到新西兰一带。

② 阿德利企鹅属（*Pygoscelis*）。有3种，分别为巴布亚企鹅、阿德利企鹅、南极企鹅。巴布亚企鹅又叫金图企鹅，分布于南极半岛和南大洋中的岛屿上。阿德利企鹅（图版44-7），高为50~70 cm，体质量为5~6 kg，眼圈为白色，头部呈蓝绿色，嘴为黑色，嘴角有细长羽毛，腿短，爪黑。羽毛由黑、白两色组成，它们的头部、背部、尾部、翼背面、下颌为黑色，其余部分均为白色。是数量最多的企鹅，可在南极见到大规模的群体，游荡于南极有浮冰的水域。南极企鹅又叫帽带企鹅，主要分布于南极一带，有时游荡到南极以外。

③ 角企鹅属（*Eudyptes*）。企鹅中种类最多、分布最广的一属，有6种，头部有黄色羽冠，在陆地上活动比较敏捷，在新西兰的有些种群可进入森林。包括凤冠企鹅、史纳尔岛企鹅、竖冠企鹅、史氏角企鹅、冠企鹅、长冠企鹅。凤冠企鹅分布于新西兰一带；史纳尔岛企鹅分布于新西兰的斯内斯群岛；竖冠企鹅分布于新西兰一带水域；史氏角企鹅分布于澳大利亚的麦阔里岛；冠企鹅分布于南美洲南部及南大洋一带；长冠企鹅分布于南大洋一带及亚南极地区。

④ 黄眼企鹅属（*Megadytes*）。只有1种，即黄眼企鹅，分布于新西兰南岛一带。

⑤ 白鳍企鹅属（*Eudyptula*）。有2种，分别为小鳍脚企鹅、白翅鳍脚企鹅，是最小型的企鹅。小鳍脚企鹅又叫仙企鹅，分布于澳大利亚到新西兰一带，其中澳大利亚菲利浦岛的小鳍脚企鹅每年9—10月20：05准时登陆，成为一大奇观。白翅鳍脚企鹅分布于新西兰南岛东部，有时被并入小鳍脚企鹅。

⑥ 企鹅属（*Spheniscus*）。也称环企鹅属，有4种，分别为非洲企鹅、洪堡企鹅、麦哲伦企鹅、加岛环企鹅，是分布最靠北的企鹅。非洲企鹅又叫斑嘴环企鹅或黑足企鹅，产于南非；洪堡企鹅或洪氏环企鹅，产于秘鲁一带的南美洲西海岸；麦哲伦企鹅或麦氏环企鹅，产于南美洲南部；加岛环企鹅产于赤道附近的加拉帕戈斯群岛。

3. 常见种类

鸟纲 Aves

今鸟亚纲 Ratitae

突胸总目（今颌总目）Carinatae

潜鸟目 Gaviiformes

潜鸟科 Gaviidae

红喉潜鸟 *Gavia stellata*（Pontoppidan）

鸊鷉目 Podicipediformes

鸊鷉科 Podicipedidae

凤头鸊鷉 *Podiceps cristatus*（Linnaeus，1758）

鹱形目 Procellariiformes

鹱科 Procellarinnae

白额鹱 *Galonectris leucomelas*（Temminck，1835）

短尾信天翁 *Diomedea albatrus* Pallas，1769

鹈形目 Pelecaniformes

鲣鸟科 Sulidae

褐鲣鸟 *Sula leucogaster*（Boddaert，1873）

鹈鹕科 Pelecanidae

斑嘴鹈鹕 *Pelecanus philippensis* Gmelin，1789

鸬鹚科 Phalacrocoracidae

海鸬鹚 *Phalacrocorax pelagicus* Pallas，1811

军舰鸟科 Fregatidae

小军舰鸟 *Fregata minor*（Gmelin，1788）

鹳形目 Ciconiiformes

鹳科 Ciconiidae

白头鹮鹳 *Mycteria leucocephala*（Pennant，1769）

鹭科 Ardeidae

牛背鹭 *Bubulcus ibis*（Linnaeus，1758）

白鹭 *Egretta garzetta*（Linnaeus，1766）

雁形目 Anseriformes

鸭科 Anatidae

大天鹅 *Cygnus cygnus*（Linnaeus）

小天鹅 *C. columbianus*（Ord）

绿头鸭 *Anas platyrhychos* Linnaeus

棕颈鸭 *A. luzonica* Fraser，1839

隼形目 Falconiformes

隼科 Falconidae

红隼 *Falco tinnuncnlus* Linnaeus，1758

鹰科 Accipitridae

白尾海雕 *Halixeus albicilla albicilla*（Linnaeus，1758）

鹤形目 Gruiformes

鹤科 Gruidae

灰鹤 *Grus grus*（Linnaeus）

白鹤 *G. leucogeranus* Pallas

丹顶鹤 *G. japonensis*（P. L. S. Müller）

鸻形目 Charadriiformes

鸻形科 Charadriidae

蛎鹬 *Haematopus ostralegus*（Linnaeus，1758）

鸥形目 Lariformes

鸥科 Laridae

海鸥 *Larus canus* Linnaeus，1758

雨燕目 Apodiformes

雨燕科 Apodidae

白喉针尾雨燕 *Hirundapus audacutus*（Latham）

白腰雨燕 *Apus pacificus*（Latham）

企鹅总目 Sphenisciformes（楔翼总目 Impennes）

企鹅目 Sphenisciformes

企鹅科 Spheniscidae

王企鹅 *Aptenodytes patagonicus*

帝企鹅 *A. forsteri*

巴布亚企鹅 *Pygoscelis papua*

阿德利企鹅 *P. adeliae*（图版 44－7）

南极企鹅 *P. antarctica*

冠企鹅 *Eudyptes crestatus*

竖冠企鹅 *E. atratus*

长冠企鹅 *E. chrysolophus*

凤冠企鹅 *E. pachyrhynchus*

史纳尔岛企鹅 *E. robustus*

史氏角企鹅 *E. schlegeli*

黄眼企鹅 *Megadyptes antipodes*

小鳍脚企鹅 *Eudyptula minor*

白翅鳍脚企鹅 *E. albosignata*

斑嘴环企鹅 *Spheniscus demersus*

麦氏环企鹅 *S. magellanicus*

洪氏环企鹅 *S. humboldti*

加岛环企鹅 *S. mendiculus*

（七）兽纲（Mammalia）

通称兽类。是脊椎动物中躯体结构、功能行为最为复杂的最高级动物类群。

1. 主要特征

身体被毛；体温恒定；胎生（单孔类除外）和哺乳；心脏左、右两室完全分开，左心室将鲜血通过左动脉弓泵至身体各部；脑颅扩大，脑容量增加；中耳具有 3 块听骨；下颌由 1 块齿骨构成，与头骨为齿——鳞骨关节式；牙齿分化为门齿、犬齿和颊齿；7 个颈椎，第一、第二颈椎分化为环椎和枢椎。除南极、北极中心和个别岛屿外，几乎遍布全球。

2. 系统分类

分 3 亚纲 29 目 153 科，共 5 416 种。海洋中生活的种类分属 4 目，即鲸目、鳍脚目、海牛目和食肉目。

（1）鲸目（Cetacea）　现生种分齿鲸亚目和须鲸亚目，共 13 科 88 种，我国 33 种。完全水栖的哺乳动物。体长为 1 ~ 30 m，体形似鱼，皮肤裸露，仅吻部具有少数毛，无汗腺和皮脂腺。前肢呈鳍状，后肢完全退化，体内仅存 1 对小骨片。尾末皮肤左右扩展而成水平尾鳍。无耳廓，由于皮肤下有一层厚的脂肪，借此保温和减少身体比重，有利于游泳。有的种类具有背鳍。眼小，无瞬膜，也无泪腺，视力较差，靠回声定位寻食避敌。外鼻孔 1 ~ 2 个，位于头顶，俗称喷气孔。无耳廓，但听觉灵敏。肺左右各 1 叶。水中哺乳。一般以软体动物、鱼类和浮游动物为食，有的种类也能捕食海豹、海狗等。分布于全世界各海洋。如同所有哺乳动物，鲸用肺呼吸，其幼崽以哺乳喂养，还有少许毛发。肺容积大，每次呼吸换气彻底，潜水后对氧的使用经济，如鲸能潜水 30 ~ 70 min，甚至更长时间才浮出水面换气。大多数小型鲸是浅层潜游者，而一些大型鲸类则能深潜。

雄鲸利用输精管将精子排入雌性体内，完成受精过程后，精子和卵子在母鲸体内结合。母鲸通常只生 1 只幼鲸。孕期基本上都在 1 年左右。有的幼鲸哺乳期也要 1 年，养育期较长，有的幼鲸在出生以后，甚至会跟着母亲好几年才断奶。在生存环境里，会遇到鲨鱼的捕食，所以母子之间会建立非常强的关系。一些鲸的成熟期很晚，要 7 ~ 10 年。鲸的生殖器官在游泳时避免阻力而缩回体内。母鲸有 1 对乳头，靠乳房周围肌肉的收缩将乳汁挤到仔鲸口中来喂养幼崽。鲸的寿命为 60 ~ 70 年。

主要种如蓝鲸（*Balaenoptera musculus*），被认为是地球上体型最大的动物，长可达 33 m，体质量达 181 t。身躯瘦长，背部青灰色。目前已知蓝鲸至少有 3 个亚种：生活在北大西洋和北太平洋的蓝鲸亚种（*B. musculus musculus*），栖息在南冰洋（Southern Ocean）的中间型蓝鲸（*B. musculus intermedia*）及栖息在印度洋和南太平洋的侏儒蓝鲸（*B. musculus brevicauda*）。在印度洋发现的印度蓝鲸（*B. musculus indica*）则可能是另一个亚种。蓝鲸以浮游生物为食，主食磷虾。1 头蓝鲸每天消耗 2 ~ 4 t 食物。一般进行 10 ~ 20 次浅潜水后接 1 次深潜水，浅潜水间隔 12 ~ 20 s，深潜水可持续 10 ~ 30 min。喷出雾柱狭而直，高 6 ~ 12 m。蓝鲸大约 10 岁性成熟，北半球蓝鲸于秋末冬初产仔和交配，南半球蓝鲸在南方的冬季交尾，7 月是高峰期。繁殖期南北半球相差半年。孕期为10 ~ 11 个月，仔鲸长为 6 ~ 7 m，质量约为 6 t。哺乳期半年，断奶时仔鲸体长可达 16 m。对蓝鲸最高年龄的估计从 30 ~ 90 年不等。世界性分布，以南极海域数量为最多，主要是水温 5 ~ 20 ℃的温带和寒带冷水域，有少数鲸曾游于黄海和台湾附近海域。

（2）鳍脚目（Pinnipedia）　3 科 25 种，我国 5 种。身体一般呈纺锤形（或流线型），体表密生短毛，头圆，颈短。四肢具有五趾，趾端一般有爪，趾间被肥厚的蹼膜连成鳍状，适于游泳，故称“鳍脚目”。耳廓小或无。鼻和耳孔有活动瓣膜，潜水时可关闭鼻孔和外耳道，尾小，夹在后肢间。口大，周围有触毛。一生大部分时间生活在水中，除少数种外，仅在交配、产仔和换毛时期才到陆地或冰块上来。皮下脂肪极厚，用以保持体温。听觉、视觉和嗅觉灵敏，在水下有回声定位能力，潜水时心率减慢，只相当于正常心率的 1/10，外周血管收缩，保证重要器官的血液供给。潜水时间可持续 5 ~ 20 min。肉食性，多为整吞食物，不加咀嚼，主食鱼、贝类和软体动物。分布于南、北半球寒带和温带海洋。经济价值高，油脂和皮肉均可利用。有些种类的毛皮珍贵。常见种如斑海豹（*Phoca largha*）（图版 44 – 8），体粗圆呈纺锤形，体质量为 20 ~ 30 kg。全身被短毛，背部蓝灰色，腹部乳黄色，带有蓝黑色斑点。头近圆形，眼大而圆。无外耳廓。吻短而宽，上唇触须长而粗硬，呈念珠状。四肢均具五趾，趾间有蹼，形成鳍状，具锋利爪；后鳍肢大，向后延伸，尾短小而扁平。毛色随年龄和季节发生变化，幼兽色深，成兽色浅。初生仔有一层具保护作用的白色绒毛。平时可上百只聚集成群，主食鱼类，兼食甲壳类和乌贼；有迁徙性。孕期约为 11 个月，繁殖期多成对，多为 1 仔。亲兽与幼仔组成家族群，哺乳期雌海豹凶暴，护幼性极强。斑海豹在冰上产仔，当冰融化之后，幼兽才开始独立在水中生活。繁殖期不集群，仔兽出生后，组成家庭群，哺乳期过后，家庭群结束。食物以鱼类为主，也食甲壳类及头足类。分布于西欧沿岸、波罗的海、俄罗斯北部至西伯利亚和北美沿岸。我国分布于渤海、黄海。

（3）海牛目（Sirenia）　2 科 4 种，我国 1 种。外形呈纺锤形，颇似小鲸，但有短颈。皮下储存大量脂肪，能在海水中保持体温；前肢特化成桨状鳍肢，无后肢，但仍保留着一个退化的骨盆；有一个大而多肉的扁平尾鳍；胚胎期有毛，初生的幼兽尚有稀疏的短毛，至成体则躯干基本无毛，仅嘴唇周围有须，头部有触毛；头大而圆，能灵活地活动，便于取食；鼻孔的位置在吻部的上方，适于在水面呼吸，鼻孔有瓣膜，潜水时封住鼻孔；眼小，视觉不佳；听觉良好。头骨大，但颅室较小，脑不发达。主要种如儒艮（*Dugong dugon*），是海洋中唯一的草食性哺乳动物，头很大，头与身体的比例是海洋动物中最大的。嘴巨大而呈纵向，舌大，使其更利于进食海底植物而将沙子排除开。气孔在头部顶端，平均 15 min 换气一次。头部和背部皮肤坚硬、厚实。海生，偶尔会进入淡水流域，主要分布于西太平洋与印度洋海岸，特别是有丰富海草生长的地区，我国主要分布于广西北部湾沿海。

（4）食肉目（Carnivora）　猛食性兽类。门牙小，犬牙强大而锐利，上颌最后一枚前臼齿和下颌第一枚臼齿的齿突如剪刀状相交，特化为裂齿（食肉齿）。指（趾）端常具利爪以撕捕食物。脑及感官发达。毛厚密而且多具色泽，为重要毛皮兽。我国常见 5 科，其中鼬科的水獭和小爪水獭生活在海洋中。水獭为半水栖兽类，趾间具蹼，尾长而有力，适于游泳。毛皮轻软坚韧，富有色泽，为名贵毛皮兽。

3. 常见种类

兽纲 Mammalia

鲸目 Cetacea

须鲸亚目 Mysticeta

露脊鲸科 Balaenidae

北太平洋露脊鲸 *Eubalaena japonica*（Lacépède，1818）

露脊鲸 *Eubalaena glacialis*（Müller，1776）

灰鲸科 Eschrichtiidae

灰鲸 *Eschrichtius robustus*（Lilljeborg，1861）

须鲸科 Balaenopteridae

蓝鲸（蓝鳁鲸，剃刀鲸）*Balaenoptera musculus*（Linnaeus，1758）

长须鲸 *B. physalus*（Linnaeus，1758）

塞鲸 *B. borealis* Lesson，1828

布氏鲸（鳀鲸）*B. brydei* Olsen，1913

小布氏鲸 *B. edeni* Anderson，1878

小须鲸 *B. acutorostrata* Lacépède，1804

座头鲸（驼背鲸，大翅鲸）*Megaptera novaeangliae*（Borowski，1781）

齿鲸亚目 Odontoceti

抹香鲸科 Physeteridae

抹香鲸 *Physeter macrocephalus* Linnaeus，1758

小抹香鲸 *Kogia breviceps*（de Blainville，1838）

侏儒抹香鲸 *K. sima* Owen，1866

剑吻鲸科 Ziphiidae

贝氏喙鲸 *Berardius bairdii* Stejneger，1883

剑吻鲸 *Ziphius cavirostris* Cuvier，1823

瘤齿喙鲸 *Mesoplodon densirostris*（de Blainville，1817）

银杏齿喙鲸 *M. ginkgodens* Nishiwaki and Kamiya，1958

一角鲸科 Monodonidae

一角鲸（独角鲸，角鲸）*Monodon monoceros* Linnaeus

白鲸 *Delphinapterus leucas* Pallas

巨头鲸科 Globicephalidae

逆戟鲸（虎鲸）*Orcinus orca*（Linnaeus，1758）

伪虎鲸 *Pseudorca crassidens*（Owen，1846）

瓜头鲸 *Peponocephala electra*（Gray，1846）

短鳍领航鲸 *Globicephala macrorhynchus* Gray，1846

海豚科 Delphinidae

糙齿海豚 *Steno bredanensis*（Lesson，1828）

瓶鼻海豚（宽吻海豚）*Tursiops truncatus*（Montagu，1821）

印度洋瓶鼻海豚 *T. aduncus*（Ehremberg，1883）

真海豚 *Delphinus delphis* Linnaeus，1758

长喙真海豚 *D. capensis*（Gray，1828）

中华白海豚 *Sousa chinensis*（Osbeck，1765）

热带斑海豚 *Stenella attenuata*（Gray，1846）

长吻原海豚 *S. longirostris*（Gray，1828）

条纹海豚 *S. coeruleoalba* Meyen，1833

灰海豚科 Grampidae

灰海豚 *Grampus griseus*（Cuvier，1812）

鼠海豚科 Phocoenidae

江豚 *Neophocaena phocaenoides*（Cuvier，1829）

鳍脚目 Pinnipedia

海豹科 Phocidae

斑海豹 *Phoca largha* Pallas，1811（图版 44 - 8）

环海豹 *P. hispida*（Schreber，1755）

髯海豹 *Erignathus barbatus* Erxleben，1777

海狮科 Otaridae

北海狮 *Eumetopias jubata*（Schreber，1776）

北海狗 *Callorhinus ursinus*（Linnaeus，1758）

海牛目 Sirenia

儒艮科 Dugongidae

儒艮 *Dugong dugon* Müller，1776

食肉目 Carnivora

鼬科 Musterlidae

水獭 *Lutra lutra*（Linnaeus）

小爪水獭 *Aonyx cinerea*（Liger）

第八节 珍稀、濒危、新物种和深海海洋生物

历时 10 年的全球“海洋生物普查”项目于 2010 年 10 月 4 日在伦敦发布最终报告，这是科学家首次对海洋生物“查户口”，结果显示海洋世界比想象中更为精彩。

根据普查得出的统计数据，海洋生物物种总计可能有约 100 万种，其中 25 万种是人类已知的，其他 75 万种人类知之甚少，这些人类不甚了解的物种大多生活在北冰洋、南极和东太平洋未被深入考察的海域。

来自 80 多个国家和地区的 2 700 多名科学家在 10 年间共发现 6 000 多种新物种，它们以甲壳类动物和软体动物居多，其中有 1 200 种已认知或已命名，新发现待命名的物种约 5 000 种。不过，普查也发现，一些海洋物种群体正逐步缩小，甚至濒临灭绝。例如，由于过度捕捞，鲨鱼、金枪鱼、海龟等物种在过去 10 年间数量锐减，部分物种的总数甚至减少 90% ~95% 。

另外，科学家在普查中还发现了很多新奇有趣的海洋物种，比如一条长为 1 m、寿命约为 600 年的管虫、一条以时速 110 km 在水中穿行的旗鱼和长着两个“大耳朵”似的鳍状物酷似动画角色“小飞象”的深海章鱼等。

普查项目科学指导委员会主席、澳大利亚海洋科学研究所所长伊恩·波勒在接受新华社记者采访时说：“这次普查显示海洋生物比预期的更丰富，流动性更强，同时也有更多变化。”波勒说，这

是历史上首次进行全球海洋生物普查。海洋浩瀚，这次普查只探索了其中的一部分，但普查留下的科学数据、科研方法和国际标准等，有助于今后继续进行大规模海洋研究。

早在2002年，世界各国领袖聚会于生物多样性保护大会，他们承诺，到2010年，全球各地的生物多样性丧失的速度将会放慢。然而，应用该大会自己制定的框架结构所作的一项新的分析显示，这一目标并没有达到，而地球生物多样性所面临的压力在继续增加。Stuart Butchart及其同事编撰了31个特异性的指标，其中包括在世界各地的生物种系数目、群体大小、森林砍伐速度以及正在进行的保护性措施等。研究人员用从1970—2005年所收集的全球数据对这些指标进行了评估。他们发现，表示生物多样性健全的指标多年来一直在衰减，而全球生物多样性所受到的压力指标则在增加。Butchart及其同事发现，尽管在世界上某些地区取得了一些局部性的成功（尤其是在那些受到保护的土地上），但没有迹象显示最近几年生物多样性丧失的速度已经放慢。他们说，“全球生物物种所受到的压力日益增加，加上人们对此所作出的不充分的反应，都使得生物多样性保护大会所定的2010年目标注定无法实现”。

一、珍稀、濒危种类

2010年5月22日是“5·22国际生物多样性日”，当天上午，“2010国际生物多样性年”中国行动纪念碑在北京动物园落成。据统计，目前地球上的生物种类正在以相当于正常水平1 000倍的速度消失，全世界约有3.4万种植物和5 200多种动物濒临灭绝。

在落成仪式上，中华人民共和国环境保护部负责人指出，我国是世界上生物多样性最丰富的12个国家之一，是世界上八大作物起源中心之一和四大遗传资源中心之一，拥有陆地生态系统的各种类型，物种资源极为丰富，物种数量位居北半球第一，是北半球的生物基因库。

联合国发布最新报告称，全球2010年生物多样性保护目标未能实现，生物多样性进一步大量丧失的可能性更大。报告显示，由于人类的活动和日益加剧的气候变化，目前地球上的生物种类正在以相当于正常水平1 000倍的速度消失，而生物多样性的快速消失，可能会对人类的健康以及赖以生存的农业和畜牧业造成严重影响，并进一步威胁到人类的生存。

为激发更多的公众参与保护地球生物多样性，现将中国濒危、珍稀海洋动物部分物种名录列于附录中，供大家了解，希望能得到大家的重视和保护。

二、深海物种

由丹麦自然历史博物馆生物学家彼德·穆勒所领导的一项科考研究最近在格陵兰岛附近海域发现了38种怪异的深海物种。这些物种都是首次在格陵兰岛附近海域发现。科学家们认为，这是全球气候变暖和深海捕鱼的结果。

① 琵琶鱼。被称为“长头梦想家”的琵琶鱼是直到最近才在格陵兰岛附近海域发现的奇怪物种，它看起来就好像是来自科幻电影中的外星动物，长相相当恐怖。事实上，这种鱼并不像它看起来那样恐怖，它其实只有17 cm长。据位于哥本哈根的丹麦自然历史博物馆生物学家彼德·穆勒介绍，这种鱼是此次在格陵兰岛附近海域首次发现的38个外来物种之一。在这38种格陵兰岛新物种中，有10种在科学上也是首次发现。所有38个新物种都是在自1992年开始的一项科考研究中发现的。随着全球气候变暖，海水温度也在不断上升，因此，格陵兰岛海域也吸引了许多新奇的鱼类。穆勒所领导的研究小组将最新研究成果以论文形式发表于《动物分类学》（*Zootaxa*）杂志上。他们研究认为，不断增加的深海捕鱼也是造成格陵兰岛海域出现新鲜鱼类面孔的原因之一。

② 猫鲨。此次科考研究最近还在格陵兰岛附近海域首次发现了数种鲨鱼物种，如冰岛猫鲨物种。这种小型鲨鱼在其他海域800 ~1 410 m的深度也曾被捕获过，它们以其他小型鱼类、海洋蠕虫

以及甲壳类动物为食，如龙虾和螃蟹等。

研究人员认为，这些深海物种，比如这种猫鲨，之所以能够于近期在格陵兰岛附近被发现，主要是归功于深海捕鱼。在此次所发现的38个格陵兰岛新物种中，有5种生活在相对较浅的海洋环境中。科学家认为，它们也是被不断变暖的海水吸引到新的栖息环境的。

③ 大西洋足球鱼。自1992年起，在格陵兰岛附近海域的深海捕鱼经常能够拖上来一些怪异的鱼类，如大西洋足球鱼，这也是琵琶鱼的一种，它们通过摆动头部的肉质“诱饵”来捕食。这种深海琵琶鱼有一个奇怪的特性：体形较小的雄性紧紧黏附于体形较大的雌性身上，好像寄生虫一样；雄性其实就是精液捐献者，它们依靠雌性提供营养，直到雌性的卵子受精。

④ 葡萄牙角鲨鱼。葡萄牙角鲨鱼是自2007年在格陵兰岛附近海域中发现的4条此类物种标本之一。这种深海物种已被国际自然保护联盟列为濒危物种。研究人员介绍说，此前在格陵兰岛附近海域从未发现过这个物种。在上述研究论文中，葡萄牙角鲨鱼被列为最意外的重要发现之一。葡萄牙角鲨鱼通常生活于西大西洋较南部海域。商业捕鱼也只是偶尔能够捕获到这种葡萄牙角鲨鱼，捕获它们后主要是利用它们的肝油来生产化妆品。

⑤ 哈氏叉齿鱼（*Chiasmodon harteli*）（图版45－1）。这是叉齿鱼的一种，该鱼能够吞下比它们自身大得多的猎物。它也是此次在格陵兰岛附近海域首次发现的外来物种之一，是一种深海鱼类。研究团队认为，“在叉齿鱼所生活的深海环境中，可以得出这样一个合理的假想，那就是今天所捕获的任何未知的鱼类物种事实上也是该区域的新物种”。

三、新物种和新发现物种

（一）新物种

2009年度十大新物种评选结果中有5种海洋生物上榜。据美国《国家地理》网站报道，在由美国亚利桑那州立大学国际物种勘测协会和分类学家组成的国际委员会公布的2009年度十大新发现物种名单中，迷幻躄鱼、吸血鬼鱼等物种榜上有名。

据亚利桑那州立大学国际物种勘测协会主任昆汀·惠勒（Quentin Wheeler）介绍，十大新发现物种名单每年发布一次，以表明人类对地球生物多样性的了解是多么的有限。惠勒说：“目前我们已经确认了大约190万个物种。据保守估计，地球上一共有1 000万～1 200万个植物与动物物种，当然，如果将微生物种类也包括在内，那将是一个截然不同的局面。”

美国亚利桑那州立大学国际物种勘测协会每年都会适时发布十大新发现物种名单，以纪念5月23日卡罗勒斯·林奈的诞辰日。林奈出生于1707年，是瑞典著名博物学家，现代生物分类学的奠基人，创立了科学的植物与动物命名系统——双名制命名法。除了2009年度十大新发现物种名单，国际物种勘测协会还发布了《物种状态报告》（*State of Observed Species Report*），报告称2008年总共发现18 225个新的植物、动物、微生物、藻类和真菌种类。

① 杀手海绵。20年前，科学家在新西兰附近水域发现了这个全新的物种。自此，这种肉食性海绵便成为现代海洋生态系统令人所熟知的一员。然而，发现“杀手海绵”（killer sponge，学名为*Chondrocladia turbiformis*）的科学家突然间又觉得它非常“陌生”。原来，在现存物种，这种海洋动物非同寻常的针状体或骨骼式尖刺结构都是独一无二的。科学家只是在来自侏罗纪早期的化石中发现过类似特征，表明这种肉食性海绵从史前时代开始便存在于深海中。

② 韦氏深海水母（图版45－2）。这是在日本海域发现的深海水母，学名为*Atolla wyvillei*。当受到食肉动物攻击时，它会发出荧光和尖叫声，用来呼救。

③ 群体管形水母（colonial salp）。研究人员已经在大堡礁的两座小岛的周围海域和澳大利亚西

北部的一个暗礁周围发现数百种新动物，其中包括 100 多种珊瑚。这种群体管形水母是在蜥蜴岛附近发现的（图版 45 - 3）。

④ 新种海葵（*Actinoscyphia* sp.）。该物种是在墨西哥湾发现的，它们通过收拢触手捕捉猎物，或者用来保护自己（图版 45 - 4）。

⑤ 新种珊瑚（*Parazoanthus* sp.）。这是在加拉帕哥斯群岛发现的一种新珊瑚（图版 45 - 5），在此之前，科学家从未见到过这种珊瑚。南安普敦大学为期 3 年的研究是迄今为止在加拉帕戈斯群岛偏远的北部地区进行的最为广泛的一项研究。研究过程中，南安普敦大学利用了富有革新性的测绘与快速评估技术。

⑥ 海绵状海蛇尾。这是一种喜欢夜间活动的棘皮动物（*Ophiothrix suensonii*）（图版 45 - 6），又被称作海绵状海蛇尾（sponge brittle stars）。它们在加勒比海地区很常见。之所以这么称呼它们，是因为它们只生活在海绵体内及其周围。

⑦ 别氏好望参。这是在北极深海发现的一种新型海参（*Elpidia belyaevi*）（图版 45 - 7）。

⑧ 黑海蛾鱼。图版 45 - 8 所示是一只雌性黑海蛾鱼（*Grammatostomias flagellibarba*），它是海洋里的猎食者，舌头上长尖牙，它利用身体发出的“荧光”吸引猎物，并用它的尖牙捕获猎物。黑海蛾鱼只有一根香蕉那么大，如果再大一些，它们将会非常可怕。

（二）新发现物种

① 漂亮海葵（elegant anemone，学名为 *Sargatia elegans*）（图版46 - 1）。看上去好似一朵无害的柔弱的鲜花，但实际上却是一种靠摄取水中的动物为生的食肉动物。海葵共有 1 000 多种，栖息于世界各地的海洋中，从极地到热带、从潮间带到超过 10 000 m 的海底深处都有分布，而数量最多的还是在热带海域。海葵没有骨骼，在分类学上隶属于腔肠动物，代表了从简单有机体向复杂有机体进化发展的一个重要环节。这是在北海海域发现的美丽的海葵。

② 孔雀扇虫。这是在北海海域发现的孔雀扇虫（peacock fanworms，学名为 *Sabella pavonina*）（图版 46 - 2）。因为其体前端口旁的两叶伸出扇状的触手，用于呼吸和取食，故英文名原意为扇虫。生活在海底由泥或沙黏合成的管内。取食时伸出触手，危险临近时能迅速收回。由竖立的羽状触手上的黏液捕取水中悬浮的有机碎屑和浮游生物。食物粒沿纤毛沟送入口内。多数栖息在海水中，少数在淡水。

③ 紫色海蛞蝓。海蛞蝓学名为裸鳃，俗称海兔或海牛，是无脊椎动物中最美丽的种类之一，素有“海底宝石”的美称。海蛞蝓雌雄同体，肉食性，海葵、水螅等都是它们取食的对象，它能把吃进的有毒刺细胞，转化为自己的防御武器。图版 46 - 3 所示为在北海海面下发现的罕见的紫色海蛞蝓（violet sea slug，学名为 *Flabellina pedata*）。

④ 诺福克蛞蝓。北海海底发现的特有诺福克蛞蝓（norfolk slug，学名为 *Facelina auriculata*）（图版 46 - 4）。它们有着鲜艳的颜色，向其他海洋生物发出警告。

⑤ 水晶海蛞蝓。这是在北海海域发现的海蛞蝓，因通体晶莹剔透，故称水晶海蛞蝓（*Janolus cristatus*）（图版 46 - 5）。

⑥ 透明海参属未定种。在墨西哥湾海下 2 750 m 处发现的透明海参，学名为 *Enypniastes* sp.（图版 46 - 6）。

⑦ 灯泡海鞘。潜水员在英国诺福克郡北海海域潜水时发现了许多神奇的海洋生物，灯泡海鞘就是其中之一（图版 46 - 7）。这是在北海海域发现的海鞘，因其很像一个个灯泡，故称为灯泡海鞘（lightbulb sea squirts，学名为 *Clavelina lepadiformis*）。海鞘形状很像植物，广泛分布于世界各大海洋中，从潮间带到千米以下的深海都有它的足迹。但海鞘幼体的尾部有脊索，而脊索正是高等动物的

标志，这样使海鞘跨入了脊索动物的行列。海鞘对研究动物的进化、脊索动物的起源有重要作用。它通过入、出水管孔不断地从外界吸水和从体内排水的过程，由鳃摄取水中的氧气，由肠道摄取水中的微小生物作为食物。

⑧ 海蝎子。海蝎子（long spined sea scorpion，学名为 *Taurulus bubalis*）（图版46－8）拥有坚固的防护：体表覆盖着脊、爪和盔甲。它们通过改变颜色伪装自己，从而使其能够伏击猎物。

思考题：

1. 原生动物的主要生物学特征有哪些？如何理解它是动物界里最原始、最低等的一类动物？原生动物群体与多细胞动物有何区别？
2. 如何区别纤毛虫纲、鞭毛虫纲、肉足虫纲3类原生动物？
3. 解释变形虫伪足形成的过程和机理。
4. 原生动物如何获得营养？消化过程怎样进行？
5. 中国的红树植物中常见的有哪些种？
6. 中国常见的盐沼植物有哪些种？
7. 海草有哪些主要特征？
8. 藻类分为哪些门？大型海藻主要分布在哪几个门？
9. 藻类有哪些作用和意义？
10. 简述海生无脊椎动物属于哪几个门。
11. 无脊椎动物门分类的主要依据是什么？
12. 描述5种你印象最深的海洋无脊椎动物。
13. 简述脊索动物门的特征。
14. 尾索动物亚门、头索动物亚门、脊椎动物亚门的特征分别有哪些？
15. 简述软骨鱼纲、硬骨鱼纲的分类特征。
16. 了解软骨鱼纲、硬骨鱼纲的分类系统，熟悉常见的经济鱼类。

第三章　海洋生物生态学

第一节　概　述

一、海洋生物生态学的概念及研究对象

海洋生物生态学是主要研究各种海洋生物之间、海洋生物与其栖息地环境之间相互关系的科学。通过研究海洋生物在海洋环境中的繁殖、生长、分布和数量变化以及生物与环境的相互作用，阐明生物海洋学的规律，预测预报人为活动对海洋环境和资源的影响。为海洋生物资源的合理开发、利用、管理和增养殖，海洋环境和生态平衡的保护等，提供科学依据。

二、海洋生物生态学的研究背景

海洋的每一个角落都有生物的存在，其生物的种类和数量取决于所处栖息地环境的独特特征。不同海洋生物种类有各自的特定栖息环境，生物个体的生长发育、生殖繁衍都离不开周围的生存环境，自始至终地与栖息地环境发生相互作用、相互依存、相互影响。例如，栖息地的光线强弱决定海藻能否生长；海底的底质类型、水温、盐度、波浪、潮汐、海流及其他诸多环境因子在很大程度上影响海洋生物的生存和繁衍。

同样，海洋生物彼此之间也相互影响。例如，捕食与被捕食、群聚共生等。在这一章，将详细介绍从表层到深渊的各种栖息地环境，每个栖息地的特殊物理和化学特征、海洋生物对环境的适应性以及生物间的相互影响。

三、海洋生物生态学的研究进展

迄今为止，海洋生物生态学的发展主要经历了以下3个阶段。

18世纪末至19世纪末是海洋生物生态学研究发展的初始阶段，主要集中在定性研究。欧美一些国家相继在太平洋、大西洋和印度洋的主要部分进行多次大范围的海洋生物调查，发现了大量新的种、属，初步分析了海洋生物与海洋环境的关系（主要是与生物分布有关的环境特征）。同时，陆续提出了一些生态学的概念、术语。例如，1887年Hensen首先使用了“浮游生物”（plankton）一词，1891年德国Ernst Haeckel首先提出“底栖生物”（benthos）和“游泳生物”（nekton）两个名词，这是迄今仍继续沿用的海洋生物三大生态类群。此外，一些沿海国家在各地相继建立早期的海洋研究机构，如意大利的那不勒斯、法国的罗斯科夫、英国的普利茅斯等地所建的研究机构，对学科初期的发展作出了贡献。1859年出版的《欧洲海的自然史》一书被认为是海洋生物生态学的第一部著作。

20世纪初至50年代是海洋生物生态学研究发展的第二阶段，其主要特点之一是在大量定性研究的基础上开展定量研究。例如，在浮游生物和底栖生物方面，亨森和彼得松分别对其数量分布变化、群落组成进行了研究；在游泳生物方面，则主要研究了经济鱼类的种群生态（包括数量变动、分布、洄游等）。20世纪20—30年代，欧洲各国（包括苏联）对海洋生物生态工作开展了广泛的研

究。H. U. 斯维尔德鲁普等在1942年出版的专著《海洋》总结了以往海洋生态研究的成果。20世纪50年代丹麦“铠甲虾”号和苏联“勇士”号通过调查获得了有关深海的大量资料，证明在6 000～10 000 m深的水层、洋底和深海沟均有生物生存，这一调查结果进一步推动了深海生态研究。1957年出版的《海洋生态学和古生态学论文集》和《海洋生态学》，为海洋生物生态学发展第二阶段的主要著作。

20世纪60年代以来，海洋生物生态学的发展进入了第三阶段，其研究得到了迅速、全面的发展。其特点表现为海洋生物学与物理海洋学、海洋化学、海洋地质等各海洋分支学科相互交叉，对各种海洋过程进行多学科的综合性调查研究，反映了海洋科学本身就是多学科交叉的综合性学科体系的性质。目前，全球变暖、海洋酸化、海洋生物资源的过度利用、近岸海洋污染和生境破坏以及生物多样性损失等方面的生态危机推动海洋生物生态学的基础研究与应用实践紧密结合。全球海洋生态系统动力学研究、大海洋生态系管理以及为保护生物多样性而建立各种类型海洋保护区等均是其理论基础与应用紧密结合的体现。海洋新技术的开发应用推动海洋生物生态学不断发展。例如，海洋水色卫星遥感技术的应用解决了过去海洋现场难以大范围充分取样的难题，使得对全球海洋初级生产力及时间序列变化的研究成为可能；荧光显微技术和流式细胞测定技术的应用发现蓝细菌和原绿球藻等极微细的自养生物在海洋中的大量存在，为微型生物食物网的研究提供保证；由于深潜器的发明与应用才发现深海依靠化学合成支持的独特生态系统和深海底生物的高度多样性，等等。

虽然海洋生物生态学已取得诸多研究进展，但就人类迄今对海洋的认识以及全球变化和人类活动对海洋的威胁而言，海洋生物生态学的研究仍任重而道远。

第二节　海洋生物生态类群和生态因子

一、海洋生物生态类群

海洋生物根据其生活习性可分为浮游生物、游泳生物和底栖生物3大生态类群。

（一）浮游生物

浮游生物（plankton）是指自身具有微弱或者完全没有游动能力，仅靠水流的运动，被动地漂浮在水层中的海洋生物群。它们的共同特点是缺乏发达的运动器官，只能随水流移动。

浮游生物一般个体都很小，多数种类必须借助显微镜或解剖镜才能看清楚它们的身体构造，用标准的浮游生物网根本无法捕获。根据其个体大小，称这些浮游生物为微微型浮游生物（picoplankton）或微型浮游生物（nanoplankton）（表3－1）。大部分微微型浮游生物包括一些古生菌和细菌。网采浮游生物（net plankton），也可以根据个体大小分为小型浮游生物（microplankton）、中型浮游生物（mesoplankton）、大型浮游生物（macroplankton）以及巨型浮游生物（megaplankton）。这种根据大小对浮游生物进行分类的方法，与浮游植物和浮游动物的分类并不混淆。例如，浮游植物能够进行光合作用，其包括了从小型浮游生物到巨型浮游生物的所有种类。

表3－1　浮游生物分类

浮游生物类别	个体大小
微微型浮游生物	0.2～2.0 μm
微型浮游生物	2～20 μm
小型浮游生物	20～200 μm
中型浮游生物	0.2～20.0 mm
大型浮游生物	2 ～20 cm
巨型浮游生物	20～200 cm

根据生活习性，即浮游生活在生活史占据时期的长短，浮游生物可分为终生浮游生物（holoplankton)、阶段性浮游生物（meroplankton）和暂时性浮游生物（tychoplankton）3 类。终生浮游生物指在整个生活史的各个阶段均营浮游生活，大多数浮游生物属于这一类。阶段性浮游生物指在生活史的某一阶段营浮游生活，成体则营底栖生活或游泳生活的种类。许多海洋无脊椎动物变成附着成体之前，有一个浮游生活阶段，如厚壳贻贝（图 3－1）。幼体（虫）的浮游生活，短则几分钟，长则达数月。由于不同海洋无脊椎动物的繁殖季节和幼体（虫）浮游期时间长短不一，因而在海洋表层各个季节都有其浮游幼体（虫）的存在，它们是浮游生物的重要组成部分。暂时性浮游生物指因海水运动、环境变化和生殖等原因，暂时营浮游生活的种类，原非浮游性种类，如涟虫类、糠虾类、等足类和介形类等底栖动物。

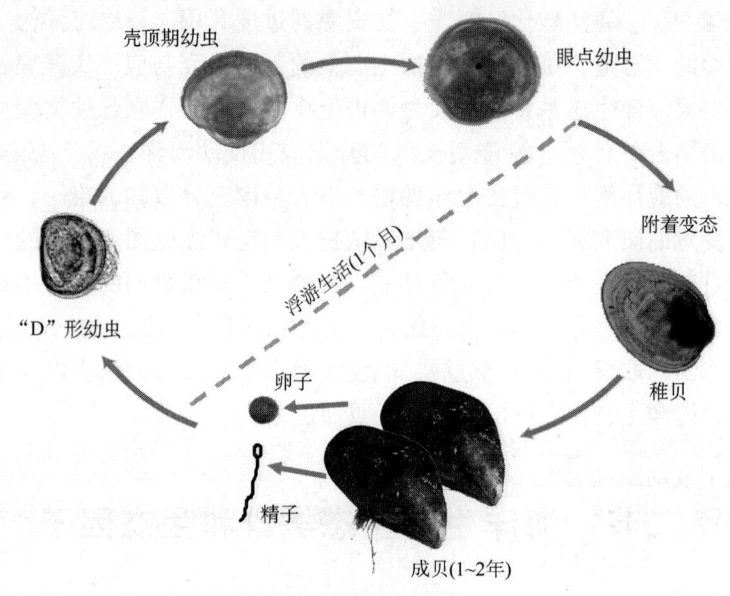

图 3－1 厚壳贻贝生活史（杨金龙）

浮游生物虽然个体小，但是在海洋生态系统中占有非常重要的地位。它们的数量多、分布广，是海洋生产力的基础，也是海洋生态系统能量流动和物质循环的最主要环节。浮游植物（phytoplankton）生产的产物基本上要通过浮游动物这个环节才能被其他动物所利用。单细胞浮游植物是海洋生态系统最主要的自养生物，包括硅藻、甲藻、蓝藻、金藻、绿藻、黄藻等。浮游动物（zooplankton）通过捕食影响或控制初级生产力，同时其种群动态变化又可能影响许多鱼类和其他动物资源群体的生物量。浮游动物种类繁多，生态学上比较重要的有原生动物（protists）、浮游甲壳动物（Crustacean plankton）、水母类（Medusae）和栉水母类（Ctenophores）、毛颚类（Chaetognaths）、被囊动物有尾类（Sppendicularians）、翼足类（Pteropoda）和异足类（Heteropoda）。

漂浮生物（neuston）特指那些生活在海水最表层中和表面膜上的一类生物，又称海洋水表生物。漂浮生物包括水漂生物（pleuston）、表上漂浮生物（epineuston）和表下漂浮生物（hyponeuston）3 种类型，由硅藻、腔肠动物、软体动物、甲壳动物等门类中的一些成员组成。

（二）游泳生物

游泳生物（nekton）是指能够克服水流阻力，具有很强的游泳能力的海洋生物。其特点为具有发达的运动器官，主要是一些大型游泳动物。游泳动物主要包括海洋鱼类和海洋哺乳动物（鲸、海豚、海豹、海牛）等脊椎动物和乌贼、虾类等一些海洋无脊椎动物。游泳动物大部分是肉食性种类，草食性和碎屑食性的种类较少，很多种类是海洋生态系统中的高级消费者。

游泳动物的主要类别有鱼类、甲壳类、头足类、海洋爬行类、海洋哺乳类、海鸟等。从种类和数量上看，鱼类是最重要的游泳动物，也是海洋渔业捕捞的主要对象。一些鱼类具有周期性洄游的习性，其洄游通常包括产卵洄游（spawning migration，代表种类：小黄鱼、鲐鱼、鲑鱼、鲟鱼、鳗鲡等）、索饵洄游（feeding migration，代表种类：鲸、太平洋金枪鱼）和越冬洄游（overwintering migration，代表种类：黄海、渤海的小黄鱼）3 种类型，这 3 种类型通常代表着游泳动物生命过程中的 3 个主要环节，或性成熟后生活周期的 3 个主要阶段。

（三）底栖生物

底栖生物（benthos）是指生活在海洋基底表面或沉积物中的各种生物。由于海底环境的多样化，海洋底栖生物种类繁多，底栖生物群落有多种生产者、消费者和分解者。通过底栖生物的营养关系，水层沉降的有机碎屑得以充分利用，并且促进营养物质的分解，在海洋生态系统的能量流动和物质循环中起很重要的作用。此外，很多底栖生物也是人类可直接利用的海洋生物资源。

底栖生物是一个很大的生态类群，其种类组成和生活方式比浮游生物和游泳生物复杂，主要有底栖植物（单细胞底栖藻类、海藻和维管植物）、底栖动物（原生动物、腔肠动物、软体动物、环节动物、节肢动物、棘皮动物等各大门类动物）。根据底栖生物与底质的关系，可分为底上生活类型和底内生活类型等。

底上生活类型指生活在基质的表面，包括附着生活型、固着生活型及匍匐生活型。附着生物在附着生长后仍可移动，如厚壳贻贝、紫贻贝、栉孔扇贝、合浦珠母贝等，常以发达的足丝附着在基底上，如环境条件恶化，可切断原先的足丝，通过贝壳的连续开闭而使身体发生移动，当遇到合适的环境时，再分泌新的足丝附着在新的物体表面。固着生物是指附着在基质表面上营固着生活的植物和动物。它们自孢子或幼虫固着变态后，终生不再移动。固着动物包括几乎全部海绵动物、苔藓动物和大部分腔肠动物及其他门类的一些动物，如纹藤壶、长牡蛎等。匍匐动物指栖居于水底表面做匍匐式爬行的动物，包括大部分腹足类、多板类、海星类、海胆类、一些蛇尾类和双壳类软体动物，如海螺和石鳖等。

海洋污损生物（marine fouling organisms）是指附着在船舶、养殖网箱以及发电厂的冷却水系统等设施的水下表面，从而引起严重后果，造成巨大的经济损失的海洋动物、海洋植物和海洋微生物的总称。海洋污损生物是以附着和固着生物为主体的复杂群落，其种类繁多，包括海洋细菌、附着硅藻和许多大型的藻类以及自原生动物至海洋无脊椎动物的多种门类。据统计，世界海洋污损生物有 2 000 种左右，我国沿海主要污损生物约为 200 种。其中，危害性最大的污损生物有藤壶、贻贝、牡蛎、海鞘、盘管虫等种类。据不完全统计，各国政府和企业每年投入超过 65 亿美元来控制或抑制海洋污损生物的附着。目前，主要以生物方法（附着变态机制研究）、物理方法（电流、超声波、水流冲击等）及化学方法（含氧化亚铜涂料等）进行相关的海洋防污研究和防除。

底内生活型又分为管栖动物、埋栖动物、钻蚀生物等。管栖动物主要包括一些能分泌管子埋栖于沙泥中的种类，如沙蚕。埋栖动物是指栖息于泥沙中的一类动物，也包括挖洞穴居的动物，有多毛类环节动物、双壳类软体动物、部分甲壳动物、棘皮动物和部分脊索动物等。代表性动物有缢蛏、菲律宾蛤仔、文蛤、海蛇尾、文昌鱼等。钻蚀生物通过机械的或化学的方式，钻蚀坚硬的岩石或木材等物体，生活在所钻蚀的管道中。按照钻蚀物体的性质，又可分为凿石类钻蚀生物（如紫菜、海笋）和钻木类钻蚀生物（如船蛆、蛀木水虱）两类。

二、主要生态因子与海洋生物

（一）生态因子的概念

生态因子（ecological factors）是指环境中对生物生长、发育、生殖、行为和分布有直接或间接影响的各种环境要素。通常生态因子包括非生物因子（abiotic factors）或称理化因子、生物因子（biotic factors）及人为因子（anthropogenic factors）。海洋环境的主要非生物因子包括光照、温度、盐度、海流和各种溶解气体等，它们对海洋生物的分布、生长、繁殖和生产力等方面有重要的影响。生物因子是指生物周围同种和异种的其他生物，各种生物互为环境中的生物因子，它们之间的关系主要是营养关系，也就是能量的转移和物质的转化问题（详见本章第四节）。此外，还有各种形式的竞争、共生等关系（详见本章第三节）。种内的个体间相互联系和相互影响决定着一个种的种群结构、分布及其资源利用的方法以及种的生活方式和繁殖等（详见本章第三节）。此外，当今人类活动对海洋环境有重大影响，其作用是其他生物因子所不能比拟的。

（二）非生物因子

1. 光照

光照被认为是海洋中最重要的生态因子之一，是海洋植物进行光合作用的能源，直接影响海洋中有机物质的产生。由于光在海洋中的分布特点和各种周期性的变化，对海洋生物的分布、体色以及行为等会产生直接或间接的影响。

（1）海洋藻类光合色素对光谱中不同波长的吸收　海洋自养细胞内有吸收光能的不同色素，其中叶绿素 a 是光合作用的主要色素。叶绿素 a 主要吸收蓝光（最大吸收峰为 430 nm）和红光（最大吸收峰为 680 nm）。不过，藻类的一些其他色素则可分别吸收光谱中的另一部分波长。例如，类胡萝卜素中的 β-胡萝卜素和岩藻黄素，叶绿素 b 吸收波长的 400 ~ 500 nm 的绿光，而藻青素则吸收波长的 550 ~ 630 nm 的黄绿光。这些吸收光谱中不同波长的色素统称为辅助色素（accessory pigments）。海洋中能进行光合作用的细菌具有细菌叶绿素，其吸收光谱与藻类有很大不同，主要吸收红光和红外线等长波能量。例如，近岸沉积物表层生活着底栖藻类，其下方一薄层则可生长着适应于利用光谱中长波部分营光合作用的细菌。

（2）光与海洋植物、海洋动物的垂直分布　各种海洋植物（浮游植物和底栖植物）在海洋中的垂直分布均与光照条件有着密不可分的关系，尤其是底栖植物的垂直分布受光照影响更为显著。一般生活在浅海的植物，沿岸浅海向深处依次为绿藻、褐藻和红藻。

很多海洋动物对光照强度有一定的要求，它们的垂直分布除与其生物学特性以及环境理化条件的分层特点相联系外，光照条件也起着重要的作用。这种现象在浮游动物方面最为普遍。浮游动物的垂直分布除了因种类不同以外，即使是同种的不同发育阶段也有垂直分布上的差异。

（3）光与海洋动物的体色和行为　海洋动物的体色也表现出对光照的适应性。例如，生活在浒苔和石莼等藻体间的藻虾属（*Hippolyte*），其体色为绿色，如果不游动则难以发现。生活在外海表层的飞鱼、鲭等的体色多为蓝色。随着水深的增加，海洋动物的体色也发生变化。例如，在水深为 300 ~ 500 m 的圆罩鱼属（*Cyclothone*）的体色为深色，虾类（*Acanthephyra*）的体色多为红色。

光照条件与海洋动物的行为有着极为密切的关系。例如，海洋动物特别是浮游动物很多具有昼夜垂直移动（diel vertical migration）的现象，它们在夜晚升到表层，随着黎明的来临又重新下降。这种现象在许多种浮游甲壳类中表现最为明显。其他浮游动物包括水母、管水母、栉水母、毛颚类、翼足类以及很多鱼类、头足类等也都有昼夜垂直移动的习性。

2. 温度

（1）海洋生物的耐受温度限度与分布　不同生物耐受的温度范围不同，而海洋生物对温度的耐受幅度比陆地或淡水生物小得多。根据海洋生物对温度变化的适应能力，海洋生物分为广温性（eurythermic）和狭温性（stenothermic）种类。广温性种类多分布在沿岸海区，如文蛤、缢蛏等。狭温性种类分布的区域比较小，如我国北方的皱纹盘鲍、南方的杂色鲍等。

海水温度对海洋生物分布有重要影响，海洋生物地理分布与海水等温线密切相关。按生物对分布区水温的适应能力，海洋上层的生物种群可以分为暖水种、温水种和冷水种3类。

（2）温度对新陈代谢、生殖、发育及生长的影响　温度直接影响生物有机体的新陈代谢，在变温动物和植物中表现最为明显。通常，在适温范围内，随着温度的升高，新陈代谢速率随之加快（氧的消耗也相应地增加）。

温度对海洋动物的繁殖具有重要的影响。它们的生殖现象，包括生殖季节、性产物的成熟和生殖量等在不同程度上受着温度的影响，许多海洋动物只有在特定的水温条件下才会产卵。同时，生物在不同的发育阶段往往对温度条件有不同的要求，发育时期的要求特别严格。有的时候海洋动物能在某一海区生活，但由于不能满足繁殖和发育所要求的条件（包括适宜温度及持续的时间），则这些动物在这一海区就不能完成繁殖和发育，因而有所谓生殖区和不育区之别。

3. 盐度

（1）盐度与海洋生物的渗透压　海水盐度对海洋生物的影响主要表现在对渗透压和密度的作用上。根据海洋生物与环境渗透压关系的特征，可将生物划分为变渗透压动物和等渗透压动物。变渗透压动物缺乏完善的渗透压调节机制，无法主动调节渗透压来适应外界环境的渗透压变化，大多数的海洋无脊椎动物属于这一类。等渗透压动物能够保持与外界环境不同的渗透压，其渗透压可能高于或低于周围海洋环境，但具有调节渗透平衡的机制，如许多海洋硬骨鱼类。

（2）盐度与海洋生物的分布　根据海洋生物对环境盐度的耐受能力，可将其划分为广盐性生物（euryhaline）和狭盐性生物（stenohaline）。广盐性生物指能耐受海水盐度的剧烈变化，对于海水盐度的变化有很大的适应性的生物。生活在沿岸浅海和河口半咸水中潮间带生物都属于广盐性生物，如近江牡蛎、河蚬、弹涂鱼和鲻鱼等。狭盐性生物是指对海水盐度变化极为敏感，只能生活在盐度稳定的环境中的生物。深海和大洋中的生物，是典型的狭盐性生物。这类生物如被风或流带到盐度变化大的沿岸海区、河口地带，就会很快死亡。

研究表明，不同海区中动物种类的丰歉程度与盐度状况是相联系的。盐度的降低和变动，通常伴随着物种数目的减少。这是因为海洋动物区系在生态学上的重要特点是以狭盐性变渗压种类为主的，尤其是海洋无脊椎动物，这一点与海水盐度的稳定性有关。因此，在盐度降低的条件下，狭盐性种类也逐渐减少。

4. 海流

海流对海洋生物最重要、最直接的影响在于海流散播和维持生物群的作用。暖流可将南方喜热性动物带到较高纬度海区，而寒流则可将北方喜冷性动物带到较低纬度海区。我国海域的鱿鱼在较低水温的1—4 月于东海大陆架上产卵孵化后随着黑潮逐渐向北漂移，在此过程中幼体逐渐长大，到了夏季已随黑潮迁移至日本东海岸，成为该水域最佳的鱿鱼捕捞渔场。在夏季，水温已不成为其繁殖的限制条件（营养条件也较好），其产卵地也从大陆架范围扩展至近岸海域。幼鱼和仔鱼在西南季风或长江冲淡水所产生的偏东向流动驱使下也漂入黑潮并随之北移，最终穿越对马海峡、朝鲜海峡进入日本海，使日本海沿岸成为另一个鱿鱼捕捞渔场。

在不同性质的海流里，栖息着不同种类的浮游生物，这些浮游生物可以作为海流的指标种。研究海流指标种有助于了解海流及水团的移动，尤其是判断不同性质海流的交汇锋面，这对探索一个海流余脉的分布具有重要的标志作用。

许多海洋无脊椎动物在其生活史中具有一个浮游生活阶段，它们能被海流带到远处扩大分布范围，一旦条件适宜，在完成附着变态过程后就定居下来。潮流对潮间带底栖生物的生长有重要作用，如扩散生物分布、增加底栖附着动物获得食物的机会，有助于清除其排泄物、稀释各种污染物等。

5. 溶解气体

（1）溶解氧（O_2） 海水中的溶解氧主要来源于大气中的氧气和绿色植物进行光合作用所放出的游离氧。但这一过程，仅限于一定水深。海水深层氧主要来源于水团和海流的传播。海水中溶解氧含量范围为0～8.5 mg/L。

生物对海水氧含量有非常重要的影响。表层海水由于与空气接触，加上浮游植物在表层的光合作用旺盛，因此，表层氧含量很高，通常处于饱和状态。在透光层下方，因缺乏光合作用的氧气补充，溶解氧含量逐渐下降。在400～800 m深处，由于密度梯度变化和温跃层的影响，从上层沉降的颗粒有机物较集中在这个层次，细菌的分解作用旺盛。此外，动物的呼吸作用也大量消耗氧气，加上底层富氧水未能补充到这里，于是出现垂直分布的最小含氧层（oxygen minimum layer），氧含量可从正常值（5～6 mg/L）下降至2～3 mg/L。超过1 000 m深的水层，氧含量并不随深度的增加而连续下降，而是在最小值后又开始上升。大洋下层潜流着从极区表层下沉而来的低温富氧的水团，加上大洋深层生物量较少，呼吸和分解作用的耗氧也较少，是引起最小含氧层下方溶解氧又有上升的原因。

（2）CO_2和pH值 海水中的CO_2主要来源于大气中CO_2溶入、动植物和微生物的呼吸作用、有机物质的氧化分解以及少量$CaCO_3$溶解。CO_2的消耗主要是海洋植物的光合作用，此外，一些$CaCO_3$的形成也消耗海水中的CO_2。

海水中的二氧化碳系统包括以下几种存在形式：游离CO_2、H_2CO_3、离子态HCO_3^-和CO_3^{2-}，其总量称为总二氧化碳（$\sum CO_2$）。可以用下式表示二氧化碳－碳酸盐体系：

$$CO_2 + H_2O \rightleftharpoons H_2CO_3 \rightleftharpoons H^+ + HCO_3^- \rightleftharpoons 2H^+ + CO_3^{2-}$$

上述平衡过程控制着海水的pH值，使海水具有缓冲溶液的特点。温度、盐度、压力一定的情况下，海水的pH值主要取决于H_2CO_3各种离解形式的比值，或者说根据pH测定值可以推算出二氧化碳－碳酸盐体系中各种成分的比值。在海水的pH值范围内（7.5～8.5），主要（80%以上）以HCO_3^-的形式存在，其次是CO_3^{2-}，游离的CO_2很少，H_2CO_3更少。由于海水中二氧化碳－碳酸盐平衡体系的存在，所以尽管光合作用过程吸收了大量的CO_2，但它绝不会成为海洋初级生产力的限制因子。

世界各大洋表层水CO_2是未饱和的，但在某些热带海区（如赤道太平洋靠近南美海岸和印度洋接近赤道处）存在着CO_2浓度比其与大气平衡应有浓度高的区域。从垂直方向上看，透光层的CO_2含量较低，其下方由于死亡有机体分解产生CO_2以及CO_2溶解度随压力增大而增大，所以CO_2含量很快上升。

海洋生物的呼吸以及有机物质氧化时产生CO_2，使海水的pH值降低。表层以下海水的CO_2不能与大气发生交换作用，因此，pH值的大小和生物的活动有关。在光合作用层以下的最小氧量层，pH值达到低值，这是由于有机残体氧化时分解出CO_2。如在北太平洋东部约800 m深处，海水的pH值只达到7.5。

总的来说，海水的pH值变化不大（平均为8.1左右），pH值变化直接或间接地影响海洋生物的营养和消化、呼吸、生长、发育和繁殖。例如，海胆的卵在过度酸性或过度碱性的海水中不能发育，pH值在4.8～6.2时，不发生受精作用；pH值降到4.6时，海胆的卵就死亡。卤虫则与之相反，对碱性环境的忍耐力很差，pH值为7.8～8.2时，生长就不正常。海水pH值对鱼类的呼吸速度和代谢过程的影响也是明显的。总之，各种海洋生物都有其生长发育的最适pH值，这是长期适应的结果。过高或过低的pH值对其生命活动是有害的。海水中pH值的变化往往反映海洋化学环境的变化。例如，pH值降低与氧含量降低是一致的，在pH值降低和氧缺乏的环境中也往往产生对生物具有毒性作用的H_2S。所以，人们常常把pH值作为反映水层或沉积物综合性质的指标。

海洋表层的溶解 CO_2 可以与大气中的 CO_2 进行交换。由于海水中的 CO_2 在浮游植物光合作用中被吸收，转变为生物颗粒，通过生物泵的运转沉降到深海，因此，海洋有吸收大气 CO_2 的功能。这个过程起着调节大气中 CO_2 含量的作用，从而对减轻因人类活动大量排放 CO_2 所形成的温室效应危害有重要意义。

(3) 氮和二甲基硫（DMS）　海水中含有大量的氮。海洋中有一些蓝藻具有固氮作用，以分子态氮作为合成有机物的氮源，对某些寡营养盐海区的初级生产力有重要贡献。另外，由于在某些缺氧环境细菌作用下的脱氮作用，可使硝酸盐和亚硝酸盐转变为分子态氮。

海洋浮游植物的代谢产物可产生二甲基硫丙酸（DMSP），在酶的作用下，二甲基硫丙酸分解为二甲基硫和丙烯酸。二甲基硫是海洋中硫的主要存在形式，具有挥发性，可大量释放到大气中形成凝云结核，从而增加太阳辐射的云反射。因此，二甲基硫与 CO_2 相反，成为一种起着“负温室效应”作用的气体。

第三节　海洋生物种群和生物群落

一、生态系统中的生物种群

（一）种群概念、基本特征和空间分布

1. 种群的概念

生物个体也同样受其他生物和环境因素的影响。所谓生物种群（biological population），是指在特定时间内栖息于特定空间的同种生物的集合群。种群内部的个体可以自由交配繁衍后代，从而与其他地区的种群在形态上和生态特征上彼此存在一定的差异。在自然界中，任何一个种群都不是单独存在的，而是与其他种群通过种间关系紧密联系。

种群是生态系统中生物群落的基本组成单元，每一种群在群落中处于一定地位，并且与群落中的其他种群保持相互联系，共同执行生态系统的能量转化、物质循环和保持稳态机制的功能。另外，种群也是人类保护和利用自然生物资源的具体对象。当今由于人类过度开发和掠夺生物资源，很多重要的种群，甚至物种，已经消失。因此，研究种群生态学，特别是种群的数量变动及其影响因素，有重要的理论和应用意义。

2. 种群基本特征

空间分布特征：种群有一定的分布范围（虽然很多种群的空间分布界限并不十分固定），在分布范围内有适于种群生存的各种环境资源条件。分布中心条件最合适，种群密度也较高。边缘地区环境资源条件和种群密度的波动则较大。

数量特征：种群的数量都随时间而变动，并且有一定的数量变动规律。在正常情况下，每一种群变动都有一个基本范围，这与各种群特有的出生率、死亡率、生长率和年龄结构等生物学特性有关。

遗传特征：种群由彼此可进行杂交的同种个体所组成，而每个个体都携带一定的基因组合，因此种群是一个基因库（gene pool），有一定的遗传特征，同时，种群中个体之间通过交换遗传因子而促进种群的繁荣。

3. 种群个体的空间分布类型与集群现象

种群中个体的静态分布类型包括均匀分布、随机分布和成群分布三种。均匀分布是指个体间的距离基本相等，这是很少见的。随机分布是指个体的分布是无规则的、随机性的，如潮间带泥滩中

的一些蛤类。成群分布，是最为普遍的分布型，是指个体成群或成簇分布，其可能是环境特点或生物本身的集群习性造成的。

自然种群在空间分布上往往形成或大或小的群，它是种群利用空间的一种形式。例如，许多海洋鱼类在产卵、觅食、越冬洄游时表现出明显的集群现象（schooling），鱼群的形状、大小因种而异。动物的集群生活往往有很重要的生态学意义，如鱼类的集群有利于个体交配与繁殖（如洄游性鱼类的产卵洄游）。有些海洋动物的群聚纯属偶然，如有的底栖动物由于波浪作用而沿着海岸集中分布。

（二）种群数量变动与种群调节

1. 自然种群的数量变动

在自然界中，任何种群都有数量变动的特征，它是环境因素和种群适应性相互作用的结果，其数量波动，有的是有规则的，有的则是不规则的。

季节变化是指种群在一年中不同季节的数量变化。一年中只有一次繁殖季节的种群，则该季节的种群数量最多，以后由于环境条件的季节变化、自然死亡或被其他动物捕食，其数量就逐渐下降，直至翌年的繁殖季节，如温带水域不同浮游生物种群的季节变化也因不同种类繁殖高峰期而异。有的浮游动物虽然整年都可能繁殖，但繁殖高峰期的时间不同，所以在不同季节中种群数量有很大变化。例如，渤海常见的小拟哲水蚤（*Paracalanus parous*）的种群数量高峰主要在夏季；强额拟哲水蚤（*Paracalanus crassirostris*）则 8 月份出现最高峰，12 月份有一个次高峰；双毛纺锤水蚤（*Acartia bifilosa*）的高峰期则在春季和初夏（王荣等，2002）。很多海洋浮游生物在环境条件不利时会产生滞育（diapause）现象（包括卵、幼体或成体滞育），待种群适合的环境条件（如适宜水温）出现时继续正常的生长发育。

年际变动（annual variation）是指种群在不同年份之间的数量变动，这种数量变动是很普遍的。种群数量的年际变动常与环境有密切关系。例如，一些洄游性鱼类往往从成体种群栖息地洄游到产卵场，产卵后成体再洄游到原栖息地。在这个过程中，海流的流速和流向将影响幼体能否从产卵场适时地漂移到幼体索饵地，导致幼鱼有极高的死亡率，使种群的补充量产生变化，种群数量就产生年际变动。不同种类的变动幅度是不同的。

在自然界，种群的数量是不断变化的。当环境条件适宜时，生物能够繁衍更多的后代，即种群数量增加。一旦繁殖环境不受限制，种群繁衍加速，任何物种均能在相对短时间内大量繁殖，超出该种群的正常波动范围，最终导致种群数量爆发。例如，在海洋中，随着水体富营养化加剧，在一定促发条件下近岸海域常会出现某种浮游生物的大爆发，被称为有害藻华（赤潮）。有害藻华与通常所说的浮游植物春季水华不同，前者繁殖数量惊人，足以使海水变成红色或褐色，有的种类还分泌毒素，可造成很多海洋生物窒息或中毒死亡；后者是海区（特别是温带海区）春季光照、温度适宜和营养盐供应充足而出现的浮游植物数量春季高峰期，是一种正常的季节波动现象。

2. 种群调节

种群调节（regulation of population）是指种群变动过程中趋向恢复到其平均密度的机制。种群调节因素可分为非密度制约（density-independent）因素和密度制约（density-dependent）因素两大类。非密度制约因素是指这些因素对种群的影响程度与种群本身的密度无关。非密度制约因素主要是一些非生物因素，即环境因素。密度制约因素是指这些因素作用强度随种群密度而变动，当种群达到一定大小时，某些与密度相关的因素就会发生作用，而且种群受到影响部分的比例也与种群大小有关。密度制约因素主要是生物性因素，包括种内关系和种间关系（捕食、竞争、寄生、共生等）。例如，藤壶、海鞘常与贻贝、牡蛎竞争附着基也与种群密度大小有关。

除上述划分的两类因素外，还把种群调节因素划分为内源性因素（内因）和外源性因素（外因）。内源性因素是指调节种群密度的原因在种群内部，即种内关系，如行为调节、内分泌调节、遗传调节。外源性因素是指调节种群密度的原因在于种群外部，如非生物因素和种间关系（竞争、捕食等）。

二、生物群落的组成结构

（一）生物群落概述

1. 生物群落的定义及群落组成

自然界中任何一种生物都不可能孤立存在，而是由不同物种种群之间的食物联系和空间联系聚集在一起。所谓生物群落（bioticcommunity 或 biocoenosis），是指在一定的自然生境内，相互之间具有直接或间接关系的各种生物种群所组成的一个集合体。

生物群落由植物群落、动物群落和微生物群落组成。群落与环境之间互相依存、互相制约、共同发展，形成一个自然整体。由生物群落和它们的环境构成的整体就是生态系统，或者说整个生态系统中有生命的那一部分就是生物群落。

生物群落的种类组成及其个体数量状况决定着对群落的作用或贡献。一般来说，尽管任何一个生物群落其组成种类极其繁多，但总有一两个物种（少数物种）的种群数量很大或生物量很高，并在群落中发挥明显的控制作用，这一两个物种即被称为群落优势种（dominant species）。例如，耐盐红树是红树林沼泽生物群落的优势种。同时，对群落的组成结构和物种多样性具有决定性作用的物种，而这种作用相对于其丰度而言是非常不成比例的，这种物种则被称为关键种（keystone species）。此外，在群落组成中尚有种群数量不大的常见种和稀有种等。

2. 群落种类组成的季节动态

很多海洋生物群落（特别是浮游生物）的种类组成（主要是优势种）表现出季节变化的特征，这种季节变化也叫季节演替（seasonal succession）。尽管不同海区群落的优势种季节变化类型有差异，但季节变化的现象是很普遍的，在温带海区特别明显，在热带海区甚至极区也存在这种现象。

海洋生物群落的季节变化主要是指群落量的变化和组成物种的变化。这些变化主要受环境因素，尤其是温度周期性变化影响，同时也与物种的生活周期紧密相关。生物群落季节的变化是演替的基本过程，是周期性重复的。

（二）生物群落中的种间关系

生活于同一生境中不同物种的生物之间相互影响。物种之间通过多种方式相互影响，最终影响群落组织结构。

1. 种间竞争

为争夺空间、食物、营养等资源，除了同一种群之间存在竞争外，这一种群的生物必须与其他种群的生物竞争，这种不同种群之间的竞争被称为种间竞争（interspecific competition）。

当两个物种利用同一种资源，因该种资源相对较缺乏，不能满足这两个物种的需要，物种必须通过竞争来获取。一旦两个物种存在竞争关系，必然两者中的一个物种会在竞争中占据相对优势。例如，如果两个物种捕食同种食物，其中一个物种会展现出更强的捕食能力。生态需求相同的两个物种，由于具有同样的习性或生活方式不能长久共存于同一地区，一个物种比其他物种在竞争中展现出更大优势，从而使其他物种数量下降，直至被取代，则被称为竞争排斥（competitive exclusion）。

除了与其他具有相对较弱竞争性的物种进行竞争之外，竞争性强的物种有时可能受到其他因素而被抑制。例如，它们的天敌会抑制其种群数量的增加。因此，种间竞争存在着一个动态平衡的过程。物种同样能避免被互相排斥，如果它们能够设法将有限的资源很好地分享，每个物种仅利用其中的一部分。利用同样食物的动物可能生活在不同的栖息地或捕食时间不同。生态学家把这种资源的特化作用称为资源划分（resource partition）。

资源划分使物种间能共生于同一栖息环境，从而避免相互排斥。通过特化，每个物种需放弃利用部分资源。为在长期的进化中得以生存，物种必须在特化和泛化间找到适合的平衡点。从不同种类生物总体看来，目前仍然没有一个合适的答案。在群落中每个物种都有自己特殊的功能作用或称生态位（niche）。物种的生态位是指它生活形态中的各个方面，如饵料食物、栖息地场所、繁殖时间和方式、行为活动以及其他对群落影响因素，等等。

2. 捕食与被捕食

捕食（predation）是一个生物体捕食另一个生物的行为。捕食其他生物称为捕食者（predator），被捕食的一方即称为被捕食者（prey）。捕食者通常被称为肉食性动物，即动物之间相互捕食。此外，以海藻和植物为食物的动物被称为草食性动物。

捕食对被捕食者的种群数量有着重要的影响，直接影响被捕食者的种群变化。如果捕食者不会捕食过多，被捕食者的种群经繁殖能补充已被捕食的生物个体数量。然而，一旦捕食非常剧烈，会极大地减少被捕食者的种群数量。

捕食者和被捕食者之间的相互关系并非这么简单。捕食者的食物供给依赖于被捕食者种群数量。对于捕食者来说，如果恶劣的天气或疾病的蔓延彻底摧毁被捕食者，因为食物的缺乏它们也会遭到致命的打击。如果存在有太多捕食者或捕食者捕食太多，被捕食者种群数量也会减少。在这种情况下，捕食者的种群数量不久就会开始减少，直至耗尽它们的食物供给。

由此可见，捕食者和被捕食者的相互关系是很复杂的。捕食者不仅吞食被捕食者，同时对被捕食者的种群调节也起重要作用。反之，被捕食者的种群数量变化对捕食者也有影响（即食物丰歉）。有时两者甚至形成难以分离的相对稳定系统，或者说互为生存条件。海洋中有很多可以摄食多种不同类群动物或植物的广食性动物，当一种食物变得稀少时，它们就转为捕食另一种被捕食者，这样可以阻止被捕食者密度进一步降低；反之，当一种被捕食者密度较高时，它们可能更多地捕食这种被捕食者，从而阻碍后者密度继续上升，因而有避免被捕食者种群剧烈波动的作用。捕食者和被捕食者的复杂关系是在生态系统长期进化过程中形成的。在共同进化中，对捕食者来说，自然选择有利于更有效地捕食，对被捕食者来说，自然选择有利于逃避捕食。

3. 种间共生

海洋生物之间除了种间竞争、捕食与被捕食关系外，不同种类间还有一些关系密切程度不同的组合。这些组合关系有的对双方无害，而更多的是对双方或其中一方有利，这种两个不同生物种之间的各种组合关系总称为共生现象（symbiosis）。海洋中的许多生物存在着共生现象。

根据涉及的生物在共生关系中获益或受损状况，共生关系可分为共栖（commensal）关系、寄生（parasitism）关系及互利共生（mutualism）关系等不同类型。共栖（commensal）关系是指一个物种获得栖息地、食物等且对其他物种无任何不利影响。例如，某种藤壶在鲸的体表生活，通过过滤海水获取食物，对鲸无任何影响。

另一方面，共生有时是以牺牲寄主为代价的，这就是所谓的寄生。海洋寄生现象非常普遍，事实上几乎所有海洋生物体表或体内至少存在一种类型的寄生虫。

并非所有的共生关系都是以单方面获益或受损的形式存在。互利共生关系是指生活在一起的生物双方均能从共生中获益。例如，珊瑚和虫黄藻之间就是一个典型的互利共生关系。微小的虫黄藻生存于珊瑚虫组织中，能增强珊瑚虫形成组织所需的碳酸钙沉淀能力，能提供珊瑚虫光合作用所需的物质。反过来，虫黄藻则能从珊瑚虫获得所需营养盐和栖息场所。

第四节　初级生产力、能流分析及生物地化循环

一、海洋初级生产力

1. 海洋初级生产力研究的相关概念

总初级生产力（gross primary production）是指光合作用中生产的有机碳总量。不过，海洋植物与其他生物一样昼夜都进行连续不断的呼吸作用，消耗掉一部分生产出来的有机碳。因此，总初级生产力扣除生产者呼吸消耗后其余的产量即为净初级生产力（net primary production），即

净初级生产力 = 总初级生产力 - 自养生物的呼吸消耗

海洋初级生产力常以单位时间（日或年）单位面积（m^2）生产的有机碳量［$mg/(m^2 \cdot d)$］（或固定的能量）来表示。文献中使用的生产力（productivity）、生产量（production）或生产率（production rate）等术语都有表示某一定时间内产量的内涵（否则就没有意义了），因此，这些术语实际上是同义的。

现存量（standing crop）与生物量（biomass）是同义的，是指某一特定时间和空间中存在的有机体的量。现存量表示在某一段时间内形成的产量扣除该段时间内全部死亡量（被捕食和自然死亡）后的数值。生物量可以用单位面积（或体积）中的生物有机碳量或能量来表示，浮游植物生物量常用叶绿素含量来表示。

周转率（turnover rate）是在特定时间段中（浮游植物常以天为单位）新增加的生物量与这段时间平均生物量的比率表示。周转率的倒数就是周转时间（turnover time），它是现存量完全改变一次或周转一次的时间。

“新生产力”一词最早是由 Dugdale 和 Goering 在 1967 年提出来的。他们认为，进入初级生产者细胞内的任何一种元素都可以划分为从透光层之外输入的和在透光层内再循环的两类。其中，氮是构成细胞的主要元素，而且其与碳的比值（N/C）和与磷的比值（N/P）也相对较为稳定，因此，用氮描述初级生产者的生长比用其他元素（如碳、磷）更为精确。此外，氮通常是海洋环境中的限制性营养元素，因而建立在氮源基础上的生产力研究更具实际意义。根据以上观点，他们提出：在真光层中再循环的氮为再生氮（regeneration nitrogen）或称再循环氮（recycled nitrogen），主要是 NH_4^+ -N，由真光层之外提供的氮为新氮（new nitrogen），主要是 NO_3^- -N，由再生氮源支持的那部分初级生产力称为再生生产力（regenerated production），由新氮源支持的那部分初级生产力称为新生产力（new production）。显然，新生产力和再生生产力之和就是总初级生产力。

2. 海洋初级生产力的测定方法

由于初级生产力以生态金字塔为基础提供食物，它可以有效了解发生在某一特定区域的生产量。在单位时间（日或年）、单位面积（m^2）生产的有机碳量，被称为初级生产力或生产率，包括水中的浮游植物以及生活在底部的植物的生产量。

为测量初级生产力，生物学家或以光合作用的原料消耗，或以最终产物的多少来确定。光合作用吸收 CO_2 放出 O_2，所以可通过测量某一特定时间内光合作用产生 O_2 的量或消耗 CO_2 的量来计算评估。

传统衡量初级生产力的方法是将水样放在瓶中，确定其产生的 O_2 的量。通常用两个瓶子，一个是透明玻璃瓶，另一个是黑色不透明或者覆盖着金属箔的玻璃瓶。为了解黑白瓶技术，包括浮游植

物在内所有生物，不断地消耗能量并存活下去。为了提供这种能量，初级生产者须利用 O_2 进行呼吸，包括它们正在进行光合作用的时候。一个水样也含有耗氧的异样生物。因此，光合作用后的含氧量减去因呼吸作用的耗氧量，即为瓶中 O_2 含量的变化（图 3-2）。为测量光合作用的产氧量，必须了解呼吸作用的耗氧量。无光条件下，光合作用难以进行，因而可计算黑瓶中因呼吸作用所消耗的 O_2。因此，总初级生产力扣除生产者呼吸消耗后的产量，即为净初级生产力。

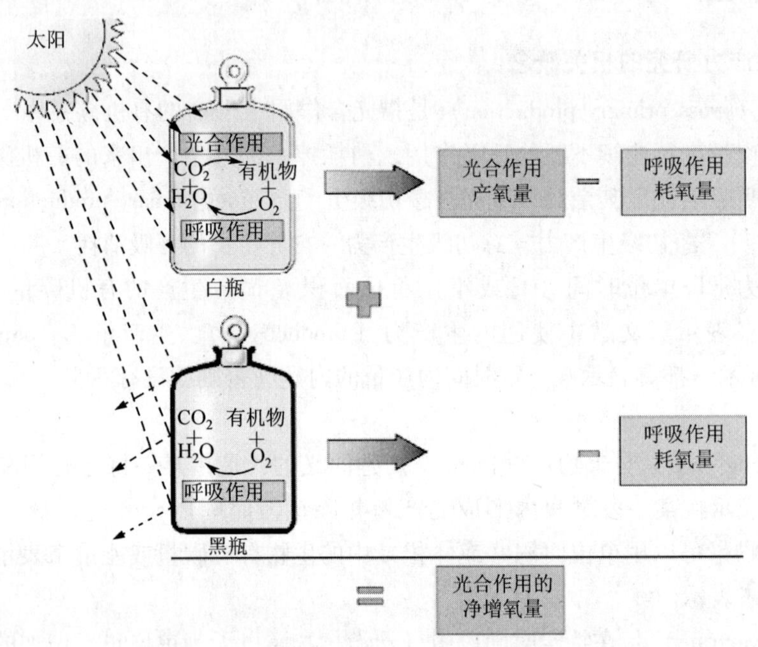

图 3-2 黑白瓶法（Castro and Huber，2003）

^{14}C 示踪法能非常准确地测量浮游植物消耗的二氧化碳量，这种方法利用一种碳的同位素（^{14}C 同位素），其原理和氧气测量法相同。

在海洋中，不同环境中的初级生产者水平差距显著（表 3-2）。一些海洋环境的生产力和陆地上相同。其他的一些环境中，其生产力水平与陆地上沙漠的生产力相近，称为生物荒漠。生产力在很大程度上取决于海洋的物理环境，特别是光照强度和营养物质。

表 3-2 不同海域的初级生产力（Castro and Huber，2003）

环境	生产效率（固定碳）/ $[g \cdot (m^2 \cdot a)^{-1}]$
远洋环境	
北冰洋	<1~100
南大洋（南极洲）	40~260
副极地海洋	50~110
温带海域（海洋）	70~180
温带海域（沿岸）	110~220
中央海洋环流	4~40
赤道上升流区	70~180
沿岸上升流区	110~370
海底环境	
盐沼	260~700
红树林	370~450
海草床	550~1 100
海藻床	640~1 800
珊瑚礁	1 500~3 700
陆地环境	
极端沙漠	0~4
温带农田	550~700
热带雨林	460~1 600

二、能流分析

所有生物都能利用能量制造和维持自身生活所必需的复杂化合物。自养生物（autotrophs）利用外界环境中阳光、二氧化碳、水以及无机盐等，通过光合作用等生物过程，为其生活提供物质和能量。自养生物的生长和繁殖，最终为异养生物提供物质和能量。当一种生物捕食另外一种生物时，被捕食生物体内有机物质和储存能量将转移到捕食者体内。因此，能源和化学物质由生态系统的外界环境传向生物有机体，再从一种生物传向另外一种生物。

（一）营养结构

根据生态系统中的能量流动和物质循环，可了解和掌握生物之间营养级关系，如哪种生物可提供食物，这些食物可被哪种或哪些生物所摄食利用。生物可分为两大类：一类为提供食物的初级生产者（primary producer），即自养生物；另一类为利用或摄食自养生物的消费者（consumer），即异养生物。并非所有的消费者都能直接从生产者那儿获得食物。许多动物捕食其他动物，而不是初级生产者。因此，在生态系统中，如在南极海域中硅藻→磷虾→鲸，这种生物之间能量传递的链锁关系，称为食物链（food chain）。食物链中每一个阶段被称为营养层次（trophic level）。

大多数生态系统存在着许多不同的初级生产者。此外，许多动物不仅仅是摄食一种食物，随着年龄增加和个体变大，其摄食生物也随之发生变化。由于这些原因，营养结构通常不是一个简单的直线食物链，而是一个错综复杂的食物网（food web）（图3－3）。

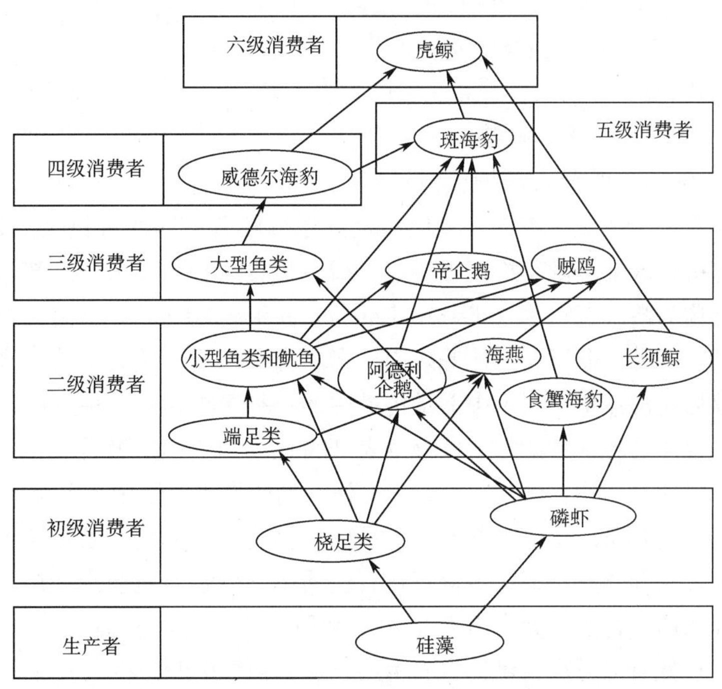

图3－3　简化的南极海域食物链（Castro and Huber，2003）

1. 营养层次

从能量流动的角度，分析食物链和食物网的不同阶段或营养层次，有助于理解食物链和食物网的功能。初级生产者从外界环境中获得能量并以有机物形式储存于体内，称为第一营养级。例如，南极海域食物链中的硅藻是食物链中的主要初级生产者。直接捕食生产者的消费者，称为第一营养层次的生物；以第一营养层次生物为食的生物为第二营养层次的生物；以第二营养层次生物为食的生物，归为第三营养层次，依此类推，等等。高营养层次消费者的食物来源于低营养级层次。食物网的末端为顶级捕食者，如鲸。

2. 生态金字塔

由于生物的能耗，不是所有能量均能传向更高的营养层次，而是大部分的能量停留在某一特殊的营养层次中。能量和有机物在传递过程中，存在着损耗。在不同的生态系统，能量从低营养层次向高营养层次传递范围为5%～20%，平均约为10%。例如，假设南极海域食物链中的硅藻含4 182万J的能量。根据上述10%理论，第二营养层次的磷虾仅能获得约418.2万J的能量，最终，鲸仅可获得约41.82万J的能量。生态系统的营养结构可以用一个能量金字塔来示意（图3－4），即营养层次越高，获取的能量越少。

由于高营养层次的生物可利用的能量很少，因而其整体生物数量也就相对较少。初级消费者的数量低于初级生产者，二级消费者数量低于初级消费者，依此类推。常常，但并不总是，生态金字塔可用生物个体数量来表示，称为数量金字塔。而利用每个营养层次的生物组织的总重或生物量来表示的生态金字塔，称为生物量金字塔。为了维持具有一定生物量的初级消费者，初级生产必须提供10倍于初级消费者的生物量。例如，要维持1 kg的桡足类的动物，至少有10 kg的浮游植物被摄食。反之，仅有1/10的初级消费者的生物量会传递到二级消费者。

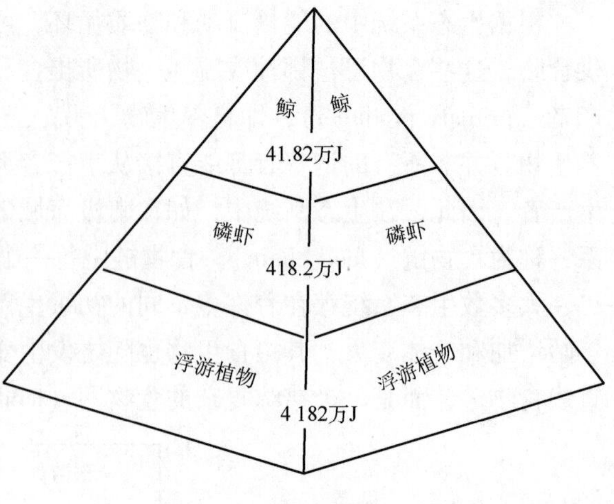

图3－4 金字塔能量关系
（Castro and Huber，2003）

在食物网中每个阶段，一些有机物尽管在传递中消失、没有被更高级的消费者利用，但这些物质并非真的从生态系统中消失。细菌、真菌以及其他分解者将这些有机物分解还原为CO_2、H_2O和营养元素。部分有机物或被当做废物而被排泄，或在进食时掉出，或通过扩散从细胞溢出。可溶于水的一些物质，被称为溶解有机物（dissolved organic matter，DOM）。此外，海洋中腐烂海藻、海草碎片、红树叶、动物的外骨骼以及尸体等以固体形式存在的有机物，称为碎屑。许多海洋生物都以碎屑为食，因而碎屑是海洋生态系统中能量传递中的一种重要途径。庞大数目的微型分解者生存就与海洋碎屑有关。食碎屑者常常能从这些分解者获得比碎屑更多的营养物质。同样地，许多生物会捕食分解溶解有机物的微生物。因此，分解者在海洋的碎屑食物链中至关重要。

如果没有分解者，生物所产生的废物和死亡后的尸体将不会腐烂，进而不断积聚。整个食物网会变得相当混乱，而且营养物质将继续被保留在有机质中。分解有机质产生的养分从初级生产过程中释放出来，使营养物质可再次被光合自养生物所利用。这一过程被称为营养再生。没有分解者，养分难以产生循环，也就难以再次提供给自养生物，那么初级生产力将大大受到限制。

三、生物地化循环

（一）海洋碳循环

碳是构成一切生物体的重要元素，碳循环是一个复杂的、全球性的生物地球化学过程，海洋直接与大气接触，而且海水对CO_2的溶解度大，因此，碳以CO_2形式经常在海－气间交换，一般认为，海洋从大气吸收的CO_2比释放到大气中的CO_2多。大气的CO_2除了地球上生物呼吸作用和分解作用的来源外，火山爆发会增加大气CO_2含量，特别是人类燃烧石油、煤等化合燃料，使大气中的CO_2含量大大增高。

碳在海洋生态系统中的循环主要包括光合作用吸收CO_2以及呼吸作用和有机物质分解产生CO_2两个基本途径。生产者通过光合作用吸收CO_2转化为有机碳，同时固定了能量。光合作用生成的有机碳，一部分用于自身的呼吸作用（产生CO_2），其余的通过食植动物摄食以后，经消化、合成，变成第二营养级的有机碳，然后沿着一个个营养级再消化、再合成而不断传递上去。每一个营养级吸收的有机碳，都有一部分用来构成该营养级的生物量，还有一部分用于呼吸消耗。也就是说，在这个过程中，某些有机碳由生物的呼吸作用而生成CO_2排入水中。因此，碳以CO_2的形式通过光合作用转变为碳水化合物，并放出O_2，供消耗者所需要，并通过生物的呼吸作用释出CO_2，又被植物所利用，这是循环的第一个途径。

同时，一部分有机碳沿着食物链不断向前传递，最后有机体死亡、分解、生成CO_2（或CH_4）进入海水中，重新又被植物（或化能合成细菌）所利用，参加生态系统的再循环，这是循环的第二个途径。

碳循环是营养物质循环典型的代表性例子。碳是有机分子形成的基础，始于大气中的CO_2，然后溶解于海洋。通过光合作用，这种无机形式的碳被转化成有机物。消费者、分解者以及生产者通过呼吸作用降解这些有机物，从而使生产者可再次利用CO_2。一些碳也会以碳酸钙形式存在于生物沉积物和珊瑚礁中。在一定条件下，它们中的一些碳酸钙会重新溶解于水中。

（二）海洋氮循环

海洋中的氮以多种形式出现，且很难从一种形式转变为另外一种形式。海洋生态系统中的氮循环过程极为复杂，同时也是极为完善的气体循环过程。海洋中的氮包括N_2、NH_3、NH_4^+、NO_3^-、N_2O、NO_2^-、NO和NH_3OH等。

一些蓝细菌、细菌和海洋古菌能将氮气转化成藻类、海洋植物和其他光合作用生物能利用的形式，这种转化过程称为固氮。具有固氮功能的生物叫做固氮生物。没有固氮生物，藻类和植物就不能获得它们生长和繁殖时所需的氮营养元素。

海洋中氮循环是非封闭性的。大陆径流、固氮作用和降水等是其补充部分，而海鸟摄食与排泄、人类渔业捕捞及含氮物质沉积于海底则是其输出部分。

（三）海洋磷循环

磷是生物体基本必需元素之一，各种代谢作用都需要磷元素的参加。海水中的磷有溶解态磷和颗粒态磷，二者都包含有无机磷和有机磷组分。海洋生物可利用磷的供给状况来影响初级生产、种类分布和生态系统的生物组成结构。

海水中的无机磷酸盐主要是被植物所吸收，其次细菌也可能吸收一部分。海洋植物除吸收无机磷外，同时也可能吸收有机磷（通过磷酸酯酶的作用）。植物细胞内的磷通过食物链传递给植食性动物和肉食性动物，还有一部分植物细胞死亡成为碎屑下沉，这部分颗粒磷通过水解与细菌的作用最终形成无机磷供植物再利用。浮游动物及其他海洋动物从食物中获得磷，通过动物的代谢活动，一部分直接以无机磷形式排出，另一部分可溶性有机磷以及它们排出的粪块、外壳和死亡尸体所组成的颗粒有机磷，也可通过水解与细菌的作用逐渐降解为无机磷。有一部分颗粒有机磷来不及完全分解就下沉到底部成为沉积物，但是湍流可使这些碎屑重新回到水层中去。沉积物中的磷有一部分是可溶的，但是也有一部分磷与钙盐形成永久性沉淀，离开了循环。另外，人类收获物与海鸟粪是离开海洋生态系统循环的一小部分磷，而来自大陆的河流与排水，则有助于增加海水（至少在沿岸水域）中的磷含量。

（四）海洋硫循环

硫也是生物体内蛋白质和氨基酸的基本组分。硫循环既属沉积型，也属气体型。硫的主要蓄库是岩石圈和束缚在有机和无机沉积物中，沉积物的硫酸盐主要通过自然侵蚀和风化或生物的分解以盐溶液形式进入陆地和海洋生态系统。另外，有相当多的硫以气态形式在大气中自由移动，人类燃烧化石燃料将蓄库中的硫以SO_2形式释放到大气中，火山爆发也将岩石蓄库中的硫以H_2S形式释放到大气中。这些含硫化合物溶于水成为弱酸，随降雨（酸雨）到达地面和海洋。因此，硫循环是在全球规模上进行的，有一个长期的沉积阶段和一个短期的气体型阶段。海水中的溶解

态硫主要以 SO_4^{2-} 的形式被植物所吸收利用，成为某些氨基酸（如胱氨酸）的成分，再由生产者转到消费者。

第五节 海岸带生物与生态系统

一、海岸带概述

海岸带（coast zone）是指海洋与陆地交界的狭窄过渡带。从生态学意义上说，一般包括潮上带、潮间带和潮下带3部分。潮上带是平均高潮线以上的沿岸陆地部分，在特大潮或大风暴时才被海水淹没；潮间带，有时称作潮汐带，是指高潮的最高潮位与低潮的最低潮位之间的海底部（潮差大的潮间带，再分为高潮带、中潮带和低潮带）。潮下带是低潮线下方完全被海水淹没的海区。我国在进行海岸带调查时，规定调查范围为：由海岸线向陆方向延伸10 km左右，向海至水深10～15 m等深线处；在河口地区，向陆延伸至潮区界，向海方向延至浑水线或淡水舌。我国在海岸带和海涂资源调查中将海岸带划分为河口岸、淤泥质岸、基岩礁海岸、红树林岸、砂砾质岸和珊瑚礁岸6种类型。

二、河口

河口（estuary）是指淡水和海水相互交汇和混合形成的一个半封闭性的沿岸海湾，它受潮汐作用的强烈影响。河口是陆地和海洋之间密切相互作用的结果，如同潮间带是陆地和海洋环境的交替区一样，河口是地球上两类水生生态系统之间的交替区。相比岩礁海岸潮间带，栖息于河口区的代表性物种种类较少。然而，它们存在于地球上生产力最旺盛的环境里。

广义地说，河口湾除真正的河口外，还包括半封闭的沿岸海湾、潮沼（tidal marshes）和在沿岸沙坝后面的水体。因此，河口区除了指大江大河入海区以外，还包括盐沼或称潮沼和海草床等群落。盐沼位于温带河口潮间带上层，生长着陆地起源的一些有根显花植物，海草和蓝藻可能比较普遍存在，这些植物（草本为主）具有耐盐、耐淹的特性，称为沼草。在热带沿岸，沼草则被红树林所取代。众多的蠕虫、蛤类和虾类在泥滩底部挖洞，滨螺和螃蟹在海岸边爬行，鱼类在浑浊且充满浮游生物的水里生活。

河口区既是重要的渔业捕捞场所，也是重要的水产养殖区，是一些经济海产品，如牡蛎、缢蛏、虾、蟹等的养殖基地。许多自然的海湾是河口，包括纽约、伦敦和东京等许多世界级城市都是因河口而兴起。此外，河口区能截留陆源输入的污染物、营养物质，不致进一步流向海洋，起一种“过滤器”的作用，有助于改善水质。其次，河口湾还是海洋风暴和城市之间的缓冲器，保护内陆城市不受破坏。同时，还能分散洪水的力量，减弱洪水的破坏力。河口环境是最易受人类活动影响的区域，也是受人类活动影响最多的环境之一。人类活动对河口生态环境所造成的损害是灾难性的。河口，或被挖掘，或被填充转变成船坞、海港、工业园区、城市和垃圾堆。许多河口遭到彻底破坏，已经消失，许多现存的河口正面临着遭受毁灭的危险。

（一）河口类型、环境和能流特征

根据河口的形成特征，河口可分为沉溺河口（drowned river valleys）、沙坝型河口（bar-built estuary）、构造型河口（tectonic estuary）以及峡湾型河口（fjord estuary）4种类型。沉溺河谷或海岸平原山谷（coastal plain estuaries）是河口最常见的类型，指由于冰的融化导致海平面上升，海水依

次进入了低洼地，从而形成了许多河口，如我国的钱塘江口。沙坝型河口指沉积物沿着海岸不断积聚，在海水和河流淡水之间形成一堵墙，即沙坝和屏障岛屿，如我国海南小海河口。构造型河口是由于地壳运动导致的陆地下沉所形成的，如加利福尼亚的旧金山海湾。峡湾型河口是由于冰川融化沿着海岸形成壮观的溪谷，当海平面上升时，这些溪谷部分被淹没，且有河水流入。

盐度是河口环境中变化最明显的环境因子，其变化的周期性和季节性是河口环境的一个重要特点。同时，河口处水深较浅和表面积大，其温度的变化较开阔海区和相邻的近岸区大。河水带入了大量的沉积物和其他物质，包括污染物，进入大多数河口区。当水流速度变慢时，沙和别的粗的物质沉淀在河口区上游段。但是细的泥颗粒被带入河口区的下游段，当水流速度变得更慢时，它们将下沉。最细的颗粒可能被带入大海。因此，基底或者底质类型大多数是软泥。在受潮流影响较小的河口区，包括大多数浅滩，溶解氧比较充足。河口区的悬浮颗粒很大程度上削弱了水的透明度，很少有光线穿透水体，这些悬浮颗粒会影响一些滤食性动物的摄食，甚至能杀死一些生物，诸如一些海绵动物，它们对悬浮颗粒非常敏感。

由于水体浑浊度高，限制了浮游植物的光合作用，因此，除了河口区外缘可能形成海草场之外，河口区的植物总生物量和初级生产力都较低。但是，河口区同时又是次级生产力水平最高的水生生态系统之一。沉积物和水体中大量存在的有机碎屑是河口区高次级生产力的成因。通常，河口区水体中有机物干质量的含量可高达 110 mg/L，而外海中有机物干质量仅为 1 ~ 3 mg/L。同样，由于河口泥滩有机碳含量十分丰富，使得其中食碎屑者的生物量可达近岸沉积物中的 10 倍。

作为河口食物网的基础，有机碎屑一部分来自河口周围环境，包括陆地（如河流带入的植物叶片）、海洋（潮汐引入的藻类、大型海藻和动物）和半陆生的边界系统（如盐沼和红树林等）；另一部分则来自河口内部。Deengan 和 Garritt 于 1997 年利用稳定同位素（^{12}C 和^{13}C）分析技术研究表明美国梅岛湾生物对本地碳源有很高的依赖性。河口上游段的食物网主要以淡水、盐沼和浮游植物中的碳源为基础，而在下游段则以海洋浮游植物和底栖藻类（可能还包括盐沼中的碎屑）最为重要。虽然有的季节可输入大量的陆源植物叶片，但其在食物网中的作用却并不重要。

（二）河口生物群落类型及其适应性

1. 开放水域

生长在河口区的浮游生物种类和数量与水流、盐度、温度密不可分。浑浊海水限制光穿透水层，也限制了浮游植物的初级生产力。生长在河口的大多数浮游动物或植物随潮水的涨退而聚散，一些大的稳定的河口有其稳定的物种。

世界大部分都市建在河口区周边的重要原因之一是河口区能提供丰富的鱼类和贝类。许多重要的经济鱼类和虾蟹类利用河口区作为它们孵育幼体的哺育场，河口区可提供丰富的饵料和成为躲避捕食者的避难所。

终生生活于河口的生物不多，称之为专性河口种（estuarine specialist），如底鳉（*Fundulus heteroclitus*）和胡瓜鱼（*Osmerus eperlanus*）。多数种类阶段性地生活在河口区，许多海洋鱼类可利用潮汐进入河口中游段觅食，如粗唇龟鲻（*Chelon labrosus*）甚至可随潮汐进入小溪流。很多浅海种类常以河口区作为索饵育肥的过渡场所，如鲮鱼（*Liza haematocheila*）、对虾（*Penaeus*）、大黄鱼和小黄鱼等。在温带河口区生活的鱼类大多数是 1 ~ 2 龄的幼鱼。除提供丰富的食物外，河口区较高的浑浊度也有助于逃避捕食。一些游泳动物在洄游途径中会经过河口区，如降海产卵的中华绒螯蟹和多种鳗鲡（*Anguilla* spp.），溯河产卵的鲑鳟鱼类等。

2. 泥滩

在低潮时，河口区的底部会暴露出来，形成泥滩。在高潮和低潮线之间及底部坡度较缓处的河口泥滩特别广阔。泥滩因其颗粒大小不同而有很大差异。在河口附近和潮沟，随着潮汐的变化，沙不断地积聚形成沙滩；在其很平静的中间部分，泥滩含有更细、更丰富的淤泥物质。

河口区的泥滩群落类似于软泥底质海岸群落，与其他潮间带生物群落一样，在低潮时遭受干燥、温度变化和被捕食考验。河口区的泥滩生物也必须忍耐盐度的规律变化。河口中游段的泥滩多被数量很多的多毛类、寡毛类和端足类等小型甲壳动物所占据。河口下游段的滩涂上也经常出现大片的双壳类，如贻贝和牡蛎。

在泥滩，初级生产者通常不是很多。一些藻类如浒苔、石莼和江蓠，它们能生长在贝壳上。这些藻类和其他初级生产者在较温暖的季节比较常见。大多数的底栖硅藻生长在泥中，并且经历长时间的繁殖期，从而形成金黄色的一簇。在退潮后的潮池中，这些硅藻被阳光下强烈的光合作用形成的含氧气泡所覆盖。

在泥滩中占优势的动物能挖掘洞穴，故称为底内动物。尽管这种洞穴生活的物种不多，但它们经常大量出现。低潮时，它们通过在沉积物上留有洞口或粪便以及它们的排泄物显现自己的存在。底内动物以沉积物和水体中的碎屑为食，大多数食物来源于河流和潮水，而不是泥滩。很少有泥滩动物被归类为底上动物，它们或是栖息于沉积物的表面，或是附着在固着物的表面。

原生动物、线虫和其他小型动物构成较小型底栖生物，这些生物也是依靠碎屑为食，也称为间隙动物。一些较大的挖洞或底内动物包括许多多毛类动物，其中大多为食碎屑动物。其他的多毛类动物为食悬浮体动物，它们过滤或伸长触角收集水中下落的碎屑。另外，多毛类动物中的另外一种碎屑摄食机制是依靠大量水中悬浮物，在悬浮碎屑和沉积物之间来回游动。

泥滩中，双壳类动物种类和数量很多。许多是滤食动物，它们也栖息于在河口区外的泥滩或沙质海岸。例如，温带海域常见的泥蚶、菲律宾蛤仔和缢蛏等，其中的一些都是重要的经济种类。

在泥滩生物群落中，最重要的捕食者是鱼类和鸟类。鱼类在高潮时涌入泥滩摄食，鸟类是在低潮时聚集在泥滩捕食。河口区是许多候鸟重要的栖息地和越冬场所。这种开阔的地带为它们躲避敌害提供了安全，同时也提供了充足的食物。最主要的捕食者是海岸鸟类，包括鹬类、鹬类等，它们以多毛类、蛤类和螺类为食，蛎鹬专门吃蛤类。

3. 盐沼

盐沼（salt marsh）是主要分布在温带河口海岸带的长有植被的泥滩，植被的成带分布特征反映了不同的潮汐淹没时间，由于水体盐度的影响，植被以盐土植物为主。

盐沼主要分布在潮间带，盐沼的上缘和下缘通常由潮汐的范围决定。潮汐对盐沼的地形、化学、生物过程有重要影响，是盐沼和周围水体物质和能量交换的重要途径，直接影响植物种类及其生产力。

盐沼生态系统的盐度呈现垂直分带现象，受潮水浸没、降雨、排水坡度、土壤性质（淤泥比砂质土壤更易积聚盐分）和植被类型（如泌盐植物可能提高土壤盐度）等的作用，盐沼盐度分布随高度增加而逐渐减小。

盐沼草是盐沼生态系统优势植物，生长在潮间带上部，以米草属（*Spartina*）、盐角草属（*Salicornia*）、盐草属（*Disticlis*）和灯心草属（*Juncus*）为主，其中米草属的优势最大。其中的两个代表种是互花米草（*Spartina alterniflora*）和大米草（*S. anglica*）。盐沼植物分布也显示明显的垂直分带。如我国苏北海岸潮间带盐沼，由海向陆依次出现盐蒿带（*Suaeda ussuriensis*）、獐茅带（*Aeluropus littoralis* var. *sinensis*）和白茅带（*Imperata cylindrica* var. *major*）分带现象。

盐沼的上部是海洋—陆地过渡区，温度和盐度变化很大，永久在这里生活的动物种类很少，主要是一些不时侵入的陆地动物，如鼠类和蛇类以及昆虫和鸟类种群。较低潮面生活的种类就很多，最常见的有筑穴的沉积物食者招潮蟹（*Uca*）、摄食底栖硅藻的腹足类软体动物［如织纹螺属（*Nas-*

sarius）、拟蟹守螺属（*Cerithidea*）等］以及能生活于泥内或泥上的双壳类软体动物［如蛏属（*Sinonovacula*）］。盐沼植物的叶片和茎部有许多小型生物附着，在沉积表层和内部栖息着各种微型和小型生物。沉积物中的细菌密度可达 10^9 个/cm^3，成为原生动物和小型生物的重要食物来源。盐沼还为虾类、蟹类以及许多海洋和河口鱼类的幼鱼提供隐蔽场所和食物。

4. 红树林

红树林不受河口限制，主要分布于热带和亚热带的盐沼区，同时也存在于其他一些地方。红树植物是适应生活于潮间带的陆生有花植物。这些灌木和树木能形成茂密的森林，通常被称作红树林沼泽，以区分于真正的红树植物。红树林植物是典型的热带和亚热带优势种，在那里它们取代了温带的盐沼湿地。据估计，60% ~70% 的热带海岸边缘都是红树林，表明其重要性。

红树植物指的是红树林生态系统中的植物，包括木本、藤本和草本植物。其中的木本植物称为红树植物，包括真红树植物和半红树植物；藤本和草本植物则称为红树林伴生植物。红树植物生活在淤泥沉积物堆积的受保护海岸。尽管红树植物生长在河口，但它们也能在河口外的海岸生长。与盐沼植物一样，红树植物中各种各样的物种对于在涨潮时的浸没深度有着不同的耐受度。这种不同的耐受度，是导致它们在潮间带中表现出不同的分带现象的原因之一。

红树植物的生长需要淡水。由于它们生长在海岸边缘，红树植物必须把根部吸收的盐分排出。事实上，大多数的盐分并不是从根部吸收，并且一些红树植物叶片上的盐腺能排出盐分。秋茄是我国南部沿海最典型的红树植物物种。红树笔直地生长在海岸边，且极易通过它特有的支撑根而辨认，这种根向下分枝，像支柱一样支撑着红树。弯曲的气生根从高处的树丫处垂下，使得红树横向延伸。在适宜的条件下，它们能形成以高的初级生产力著称的茂密森林。

红树林中生活着许多海洋和陆地动物。蟹类是红树林中的常见动物，许多蟹类以红树林下积累的大量落叶为食，如相手蟹和招潮蟹。这类蟹大多都生活在陆地上，但当它们准备产卵时，雌蟹就会把幼体产在海水中。大多数的招潮蟹在淤泥中挖掘洞穴，与在温带泥滩和盐沼中一样，掘洞蟹类促进了沉积物的氧化。弹涂鱼是栖息在红树林中的代表性鱼类。此外，很多生物附着在红树的浸没根上或是在其中寻求庇护。大型海绵生长于红树根部，能为红树植物提供大量的氮，且能阻止等足目动物的挖掘以保护红树免遭巨大破坏。正如温带的泥滩一样，红树林周围的底泥中生活着多毛类和蛤类等多种多样的食碎屑和食悬浮体动物。对于许多虾类和鱼类来说，红树林蕴涵了丰富的养分。鸟类在红树的树枝上筑巢，并以鱼类、蟹类和其他生物为食；蛇、青蛙、蜥蜴、蝙蝠和其他的陆生动物也在红树林中栖息。

随着沉积物和碎屑在根系周围的不断积聚，红树林逐渐延伸了向海一侧的海岸线，实际上是形成了新的陆地。当沉积物积聚到一定程度时，红树植物就会被陆地植物取代。因此，红树林被认为是海洋群落和地面群落生态演替的一个阶段。

三、潮间带

潮间带在海洋环境中具有独特的生态特征。由于受到潮汐的影响，因而生物群落的性质在很大程度上取决于底质的类型。底质，即生物在其中或其上生活的物质，亦被称为基质。根据底质的类型可分为坚硬的岩质底与柔软的泥质底或沙质底，由于岩石底质和泥沙底质完全不同，因此潮间带的生物群落变化也很大。

（一）岩礁海岸带群落

一般来说，岩礁海岸是指没有大量沉积物的陡峭海岸。由于地质运动，这些地带经常处于被抬升状态或者正要上升的状态，还没有经过长期的侵蚀作用，因而难以积累沉积物。然而，不是所有岩礁海岸都通过抬升作用形成。波浪和海流能够带走沉积物，留下裸露的岩石而形成岩礁海岸。同样地，外周较软的岩石被侵蚀后，那些硬的、抗腐蚀的岩石就会暴露出来从而形成岩礁海岸。

1. 低潮时的环境适应性

岩石潮间带的生物在低潮时面临着诸多问题，如水分流失、温度和盐度变化以及摄食限制等。

海洋生物离开水面的时候，往往会干燥或脱水。为了在潮间带生存，生物必须能够防止脱水或忍耐干燥，或者两者兼备。大多数潮间带生物应对干燥的基本方式有两种：逃跑躲藏或闭壳。

当潮水退去的时候，一些生物会躲到潮湿的地方等待潮水再次上涨。因而，经常可以在岩礁海岸潮湿、阴暗的洞穴或岩石缝隙中发现滨蟹、寄居蟹、螺类或者其他生物。潮水退去后海水在低凹处贮留形成的水坑，称为潮池，是生物喜欢躲藏的地方。一些区域靠海浪溅起的浪花或者从潮间带水坑中慢慢渗漏的水分保持湿润。而大多数海藻和固着动物终生生活在潮湿的地方，因而能够避免失水。

使用闭壳策略的生物拥有某种保护性的覆盖物，如贝壳，它们可以关闭贝壳来防水分流失。像贻贝和藤壶等一些生物，可完全闭壳，通过闭合它们的壳保持体内的水分。帽贝等一些海洋生物，仅有一个开口而不能完全闭壳，它们会把自己紧紧地贴到岩石上来封闭开口。其中的一些生物会分泌黏液来保持密封。一些海洋生物通过用贝壳或者齿舌刮蚀岩石并慢慢地将它们移走，从而在岩石中雕刻出浅的凹地来更有效地封口。

还有一些生物结合了以上两种策略。例如，滨螺把自己贴到岩石上来保持水分，也可通过关闭厣来封住开口。然而，滨螺仍不能完全抵御干燥，所以在低潮时，特别是在炎热的晴天，它们聚集到潮湿、阴暗的地方。

另外，一些潮间带生物无法使用上述两种策略。一些潮间带的石鳖在其组织丢失水分 75% 的情况下仍能存活。一些潮间带海藻，如生长在岩石上的海藻，可以耐受多达 90% 水分的丢失，变得几乎完全干燥和近乎松脆。当潮水上涨并润湿了其组织后，它们会很快恢复。

退潮后，暴露于空气中的潮间带生物，除需应对防止干燥脱水外，还有需适应温差变化。大多数潮间带生物能耐受一个较广的温度范围。例如，潮池中的鱼类比生活在潮下带的鱼类更能忍耐极端温度。

除耐受力增强外，潮间带生物还有其他的方式应对极端温度。比如，一些移动到潮湿的地方避免脱水的潮间带生物，因潮湿的地方通常比较凉爽，它们同时也可避开高温。特别是一些热带螺类壳上有螺肋，像汽车散热器上的散热片，这些螺肋有利于螺类散发多余热量。

螺壳的颜色也有助于耐受高温。经常遭受极端高温的螺类，壳颜色往往更浅，这种浅颜色可反射太阳光以保持凉爽。

潮间带的盐度变化也很大。雨天时，潮间带中暴露的生物不得不忍受淡水，淡水对于大多数海洋生物来说，是致命的灾难。多数生物只是闭合它们的外壳以防止淡水进入体内，这是闭壳策略的另一种好处。即使这样，低潮时的暴风雨有时也会引起潮间带生物的大量死亡。

由于在岩礁海岸潮间带几乎没有沉积物积累，所以食碎屑动物很少。多数的附着动物属于滤食者。当退潮期间，它们不能摄食，必须在水中才能滤食。附着动物中的多数在低潮时闭壳以防止水分丢失，闭壳后它们不能够伸出过滤和进水器官。

非滤食性动物也会在低潮时面临摄食问题。潮间带的植食性动物，从岩石上刮取藻类、细菌或者其他食物进行摄食。另外一些是肉食性动物，在岩石上四处活动寻找猎物。低潮时，这些动物寻找避难所或者固定到岩石上来避免水分丢失，这使得它们不能到处移动寻找食物。

退潮后无法摄食，对于生活在低潮带的动物并不是太大的问题。因为它们每天多数时间是浸在水中的，有足够的时间摄食。然而，潮上带的动物可能因在水中的时间不够长而没有足够的摄食时间。这样可能会比在有足够的摄食时间的条件下生长更为缓慢，甚至可能会限制它们生活在潮上带。

2. 海洋能量

当海浪拍击海岸时会展现出巨大的能量，岩礁海岸潮间带生物会完全暴露于海洋的巨大能量下。海浪对不同海岸的影响差别很大。一些区域被遮蔽，很少受到海浪的冲击；另一些则完全暴露在海浪中。例如，封闭的海湾不受海浪的冲击，可以作为船舶停靠的海港。然而，正确判断哪些海岸是否容易受到海浪的冲击还比较困难。海岸不同地方的海浪作用或冲击波的强度有着极大的不同，海浪对处于暴露的潮间带生物影响很大。

生活在暴露海岸的生物通过多种方式适应海浪的冲击，包括强吸附力、厚厚的壳、薄薄的侧面和柔韧性。例如，贻贝靠足丝附着来避免被海水冲走，海藻用固着器附着在岩石上，鰕虎鱼具有由腹鳍特化的吸盘，进行黏附。许多潮间带生物会选择避开海浪冲击，如相手蟹。

生活在潮间带的生物还有其他适应方式以抵御海浪的冲击。相比生活在可藏身场所的动物，暴露地区的动物往往具有更厚的贝壳。一个坚实的外壳可以帮助它们减少被海浪冲击的影响。贻贝、藤壶、帽贝以及石鳖等许多潮间带动物，其靠岩石的侧面都比较薄。有些生物，特别是海藻，其藻体很柔软且能随水流而摆动，以适应海浪的冲击。群聚生活也是一种适应海浪冲击的方法。

如果海浪相当的猛烈或者是岩石侵蚀，那么再牢固的吸附都难以抵御。即使是很大的礁石，波浪依然可以将其翻转，在岩石顶部的生物便会被压碎或者被埋葬，而且海藻因缺乏光照也无法继续生存。岩石的底部与岩石顶部生活的生物不同，它们并没有太好的摄食机会。因为岩石的翻转，原本安定生活着的生物不仅暴露于饥饿的捕食者面前，而且完全暴露在阳光和波浪中，生存危险陡增。通常，当海浪翻转一块岩石时，原本生活在岩石顶部和底部的生物都会死亡。

不同地方的海浪作用千差万别，从而导致生活在暴露海岸和隐蔽场所的生物群落区别很大。

3. 空间争夺

近海的浅水区光照和营养充足，因而海洋植物和海藻可进行充分的光合作用，为其他动物提供了大量的食物。在高潮时，潮间带的海水里富含浮游生物，波浪和潮汐会带来海藻、碎屑等更多的食物。一般来说，潮间带附着生物，包括生活在潮上带的生物，它们的饵料并不匮乏。

在大多数受海浪影响较小的栖息地，一旦潮间带生物没有附着在基质上，也容易被海浪冲走或撞碎。附着生物需要长久地固着在某个特定的栖息环境。通常栖息环境容量很有限，因而，可利用环境空间成为潮间带种群数量的限制因素。潮间带中几乎所有空间都被占用了，并且一有空间腾出便会马上又被占用。因为可利用空间确实非常紧缺，所以往往可能造成生物不是直接吸附在岩石上，而是附着在其他生物体上。

在岩礁海岸潮间带，生物之间的空间争夺是一个主要的生物因素。争夺空间有很多形式，其中一种就是抢先占领暴露出的空间。对于潮间带的生物来说，需要有一种有效的扩散方式。这就是说，对于那些必须要首先占领新空间的生物来说，它们自身或者后代必须善于转移生存环境。对于绝大多数岩礁海岸潮间带的物种来说，往往是它们在幼体时期进行扩散，这些幼体会附着在暴露的岩石上。对于已经占领空间的生物来说，或者善于固着，或者尽可能快地繁殖并使自己的后代扩散到周边环境，在潮间带这两个策略均被使用。

不采用占领新空间的方式，有些潮间带生物会选择占据已被占领的空间。例如，藤壶就会排挤它们的邻居而使它们从岩石上松动脱落。帽贝通过驱逐入侵者来保护自己的领地。较弱一点的方法可能也有效。许多生长在潮间带的生物，如石莼通过生长在其竞争对手的上面而使得它们更易受到海浪冲击的影响。许多以群体方式生存的物种会通过繁殖而逐渐扩大其领地。

4. 垂直分带

在不同区域构成岩礁海岸潮间带生物群落的特定生物也不尽相同，但潮间带生物群落存在一个垂直分带现象。因此，一个物种通常是不可能生存于整个潮间带的，而是仅在一个特定的垂直范围内。垂直分带是物理因子和生物因子间复杂相互作用的结果。一个主要的法则是：在条带区域，生物存在上限通常主要是受物理因子决定的，而下限则通常是由生物因子所决定的，特别是捕食和竞争。

全世界的岩礁海岸潮间带的垂直分带从总体上相似，但是每个地方具体的分带又是千差万别的。生物学家在研究某一地区时，有时会以此地区的优势生物对该地区进行命名，如贻贝区。事实上，这些地区同时生存着成千上万种生物。除了以生物来命名某一个区带，还可以把潮间带分成上部、中部和下部，即高潮带、中潮带和低潮带。下面的部分将介绍潮间带的典型生物群落。

高潮带大部分位于高潮线以上，通过波浪飞溅来使其保持湿润。优势初级生产者是地衣和蓝细菌。滨螺是潮间带最常见的动物，也是高潮带的标志种。高潮带的海洋捕食者很少。相手蟹偶尔会摄食滨螺和帽贝。捕食性海螺如单角螺（*Acanthina*）偶尔也会冒险进入浪溅带摄食滨螺和帽贝。另外，陆生捕食者也会到潮上带捕食。例如，蛎鹬等鸟类会吃掉大量的帽贝和滨螺。除了人类，小浣熊、老鼠及其他陆生动物，都喜欢捕食这些贝类。

中潮带与高潮带不同，会被有规律的潮汐淹没和露出。在我国沿海中潮带以牡蛎为标志种。在全日潮时，生物每天暴露于空气中一次；而半日潮则暴露两次。如果是混合潮，连续的两次高潮间的低潮部分不能将中潮带的高位淹没，而两次连续低潮中较高的一次潮汐则不能露出底部。因而，中潮带通常可划为数个垂直分带。

中潮间带的上限基本上以藤壶作指示种。藤壶带的下方也生活着其他一些生物，如贻贝、龟足（*Pollicipes*）以及褐藻，如墨角藻（*Fucus*）和鹿角藻（*Pelvetia*）。

海星和其他贻贝的捕食者对于中潮带生物的空间分布具有很大影响，包括贻贝被捕食区以上的区域。它们会趁着高潮时冒险进入贻贝床，并在退潮前捕食贻贝，这为藤壶和海藻等其他生物腾出了空间，而避免了空间的拥挤。海星也会捕食同样喜欢以藤壶为食的荒荔枝螺。如果藤壶长得足够大，就容易被荒荔枝螺捕食。因此，海星捕食荒荔枝螺，减少了荒荔枝螺的数量，这给了藤壶一个很好的生长机会。

潮间带中的许多其他生物的数量都超过了海星，但是海星在这些生物群落中起着中流砥柱的作用。一旦海星不存在，其他物种将受到极大的影响。这证明了生物群落的一个普遍特点：一种生物数量的多少与其在整个生物群落中的重要性并无直接关系。虽然一些生物不是数量最大的物种，但在中潮带，海星是非常重要的，它们决定了整个群落的结构。那些对群落有着重要影响而非数量众多的捕食者常被称为关键捕食者。

自然干扰因素与捕食具有相似的影响。当贻贝床过于拥挤时，波浪就可能撕下一簇贻贝而暴露出裸露的岩石。漂流的木头对岩石的冲击作用，在寒冷的地区冰块的冲擦以及严重的冰冻都对开辟新空间具有相同的作用，防止了贻贝独占空间。

当一块空间腾出时，一个新的生物常会占领这块空间，而后它便再被其他生物取代，并以一定的规律进行演化。生态演替指在某一特定区域，一种生物群落被另一种生物群落所取代的过程，或者由一种类型转变为另一种类型的有顺序的演变过程。在岩礁海岸潮间带，第一阶段通常是一层细菌和硅藻形成的黏膜，覆盖在岩石表面。这层膜可能改变岩石表面的状况，因为有些物种的幼体喜欢附着在有此薄层的岩石上而不是光秃秃的岩石。随后海藻在此基础上生长，然后是藤壶，最后是优势竞争者贻贝。生态演替的最后一阶段生物称为顶极群落。

许多岩石岸中潮带的典型生态演替步骤是：首先形成细菌和藻膜，然后是海藻和藤壶，最后是顶级的贻贝群。事实上，具体的某一生态演替形式可能会因为很多原因而有别于典型的生态演替模型。例如，像帽贝和石鳖一类的草食性动物可能会排挤掉新附着的动物幼体和海藻孢子。如果草食性动物更早进入没有被占用的空间，生态演替就永远不会产生细菌膜和微藻膜这一阶段了。捕食者及其他干扰因素则决定了生态演替的最终阶段是形成坚固的贻贝床还是多种物种共生。

此外，生态演替的某些阶段可以被跳过。例如，如果藤壶先占领了腾出来的空间，那么海藻便永远无法在此生存。因而，腾出空间的时期非常重要。如果新腾出的空间中附着的藤壶幼虫很多，而海藻孢子很少的话，那么附着的藤壶幼虫则具有绝对优势。因此，一个群落的产生和发展存在随机性。当腾出的空间很少时，生态演替的某些阶段也可能被跳过。从贻贝床中间腾出的空间有可能在生态演替开始前就又被附近的贻贝所占据。

当没有捕食者和其他干扰因素时，最优竞争者会占领空间并使得其他物种从此地消失。干扰可以避免此类事情发生。例如，贻贝通常无法完全占据中潮带的岩石，因为它们会被海星捕食或者被海浪冲走，这就给了其他物种一个生存的机会。通过干扰影响物种间的竞争排斥，因此就可以使得一个地区生存物种的种类增加，即所谓物种多样性。岩礁海岸潮间带的某些地方因而可以被认为是由一些空间的嵌合体，这些空间是在不同时期被腾出的，因而处于不同的生态演替阶段。因为每个空间各自生存着一些生物，所以整个区域的整体生物种类就增加了。另外，如果捕食作用和其他干扰因素发生过于频繁的话，整个群落便会一直处于起始阶段，那么生物群落将没有机会发展，许许多多生物便难以生存下去。只有当有足够的干扰因素来阻止优势种独占空间时，才能形成最大的生物多样性，而不会因其数量过多而使得其他生物群落无法发展。

总而言之，潮间带的物种多样性受捕食作用和其他干扰因素的影响很大。如果没有这些干扰因素，一小部分优势种，特别如贻贝，便会占据整个生存空间。偶然的一些干扰因素可以避免一些贻贝独占空间，从而使其他物种获得一些生存的机会。然而，过多的干扰因素会使绝大多数的物种都难以生存。

低潮带在绝大多数时间，都浸没于水中。低潮带的优势种是海藻，它们会在岩石上形成厚厚的海藻丛。这些海藻包括红藻、绿藻和褐藻，它们无法忍受干旱环境，在低潮带它们能够大量繁殖生长。草食性和竞争作用在低潮带也是非常重要的。光照与空间一样是重要的资源。海藻常通过蔓延生长而彼此遮挡阳光，来达到竞争的目的。

生活在海藻丛之间的宿主小型动物可以躲避捕食者，并且可以在低潮时使自己留在潮湿的环境中。海胆（球海胆，长海胆）是常见的摄食海藻的草食性动物。低潮带也常出现海葵（侧花海葵属、细指海葵属）、多毛虫（螺旋虫、龙介虫）、螺类（瓦螺属、硬壳果螺）、海蛞蝓（海兔、枝背海牛）和其他一些动物。

大多潮间带的鱼类生活在低潮带或者潮池里。鰕虎鱼、喉盘鱼、寡杜父鱼（*Oligocottus*）、长胸线鳚（*Cebidichthys*）等是中潮带最常见的鱼类，所有的这些小鱼都能适应潮间带的极端环境，且大多是肉食性的。

（二）软底潮间带生物群落

与岩礁底质相对，其他由沉积物形成的底部称之为软底。沉积物的种类、沉积位置都取决于该处水流的强弱以及受到沉积物的来源地影响。同时，沉积物的类型在很大程度上会影响该区域的生物群落构成。

1. 动态沉积物

由于经常受波浪、潮汐、海流的作用，软底不稳定，且处于不断的变化中。因而，软底中的生物并没有固定的基质来附着，仅有少数的海藻可以适应这种底质环境。海草是软底底质中最为常见的大型植物，它们也只能生活在某些特定的地方，当条件适宜时，能够在潮间带形成厚厚的海草床。

生活在软底潮间带的动物缺少固定的附着位点。尽管它们中有一些是底上动物，栖息于沉积物表面。栖息于沉积物里，通过在沉淀里挖穴来保护自己和避免被水流冲走，被称为底内动物。底部沉积物的种类，特别是沉积颗粒的大小，是影响软底生物群落最重要的物理因子之一。实际上，大多数沉积物是由不同粒径的颗粒组成。砂是最粗的，其次是粉砂，最后是黏土。泥是粉砂和黏土的统称。

水流运动与沉积物构成密切相关。平静的海域，由于细的沉积物可以沉淀下来，所以主要是泥质底。有机物颗粒与黏土的沉积位点相同，所以两者往往积聚在一起，因此黏土沉积物富含有机物。那些有波浪和海流经过的地方，底部沉积物较粗。如果水流足够大的话，它可能带走所有疏松的物质，留下裸露的岩石和大砾石。

2. 生存环境

底部沉积物中有机物的数量对于食底泥动物来讲是极为重要的。因为那里的初级生产者的数量相对很少，碎屑是软底动物群落的主要食物来源。食底泥生物从沉积物中提取有机物质。碎屑的量取决于颗粒的大小。粗沙中的有机物含量很少，粉砂和黏土通常富含碎屑，因而有机物含量比较丰富。颗粒的大小和分类对沉积物的渗透性影响很大，从而间接影响着沉积物中可获得的氧气的量。

同时，泥底层存在一些限制性因素，如有机物质要分解消耗大量氧气、水流所带来新的氧气量受到限制。因此，除了泥质底表层几厘米的间隙水或颗粒间的水之外，底泥中其他地方都处于缺氧状态。

对于很多细菌来说，厌氧条件根本没有什么问题。底内动物与细菌不同，它们必须适应极度缺氧的环境，特别是在泥质底中。许多动物通过利用它们的水管尽可能从沉积物表面抽提含少量氧气的间隙水或者通过挖穴来避免缺氧，如鸟蛤、沙蚕等。尽管周围的沉积层都缺氧，但这些动物从未真正处于低氧的条件下。另外一些动物完全被掩埋于底质，已经适应了低氧环境。它们通常有特殊的血红蛋白和其他适应方式，如尽可能地从间隙水中提取低浓度的氧。有些动物不好动，是为了减少它们的耗氧量。一些动物甚至有一定能力可以进行无氧呼吸。实际上，一些动物有共生细菌可以帮助他们生长在低氧条件的沉积物中。即便如此，硫化氢是剧毒的物质，所以厌氧沉积物中的生存动物还是很少。

软底潮间带的主要食物来源于碎屑。硅藻会在沉积物表面形成硅藻群落，它们生产力较高，但是硅藻通常在初级生产力中所占比例不是很大。然而，大多数动物无法区分硅藻和碎屑。潮水带来的浮游生物也提供了一小部分食物。

食碎屑动物已经进化发展了许多不同的摄食方法。在已经描述的方法中最为常见的一种是：一些动物如海参和各种蠕虫在挖穴时摄食沉积物，消化碎屑和一些小的有机物，最后把沉积物留在尾部。这种方法在泥质底中比沙质底中更为常见，可能是因为泥质底中含有更多的有机物。而沙在消化系统是难以消化的，而且使其易产生磨损。

四、珊瑚礁

珊瑚礁（coral reef）有其独特的生态系统，由大量的碳酸钙（$CaCO_3$）组成，是由生命有机体沉积而成的，有着极高的生物多样性和生产力水平，素有“海洋中的热带雨林”之称。热带雨林和珊瑚礁群落的基本物理结构基础是相似的，都是由生物有机体组成的。

（一）珊瑚礁的形成

珊瑚礁是在潮间带和潮下带浅海区，由珊瑚虫分泌 $CaCO_3$ 构成珊瑚礁骨架，通过堆积、填充、胶结各种生物碎屑，经逐年不断积累而形成的。在珊瑚礁群落中成千上万的物种里只有小部分生物可以分泌石灰石形成珊瑚礁，其中最重要的生物是珊瑚虫。

1. 造礁珊瑚

珊瑚虫中只有部分类群能够建造珊瑚礁，其中最主要的珊瑚礁建造者是石珊瑚目的珊瑚虫。珊瑚虫是腔肠动物，几乎所有种类都属于珊瑚纲，与海葵的亲缘关系最近。与其他的腔肠动物不同，珊瑚虫生活阶段没有水母体，只有水螅体。在造礁珊瑚（reef-building corals）中，水螅体产生碳酸钙骨骼，数以亿计的这些微小骨骼可以构成一个庞大的珊瑚礁。

在造礁珊瑚种类中有一些不是珊瑚纲。例如，火珊瑚是水螅纲的生物、多孔螅属（*Millepora*），它与水母的亲缘关系比与海葵的更加密切。在它们的生活史中有一个水母型阶段，像其他的造礁珊瑚一样，生长在由水螅体石灰石骨骼形成的珊瑚礁上。当触摸它的时候，它们的刺细胞会引起皮肤的灼烧感，因而被称为火珊瑚。

并非所有的珊瑚虫都可以造礁。几乎所有的软珊瑚（软珊瑚目）缺乏硬骨骼，虽然它们数量巨大，但并不建造珊瑚礁。黑珊瑚（黑珊瑚目）、柳珊瑚（柳珊瑚目）的骨骼坚硬，其主要成分是蛋白质，对珊瑚礁的形成贡献不大。这些非造礁的珊瑚虫在珊瑚礁以外的栖息环境也很常见。珍贵的珊瑚尽管有钙质骨骼，它们大多数生活在深海栖息地而不是珊瑚礁上，珍贵的珊瑚多为柳珊瑚。

珊瑚虫不仅外观小而且简单，它们看起来很像小海葵，由一个直立圆柱状的组织构成，在其顶端有一环状触手。与海葵和其他腔肠动物一样，它们用有刺细胞的触手来捕食，尤其是摄食浮游动物。触手围绕在口的周围，只有一个开放式的囊状内脏。

大多数造礁珊瑚是由一些水螅型珊瑚群体构成，通过一个组织薄片而相互连接的。浮游珊瑚幼虫，又称为浮浪幼虫，会附着在聚居地坚硬的表面。珊瑚幼虫一般不会附着在软质底。幼虫附着之后会立即变形或变态，形成水螅体。水螅体，一旦幸存下来，就会不断地分裂形成群体。因此，在同一个珊瑚群体中的水螅体都是基因完全相同的复制品，或者是由创始人水螅体无性繁殖形成的。各个水螅体的消化系统通常保持联系，它们具有一个共同的神经系统。一些造礁的珊瑚只含有一个单一的水螅体。

珊瑚虫依附于它们自己生成的杯状碳酸钙的骨骼上。多年来一层层水螅体形成新的碳酸钙，构建起骨骼框架。这些骨架形成了许多群体，这些群体有着不同的形状。实际的活体组织只是表面薄薄的一层。珊瑚向上向外生长，珊瑚的碳酸钙骨骼形成了礁体的框架。

几乎所有的造礁珊瑚都与虫黄藻共生。然而，一些造礁珊瑚虫缺少虫黄藻。一些缺少虫黄藻的深水珊瑚虫缓慢地合成石灰石堆，堆积在大洋的底部。虽然它们经常被误认为是珊瑚礁，严格来说，这些堆积物并不叫做珊瑚礁。

缺少虫黄藻的珊瑚虫形成骨骼的速度非常缓慢，不足以制造珊瑚礁。虫黄藻的存在可加速珊瑚制造碳酸钙的速度。虫黄藻和珊瑚虫在珊瑚礁构造中的数量相当，没有它们就不会产生珊瑚礁。

珊瑚可以通过多种不同的方式吸收营养。虫黄藻是珊瑚虫最重要的营养物质的来源之一。珊瑚也可以通过触手或者粘网捕捉浮游动物，通过隔膜丝消化体外的有机物质，或从水中吸收溶解有机物。

虫黄藻可以为珊瑚虫提供必需的营养物质。它们通过进行光合作用把一些有机物传递给珊瑚虫。所以虫黄藻实际上为珊瑚虫提供营养物质。只要虫黄藻有充足光照，很多珊瑚虫可以长时间不吃东西而生存下来。

虽然珊瑚虫从共生虫黄藻那里可获取营养物质，但是一旦有机会，绝大多数的珊瑚虫就会捕食共生虫黄藻。同时，珊瑚虫一直不断地在捕食浮游生物。珊瑚礁上的数以亿计的珊瑚虫和其他生物在捕食浮游生物方面效率很高，这些浮游生物大部分是被海流携带而至。

珊瑚虫运用触手或者分泌在群落表面的黏液层捕捉虫黄藻。微小的像头发一样的纤毛聚合在一起形成细丝从口穿过。一些珊瑚虫基本不用触手而完全依靠细丝捕食。少量的珊瑚虫甚至完全失去了触手。此外，珊瑚虫通过口或者体壁伸出隔膜丝，消化并吸收体外的食物，且是为数不多的几种可以吸收溶解有机物的动物。

2. 其他造礁生物

虽然珊瑚虫是制造礁体的主要生物，但它们并不能单独形成礁体。除珊瑚虫，藻类对珊瑚礁的形成至关重要，因而珊瑚礁也被称为藻礁或生物礁。这主要是因为虫黄藻是一种对珊瑚的生长至关重要的藻类。另外还有一些其他藻类在礁体形成过程中起到关键作用。比如红珊瑚藻可以分泌碳酸钙骨骼。具有坚硬外壳的珊瑚藻生活在礁体表面的岩石层。它们积聚数量十分巨大的碳酸钙，有时甚至比珊瑚还要大，从而促进了珊瑚礁体的生长。

珊瑚藻对礁体的生长至关重要。珊瑚骨骼和框架形成开放的结构，有足够大的空间，有很多碳酸盐沉积物。一些沉积物，特别是细颗粒沉积物直接沉积在礁体表面的时候会对珊瑚造成损害，但是礁体中粗大沉积物的积聚对礁体生长具有重要的作用。礁体结构的形成是钙质沉积物积聚的结果，同时伴随着珊瑚的生长。珊瑚藻的生长比沉积物的沉淀速度快，在有些地方珊瑚藻和沉积物融合成一体。一些无脊椎动物，特别是海绵和苔藓虫同样是形成外壳式的生长，能促进沉积物的积累。

几乎所有的沉积物的积聚都有助于珊瑚礁礁体的形成，这些沉积物来自珊瑚碎片，或者珊瑚碎石、贝壳和其他生物的骨骼。换个说法，所有的沉积物都来源于生物。由沉淀形成的有机体最重要的一种可能是仙掌藻属（*Halimeda*）的钙性藻类。仙掌藻属产生碳酸钙以提供支持并阻止草食性动物，因为石灰岩不会引起这些动物的食欲。在礁体里有大量的仙掌藻属积累的残留，与具有外壳的生物体积聚在一起。

其他很多生物也能产生碳酸钙沉淀进而促进珊瑚礁礁体的生长。有孔虫、滨螺、蛤及其他一些软体动物是很重要的。海胆、苔藓虫、甲壳纲、海绵和细菌及其他的有机体帮助固定碳酸盐沉淀。因而，珊瑚礁礁体的形成是群体作用的结果。

（二）珊瑚礁的生境特征

光照条件是珊瑚生长的重要限制因子之一，因为只有充足的光线才能使共生藻类顺利进行光合作用以及促使碳酸钙沉淀。所以，珊瑚虫只能在浅水中生长，那里光可以穿透，特定的藻类和珊瑚生活在几十米的深度，有些生活在更深处，但是珊瑚礁很少生活在水深超过 50 m 的地方。正因为如此，珊瑚礁只在大陆架、海岛周围或者海底山峰处才有发现。

造礁珊瑚只能生活在温度较高的水域，在水温超过 20℃时才能生长和繁殖。大多数的珊瑚礁生长在相当温暖的水域，其分布区的温度范围为 18～36℃，适宜温度为 26～28℃。海水温度过高也会对珊瑚礁造成伤害，对于外部的第一个热应激或其他类型的应激表现是珊瑚礁颜色变白，称为珊瑚白化，珊瑚体内的虫黄藻被驱逐，没有这虫黄藻的珊瑚礁就会变白。当温度过高时，珊瑚还会分泌大量的黏液。如果高水温持续时间较长或者水温太高会导致珊瑚的死亡。

造礁珊瑚是真正的海洋种类，大多数珊瑚对盐度的降低很敏感，难以忍受海水盐度偏离正常值太多，因此，珊瑚在河口区沿岸无法存活。在南美大西洋沿岸，有亚马孙河和奥里诺科河的冲淡作用，使造礁珊瑚不能在那里生活。但是，在盐度较高的海区如波斯湾，盐度达 42，造礁珊瑚仍很旺盛。

细颗粒沉积物，如淤泥会影响珊瑚礁的生存。淤泥导致海水浑浊，减少海水透明度，同时切断了虫黄藻依赖的光照。此外，珊瑚对各种污染也非常敏感。即使是低浓度的化学物质如杀虫剂和工业废水就能伤害到它们。珊瑚的幼体也特别敏感。如果浓度过高，营养物质也不利于珊瑚礁的生长。

大多数的珊瑚礁生长在天然的低养分环境中，在这种营养物质匮乏的海区，海藻生长缓慢，且受草食性动物的影响。这使得珊瑚成功地竞争到了生存空间和光照。

（三）珊瑚礁的类型

通常，根据礁体与岸线之间的关系，珊瑚礁可分为岸礁（fringing reef）、堡礁（barrier reef）和环礁（atoll）。有些珊瑚礁不属于三者中的任何一种类型，而有些礁却同时属于两种类型。但是，这3种主要类型却适用于大部分的珊瑚礁。

1. 岸礁

岸礁一般形成于狭窄地带或者沿着海岸线，是最简单和最普遍的一种珊瑚礁，又称边礁、裙礁。岸礁多分布在海岛四周，遍及热带海岸。珊瑚幼体可附着在那里的一些硬质表面上。岩礁海岸线为岸礁提供了最好的条件。如果有一些硬的小碎片作为珊瑚的附着基，那么岸礁会在柔软的底部生长。一旦它们开始发育，珊瑚虫就会自己产生坚硬的底部，礁体就会逐渐形成。根据地方的不同，海岸可能是陡峭的和多岩石的，或者有红树林或一个海滩。

礁石本身由内部礁坪（reef flat）和外部礁坡（reef slope）组成。礁坪是珊瑚礁体最宽阔的部位，位于浅水处，有时在低潮会暴露于空气中，并延伸向大海。由于靠近陆地，这一部分礁体容易受沉积物和淡水径流的影响。它的底部主要是砂、泥或者珊瑚碎石，还有一些活的珊瑚，但是不如礁坡上的一些种类丰富。

礁坡十分陡峭，近乎垂直，是礁体生物最密集的表面和珊瑚种类最多的部分，因为礁坡远离海岸，从而很少受沉淀物和淡水的影响。另外，波浪冲刷着礁坡，为其提供了一个很好的循环，带来大量的营养物质和浮游动物，同时带走细颗粒沉积物。礁顶（reef crest）位于礁坡浅边缘处。相比其他地方，礁坡顶部通常生长着更丰富的珊瑚。如果有大的波浪起伏，顶部可能有一个藻脊构成，藻脊的下方生长着丰富的珊瑚。

2. 堡礁

堡礁又称堤礁，也沿着海岸生长，但其形成离海岸更远，距离偶尔达到100 km或更远。堡礁与海岸间隔着一个宽阔的浅海区或一个相对深的潟湖（lagoon）。例如，澳大利亚大堡礁，长达2 400 km。

堡礁由礁后斜坡、礁坪和礁前斜坡组成，这相当于岸礁的礁坡并有一个礁顶。礁后斜坡可能坡度小或者与礁前斜坡一样陡峭。它们通过礁体的其他部分使其免受波浪的拍打而获取保护，但波浪冲掉了礁坡上大量的沉淀物，从而导致珊瑚虫在礁后斜坡生长的不如礁前斜坡生长的旺盛。但情况也并非总是这样的，在坡度小的礁后斜坡上也可以生长着丰富的珊瑚虫。

珊瑚生长最丰富的地方是礁顶的外部。如果礁体受波浪的作用，那么藻脊就可能生成得很好，在顶部下面还可能有丰富的珊瑚生长。礁前斜坡从相对平缓到近乎垂直。它的陡度取决于风和波浪的作用、坡上沉积物的量、水深、礁体底质和其他因素。与其他类型的珊瑚礁一样，在礁前斜坡上的珊瑚虫的丰度与种类随着深度的增加而下降。珊瑚虫的生长形式沿着礁坡的深入而不断变化。在海浪的冲击下，珊瑚礁顶部的大多数珊瑚虫变得强壮且紧凑。在礁体顶部下方珊瑚形状变化丰富。

3. 环礁

环礁是一个环形的珊瑚礁，是高度不大的珊瑚礁岛，通常由沙洲或岛屿围绕着一个中心的潟湖组成，湖水浅而平静，露出于海面上，而环礁的外缘却是波浪滔滔的大海。除少数例外，环礁多位于热带印度洋和西太平洋地区，在大西洋近岸则未出现，而岸礁和堡礁基本上在各大洋珊瑚礁带均有出现。我国南海诸岛的珊瑚礁多为环礁。

环礁礁坪与岸礁和堡礁的礁坪十分相似，有一个平坦的浅层。但与堡礁不同的是，环礁的礁坪宽度超过了 1 km。礁前斜坡和礁后斜坡可分别被认为是坡的外部和内部，它们向环礁形成环时的方向伸展。

环礁的礁顶受风和波浪的影响较大。因为大多数的环礁位于信风区，风通常从一个方向来。因此，风通过不同方式袭击了环礁的各个部分。环礁的前礁或者外部，虽然有一系列的突出部位，礁坡近乎垂直。礁壁能延伸到深处，水深达数百米甚至是数千米。

环礁的形成，按达尔文的沉降理论，大部分珊瑚礁是通过火山活动形成的玄武岩岛屿上发展形成的，由于陆地下降（或海面上升）而形成环礁。最初，它沿着新形成的火山岛屿周围以岸礁形态生长，后来，由于岛屿下沉，底层的珊瑚死亡了，新的珊瑚礁相应地向上叠加增长。这时岸礁已发展为堡礁。当岛屿最后下沉完全被海水淹没时，就形成了环礁，因此，环礁恰似戴在海底山顶上的冠冕。

（四）珊瑚礁的生态学

1. 珊瑚礁的营养结构

珊瑚与虫黄藻之间存在着互惠共生的关系。虫黄藻能为珊瑚虫提供食物并帮助构建碳酸钙骨架。作为回报，虫黄藻不仅仅得到一个栖息的场所，并且得到稳定的 CO_2 和氮、磷等营养物质的来源。珊瑚的大部分排泄物氮和磷并没有释放到水中。相反，作为营养物质，它们被虫黄藻吸收。通过光合作用，虫黄藻将营养物质合成为有机物，再传递给珊瑚。当珊瑚分解利用有机物后，营养物质就释放出来，然后整个过程重新开始。营养物质是在重复循环，反复使用。营养物质的重复循环被认为是珊瑚礁能够在缺乏营养的水中生长的主要原因之一。

另外一个营养物质循环发生在珊瑚礁群落的各个成员之间。海绵、海鞘、砗磲、巨蛤等其他的礁体海洋无脊椎寄生者都有共生藻类和细菌，它们之间的营养循环和珊瑚一样，重复循环利用营养物质。例如，当鱼类滤食海藻，它们排出氮、磷和其他的营养物质，这些营养物质被其他藻类很快吸收。许多珊瑚为成群的小鱼提供庇护所。这些鱼在夜间离开珊瑚去捕食，白天返回。鱼的排泄物是珊瑚营养物质的一个重要来源，并促进珊瑚的快速生长。通过这个途径，营养物质从鱼类摄食又传递给珊瑚。营养物质靠摄食和排泄的循环在珊瑚礁群落里不断地进行着传递。

2. 珊瑚礁生物群落多样性

在海洋环境中，珊瑚礁生物群落是物种最丰富、多样性程度最高的生物群落。

珊瑚虫是构成珊瑚礁基本结构的主要生物。根据现有资料，印度—太平洋区系共有造礁珊瑚 86 属 1 000 多种。大西洋珊瑚礁种类较少，有 26 属 68 种。这种差异可能与海洋的年龄以及珊瑚礁演化所经历的地质年代不同有关。除了造礁的石珊瑚外，还有不少非造礁珊瑚，包括火珊瑚、管珊瑚和软珊瑚也是珊瑚礁的成员。

在珊瑚礁生活的生物种类繁多，几乎所有海洋生物的门类都有代表生活在礁中各种复杂的栖息空间。目前已知的珊瑚礁物种大约有 100 000 种，而实际上珊瑚礁的生物种类还远不止这些，很多小型、微型的生物种类还未被记录描述，珊瑚礁缝隙和珊瑚枝丛间生活着众多钻孔或穴居生物也不容易被观察到。

珊瑚丛中生活着各种鱼类。据报道，世界海洋鱼类中有 25% 是仅分布在珊瑚礁水域的，大堡礁就有 1 500 种以上，菲律宾礁栖鱼类达 2 000 种以上。礁栖无脊椎动物种类同样也十分丰富。例如，太平洋珊瑚礁软体动物有 5 000 种以上，主要是帽贝、腹足类和蛤类，大堡礁的软体动物就有 4 000 多种。此外，还有棘皮动物的海星、海胆和海参，甲壳动物的刺龙虾和各种小虾，多毛类、蠕虫以及海绵等也是常见类别。

珊瑚礁生物群落有如此高的多样性也说明种间食物和空间竞争是很剧烈的，结果使各个种占据的生态位都很狭窄，每一个微生境都被适应于该特定场所的生物所占据。同时，对食物也有高度的摄食食性特化和食物选择。以鱼类为例，有的是食草者，啃食海藻或海草，有的是浮游生物的滤食者，还有的是食鱼者或捕食各种底栖无脊椎动物，通过这种摄食食性的特化可以充分利用每一种可获得的食物资源。另外，它们还通过种间觅食活动的昼夜差异来避开竞争。

五、大陆架

大陆架（continental shelf），也称“大陆棚”或“陆棚”、“陆架”，是指潮间带下缘（低潮线）到海底坡度急剧增大的陆架坡折之间的海底。在低潮时，大陆架被海水淹没的部分构成海洋环境的潮下带。潮下带范围从沿岸的低潮带延伸到陆架坡折处。陆架坡折是指深度忽然增加的大陆架外边缘。大陆坡折的深度各不相同，平均深度约为 150 m。大陆架的宽度也各不相同，范围从小于 1 km 到超过 750 km，平均约为 80 km。大陆架的底栖生物生活在潮下带，而在底栖生物水层之上的浮游植物和游泳生物则生活在浅海区。

（一）环境特征

受波浪、潮汐和底层流的影响，近岸浅水区水体常年充分混合，悬浮颗粒（包括浮游植物）含量高，对光照有显著的削弱作用。离岸海域或受潮汐影响较小的海域水体则要清澈得多。尽管光线很少照射到较深的浅海区底部，但由于浅海区总体水深较浅，真光层在整个水体中的比例比大洋区的高得多。

浅海区温度和盐度的变化比外海大，温度变化受大陆的影响，并与纬度有关。在盐度方面，浅海区也在不同程度上受降水和径流的影响而呈季节性变化。总的来说，这些变化的程度从近岸向外海方向逐渐减弱。

与大陆架之外深层底部相比，大陆架底层较浅，潮下带不同区域的温度变化更大。温度是影响海洋生物分布最重要的因素之一。从赤道到两极有着显著性差异。热带的潮下带物种，比温带和两极水域更多。然而，北极和南极冰盖下的海洋底部并非没有生物生存。因为深水层的温度普遍较低，且其温度变化较少，因而底栖生物物种很少有变动。

潮汐和波浪对浅水区有较大影响，是引起水体混合和沉积物移动的重要动力。如在大风期间，波浪的作用在大西洋沿岸可达 80 m。在波浪引起沉积物移动的区域，波浪的作用是引起底栖动物死亡的主要原因。越远离海岸，潮汐和波浪的作用越小，而海流的作用逐渐占据主导地位。

相比深水区，浅水区的海底更多地受到波浪和水流的影响。在大陆架特别是在海湾和狭窄海峡，潮水的涨落会产生极强的潮流。风浪能影响深达 200 m 的底部。水流流动和湍流会搅动水层并阻碍水体分层。此外，一些浅海区还受大洋流系侧支的影响。例如，我国沿岸有很多河流入海，这些大陆淡水在沿岸浅水区域与外海水混合形成明显的沿岸流，包括渤海沿岸流、黄海沿岸流、东海沿岸流和台湾海峡沿岸流。同时，黑潮暖流及其在陆架上的分支也自南向北流经沿岸浅海区。另外，浅海区还往往有一些风生或地形因素产生的上升流。

（二）海底生境类型

大陆架海床的底质可分为硬质底、软质底和生物礁等类型。硬质底占大陆架的一小部分，包括基岩、巨砾和卵石。硬质底通常出现在底层流、波浪和冰川作用等物理过程较显著的区域。硬质底为固着生物（如大型海藻、含钙的壳状藻类和各种滤食动物）提供了可靠的固定场所。软质底（沙砾、砂和泥）是大陆架海底的主要生境类型，其分布与海底的水动力过程和地形密切相关。生物礁（biogenic reefs）是或仅由造礁生物聚集而成，或通过生物、有机和无机物质共同累积而成，指由具有造礁能力的生物聚集而形成的一种礁体结构。不同地区底质状况与其构造历史、河流颗粒物的输入以及水流和波浪的输送等密切相关。多数大陆架海底以软质底（沉积物）为主。

（三）生物群落

按照基质类型，潮下群落分为软底潮下带群落和硬底潮下带群落两种类型。

1. 软底潮下带群落

栖息于软底层潮下带的不同群落生物的分布主要受颗粒大小和沉积物、光照和温度的稳定性等因子的影响。在这些群落中，底内动物，即在沉积物中穴居或挖洞的底栖动物是优势种。还有一些生活在沉积物之上的底上动物。因为没有任何位点附着，所以以固着和附着形式的很少。

通常，生活在软底潮下带的生物种类比软底潮间带的多，主要是因为低潮线以下的物理条件所受限制较少，环境相对稳定，有利于各种生物的生存。

底质沉积物颗粒大小和生物分布之间的密切关系在底内动物上体现得特别明显，这些底内动物会严格地挑选生长区域。不同物种会划分它们的生长区域，且通过生活在不同深度的底质以减少生物间竞争。

另外，软基质底由不同类型沉积物构成。因此，栖息在底层的海洋生物分布也明显不均，即生物形成了不同的群落或区域。许多海洋无脊椎动物因其浮游生活阶段的幼体（虫）选择特定的环境完成附着和变态，进而导致其成体分布不均。许多幼体（虫）将推迟变态，直到它们找到合适的附着基。特定的环境因子（化学因子、物理因子和生物因子）能促进幼体（虫）的附着变态（图3－5）。一些物种的幼体（虫）能感知成体的存在并且喜欢栖息在成体周围，这就可能导致即使是在相同底质的海底，物种以群区分。群体中新个体的加入，如附着幼体（虫）或外来幼体（虫）和成体，都被称作种群补充。

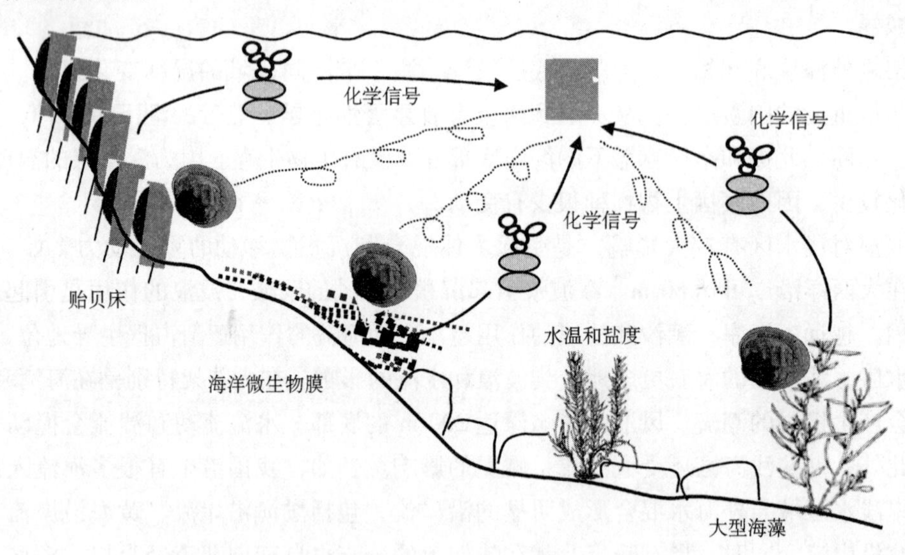

图3－5 环境因子对贻贝幼体（虫）附着变态的影响

大多数的大陆架软底群落中很少有海藻或海草的存在，因此被称作无植被的群落，缺少大型海藻和植物是这些群落的独特特征。

对于许多的栖息者来说，由于底栖生物生产力水平极低，腐质是一种非常重要的食物来源。河口水流、岩礁海岸和其他更多生产力的海岸群落为软底群落带来了大量的碎屑。同时，排泄物、死亡个体和其他水体中的浮游生物和游泳生物的残骸也形成大量的碎屑。底层的栖息生物在它们死后也形成碎屑。碎屑被细菌和很多生活在沉淀颗粒中的微生物以及生活在裂缝中的动物或较小型底栖生物利用。

同样，大型底栖海洋无脊椎动物也以碎屑为食，它们大多是穴居的食碎屑动物。大陆架的软底群落中，多毛类动物是食碎屑动物，群体种类最多。底内动物包括一些以悬浮物为食的海洋无脊椎动物，它们食用悬浮的碎屑和水中的浮游生物。这些悬浮物食用者很多都是滤食性动物，而且主动滤食水体以获得悬浮颗粒物。栖息在软底的悬浮物食用者包括很多种类——缢蛏、泥蚶、文蛤和鸟蛤等。大部分的蛤类都是滤食性动物，但是有一些是食碎屑动物，如小型蛤类，它利用专门的入水管或者鳃收集碎屑和微小的有机物。

许多底上的无脊椎动物都是食碎屑动物。它们包括大部分的片脚类动物和其他小型的甲壳纲动物，也包括很多种类的海蛇尾。这些海蛇尾中有很多是利用它们的管足收集来自底部的碎屑。另一些海蛇尾是食悬浮体动物，它们将臂伸进水中来利用管足获得悬浮的碎屑，剩下的海蛇尾是以动物尸体为食，称为食腐动物。虾类和许多其他甲壳类动物都是以死亡的有机体为主要食物的食腐动物。

许多鱼类也是值得注意的肉食性动物。它们大部分是在水底游动或者居住在底部，软底群落中的鱼类都是肉食性动物。光线和冰使蛤类和蟹类等其他底内动物和底上动物上浮。比目鱼类中如牙鲆、大菱鲆和鳎通过伪装或者藏在底部从而捕食大量的猎物。上层鱼类和乌贼同样是以大陆架软底部暗的生物为食。灰鲸是一种大型的肉食性动物，它们过滤沉积物中的片脚类动物和其他小型动物。诸如鲸、海象以及鳐等大型肉食性动物对软底群落构成有着极大的影响。在捕食过程中，它们不仅捕食猎物，还在底部挖洞，杀死大量的那些不能吃的生物并同时改变了底质沉积物的环境特征。

在海岸处的软质底有时会覆盖着海草，在沿海岸的受庇护的浅海区形成海草场。在河口和在红树林处，均存在海草场。

目前仅知道的海草有50~60种。大部分分布在热带和亚热带地区，但是也有一部分在冷水地区常见。大部分的海草都必须生长在低潮线以下的泥质或沙质区。尽管不同种类的海草生长水层深度不同，但是所有的种类都受到水体透光量的限制。

海草场在整个海洋中初级生产力最高，仅海草的生产力（以碳计）数值就已达到8 g/(m^2·d)。海草有如此高的初级生产力的部分原因是海草有真根，与海藻不同，因此，能够在沉积物中汲取营养。相比之下，浮游植物和海藻仅能利用水体中的营养盐。

许多小型海藻生长在海草叶子的表面，这些海藻被称为附生藻类，它们使海草群落的初级生产率进一步提高。在附生藻类中，微小的硅藻的含量尤其大。一些附生的蓝藻同时会进行固氮作用，并且以含氮化合物的形式释放营养物质。

草食性动物的数量随地理位置的变化而变化。草食性动物包括海龟、海胆和鹦嘴鱼。海草也是一些鸟类食物的重要组成部分，如北极和其他一些地区的鸭类和鹅类等。有些动物不直接食用海草，但可以几种方式利用海草。很多动物是以腐烂的叶子和海藻为食。多毛类、蛤类、海参等以沉积物为食的动物栖息在碎屑丰富的底质内或底质表层。碎屑也会被带到其他的群落中，如无植被覆盖的软底深层水域。

茂盛的海草同样也可以给那些不以碎屑为食的动物提供避难场所。与附近无植被覆盖的底质相比，更多的动物生活在有海草场的底质内或底质表层。在海草的叶子上面生活着很多种营附着的或爬行的生物：水螅虫、滨螺、多毛类、端足类以及虾类等。大型的动物生活在海草场中。例如，滤食性双壳类——肉色裂江珧（*Pinna carnea*），还有一些肉食性鱼类。海草场还是扇贝和虾类等一些经济种类的繁殖场所。

2. 硬底潮下带群落

硬质底在大陆架整体中所占比例较小，通常仅为岩礁海岸在水下的延伸，同样也包括一些潮下带的不同大小岩礁的露出部分。与潮间带群落不同，在潮下带岩礁底部形成的群落不会遭受干燥脱水影响，因而栖息在岩礁底层的生物种类相对较多。

在浅海区的岩礁底部的群落丰富且多产。浅海区的硬质基底上，尤其是在平的和微倾斜的底部，最显眼的栖息者是海藻。这些海藻具有令人惊讶的颜色、生长型、结构和尺寸，大多为褐藻和红藻。例如，丝状藻（*Chordaria*，*Ceramium*），有分支的海藻（*Agardhiella*，*Desmarestia*）、薄的和多叶的海藻（*Porphyra*，*Gigartina*）或有硬壳包裹的海藻（*Lithothamnion*）等不同类型，其中的许多海藻也存在于潮间带。

正如潮间带一样，潮下带海藻和附着动物面临的主要问题是寻找合适的附着基。几乎每一寸空间都已经被占据，即使在肉眼看来是干净的地方。因此，在岩礁上生存空间的竞争非常激烈。不同种类的海藻具有不同的竞争能力。同样，海藻对波浪作用、海胆和其他食草动物的猎食、温度、光照和基质的稳定性的承受能力也是不同的。光照对海藻的影响尤为引人关注。随着深度的增加，可进行光合作用的可见光强度逐渐降低，使得海洋藻类难于生存。

海藻的生活史不尽相同。一些藻类是多年生的，一些是一年生的，其余的一些藻类仅在特定阶段生长。一些藻类长得很快，但生活史很短暂；一些藻类长得很慢，但坚固且生存很久。快速生长的典型特征是第一时间吸附到岩礁表面上，但容易受到摄食、湍流和其他因素的干扰。一些海洋藻类同时具有上述两种生长方式，但不同阶段其形态和功能各不相同。

海洋无脊椎动物在陡峭的斜坡和垂直的岩壁上占统治地位，而这些场所的光线限制了海藻的生长。硬底质为生物提供了良好的附着基，而且与沙和泥土相比，在硬质底掘洞比较困难。因此，硬底质环境趋向于富含底表生物，而底内生物很少，这与软底质的环境相反。海绵、水螅虫、海葵、珊瑚、苔藓动物、管道多毛类动物、藤壶、海鞘是硬质底环境的常见种类。许多形成群体在竞争中获胜。一些种类，如海笋属动物，生长在岩石中。

潮下带岩礁底质的植食性动物通常是个体较小、移动缓慢的海洋无脊椎动物，其中最重要的植食性动物为海胆。石鳖、海兔、帽贝、鲍和其他的腹足类动物也是很重要的植食性动物。在热带水域，鹦嘴鱼和雀鲷科摄食海藻量较大。一些海藻已进化出防御植食的机制，如分泌硫化物和含苯的化学物质，使海藻自身的口感变差，从而迅速再生出被摄食的组织。一些海藻在生活史的某个阶段可以钻进软体动物的贝壳，以避免被海胆摄食。石灰藻类，包括珊瑚红藻（*Lithothamnion*，*Clathromorphum*）和钙质绿藻（*Halimeda*），细胞壁能够沉淀碳酸钙，从而可防止被植食性动物摄食。

植食性和肉食性动物很大程度上影响硬质底生物群落的构成。它们捕食岩石上的一些栖息生物，为另一些生物提供了生存空间。海胆不仅以海藻为食，还食用一些附着在藻体上的小型无脊椎动物。肉食性动物，包括海星、裸鳃类及一些腹足类也以海洋无脊椎动物为食。这些被植食性和肉食性动物清理出来的小块空间可迅速被附着幼体和海藻孢子占据。因为这些浮游生活阶段具有季节性，不同时期的空间被不同种类占据，这增加了特定空间里的生物种类。

巨藻群落是非常重要的海洋生物群落，生活在温带和亚寒带的相对较冷水域。和其他海藻和海草相比，巨藻是一类大型褐藻，易形成茂盛的海藻森林，这些海藻森林又可为各种海洋生物提供栖息场所。

物理因子是影响海藻群落的主要因素。对巨藻来说，温度极为重要，巨藻只在寒冷水域中生长。巨藻不适应在温暖水域生长，可能是因为温暖水域缺乏巨藻生长所需的丰富营养。巨藻对寒冷水域的依赖体现在它的地理分布。在北半球，海洋表面的水顺时针流动，而在南半球为逆时针方向流动。在大洋西侧，流向两极的水流从赤道区带来暖流。因此，大型巨藻局限于大洋西侧的高纬度区域。另外，在东海岸的下侧水域，由于水流来自高纬度海域，温度较低，营养丰富，因而巨藻也生长得很好。

除了少数种类外，几乎所有巨藻都生长在硬质底的表面。只要有合适的附着基，巨藻可以生长在光线照射到的任何地方。它们可以在很深的地方生长，在有些地方可以深到 40 m。它们的叶子可以浮到表面晒太阳，而它们的叶柄固定在很深的基质中。

大型巨藻生长速度很快，一些巨藻类每天的生长速度可达 50 cm，因而，一些海藻群落生产力水平很高。在南非和澳大利亚海域，*Ecklonia* 的初级生产力（以碳计）的年产量达 1 000 g/m^2。在加利福尼亚，巨藻属的年产量可达 1 500 g/m^2，北大西洋海带属（*Laminaria*）年产量高达 2 000 g/m^2。

在太平洋不同深度的海域生长着不同的巨藻群落，每一个群落均有独特的种类构成。这种结构是一些物理和生物因素相互作用的结果。例如，巨藻只有在特定的海域深度才能生长发育，在波浪较小且光照充足的水深处，才能生长发育。其他藻类可能会出现在表层群落。

北大西洋海藻场的优势种是海带属藻类，但藻体覆盖面并不很广。它们和太平洋海藻场类似，然而那里的藻场包括许多种海草，并且是按深度划分区域。

海藻群落这种复杂的三维结构可被很多不同动物利用。一些多毛类动物、小型甲壳类动物、海蛇尾以及其他一些无脊椎动物喜欢生活在这些藻类的固着器上，特别是那些巨藻的固着器。在海藻的叶片和叶柄处，管状多毛类动物、苔藓虫以及其他的一些无柄生物体很常见。像这些生活在海藻固着器的动物大多数是悬浮体食用者。一种常见的叶片栖息者如苔藓虫（*Membranipora*）形成薄的花边状群落。它们的钙硬壳把叶片压低并覆盖光合作用的组织，但它们的影响非常微小。这些藻类周围的岩礁底部上生活着很多物种，如海绵、海鞘、龙虾、螃蟹、寄居蟹、海星、鲍和章鱼，等等。

在海藻群落中生活着大量的鱼类。它们通过不同的方式利用群落中的食物资源和庇护场所，并占有不同的生态位（ecological niche）。例如，鱼类利用可获取食物资源并隐藏在海藻群落的不同地方。一些鱼类在靠近底部摄食。在太平洋海藻场，底部的摄食者包括平鲉（*Sebastes*）和副鲈（*Paralabrax clathratus*）。加利福尼亚州的美丽突额隆头鱼（*Semicossyphus pulcher*）利用它们锋利的牙齿撕裂海胆、螃蟹及其他的底栖海洋无脊椎动物。海鲫鱼（*Rhacochilus*, *Brachyistius*）及其他的一些鱼在海藻群落固着器的周围某些部位摄食或在藻类间某些开放水域中进行猎食。拟银汉鱼（*Atherinops*）以浮游生物为食，捕食大量的小虾或者糠虾以及海藻周围的其他浮游动物。鱼类或许可以通过白天和夜晚活动的不同时间来定义附加的生态位。

第六节　深海生物与生态系统

深海指大洋中层以下的深水层，是地球上最大的栖息地，包含了地球上 75% 的液态水。根据深度不同，深海可分为几个水层区域：1 000 ~ 4 000 m 的深水层称为深海区（bathypelagic zone），4 000 ~ 6 000 m 的深海区称为深渊带（abyssopelagic zone），超深渊带（hadalpelagic zone）则是由一些海沟组成，深度在 6 000 m 至大约 11 000 m 的海底。每个深度的区域都生活着一些独特的生物群落，但它们也有很多相同群落。

一、深海生物与栖息环境

深海环境变化很小，一般为黑暗且寒冷，温度几乎保持不变，通常在 1 ~ 2 ℃。盐度和其他水的化学性质也变化很小。

深海处于长期食物短缺的状态。透光层大概只有 5% 的食物能到达深海。在食物严重匮乏的情况下，深海动物数量很少而且彼此住得很远。深海动物不会垂直迁徙到食物丰富的表面水层，可能是由于表面水层离得太远而且压力变化太大。

除食物外，巨大的深海压力也是影响深海生物区域分布的重要因素之一。深海生物具有分子适应性，使它们的酶在高压力下仍能保持正常的功能。压力对于深海生物具有重要的意义。例如，大多数深海鱼类为减少能量消耗，功能性的鱼鳔已退化。

在深海，虽然没有足够的光线进行光合作用，但仍有少量光线透入很深的水层。有些动物有特别发达的眼睛，如灯笼鱼科的鱼类。在更深、完全黑暗的水层，不少种类的眼睛很小或完全退化。与此相应的是体色的适应。深海中的许多动物，特别是浮游动物，通常呈深灰色或白色。深海鱼类多呈黑色，虾类多呈鲜红色。

二、深海生物繁殖

由于食物匮乏及深海压力等原因，深海的生物种群稀少。因而，繁殖对于深海动物来说，成为一个主要问题。一些深海动物主要利用生物发光、化学信号的使用以及雌雄同体和雄性寄生的发展。例如，许多深海鱼类靠雌雄同体完成繁衍后代的任务，从而使物种繁育得到保障。

深海生物能进化出其他方式来吸引配偶。例如，生物发光，可能会发出某个信号来吸引同一物种其他成员。许多物种都有一个独特的发光模式，个体可以通过其独特发光模式来辨认潜在的伴侣。雌性鮟鱇的诱饵与别的种群不同，可以像吸引猎物一样吸引雄性。化学物质的吸引也相当重要，雄性鮟鱇嗅觉相当发达，它们以此来寻找雌性。雌性会释放一种特殊的化学物质以便雄性探测并跟踪，这种特殊化学物质被称为信息素（pheromone）。

一些鮟鱇也进化出极不寻常的办法来找到伴侣。当雄性最终确定一个雌性伴侣的时候，由于雌性体型要大得多，它会咬住它的边缘，并附着在雌鮟鱇上，度过剩余的生命。在某些物种中，雄性改良过的下颚会和雌性的某些组织融合在一起。它们共用循环系统，最后由雌性来供养雄性。这种情形被称为“雄性寄生”，以确保雄性始终可为雌性的卵子受精。

三、深海底

深海底是指大陆架以外的海底，包括大陆坡、大陆隆、大洋中脊、大洋盆地和海沟等地质构造。海底的环境与深海的环境具有很多类似之处：没有阳光，恒定低温，巨大的水压力。然而，海底的生物种群有所不同。底部的存在是其关键因素。绝大多数深海底覆盖大量细质软泥，构成深海生物的最主要生境类型。陆地岩石的分解、海洋动物的残骸、海水中的化学反应、来自大气层的微粒等，都是海底沉积物的来源。深海海底中的沉积过程极其缓慢，其厚度平均每 1 000 年仅增长 1 cm。经过长期的沉积，有的区域厚度可达 1 000 m。在大陆架上，由于沉积物来源丰富，其沉降速率相对较快一些，大约是每 1 000 年增长 50 cm。深海沉积物可分为两种类型：一种是黏土颗粒，主要位于贫营养水体（如大洋中部的环流区）下方；另一种为生源软泥，位于高生产力的表层水体下方，含超过 30% 的生物骸骨，主要有硅质软泥和钙质软泥两类。两种生源软泥的分布区域及生物骸骨的组成明显不同。

（一）深海生物摄食

食物匮乏是深海底栖生物面临的一个重要问题。表层食物很少能沉至底部。此外，大部分到达海底的物质，如甲壳动物的壳，无法立即被消化。但是，在海洋底部，细菌能够分解这些壳质从而使它们变成其他生物体的食物。

大多深海海底都覆盖各种各样的沉积物。而小型底栖动物和一些微小动物，生活在沉淀物颗粒之中，与细菌共生，吸收水中的颗粒间营养物质。在海底生物中，小型底栖生物最为丰富，它们制造能量和分解有机物，对大型底栖生物获得食物起了非常重要的作用。

在深海底大型底栖生物中，食悬浮体的动物很少，大多为食碎屑动物。很多是沉积物内穴居的底内生物和沉积物上面的底上生物。

通常，多毛类是深海海底最丰富的底栖动物，其次是甲壳及双壳类软体动物，但随着栖息地变化，差异也相当大。例如，海参有时是占主导地位的优势生物。海底的有些地方被海蛇尾所占据，有时海星的数量也极为庞大。

深海底栖动物主要是食碎屑动物。其中，占主导地位的动物群体有小型底栖动物、多毛类、甲壳类、双壳类贝类、海参、海蛇尾和海星。

肉食性动物在深海底栖生物中似乎相当稀少。主要的肉食性动物包括海星、海蛇尾和蟹类。作为游泳生物的鱼类和鱿鱼，也是很重要的肉食性动物。三脚架鱼是深海底栖肉食性动物中另一种有趣的物种。它们几乎是失明的，坐在底部的长鳍上，捕食游过面前的浮游生物。

（二）深海的生物多样性

深海海底巨大的压力、几乎结冻的水温、无光和长期食物短缺，使得深海几乎是这个星球上最残酷的环境。然而，深海底栖动物种类很丰富，大部分门类都有深海底栖种类。而在 10 000 m 的海沟深处，也发现有海葵、海参、多毛类、等足类、端足类、双壳类等底栖动物。从数量上看，那些穴居的小型多毛类在底栖动物中最占优势（有时可占总数量的一半以上）。甲壳类（端足类、等足类、异足类）、软体动物（蛤类为主）以及各种各样的蠕虫也是常见底栖种类。有的海域海蛇尾在大型底栖动物中占最重要地位。深海底栖动物多样性水平很高。

在深海鱼类中，最常见的就是圆罩鱼和深海的鮟鱇。鮟鱇一般个体很小，通常体长为 10 cm 或更小。平均来说，其个体仍大于海洋中层鱼类。一些深海的鮟鱇可长到足球大小。奇怪的是，尽管海洋中层与深海相比有着更多的食物，但一些较大的深海鱼类往往还是比中层鱼类大得多。深海鱼类可能能量大多放在生长上，繁殖迟缓。而海洋中层鱼类把能量大部分用于繁殖而不是用于生长。

在深海鱼类中，以节省能量适应食物短缺的现象尤为明显。深海鱼类的动作甚至比中层鱼类还要迟缓。它们肌肉松弛，骨骼松脆，呼吸、循环和神经系统均不发达。几乎所有深海鱼都缺乏具有游泳功能的鱼鳔。这些鱼类生活在水中，下一餐之前尽可能消耗较少能量。深海鱼类中大多数有巨大的嘴巴，可以吞食远远大于本身的猎物。这种趋势在囊鳃鳗（*Saccopharynx*）和吞噬鳗（*Eurypharynx*）尤为显著，它们看起来就像一张游动的嘴巴。通过这个巨型大嘴，吞食猎物时，就能够扩展胃部来容纳食物。

细菌在深海海底的食物网中起着很大的作用。它们被小型底栖生物和食底泥动物所捕食，而且能分解不能被消化的有机物。

许多深海细菌生活在端足类甲壳动物或其他动物体内。它们可能帮助动物消化壳多糖和其他腐质。而动物负责转移，带着这些细菌到食物资源丰富的地方。

深海沉积物中也含有大量的化学合成细菌（chemosynthetic bacteria），它们可能是食底泥动物重要的食物来源，也可能参与到矿物质沉积物——锰结核的形成。据报道化学合成菌正在逐渐分解“泰坦尼克”号的残骸。

四、热液口区

1977 年，生物学历史上出现了一个最令人兴奋的发现，一群地质学家和化学家乘坐“艾尔文”潜水器在太平洋东部的加拉帕戈斯群岛附近的洋中脊寻找热液口（hydrothermal vents），发现了一个丰富的、繁茂的、完全超出预想的生物群落。接下来的几天，更多的热液口被发现，每个热液口都有许多动物集聚，包括长达 1 m 的巨大蠕虫、30 cm 的蛤类，一群高密度的贻贝、虾、蟹、鱼和多种其他出乎意料的生物。这些热液口就像贫瘠海底中的生命绿洲。

一系列热液口区的探险在世界范围内迅速展开。随着潜水活动的进行，似乎每次都有新的发现。几乎所有出口附近丰富群体中的生物对科学来说都是新的。热液口生物是人类的基因资源宝库，在未来医药开发、基因疗法以及工业应用方面均有重要的潜在价值。

在热液口中生活的生物种类中，软体动物门种类最多，分布最广；其次是节肢动物门和环节动物门。这3个门的种类占所有热液口种类的90%以上。而腔肠动物（除海葵外）、棘皮动物、海绵、腕足类、苔藓动物和鱼类则很少见。此外，热液口区附近的水域中含有巨大数量的古生菌和细菌，数量很大以至于使水体呈现一片黑暗。

热液口生物群落的典型特征为细菌与底栖动物共生。热液口区的许多其他动物，如贻贝（*Bathymodiolus*）和大型的蛤类（*Calyptogena*）都含有共生细菌，虽然它们也能够过滤摄食。

各处热液口生物群落差异非常大。在东太平洋东部的洋中脊发现占优势的生物常常是管栖蠕虫、蛤类、螃蟹、虾类。在太平洋西部，占优势的生物常常是螺类和藤壶。在大西洋中部洋中脊的热液口区，虾类占优势。远距洋中脊一段距离，发现温度相对低一点的热液口的主要生物是海绵、深海珊瑚和其他生物，但生物总数没有洋中脊热液口区那么多。

热液口生物群落不能利用光进行光合作用，所以群落中最主要的生产者是化学合成菌和古生菌。在洋中脊周围，海水流经地表的裂缝和裂沟，水温被加热到很高，水中含硫矿物质丰富。热液口区的水体中也含有大量的H_2S。H_2S对大多数的生物体有毒，但它的分子中含有丰富的能量。化学合成菌利用H_2S和含硫矿物质中的能量来合成无机物，是食物链的基础。在这些细菌中，有些是极端微生物，它们可以生活在超过110℃环境中，这是已知的有生命出现的最高温度。作为食物链基础的化学合成性古生菌和细菌，也能在相对低温的远离洋中脊区域生长，在那里利用占优势的含碳的矿物质而不是含硫的矿物质。

在发现热液口处生活着各种各样的动物后，生物学家发现另一些群落的生存是基于化学合成而不是光合作用而进行的。在一些地方，H_2S和有机物如石油和天然气从海床中泄漏出来。天然水合沉积物是另一种化学能源资源。

在深海也已经发现了基于化学合成食物链的生物群落。例如，死鲸等偶尔下沉的食物是深海食底泥动物的重要食物来源。食底泥动物经过分解尸体过程会产生H_2S和其他能量丰富的化学物质。化学合成菌利用这些化学物质生长，像热液口和冷泉口生存的生物一样，为生物群落提供了营养物质。

与生活在贫瘠海底的其他生物群体不同，这些生活在热液口、冷泉口上的群落拥有能量丰富的环境，它们长得又快又大。另外，特殊化的栖息地相当于一个被分隔的遥远的小绿洲，这些绿洲也并不稳定。热液口和冷泉可能忽然“枯竭”，热液口生物也可能因洋中脊的突然喷发而被烫死。

第七节 海洋生态危机与生物多样性

一、海洋污染

海洋污染主要包括化学污染、生物污染和能量污染等类型。化学污染指石油烃、塑料、有机质、营养盐类、重金属及放射性物质等污染。生物污染指病原、非病原外来种、基因和生物毒素等污染。能量污染主要包括热污染和噪声污染。海洋污染有着污染源广、持续性强、危害大以及扩散范围广等特点。

多数污染物直接危害海洋生物的生存和影响其利用价值；一些环境中浓度很低的污染物经过海洋生物富集和沿食物链传递、放大，对高营养级捕食者和人类健康产生威胁；营养盐类和生源可降解的有机废物则是通过引起赤潮、缺氧等富营养化问题，间接地给海洋生物带来毒害影响。近年来，外来物种入侵造成的严重生态后果也越来越引起人们的关注。

二、全球气候变化和海洋酸化

全球气候变化（global climate change）是指全球范围内气候平均状态的统计学意义上的显著改变或者持续较长一段时间（10 年或更长）的气候变动。近 100 多年来，尽管全球平均气温也经历了"冷—暖—冷—暖"的波动，但总体表现为上升趋势。据联合国政府间气候变化专门委员会（IPCC）2007 年的报告，在过去 100 年间地球表面温度已经上升了（0.74 ± 0.18）℃，未来 100 年内全球气温估计还将上升 1.4 ~5.8 ℃，总体特征表现为全球变暖。尤其是进入 20 世纪 80 年代后，全球气温明显上升，据世界气象组织（WMO）2008 年的报道，1998—2007 年是有记载以来最暖和的 10 年。全球变暖（global warming）加速的趋势是很明显的。

大量的 CO_2等多种温室气体对来自太阳辐射的可见光具有高度的透过性，而对地球反射出来的长波段的红外辐射具有高度的吸收性，也就是常说的温室效应（greenhouse effect），导致了全球气候的变暖。温室效应改变了地球表面热量分布类型，导致海洋环流系统的变化，进而影响着海洋生物的分布、扩散和补充。

很多热带生物与极区生物一样，是在接近于温度最高极限的条件下生存的，温度升高可能导致它们的死亡。例如，珊瑚白化现象，即与珊瑚虫共生的虫黄藻在高温下色素浓度迅速减少有关。当水温高出 4℃时，几天内就出现这种漂白现象，珊瑚也会停止生长和繁殖，甚至造成大量死亡。

在海洋中，生物分布的地理范围发生明显移位，普遍与气候条件的改变有关系。近几十年来，随着气候变暖，许多海洋动物的分布区已被证实发生了明显的极向移动。例如，过去 25 年间由于水温升高已使欧洲北海近三分之二的鱼种分布区发生纬向或垂向变动，其中近一半向北移动且生活史变短、体型变小。

大气中 CO_2体积分数持续升高，导致海洋吸收 CO_2（酸性气体）的量不断增加，海水 pH 值下降，这种由大气 CO_2体积分数升高导致的海水酸度增加的过程被称为海洋酸化。海洋酸化影响珊瑚虫、软体动物、棘皮动物、有孔虫等以碳酸盐构建自身组织的海洋无脊椎动物和含钙的藻类的生长。钙化过程是这些海洋生物贝壳和骨架的形成过程，是珊瑚和软体动物外壳形成的必要条件。在正常情况下，海洋中的碳酸钙是稳定存在的，然而由于海洋 pH 值下降，含碳酸钙的物质更易溶解。表层海水 pH 值的微小变化就会削弱这些生物形成碳酸钙的能力，使这些生物难以生长。研究结果表明，由 CO_2升高引起的钙化速率下降已经在颗石藻、珊瑚藻、六射造礁珊瑚和翼足类软体动物中发现。如海洋酸化降低了珊瑚虫的钙化速率，使成体珊瑚虫生长缓慢，新珊瑚礁的恢复率低于珊瑚礁死亡率的阈值。海洋酸化致使珊瑚礁出现漂白现象，甚至导致大范围死亡。

有关海洋酸化对海洋生物的潜在毒性效应已有一些报道。海水 pH 值的变化会改变海洋生物对营养盐、微量元素和微量有机物的利用率；海洋酸化有可能既影响营养盐和碳循环的化学过程，也影响其循环的生物过程，改变某些海洋藻类的固氮速率；若干痕量金属的化学性质因 pH 值的变化而改变，海洋生物因而更容易或更难利用这些物质；一些鱼类会受到酸雨症导致的 pH 值下降的威胁，酸雨症使鱼类体液中的碳酸增加而导致鱼类死亡。血碳酸过多症也是鱼类生存的威胁因素。海水 pH 值下降，海胆体内的酸基平衡将会受到干扰，导致海胆的死亡。

三、海洋生物多样性

生物多样性（biodiversity）是指栖息于一定环境的所有动物、植物和微生物物种，每个物种所拥有的全部基因以及它们与生存环境所组成的生态系统的总称。因此，生物多样性包括物种多样性、遗传多样性和生态系统多样性3个基本层次。生物多样性反映生物有机体及其赖以生存的生态综合体（ecological complexes）之间的多样性和变异性。生物多样性是人类生存和发展的基础，它与全球变化和可持续发展被列为当代生态学和环境科学的3大前沿领域。

我国海域辽阔、海岸线漫长、曲折，其中包含很多类型的海洋生态系统，诸如河口湿地、红树林、珊瑚礁、近岸上升流等各种近岸浅海生态系统以及各类岛屿生态系统。据估计，我国海洋生物占全球海洋生物的比例远远超过1/10。我国的海洋鱼类有3 000种左右（淡水鱼类只有800种左右），占世界已记录的鱼类种数的1/6。此外，世界海洋生物门类中，有13个是海洋独有的，我国则有12个门类是海洋生境独有的。总之，从总体上看，我国是亚太地区物种最丰富的国家，而海洋物种尤为丰富。

海洋生物多样性是伴随着地球演化，经历了数十亿年海洋生物与海洋环境相互作用和生物间协同进化的结果。海洋生物多样性的自然存在不但具有现实的合理性，而且对人类的生存与持续发展有着极为重要的意义。

值得注意的是，目前的海洋生态危机将会影响甚至改变物种的多样性，同时对生态系统的功能，如生产力和抵御外来种入侵的能力等产生影响。海洋污染、全球变暖及海洋酸化等诸多因素已造成世界范围内为数众多的珊瑚礁、红树林、海藻场、海草床、盐沼等各种海洋和海岸生态系统衰亡和难以估量的遗传多样性的丧失。因此，为减少对海洋生物多样性的威胁和侵害，有必要从基因、物种及生态系统层次3个水平上开展生物多样性的保护工作。

思考题：

1. 生物种群与生物群落有何区别？
2. 物种间存在哪几种关系？举例说明。
3. 海洋初级生产力的测定方法有哪些？说明黑白瓶测氧法的原理。
4. 什么是垂直分带？举例说明潮间带生物垂直分布的现象。
5. 河口存在哪些类型？这些河口类型的主要特征是什么？
6. 什么是红树林？红树植物有哪些适应环境特征？
7. 简述珊瑚礁的形成原因及其分布范围。
8. 海洋浮游生物的分类依据是什么？
9. 举例说明深海生物如何完成捕食和繁殖？
10. 海洋酸化对海洋生物生长的影响机制是什么？

第四章　海洋生物学研究与海洋生物技术

海洋生物学是生命科学的分支学科。与现今所有生物科学的分支学科相似，海洋生物学的研究经过多年的发展，已不再仅仅停留在对海洋生物形态、分类等的简单观察和描述上，而是综合利用各种现代科技手段，结合物理、化学、数学、生物的技术体系和方法对海洋生物进行科学、深入的研究和探索，在科学实验的基础上，在物种、个体、组织、细胞、分子水平上对海洋生物的生长和发育、生理和生态、遗传和变异、适应和进化等规律进行详细阐述。随着人类科技日新月异的发展和科研设施的不断完善，海洋生物学的研究体系与实验技术方法日趋成熟，已成为涉及生态学、生理学、发育生物学、遗传学、生物化学、细胞学、分子生物学等多学科的交叉学科，海洋生物学的研究内容也逐步得到扩展，从海洋生物区系、生态到海洋生物的生理、生化，从海洋生物的发育、进化到海洋生物的遗传、变异；从海洋生物个体、组织、细胞水平到海洋生物的基因组、蛋白组等分子水平，人类对海洋生物的研究和认识达到了空前的广度和深度。

近年来，随着海洋生物学学科的发展，以海洋生物资源开发和利用为目的的海洋生物技术的出现标志着海洋生物学学科的进一步飞跃。海洋生物技术是用海洋生物或其组成部分生产有用的生物产品以及定向改良海洋生物遗传特性的综合性应用基础科学，它是海洋生物学与生物技术相结合的产物。当前海洋生物技术主要涵盖养殖生物技术、环境生物技术和天然产物生物技术 3 个方面，其主要研究范畴是采用基因工程、细胞工程和生物化学工程等技术手段，对海洋生物进行定向改良，培育生长快、抗逆的养殖品种；开发、生产和改造海洋生物天然产物以作为药物、功能食品、新材料和新能源；培育和制备具有特殊用途的微生物和活性成分，用于海洋环境治理与保护等。它的出现集中体现了人类研究和了解海洋生物，并控制和利用海洋生物的能力，因此，也成为当前海洋生物学研究中的热点，本章将就当前海洋生物学和海洋生物技术的主要研究领域和采用的技术原理和方法进行介绍。

第一节　海洋生物调查

海洋生物调查是海洋生物学研究最基本的内容。对海洋生物进行研究首先就要搞清楚海洋生物的群落、种群分布和生命活动规律及其与周围环境之间的关系，从而为更好地了解和研究海洋生物奠定基础。当前国际社会非常重视海洋生物的调查，如美国从 20 世纪 50 年代开始就对其沿海渔场海洋生物进行调查和研究，60—70 年代开始在南极和深海进行海洋生物调查，如今美国国家海洋和大气管理局（NOAA）的国家海洋渔业局（NMFS）每年要花费约 2 000 万美元用于海洋生物一般生活史研究、环境调查、环境对资源利用和资源分布的影响以及管理理论研究。世界其他发达国家也非常重视对本国管辖海域和与他国共同利用海域的海洋生物资源调查和评估，如挪威、俄罗斯、欧盟对北海和巴伦支海海洋生物的调查，日本、韩国对黄海、东海海洋生物的调查，新西兰对本国周边海域海洋生物的调查等。

我国也非常重视海洋生物调查活动，新中国成立后，我国在 1958—1959 年进行过一次以海洋物理、化学、生物、沉积物、地貌为主的大规模的普查。1996—2000 年，我国实施了“海洋生物资源补充调查及资源评价”。2004—2009 年，国家海洋局组织开展了“我国近海海洋综合调查与评价”

专项（简称“908 专项”）工作。“908 专项”设立了海洋生物与生态调查内容，调查区域包括内水、领海和领海以外部分海域，总面积为 58.7 万 km^2。海洋生物与生态调查包括叶绿素 a、初级生产力、海洋微生物、浮游生物、游泳动物、底栖生物、药用海洋生物等内容，调查航次为春、夏、秋、冬四个季节。“908 专项”海洋生物与生态调查工作取得丰硕成果，先后编制和出版了《我国近海海洋生物与生态调查研究报告》、《中国海洋生物物种多样性》和《中国海洋生物图集》等报告和专著。海洋生物生态调查共采集到 9 822 种生物，新发现微生物新种 11 个、水母新种 31 个。调查结果表明，我国海洋生物的时空分布呈现明显的规律性。与历史调查资料相比，大型底栖生物分布、潮间带种类数量、暖水种类空间分布等生态特征均发生了较为明显的变化。“908 专项”海洋生物生态调查成果在学术研究方面更新了对我国近岸生物生态现状及变化发展趋势的认识，在合理开发海洋生物资源和有效保护海洋生态方面提供了重要的依据。

这些调查为我国海洋生物资源合理开发和利用奠定了良好的基础。

一、海洋生物调查的目的和任务

海洋生物既是海洋中有机物的生产者，同时也是海洋中有机物的消费者，它们广泛参与了海洋中的物质循环及能量转换，对其他海洋环境要素有着重要影响。

海洋生物调查的主要目的是为海洋资源合理开发利用、海洋环境保护、国防及海上工程设计和科学研究等提供基本资料。

海洋生物调查的任务是查清海区生物的种类、群体组成、数量分布和变化规律。

二、海洋生物调查的内容和方法

（一）底栖生物

生活于水域底上和底内的动物、植物、微生物，统称为底栖生物。海洋底栖动物包括原生动物、海绵动物、腔肠动物、纽形动物、线形动物、环节动物、苔藓动物、软体动物、甲壳动物和棘皮动物等多个无脊椎动物门类以及脊索动物和底栖鱼类等。海洋底栖植物主要是藻类。

底栖生物的调查工作可分为以下 3 种方式。

（1）采泥取样　每站取样的次数视采泥器面积大小而定。一般使用 0.10 m^2 采泥器时每站取样 2 次，使用 0.25 m^2 采泥器时每站取样 1 ~ 2 次。采集小型底栖生物时，可使用柱状采样管，每站取样 3 ~ 4 次。如果没有上述采样管，亦可从采泥样中取分样品，每站取样 3 ~ 4 次。

（2）拖网取样　必须在调查船低速前进中进行，每站拖网时间一般为 20 分钟；如做定量取样，拖网时间不超过 10 分钟。在深海拖网时应延长时间。小型底栖生物拖网时间 5 ~ 11 分钟。总之，拖网时间可因目的要求的不同而延长或缩短。

（3）调查次数　根据调查的目的、要求和海区特点，调查次数可以有所差别。一般每年按春（3—5 月）、夏（6—8 月）、秋（9—11 月）、冬（12 月至翌年 2 月）四季进行，每季选取 1 个月取样即可满足需要。如有特殊要求或属专题调查，其次数也可酌情增加。

（二）浮游生物

浮游生物是一切幼鱼、鱼类以及甲壳类等其他海洋生物的直接或间接饵料。浮游生物的种类、数量分布和变动情况标志着水域生产力的大小，同时还与鱼类等经济生物的分布及移动等有着极为密切的关系。所以在进行海洋渔业资源调查时，就有必要进行浮游生物的定量调查，以了解各海区的肥瘠情况，作为渔场调查的一个重要线索。在调查时一定要采用相同的方法进行采集和资料整理，这样才便于比较分析各海区的浮游生物定量资料，得出的结果才是合理的。

根据调查对象的不同，采集方法也有所不同。浮游生物体型较大时可用浮游生物网采集，浮游生物体型很小时则须用采水沉淀法采集。

浮游生物的调查工作大致可分为以下 3 种方式。

（1）大面观测　其目的是了解各类浮游生物的水平分布情况。在进行此种观测中，要在各站进行以下工作。

① 自海底至海面垂直拖网，所用网具应根据调查目的来确定。在大于 200 m 水深的海域中，垂直拖网的深度可根据调查目的来确定。

② 分层采水。分水层的方法为 0，5 m，10 m，15 m，20 m，35 m，50 m，75 m，100 m，150 m 和 200 m。采水量，在渤海、黄海、东海和南海的近岸区，每次可采 500 ~ 1 000 mL；在水深超过 200 m 的南海水域，可采水 1 000 ~ 2 000 mL。

在沿岸带调查中，水深不足 15 m 的观测站采集表面水样 500 mL，在水深超过 15 m 的观测站再加采底层水样 500 mL。

（2）断面观测　其目的是了解浮游生物的垂直分布情况。在进行此种观测中，要在各断面观测站进行以下工作。

① 自海底至海面垂直拖网（内容与大面观测相同）。

② 垂直分段采集用中型浮游生物网或垂直分段浮游生物网进行。按照观测站深度规定采集水层（表 4 – 1）。

表 4 – 1　垂直分段采集

测站深度	采集水层
20 m 以内	10 ~ 0　底 ~ 10
20 ~ 35 m	10 ~ 0　20 ~ 10　35 ~ 20　底 ~ 35
35 ~ 50 m	10 ~ 0　20 ~ 10　35 ~ 20　50 ~ 35　底 ~ 50
50 ~ 100 m	10 ~ 0　20 ~ 10　35 ~ 20　50 ~ 35　100 ~ 50　底 ~ 100
100 ~ 200 m	10 ~ 0　20 ~ 10　35 ~ 20　50 ~ 35　100 ~ 50　200 ~ 100　底 ~ 200
200 ~ 500 m	50 ~ 0　100 ~ 50　200 ~ 100　500 ~ 200　底 ~ 500
500 ~ 2 000 m	50 ~ 0　100 ~ 50　200 ~ 100　500 ~ 200　1 000 ~ 500　2 000 ~ 1 000
2 000 ~ 4 000 m	3 000 ~ 2 000　底 ~ 3 000

③ 分层采水。断面观测与大面观测中的分层采水方法相同。

（3）定点连续观测（昼夜连续观测）　其目的是了解浮游生物的昼夜垂直移动情况，在观测站一般每隔 2 h 或 4 h 按照规定的水层进行垂直分段采集一次。如此连续采集一昼夜，共 13 次或 7 次。

三、工具和设备

（一）底栖生物

1. 采集工具

（1）采泥器　曙光 HNM_1 – 2 型采泥器是目前国内普遍使用的一种采泥器，主要由两个腭瓣构成。两瓣张口为长方形。在其顶部各有一个活门，活门的表面上有一个铁环。两环之间借一条铁链互相连接。当此铁链被吊到钢丝绳末端的挂钩上时，两个腭瓣呈开放状态。

曙光采泥器的结构特点在于：滑轮安装在主轴两端和腭瓣的外侧，而与采泥器相连接的两条钢丝绳各以末端固定在两腭瓣外侧的绳环上。钢丝绳在离开绳环之后，先各自通过另一个腭瓣外侧的小滑轮，再绕过主轴的滑轮，最后扣连在长方形横梁的各一端。横梁与挂钩之间有一段钢丝绳相连接。采泥器一经触及海底，挂钩重端即行下垂，使铁链脱钩。当开始上提采泥器时，在钢丝绳的作用下两个腭瓣闭合，从而将开口面积内的底质取入。由这种采泥器采取的底质样品比较完整。

在深水（500 m以下）采泥时，为避免两个腭瓣在水层中自行关闭，应换上带重锤的挂钩。此外，还应在两个腭瓣的外面附加配重，以增加采泥器的重量。

常用的曙光采泥器取样面积有0.5 m^2和0.1 m^2两种。在大型调查船上可用前者取样；近岸调查时，一般使用后者取样，有时也可使用前者。在内湾调查时，可酌情采用0.05 m^2的小型采泥器。

（2）拖网 阿拖网的网架用钢板和钢管制成，呈长方形，网口亦为长方形，上下两边皆可在着底时进行工作。为便于网口充分张开，其口缘由一根细钢丝绳（直径为4~6 mm）绕在网口架上。网袋长度为网口宽度的2.5~3.0倍。近网口处的网目较大（2 cm内），网底部网目较小（0.7 cm）。为了使柔软的小型动物免受损坏，可在网内近底部附加一个大网目的套网使之与大型动物隔离开。

此种网的网口宽度应根据调查船吨位大小来选定。在一般调查船上，用1.5 m或2.0 m宽的网口均可。如船上起重设备较差时，用网口宽为1 m的小型网也可进行工作。在深海底栖生物调查中，一般多用网口宽度为3 m的阿拖网，其网架也要相应加重。

拖网时，为减少网衣的承受力，可将两根粗绳的各一端分别扣结在网架的两侧边上，再将其另一端共同绕结在网袋末端。这样能够避免在泥沙过多时使网衣破裂。

阿拖网能拖进较多的底质，因而能采到的生物（特别是较小的底内及底上动物）不论在种类上还是数量上都要多一些。

（3）套筛 套筛是由不同网孔的金属网或尼龙网所制成的复合式筛子，专供冲洗过滤泥沙样品和分离动植物标本之用。套筛共分两层，可合可分。筛框为木质或铁质。两个筛的网目大小不同，上层为5~6 mm，下层为1 mm，下层筛的四角有架。在套筛放置地点的下面设有专用排水槽，使筛下的泥沙污水排出舷外。

2. 取样

（1）采泥取样（曙光采泥器的使用）① 投放。将连在采泥器活门上的铁链挂在挂钩上，慢慢开动绞车，提升采泥器。随着钢丝绳的拉紧，两腭瓣自动张开。当采泥器上升到船舷以上时，即转动吊杆将其送出舷外，待其在空中稳定后，以慢速下降，入水后再快速下降。所放出的钢丝绳可稍长于水深，但切不可过长，以防止在海底打结。在浅海工作时，当下降的钢丝绳发生松弛，即知采泥器已经着底，应立即停车。

② 提升。在提升过程中，开始用慢速，离底后改用快速；在接近水面时，再用慢速。当采泥器高过船舷时，应立即停车，转动吊杆使其移近船舷，并用铁钩钩入舷内，再慢慢下降，把采泥器放在一个预先准备好的白铁盘中。此时要先打开采泥器两腭瓣上方的活门。从活门处观察底质的性质（如颜色、层次、厚度和动植物栖息情况等），并作好记录，然后再打开腭瓣，使泥沙落入盘中。

③ 冲洗及标本分离。将采得的底质分批放入套筛中，用水冲洗。冲洗时避免水流过急，防止损坏柔软易断的标本。待泥沙冲去后，将筛内的生物按体型大小及体质情况分别拣入盛有海水的器皿中。最后再按分类要求把标本分别装入广口瓶或玻璃指管中。采泥标本一律用75%的酒精固定保存。

（2）拖网取样 ① 网具的选择。一般使用桁拖网，在较硬的底质处可用阿拖网或三角形拖网，在岩石或砾石较多以及海藻丛生之处则只能使用双刃拖网。深海作业中一般多用大型阿拖网。如专为采集大型底栖动物，可用板式拖网。

② 投网。拖网中的投网操作，需待调查船以低速离站开航，并且航向稳定以后才可进行。投网时先将网具平放海中，再开动绞车松放钢丝绳，使网徐徐下降。在拖网中放出的绳长应视调查船的行驶速度、水深及流速等情况而定。放出的绳长一般为水深的3倍左右，在近岸浅海甚至可以更长些。在拖网过程中，应随时注意网具的工作情况，从钢丝绳的角度和紧弛程度上来判断网具是否着底，如感觉工作不正常时（网未着底或在海底遇到障碍物），应立即放绳、停车或者起网。拖网时间的计算是以放绳完毕和网着底时开始，至停止拖网时为止。

③ 起网。起网前先减低船速。当网接近水面时，减低绞车速度；网具吊离水面时更要慢、稳。待网完全吊起后立即停车，转动吊杆方向，然后将网慢慢放下，使网袋后部落在甲板上的铁盘内。这时可解开网袋，将捕获物倾入盘中。如果网袋内带有泥沙，应将标本放在套筛内冲洗，然后挑拣标本。

④ 标本的分离。先将大小悬殊者、柔软脆弱者和坚硬带刺者一一分开。如果样品数量过大，可将全部标本称重，然后取标本的一小部分称重计数，经过换算后得到全部标本的个数。称重和计数填入表中。

3. 样品的处理与保存

① 海绵动物。先用85%的酒精固定，再换用75%的酒精保存。

② 腔肠动物。海葵和海仙人掌等一类动物，应先在盛有新鲜海水的瓶中培养，待其触手完全伸展以后，再进行麻醉。常用麻醉剂有薄荷脑和水合氯醛结晶等。放入水中的药量由少到多，逐渐增加。等到被处理的动物呈麻醉状态之后，才可向瓶中注入适量的福尔马林，使瓶中海水变为5%的福尔马林溶液。固定好以后即可放在75%的酒精中保存。

③ 环形动物。以多毛类中的沙蚕为例，先将这种动物放在盛有海水的搪瓷盘中，逐渐加入淡水或滴入福尔马林溶液。待动物完全死去后，用75%的酒精保存。

④ 软体动物。螺类和双壳类一般可直接固定保存。头足类的章鱼等须先用淡水麻醉，等到其活动能力逐渐减弱至将要死亡时即可固定。以上各种动物宜用75%的酒精固定保存。

⑤ 甲壳动物。虾、蟹类动物如直接放在酒精中固定，易使其肢体脱落。因此，必须先用淡水或麻醉剂使其失去活动能力，然后再杀死并固定。

⑥ 棘皮动物。海星类和海胆类一般不需要麻醉，但海参类和海蛇尾类中的长腕种类都需要经过麻醉，海参类中含水量较大的种类，需用80%的酒精固定。

大型底栖生物海上采集记录如表4－2所示。

表4－2　大型底栖生物海上采集记录

站号________　编号________　船名________　海区________　站位________　纬度________

经度________　底质________　底温________℃　底盐________　水深________m　放绳长度________m

采泥器________m^2　采泥次数________　样品厚度______　网型______　网宽______m　拖网距离______m

采泥时间____年__月__日__时__分　拖网时间__月__日__时__分至__时__分　计__分

采泥标本总数：	拖网标本总数：

优势、主要种类记录

次序	种名	总个数	取回个数	附注
1				
2				

续表

3				
4				
5				
6				
7				
8				
9				
10				

记事：

采集者＿＿＿＿＿＿ 填表者＿＿＿＿＿＿ 校对者＿＿＿＿＿＿

（二）浮游生物

1. 采集工具

（1）采水器　球盖 HQM_1-2 型采水器由下列部件构成。

① 采水筒。是一个内径为 85 mm、长为 510 mm、容量约为 2.5 L 的有机玻璃圆筒，筒的上下端分别有气门和出水嘴。

② 球盖。2 个，呈碗状，由橡胶制成，依靠金属活页与采水筒相连接。球盖盖住筒口，从而使采水器处于封闭状态。另在球盖外表面顶部装有一个金属环，当连在环上的绳索被挂在释放器挂钩上的时候，采水器便处于开放状态。

③ 释放器。位于采水器中上部，由触杆、弹簧片和挂钩等部件组成。

④ 固定夹和钢丝绳槽。整个采水器借此两者被固定在钢丝绳上。

⑤ 使锤：当此锤击触杆时，在释放器作用下两个球盖都关闭起来。

（2）浮游生物网　浮游生物样品的采集，在水深 200 m 以内的海区用大型浮游生物网、中型浮游生物网、小型浮游生物网和垂直分层浮游生物网，在水深大于 200 m 的海区用深水浮游生物网和小型浮游生物网，需要时可用大型Ⅱ号浮游生物网和中层拖网。

① 大型浮游生物网主要用于采集大型浮游生物。

② 中型浮游生物网主要用于采集中型浮游生物。

③ 小型浮游生物网主要用于采集小型浮游生物。

2. 采集工具的附属器及材料

① 网底管。各型网的末端均附有网底管，用以收集浮游生物。除中层拖网外，其他各种浮游生物网均可用同一样式的网底管，该网底管的外径为 9 cm，底管的上端连接网身，下部有活门。网底管上的筛绢必须与所用网的筛绢一致。中层拖网的网底管相应增大（直径为 20 cm，长为 25 ~ 40 cm）。

② 闭锁器。在进行垂直分段采集中，为了采得某一水层中的浮游生物，需要用闭锁器控制网口在水下的开闭。此种装置包括闭锁器和使锤两部分。

③ 沉锤。为使浮游生物网迅速下降到预定深度并减少钢丝绳的倾斜，网的下端须挂 10 ~ 40 kg 的铅制沉锤。沉锤的重量应根据水流的强弱和风浪的大小来确定。

④ 转环。在网具与钢丝绳连接处加接转环，可避免在大风浪时或急流中钢丝绳发生扭折。其结

构与一般渔网用的相同。

3. 采集和样品处理

（1）采集前的准备工作　首先，仔细检查船上的采集固定设备（绞车、吊杆、钢丝绳等），如有故障，及时检修排除。

其次，采集工具至少应准备两套。另外，还必须携带装配和维修的各种工具（如钳子、螺丝刀、活动扳手等）。

第三，根据调查计划中的采集项目、站数和水深，准备好编号、各种标本瓶和样品固定剂，并装入木箱。在船上，须把仪器、物品等固定在船的适当位置，以免在遇到风浪时碰撞损坏。主要浮游生物样品的固定剂有以下两种。

福尔马林，用以固定各种网采的浮游生物，用量按照标本瓶容积的5%准备（如每一个500 mL的标本瓶要准备25 mL的福尔马林）。

碘液（即将碘溶于5%碘化钾水溶液中，配制成的碘饱和溶液），用以固定采集的水样，每升水样加此液6～8 mL，在出海前可先加入水样瓶中。

第四，海上采集过程中，一定要按照规定作好采集记录，采集时所遇到的障碍或其他情况等均须在备注栏中说明（表4－3）。

表4－3　浮游生物海上采集值班记事表

<table>
<tr><td>调查船</td><td></td><td>海区</td><td></td><td>值班站号</td><td></td></tr>
<tr><td>值班时间</td><td colspan="5">自　年　月　日　时　分至　年　月　日　时　分</td></tr>
<tr><td colspan="6">工作情况及仪器、工具使用情况</td></tr>
<tr><td colspan="6">下一班应注意事项</td></tr>
<tr><td>值班者签字</td><td></td><td>接班者签字</td><td colspan="3"></td></tr>
</table>

（2）采集工作　①分层采水：采水层次和采水量都以大面观测中的规定为准；球盖采水器的使用方法是先将两个球盖从采水筒口上翻出，再将连在球盖金属环上的绳索挂在释放器的挂钩上，使采水器呈开放状态。然后再检查气门的出水嘴是否已关闭。挂采水器的方法是先把钢丝绳卡入采水器的钢丝绳槽，接着再把钢丝绳卡入采水器的固定夹内，必须把固定夹的螺丝扭紧，以防采水器脱落。

分层采水时，从第二个采水器开始，在每个释放器的下挂钩上再挂一个使锤，借以触发下一个释放器。

在以上各部件装好之后即可开动绞车，徐徐下放采水器。此时切勿使之碰撞船舷，以防止释放器被触发。待所有采水器被放到预定深度时，停车，一手握住钢丝绳，一手打下使锤。当手感到钢丝绳振动时（挂几个采水器，就有几次振动），即知释放器动作已完成，球盖已将采水器筒口关闭。至此，开动绞车逐个上提采水器，再将其取下后放置于采水器架上，打开气门，由出水嘴采取所需要的水量。然后将多余的水全部放掉，并关闭好气门和出水嘴。采水工作结束，填写表4－4。

② 浮游生物网：由海底到海面垂直拖取浮游生物所使用的网具，应根据水深和采集目的来确定。

落网：其速度不可太快，一般不超过1 m/s，以保持钢丝绳紧直为准。当网具接近海底时，减速。沉锤着底而钢丝绳出现松弛时，立即停车。如钢丝绳倾角较大，绳长将略超过水深。要把入水绳长记录下来。在落网过程中，尽可能使网口接近海底，而后立即起网。

起网：大、中、小各型浮游生物网的起网速度应保持在0.5 m/s左右。在网口未露出水面之前，既不能停车，也不能加速或减速；但在网口露出水面时须立即减速，并及时停车，以避免网卡环碰撞吊杆上的滑轮，致使钢丝绳被绞断而失落网具。在起网过程中必须把开始起网时和网口即将露出水面时钢丝绳的倾角分别记录下来。

冲网：把网升高，用海水从上到下反复冲洗网身的外表面，使黏附在网上的标本落到底管中，开启底管活门，将标本放入标本瓶中。然后再关闭活门，冲洗底管，将残留的标本并入标本瓶中。如此重复数次，直至洗净为止。

填写记录：在采集过程中，要及时填表（表 4－4）。每次采集完毕后应把记录表与标本瓶号进行一次核对。

表 4－4 浮游生物海上采水记录表

站号		水深/m		海区		船名	
标定站位	纬度		经度	实测站位	纬度		经度
采集时间	自 年 月 日 时 分至 年 月 日 时 分						
水深/m		瓶号			备注		
0							
5							
10							
15							
20							
35							
50							
75							
100							
150							
200							
绳长/m				倾角（度）			

采集者＿＿＿＿＿＿ 记录者＿＿＿＿＿＿ 校对者＿＿＿＿＿＿

（3）样品处理　在第一观测站用各种采集网所采到的样品，按体积的大小盛于标本瓶中后，立即用4%～5%的福尔马林溶液固定，即每100 mL样品（标本瓶中浮游生物及海水的总体积）中加入福尔马林溶液4～5 mL。把刚采得的新鲜标本杀死固定后，才能长期保存，否则，标本不久就会腐败变质。

四、资料的整理

（一）底栖生物的资料整理（表 4－5）

1. 标本的初步鉴定

将标本编号登记后，即进行鉴定，优势种类和主要种类尽可能鉴定到种，其他种类可根据条件而定。

2. 定量资料整理

① 标本称重。将经过初步鉴定的定量标本从标本瓶中取出，用吸水纸吸去其表面水分，然后放在天平上称重（一般使用感量为0.01 g的扭力天平）。标本质量填入相应的表中。

表 4－5　大型底栖生物生物量统计表

海区＿＿＿＿＿＿调查船＿＿＿调查日期＿＿＿年＿＿＿月＿＿＿日＿＿＿第＿＿＿页

站号	编号	采集日期	总生物量	海绵类		腔肠类		纽虫		星虫、螠虫		多毛类		腕足		软体动物		甲壳类		棘皮类		脊索类		鱼类		其他		附注
			g/m^2	g/m^2	%	g/m^2	%	g/m^2	%	g/m^2	%	g/m^2	%	g/m^2	%	g/m^2	%	g/m^2	%	g/m^2	%	g/m^2	%	g/m^2	%	g/m^2	%	
总计																												
平均值																												

制表者＿＿＿＿＿＿　计算者＿＿＿＿＿＿　校对者＿＿＿＿＿＿

② 数量计算。生物量和分布密度的计算分别以 g/m^2 和个$/m^2$为单位。以取样面积为 0.1 m^2的采泥器为例，如果取样两次，则应将该站所采标本的实际质量或数量乘以 5，即可得出每平方米的生物量或分布密度。计算步骤为：将调查海区内各站所得的生物种类或类群（如海绵动物、腔肠动物、纽虫、星虫、螠虫、多毛类、腕足类、软体动物、甲壳类、棘皮类、脊索动物等）的生物量分别算出之后，汇总即得出该站的总生物量，将各站总生物量及各类群生物量的统计数字填入表 4-5，再将全区各站总生物量的数值汇总并除以总站数，即得出所调查海区总生物量的平均值。此外，还必须计算出各类动物在各站和全调查区生物量中所占的百分比。

③ 生物量分布图。在生物量数值计算结果的基础上绘出的分布图，有总生物量分布图和无脊椎动物重要门类（多毛动物、软体动物、甲壳动物和棘皮动物 4 类）的生物量分布图两种。此图的绘法是，先将生物量统计表内的数字分别填在空白海图中的站位上，然后用内插法绘制成等值线图。各等值线相隔数字的大小可视海区中生物量的情况而定。一般可绘 1 g、5 g、10 g、25 g、50 g、100 g、250 g 和 1 000 g 等值线图。

3. 定性资料整理

与定量资料整理的方法相似，包括标本鉴定，填写种类分布表和绘制主要种类分布图等。

（二）浮游生物资料的整理方法

1. 生物量的测定

浮游动物的计量一般用生物量（mg/m^3）来表示。常用测定法为直接称量（湿质量）法。

（1）主要用具　扭力天平（感量为 0.01 g）、10 L 真空泵或玻璃水泵、布氏漏斗、抽滤瓶、筛绢、吸水纸、镊子、吸管等。

（2）操作过程　① 将含水量多的和含水量少的浮游生物分离开，分别装入两个相同编号的瓶中，留作称重之用。

② 将标定质量的筛绢铺在漏斗中，开动真空泵，接着再把需要称重的样品倒在筛绢上，待标本和筛绢上所附水分被抽滤去，再将它们一起放在扭力天平上称重。从此质量中减去筛绢质量就可得出标本的湿质量。记录湿质量并将之换算为每立方米水中的生物量。

2. 个体计数法

以单位体积海水中浮游生物的个体数作为计量单位（大、中、小型浮游生物的单位为个$/m^3$）

大、中型浮游生物个体计数法所用的主要用具和操作过程如下。

① 主要用具有解剖镜、分样品、浮游生物计数框、镊子和解剖针等。

② 操作过程：先将个体较大的标本，如箭虫、各种虾类等全部挑出并分别计数，再将其余的标本浓缩成适当体积并倒入浮游生物分样品内，轻轻搅动水体，使标本分布均匀，然后转动分样品，使分样品内的标本即被分隔为若干份。把其中一份倾入计数框内。在解剖镜下进行计数，将计数结果填入表 4-6。

3. 绘制生物量图的方法

① 根据已知网口直径和每网质量（或个数），换算成调查点（观测点）每立方米的生物量。换算方法如下：

如果生物质量为 B，水深为 D，网口半径为 r，

$$\text{则每立方米生物量(个数)} = \frac{B}{\pi r^2 \cdot D}$$

例如，已知大型的网口直径为 0.8 m，水深为 18.0 m，由本站称得的生物质量为 1.2 g，则该站每立

方米生物量为：$\frac{1.2}{\pi \times 0.4^2 \times 18.0}=0.133\ g\ (/m^3)$。

② 将计算的生物量分别填入调查海区的地图上，用等距离内插法绘出等值线，再用疏密点线表示生物的多少。

表4-6　大、中型浮游生物（孵）个体计数记录表

样品编号________　站号________　水深________ m　绳长________ m

水层________　倾角________　取样________　调查时间________　第________页

种类	数量	小计	全网个数	个/m^3

计数者____________　统计者____________　校对者____________

五、海洋调查的一般规定

① 观测记录、样品标签和登记卡都是海洋调查的原始数据，调查人员必须用黑色铅笔立即在现场准确地登记在表格（或记录簿）、标签或卡片中，填写时字迹要端正清楚。

② 原始数据不得涂擦，若记录错误需要改正时，应在原记录上划一横线，在其上方填写改正数字。如遇特殊情况，某个项目无法观测时，则在该记录栏内画一斜线。如某项观测因故延迟，未按规定时间或程序进行时，应记录实际观测时间。上述情况，均需在备注栏内记明原因。

③ 各项观测或采样结束后，专业组长或班长应仔细核查资料是否齐全，质量是否符合规范要求。若观测或采样遗漏或不符合规范要求，应立即进行补测或重测。

④ 海上调查要建立值班制度，以保证观测和采样按时、准确、安全地进行。值班人员必须做到按时交接班。值班时间不得擅离工作岗位。交班前，交班人员应将全部记录、仪器和工具整理好，交班时应清点。向接班人员详细交代观测或采样中发现的特殊变化情况以及仪器设备中存在的问题。

⑤ 调查用的仪器须鉴定合格，并按规范要求定期检定。出海前仪器应严格检查；调查中要经常

保养，保持良好工作状态；返航后要仔细维护，贵重仪器应建立登记簿，每项次的检查、检修和检查情况必须登记在登记簿上。

⑥ 要制订保证海上调查安全的措施。在风浪大或夜间工作时，仪器或工具投放入海或收回时，应特别注意人员和仪器的安全。

⑦ 在海上调查过程中，必须填写观测日志。内容包括：每日的天气概况和调查船的活动情况，进行观测的站号及到站的时间，在调查与航海中所遇见的特殊现象等。观测日志由领队负责填写保管，返航后随资料上缴。

⑧ 海上所有观测资料，必须妥善保存，严防遗失、火焚及被风吹落海中等事故发生。调查工作告一段落时，完整的资料应由领队或指定专人保管（湛江水产专科学校，1979）。

第二节　实验海洋生物学研究

实验海洋生物学是海洋生物学研究的又一重要内容。如上所述，海洋生物学发展到今天，单纯的形态、分类等简单观察和描述已不能满足海洋生物学研究的需求，而是要综合利用各种现代科技手段，结合物理、化学、数学、生物的技术体系和方法对海洋生物进行科学、深入的研究和探索，从而从本质上阐述海洋生物生命活动的基本规律，为人类更好地保护和利用海洋生物奠定基础。实验海洋生物学就是这样的学科分支，从广义上来讲，我们可以将实验海洋生物学定义为一门利用物理、化学、生理、生化、分子的实验方法，通过建立严密的实验技术体系，将海洋生物置于人工控制和干预下进行详细研究和分析，以掌握其生长和发育、生理和生态、遗传和变异、适应和进化等规律的科学体系。当前，海洋生物学研究中的主要理论基础和数据均来自于实验海洋生物学的研究。随着海洋生物学科的发展，实验海洋生物学已经发展成为体系完备、技术成熟、理论先进的学科分支，构成了海洋生物学学科的理论基石。其研究内容也涵盖了生态学、生理学、发育生物学、遗传学等生物学各个领域。对于实验海洋生物学的深入研究，必将促进人类对海洋生物更深入的了解。本节将就当前实验海洋生物学基本研究内容和方法作简单介绍，并对实验海洋生物学各研究体系的研究进展作简单概述。

一、海洋生物实验生态学研究

（一）海洋生物实验生态学的研究体系

海洋生物是一类生活于海洋水域中的特殊生物类群，对于海洋生物的深入研究，离不开对于它们与其赖以生存的海洋环境相互关系的研究。海洋生物实验生态学就是研究海洋生物与生态环境关系的科学。传统的海洋生物实验生态学的研究往往局限于靠近海的地区，即在野外条件下对海洋生物与其生存环境的相互依存关系进行研究，即野外生态实验（field experiments）。近几十年来，随着封闭式养殖系统的问世，使海洋生物学家有机会在室内条件下，模拟海洋生物生存环境，从而研究海洋生物与其环境的相互作用，因此使人们可以在理论上任何一个地方开展海洋生物生态学的研究。

1. 室内封闭循环养殖系统的海洋生物生态学研究

室内封闭循环养殖系统是近20年发展起来的，它的成功归功于两个方面的技术进步：一是稳定的人工海水的开发，使人们不必依赖天然海水来进行人工养殖和暂养；二是循环养殖体系的构建，基于对封闭系统内水的合理管理，养殖技术有了迅速的提高。在封闭式养殖系统中，无须从大海中吸取新鲜海水，而是把使用过的海水经过过滤和回收，再进行循环利用。目前，封闭系统的建立主要以水族箱的形式为基本模式，但在该封闭系统中配有过滤设备、温控设备、充气设备、循环设备、控流设备、光控设备等，从而可为海洋生物营造一个相对稳定的生活环境。通过控制系统内部各设备的参数，就可以改变养殖系统的生态因子，从而监测这些物理、化学和生物因子对海洋生物的影响。

2. 开放的海洋生物生态学的研究

野外海洋生态学实验，是采用实验手段在野外条件下研究海洋生物与海洋环境之间相互关系的一门学科。野外生态实验（field experiments）与室内封闭循环养殖系统（laboratory experiment）显著不同。在封闭循环养殖系统中，生物体所处环境的各种因子都是相对恒定的，而且生物与生物间的相互作用可被降低到最小。尽管这种循环养殖系统在经典实验海洋生态学研究中非常有效，但用这种实验方法得出的结论仍具有相当的局限性。这是因为在实际自然环境下海洋生态因子是不断变动的，并且自然条件下同时起作用的海洋生态因子也更复杂多样，因此，野外生态实验系统具有更真实准确的特性。由于野外生态实验系统是一个相对开放的系统，较难以控制和研究。但近年来随着海洋水下监测设备和水下传感器、水下机器人、潜水车、潜水船以及航空、卫星的快速大范围探察等高新技术的应用，使在开放水体中的生态学研究成为可能，在自然水体水下原位对海洋生物的生态习性、行为等进行观察，配以精密的实验设计，为海洋生物生态学的研究提供了更准确的方法。

（二）海洋生物实验生态学研究的基本内涵

1. 生态环境与海洋生物行为

海洋生物行为学的研究是海洋生物生态学的重要内容，也是近年来海洋生物研究的热点。对于海洋生物行为学的研究有助于人类更好地了解和认知海洋生物，并对海洋生物与生态环境的关系及生态适应性作出精确的评价，同时对于人类更好地开发和利用海洋生物，如增加渔业捕获效率、提高养殖收益等具有重要的意义。人类对海洋生物行为学的研究起步相对较晚，真正的海洋生物行为学的研究起源于20世纪鱼类行为学的研究，并很快引起了国际社会的广泛兴趣，其研究体系也逐渐成熟。

目前，海洋生物行为学的研究所采取的手段具体而言有现场观测法、水槽实验法及行为模拟法等。现场观测法具有形象化和实在性的优点，可分为直接目视观测及仪器观测两类。由于各种搭载工具及水下装备的开发，使对海洋生物行为及相关因子的观察范围、观测可能性得到很大的提高。水槽实验法是研究海洋生物行为的常用方法，也是进行基础研究的方法，可以将海洋生物置于水槽系统中进行实验。这种试验方法能排除众多复杂的环境因素，强化某一个环境因子的作用，易于直接观测及定量比较，可作为现场试验的基础，试验结果能多次再现。对海洋生物的视觉、嗅觉、味觉等感觉器官的敏锐度等能进行比较和测定。而行为模拟法是以实验结果为依据，对实验数据进行修补鉴别，使海洋生物行为规律数学模式化，把海洋生物行为当做海洋生物的自身部分、海洋生物与群体的组成部分、海洋生物与环境的组成部分等所构成的一个系统工程，分析其相互关系。由于涉及生物内在因子的复杂性，如海洋生物的生理、神经、肌肉等状况难以考虑，要达到完善阶段，尚有许多工作要做。当前，对于海洋生物行为的研究较多地采用现场观测法或原位研究（in situ study），即利用潜水技术或水下设备，在一定海区内，对研究对象进行直接观察和测量。由于水槽系统不能提供种类繁多的海洋环境，也不能完全模拟各种生物的和非生物的条件，这就使得现场观测法显得十分必要。

目前，海洋生物行为研究内容主要包括以下几个方面。

① 海洋生物行为生态学研究。主要研究生态学中的行为机制、动物行为的生态学意义和进化意义。主要涉及生存和繁衍的适应性行为，包括海洋生物的洄游、栖息地的选择、领地行为、索饵行

为的机制和策略、食性的选择、逃避和侦探敌害、交配行为和性比、护幼行为等内容。

② 海洋生物行为产生的生理机制。主要研究海洋生物的各种生命活动机能活动规律及其对生态环境的响应。当前对于海洋生物行为产生的生理机制研究主要集中在海洋生物行为的感觉生理基础，神经系统和内分泌系统对行为的影响等，是海洋生物生理学和海洋生物行为学的一个交叉研究内容。

③ 海洋生物行为的遗传与进化。海洋生物的行为也是具有遗传性的，行为不只是肌肉、腺体和神经细胞的简单模式输出过程，行为学的研究还包括原因、功能、个体发育和进化等方面。海洋生物行为的遗传与进化主要研究海洋生物的遗传基础和进化史，探讨基因与行为表达之间的联系，不同个体间基因与行为的差异性，研究行为的生物学意义，探讨其对环境的适应性等。例如，鱼类的摄食行为对个体生存而言是至关重要的，在一个群体中，有些占支配地位（dominace）的个体往往可占有群体大部分食物资源，而个体在摄食中是否能占有支配地位就是一个受多个基因控制的行为。

2. 生态环境与海洋生物的生长、发育

海洋生态环境对海洋生物的影响不仅表现在行为习性上，而且还表现在对海洋生物生长、发育、繁殖等生命活动的各个层面。例如，海洋环境中的光照对海洋生物的繁殖活动具有重要的影响，光照周期的变化被认为是许多海洋生物进入繁殖期，并进行生殖活动必不可少的刺激因子，对于短光照生殖的海洋生物类群，延长光照周期可以有效地延缓海洋生物的繁育时间，而缩短光照周期则可以加速海洋生物的性腺发育，使其提前进入繁殖活动，对于长光照生殖的海洋生物恰恰相反；这个特性已被广泛运用于海洋生物的生殖调控过程中。例如，在瑞典有人用光照周期的控制来改变生活在大西洋中庸鲽（*Hippoglossus hippoglossus*）的生殖周期，结果表明庸鲽亲鱼的繁殖时间可以被提早和推迟 114 d 和 130 d（Björnsson，1998）。同样温度对海洋生物的生长、发育等生命活动也具有重要的影响。例如，在商乌贼（*Sepia officinalis*）中，温度对其生长发育具有重要影响，在 15 ℃时，其达到性成熟年龄的个体大小平均为 170 g，但在 27 ℃时，其达到性成熟的个体大小平均为295 g（Domingues，2002）。生物因子对海洋生物生长发育及其繁殖的影响也屡见不鲜。例如，在海水养殖条件下，高密度的养殖会对海洋养殖生物的生长、发育造成很大的影响，其原因除了种群数量增加而导致环境溶解氧、排泄废物增加而导致的胁迫作用外，生物体间的种内竞争也是一个非常大的影响因素，特别是在一些社会等级非常显著的种类中，如大西洋鲑，等级较低个体的生长、摄食、发育都会受到等级较高个体的抑制等（Øverli，2007），海洋生物受生物因子的影响还表现在个体的生长发育受种间关系的影响等。

3. 生态环境与海洋生物理化特点的关系

海洋生态环境对海洋生物的影响还表现在海洋生物体内生理、生化方面，在特定的条件下，如在污染海区的生态环境对海洋生物的影响还表现在组织器官、细胞、甚至是分子物质等各个层面上。例如，在胁迫的环境条件下，包括不适的水体盐度、温度、化学物等的作用下，海洋生物体内的肾上腺皮质激素（cortisol）等激素会大量升高，而其脑中的神经递质、相关激素含量也会出现相应的变化，表现为对生态环境的应激和响应；同时对海洋生物体内各种酶活性也会表现出较大幅度的增强和抑制作用。同样在污染的水体中，有人发现久效磷对僧帽牡蛎（*Ostrea cucullata*）具有一定的影响作用（王梅林，1998），三丁基锡、有机锡对荔枝螺、东风螺等海产腹足类的生殖器官具有重要影响，并产生性畸变现象（施华宏，2001）。

4. 生态环境对海洋生物影响的机制

海洋生态环境对海洋生物产生影响的机制非常复杂，不同的生态因子对海洋生物影响的程度不同，作用途径也不一样，但一般均与内分泌等代谢途径有或多或少的关系。例如，光照和温度对海洋生物繁殖行为的影响，主要是通过环境因子对海洋生物垂体—下丘脑—性腺轴进行作用的。环境胁迫对海洋生物行为和生理、生化的影响主要是通过垂体—下丘脑—肾上腺轴进行介导的，而生物因子对海洋生物的影响也是通过类似的内分泌途径进行作用的。但由于海洋生态因子与海洋生物之间的关系多种多样，其作用途径和机理也是多样的，目前仅对少数的影响机制和作用途径有了较清楚的认识，而对于大多数这种相互关系的机制认识还处于空白阶段，因此，今后的海洋生态学研究在这些领域有必要作深入的研究。

二、海洋生物生理学研究

（一）海洋生物繁殖机制的研究

海洋生物繁殖生理学的研究是其人工繁育和养殖的基础。近年来，有关海洋生物特别是海洋鱼类繁殖生理学的研究取得了长足的发展，已初步弄清了其生殖调控内分泌机制和作用途径，在海洋生物性腺结构、性成熟规律、激素的分泌和调控、生殖周期及其调控等方面都有了较大的进展。一般认为鱼类的生殖内分泌调控系统由丘脑—脑垂体和性腺（卵巢和精巢）组成，这个系统称为生殖内分泌调控轴。目前，在许多海洋生物中都发现了类似的调控轴，如在脊索动物文昌鱼中脑泡—哈氏窝—性腺轴；在海洋虾蟹类中为眼柄 X 器官—窦腺（XO－SG）复合体—性腺轴等。在鱼类中，下丘脑的作用是分泌促性腺激素释放激素（GnRH），促使脑垂体部位释放促性腺激素（GtH），作用于性腺组织，由性腺上的 GtH 受体活化后激发性腺组织产生雌二醇（E_2）、睾酮（T）及 17α，20β－二羟黄体酮，并最终促进鱼类性腺的发育和成熟。一般认为，鱼类丘脑—脑垂体和性腺内分泌系统是由环境因子来调控的，据信光周期和温度起着关键作用，即鱼类首先通过感觉器官接收来自外界如温度、光周期等环境刺激，然后通过下丘脑的分泌活动产生了繁殖行为。但温度、光周期等环境因子究竟如何控制丘脑—脑垂体和性腺轴，从而诱导繁殖周期的形成和繁殖行为，目前其机制还未搞清。但 *KISS*－1/*GPR*54 基因系统可能在其中起着关键的作用，被认为是连接环境与丘脑—脑垂体和性腺轴的桥梁（Zohar，2010）。*KISS*－1/*GPR*54 基因系统编码的产物是一对配体和受体复合物；*KISS*－1/*GPR*54 基因在脑部神经中枢基部和下丘脑中的表达，*KISS*－1 基因的产物 Kisspeptin 是一种多肽，对 GnRH 的释放起着调控作用。Kisspeptin 注射可以引起 GtH 的大量分泌。光周期引起的褪黑素的变化可以引起 Kisspeptin 分泌的改变，因此，它成为环境与 GnRH 分泌间的介导者。但至于其确切的作用途径和作用位点目前还不甚清楚。

近年来，在海洋生物特别是鱼类中还发现了一些神经递质，据信与鱼类的生殖调控有关，这些神经递质包括神经肽 Y、γ－氨基丁酸（GABA）和促性腺激素抑制激素（GnIH）；GnIH 是 LPXRF－氨基化合物家族的肽类，在丘脑下部表达，其直接作用是抑制 GnRH 的合成，并影响性腺的发育。GnIH 的分泌同样受到褪黑素的调控，因而受到光周期的间接调控。目前，该方面的研究也成为海洋生物繁殖生理学的研究热点。

（二）海洋生物生长机制的研究

生长激素的表达和调控对鱼类的生长起着非常重要的作用。20 世纪 50 年代之后，人类就开始对鱼类的生长激素进行研究，然而有关鱼类生长激素（GH）体内代谢及分泌调控的研究始于 80 年代。80 年代后，高纯度鱼类 GH 的获得使制备其特异性抗体成为可能，鱼类 GH 高度特异性分析方法逐渐发展起来。鱼类 GH 的作用机制研究是近年来鱼类生长激素研究的焦点问题和最活跃的领域之一。

目前已经弄清，鱼类 GH 的分泌调控主要受下丘脑分泌的生长激素释放因子（GHRF）和释放抑制因子（SRIF）的双重调节。Peter 等（1984）证实，人 GHRF 有促进金鱼释放 GH 的活性，推断其下丘脑可能存在 GHRF 样物质。随后，通过鱼下丘脑提取物与人 GHRF 或鼠 GHRF 抗血清发生免疫反应，证明鳕、海鲈、虹蹲、鳗鲡、鲤、金鱼和鲑的下丘脑中存在GHRF样免疫活性物质。Parker等（1990）从大麻哈鱼和银大麻哈鱼脑中分离出GHRF样分子，它具有促进虹鳟离体培养的垂体细胞分泌GH的生物活性。斑点叉尾鮰和罗非鱼的脑提取物中存在与哺乳类SRIF抗血清发生交叉反应的免疫活性物质。免疫细胞化学研究证实，虹鳟、食蚊鱼和金鱼脑垂体中含有SRIF物质（徐斌等，1997）。关于SRIF对鱼类GH的分泌调控作用已有许多实验证实，如外源的SRIF可以降低金鱼和银大麻哈鱼血清中GH水平；抑制离体培养的罗非鱼、金鱼和宽帆鳉垂体对GH的分泌（徐斌等，1997）。最近研究证实，GnRH可作为GH释放因子刺激离体和体内的金鱼垂体GH的释放，并促进金鱼体长的增加，所产生的对GH和GtH释放的刺激作用是相互独立的（Marchant，1989）。另外，雌二醇和多巴胺对GH的释放也有促进作用。越来越多的实验证明，GH能够促进鱼体蛋白质的合成，产生正氮平衡，提高肝脏或肌肉细胞对氨基酸的吸收率和RNA的合成率，达到提高食物的转化率，从而促进鱼体生长的目的。Sun等（1992）进一步证实，外源GH能够增加鱼体蛋白质的合成、肌肉和肠道RNA/蛋白质的比率、组织RNA的含量及蛋白质/DNA和RNA/DNA的比率。外源GH还可增强鱼体对饵料中某些必需氨基酸（Thr，Phe和Lys）的吸收。GH能提高鱼肝脏脂肪分解酶活力，促进脂肪的分解以作为能量物质促进鱼体生长。研究结果证实，GH对鱼体生长的促进作用是通过生长调节素（somatomedin）中介的，它可直接作用于细胞水平，促进组织的生长发育，鱼的肝是生长调节素产生的主要部位。此外，鸟氨酸脱羧酶（ODC）对DNA和蛋白质的生物合成起重要作用，鱼类GH是否能增加其肝脏ODC的活性，有待进一步研究，以便从细胞和分子水平上揭示鱼类GH的作用机制。

（三）海洋生物营养机制的研究

近年来，随着海洋生物养殖及其人工配合饲料的开发，海洋生物的营养生理研究也越来越受重视。这是因为，要提供海洋生物生长所需要的食物，就必须深入了解它们的营养需要。海洋生物，特别是海洋鱼类对营养的需求主要体现在对蛋白质、脂肪、糖类、维生素和矿物质等营养物质上，因此，对这些物质的营养价值及其在海洋生物中的代谢和利用途径研究便成了海洋生物营养生理学的重点。近年来，国内外对海水鱼类特别是仔稚鱼脂类营养需求研究相对较多，而且其营养生理和代谢途径也相对清楚。以下将以其为例，介绍海洋生物在营养方面的部分代谢生理和机制。

仔稚鱼是受精卵经胚胎发育到卵黄吸收并发育成形的产物，对其营养需求和生理代谢的了解，一个很好的捷径就是从卵黄的营养物质及其营养价值入手，因为仔稚鱼在胚胎发育阶段，卵黄囊是其唯一的营养源泉。大西洋比目鱼、大菱鲆、真鲷、金鲷等鱼卵中的主要脂肪酸是二十二碳六烯酸（DHA）、二十碳五烯酸（EPA）、十六碳酸（16：0）和油酸，但是每种脂肪酸的相对重要性存在差异（刘镜恪等，2002）。鱼卵极性脂的主要脂肪酸组成是DHA和十六碳酸（16：0），其次是EPA和油酸，说明这些脂肪酸对胚胎和仔稚鱼发育的重要性。大菱鲆、金鲷等在胚胎发育阶段和仔稚鱼发育阶段，首先利用饱和脂肪酸和单不饱和脂肪酸；而n-3高不饱和脂肪酸（HUFA）被适当地保存下来（刘镜恪等，2002）。脂肪酸按以下顺序被先后利用：n-9、n-6、n-3。二十碳四烯酸（20：4 n-6）和DHA（22：6 n-3）分别被优先保存于n-6和n-3系列，而饱和脂肪酸和单不饱和脂肪酸作为海水仔稚鱼发育阶段的重要能源被首先利用（Rodriguezet，1994）。海水仔稚鱼在摄取外源营养期间，体内已有了消化酶的存在。Koven等（1994）的研究已证实海水仔稚鱼如鲈鱼和大菱鲆体内的脂酶具有活性，幼鱼和成鱼消化系统中的几种脂酶已被鉴别，在这些脂酶中，胆汁盐活性脂酶在海鱼体内中性脂的消化中发挥了重要作用。在另外一些鱼体内还存在胰脂酶和A_2-磷脂酶，磷脂酶在磷脂酰甘油酯的水解过程中，起到催化剂的作用，生成溶血磷脂和游离脂肪酸。鱼类的脂类吸收与哺乳动物基本相似。水解后，饲料的脂类被吸收到肠细胞中，在平滑的内质网内进行再酰化作用，乳糜微粒最终进入黏膜下层。金鲷仔鱼从开始摄食起，肠部就存在小的脂滴，表现出对脂类的吸收能力。不同仔稚鱼对脂类的吸收在其消化系统的部位上存在差异。将磷脂添加到微型饲料中，鳎、石鲷和真鲷（Kanazawa，1993）仔稚鱼的生长和成活率均有提高。磷脂中起作用的主要化合物被认为是磷脂酰胆碱（卵磷脂）和磷脂酰肌醇。尽管这两种化合物所起的作用不同，但在促进鳎的生长方面，磷脂酰胆碱似乎比磷脂酰肌醇更有效。饲料中添加磷脂对仔稚鱼的脂类运输能力也有显著影响，通过添加卵磷脂，不仅加速了仔稚鱼体内脂蛋白的合成，也提高了仔稚鱼体内脂类的运输能力（刘镜恪等，2002）。

近几年来，国内外对海水鱼类蛋白质、脂肪、糖类、维生素和矿物质等营养物质的消化、代谢、吸收、利用等方面都做了较为深入的研究，营养生理和需求的研究已经成为人工饲料开发研究的热点。同时在其他海洋生物，如海洋虾蟹类营养生理方面也取得了不少研究进展，为今后海洋生物配合饲料的开发和物种的养殖奠定了重要基础。

三、海洋生物发育生物学研究

（一）海洋生物的胚胎发育研究概况

海洋生物发育生物学研究最早是从海洋生物胚胎发育研究开始的，在胚胎发育的研究历史上，海洋生物始终受到人们的推崇。这是因为海洋动物绝大多数是卵生，所产的卵直接排于水中，便于研究者收集和观察；同时海洋动物产卵量大，一头雌体往往可产几千甚至上百万枚卵；某些海洋动物，如海胆、海鞘和文昌鱼的受精卵为均黄卵，卵裂时卵黄分配到各个卵裂球中，在发育早期，卵裂球分离后仍能独立发育，易于进行胚胎手术和实验操作。

海胆是应用最早的实验材料。通过对海胆胚胎发育的研究，人们初步认识了发育的基本过程。直到今天，仍有许多发育生物学家以海胆为实验材料，在分子水平上探讨其发育机制。海鞘（ascidian）也是研究者常用的实验材料。海鞘属于脊索动物门中的尾索动物亚门（Urocordata），也称为被囊动物（tunicate）。海鞘由于是脊椎动物亚门的近亲，因此，也受到了一定的重视。20 世纪 30 年代，童第周用活体染色法研究了海鞘预定器官形成物质在卵中的分布。在这一基础上，又进一步用移位、重组合、分离等手术，研究 8 细胞时期分裂球的发育能力。Nishida（1987）对日本产的一种海鞘（*Halocynthia roretzi*）进行了多方面研究，弄清了其早期发育的胚胎细胞谱系（cell lineage），并对其早期发育决定子的作用进行了深入研究。在此基础上，Wada 等（1995）克隆了海鞘的一个 *LIM* 类同源框基因 *Hrlim*，并对该基因在早期发育中各谱系细胞的表达情况和可能的作用进行了分析。Wada 等（1998）通过对海鞘 *Ptx* 基因的研究，提出了海鞘也具有类似脊椎动物的三部脑（triparte）的发育模式。此外，一种墨角藻（*Fucus* sp.）和一种单细胞绿藻（*Acetabularia* sp.）也被用来研究海洋植物的发育（相建海，2003）。

（二）文昌鱼与发育生物学

文昌鱼是一种头索动物，在进化上正好位于无脊椎动物和脊椎动物之间，是现存与脊椎动物祖先最接近的动物。其主要的形体结构特征、发育模式和基因组都可代表脊椎动物最简单的模式。文昌鱼是研究脊椎动物起源、进化和动物胚胎发育机制的经典模式动物，也是研究脊椎动物发育遗传程序进化的理想模式动物。文昌鱼与脊椎动物存在一些共同的结构特征，同时文昌鱼的结构又比脊椎动物简单得多。文昌鱼的基因组也相应较小，仅为人类基因组的 17%，由 5.8 亿对碱基组成，大约只有 20 000 个基因。近年来对多种基因家族进化的研究进一步表明，文昌鱼刚好位于脊椎动物基因组广泛倍增发生之前，高等动物和人具有的多基因家族在文昌鱼里常常仅有一个或少数原始基因。更为重要的是调控文昌鱼躯体模式形成的遗传程序与脊椎动物极为相似。因此，揭示文昌鱼发育的遗传程序，可为阐明和理解脊椎动物和人类胚胎发育的机制提供宝贵的资料。

（三）文昌鱼发育生物学研究进展

近几年，有关文昌鱼发育基因的时空表达模式的研究呈现方兴未艾的态势，与脊椎动物相比，文昌鱼的形态更为原始，研究其发育基因的表达图式不仅有助于揭示文昌鱼发育的机制，而且对于揭示脊椎动物发育与进化、阐明生命本质也具有重要的意义。发育基因的表达图式可以显示遗传距离比较远的物种身体部位之间的同源关系，进而推断生物的进化过程。近十多年的发育分子生物学的研究表明，在各生物中调控发育的分子机制是非常保守的。由于大多数发育基因所编码蛋白的氨基酸序列高度保守，因此，可以用一种生物的发育基因来鉴定另一种生物的同源基因，而且不同生物中的同源基因常常在同一发育时期的相同部位表达。通过同源发育基因保守的表达部位，再结合比较胚胎学等传统方法，我们可以揭示不同生物身体部位的对应关系。基于上述理论人们开展了文昌鱼和其他动物发育基因的比较研究，主要采用原位杂交的方法观测基因的时空表达，从基因的表型水平鉴定基因的作用，在这方面人们已经取得了一些成果。当文昌鱼发育到神经胚时期，其前部右侧的咽部内胚层壁有增厚的现象，该部分到幼虫时期变成了文昌鱼咽底的凹沟即内柱。成体文昌鱼的内柱可以产生分泌物，利于摄取和转运食物。Müller（1873）根据内柱的位置和演化，推测文昌鱼的内柱是脊椎动物甲状腺的同源器官。后来的生化实验表明内柱和甲状腺都可以使碘转化成碘甲酰原氨酸，并且这两种器官都能合成甲状腺球蛋白和过氧化物酶，从而证实了 Müller 的推论（Fresriksson，1984）。但由于没有充足的证据显示文昌鱼的内柱有内分泌的功能，所以人们对文昌鱼内柱是否是脊椎动物甲状腺的同源器官的问题一直存有争议，难成定论。近几年来人们开始借助分子生物学的手段来研究该命题。在脊椎动物中，*Pax* -8 和 *Nkx*2 -1 基因（也被称为甲状腺转录因子）是在甲状腺原基上特异表达的，可能与甲状腺细胞的形成有关。在后来甲状腺的发育过程中，这两个基因都作为转录因子启动了甲状腺特异基因、甲状腺球蛋白基因和过氧化物酶基因的表达（Lazzaro，1991）。文昌鱼基因组中含有 *AmphiNk*2 -1 和 *AmphiPax2/5/8*，这两个基因分别是脊椎动物 *Nkx*2 -1 和 *Pax* -8 的同源基因。在文昌鱼的发育过程中，*AmphiNk*2 -1 基因最早是在神经胚的神经管和腹部内胚层中开始表达，后来该基因的转录信号就只局限在内柱原基的位置，这种表达模式一直延续到被检测的 1 周幼虫（Venkatesh 等，1999）。而 *AmphiPax2/5/8* 基因最初是在神经胚的神经管、原肾和肠中表达，到早期幼虫则主要在咽的内胚层强烈表达，包含了内柱和鳃条的形成部位，到 1 周幼虫时期就检测不到 *AmphiPax2/5/8* 的表达了（Kozmik 等，1999）。文昌鱼 *AmphiNk*2 -1 和 *AmphiPax2/5/8* 基因表达的研究结果与形态学观察和生化研究的结果是一致的，更进一步证明了文昌鱼内柱和脊椎动物甲状腺之间的对应关系。在果蝇和其他的无脊椎动物中仅发现了一个 hedgehog（*hh*）基因的存在，在文昌鱼中也仅有一个 *hh* 基因，主要在脊索和神经管基板（floor plate）中表达。而脊椎动物则具有多个 *hh* 同源基因，包括 Sonic hh（*Shh*）基因，Indian hh（*Shh*）基因，Desert hh（*Dhh*）基因等（Hammerschmidt 等，1999）。其中，*Shh* 基因在脊椎动物的神经管、体节和肢的发育中起着关键的作用，它很可能介导了脊索的形成（Odenthal 等，1996）。*Shh* 基因在胚胎的异位表达可诱导神经管基板的生骨节标记基因的异位化（Johson 等，1994）。文昌鱼 *hh* 基因的表达与脊椎动物的 *Shh* 基因相似，可能代表着 *hh* 基因的原始功能。脊椎动物的 *Dhh* 基因和 *Ihh* 基因则在不同的区域承担了全新的功能，分别参与了精巢和软骨的发育。这可能是通过基因倍增和不均等交换形成的，多拷贝基因经突变积累、基因重排和自然选择等因素形成多成员家族或形成新的基因，生物体获得新的功能，积累了适应性突变，从而产生了发育机制的进化，使生物体更加适应复杂的自然环境（Ohno，1993）。

四、海洋生物遗传与进化研究

（一）海洋生物的遗传变异研究

遗传变异是指不同群体之间或一个群体内不同个体的遗传变异的总和。遗传变异的大小及群体遗传结构跟一个物种的进化潜力和抵御不良环境的能力密切相关。对生物遗传变异的研究具有重要的理论和实际意义。近年来，遗传变异研究已成为海洋生物遗传学的研究热点。遗传变异研究通常可从 4 个不同的角度与层次进行，即表型水平、染色体水平、蛋白质（酶）水平及分子水平。由于在前两个水平能得到的可利用的多态位点比较有限，因此，自从 20 世纪 60 年代蛋白质电泳技术问世以来，遗传变异的研究工作主要是针对蛋白质（酶）和 DNA 的多态性而进行的，尤其是随着近年来分子生物技术突飞猛进的发展，一系列分子遗传标记相继涌现，使得人们在 DNA 水平更直接、更准确地得到更丰富的遗传信息成为可能。20 世纪 90 年代，有关海洋生物遗传变异方面的研究发展较快，无论是蛋白质标记还是分子标记，在海洋生物的种质鉴定、系统演化以及群体遗传结构分析等方面的研究中已有比较广泛的应用，成功的报道不断出现。

蛋白质多态性研究主要是运用蛋白质电泳技术从基因的表达产物——蛋白质水平探讨遗传变异。由于它能检测到比较丰富的多态位点，而且这些位点多呈共显性遗传（即能区分开纯合子和杂合子），因此，即使这一技术存在一定的局限性，它仍然被广泛地应用到各种生物的系统进化、种质鉴定、群体的遗传变异和分化等方面的研究中。在鱼、虾、贝、藻等海洋生物中，这方面的报道也不少，不过主要是用于种质鉴定和群体遗传分化这两方面。如 Ward 等（1997）利用同工酶技术研究了一种金枪鱼（*Thunnus albacares*）在全球范围内的种质结构。王可玲等（1994）对中国近海带鱼（*Trichiurus* sp.）的同工酶研究表明，中国近海的带鱼不是过去认为的 1 个种、3 ~ 5 个类群，而是存在 3 个不同种、8 个类群。Varnavskaya 等（1994）利用同工酶技术研究了亚洲与北美洲红大麻哈鱼（*Oncorhynchus nerka*）种群遗传变异，并据此分析了红大麻哈鱼有关的生态特征与地理分布的种群结构。Sunden 等（1991）对凡纳滨对虾滨（*Penaeus vannamei*）的 3 个地方群体进行了等位酶分析，发现 3 个地方群体间的遗传分化水平很低。近年来，随着 DNA 重组、限制酶消化、分子杂交、DNA 序列分析、PCR 等分子生物技术的建立，一系列从分子水平更直接、更准确地检测遗传变异的技术得到了迅速发展，如限制性片段长度多态性（RFLP）、随机扩增多态性 DNA（RAPD）、扩增片段长度多态性（AFLP）、卫星 DNA 多态等（邱芳等，1998）。很快，这些技术就成为遗传变异研究中的热点和重点，为多种生物的物种（品种）鉴定、系统进化、群体遗传变异分析、标记辅助选择育种、基因定位等方面的研究作出了很大的贡献。在此方面，海洋生物工作者也不甘示弱，近年，许多国家采用多种分子遗传标记（DNA 多态）技术，围绕线粒体 DNA（mtDNA）和基因组 DNA 对多种海洋生物的遗传变异进行了研究。如 Wirgin 等（1989）通过对 mtDNA 进行 RFLP 分析，研究了带纹白鲈（*Roccus saxatilis*）不同地理群体间的遗传变异。Bhattachary 等（1991）通过对核糖体 DNA 的限制性内切酶分析，研究了海带属（*Laminaria*）8 个种的进化关系，并为“*L. agardhii*、*L. saccharina*、*L. longicruris* 是同一个种”的推断找到了分子学证据。Coyer 等（1997）以 RAPD 和 mtDNA 指纹为标记研究了巨藻（*Postelsia palmaeformis*）不同地理群体间的遗传变异，等等。

近 10 年来，海洋生物的遗传变异研究发展越来越快，不管是蛋白质电泳还是 DNA 多态检测，它们在海洋生物的系统进化、物种鉴定及群体遗传分析中都取得了可喜的成绩。今后，选用不同的遗传标记，从不同层次不同角度系统、全面、深入地开展海洋生物遗传变异研究，为海洋生物资源的全面认识、适时保存、合理开发与持续利用提供理论依据，应该是海洋生物遗传变异研究的发展方向与重点。

（二）海洋生物的遗传育种研究

遗传育种是遗传学与海洋生物育种学相结合的产物。我国早期的水产育种研究主要集中在淡水种类。在海水养殖种类的育种方面，除了海带和条斑紫菜外，其他种类的研究工作开展较晚，近10年来才开展大规模的研究。但经过广大科技工作者的共同努力，遗传育种研究进展迅速，已经取得了一系列成果。2008年，农业部发布公告的海水养殖新品种共10个，分别是“901”海带、“荣福”海带、杂交海带“东方2号”、杂交海带“东方3号”、“981”龙须菜、中国明对虾“黄海1号”、中国明对虾“黄海2号”、杂交鲍“大连1号”、“蓬莱红”扇贝、“中科红”海湾扇贝。此外，在斑节对虾、凡纳滨对虾、日本囊对虾、合浦珠母贝、皱纹盘鲍、牡蛎、坛紫菜、条斑紫菜、牙鲆、大菱鲆、大黄鱼等育种方面，也取得了显著进展。目前，我国海水养殖种类遗传育种采用的主要技术有选择育种技术、杂交育种技术、细胞工程育种技术、鱼类单性生殖和性别控制技术、基因工程育种技术、诱变育种技术等，其具体技术原理和操作过程在本章第三节重点介绍。近年来，通过分子标记辅助育种实现海水养殖品种的良种化已成为目前国内外研究的热点。国际上已启动了牡蛎、对虾和虹鳟等重要养殖品种的基因作图计划，利用分子标记对这些品种的选择育种取得了明显的进展。目前，我国已对20多种重要海水养殖生物开展了分子标记研究，发表了上百篇科学论文。利用AFLP标记技术，已经初步构建了中国明对虾、虾夷扇贝和长牡蛎等的遗传连锁图谱。这些标记技术，已经陆续应用于多性状复合育种及杂交育种，在亲本选择、杂交组合选择、子代鉴定和家系鉴定与评价中发挥作用。今后，应该围绕重要海水养殖生物精确育种的核心前沿、骨干海水养殖生物良种培育、名特新优海水养殖生物的种质资源开发等领域开展研究，实现海水养殖生物育种技术跨越式发展，为我国扩大海洋产业、发展海洋经济、建设海洋经济强国，奠定可持续发展的技术基础和种质储备。

（三）海洋生物系统进化研究

当前，系统进化（phylogeny）分析是海洋生物学的研究热点。海洋生物的系统进化是研究某种海洋生物类型的起源、进化发展及各种间的亲缘关系的学科，对于海洋生物进化的研究有助于了解海洋生物生物学和系统发育关系，进而对海洋生物资源整体开发和利用具有重要意义。早在17世纪，形态学性状就开始被应用于解决系统发生问题，并一度成为重建地球上绝大多数物种间亲缘关系的唯一依据。但由于生物类群在长期的进化进程中由环境因素引起的趋同性，往往给物种的系统分类造成麻烦，在相当程度上限制了传统的形态学在系统发生中的研究。20世纪70年代，由于限制性内切酶的发现、DNA重组技术的建立、DNA序列快速测定方法的发明，分子生物学及其技术以迅猛的速度发展。它作为一种崭新的辅助手段，通过揭示DNA分子中核苷酸的变异来研究动物的系统发生、种内分化及遗传多样性等，它运用到系统发生研究时产生了分子系统发生分析。通过分子系统发生研究，可以解决对传统分类有疑问的类群或形态分类不能解决的类群的系统发生问题，也可以对传统的分类系统进行验证。目前分子生物技术已被广泛应用到海洋生物的系统发生研究中。已进行系统进化研究的主要分子手段有RAPD、AFLP等分子标记及线粒体基因、核糖体基因研究等分子生物学手段。例如，宋林生等（1998）用RAPD技术分析了对虾属中国明对虾、长毛对虾、墨吉对虾、斑节对虾、日本囊对虾、凡纳滨对虾6个种之间的亲缘关系，并提出了新的分类建议；Müller等（1998）用3种分子标记Rubisco间隔区、Rubisco大亚基基因和18*S* rRNA基因及形态学指标对来自北美的淡水和海水红毛菜（*Bangia*）进行系统和生物地理学研究，其中海水种采自沿太平洋和大西洋沿岸、北极中部、墨西哥海湾及Virgin岛，淡水种采自Laurentian Great湖、St. Lawrence河及Simcoe湖，还有来自意大利、英格兰和冰岛的淡水种，发现分子水平指标结果是一致的，而与形态学结果不同。Streelman等（1998）利用两个核基因位点*Tmo*－4C4（一个单拷贝的位点，包含的一段氨基酸序列与肌蛋白 TITIN 相似）和 *Tmo* – M 27（一个微卫星位点，与哺乳动物的 RAS 鸟嘌呤核甘酸释放因子相似）的序列对丽鱼科鱼类主要类群的关系进行了研究。这两个位点单独或合并分析的结果澄清了以前基于形态数据的有关丽科鱼类主要类群关系的争论。

在海洋生物的系统进化研究中，有一种海洋生物种类值得关注，并历来成为海洋生物系统发生的模式生物，即文昌鱼的系统发生。如前已述，文昌鱼属脊索动物门头索动物亚门，是海洋动物发育生物学研究中最具研究价值的实验动物研究材料。历史上在脊椎动物起源的研究方面占据着重要的地位，因此，在 19 世纪发表了大量的有关文昌鱼的研究论文。然而在 20 世纪，直到最近，当分子生物学的研究使人们回想起文昌鱼作为脊椎动物进化中的一个关键的中间过渡类型时，文昌鱼才重新受到人们的重视。文昌鱼被认为是脊椎动物的亲缘关系最近的活近亲。比较胚胎学和解剖学的研究告诉我们，文昌鱼是脊椎动物进化过程中间阶段动物的后代。因此，在形态学和解剖学上，文昌鱼可能是脊椎动物的姊妹类群。正如达尔文所说“是指示脊椎动物起源的钥匙”，因此，文昌鱼研究在生物学理论上有重要价值。文昌鱼研究的重要性还在于，依据进化理论，将其他动物与文昌鱼的进化地位进行比较时，可以对其他动物的研究起指导作用。例如，最近国外某生物学家计划从虾中克隆胰岛素样生长因子（insulin – like growth factor，IGF）基因，结果历时几个月、耗资上万美元仍一无所获。其实，早在几年前就已经发现，在文昌鱼中，不存在单独的胰岛素（insulin）基因和单独的 *IGF* 基因，文昌鱼只有一个 insulin/*IGF* 基因，该基因与高等动物胰岛素基因和 *IGF* 基因的同源性基本相同，因此，很难断定该基因是胰岛素基因还是 *IGF* 基因。既然在文昌鱼中都不存在单独的 *IGF* 基因，在比文昌鱼的进化地位低得多的虾（属于节肢动物门）中，也必然不会存在单独的 *IGF* 基因。近年来，有关海洋生物的系统发生和进化的研究越来越受到人们的重视，有关海洋生物进化研究已不再局限于部分模式生物类群或某些生物类群中，而是涵盖了海洋鱼类、甲壳类、贝类、藻类及其他多种海洋生物类群，这为我们对海洋生物更深入地了解，为今后海洋生物更好地开发和利用奠定了良好的基础。

五、海洋生物基因组学研究

自 1989 年人类基因组计划（human genome project，HGP）实施以来，由于全球科学界的努力和大规模自动测序技术的不断改进，基因组研究已取得丰硕的成果，酵母、大肠杆菌、线虫、果蝇、小鼠等十几种模式生物的基因组全序列测定已基本完成，人类基因组计划也顺利结束。与此同时，国际上五大生物信息中心，即美国的国家生物技术信息中心（NCBI）和基因组序列数据库（GS-DB）、欧洲分子生物学实验室（EMBL）、瑞士蛋白质数据库（SWISSPORT）及日本 DNA 数据库（DDBJ）已经建立和维持了源自数百种生物的 cDNA 和基因组 DNA 序列的大型数据库。面对浩如烟海的序列数据，如何解析其所蕴藏的生命现象的本质和活动规律，即阐述基因及基因组功能则是 21 世纪一项更艰巨、更宏大的任务，这也标志着一个新的纪元——以功能基因组学为标志的后基因组时代已豁然展现在我们眼前。在新技术的带动下，国际上功能基因组的研究已全面展开，通过“定位克隆”和“定位候选克隆”等技术发现了一大批重要人类疾病的致病基因和相关基因。例如，已发现了导致囊性纤维化、亨廷顿舞蹈症、遗传性结肠癌、乳腺癌等一大批重要疾病基因从而为这些疾病的基因诊断和未来的基因治疗奠定了基础。但离全面揭示人类 6 000 多种单基因遗传病和多基因疾病（如肿瘤、心血管病、代谢性疾病、神经 – 精神类疾病、免疫系统疾病等）的致病基因和相关基因还有相当大的差距，特别是对发病或致病机理还有待于在疾病功能基因组方面进行更深入的研究。其他一些模式生物体（如大肠杆菌和酵母等）功能基因组的研究也处于起步阶段，能确定功能的基因数均不到其基因组的 1/5。而对于占地球生物 80% 以上种类的海洋生物的基因组研究尤其是功能基因组研究却还没有系统展开。据不完全统计，目前在国际基因库（Genbank）上已登记的核酸序列中，人类、其他哺乳类动物（如小鼠等模式动物）及植物所占比例超过90%，而海洋生物（包括鱼类、软体动物、棘皮动物、腔肠动物、纽形动物、海洋微生物等）占的比例不足5%。其中除模式生物斑马鱼和一些海洋微生物（如霍乱弧菌、对虾白斑杆状病毒等）已开展基因组全序列测定外，其余大部分已登记海洋生物核酸序列都是一些分子分类、进化的标记基因，真正进行了功能研究的海洋生物基因则更是凤毛麟角。21世纪是海洋的世纪，世界沿海各国纷纷将发展研究重点转移到海洋资源的合理开发利用上，海洋生物的基因组研究，特别是功能基因组研究将是生命科学工作者研究的新的“热点”。

自20世纪90年代中期以来，我国也在人类基因组研究方面展开了积极而卓有成效的工作，并且成立了南、北两个国家基因组研究中心。目前，我国已在人类一些与疾病相关的基因研究方面取得了重要进展：获得了与心血管系统、神经系统、造血系统的发育、分化和基因表达调控及信号传导相关的100多条全长cDNA；发现了一个新的神经性耳聋致病基因；获得了一批食管癌特异缺失的DNA片段，发现了若干肝癌相关基因的cDNA和确定了染色体17p上肝癌相关缺失区域；克隆了若干白血病致病基因并已展开结构、功能研究等。尽管我国在结构基因组学研究取得了一定的成绩，但是与西方发达国家相比还存在很大的差距，因此，要赶超国际水平，更大的希望也许是在功能基因组学的研究上。在海洋生物结构基因组和功能基因组的研究方面，我国有着较好的工作基础。国家海洋局第三海洋研究所以徐洵院士为首的研究小组在对虾白斑杆状病毒分子生物学研究方面取得了重要突破，在世界上首次完成该病毒基因组全序列305 kb的测定，分别构建了正常和病变的对虾组织cDNA文库，测定了近百个病毒表达序列标记（EST）及近千个对虾表达序列标记，为研究功能基因的差异表达，揭示病毒与寄主间功能基因相互作用的分子机制，最终为病害的防治奠定了坚实的基础。中国水产科学研究院黄海水产研究所在2009年也完成了半滑舌鳎的基因组测序，这可能是我国最早的一个海洋鱼类的基因组测序，该基因组计划的完成，是我国海洋生物基因组学研究的一个里程碑。浙江海洋学院和复旦大学联合在2010年完成了大黄鱼基因组的测序。同时，中山大学生命科学学院以徐安龙教授为首的课题组率先在国内外开展了对海洋生物分子生物学、基因工程、功能基因组学以及生物信息学等方面的研究，以研究海蛇毒素活性蛋白为模式，建立起快速功能基因克隆系统和分析方法，现已构建了3种海蛇毒素cDNA文库，克隆出38个（均已登录入Genbank）具有特定生物功能的全长cDNA基因，通过功能筛选已发现部分编码抗癌多肽的新基因。在海洋生物毒素的研究方面，以军事医学科学院生物工程研究所黄培堂教授为首的研究小组，对海洋软体动物芋螺毒素也开展了一系列的系统研究，其中包括毒素cDNA文库的构建、芋螺毒素基因的结构特征研究、毒素的生物合成等。正是这些开拓性工作为我们进一步开展海洋生物功能基因组研究奠定了技术和理论基础，同时为推动这些功能基因产业化奠定了坚实的基础。

第三节　海洋生物技术

海洋生物学研究的目标归根结底是对海洋生物资源进行更好地开发和利用，造福于人类。海洋是地球上潜力最大的资源库，它不仅能提供人类需要的优质蛋白质，还含有丰富的生物活性物质，是解决人类所面临的食物、资源和环境三大难题的最佳出处。海洋生物资源的开发离不开高新的海洋生物技术发展，海洋生物技术是利用海洋生物或其组成部分生产有用的生物产品的应用基础科学，它是海洋生物学与生物技术相结合的产物。海洋生物技术通过遗传操作和克隆技术不仅可以为水产养殖创造和提供优质、高产、抗逆新品种，而且还可以利用有机体生产天然产物或者用于生物修复改良海洋环境。海洋生物技术的发展将会大大推动海洋生物资源的开发和利用，为人类的生存和发展提供更广阔的空间和美好的前景。

目前，海洋生物技术已经发展成为海洋生物学的研究热点。其研究领域也得到不断的拓展和延伸，已经发展成为涉及海洋生物的分子生物学、细胞生物学、发育生物学、生殖生物学、遗传学、生物化学、微生物学等诸多学科的技术体系。当前，按照海洋生物技术研究的方向和应用领域，我们可以将海洋生物技术分为海洋动植物养殖生物技术、海洋天然产物生物技术和海洋环境生物技术3个方面；而其采用的核心技术主要有海洋生物基因工程、海洋生物细胞工程、海洋生物化学工程等技术手段。本节将从这些核心技术入手，对海洋生物技术的技术原理和特点进行简单介绍，同时着重介绍海洋生物技术在海洋生物研究和开发中的应用情况，展示海洋生物技术的发展前景与未来。

一、海洋生物基因工程技术

基因工程技术也叫转基因技术，是现代生物技术中的核心技术之一，它是将生物的遗传物质DNA按人们设计的方案重新组合，并在受体细胞中复制、表达和遗传，使受体细胞或生物表现出新的性状，或产生人们所期望的表达产物的生物技术。世界上首例转基因生物是1972年美国斯坦福大学科恩为首的研究小组研究出来的，他们将两个不同的质粒拼接在一起，组合成一个嵌合质粒。当嵌合质粒被导入大肠杆菌后，它能在其中复制并表达双亲质粒的遗传信息。这是基因工程的第一个成功实验。1982年美国学者Palmiter等人发表了第一个转基因动物。他们将大鼠生长激素（GH）基因与小鼠金属硫蛋白（MT）基因启动子拼接，构成重组体，并用显微注射的方法导入小鼠的受精卵中，获得了生长迅速的“超级小鼠”。此后，转基因生物的研究工作广泛展开。目前，在植物、动物、微生物中都已开展了转基因生物的研究工作。其中，有很多成功的例子，这将为人类带来巨大的社会效益和经济效益。

转基因海洋生物的研究起步较晚。海洋藻类的基因工程也主要开展于20世纪80年代，世界上首例转基因鱼和转基因海胆都是在1985年才获得成功的；从此拉开了海洋生物基因工程研究的序幕。近年来，转基因工作在海洋动物、海洋藻类和海洋微生物中都发展得很快；基因工程技术已成为改造和利用海洋生物的一种有效手段，在海洋生物学研究中具有重要的地位。

（一）基因工程的一般原理

基因工程，即DNA重组技术，是分子水平上生物工程技术的核心体系。它是指人们按照预先设计好的蓝图，先将一种生物中的遗传物质DNA，从细胞中提取出来，在体外加入具有切割作用、类似“剪刀”的一种酶（限制性内切酶），把我们所需要的DNA片段（基因）切割下来，这个基因称为目的基因或供给基因。同时，在另一种生物细胞（称运载体或载体）中也加入这种酶，提取一种类似“搬运工”的叫“质粒”的DNA片段。然后把这两种DNA片段混合在一起，再加入一种有缝合作用类似“糨糊”的连接酶，就能使这两种DNA连接起来，成为人工合成的一个DNA分子。再将这种人工合成的大分子，导入另一种细胞（称受体）中，改变这个细胞的遗传组成，从而获得新的性状（图4－1）。海洋生物基因工程的基本原理与其他生物的基因工程一样，也是在体外将不同来源的DNA进行剪切和重组，形成镶嵌DNA分子，然后将之导入宿主细胞，使其扩增表达，从而使宿主细胞获得新的遗传特性，形成新的基因产物。一般海洋生物的基因工程包括3个基本的步骤：①从合适材料分离或制备目的基因或DNA片段；②目的基因或DNA片段与载体连接做成重组DNA分子；③重组DNA分子引入宿主细胞，在其中扩增和表达。不同种类的海洋生物由于生物学特性不同，其基因工程在操作上和具体技术上必然有所差异，但技术核心都是DNA的重组，即利用一系列的DNA限制性内切酶、连接酶等分子手术工具，在某种生物DNA链上切下某个目标基因或特殊的DNA片段，然后根据设计要求，将其接合到受体生物DNA链上，使其表达。

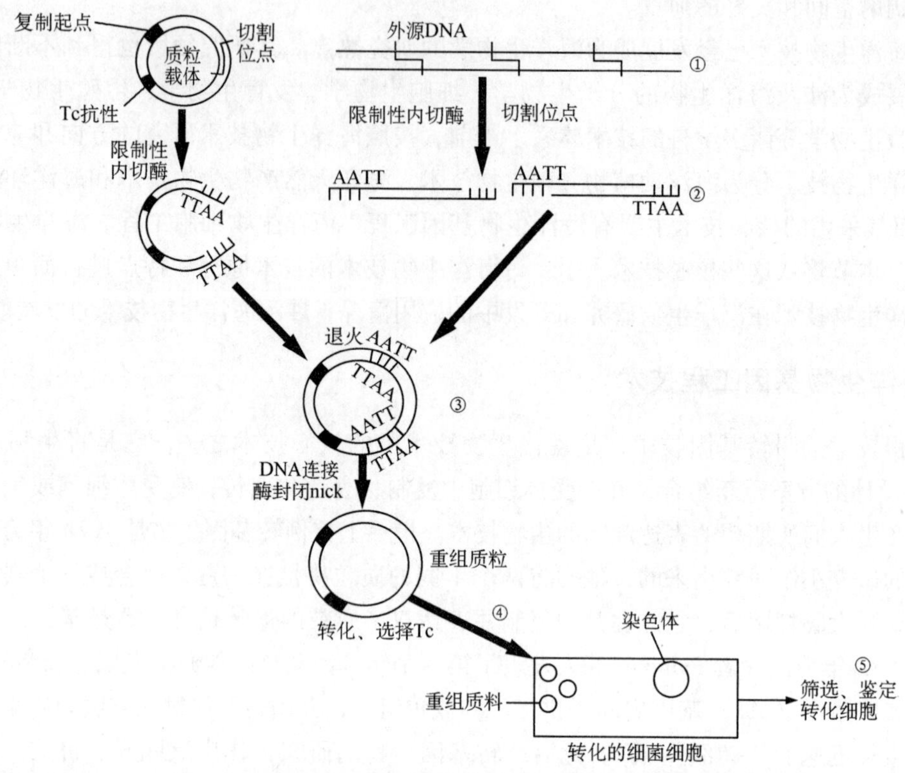

图 4-1 基因工程的一般原理（Old and Primrose，1980）

① DNA 的制备包括从供体生物的基因组中分离或人工合成，以获得带有目的基因的 DNA 片段；② 在体外通过限制性核酸内切酶分别将分离（或合成）得到的外源 DNA 和载体分子进行定点切割，使之片段化或线性化；③ 在体外将含有外源基因的不同来源的 DNA 片段通过 DNA 连接酶连接到载体分子上，构建重组 DNA 分子；④ 将重组 DNA 分子通过一定的方法引入到受体细胞进行扩增和表达，从培养细胞中获得大量细胞繁殖群体；⑤ 筛选和鉴定转化细胞，剔除非必需重组体，获得引入的外源基因稳定高效表达的基因工程菌或细胞，即将需要的阳性克隆挑选出来；⑥ 最后，选出的细胞克隆的基因进一步分析研究，并设法使之实现功能蛋白的表达

（二）海洋生物目的基因的分离和表达载体的构建

获得合乎人类某种需要的目标基因是开展一项基因工程的前提和全部工作的核心，基因工程的第一步就是获得目标基因。目前，人们已经能够通过多种途径和方法来获取目标基因，如从构建的基因文库中调取和筛选目标基因，通过化学方法合成已知核苷酸序列的目标基因以及通过逆转录酶用 mRNA 为模板合成目标基因等。这些目的基因可以是与生长有关的基因，如鱼类的生长素基因（*GH* cDNA），也可以是与抗逆有关的基因，如海洋生物的抗冻基因（*AFP* cDNA）等。目的基因分离后，要使一个外源目标基因能整合到受体细胞的基因组中并能在整合后在受体基因组的调控下有效地转录和翻译，还需要事先对目标基因的功能结构用 DNA 重组技术进行适当的修饰，也就是构建基因的表达载体。目前在海洋生物微生物所用的载体主要为质粒。在海洋植物如藻类中载体的构建有 3 种方法，第一种方法是对具有质粒的藻类，利用质粒的复制起点以及个别质粒能与染色体同源重组的特点，嵌入选择标记，构建穿梭载体，以实现外源基因在藻类细胞中的游离表达或整合表达；第二种方法是对不具有质粒的蓝藻，利用其自身染色体片段和细菌选择标记，以实现同源重组和外源基因的整合表达；第三种方法是利用噬藻体（cyanophage）病毒作为定向整合载体。对于海洋动物则一般是通过将外源基因及其调控序列（启动子和增强子）导入动物的卵细胞或者胚胎中直接发育形成转基因生物。

（三）海洋生物基因的导入方法

海洋生物由于其种类复杂，各种类间生物学特性迥异，因此，进行转基因时外源基因的导入方法也不尽相同，尽管当前现代生物基因工程外源基因导入的方法很多，如显微注射法、基因枪法、电穿孔法、脉冲交变电泳转移法、精子介导法、病毒介导法、脂质体介导法、胚胎干细胞介导法、天然转化、体细胞核移植技术等，但目前海洋生物的基因导入方法主要有显微注射法、电穿孔法、基因枪法、精子载体法及天然转化法等。

1. 显微注射法

显微注射法是最常用且最有效的基因转移方法。在海洋动物中运用较多，将外源 DNA 注入卵母细胞的生发泡或者受精卵的细胞质中都可以得到转基因个体。但是，该法对操作技术的要求较高，在注射时容易对受精卵产生损伤，而且在对受精卵和早期胚胎进行细胞质注射时，还会受到受精膜的限制。这是因为除少数几种鱼（金鱼、青鳉、鲇鱼和斑马鱼）的受精膜较软，可手工去除或用针直接刺入外，多数鱼类的受精膜在受精后迅速变硬，且不透明，给注射带来困难。目前解决这个问题的方法可先用细金属针在受精膜上打一个孔，再由此孔注入外源 DNA（虹蹲、鲑鱼）；或通过受精孔注射（罗非鱼）；也可手工去除或用胰蛋白酶消化受精膜（金鱼）；或用含谷胱甘肽的溶液来膨胀卵，阻止卵膜变硬（青鳉）。该法的优点是转化率相对较高，并且多数能够表达，目前此法已成功地应用于海胆、青鳉等海洋生物中。

2. 电穿孔法

电穿孔法又叫电脉冲法，是海洋生物另一种较常用的方法，它是依据在电场的作用下，细胞膜中的极性分子被极化，导致渗透性瞬间改变，从而允许外源 DNA 进入细胞的原理进行 DNA 转入的。在实际操作过程中，它是将靶细胞与外源 DNA 的混合液置于电极之间，在一定的电压（2 ~ 8 kV/cm）、一定的电击时间（5 ~ 50 μs）、一定的电击次数作用后，将外源 DNA 导入靶细胞。该法相对于显微注射法而言，优点是一次可处理大量的靶细胞，操作方便，而且脉冲的物理条件经过测试可以精确地固定下来，重复性好，可能是一种很有希望的基因转移方法，但相对而言，转化效率较低。据早期的报道，经电击处理的细胞不但死亡率高，约为 70%，而且整合率低，仅为 4%。但也有相对较高的，如 Lu 等（1992）采用指数式衰减的电击系统分别处理青鳉和斑马鱼的早期胚胎，得到很高的成活率（70%）和整合率（20% ~65%）。可见，电穿孔技术在今后海洋生物基因转导中具有较好的运用前景。

3. 基因枪法

基因枪法（particle gun）又称微弹射击法（microprojectile bombardment）、粒子轰击法、弹道微靶点射击等，最早由美国 Cornell 大学的 Sanford 等提出，主要是为了克服以往各种转基因技术的局限，其基本原理是将外源 DNA 包被在微小的金粉粒子或钨粉粒子表面，然后利用火药爆炸、高压放电或高压气体作驱动力，将微弹加速射入受体细胞或组织内，微弹上的外源 DNA 进入细胞后，从微粒子上解离下来，整合到植物基因组上，从而实现基因转化。在海洋生物中，该技术是海洋藻类基因转移的主要方法，其优点是操作相对方便，可以适合大批量的细胞转化，在海洋藻类的基因转移中有着大量的运用。

4. 精子载体法

精子载体法是海洋动物基因工程中使用较多的方法，它是将精子与外源 DNA 溶液在一起培育一段时间后，使精子吸附外源 DNA，然后通过受精，将外源 DNA 转移到卵子中去的基因导入方法。1971 年，Bracket 及其合作者进行了精子介导外源 DNA 转移的先驱工作，当精子和 ^{3}H 标记的 *SV*40 - DNA 混合后，在精子的头部检测到放射性。1989 年 Arezzo 研究发现此法可使同源和异源的大分子进入海胆精子，通过受精外源 pRSVCAT 或 pSV2CAT 质粒能进入卵子，外源的 *CAT* 基因还可以在胚胎中表达。目前使海洋生物精子吸附外源 DNA 的方法有 3 种，即直接孵育法、电脉冲法和脂质体法。直接孵育法是将外源 DNA 与精子按适当比例混合后，在适当的温度下孵育，在这种情况下，精子表面会吸附许多外源分子带入卵细胞内。电脉冲法是先利用电脉冲分子，在较高的电压下将外源 DNA 导入精子，然后通过受精作用使外源 DNA 随着精子导入卵细胞内，与卵核作用。脂质体法是将外源 DNA 先用脂质体包被，然后将脂质体与精子混合孵育，使脂质体进入精子，最后通过受精作用使外源 DNA 随精子导入受精卵。目前精子载体法已经成功地被运用于鲑鱼、鲍等海洋生物的基因转移中。

5. 天然转化法

天然转化法是海洋微藻基因工程中运用较多的基因导入方法，它是指海洋微藻在指数生长期不经处理直接吸收外源 DNA 的基因转移方法。其机制目前还不清楚，但绝大多数单细胞的海洋微藻可能具有天然的感受态，其机制可能与可被转化的细菌具有相似之处。转化依赖于 DNA 浓度，表现出单一动力学特性，饱和浓度在蓝藻 *Synechococcus* PCC7002 中仅为 1.0 $\mu g/cm^3$，而在 *Synechocystis* PCC6803 中高达 50 $\mu g/cm^3$。另外，转化频率在不同品系之间甚至在同一品系不同实验中是可变的。目前发现可天然转化的海洋微藻主要是蓝藻中的一些种类。

（四）基因转入后的一般命运

外源基因导入细胞后的命运是一个值得研究的问题，大量的转基因实验表明，转入细胞的外源 DNA 在转入后或随即发生降解，或滞留于细胞质，或有效进入细胞核内，进入细胞核的或随即降解丢失，或游离存在于核内，或整合于宿主染色体，整合又有随机整合和有效整合于特定位置。在海洋动物中，基因转移后 DNA 的存在形式研究得相对清楚，当外源基因导入海洋动物的卵子或胚胎以后，一般先是在胚胎发育早期快速复制，然后大量降解，仅有少量未被降解的外源 DNA 整合到宿主细胞基因组中，或者并不整合，而是游离存在于核外。外源 DNA 的复制与其拓扑形状有关，在所有转基因鱼和转基因海胆实验中，均发现线性外源 DNA 导入卵子或胚胎后，迅速拼接成大的环形分子连环体。连环体有利于复制，是外源基因复制和整合的主要形式。当超螺旋质粒注射到卵子或胚胎后，其复制和整合能力都相对较差。但是，无论线性还是环形外源 DNA 分子，均可以在胚胎中以游离形式存留很长一段时间。Southern 杂交分析表明，外源基因在转基因鱼中形成的连环体，在大多数情况下是随机形成的终端对终端多聚体，与哺乳动物中所发现的外源基因以头尾排列形成的重复片段不同。外源基因复制的时间，在不同鱼类中有很大差别。在转基因金鱼中，外源基因的复制从囊胚中期开始，至原肠晚期和神经胚早期达到高峰，然后选择性降解。在转基因斑马鱼中，外源基因的复制主要发生在卵裂期，而在原肠期内外源基因则大量降解。目前所获得的转基因鱼，不管采用哪一种转基因技术，即不管是采用受精卵胞质注射或卵母细胞生发泡注射或电穿孔导入，无一例外地全部是嵌合体。这说明外源基因的整合不是发生在 1 细胞阶段，而是发生在卵裂已开始至少形成 2 细胞之后。在转基因金鱼中，Southern 杂交分析发现，子代中插入的外源基因的酶切图谱明显不同于亲代，这表明外源基因整合后仍不稳定；这种结构的变化，也可能是导致嵌合现象发生的原因之一。实验结果表明，外源基因的整合是一个随机的过程，即整合的位点及整合的拷贝数都是随机的：有串联成多拷贝形式在一个位点整合，也有以单拷贝形式在多个位点整合。因此，即使在同一转基因实验中得到的转基因个体，外源基因在不同组织间及同一组织内部各细胞间所含的拷贝数也是不同的，从 0～100 个拷贝不等。整合基因的表达方式也各不相同。Southern 杂交表明，整合的外源基因基本上未发生重排，但有时可观测到一些小带。目前，尚不能完全排除导入基因发生重排的可能性。外源基因的整合率，因鱼的种类和操作人员不同，一般从 1%～50% 不等，甚至更高。

至于不同的原因尚待阐明。

（五）外源基因转入与否的检测

通常转基因操作是将外源 DNA 分子导入细胞内，外源 DNA 分子导入多少，称为导入率。但转基因海洋生物研究的目的，是要求外源 DNA 分子能够插入宿主细胞的染色体 DNA 分子中。整合至宿主细胞基因组中，只有这样才能达到改变后者遗传物质组成，从而改变其遗传性状的目的。因此，整合率才真正反映了转基因的效率。外源 DNA 导入海洋生物的细胞后是否整合到受体基因组中以及是否表达，还需要对转基因后的子代或成体进行检测，常用的检测方法有以下几种。

1. DNA 水平的检测

（1）外源 DNA 是否导入的检测 ① 点杂交（dot hybridization）。从待测个体中提取 DNA，点到硝酸纤维素膜上，用标记探针（含注入基因片段）与之杂交显色，出现阳性斑点的个体中含有注入基因。但该法检测不出外源基因是否整合及整合的拷贝数。

② 聚合酶链式反应（polymerase chain reaction，PCR）。根据注入基因碱基序列设计一对特异性引物，然后从待测个体中提取大分子量 DNA 作模板，进行扩增反应。若能扩增出目的基因片段，则说明待测个体中含有注入基因，但对基因是否整合及整合的拷贝数无法检测出来。该法灵敏度特别高，比点杂交还要高出许多倍。

③ 原位杂交（in situ hybridization）。该法需要将待测胚胎固定后做成切片（一般为 5 μm 厚），经 DNA 变性后与标记探针杂交，显色。此法可以了解外源基因在不同组织中的分布情况。

（2）DNA 拷贝数的检测 转基因动物外源基因拷贝数的不稳定，直接影响到外源蛋白的表达量甚至导致外源基因沉默，因此，拷贝数的检测也是转基因动物鉴定的项目之一。检测外源基因拷贝数的方法主要有以下几种：Southern 杂交、实时荧光定量 PCR（real-time florescence quantitative PCR）、竞争定量 PCR（competitive quantitative-PCR，CQ-PCR）、荧光原位杂交技术（florescence in situ hybridization，FISH）和毛细管凝胶电泳法（capillary gel electrophoresis，CGE）等，最常用的是前两种。

（3）整合位点的检测 由于转基因技术的限制，外源基因整合机制尚不清楚，外源基因的随机整合性会造成外源基因的高表达、低表达或沉默，给转基因的研究造成干扰。研究外源基因的整合位点可分析插入位点对外源基因表达的影响，目前检测外源基因整合位点的方法主要有荧光原位杂交方法及克隆侧翼序列的染色体步移法。

2. 转录水平表达的检测

对外源基因转录产物进行分析，可以研究外源基因在宿主体内的转录表达情况。目前，检测外源基因 RNA 的方法主要有 Northern 印迹杂交（Northern blot）、逆转录 PCR（RT-PCR）和 RNA 斑点杂交（RNA dot）等。Northern 印迹杂交技术步骤烦琐，尤其是外源基因与动物本身基因同源性高时，检测效果并不理想。RT-PCR 的精确度高，样品用量较少，还能同时分析多个不同基因的转录，是目前 RNA 定量检测中较为常用的方法。

3. 翻译水平的检测

生产转基因生物关键在于外源蛋白是否表达，表达的蛋白质是否具有活性。目前，蛋白质水平的检测方法主要有 Western 印迹法（Western blot）和酶联免疫吸附法（enzyme-linked immunosorbent assay，ELISA）。Western 印迹法原理是首先从待测海洋生物组织中提取蛋白质，电泳后转印到硝酸纤维素膜上，烘干，利用抗原—抗体特异结合的特点，可以测出注入基因的表达产物（蛋白质或多肽）的存在与否。ELISA 也是依据抗原—抗体杂交原理进行蛋白质的检测，与 Western 印迹杂交不同的是，ELISA 先将抗体或抗原包被在固相载体上，再用免疫反应检测，因此，不仅可以进行定性分析，还可用于定量检测。

（六）基因工程在海洋生物中的应用

1. "超级鱼"的转基因培育

受"超级小鼠"的启发，我国学者朱作言等于1985年，将含人生长激素基因（*hGH* gene）片段的重组质粒注射到金鱼受精卵中，培养出世界上第一尾转基因鱼，并在注射后50 d检测到外源基因已经整合到金鱼的基因组中。此外，他们还发现外源基因在金鱼胚胎中的复制行为与在转基因海胆和转基因爪蟾中的复制行为十分相似（Zhu等，1985）。随后，他们又将*hGH*基因注射到泥鳅受精卵，得到比对照大3.0～4.6倍的转基因泥鳅。在这一结果的影响下，培养"超级鱼"的工作在世界上各有关实验室纷纷开展起来。Zhang等（1990）以劳氏肉瘤病毒基因长末端调控序列（RSVLTR）作启动子拼接到*rtGH* cDNA上，并导入鲤鱼受精卵中，获得比对照生长快20%的转基因鲤鱼。Du等（1992）将美洲大绵鳚（*Macrozoarces americanus*）抗冻蛋白基因启动子与鲑鱼生长激素cDNA拼接的重组体，注射到鲑鱼卵内，也证明外源生长激素基因能促进转基因鱼生长，且与对照比起来，转基因鲑鱼个体增大4～6倍。另外，转基因技术还被用于抗冻转基因鱼的培育中。例如，Shears等（1991）将美洲拟鲽的*AFP*基因及其自身启动子导入大西洋鲑鱼受精卵中，并在少数个体中检测到*AFP*基因的整合和表达，通过转基因鲑鱼与野生型鲑鱼杂交得到子二代，外源基因便以孟德尔方式遗传。通过上述杂交实验已成功地获得稳定的转基因鲑鱼品系。

2. 功能海洋藻类的转基因培育

在藻类的转基因研究方面，围绕构建新品种，降解污染物或生产特定产品、进行工程制药等应用目标，世界各国都在进行海洋藻类方面的转基因工作。在基因工程制药方面，利用藻类作为宿主具有独特的优势。这是因为目前的基因重组多肽药物主要以大肠杆菌为宿主进行生产，但大肠杆菌作为生产药物的表达宿主，具有一些较难克服的缺点，如它含有毒蛋白，容易产生热源，纯化工艺复杂，较易污染，而藻类属于低等植物，自身不含毒蛋白，生长只需阳光、空气和无机盐。同时藻类细胞中还含有丰富的β－胡萝卜素及藻胆蛋白，其具有抗癌效应，有望增强一些多肽药物的抗肿瘤作用，如能制成可口服的转基因藻类抗癌物其应用前景将不可估量。1992年日本有专利报道把人的*SOD*基因克隆到蓝藻中，现已进入中试阶段。1998年华南理工大学王捷等把α型人肿瘤坏因子克隆到鱼腥藻7120中表达成功，首次把细胞因子导入蓝藻，为基因工程重组细胞因子药物找到一个全新的宿主表达系统。利用基因工程藻杀蚊幼的研究有许多报道。用这种转基因藻细胞饲喂蚊子幼虫，可立即杀死它们。有学者成功地在模型藻——组囊藻中表达了芽孢杆菌杀蚊幼毒素基因，建立了杀蚊幼工程蓝藻的模型。Murrhy和Stevens（1992）在阿格门氏藻（*Agmenellum quadruplicatum*）中，我国徐旭东等（1993）在鱼腥藻*Anabaena* PCC7120中表达了类似基因，杀蚊幼工程鱼腥藻已经具有生产应用价值。同时基因工程藻还可用于环境污染的治理，如任黎等（1998）将人工合成的人肝金属硫蛋白转入丝状蓝藻——鱼腥藻7120，得到了能耐受重金属镉的转人肝*MT-IA*基因鱼腥藻，很大程度上提高了转基因鱼腥藻的*MT*表达量，它将在清除水域中重金属污染方面发挥重要作用。同样螺旋藻的大面积养殖已经在全世界范围内开展，目前我国和日本正在合作，进行螺旋藻的基因工程。一方面期望引入*des*A基因以增强螺旋藻对低温的适应性，培育抗寒品系，另一方面期望引入分解污染物的外源基因，以处理工业废水。

3. 超级细菌的转基因培育

利用基因工程技术提高微生物净化环境的能力，是现代生物技术用于环境治理的一项关键技术。这一技术通过筛选并克隆高效基因，通过基因控制并提高某些在微生物体内具有特殊转换或降解功能的酶水平，利用分子克隆技术把多种污染物的降解基因克隆到某一菌株中构建成新的超级工程菌，大大加速环境治理进程。目前，基因工程在此领域内的应用已朝着构建能够降解特殊化合物的微生物方向迈进。例如，美国通用电气公司的一位科学家 Ananda M. Chakrabarty，在他所进行的石油残留物降解的研究中，通过细胞的接合作用，将 CAM、OCT、SAL 和 NAH 降解质粒转入同一菌株中，率先获得了两株含有同时能降解不同石油成分的几个质粒的超级细菌。为此，他获得了名称为"含有多个可相容的产能降解性质粒的微生物及其制备"的美国第一个微生物发明专利。该菌株被称为"superbug"，能够同时降解脂肪烃、芳烃、萜和多环芳烃，降解石油的速度快、效率高，在几小时内能降解掉海上溢油中 2/3 的烃类，而自然菌种要用 1 年多的时间。此后，高效降解三氯苯氧基醋酸的恶臭假单胞菌（*Pseudomonas putida*）AC1100、降解 2 种染料的脱色工程菌以及同时降解二氯苯氧基醋酸和三氯苯氧基醋酸的微生物菌种也得到成功的构建。Kolenc 等（1988）还分离了另一株恶臭假单胞菌（*P. putida* Q5），在温度低至 0 ℃时仍可降解甲苯（1 000 mg/L），有很高的实际应用价值。

二、海洋生物细胞工程技术

细胞工程是当今生命科学前沿生物技术的一个重要组成部分，它是以细胞作为载体，通过细胞生物学的方法，有计划地改变细胞遗传物质并使之增殖，从而改变生物性状，生产有用的产物或引向成体化的综合科学技术。其技术领域已经涵盖了细胞融合、细胞重组、染色体工程、细胞器移植、原生质体诱变及细胞和组织培养技术等，研究种类已经涉及动物、植物和微生物等许多种类。近年来，在该领域的研究最引人注目的是细胞融合（cell fusion）技术及细胞杂交（cell hybridization）技术，并取得一些突破性研究进展。细胞融合是应用经紫外线灭活的病毒（如仙台病毒）或以聚乙二醇和溶血卵磷脂处理体外培养细胞，使其细胞质膜发生改变，导致细胞互相合并而成多核体。应用细胞融合可以大量培育新的生物类型。细胞杂交是应用细胞融合技术，使不同种细胞的细胞质和细胞核合并。由不同种的体细胞经过细胞融合后形成双核细胞，染色体在分裂过程中互混后产生的杂交单核子细胞便是杂交细胞，也称合核体，运用此法，亦可改变生物性状，培育出大量适合人类需求的新品系。当然细胞工程的其他技术如细胞培养技术、染色体操作技术等在近几年也得到长足的发展，当前这些细胞工程技术也被广泛运用于海洋生物中，已作为海洋生物学研究的重要技术手段，广泛运用于海洋鱼类、虾蟹类、贝类及藻类的遗传工程中。

（一）海洋生物的细胞培养技术

所谓细胞培养是指将单细胞生物，或多细胞生物的有机体内某一组织、某一器官分离出来，使其分散成单个细胞，在人工条件下使其存活、生长和分裂的技术。单细胞的微生物培养起步较早，方法也比较成熟，而动物和植物细胞（单胞藻除外）的培养则相对起步较晚。人类首例成功的动物细胞培养是由 Arnold 于 1880 年报道的，他发现白细胞（leucocytes）在淋巴液或血清中能够分裂。而最早的植物细胞培养则起步于 20 世纪初。由于体外培养的细胞，可以作为生物细胞各种生命活动的体外活模型，在生物学和医学的基础理论和应用技术的研究中均起着重要作用。特别是在建立细胞株后，细胞株由于可长期离体传代培养，其有均一的成分和稳定的生物学特性，并能多次提供细胞，因而更受重视。特别是近几年来，随着生物反应器和细胞产物技术的发展，应用细胞培养直接生产如珍珠、药物等人类有用的产品已成为可能，因而细胞培养的重要性更加凸显。当前，细胞培养技术也开始在海洋生物中得到广泛应用，海洋微生物、海洋动物和海洋藻类的培养技术已日趋成熟，成为海洋生物细胞工程技术不可或缺的技术手段。

1. 海洋生物细胞培养的概况

目前，海洋生物的细胞培养已经在海洋微生物、动物和藻类上都取得了重要进展。在海洋微生物上，由于其为单细胞生物，有关它的培养技术相对成熟，培养程序也与陆地微生物相仿，但海洋微生物较陆地生物更难培养，其原因可能和人工培养条件下富营养条件和部分微生物生长条件苛刻等有关，当前针对这些问题也发明了一些海洋微生物的专门培养技术，如寡营养培养法、微包埋培养法等。当前海洋微生物的培养已成为海洋微生物分离、鉴别和利用的主要手段，迄今为止，人类发现的微生物大约有150多万种，除了72 000种存在于陆地外，其余均存在于海洋之中，但据美国、荷兰和西班牙的科学家小组估计，海洋中微生物的种类可能多达1 000万种，因此，对于这些微生物的认识有待于其培养技术的提高。近年来，在新的海洋微生物的筛选和分离方面也取得了可喜成果，如Uematsu等（1989）从海鱼肠道和其他动物体内分离出约500株能产生EPA的海洋细菌。目前，海洋石油污染给海洋造成了极大的破坏，有关石油降解细菌的研究始于20世纪70年代，至今已发现约有40个属的细菌能降解石油。

在海洋动物的细胞培养上，水产动物的细胞培养，起始于鱼类，鱼类细胞培养的系统研究和建株实践，已有50年左右历史。1962年，Wolf等首次建立了虹鳟细胞系RTG，此后，鱼类的细胞培养研究进展十分迅速，据Fryer等（1994）的统计，至少已经建立了157个鱼细胞系，其中绝大多数是淡水鱼类和溯河洄游性鱼类，仅少数是海水鱼类。我国鱼类的细胞培养起步较晚，迄今已建立了大约20个细胞系，其中仅有牙鲆、鲈鱼、真鲷为海水种类细胞系。近几年，虾类的细胞培养工作也已开始，Peponnet和Quiot（1971）最早开展了甲壳动物的细胞培养。他们取龙虾、螯虾的类淋巴组织、性腺等组织进行原代培养。随后，Patterson和Stewart（1974）等也相继进行了美洲龙虾、小龙虾的上皮组织培养，但仅限于原代培养。近10余年来，有关虾细胞培养工作逐渐多起来，但主要集中在培养条件优化上，直到最近，Hsu等（1995）对对虾细胞培养的条件进行了大量优化，并在此基础上设计了一个对虾细胞继代培养系统（subculture system）。用这个系统，已使斑节对虾类淋巴器官细胞传代培养了80代。对于海洋贝类的培养则主要集中于各种组织细胞的原代培养上，很少有建系的报道。早在1967年，Benex就曾对贻贝的组织进行过培养研究。30年来研究人员先后对多种贝的多种组织进行了原代培养，并对有的组织进行了传代培养。如石安静等（1983）报道了对背角无齿蚌和褶纹冠蚌的外套膜边缘膜的培养，町井昭（1984）报道了马氏珠母贝外套膜的组织培养方法，并自己设计了一种培养基——Pf 35。李霞等（1997）报道了以Eagle MEM加氯化钠、20%小牛血清及胰岛素等为培养基，将皱纹盘鲍几种组织在体外进行培养，并将外套膜和鳃组织传代培养了10代和11代。但除Hansen（1976）将一种淡水蜗牛（*Bromphalaria glabrata*）的胚胎细胞成功地培养成细胞系外，迄今，还未见有建系的报道。

在海洋藻类上，组织培养技术是海藻细胞工程中的基本技术。广义的组织培养既包括无菌条件下利用人工培养基对植物组织的培养，也包括原生质体、悬浮细胞和植物器官的培养。根据培养的植物材料的不同，可以把组织培养分为以下几种类型，即愈伤组织培养、悬浮细胞培养、器官培养、分生组织培养和原生质体培养，其中愈伤组织培养是最常见的培养形式。海藻的组织培养可以追溯到20世纪50年代初期，Aharon Gibor于1952年就开始了褐藻*Cystoseira*的组织培养研究。但早期的研究遇到了许多问题，其中最突出的一个问题是获得无菌的藻体组织十分困难。后来抗生素的应用解决了这个问题，20世纪70年代以来已经有许多无菌培养海藻愈伤组织、单细胞和原生质体再生植株成功的报道。到80年代，海藻的组织培养发展较快，许多海藻如石花菜、羊栖菜和紫菜等组织培养研究已面向实际应用，迄今已经通过组织和细胞培养在海带和紫菜等重要的海洋经济海藻上培育出了再生植株。

2. 海洋生物细胞培养的一般方法（以动物细胞为例）

以下以一种海洋虾类——日本对虾（*Penaeus japonicus*）的肝胰腺细胞为例，介绍一下海洋动物细胞培养的一般方法和步骤。

（1）日本对虾肝胰腺细胞的分离　动物细胞的分离和制备可以采用酶解法、离体灌流法和组织培养法，其中组织培养法是最简便快捷的方法。下面简单介绍采用组织培养法制备日本对虾肝胰腺细胞的步骤：取清洁、形态良好的日本对虾放入75%乙醇中，浸泡体表除菌10 min以上。取出后用剪刀剪取适量肝胰腺（注意不要碰破胃、肠组织）放入小瓶中，用双抗溶液（1 000 IU/mL青霉素、1 000 pg/mL链霉素）浸泡10～15 min，用Hanks（内含NaCl，KCl，$CaCl_2$，$MgSO_4 \cdot 7H_2O$，$Na_2HPO_4 \cdot H_2O$，KH_2PO_4，$NaHCO_3$，葡萄糖，酚红等）平衡盐溶液冲洗3～4遍，加入适量培养基（每100 mL含199培养基0.9522 g，胎牛血清20 mL，NaCl 0.502 5 g，$MgCl_2$ 0.005 2 g，$CaCl_2$ 0.094 5 g，$NaHCO_3$ 0.275 7 g，葡萄糖0.101 1 g，青霉素100 IU，链霉素100 μg），剪成小于1 mm^3的组织块，用取样器接种至培养板上，每孔1滴。静置10 min，待其贴壁后，每孔加入1 mL培养基。将培养板放入CO_2培养箱中，在26 ℃，供以50%的CO_2培养，每天用倒置显微镜观察并照相，看细胞的增殖情况。

（2）细胞悬液的制备　按以上方法培养1周的细胞，在无菌条件下，吸出培养液，加入D－Hanks（内含NaCl，KCl，$Na_2HPO_4 \cdot H_2O$，KH_2PO_4，$NaHCO_3$，酚红等，pH值为7.6）平衡盐溶液，洗去残余培养液，再去除D－Hanks液，加入0.25%胰蛋白酶消化液进行消化，使细胞间的蛋白质水解，细胞分散。于倒置显微镜下观察，发现胞质回缩、细胞间隙增大时，去除消化液，再加入原培养液，用弯头吸管吸取培养液反复吹打，使细胞从培养板壁脱落，形成细胞悬液。吹打过程要顺序进行，确保所有底部都被吹到，尽量不要产生气泡，以免对细胞造成伤害。

（3）细胞的传代培养　按以上方法培养1周后的原代细胞消化后制成细胞悬液，计数后接种于新的培养板中，每孔加入1 mL培养液。按组织块培养相同的方法进行细胞的传代培养。在培养过程中应注意培养条件的优化，因为培养基的种类、pH值条件，渗透压，离子浓度，培养温度等均对细胞的培养结果有很大的影响。利用此法可以进行日本对虾的传代培养，而且效果较好。

3. 海洋生物细胞培养的应用情况

海洋生物细胞的培养是现代生物技术的重要内容之一。因为人工培养海洋生物细胞是培育海洋生物新品种的重要方法，是生产海洋药物及其他有用产品的重要手段。其中，病毒的培养就是细胞培养的重要应用领域，我们知道病毒与细菌不一样，它是不能离开活细胞而单独存活的有机体，因此，若需要对病毒进行研究，必须首先建立细胞系，让其在细胞中复制和繁殖，我们可以在这种活的“病毒库”中对病毒的结构、成分、感染机制及治疗药物进行研究和开发。例如，我国已经成功运用大菱鲆鳍细胞系繁殖了大菱鲆出血性败血症病毒，并对其侵染过程进行了研究（樊廷俊等，2006）；同时采用牙鲆细胞系对牙鲆淋巴囊肿病毒进行了培育，对该病毒的增殖过程及其在鱼体中组织嗜亲性进行了研究等。另外，细胞的培养还可以用于药物的筛选和昂贵海洋药物的开发上，已经发现，不少海洋动物能合成抗癌、抗病毒、抗心血管病的药物。例如，已经从柳珊瑚、软珊瑚、苔藓虫、海兔、海鞘中发现抗癌物质；在柳珊瑚和海绵中发现广谱抗菌素，若能查明这些海洋生物的哪类细胞能合成药物，便有可能用细胞培养法来生产。近年来，藻类的细胞培养已经开始用于大量的功能成分和药物的开发，生物反应器是成功的一例，它将大量藻类细胞在人工条件下进行大规模高密集培养，可从中提取大量的藻类功能产品。海洋贝类细胞培养还在海水珍珠的培育方面被寄予厚望，珍珠是海洋贝类外套膜分泌的，目前海洋珍珠贝的外套膜细胞已经可以原代培养，也能使外套膜细胞附着于珠核，并向珠核分泌珍珠质。但当前遇到的问题是外套膜细胞在人工培养条件下存活时间太短，分泌的珍珠质太少，不能形成商品珍珠。另外，细胞培养还在海洋生物的种质保存、干细胞系的建立等方面有重要的作用，随着海洋生物细胞培养技术的进步，细胞培养将在越来越多的领域发挥重要的功能。

（二）海洋生物的染色体操作技术

海洋生物的染色体操作技术，是指利用物理、化学及生物的手段，改变物种的染色体组成，从而改变其生物表型和性状的一种生物技术。染色体操作技术作为一种细胞工程技术，在一开始就在海洋生物学得到了广泛的运用，并在海洋生物的育种等多个领域有重要价值。例如，在海洋生物育种方面，通过染色体操作技术可以使海洋生物染色体的倍性发生改变，使二倍体生物变为多倍体，海洋生物多倍体在生长速度、育性方面都有很大的改变，因此，在海洋贝类、鱼类育种中有较大的应用价值。同样海洋生物的性别也是非常重要的性状，在许多养殖生物中，如半滑舌鳎存在着雌雄异型现象，雌体大，雄体很小，在养殖过程中过多的雄性给养殖带来不少麻烦。由于性别在很多海洋生物中是由染色体决定的，通过染色体的操作，可使子代变为单一的雌性，成为单性种群，这就是常说的性别控制，目前已在养殖海洋生物中得到广泛应用。另外，染色体移植、雌核、雄核发育、种间杂交等研究也在海洋生物中得以开展，为海洋生物细胞工程提供了新的技术手段。

1. 海洋生物的多倍体育种

（1）诱导原理和方法　海洋生物多倍体的诱导在海洋动物中用得较为广泛，其方法也很多，其一般原理是采用物理、化学和生物的方法使海洋生物细胞中的染色体加倍。主要的物理、化学方法有抑制极体法和抑制卵裂法两种，可以采取的抑制措施有物理学的温度休克、静水压和电脉冲等方法，也可以采用细胞松弛素 B、二甲基氨基嘌呤和咖啡因等化学方法，生物学的方法主要是采用二倍体和多倍体杂交。

① 抑制极体法。海洋动物卵子在受精后往往可以释放出极体，在海洋鱼类中，由于在受精前，卵子已经处于第二次减数分类中期，因此，对其多倍体的诱导主要采取抑制第二极体排出的方法，获得的子代也多为三倍体；而在海洋贝类和虾、蟹类中，则由于卵子在受精前处于第一次减数分裂中期，因此，对于其多倍体诱导可采用抑制第一极体，也可采用抑制第二极体。但其诱导的结果既可以产生三倍体，也可以产生四倍体，甚至产生非整倍体。

a. 抑制第二极体排出产生三倍体的机制：海洋鱼类的卵在受精前已处于第二次减数分裂中期，即带有 2 套（$2n$）染色体，受精后如按正常发育则卵子很快排出第二极体，释放出 1 套（$1n$）母本染色体，并接受 1 套（$1n$）父本染色体形成二倍体进入后续的卵裂过程中。但如果在排出第二极体前，采用物理或化学的方法，如温度休克法、静水压法或细胞松弛素 B 法和二甲基氨基嘌呤法均可使第二极体不排出受精卵，因此，第二极体中携带的 1 套（$1n$）额外的母本染色体便留在受精卵中，形成了三倍体。

b. 抑制第一极体排出产生多种倍型的机制：海洋贝类的卵在受精前只处于第一次减数分裂中期，如图 4－2 所示，即带有 4 套（$4n$）染色体，受精后如按正常发育，则卵子先进行第一次减数分裂，释放 2 套（$2n$）母本染色体，形成第一极体；随后又进行第二次减数分裂，又释放出 1 套（$1n$）母本染色体，形成第二极体，而卵中剩下的 1 套（$1n$）染色体则与来源于父本的染色体融合形成二倍体。但当释放第一极体前，采用物理或化学的方法抑制第一极体释放时，结果则比较复杂，这是因为现有的研究表明，第一极体的抑制会导致第二次减数分裂过程中染色体分离复杂化，结果产生了二倍体、三倍体、四倍体和非整倍体。

对海洋贝类牡蛎抑制第一极体产生的细胞学观察表明，受精卵染色体可以以下几种方式分离（图 4－2）：联合二极分离（united bipolar segregation），2 组二分体联合成一体以二极分离的形式进行第二次分裂，2 套染色体（$2n$）作为第二极体被排出，2 套染色体保留在卵核中，结果产生了三倍体，这种分离方式占 7%；随机三极分离（randomized tripolar segregation），这种分离方式中形成三极纺锤体，2 组二分体结合成一群，然后 2 套染色体（$2n$）二分体随机地分成 3 组，在第二次减数分裂中期时分布在三极纺锤体的 3 个分裂面上，随后进入后期Ⅱ，至末期Ⅱ时，三极中的每一极接受来自相邻 2 组的二分体分离出的染色单体，末期以后，三极中的 3 组染色体各自凝缩，其中最靠近卵子边缘一极的那组作为第二极体被排出，其结果导致了非整倍体的产生，这种分裂方式概率最高；非混合三极分离（unmixed tripolar segregation），在这种分裂方式中也形成三极纺锤体，来自第一次减数分裂的2组二分体在进入三极分离前不结合或重叠，而是其中一组二分体等分到两个靠近边缘的分裂面中，另一组二分体则仍然保持在一起，位于靠内侧的分裂面中，因此，一套染色体可能移动到边缘一极而作为第二极体被排出，其余的3套（3*n*）母本染色体与父本染色体结合而形成四倍体；独立二极分离（seperated bipolar segregation），这种方式的分裂中形成四极纺锤体，2组二分体各自以两极分离方式独立进入第二次减数分裂，至末期时，所有染色体被均分至4个极，由于作为第二极体排出的染色体数目不同，将分别导致四倍体、三倍体或二倍体的产生。

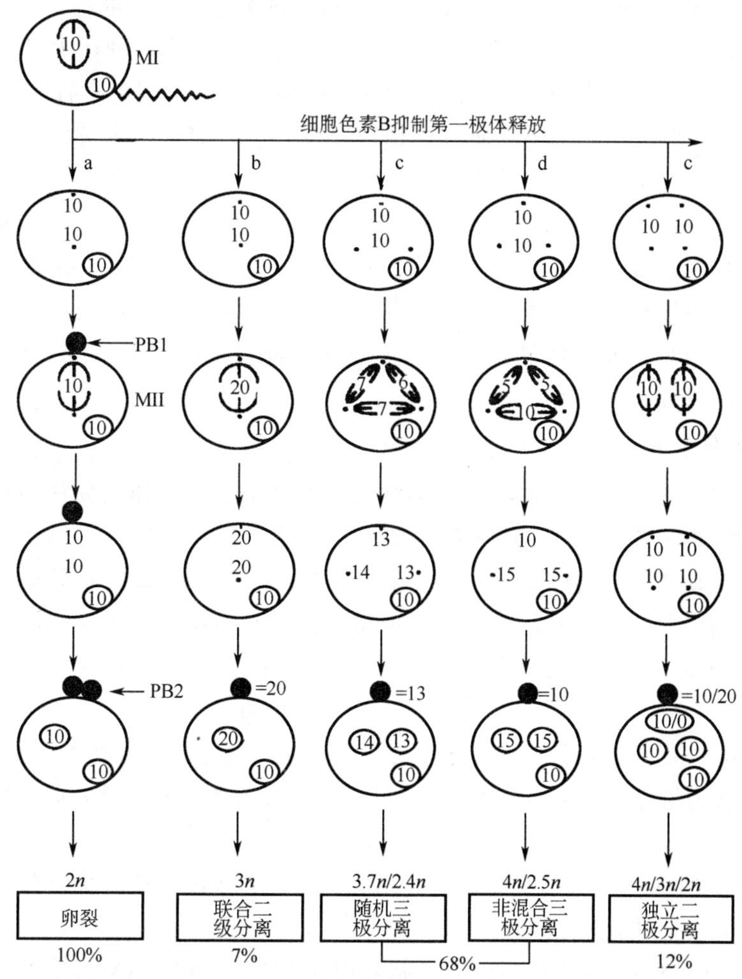

图4-2 海洋贝类受精卵减数分裂染色体分离方式（a）及CB抑制第一极体后染色体分离方式模式图解（b~e）（范晓，1999）

② 抑制卵裂法。当海洋动物卵子正常受精并排出极体后，形成的二倍体（2*n*）很快进入正常的卵裂，染色体复制一次，并由1个细胞分裂成2个细胞。但如果染色体复制后用物理或化学的方法抑制其卵裂，结果将造成细胞的染色体加倍，并变为四倍体（4*n*）。

③ 生物杂交的方法。海洋动物的多倍体还可以采用生物杂交法进行制备，如可用正常的二倍体和四倍体进行杂交产生三倍体。四倍体可以是自然界中自发产生的，也可以是人工诱导的，如美国人工诱导成功四倍体牡蛎，并采用二倍体和四倍体的牡蛎杂交产生100%的三倍体，这种方法是目前三倍体生产中最简洁高效的方法。当然在海洋生物远源杂交中也可以产生部分多倍体，如Prasit（2000）对两种鲇鱼 *Clarias macrocephalus* 和 *Pangasius sutchi* 种间杂交的研究中发现，后代中有部分

三倍体的产生。另外，远源杂交产生多倍体的现象在许多淡水种类，如草鱼和鲤鱼、草鱼和鳙鱼、鲤鱼和草鱼的杂交中发现过。

（2）海洋生物的多倍体生产　海洋生物多倍体生产是海洋动物育种中最为活跃的研究领域，目前在海洋贝类、鱼类、虾蟹类等很多种类中都已进行过尝试研究，而且很多研究表明，多倍体，特别是三倍体在生长、抗逆上几乎都较二倍体要优越。如人们对三倍体的鱼肉质量、抗病性等性状进行了研究（Graham 等，1985；孙振兴，1993），结果认为：三倍体虹蹲的鱼肉质量确实优于二倍体；三倍体大西洋鲑耐氧能力高于二倍体，故可适于低氧环境养殖；在抗病力上三倍体香鱼与二倍体无明显差异；在现研究的 30 余种三倍体贝类中，几乎所有的种类生长速度都快于二倍体。三倍体长牡蛎的抗病力也比二倍体要高（Davis，1988）。因此，海洋生物多倍体育种在生产上被寄予厚望，部分种类的多倍体育种也得到生产运用，如前面提到的三倍体牡蛎，美国现有牡蛎养殖的 30% ~50% 为三倍体牡蛎。在海洋植物中，三倍体的研究则相对较少。但当前总体来讲，多倍体在海洋生物育种中达到生产性运用的还并不多见，这其中的一个重要原因是多倍体在诱导上往往只能形成一定比例的多倍体，不能达到 100% 的比例，同时诱导操作相对烦琐，而且诱导本身采取的物理、化学刺激对苗种危害较大，往往造成滞育和畸形。采用生物杂交的办法可以得到 100% 的多倍体，而且操作相对简单，但由于采用这种方法制备多倍体，需要亲本一方本身是可育的多倍体，目前这种可育的多倍体的诱导也非常困难，如海洋贝类的四倍体诱导目前仅在牡蛎上达到可运用的程度，因此，还有待于今后进一步的研究和开发。

2. 海洋生物的性别控制

（1）海洋生物的性别控制机制　海洋动物的性别控制是染色体操作的另一运用领域。现有的研究表明，海洋动物的性别主要是由遗传因素决定的，这些遗传基因存在于染色体上，表现为性别的染色体决定。决定海洋动物的染色体机制比较复杂，在海洋鱼类、虾蟹类和贝类中发现很多性别决定基因均分布于不同的染色体上，而且这些染色体并不表现为异型性，因为海洋动物性染色体的分化还处于进化的初始时期。对现有已研究过的海洋动物的染色体决定机制，目前主要有如下几种类型。

① XX/XY 型。这种染色体决定机制在高等动物中较多，也是海洋生物的一种染色体性别机制，这种决定机制 XY 表现为雄性，XX 表现为雌性。目前大多数鱼类、虾蟹类和贝类都属于此种性别决定机制。

② ZW/WW 型。这种染色体决定机制则正好相反，雌性为异配，雄性为同配；在海洋鱼类中日本鳗、欧洲鳗、半滑舌鳎均为此类型。

③ XO/XX 型。这种类型的性染色体决定机制表现为 XO 为雌性，XX 为雄性，但也可以正好相反，这种性决定在海洋鱼类中如星光鱼、夜叮鱼，海洋虾蟹类如长额虾属的一些种类，海洋贝类如刺蛩螺、玉黍螺属的一些种类中均有发现。

④ 复性染色体型。即性别是由一些重复的性染色体决定的，如 $X_1X_1X_2X_2/X_1X_2Y$ 就是其中一种，$X_1X_1X_2X_2$ 为雌性，而 X_1X_2Y 为雄性。如墨西哥鲚科鱼类就是一种，而海洋虾类铠甲虾科的雄性颈刺铠虾（*Cervimunida princeps*）也是这种性决定机制。

（2）海洋生物性别控制原理和方法　由于海洋生物的性别主要是由染色体来控制的，这就可以通过改变染色体构成的方式来改变海洋生物的性别，目前主要有以下两种方式。

① 性激素转化法。为叙述方便，我们以生产全雌鱼为例来进行描述。在海洋鱼类中，XX/XY 性决定机制的鱼类占绝大多数，如需要生产全雌性（XX）鱼，可以先将一条雌性的个体在其性腺发育之前就开始用类固醇药物如甲基睾丸酮对雌鱼进行处理，使其发育成具有正常生理功能的伪雄鱼（XX）。然后将此伪雄鱼与正常的雌鱼进行交配，便可生产全雌化的鱼。

② 单性发育法。单性发育法是采用一定的物理、化学或生物的方法，使某个子代的染色体只来源于一个亲本，而另一亲本的染色体并不参与子代遗传构成的发育方式。目前，该发育方式主要有雌核发育和雄核发育两种手段。雌核发育是指卵子的发育完全是在雌核的控制之下进行，父本的精子只起激动作用，并不参与发育，也没有两性原核融合，后裔全部表现为母性性状的发育方式。雌核发育的制备过程涉及雄核的灭活、受精、染色体的加倍等过程（图4-3）。

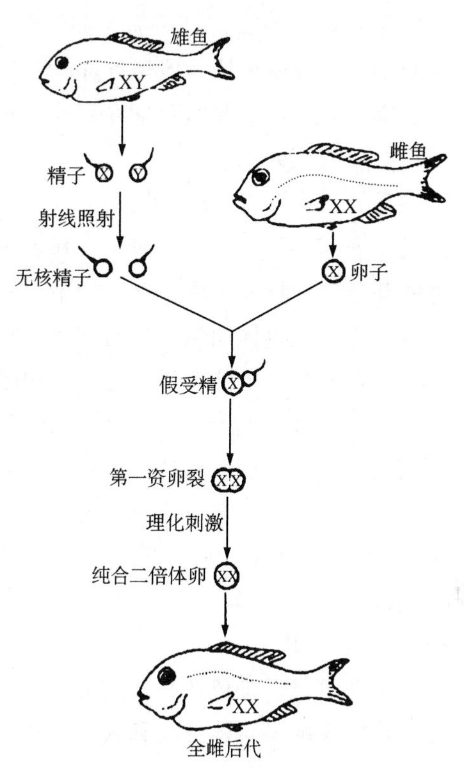

图4-3　雌核发育培育全雌鱼
（童裳亮，2003）

a. 雄核的灭活：精子采用一定剂量的射线（如X射线、Y射线等）或甲苯胺盐、吖啶盐化学试剂进行处理，这种处理方式只要条件控制适当，可使精子染色体失活，但细胞质并不受损伤，能保存精子的受精能力。b. 受精：将灭活的精子与正常的卵子进行受精，精子的遗传物质进入卵子后并不形成原核，也不与卵子的原核发生融合，但卵子能像受精卵那样进入卵裂发育过程，只不过此时的受精卵为单倍体的（n）；c. 遗传物质二倍化：用染色体失活的精子激发卵子获得的胚胎是单倍体，其胚胎发育开始尚属正常，到了器官发生期，胚体会明显缩短、扭曲，这种胚胎即使孵化也不能成活，即所谓的“单倍体综合征”。因此，必须使受精卵二倍化。通常使用的二倍化方法是抑制第二极体法和抑制第一次有丝分裂法。所采用的物理、化学方法与多倍体的诱导方法相同，这里不再赘述，但有意思的是，现有资料表明，雌核发育个体还可通过远源杂交这种生物学的方法获得，其基本原理是利用远源杂交时精子的遗传物质不能融合到卵子中去，而使其遗传物质失活，但同时也能使受精卵染色体加倍生产雌核发育二倍体。在自然界就有这种雌核发育方法，如天然雌核发育的异育银鲫等。在实验中，Stanley（1976）也用草鱼卵与经紫外线照射过的鲤鱼精子杂交，结果得到3%自发雌核发育的草鱼后裔，染色体组型分析证明是二倍体（$2n$）。对于雄核发育，则正好相反，是采用物理、化学手段将母本的卵子遗传物质灭活，但卵子仍然保持受精能力，采用正常精子与其受精，然后采用抑制卵裂的方式进行染色体的加倍，这样发育出来的个体体内仅含有父本加倍后的染色体，并能正常发育。

（3）海洋生物的性别控制进展　采用染色体操作技术对海洋生物进行性别控制，在很多海洋生物中都进行了尝试，并取得了可喜的成绩。但目前的工作主要集中在海洋鱼类方面。例如，采用性激素转化法已经在黑鲷（阮洪超和吴光宗，1994）、牙鲆（山本荣一，1992）等种类上获得了全雌化的海洋鱼类。雌核发育和雄核发育在很多海洋生物中得到了诱导，如真鲷（Sugama 等，1992）、黑鲷（Sugama 等，1988）、牙鲆（王新成，1994）等海洋鱼类都有成功的报道，在华贵栉孔扇贝（Goswami，1991）、虾夷扇贝（潘英等，2004）等海洋贝类也都有报道。在海洋虾蟹类方面，国内仅见中国明对虾（蔡难儿等，1995）的报道。但采用这种方法进行全雌或全雄化控制在海洋生物中应用的例子还不多见，有报道称日本科学家已采用雄核发育法培育出了孟苏大麻哈鱼的超雄鱼（童裳亮，2003），在国内也仅见大黄鱼（吴清明等，2009）和牙鲆（刘海金等，2005）的成功报道，这可能与单性发育时，采用物理、化学的方法对受精卵造成伤害，较难发育成成体有关。

3. 染色体片段移植技术

染色体片段移植技术是指通过显微注入法将外源染色体片段导入受体胚胎内，从而获得染色体携带基因表达并改变生物表型和性状的技术。其一般原理和方法是首先从人或其他动物染色体上显微切割特定的染色体片段，然后注入受体动物受精卵中。其优点在于不需经基因重组就可转移超大型外源 DNA，尽管对其可靠性和整合率还有待研究。国外曾有人报道从人成纤维细胞中期染色体上显微切割一段染色体片段经克隆筛选后获得 1.0 ~ 1.5 kb 的着丝粒片段，注入小鼠胚胎并获得了首例转染色体小鼠，并经验证在发育后的胚胎和成体细胞中仍然保留有人的着丝粒和非着丝粒 DNA（程炜中等，1995）。

另外，也可以利用雌核发育导入外源染色体片段。天然雌核发育的鱼类中，一般异源父本不表达或少表达，但近年来的研究资料表明也不尽然。Parsons 和 Thorgaard（1985）提出用射线将精子染色体部分遗传物质灭活，然后受精，精子将那些残留遗传物质（没有失活的染色体片段）带入卵子再进行卵子染色体加倍，从而获得的雌核发育，子代中含有一部分父本的基因而被称之为转基因鱼。这一点在虹鳟精子的卵子受精实验中已被证实。Disney 等（1988）推测有些父本的染色体片段可能整合到了受体染色体组，并认为该技术为一些基础研究提供了新手段，且有可能用于不同品系（种）间的抗病等遗传物质的转移。Luo 等于 1991 年采用此法把鲤鱼遗传物质导入草鱼卵内，结果，染色体检查证实了外源染色体片段，存在于草鱼染色体分裂相内，同时实验结果也表明草鱼抗病力有所增强（张士璀等，1997）。Ma 和 Yamazaki（1993）亦采用此法把一种鲑鱼（*Oncorhynchus gorbuscha*）遗传物质导入另一种鲑鱼（*O. masou*）卵内，并通过胚胎的组型和同工酶的分析得以证明。

由此可见，染色体片段的移植作为染色体操作中的一个新兴途径，如若成功就可以按照人们的需要将特定的染色体片段移入鱼中从而培育出所需要的抗病力强、生长快的新品种。

（三）海洋生物的细胞融合技术

细胞融合是指采用一定的技术手段，使两个或两个以上的异源（种、属间）细胞或原生质体相互接触，从而发生膜融合、胞质融合和核融合并形成杂种细胞的现象。细胞融合可以使亲缘关系很远的两个细胞融合在一起，从而为远缘杂交架起了桥梁，是改造细胞遗传物质的有力手段。同时也可以为携带外源遗传物质的大分子渗入细胞创造条件：如为携带抗病基因的载体（Ti，Ri）渗入细胞或细胞器（线粒体、叶绿体）创造了条件。同时动物细胞融合后形成的杂交瘤，还可以用来获得单克隆抗体。当前细胞融合技术在海洋生物中也开始得到应用，但主要集中在海洋藻类上。如 20 世纪 70 年代许多研究者对海洋微藻细胞种内和种间杂交融合的研究。80 年代初国内外研究者对大型藻类如江蓠（Cheney 等，1997）、紫菜（Fujita 和 Migita，1987）等的研究。目前细胞融合技术已经在大型海藻上取得了令人瞩目的成就，成为藻类育种的重要技术手段。下面以藻类为例介绍其基本原理和方法。

1. 细胞融合的基本原理和方法

（1）原生质体的制备　海洋藻类由于细胞表面具有厚厚的细胞壁，因此，在细胞融合之前需要采用酶解的方法将细胞壁去除，形成原生质体。好的原生质体的制备是细胞融合的前提，其制备质量大大影响细胞融合的效果。一般海洋藻类原生质体制备需要掌握 3 个方面的因素：① 细胞的取材。制备藻类的原生质体的材料需要选取稚嫩，分裂旺盛的组织，这样才能保证原生质体具有强的再生能力，一般选取藻类早期发育阶段，靠近基部的营养细胞。② 解离酶的种类。不同的藻类细胞壁，存在不同的海藻多糖，因此，在酶解过程中需选择适宜的酶类、酶浓度、处理时间等，一般绿藻采用纤维素酶、果胶酶即可，但红藻则需要采用更多的酶类。③ 渗透压的维持。酶解后随着细胞壁的去除，原生质体需要保持良好的渗透平衡才能维持其活性。因此，在原生质体制备时要选择合适的稳定渗透剂，糖溶液和盐溶液是两种常用的渗透剂，糖溶液系统中有甘露醇、山梨醇、葡萄糖和蔗糖等；在盐溶液系统中有 $CaCl_2$、NaCl、$MgCl_2$、NaH_2PO_4、Tris 等。

（2）原生质体的纯化　原生质体经酶解后，原生质体往往与藻体残渣碎片、原生质及酶液混合在一起，因此，需要将这些杂质去除，从而得到纯化的原生质体。纯化时，可以先用筛绢滤出大的藻体碎片，含原生质体的滤液经离心后，用原生质体培养液洗涤，然后用 1 mol/L 的蔗糖溶液 500 r/min离心浮选，这样就可以得到比较纯化的原生质体了。

（3）原生质体的融合　原生质体的融合方法很多，20 世纪 70 年代以来，研究者为诱导植物原生质体的融合，曾试验过 $NaNO_3$、人工海水、溶菌酶、机械法、病毒、明胶、高 pH 值 - 高钙离子、聚乙二醇、聚乙烯醇和电刺激等方法，但归结起来，按其大类来分主要可以分为生物融合法、化学融合法及物理融合法三大类。

① 生物融合法。生物融合法主要是利用病毒和生物自身的特性进行融合的方法。自从发现活的仙台病毒可在体内介导癌细胞融合后，人们又实现了利用灭活的病毒促进动物异种细胞融合，从而打破了细胞融合的种属屏障，推动细胞融合技术跃上新台阶。同时在植物等细胞内还发现了自发融合现象，即植物细胞酶解后，由于胞间连丝的扩展和粘连，有些相邻的原生质体能彼此自发融合，形成多核体。这些都可以作为介导细胞融合的方法。

② 化学融合法。化学融合法主要是利用化学试剂介导细胞融合。其方法很多，$NaNO_3$、人工海水、高 pH 值 - 高钙离子、聚乙二醇、聚乙烯醇法均在此列。其中聚乙二醇（PEG）结合高钙和高 pH 值诱导融合法是化学融合法的主流。其具体做法是：以适当比例混合刚分离出的双亲的原生质体，用 28% ~50% 的 PEG 溶液处理 15 ~30 min，滴加高钙高 pH 值溶液，摇匀，静置，用原生质体培养液洗涤数次，离心获得原生质体细胞团。该法可使融合率达到 10% ~50%，可重复性也很强。诱导的融合没有特异性，既可发生在同种细胞之间，也可发生在异种细胞之间，使没有亲缘关系的植物原生质体融合。

③ 物理融合法。物理融合法主要是采用物理学的方法介导细胞的融合。目前主要的方法有电融合法、激光融合法、机械法、空间细胞融合法，等等。其中，电融合法在近年来得到广泛使用。其主要操作过程为：将刚刚分离出来的原生质体以适当的溶液混合，插入电极，接通一定的交变电场；原生质体极化后顺着电场排列成紧密接触的串珠状；瞬间施以适当强度的电脉冲，使原生质体质膜被击穿而导致融合。电融合不使用有毒害作用的化学试剂，作用条件比较温和，而且基本上是同步发生融合。只要操作得当，可获得较高的融合率。

（4）原生质体的培养和藻体再生　原生质体经过上述方法的融合成为杂种细胞，通过杂种细胞的筛选后就可以进入杂种原生质体的培养和再生了。原生质体的培养可以采用平板培养基进行，其一般操作过程是，将融合的原生质体悬液加到培养皿中，在一定的温度下，使原生质体悬浮液与 0.8% 的琼脂培养液充分混匀，然后冷却使平板凝固。放入培养箱中供以一定的温度、光照强度和光周期进行培养，当融合细胞开始分裂并形成细胞团（愈伤组织）后，将其移入液体培养基中通气培养。诱导细胞团可以很快生成幼苗，培育出叶状体，并最终可以发育成完整的成体植株。

2. 细胞融合技术在海洋藻类中的运用

细胞融合可以使亲缘关系很远的两个细胞融合在一起形成杂种细胞，并最终发育成杂种植株，这对于品种改良手段相对欠缺的海洋藻类特别是大型藻类的遗传育种来说显然是很有吸引力的。虽然与高等植物相比，海洋藻类的细胞融合技术起步相对较晚，但自从 20 世纪 70 年代开始起步以来，短短几十年的时间，已经取得不少的成果。例如，在大型藻类方面，张大力（1983）报道了两种绿藻长石莼和袋礁膜的原生质体制备和融合。Fujita 和 Migita（1987）对条斑紫菜野生型和绿色突变型的细胞融合；戴继勋等（1990）和陈昌生（1992）等对条斑紫菜和坛紫菜的细胞融合以及 Cheney 等（1997）对紫菜、江蓠、麒麟菜等的细胞融合等。有些种类还培育出了杂种植株。据孔杰（1987）等对缘管浒苔和孔石莼经细胞融合培育出的杂种细胞表明，杂种细胞的生长速度比双亲细胞都要快，表现出一定的杂种优势。Cheney 等（1997）对红藻麒麟菜和长心卡帕藻进行的细胞融合也表明，杂种细胞产出的角叉藻聚糖明显增多。在微型藻方面，Sivan 等（1995）对紫球藻原生质体进行了融合形成杂种细胞，结果表明杂种细胞在藻红蛋白、叶绿素含量上都比亲代突变品系高。近年来，人类在海洋微藻中发现了有重要价值的天然产物。如在螺旋藻中含有大量的藻蓝蛋白，可以广泛运用于营养食品和化妆品生产中；在盐藻中有大量的甘油和β－胡萝卜素类物质和变泡藻黄素。这些天然产物的保健和药用价值远高于人工合成品，人们正在致力于这些天然产物的应用开发研究，因此，通过微藻细胞的融合技术和细胞工程，也可以为人类生产出更多有用的产品。

（四）海洋生物的克隆技术

海洋生物的克隆是指通过无性繁殖的方式，从一个细胞获得遗传背景相同的细胞群或个体的过程。1997 年克隆羊多利的产生使全世界为之轰动，但克隆海洋生物则早在 1892 年就产生了，其发明者 Driesch 把海胆 2 细胞期的胚胎通过剧烈震荡分离成 2 个细胞，并进行单独培养，结果发现 2 个分裂球均发育成 2 个完整的幼体。随后 Wilson（1892）在文昌鱼上，Spemann（1938）在蝾螈上，童第周和吴尚懃（1963）在鱼类上都成功地进行了克隆。同样在海洋藻类上，我国已故科学家方宗熙等（1978）也进行了海带、紫菜配子体的克隆，并形成了克隆植株；李秉钧等（2002）在裙带菜上进行了配子体的克隆，也形成了克隆植株。当前海洋生物的克隆已经成为海洋生物技术研究的重要领域，并逐步从单纯的理论技术的研究逐步转向应用，成为为人类经济生活造福的重要技术手段。

1. 海洋生物的克隆方法

① 海洋动物的克隆。海洋动物的克隆是历史上较早产生的生物技术，其发展至今已经形成了比较完备的技术体系。目前，海洋生物的克隆主要形成了两种方法：一种是胚型克隆，另一种是移核克隆。胚型克隆是最早产生的克隆技术，上述的海胆、文昌鱼的克隆实际上就是胚型克隆，其技术原理相对简单，即在胚胎发育的早期，用剧烈震荡的方法或发环结扎的办法，获得早期胚胎分裂球，利用早期胚胎细胞分化潜能，将其单独培育形成两个全新的个体。海洋动物的移核克隆则起步较晚，其依据的技术原理与克隆羊的技术方法类似。即采用一定技术手段，将一个体细胞或胚胎细胞核取出，然后移植到另一个去核的卵子中，利用细胞核的全能性，发育成一个全新个体的技术（图4－4）。海洋动物的移核克隆研究相对较少，早在 20 世纪 60 年代，我国学者童第周进行了部分淡水鱼的移核克隆，1973 年，他将金鱼囊胚细胞核移植到鳑鲏的去核卵子中，得到了少数核质杂交的幼鱼；吴尚懃和蔡难儿（1980）以 3 个不同品系金鱼为材料进行了细胞核的继代移植，翌年，又以鲫鱼肾细胞核移植到同种鱼的成熟去核卵子中，得到了一尾性成熟的移核鲫鱼，从而克隆成功体细胞核移植克隆鱼。

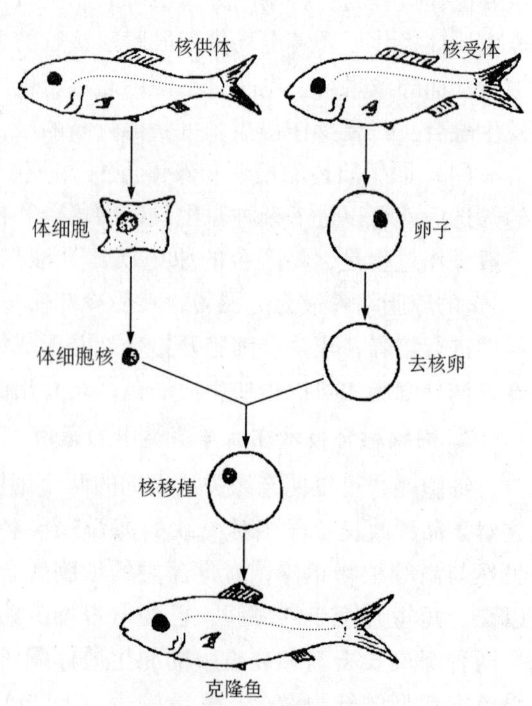

图 4－4 鱼类的核移植克隆（童裳亮，2003）

② 海洋藻类的克隆。海洋藻类的克隆则相对简单，在海洋单细胞微藻中，每个细胞就是一个生命体，只要条件合适，每个细胞都可以通过分裂形成很多克

隆的后代。但在大型藻类中情况则并不是这样。如海带和紫菜等大型藻类均是多细胞的海洋植物，其生活史明显地可以分为两个世代，即孢子体的二倍体世代和配子体的单倍体世代，配子体有雌雄之分。在自然界，它们的生殖是有性生殖方式，并不能像单胞藻那样通过有丝分裂产生克隆。但我国的方宗熙于 1973 年已发现，如果在人工条件下认真地将雌性配子体和雄性配子体隔离开，各自均能生长成一团肉眼可见的丝状体（童裳亮，2003）。在合适理化因子的刺激下，雌性的海带配子体克隆还可以发育成大海带，这便形成了类似于孤雌生殖的克隆。同样，我国科学家还在裙带菜、紫菜等大型海洋藻类上建立了配子体克隆，并将其运用于它们的繁殖和育种中。

2. 克隆技术在海洋生物中的应用

海洋生物的克隆技术，最初主要是被运用于基础理论的研究和验证中。例如，Driesch（1892）进行的最早的海洋生物克隆——海胆的克隆，其目的是验证 Weismann 提出的种质学说。当然海胆的克隆成功彻底否定了 Weismann 的种质学说。同样早期核移植克隆鱼的研究主要也是为了解“核质关系”的。如童第周等（1980）将鲤鱼囊胚细胞核移植到鲫鱼去核卵子中，获得了性成熟的属间核移植鱼，这种杂交鱼的性状中，口须和咽喉齿像鲤鱼，脊椎骨的数目像鲫鱼，这表明，供体核和受体细胞质都对性状形成了一定的作用。但正是这一点为人类利用克隆技术改造海洋生物提供了基础。据有关资料统计，迄今为止，我国利用核移植克隆，得到过 5 种属间、亚科间和目间核质杂种鱼。这种核质间的远缘无性杂交与有性杂交相比，具有后代可育和性状不分离的优点，并会出现类似于有性杂交的杂种优势，这在遗传育种和生产上是极其重要的。其中最有前景的是鲤鲫核质杂种鱼，它具有明显的生长优势，营养价值高，是一个很有应用价值和推广前景的优良核质杂种鱼。同样，严绍颐等（1985）把草鱼囊胚细胞核移到团头鲂去核卵中，得到了核质杂种鱼，利用其与正常草鱼卵回交得到生长良好的子代。因此，可以说克隆鱼技术已成为鱼类育种的一种重要方法，为生物工程法培育鱼类新品种探索一条新途径。近年来的研究表明，克隆动物还在多倍体育种、培育雄核发育纯合二倍体方面具有重要的利用价值。当然海洋藻类的克隆技术已经在海洋藻类的繁育和育种中进行了应用。例如，在海带上，已经采用配子体的克隆建立了海带的无性繁殖系；同时海藻的配子体克隆技术还给海带的品种杂交带来了便利，如先将海藻的配子体克隆培养在实验室中，可以保存几十年或更久。若要使某两个海带品种进行杂交，只要把它们的雌雄配子体克隆混合在一起就可以实现，用这种方法，已经培育了“单海 1 号”、“单杂 10 号”等海带新品种（童裳亮，2003）。另外，海带配子体克隆还为海藻的转基因研究提供了良好的材料，如武建秋等（1999）已将氯霉素乙酰转移酶基因成功地转移到海带配子体细胞中，拥有该基因的孤雌海带就能合成这种酶，从而使海带对氯霉素产生耐受性。姜鹏等（2002）还将乙肝病毒表面抗原蛋白基因 *HBs* 与报告基因连接在一起，导入海带，如果 *HBs* 基因能在海带中表达，合成大量的乙肝病毒表面抗原蛋白，那么就可以通过这种方式生产乙肝疫苗了。

三、海洋生物化学工程技术

生物化学工程是一个多学科交叉的领域，它是生物技术的一个分支学科，也是化学工程的主要前沿领域之一。其主要任务是利用生物化学的主要手段将生命物质或系统转化为实际的产品、过程或系统，以满足社会需要。生物化学工程在生物技术产业化中起着决定性作用，近 10 年来，随着生物技术及其产业的迅速发展，对生物化学工程提出了更高的要求，这种要求也大大促进了生物化学工程的发展，研究不断深入，领域不断拓宽，取得了很大的进展。当前生物化学工程的研究内容包括：生化反应工程——反应器，生化分离工程——分离提纯技术与设备，生化控制工程——生物传感器、测量与控制等。

海洋生物化学工程就是将生物化学的原理和技术运用到海洋生物中，并将海洋生命物质或系统转化为实际产品、系统，以满足人类需要的技术。从当前该技术在海洋生物中的研究领域和范畴来看，海洋生物化学技术主要包括提取技术、化学加工技术、固定化酶（固定化细胞）技术和生物反应器技术等。其中提取技术就是从海洋生物中获取有用物质的技术，如从海洋藻类中提取藻多糖，从某些海洋软体动物中提取毒素等。化学加工技术是指利用化学方法对提取到的海洋生物制品进行加工、改造，生产出新的生物制品的技术，如甲壳素的衍生和改造技术。固定化酶技术是将酶固定于不溶性载体，使其不溶于水溶液，用这些酶生产有用的东西。固定化细胞则是将含有完整酶系统的整个细胞固定于不溶性载体，作为复杂酶反应的生物催化剂，主要用于微生物细胞固定。生物反应器技术是指利用海洋生物自身的生化反应机制，生产目的产品的技术，如用微藻生产某些天然产物等。当前海洋生物化学技术已被广泛运用于海洋生物产品的研究和开发中，功能食品和保健品的开发、海洋药物的制备、海洋新材料、新能源的开发无不渗透着海洋生物化学技术的痕迹，目前，海洋生物化学技术已成为海洋生物研究和开发中最活跃，运用最广泛的海洋生物技术之一。

（一）海洋生物活性物质提取和加工技术

1. 海洋生物中的活性物质

海洋生物活性物质是指海洋生物体内含量较少，但具有重要功能的天然化合物。海洋中的生物种类繁多，资源丰富，生物体内蕴藏着大量的活性物质。这些活性物质按其功能来分，主要包括海洋生物毒素、生理活性物质、生物功能产物及生物信息物质等。按化学结构来分，主要包括肽类、萜类、生物碱类、甾醇类、多糖、苷类、聚醚类、核酸及蛋白质等化合物，这些生物活性物质是人类食品、保健品、医药、材料等的重要来源，同时也是人类对海洋生物开发和利用的热点。近年来，越来越多的海洋活性物质在众多的海洋生物中被发现。例如，在海洋植物和动物中人类发现了海洋多糖，在海洋藻类中人类发现了海藻蛋白，在海洋微藻中人类发现了胡萝卜素和虾青素，在海洋鱼类和软体动物中人类发现了活性毒素，等等。因此，如何提取和利用这些活性物质成为当前海洋生物开发和综合利用急需解决的问题。

2. 海洋生物活性物质的提取方法

通过筛选，获知某些生物，或某些生物的某些组织部位中含有所需要的活性成分，或发现某些生物的粗提组分中含有明显的生理活性成分，则需要作进一步的分离纯化。分离纯化应尽可能在温和的条件下进行，避免高温、曝光以及酸碱等条件。分离纯化方法有溶剂萃取法、水蒸气蒸馏法、分馏法、吸附法、沉淀法、盐析法、透析法和升华法等经典方法，还有离心分离法、电泳法、层析法等，层析法又包括薄层层析、柱层析。进一步又可分为吸附层析、分配层析、通透层析、亲和层析、离子交换层析，等等。随着科学技术的发展，高压液相色谱（HPLC）、气相色谱（GC）等现代分离分析技术在生物活性物质研究中得到越来越广泛的应用，大大加速了分离纯化的速度，提高了分离纯化的水平。特别是 HPLC 及其填充剂的改进与发展，使得难以分离的微量成分及性质相近的复杂的混合物的分离得以实现，而且在分离纯化的同时能定性定量地测定所分离组分的含量。近年来诸如超临界流体萃取、膜分离、大规模制备色谱、双相提取、新型电泳分离等一批新型、高效节能的分离技术的开发应用，为海洋生物活性物质的分离提取，特别是工业规模的生产提供了新的有力的手段。

3. 海洋生物活性物质的加工

（1）海洋功能食品和保健品的加工　海洋生物中的许多活性物质，如氮基酸、肽与蛋白质类、油脂类、多糖类、微量活性元素等具有延年益寿、改善人体机能、抗氧化、防衰老、保健等多重功效，因此可以作为功能食品和保健品进行开发。例如，牛磺酸是一种极为重要的含硫氨基酸，是保护视力及新生儿大脑发育的必需物质，还可降低血清中总胆固醇水平，具有降血脂、降血压和降血糖的作用，目前已将其开发成儿童功能保健品系列。褐藻中的海带、裙带菜、巨藻和马尾藻等除供食用外，大部分被用来生产褐藻胶、甘露醇和碘等工业品和药品。美国人称褐藻胶为“奇妙的添加剂”，日本人称它为“长寿食品”。目前，这些国家开发的褐藻胶食品种类已达二三百种。同样，高不饱和脂肪酸（PUFA）也是海洋动物中非常丰富的油脂化合物，在人体中它们可以促使血液中血小板黏性降低，减少血液中“致动脉粥样硬化脂蛋白”的含量，增加血液中高密度脂蛋白的含量，降低血液中甘油三酯和胆固醇的含量，从而对心血管系统疾病具有防治作用。该物质在鱼油中含量颇丰，因此，在世界范围内掀起了鱼油食品开发热潮，风靡欧美及日本等国。我国开发的 DHA 和 EPA 等保健品，如“脑黄金”等也是油脂类的功能保健品。近年来，利用海洋生物中许多活性因子抗衰老、抗氧化等功效，已开始将其利用到海洋护肤品及化妆品的开发中。如海洋微藻中的胡萝卜素、虾青素等由于其抗衰老、抗氧化特性被大量用来生产防晒剂、口红、胭脂等；海藻中的藻胆蛋白，据认为也有抗氧化、抗辐射等功效，且能取代人工合成染料，成为化妆品的添加剂，在国外护肤品中被广泛运用。我国国内生产的“海洋丽姿”等产品系列均为此类产品。

（2）海洋生物药物制备　近年来，在海洋生物中发现了大量的藻多糖、动物多糖、毒素、肽类化合物等具有抗肿瘤、抗病毒、抗心血管疾病及增强免疫的功效，因此在医药领域得到了广为重视，并且也成功研制了一批海洋药物产品。例如，在抗肿瘤药物的制备上，海洋抗肿瘤药物研究在海洋药物研究中一直起着主导作用，科学家预言，海洋将是最有前途的抗肿瘤药物来源地。目前已从海绵、海鞘、海兔、海藻、珊瑚等海洋生物中分离获得大量具有抗肿瘤活性的物质，覆盖包括萜类、酰胺类、肽类、大环内酯、聚醚、核苷等多种类型的化合物。海洋生物活性物质的抗肿瘤作用机理亦呈多样性，有以影响 DNA、RNA、蛋白质生物合成为主的，也有以干扰细胞有丝分裂或诱导细胞内信息分子改变为主的，这些物质通常活性极高，有的已作为新的抗肿瘤药物。在抗心血管疾病上，已在海洋生物中成功研制多种预防和治疗心脑血管疾病的药物，如萜类、多糖类、多不饱和脂肪酸、肽类和核苷酸类等，它们具有扩张血管、抑制血栓形成、抗凝血、抗血小板、降血脂等作用。在抗病毒药物上，日本学者发现与海洋动植物共附生的微生物中约有 27% 具有抗菌抗病毒活性。抗病毒活性物质还存在于海绵、珊瑚、海鞘、海藻等海洋生物中，活性物质主要成分有萜类、核苷类、生物碱和其他含氮类、多糖类、杂环类化合物等。世界上第一个抗病毒海洋药物阿糖腺苷于 1955 年被美国食品药品监督管理局（FDA）批准用于治疗人眼疱疹感染。其他的抗病毒、抗菌类药物如海力特、头孢菌素等也开始生产，并在临床上取得了很好的疗效。

（3）海洋生物材料研制　海洋生物材料是指由海洋生物体产生的具有支持细胞结构和机体形态的一类功能性生物大分子。这类分子结构多数有规律重复性，化学组成主要为多糖、蛋白质、脂类。这些化合物往往具有一定的强度和特殊的生物功能，因而可以作为生物材料在工业、农业、医药、环保等领域加以广泛的应用。在海洋生物材料中，开发利用最多的是从甲壳动物中提取的甲壳质。甲壳质是广泛存在于昆虫、甲壳类硬壳、真菌细胞壁及一些绿藻中的一种由 N－乙酸氨基葡萄糖聚合而成的多糖。关于甲壳质及其衍生物产品的应用，我国古代《本草纲目》就记载有关龟壳消痈肿、医臁疮、蟹壳“消积、行癖、医冻疮，解蜂伤”的功能。在国外，早期的印第安人已知道甲壳类有助于伤口愈合。第二次世界大战期间，英国曾用甲壳胺胶体黏合飞机翅翼。近几十年来，随着科学技术的飞速发展，甲壳质及其衍生物的研究和开发应用十分活跃。其制品应用涉及工业、农业、医药、食品、化妆品、轻工、印染、重金属提取与回收、有机物分离、环保等众多行业和领域。据报道，目前获得专利的甲壳质类产品有亲和层析介质、离子交换剂、固定化酶载体、照相底片、防火衣、液晶、手术缝合线、人工皮肤、人造肾膜、食品保鲜剂、声呐材料、植物生长调节剂、治疗皮肤病药物、固色剂等近百种。海藻多糖是海洋生物活性材料中的另一大的方面，它是存在于细胞壁及间质的大分子糖类物质，具有明确的分子结构、组成成分和来源。如褐藻胶主要存在于海带、马尾藻等褐藻类中，琼胶主要存在于江篱、石花菜、紫菜等红藻中，卡拉胶主要存在于角叉菜、麒麟菜等红藻中。这类材料应用领域日益扩大，促进了海藻养殖业的迅速发展，目前这些藻多糖被广泛应用于印染、食品、日用化工等行业。另外，海洋动物多糖、海洋生物蛋白质及脂类也可以作为生物材料，如滕壶、贻贝等海洋生物体内分泌黏性聚酚蛋白，在体外经酚氧化酶等一系列的酶催化学反应，形成极其坚韧的且不溶于水的蛋白，可以用于开发动物细胞培养的贴壁素、伤口黏合剂等。目前，在海洋生物中已发现多种类似功能的多糖、蛋白质、脂类物质，在海洋生物材料开发中具有潜在的利用价值，因此，今后应加大科学研究力度，充分利用、合理开发这些海洋资源。

（4）海洋生物肥料的开发　目前，海洋生物肥料主要是指那些从海藻植物中获得的能够促进作物生长，增加产量，减少病虫害，增加作物抗寒能力的植物生长剂，又称海藻肥。这些植物生长剂是由藻类自身体内合成和分泌的产物，主要包括一些碳水化合物、微量元素和矿物质、植物激素等物质，植物激素如细胞激动素、甜菜碱、植物生长素、赤霉素、脱落酸、乙烯和多胺是目前被认为是植物生长剂中的主要活性成分。这些植物生长剂由于本身来自于海藻，无毒、无污染，而且对作物的生长可产生意想不到的效果，因此，在取代传统化学肥料的研究中被寄予厚望。海藻植物生长剂自1950年在农业上开始应用，并得到了推广，目前已在小麦、大麦、玉米大田作物，花生、土豆、西红柿、黄瓜等经济作物上广泛运用。其主要的特性是：使用方法多样化，可叶面喷洒、根部喷湿、种子浸泡，还可以和土壤混合使用；生物活性成分效能高，增加产量；还可提高作物抗病虫害和倒伏能力，同时在改善作物品质上也有作用。因此，近年来成为发达国家竞相开发的对象，在许多国家已经开始实现产业化，国际上使用的藻类植物生长剂至少有8种以上产品，目前在国际市场上流通的主要有英国的“Maxicrop”，美国的“Seaborn”，南非的“Kelpak66”等。由于制作藻类生长剂的藻类来源广阔，主要藻类有巨藻、泡叶藻、马尾藻、海带、翅藻等，而这些藻类在海洋中生物量极大，因此，为今后生物肥料的开发奠定了良好的基础。

（二）海洋生物固定化酶技术

固定化酶技术是指在体外模拟海洋生物体内酶的作用方式，通过化学或物理的手段，用载体将酶束缚或限制在一定的区域内，使酶分子在此区域进行特有和活跃的催化作用，并可回收及长时间重复使用的一种交叉学科技术。与游离酶相比，海洋生物固定化酶在保持其高效专一及温和的酶催化反应特性的同时，又克服了游离酶的不足，呈现出储存稳定性高、分离回收容易、可多次重复使用、操作连续可控、工艺简便等一系列优点。1969年，日本一家制药公司第一次将固定化的酰化氨基酸水解酶用来从混合氨基酸中生产L-氨基酸，开辟了固定化酶工业化应用的新纪元。目前，生物固定化酶技术已经被广泛运用于工业、农业、医药、环保等各个领域。海洋生物体内有着复杂的酶系统，可以用于催化和生产大量有用的产品，因此在当前海洋生物的研究和综合开发中占有一席之地。以下简单介绍一下其原理及在海洋生物中的应用情况。

1. 固定化酶技术原理和方法

当前，固定化酶技术研究热点在于寻找适用的固定化方法，设计合成性能优异且可控的载体，应用工艺的优化研究等。目前，酶的固定化方法很多，传统的固定化酶技术酶的固定方法大致可分为四大类：吸附法、交联法、共价键结合法和包埋法。

（1）吸附法　吸附法分为物理吸附法和离子吸附法。物理吸附法是将酶与载体吸附而固定的方法。常用的无机载体有活性炭、多孔陶瓷、酸性白土、磷酸钙、金属氧化物等；有机载体有淀粉、谷蛋白、纤维素及其衍生物、甲壳素及其衍生物等。而离子吸附法是将酶与含有离子交换基团的水不溶性载体以静电作用力相结合的固定化方法。吸附法具有酶活力部位的氨基酸残基不易被破坏，酶活力高的特点。但载体和酶的结合力比较弱，存在易于脱落等缺点。离子吸附法还容易受缓冲液种类或 pH 值的影响等。可采用此法固定的酶有葡萄糖异构酶、糖化酶、β－淀粉酶、纤维素酶、葡萄糖氧化酶等。

（2）交联法　交联法是用双功能试剂或多功能试剂进行酶分子之间的交联，使酶分子和双功能试剂或多功能试剂之间形成共价键，得到三相的交联网状结构，除了酶分子之间发生交联外，还存在一定的分子内交联。根据使用条件和添加材料的不同，还能够产生不同物理性质的固定化酶。常用交联剂有戊二醛、双重氮联苯胺－2，2－二磺酸等。实验证明，该固定法有很好的储存稳定性和可操作性。可采用此法固定的酶有葡萄糖氧化酶、β－乳糖苷酶、纤维素酶等。

（3）共价键结合法　共价键结合法是将酶与水不溶性载体以共价键结合的方法。此法研究较为成熟，其优点是酶与载体结合牢固不易脱落；却因反应条件较为剧烈，会引起酶蛋白空间构象变化，破坏酶的活性部位，因此，往往不能得到比活高的固定化酶，酶活回收率为 30% 左右，甚至酶的底物的专一性等性质也会发生变化，并且制备手续繁杂。目前此法已经运用在青霉素酰化酶、支链淀粉酶、壳多糖酶、糖化酶、D－氨基酸氧化酶等酶的固定上。

（4）包埋法　包埋法可分为网格型和微囊型两种。前者是将酶包埋于高分子凝胶细微网格内；而后者是将酶包埋在高分子半透膜中制备成微囊型。包埋法一般不需要与酶蛋白的氨基酸残基进行结合反应，很少改变酶的空间构象，酶活回收率较高，因此，可以应用于许多酶的固定化，但是，在发生化学反应时，酶容易失活，必须巧妙设计反应条件。包埋法只适合作用于小分子底物和产物的酶，对于那些作用于大分子底物和产物的酶是不适合的，因为只有小分子可以通过高分子凝胶的网格扩散，并且这种扩散阻力还会导致固定化酶动力学行为的改变，降低酶活力。目前采用此法已经成功地将脲酶、葡萄糖氧化酶、糖化酶进行了固定。

2. 固定化酶技术在海洋生物中的应用

固定化酶技术由于其自身的高效性和可操作性等优点，在海洋生物方面的应用日益增多。目前，该技术已被广泛运用于海洋生物产品的制备和海洋环境保护等方面。如曾嘉等（2002）以壳聚糖微球为载体，戊二醛为交联剂，固定葡萄糖氧化酶，对葡萄糖氧化酶的固定化条件及固定化酶的各种性质进行了研究，确定了酶固定化的最佳条件，实验表明该固定化酶具有良好的操作及保存稳定。Kong 等（1998）以一种海洋细菌（*Zoogloea* sp.）产生的细胞结合多糖（CBP）凝胶珠为载体，固定葡萄糖淀粉酶。陈晓军（2001）采用固定化木瓜蛋白酶和果胶酶降解虾中提取的壳聚糖。孟范平等（2005）采用固定化酶技术制备了鲼鱼的乙酰胆碱酯酶，并预示了其在传感器研究中的潜在意义。马秀玲等（2003）用壳聚糖微球固定化辣根过氧化物酶处理含酚废水，并考察酚浓度对去除率的影响。近年来将含有完整酶系统的整个细胞进行固定，利用其中的酶系统进行工作的技术，即固定化细胞技术也开始发展起来，其原理和固定方式与固定化酶技术相仿，也有吸附法、交联法、共价键结合法和包埋法 4 种方式。固定化细胞技术同样在生物产品的制备和环境污染物的处理等方面发挥了巨大的作用。如 Sode 等（1988）采用 3.5% 褐藻酸钠固定蓝藻，用于生产谷氨酸，结果，蓝藻谷氨酸的生成量达到 16.2 μg/(mg · d)，因此认为可以固定化这种海洋蓝藻批量生产谷氨酸。严国安和李益健（1994）利用褐藻酸钙包埋固定普通小球藻，对人工配置的含汞污水进行净化试验，结果表明固定藻对汞的去除明显高于悬浮藻。Geoffrey 和 Rehm（1992）将小球藻固定在藻朊酸盐小球中，用来富集钴、锌、锰等金属，在 5 h 内 62% 的钴、40% 的锰、54% 的锌被吸附，取得了良好的去除效果。近年来，采用固定化细胞技术并利用细胞中的产氢酶系统生产 H_2 已成为该领域的研究热点。例如，Sergei 等（1995）固定蓝藻在中空纤维反应器中可持续产氢达 1 年，产氢速率为 20 mL/(g · h)；Eroglu 等（2008）固定 *Rhodobacter sphaeroides* 细胞，利用橄榄厂的废水生产 H_2，产量从原先每升废水的 16.0 L 提高至 31.5 L；由于 H_2 是一种清洁的燃料，在今后的新能源开发中又扮演着重要角色，因此，固定化细胞技术在今后的海洋生物研究中将会更加受到重视。

（三）海洋生物反应器技术

生物反应器是生物技术最为重要的问题之一，它是利用生物体及其酶系统作为催化剂的反应器系统，是连接原料和产物的桥梁。在反应器中，通过生物体及酶系统，可以迅速将添加廉价的原料，转变为高价值的目的产物。目前生物反应器的类型较多，其中应用比较多的有动物细胞悬浮培养生物反应器、动物细胞贴壁培养反应器、动物细胞载体悬浮培养反应器、微生物发酵、遗传重组细菌发酵、植物细胞反应器及光合作用生物反应器等。光合作用生物反应器是海洋生物中应用较多的一种生物反应器。在光合作用生物反应器中，通过给海洋藻类提供合适的光照条件和营养环境，可以使海洋藻类在人工反应器里高密度生长，形成巨大的生物量。如果这种海洋藻类细胞体内含有大量的活性物质，那么该生物反应器就成为批量生产该种活性产物的反应器。如上述产谷氨酸的海洋蓝藻就可以用光合作用生物反应器的形式大量培养并批量生产谷氨酸。光合作用生物反应器具有占地面积小，设施较简单，生产量大的特点，非常适合海洋藻类的培养及海洋活性物质的生产，可以很好地解决海洋藻类中生物活性物质含量甚微，无法投入批量生产的技术问题。当前随着固定化酶和固定化细胞技术的出现，将其与生物反应器技术相结合，可以大大提高生物反应器的效能，与传统的生物反应器相比，利用固定化酶和固定化细胞的生物反应器能增加单位体积细胞浓度，减少底物停留时间，提高转化率，可反复使用，易于实现催化剂与产物分离，从而实现工艺过程的连续化、自动化和降低生产成本等优点。目前，生物反应器已经在海洋生物中开始了部分运用。如许波和王长海（2003）首次在国内应用平板式光合作用生物反应器对一种高度合成高不饱和脂肪酸——花生四烯酸的微藻（*Parietochloris incise*）进行了高密度培养研究。Huan 和 Rorrer（2003）采用生物反应器培养了一种海洋红藻（*Agatdhiella subulat*），并取得了成功；吴垠等（2004）采用气升式光合作用生物反应器对两种海洋微藻——湛江叉鞭金藻和盐藻进行了中试实验，结果表明，用该技术培养的微藻生长速度快，产量稳定。近年来，随着基因工程技术在海洋生物中的应用，采用光合作用生物反应器对基因工程生物进行培育生产海洋药物和功能活性物质已成为可能，如我国青岛一家公司与中国科学院遗传与发育生物学研究所等单位的研究人员通过细胞核移植技术获得克隆奶山羊，羊奶中含有外源干扰素，可研制抗乙肝病毒等特效药，此克隆奶山羊作为“动物乳腺生物反应器”生产的药用蛋白，有活性高、产量大等优势。基于此，我国学者张元兴提出了可采用基因重组技术生产我国的鱼用疫苗。随着我国生物反应器工程的不断发展以及海洋生物技术的不断进步，相信用生物反应器批量生产海洋活性物质和海洋药物将不再遥远。

思考题：

1. 以底栖生物为例，简述海洋生物调查的一般过程和方法。
2. 海洋生物行为学的研究方法和主要内容是什么？结合实例评述对其研究的意义和作用。
3. 评述海洋生物基因转移技术的基本方法和优缺点。结合已有成功运用范例，评价其在海洋生物开发和改造中的应用前景。
4. 海洋生物固定化酶技术的基本原理是什么？它在海洋污染治理中的应用潜力怎样？
5. 半滑舌鳎是一种两型生长的鱼类，即雌性个体生长速度快，个体体型大，而雄性个体生长速度缓慢，体型较小，结合本章的内容设计一个全雌化半滑舌鳎培育方法，以提高种群生长速度和产量。

第五章　海洋生物资源利用与保护

第一节　海洋生物的养殖

我国的海洋生物养殖虽然历史悠久，但产业的发展主要还是在改革开放以后。新中国成立初期，我国的海水养殖总产量还不足10万t。随着国民经济的发展和科学技术的不断进步，我国的海水养殖事业取得了突破性的进展，我国对渔业的产业结构进行了几次重大调整，海水养殖面积由1990年的42.9万hm^2增加到2008年的157.9万hm^2，养殖产量由1990年的162.4万t迅速增加至2008年的1 340万t，海水养殖业逐渐朝着多品种、多模式、工厂化、集约化的方向发展。至今，我国的人工养殖种类已达近百种，几乎涵盖了鱼、虾、贝、藻、棘皮动物等各海洋动植物门类中所有的经济种类。养殖方式包括浅海筏式养殖（如海带、裙带菜、紫菜、扇贝、牡蛎、贻贝、海胆等的养殖）、网箱养殖（如各种海水鱼类养殖）、池塘养殖（如对虾、刺参、鱼类、蟹类、贝类的养殖）、滩涂养殖（如贝类的养殖）以及室内工厂化养殖（如牙鲆、大菱鲆、鲍、海参等的养殖），等等。养殖模式既有单品种养殖，又有数种养殖生物相互组合搭配的混合养殖。如今，从沿海滩涂直至水深40 m的浅海，海水养殖活动都在生机勃勃地开展，已形成了多种模式并举、因地制宜、立体开发利用的海水养殖格局。“耕海牧鱼”、“海洋牧场”等的设想正在逐步变为现实。

纵观我国海水养殖发展进程，大致每十年就有一个新的飞跃。20世纪50年代，由于海带自然光育苗和浮筏式养殖技术的开发，促成了我国海带养殖业的发展；60年代，又解决了紫菜的采苗、育苗和养殖技术以及牡蛎的采苗和养殖技术；70年代，突破了贻贝采苗和养殖技术；80年代，开发了对虾工厂化育苗和池塘养殖技术以及此后的扇贝育苗和养殖技术，等等。进入20世纪90年代以来，工厂化养鱼、养鲍和池塘养殖刺参在辽宁和山东等沿海地区蓬勃发展，东南沿海地区的网箱养鱼也进入了前所未有的发展阶段。此外，海水养殖业的发展还带动了加工、运输、销售以及饮料生产等多种相关产业的发展。养殖业创造的就业机会和产生的经济效益对推动整个沿海地区社会经济发展起到了极大的作用。科技兴海，科技兴渔，已成为沿海各省市发展经济的共识。

一、贝类养殖

贝类养殖是我国传统的海水养殖项目之一，在海水养殖产业中占有十分重要的地位，目前我国的海水养殖产量中大约有80%来自于贝类养殖。我国已开展养殖的贝类种类繁多，其中，养殖产量较大的种类主要有牡蛎、扇贝、蛤仔、蛏、蚶、贻贝、文蛤和鲍等。贝类养殖在我国具有比较悠久的历史和良好的科研与产业基础，但早期的养殖技术主要是依赖于生产经验的积累，养殖活动的范围大多仅局限于潮间带，如东南沿海地区采用投石、插竹和插条石等方式养殖近江牡蛎和褶牡蛎，平整滩涂养殖文蛤、缢蛏、泥蚶等。

自20世纪50年代起，我国水产科技工作者就开展了缢蛏人工采苗前的幼贝附着期预报研究，并对缢蛏的繁殖习性以及幼贝变态附着与环境的关系等方面进行了长期的观察与研究，根据缢蛏的生殖腺发育、精卵排放、幼体发育变态以及数量变动等与水温的关系，预测幼体的附着变态期，及时发布采苗期预报，指导渔民进行附苗前的生产准备，为缢蛏半人工采苗提供了科学依据。此外，还进行过牡蛎的采苗期预报，也取得了良好的结果，被国家科委（现为科技部）列为1965年的科技成果。

20世纪70年代，突破了贻贝生产性育苗技术，并建立了一套完整的人工育苗与养殖技术体系；之后，又解决了贻贝的半人工采苗技术，创建了“建立贻贝自然采苗场”技术，至70年代中、后期，贻贝养殖曾一度发展成为我国海水养殖的支柱产业之一。

扇贝是继贻贝之后我国重点研究开发的又一个重要贝类养殖种类。1974年，第一批栉孔扇贝人工苗种在大连培育成功；1976年，第一批华贵栉孔扇贝人工苗种在广东培育成功；1981年，从国外引进并培育成功第一批虾夷扇贝人工苗种，并且于80年代中、后期在大连长海县建成了我国首个虾夷扇贝产业化生产基地，成为带动当地经济发展的龙头产业；1982年12月，中国科学院海洋研究所的张福绥及其合作者从美国引进26枚海湾扇贝种贝，并突破了亲贝促熟培育、诱导产卵、幼虫培养、苗种中间培育及养成等一系列技术难题，建立了比较完整的工厂化育苗及全人工养殖技术体系，1985年开始在全国进行技术推广，成为我国海水贝类养殖的重要支柱产业之一。该成果也成为我国海水养殖史乃至世界养殖史上都值得一提的成功引种范例，并于1990年获得国家科技进步一等奖。我国的栉孔扇贝、海湾扇贝、华贵栉孔扇贝和虾夷扇贝最高年产量接近百万吨。

此外，我国在菲律宾蛤仔、皱纹盘鲍、九孔鲍、牡蛎、蚶、缢蛏等多种经济贝类的人工育苗及增养殖技术研究方面也相继取得突破性进展，并很快转化为产业化规模，使我国的海水贝类养殖不断迈上一个又一个新台阶。

二、海水鱼类养殖

我国的海水鱼类养殖技术研究始于20世纪50年代，到60年代初，鲮鱼繁殖孵化取得成功。进入20世纪90年代以来，中国水产科学研究院黄海水产研究所在国内首先突破了红鳍东方鲀工厂化育苗的技术关键，同时还攻克了真鲷工厂化育苗难关。至今，我国已先后开展了真鲷、黑鲷、黄鳍鲷、黄盖鲽、红鳍东方鲀、假睛东方鲀、牙鲆、石首鱼、带鱼、颌针鱼、斑鲦、青鳞鱼、黑鲪、罗非鱼、大黄鱼、黄姑鱼、尖吻鲈、花鲈等多种经济鱼类的人工繁殖及养殖技术研究，取得了大量科学资料，为推动我国海水鱼养殖产业的发展作出了重要贡献。毛兴华等于1991年引进的美国红鱼（*Sciaenops ocellata*）仔鱼，1995年培育出第一代幼鱼，现已形成产业化规模；雷霁霖等于1992年从英国引进大菱鲆（*Scophthalmus maximus*），经过几年的研究和探索，已完成从亲鱼的促熟、产卵、受精、孵化到幼鱼培育的全套技术，研究成果获2001年国家科技进步二等奖。此外，海水抗风浪网箱的研制近年来也取得了长足发展，为海水鱼养殖及深水区开发利用提供了技术支撑，也推动了我国海水鱼养殖产业的发展。

三、虾蟹类养殖

我国科技工作者早在20世纪50年代就对中国明对虾的繁殖和发育进行研究。1959年，在天津塘沽的土池中首次获得了人工培育的虾苗并养殖成功，同年冬季又进行了亲虾人工越冬，促使其提前成熟产卵并培育出虾苗；1965年，赵法箴系统阐述了中国明对虾幼体的发生，为开展幼体培育工作奠定了理论基础；1967—1969年，对虾大面积人工育苗获得成功，确立了一套室外土池育苗规程，并开始推广对虾养殖示范试验结果，取得小面积以及中、大型水面养殖试验的成功，到1978年，我国的对虾养殖业已形成规模。1980年国家下达攻关项目“对虾工厂化育苗技术的研究”，经协作攻关，研究出一整套高效、稳定的对虾工厂化全人工育苗技术，使我国养虾业由主要依靠天然苗进行小规模半人工养殖进入到大规模全人工养殖时期，极大地促进了我国对虾增养殖产业的发展。该成果于1985年获国家科技进步一等奖。1988—1992年，我国对虾养殖进入鼎盛时期，年产量稳定在20万t上下，连续几年保持世界领先地位；但是，从1993年开始暴发性流行病从南到北袭击了整个养虾业，养殖虾产量急剧下降，1993年产量仅为87 000 t，1994年进而下降至55 000 t。此后，由于日本对虾、凡纳滨对虾的大规模养殖成功，对虾年产量逐年恢复，2009年全国养殖虾产量达100万t左右，绝大部分来自凡纳滨对虾养殖。

另外，长毛对虾、墨吉对虾、斑节对虾等种类在我国也有养殖，但凡纳滨对虾养殖已占据绝对优势。

我国的对虾养殖大多都采用半精养模式，但近年来高产精养模式的比例稳步增长。除进行对虾单养以外，很多地方还开展了混合养殖，如虾—鱼混养，虾—贝混养，虾—藻混养等。我国对虾养殖业的发展方向，逐步从主要追求利润的纯效益型向经济效益、社会效益及生态效益相结合的综合效益型转变。

四、藻类养殖

我国自20世纪50年代创立发展了海藻产业以来，现已成为全球第一海藻产业大国。近几年来，养殖海带、紫菜等海藻的经济效益和生态效益明显提高，沿海群众养殖经济海藻的积极性很高，养殖面积以8%左右的年增长幅度迅速扩大。目前，我国已形成辽宁、山东、江苏、浙江、福建、广东、海南沿海连线的经济海洋藻类产业带，并形成以山东、江苏和福建为代表的产业中心，尤其是福建在20世纪70年代后紫菜养殖得到了迅速发展，产量占全国的80%。自“九五”以来，我国海藻养殖产量由1996年的91.39万t增长到2008年的138.60万t，增长51.65%；养殖面积由1996年的38 763 hm^2，增长到2008年的87 175 hm^2，增长124.89%。“九五”期间的养殖种类主要是海带、紫菜、裙带菜。目前有海带、条斑紫菜、坛紫菜、裙带菜、龙须菜、细基江蓠繁枝变种、麒麟菜、琼枝8种重要养殖海藻和红毛菜、羊栖菜、铜藻、鼠尾藻等，极大地促进了我国海藻产业规模的快速发展。2008年，我国大型海藻养殖产量为150.3万t（干质量），占我国海水养殖总量的11.5%，其中紫菜干品3万t，产量仅次于日本、韩国，成为世界第三生产大国；同时，我国海带养殖现已发展成大规模产业，年产量50万t（鲜品），占世界海藻产量的一半左右。

五、其他经济种类的养殖

1. 海参

我国有海参120多种，绝大多数不能食用。在可食用海参中，全世界约有40种，其中我国可食用海参占一半，约为20种。主要有仿刺参、梅花参、绿刺参、花刺参、蛇目白尼参和图纹白尼参。

1999年，我国内地海参产量为2 499 t（干质量），其中养殖产量占1 020 t，捕捞产量为1 350 t。2008年我国的海参养殖面积为112 468 hm^2，产量为92 567万t，产值超过150亿元。

我国南北海域都出产海参，但南北海域的种类数、质量不同。越往南，海参种类越多；越往北，海参品质越好。现在海参养殖品种主要是仿刺参，产于黄海、渤海海域。自20世纪50年代我国开展刺参人工育苗及增养殖技术的研究，70年代利用天然海域投放参苗进行人工增殖，80年代进行刺参大水体高密度人工育苗，90年代以后进行了刺参多形式的养殖模式和养殖技术研究，推动了刺参工厂化养殖的发展。90年代末，山东牟平到辽宁大连一带就开始规模化养殖刺参，2002年后日渐升温，2004年达到高潮，山东和辽宁两省因此成为我国刺参的主产区，短短几年间刺参养殖已经成为我国北方沿海水产养殖的重要新兴产业之一。2005年以来，李太武课题组利用秋、冬、春3个季节，浙江的海水温度适合仿刺参生长，而且虾塘闲置等条件，成功引进仿刺参养殖。在2007年度国家农业科技成果转化资金的支持下，现已在宁波、温州大面积推广。

2. 海胆

我国海胆养殖业始于20世纪80年代后期。目前，我国已发现的海胆约有100种，但重要经济种类不足10种，主要有光棘球海胆、紫海胆、马粪海胆、海刺猬、白棘三列海胆、虾夷马粪海胆。

虾夷马粪海胆及光棘球海胆已成为我国北方最主要的养殖种类，而我国南方养殖品种以紫海胆为主。随着海水养殖业多品种、多元化的养殖格局的逐步确立，海胆已成为我国北方又一新的优良养殖品种。陆基工厂化养殖始于1996年3月，由大连湾海珍品养殖场进行虾夷马粪海胆室内全人工养殖，其养殖规模超过5 000 m^2，商品海胆的产量超过15 kg/m^2。我国大连是海胆的主要产地，产量占全国同类产量的95%以上。据联合国粮农组织（FAO）统计，1995年我国海胆产量为150 t，捕捞种类为紫海胆，但我国实际产量应大于此数。据日本进口水产品统计，1986年我国仅出口到日本的海胆就有225 t，1996年为209 t，2004年出口日本的海胆为240 t，其中以新鲜海胆产品出口居多。

第二节　海洋生物资源综合利用

一、海洋药物

（一）海洋药物学的概念

海洋药物（marine drugs）是指以海洋生物为药源，运用现代科学方法和技术研制而成的药物。海洋药物学从广义上来说是研究来自海洋的生物或非生物天然药物的种类、性质、药理活性及提取制作方法的学科。海洋药物学是一门交叉应用学科，是支撑高新技术产业的一个新的增长点。它的研究涉及多个学科，如生物、化学、医学、药学、海洋资源学，等等。从狭义上来讲，是指利用海洋生物特有的活性物质，提取对人体有防病治病功能的药物。海洋药物学的基本任务是研究海洋药物的分布、储量、用途、生产和合成新药等。现有的海洋药物大多属于天然药物范畴，即直接从海洋生物中提取的有效成分，但也有一些海洋生物活性成分是经过人工合成或生物技术转化而获得的。

（二）海洋药物的分类及特点

海洋药物有着鲜明的特点，它主要来自海洋药用生物。与陆地生物相比，海洋生物中含有大量的有机卤化物（特别是溴化物）、胍类衍生物、多氧和多醚类物质等。这些特殊结构的生物活性成分是新药研究的重要先导化合物。但是开展海洋药物研究也存在着不利的一面，许多海洋药用生物资源相对匮乏难以大量采集，一些海洋生物活性成分的化学结构奇特，难以人工合成，这些因素一定程度上制约了海洋药物的研究和开发。因此，如何解决海洋药物研发的药源可持续性利用问题，是当前海洋药物研究的一项重要内容。

1. 药源

众所周知，海洋占地球面积的70%以上，与陆地生物相比，海洋生物资源更丰富，有记载的达140万种，并且不断有新种被发现报道，估计有500万种，甚至可能超过5000万种，海洋环境是一个开放性的复杂系统，其高盐、高压、缺氧、温度和光照等，与陆地有巨大差异，导致海洋生物有独特的代谢方式，从而产生了大量结构新颖的化合物和新的生化过程。管华诗和王曙光（2009）在《中华海洋本草》一书中描述了近2万种天然产物；易杨华和焦炳华（2006）认为已从海洋生物中分离获得的天然化合物约有3万多种。这些天然产物对人类多种疾病具有明显的疗效，能有效地抗病毒（如人类免疫缺陷病毒，HIV）、抗肿瘤、抗真菌、杀菌、杀寄生虫，降血压、降血糖、提高免疫功能、防治心血管疾病和糖尿病及老年性痴呆症等，从而引起化学家、海洋生物学家、药理学家等的极大兴趣，大家遵照新药研制的程序和法规，成功开发了许多疗效确切的海洋药物新药。

2. 分类

我国《药品注册管理办法》（国家食品药品监督管理局，2007）中，没有单独列出海洋药物专项。海洋生物由海洋动物、海洋植物和海洋微生物等组成，所以亦属于该管理办法的范畴，海洋生物药物可以按照中药、化学药（西药）、生物制品来申报。

（1）中药 应用我国传统的医药学，在中医药的理论指导下，对海洋药用生物按现代制药品工程规范及新药审批法规，研制成为海洋生物中药，并按我国《药品注册管理办法》分为6类申报新药。

（2）化学药（西药） 对海洋药用生物的活性物质进行化学分离、提取、纯化、结构鉴定、新药的筛选等，明确其药效，经合成或半合成，研制成为海洋生物化学新药，并按我国《药品注册管理办法》分为6类申报新药。

（3）生物制品 根据我国《药品注册管理办法》附件3中的规定，“未在国内外上市销售的生物制品，单克隆抗体，基因治疗、体细胞治疗及其制品，变态反应原制品，由人的、动物的组织或者体液提取的、或者通过发酵制备的具有生物活性的多组分制品，由已上市销售生物制品组成的新的复方制品”6类用于人类疾病预防、治疗和诊断的药品可以申请注册为新药。

3. 海洋药物的特点

（1）新发展的药物研究领域 随着陆地资源的日益减少，人们对化学药品毒副作用的逐渐认识，加之严重危害人民生命的常见病、疑难病长期未能找到理想的治疗药物，传统的药物研究手段和方式又很难满足社会需求，海洋生物资源便成为医药界关注的新热点。从20世纪60年代开始，世界许多发达国家和组织，如美国、日本和欧盟等都相继将开发研制海洋生物新药作为长期的战略目标，竞相投入巨资，进行海洋天然产物和海洋药物的研究。海洋药物成为新发展的新药研究领域，不断发展并趋向成熟。我国的海洋天然产物研究始于20世纪70年代，国家投入巨资，取得较丰硕成果。

（2）种类多、数量大 浩瀚的海洋是生命之源，亦是地球上物质资源最丰富的领域。海洋蕴藏着地球上80%的生物资源，有着丰富的、陆地上所没有的药用生物。《中药大辞典》（江苏新医学院，1977）收载海洋中药134种；《中国药用海洋生物》（1977年版）收载药用海洋生物275种；《中国药用动物志》收载海洋药物236种；《中国海洋药物辞典》收载海洋药物1 600种，包括动物药1 431种，藻类药物125种，矿物药6种，具特殊药理活性的化学成分药38条；《中国海洋湖沼药物学》分别介绍了湖海药用动物760种、植物99种、矿物药9种；《海洋药物与效方》收载我国常见海洋药物208种，海药效方1 197首；《中华本草》收载了海洋药物802种。据《中国海洋生物种类与分布》（黄宗国，1994）确认，我国的海洋生物从菌类至兽类有22 561种，2012年出版的《中国海洋物种多样性》（黄宗国和林茂，2012）中报道我国海洋生物种类有28 000余种，为海洋药物的药源拓展提供了可靠的保证。《中华海洋本草》（管华诗和王曙光，2009）描述了近2万种天然产物，其中，海洋萜类化合物是海洋天然产物中最大的一类化合物，几乎达海洋天然产物的1/3以上。在各类海洋生物中都能找到，主要分布在微生物、藻类、海绵和珊瑚等类群中。此外，主要产于真菌、海绵、珊瑚、海参、海星等类群中的甾体、甾体皂苷以及产于海洋动物、藻类和微生物的生物碱、缩酮类和多醚类化合物、醌类和酚类化合物、内酯类化合物、肽类化合物、生物大分子等有1万多种。

（3）药源少、结构奇特 与陆生生物成分相比，由于海洋生物物种之间的生态作用，远比陆生生物复杂和广泛，它们特异的化学结构，是陆生天然活性物质无法比拟的。它们种类繁多、结构奇特、含量低微、活性强。主要种类除前面提到的外，还有烃类及其衍生物、大环内酯类化合物、蛋白质与酶类、核酸与核苷酸类化合物等。这些海洋药源生物的先导化合物含量微少，不少代谢产物化学结构奇特，难以人工化学合成，如大量采集，将会破坏海洋的生态环境。因此，海洋药物研制的难点主要是药源问题，它影响了新药资源的可持续足量供应，制约了海洋生物新药的发展。

（4）通过人工养殖解决药源“瓶颈” 目前已有不少海洋药源生物成功进行了规模化、工厂化人工养殖，大大促进了海洋药源生物的规模化、标准化供应。现代生物技术，如分子生物学、细胞生物学、海洋微生物学、海洋生态系统模拟、海洋药物信息学、海洋药源生物反应器的机械工程等现代高新技术的参与，促进了海洋药源生物人工养殖业的发展，将可解决海洋药物药源的不能持续供应问题。

（三）海洋药物的研究成果与发展前景

各国科学家在20世纪历经近40多年的努力，对海洋藻类、微生物、海绵、棘皮动物、腔肠动物、软体动物等海洋药源生物进行广泛的研究，从中分离和鉴定出上万种海洋生物活性物质。已申请专利保护的超过200多种，其中许多具有提高人体免疫抑制作用、强心作用、抗病毒、抗肿瘤、抗凝血、降血脂、降血压、抗菌、消炎、益智和防治老年性痴呆症等显著的药理作用，成为研制开发海洋生物新药的基础。多种新颖的先导化合物进入临床试验，另有多种新型海洋药物进入Ⅱ期临床试验，如大环内酯苔藓虫素A（bryostatin A），具有很强的抗肿瘤活性，能激活磷酸激酶C（PKC）；去氢膜海鞘素B（debydrodidemnin B），能抑制细胞周期分裂，作为蛋白合成抑制剂；海鞘素（ecteinascidin 743，Et 743）能使DNA烷基化，具有抗肿瘤作用；海兔毒肽（dolastatin 10）有抑制微管的作用，具有抗肿瘤活性；软海绵素B（halichodrin B），含有一个新的三氧杂三环癸烷系统，能与微管蛋白作用而表现出抗肿瘤作用。其他如海绵毒素（spongistatins）、异同源软海绵素B（isohomohalichondrin B）、隐藻素（cryptophycins，由一种蓝藻分离得来）、层状素N（lamellarin N，可由软体动物、被囊动物、海绵动物分离而得）等，均已进入临床试验。美国国立癌症研究所（NCI）已有6种海洋抗癌新药进行临床试验，还有2种抑制人癌细胞分裂的海洋药物，已进行临床前研究。有关资料显示，我国已有6种海洋药物获国家批准上市，分别是藻酸双酯钠、甘糖酯、河豚毒素、角鲨烯、多烯康及烟酸甘露醇；另有10种获健字号的海洋保健品。在抗肿瘤海洋药物方面，我国正在开发6-硫酸软骨素、海洋宝胶囊、脱溴海兔毒素、海鞘素A、海鞘素B、海鞘素C，扭曲肉芝酯、刺参多糖钾注射液和膜海鞘素等药物。此外，我国尚有多个国家一类新药已进入临床研究，如新型抗艾滋病海洋药物“911”、抗心脑血管疾病药物“D-聚甘酯”和“916”等（易杨华和焦炳华，2006）。

20世纪80年代以来，中山大学、中国科学院海洋研究所、中国科学院南海海洋研究所、中国科学院化学研究所、中国海洋大学等单位，对我国海洋生物资源进行了大量的调查。中国科学院海洋研究所应用基因工程技术，分离出融合别藻蓝蛋白（allophycocyanin），具有抑制肿瘤、延长生命的生物活性。中国科学院南海海洋研究所于1979年寻找到当时认为是世界上最毒的海葵毒素（palytoxin，PTX）。上海第二军医大学研究的河豚毒素单克隆抗体（tetrodotoxin monoclonal antibody），为河豚毒素（tetrodotoxin，TTX）的微量检测提供了灵敏的工具试剂。山东海洋药物研究所与复旦大学遗传研究所合作，利用基因工程研制出强心多肽海葵素（anthopleurin）。中山大学、中国科学院南海海洋研究所、中国科学院化学研究所从软珊瑚中分离出十三元环二萜内酯、去甲大环二萜内酯，发现细长裂江珧的内脏具有水溶性、非外源性的神经毒素；还从柳珊瑚中提取三丙酮胺（triacetonamine，TTA）、从鼠尾藻与铜藻中分离出三种黏多糖、从岩沙海葵中提取出活性极高的非蛋白毒素等海洋生物天然产物。

自20世纪末以来，我国各科研单位的广大科技工作者先后发现了众多的海洋生物活性物质，主要有脂质（lipids）、糖类（saccharide）、苷类（glycosides）、氨基酸类（amino acids）、多肽（polypeptides）、酶（enzymes）、萜类（terpenoids）、甾类（steroids）、非肽含氮类等化合物。

但总体上我国海洋药物的研究尚处于较低水平，一些关键性技术问题尚未得到真正解决。对样品重复采集、生理活性成分的提取及高效分离等，仍存在较多问题和困难；研究开发力量分散，缺乏特性和深度；研制出的海洋生物药物疗效尚处于一般水平，尚缺少有较高药效的海洋药物出现。海洋药物研发是高风险、高投入，但具高效益的生物药业，海洋药物必将对攻克人类重大疑难疾病，维护人类健康作出重大贡献。加入世界贸易组织（WTO）对我国医药产业创新产生巨大冲击，我国海洋药物的发展面临重大挑战与机遇，同时也有着十分广阔美好的发展前景。美国、加拿大、日本等发达国家都已制订利用海洋微生物的计划，开展海洋微生物药物和生物活性物质的研究。随着科技的进步及研究的深入，海洋微生物活性物质的分离、鉴定、保存、产生菌的筛选、活性物质合成、培养技术、纯化技术与剂型研究等，均获得了很好的成果，有些已表现出巨大的经济效益，显示了广阔的应用前景。

（四）药用海洋生物种类

1. 海洋植物类

我国海洋药用水生植物有绿藻类、褐藻类、红藻类等近70个品种。

绿藻类可用于治疗喉痛、喉炎、中暑、水肿、淋巴结核、甲状腺肿大和疮疖等，如石莼、孔石莼等。

褐藻类可用于治疗甲状腺肿大、颈淋巴结肿、慢性气管炎、哮喘、高血压等，如海带、羊栖菜等。

红藻类可用于治疗甲状腺肿、高血压、支气管炎、喉炎、水肿、麻疹，如条斑紫菜和坛紫菜。

2. 海洋动物类

（1）腔肠动物　约有10 000余种，在各海域中广泛分布。

药用水母：一些属于水螅类，一些属于钵水母类动物。在水母类中，已发现有些水母含对心血管、神经和肌肉起作用的药用物质，有的种类有抗癌药理作用，如刺丝毒素引起的效应，是由水母中肽类等物质所造成的。如海蜇、海月水母等。

珊瑚类：药用石灰质骨骼，止呕、止痌、治霍乱、治痔疮、止血、治肺病（吐血时止血）、小儿惊风、治支气管炎、痢疾。如鳞海底柏（*Melithaea squamata*）等。

（2）星虫类　星虫类动物我国有39种，属星虫动物门（Sipuncula）星虫纲（Sipunculida）星虫科（Sipunculiidae）。星虫类动物一般长管状，大致如蚯蚓，分躯干和陷入吻两部分，生活在潮间带泥沙底质海域，全虫可作药用。如光裸星虫（*Sipunculus nudus*），具有清肺滋阴、降火，治牙肿痛、阴虚盗汗、肺痨咳嗽，可代中药冬虫夏草用。

（3）软体动物　约有10万种。

石鳖类药用全体，可治颈淋巴结结核，如红条毛肤石鳖。

腹足类药用壳和肉，可治眼急性发炎，急、慢性肝炎，胃溃疡，如杂色鲍等。

双壳类提取物有抗菌、抗病毒、抗癌等药理作用，如魁蚶、毛蚶、文蛤等。珍珠具有清热解毒、祛痰等功效，可治疗哮喘、高血压，如珠母贝等所产的珍珠。

头足类石灰质内壳可供药用，其内脏墨囊可作为治疗出血的药物，如曼氏无针乌贼等。

（4）节肢动物　有100多万种，我国海洋中有2 970余种。

甲壳类提取的毒素可作药用，治神经衰弱、乳疮、头疮、皮肤溃疡、疥癣、湿癣、产后血闭、跌打损伤等，可用于堕胎。如对虾、三疣梭子蟹、中华绒螯蟹等。

肢口类药用肉、壳、尾。肉用于清热解毒，治脓疱疮、白内障；壳用于跌打损伤、创伤出血、烫火伤、带状疱疹；尾用于治疗肺结核咯血、疮疥，如中国鲎。

（5）棘皮动物　约有6 000种，其中有毒的种类约有110种，主要集中在海星纲、海胆纲和海参纲中。

海参类具有补肾壮阳、益气补阴功效，用于治疗肾虚、阳痿、肺结核咯血、再生障碍性贫血、小儿消化不良、癫痫、胃及十二指肠溃疡、糖尿病等，如刺参。

海星类毒素具有滋阴、补肾、壮阳功效，可用于治甲状腺肿大、胃溃疡、腹泻、癫痫、阳痿、风湿腰腿痛、胃痛等，如海燕、海盘车等。

海胆类毒素可制成心肌药或神经阻断新药，全体可作神经与肌肉阻断药，壳可治胃及十二指肠溃疡、甲沟炎、颈淋巴结结核、胸肋胀痛，如紫海胆、马粪海胆等。

（6）鱼类　可从鱼类的肝提取鱼肝油，用鱼精巢制取鱼精蛋白，鱼肉制取水解蛋白，鱼软骨、骨髓韧带制取软骨素，还可从鱼类中提取细胞色素丙、卵磷脂、脑磷脂等药品。有毒的鱼类有500多种，鱼类毒素及毒液有一定的药理作用，如从河豚肝中提取物作抗癌药物；它是一种氨基过氢喹唑啉化合物，能阻断神经传导，麻痹心肌，抑制呼吸以至死亡，小剂量河豚毒素在临床用于松弛肌肉痉挛和减轻晚期癌疼痛。从司氏黏盲鳗（*Eptatretus stoutii*）鳃中提取的芳香胺（eptatretin，低分子量），对蛙、狗心脏有起搏作用，对心肌缺血引起心力衰竭的狗有增强心室活动的作用。鱼类在医药上的研究和利用有着广阔的前途，可以从鱼类提取有效物质，为研究开发成新药作出贡献。

（7）爬行类　爬行类属于脊椎动物亚门爬行纲，海洋中生活的爬行动物主要是海蛇和海龟，全球有海蛇500多种，很多种类有毒，而且多为剧毒蛇类。我国医药学很早就有关于海生爬行动物药防治疾病的记载，广东省生产的海蛇酒舒筋活血，祛风湿疗效很好，如黑头海蛇等。海龟的掌、血、龟板、油、蛋、胃、肉、胆等均有润肺、健胃、滋阴、补肾功效，可用于治哮喘病、胃出血、肺病、高血压、气管炎、小孩痢疾。近年来，已不断有利用海生爬行类动物的活性物质防病治病的报道。

（8）哺乳类　哺乳类属于脊椎动物亚门最高级的一纲——哺乳纲。我国古代就已将此类动物作为药用。现已有单位将鲸类肝脏制成抗贫血剂或做成维生素A、维生素P制剂，脑垂体制成激素制剂等。近年来，已发现抹香鲸油能抑制肿瘤生长。江豚可治癞痢头（黄癣）、哮喘；海豹具补肾壮阳、益精补髓的功效，可用于治虚损劳伤、阳痿精衰、气虚体弱、性欲减退等。

二、海洋中药

海洋中药（marine traditional Chinese drugs）是海洋药物的重要组成部分。我国海洋药物（marine drugs）应用、发展的历史，就是海洋中药的历史。现存最早的中药学专著《神农本草经》中，记载了牡蛎、海藻、乌贼骨、海蛤、文蛤、大盐、卤碱、马刀、蟹、贝子、瓦楞等来自海洋的动物、植物和矿物药名。以后历代有发展，至明清时代《本草纲目》和《本草纲目拾遗》记载约100味海洋中药的名称。据粗略统计，迄今有记载的海洋中药已达700多种，充分说明了海洋中药种类众多，开发研制新药大有前景。

中药（traditional Chinese drugs）是我国传统医药学所应用的药物。因此，海洋中药是产于海洋的传统中药，或是传统中药中产于海洋的部分。与一般海洋药物相比较，海洋中药具有鲜明的中国传统医药学特点，在中医药理论体系的范畴内，赋予此类药物以性能、功效的概念，其临床应用在中医药理论指导下进行，多配伍成复方形式。与其他中药相比较，海洋中药均来自海洋，药材的品种、采集、加工等具有“海产品”的特点，由于生态环境的影响，造就了海洋中药性能、功效及应用等方面的特色。

中药又称中草药。古代记载中药的书籍称为《本草》，含“本于草木”之意。中药材品种以植物药为多数，动物药占少数。但海洋中药材（marine traditional Chinese medicinal materials）品种则相反，动物性药材显著多于植物性药材。

《神农本草经》收载海洋中药名称11个，其中仅海藻为植物性药材，大盐、卤碱为矿物药，其他8个均为动物药。《本草纲目》收载的海洋药物中藻类14种，动物类有67种。1977年出版的《中药大辞典》收载海洋中药有134种（128味），包括海洋植物药25种（13味）、海洋动物药101种（108味）、其他8种（7味）。1994年出版的《中国海洋药物辞典》收载海洋药物1 600条，其中海洋动物药1 430条，海洋藻类药125条，矿物药6条，其他特殊活性化学成分药38条。《中华海洋本草》（管华诗和王曙光，2009）描述了近2万种天然产物，在各种海洋生物中都能找到，主要分布在微生物、真菌以及海绵、珊瑚、海参、海星、藻类、红树等种类中，源于海洋动物的远远多于海洋植物。

以上数字表明，自古至今，海洋中药或是海洋药物中，动物药种类远多于植物药。海洋动物药具有种类繁多，资源丰富，生理活性强，临床疗效较好的特点。这可能是因为海洋生物中动物种类远多于植物，从门类看，海洋植物几乎仅限于藻类，海洋动物不仅有众多鱼类，而且无脊椎动物所有门类都在海洋动物中体现，有些科、属甚至门、纲、目仅在海洋中存在。在流动性大的海洋环境中，营游泳或浮游生活的低等动物的生物多样性表现更为活跃，为体内活性物质的产生创造了条件。

由于药材品种来源类别的显著差异，导致了海洋中药性能功效在总体上与陆生生物有明显的不同。

海洋中药采集加工的特点：海洋中药材的原植（动）物生长于海水、滩涂或礁石上，采集方法与陆生药材不同，大多与海洋渔业或养殖业有关。海洋生物含有大量水分，为便于储存、运输，需经干燥处理；海洋生物体内或体表含有较多盐分，需经去盐处理；动物性药材占多数，要求充分干燥，或捕获鲜品立即加工入药，或冷冻以防腐。

海洋中药的性味特点：性味理论（the theory of nature and flavor）是中药的基本理论。《神农本草经》云：“药有酸咸甘苦辛五味，又有寒热温凉四气。”一般说来，中药的寒热性质在数量上基本平均，五味则以苦辛居多。如王家葵等统计《神农本草经》（据日本森立之辑本）357种药物，计有寒性药（包括寒、小寒、微寒）126种，温性药（包括温、微温、大热）100种，平性药131种。辛味99种，甘味78种，酸味14种，苦味131种，咸味35种。海洋中药则性偏寒凉，味偏咸、甘。据统计，《中药大辞典》128味海洋中药具有咸味的占71.53%，甘味占51.82%。咸味中咸寒（凉）约占30.66%，咸平均占26.28%，咸温（热）仅占8.03%。其原因固然与海洋中药材生长于海水环境，体内及体表盐分较高，口尝味觉有关。更重要的是海洋中药以动物性药材居多。

海洋中药的功效特点：海洋中药的性味偏向，与生长环境盐分较高和动物性来源居多有关，其意义主要涉及药物的功效。海洋中药多为动物性药材，即使是植物，亦常为海产食品，营养丰富。咸能入血，“血肉有情”；咸能入肾，补益肾阴肾阳；咸能软坚散结，可治疗痰浊、淤血等坚积之证。甘能补益，调和五脏。因此，补益、软坚是海洋中药功效的特点。

海洋中药的应用特点：配伍组方（compatibility of medicines and formula）是中药临床应用的主要形式，海洋中药亦是如此。“四乌贼骨—慮茹丸”是《黄帝内经》中的名方，方中4味药，有2味（乌贼骨、鲍鱼汁）是海洋药，配伍慮茹、雀卵，用以治疗血枯病。《黄帝内经》以后的2 000年间，海洋中药复方代有发展，数量日渐增多。

海洋中药以动物药材居多，味美可食；即使是植物性药材，也常入蔬菜，具有较高营养价值。因此，海洋中药在食疗、药膳中的应用十分广泛。

1. 海洋中药的功效分类

中药的功效（efficacy），或称功能、作用，是药物对机体起治疗、保健作用的综合概括，是处方用药的主要依据。根据长期临床研究经验所积累的对药物治疗、保健作用的认识，对海洋中药按其功效进行概括、分类，使之系统、规范，有利于临床处方选药，也有助于海洋中药的开发研究。

（1）补益类　补益药（tonic）能补充人体气、血、阴、阳之不足，增强体质，提高抗病能力，以治疗虚证，或配伍祛邪药治疗正虚邪实的病证。亦称补虚药、补养药。

① 补气药。补气药（drugs invigorating vital energy）性味甘温或甘平，能补益脏腑之气，用于治疗气虚证，包括脾气虚、肺气虚或元气虚。多见肢倦乏力，神疲食少，脘腹虚胀，大便溏薄，久则脱肛或脏器下垂；或少气懒言，声低言微，喘促自汗，易于感冒；或头晕腰酸，动则气喘，畏寒肢凉，小便频数或余沥不尽等。补气药物以鱼类为主，如黄鱼、鲳鱼、鳓鱼、鲟鱼、鲈鱼、带鱼、鲻鱼、鲐鱼、马鲛、箱鲀、海鳗、锯鳐、鲨鱼翅、鲸鱼等，其他有海参、禾虫（沙蚕）、章鱼、海牛、海兔等。

② 补血药。补血药（hematonic drugs）性味甘平，能补肝、养心、益脾以滋生血液，治疗血虚证。血虚证多因营养不足，或失血过多，或机体造血功能障碍所致。表现为面色萎黄，唇舌苍白，头昏眼花，心悸怔忡，失眠健忘，或月经后期，量少色淡，甚至经闭，脉细无力。补血药以贝类的肉质部为主，如淡菜（贻贝）、吐铁（泥螺）、海螺、毛蚶、泥蚶、魁蚶、干贝、竹蛏、缢蛏、牡蛎、鲍、乌贼肉等以及海黄鳝、鬼鲉、刺鲀、泥蒜、星虫等。

③ 补阴药。补阴药（drugs invigorating yin）性味甘凉或甘寒，能补阴、滋液、润燥，治疗阴液亏虚之证。阴虚证多见心烦口干，潮热盗汗，消瘦，颧红，舌红苔少或有裂纹，脉象细数。补阴药有海龟、墨鱼蛋、牡蛎肉、西施舌、海粉、海燕、鳆鱼、鱵鱼、滩涂鱼、鱼鳔胶等。

④ 补阳药。补阳药（drugs invigorating yang）味多甘、咸，性属温热，能温补肾阳，治疗肾阳不足，畏寒肢冷，头昏耳鸣，腰膝酸软，性欲减退，或阳痿早泄，宫冷不孕，或尿频遗尿，五更泄泻，或动则虚喘等证。多种海洋动物具有温肾壮阳功效，常用如海马、海龙、海蛆、海狗肾，其他有对虾、龙虾、墨乳参、刺参、梅花参、黄姑鱼、鰕虎鱼、海星、海胆、海燕、海盘车、海葵、金钱鱼等。

（2）调理气血药类　气血在人体内不断运动，是维持生命活动的基本物质。气血不足，为气虚症、血虚症，可用补气药、补血药治疗；若气血运行失常，或气滞，或血瘀，或出血，则需采用调理气血的方法，用理气药、活血药或止血药等调理气血药类（retificatin of qi and blood）治疗，使之恢复正常运行。

① 理气药。理气药（drugs regulating vital energy）能调理气机，疏通气滞，治疗脾胃或肝、肺气滞病症。亦称行气药。气滞症多因情志郁结，或病理产物阻滞气机运行道路，表现为胸胁或脘腹痞闷胀痛，或恶心呕吐，腹泻、便秘，或乳胀、疝痛，月经不调。理气药有甲香、辣螺、椎实螺、鱼怪、馒头蟹、海胆、海盘车、海蜇、银鱼、文鳐鱼、鲻鱼、刺鰕虎鱼、绿鳍马面鲀等。

② 活血药。活血药（drugs activate blood circulation）能疏通血脉，消散淤血，治疗各种淤血阻滞的病症。又称活血祛瘀药。淤血的形成有多种原因，或外伤，或气滞，或寒凝，或痹痛日久，或中风后遗等，涉及内、外、妇、产、骨伤各科，以疼痛为主征，多为刺痛，痛点固定，局部或见肿块，有时兼有出血。活血药以节肢动物为多，多寄居蟹、鲎、梭子蟹、蟛蜞、拟穴青蟹、馒头蟹。其他有海龙、海马、锯鳐、蝠鲼、海黄鳝等鱼类。

③ 止血药。止血药（hemostatic drugs）能制止出血，用于各种内外出血症，如吐血、咯血、咳血、衄血、便血、尿血、崩漏、紫癜及外伤出血。出血原因不一，然多属热症，血热妄行所致。故

止血药大多性属寒凉。乌贼墨、乌贼骨为最常用的止血药，内服、外用均可。其他有玳瑁、海龟肉及龟胶、海浮石、海蛤粉、鱼鳔胶、珍珠及珍珠母（珍珠层粉）、珊瑚、淡菜、马面鲀、刺鲀、带鱼鳞等。

（3）调理脏腑功能药类　脏腑功能失常，可引起各种疾病。调理脏腑功能类（retification of viscera function）药物通过各自不同的功效调节脏腑功能，使之恢复正常。

① 安神药。安神药（tranquilizers）能安定神志，治疗心神不安、惊悸怔忡、失眠多梦以及惊痫、癫狂等症。安神药以贝类为主，药有珍珠或珍珠母、紫贝、砗磲、牡蛎以及珊瑚、龙虾、马鲛、鲐鱼、金钱鱼、海龟、玳瑁等。贝类中，贝壳多能镇静安神，用于狂躁不安之症，贝肉（软体部分）多能养血安神，用于虚烦不安之症。

② 平肝药。平肝药（drugs calming the liver）能平肝潜阳，息风止痉，用于肝阳上亢之眩晕、头痛、耳鸣，或肝风内动之痉厥抽搐等症。平肝药以软体动物的贝壳为主，药有牡蛎、石决明、珍珠母（珍珠层粉）、贝子、紫贝、瓦楞子、海螺、马蹄螺、江珧、榧螺、椎实螺以及玳瑁、海龟等。

③ 明目药。明目药（drugs improving eyesight）可治疗肝火、肝阳、肝虚或风热所致的目赤、目眩、目暗、目生翳障等症。明目药多属贝类，如石决明、珍珠、紫贝、贝子、马刀、珂、红螺、吐铁，还有石蟹海龟板、珊瑚、鳆鱼等。珍珠、珊瑚、石蟹、珂等研极细粉，可点心眼以明目。

④ 化痰止咳药。化痰止咳药（drugs elimininating phlegm and relieving cough）能化除痰涎，或止咳平喘，或两者兼而有之，治疗痰浊阻滞肺道引起的咳嗽气喘。海洋中药之化痰止咳药，性味多属咸寒，能软坚散结、清肺化痰，主要用于热痰症，咳喘咯痰黄稠以及中风、癫痫、瘿瘤、瘰疬等症。化痰止咳药，以藻类、贝类为主。藻类如海带、昆布、海藻、海蕴、鹿角菜、海萝、麒麟菜、紫菜、蛎菜、江蓠、石花菜、裙带菜、琼枝等，贝类如文蛤、青蛤、石鳖、海粉、马刀、瓦楞子、辣螺、蛤蜊、牡蛎等，其他的有海蜇、浮海石、海胆、海参、海马、珊瑚等。

⑤ 消导药。消导药（drugs promoting degestion and relieving dyspepsia）能消食导滞，促进消化，治疗饮食积滞之症。消导药大多功能性味甘平，用于饮食停积，脾胃运化失常，表现食欲不振，脘腹饱胀，嗳腐吞酸，恶心呕吐，大便失常等症。消导药有海蜇、海月、蛸蛑、甲香、乌贼骨、鲛鱼皮、鰕虎鱼、刀鲚、鲻鱼、鲳鱼、鲞鱼、银鱼、鳡鱼、马面鲀、黄斑鲾、鳗鲡鱼、鹧鸪菜等。

⑥ 制酸药。制酸药（drugs relieving hyperacidity）能和胃制酸以止痛，用于胃及十二指肠溃疡或慢性胃炎，胃酸过多，脘腹痞闷胀痛，吞酸吐酸之症。制酸药主要为软体动物或棘皮动物，富含钙质，可中和胃酸，有些兼有消食、行气、清热等作用。药有乌贼骨、瓦楞子、海蛤壳、牡蛎壳、东风螺壳、红螺壳、瓜螺卵、蛤蜊壳、海盘车、海燕、海星、海参肠等。

⑦ 收涩药。收涩药（drugs inducing astringency and arresting discharge）能收敛固涩，用于各种上滑脱不禁之症。本类药大多味酸性涩，分别具有固表止汗、涩肠止泻、固精缩尿、固骨止带作用，用于自汗、盗汗、久泻、脱肛、遗精、滑精、遗尿、尿频、崩漏、带下等症。最常用的收涩药是乌贼骨、牡蛎，其他有紫梢花、海葵、蛤仔、蛤蜊、海蛸、紫贝齿、贻贝、珍珠母、海燕、尖海龙、河豚、带鱼等。

⑧ 催吐药。催吐药（emetic drugs）能诱发呕吐，用于食积、痰涎停留于胸脘，或食物、药物中毒尚未吸收者。催吐法伤胃气，此类药只可暂服，不宜久用。药有食盐、海水、马来斑鲆。

（4）清热药　清热药（drugs clearning heat）能清解热邪，治疗热性病症。海洋生物久居海水或泥沙之中，由于海水苦咸，环境阴寒，海洋中药性偏寒凉，多具清热泻火功效。主要用于热毒痈疽疮疡，或外感高热等症。有些兼能滋阴、凉血、化痰、利湿、明目、制酸等，分别具有滋阴退热、凉血止血、清热化痰、清热利湿、泻火明目、清热制酸等功效，用于虚热、出血、咳喘、小便不利、目赤肿痛或胃酸过多等症。清热药有玳瑁、海龟壳、珍珠、海蜇、海胆、海蚯蚓、星虫、石鳖、海兔等。此外，多种海生藻类、海生贝类的软体部分、海生鱼类和蛇类的胆汁均具有清热功效。

（5）温里药 温里药（drugs warming up the interior）能温里散寒，用于寒邪侵犯脾胃，脘腹冷痛，呕吐泄泻等症。海洋中药的温里功效，主要是温暖肠胃，恢复中焦运化功能。

温里药有鲈鱼、鲛鳙、鲦鱼、鳡鱼、赤眼鳟、大麻哈鱼。

（6）祛湿药 祛湿药（drugs eliminating dampness）能祛除湿邪，用于湿邪停留的病症。湿邪有内外之别，可引起不同的病症，水湿停蓄于体内，小便不利，形成水肿、痰饮、淋症，应采用利水渗湿药，使水湿从小便排出；风寒湿邪停留于肌肉、骨节，形成风寒湿痹症，应采用祛风湿药，使风湿从体表解除。利水渗湿药（drugs promoting diuresis and exereting dampness）味多甘淡，以藻类为主，有海藻、昆布、海带、紫菜、裙带菜、刺松藻、铜藻、龙须菜，其他有沙蚕、海蚯蚓、银鱼、石鳖、文蛤、蝾螺、鱼脑石等。祛风湿药以多种海蛇作用最强，还有海鳗、海黄鳝、海马、海龙、海燕、河豚等。

（7）软坚散结药 软坚散结指软化和消散坚硬的结块，或痰气凝聚的结核。软坚散结药（drugs softening and resolving the hard - masses）味咸，性偏寒凉，常具有清热消痰、活血化瘀功效，用于痰瘀积聚而致的瘰疬、瘿瘤、痰核、症瘕等症，这是海洋中药的特点。此类病证包括了某些肿瘤、脏器肿大或淋巴结结核在内，是临床难治性病症。据研究，软坚散结药往往具有抗肿瘤、抗结核或抗纤维化作用。有些药具有清除血脂、软化矫管、消除动脉粥样化病变的作用，可治疗高脂血症和心脑血管疾病。软坚散结药以海洋藻类、贝类为多，如海带、海藻、海蕴、宣藻、铁钉菜、鹅肠菜、鹿角菜、铜藻、紫菜、龙须菜、石莼、蛎菜、海萝、江蓠、石花菜、裙带菜、麒麟菜，文蛤、蛤壳、瓦楞子、海菊蛤、石鳖、牡蛎、荔枝螺、红螺、辣螺等，其他还有海浮石、海胆、海星、海盘车、海马及鱼油、海狗油等。

（8）其他 某些海洋药的功效特殊，但数量较少，或只在特殊情况下使用，不列入上述各类。

① 驱虫。驱虫药（anthelmintic drugs）包括蜈蚣藻、刺松藻、鹧鸪菜、海人草、树状软骨藻、鳗鲡肉、鲨胆。

② 开窍。开窍药（resuscitation - promoting drugs）有龙涎香。

③ 止消渴。止消渴药（diabetes - arresting drugs）有文蛤、刺参。

④ 外用。多种海洋药可外用（for external use），分别有解毒、消肿、生肌、敛疮、排脓、止痛等功效。如珍珠层粉、蛤粉、海螵蛸能生肌敛疮，海狗油、海鳗油能润肤养颜，寄居蟹、梭子蟹、鲨壳能解毒排脓等。

2. 海洋中成药

海洋中成药（marine Chinese patent medicines），或称海洋中药制剂（marine Chinese material medica preparation），是按照海洋中药的处方（方剂），将药材制备成一定的形态（剂型）。因此，处方、制备、剂型是海洋中成药的 3 个重要环节。

（1）海洋中成药的处方 处方即方剂（formula），是制剂的基础。方剂种类繁多，古方、今方、经方、时方、单方、验方、秘方、临床方、实验方、自拟方等，各具一定的内涵。从早期的《五十二病方》、《黄帝内经》十三方、仲景方，到唐代《千金要方》、《千金翼方》、《外台秘要》，宋代的《太平圣惠方》、《圣济总录》，明代的《普济方》，古代方剂的数量已十分庞大，《方剂大辞典》问世以及各个方剂数据库的建立，“十万金方”已非虚言。其中由海洋药物组成的方剂，数量亦不少，尚无精确的统计数字，张金鼎（1998）编著的《海洋药物与效方》收载海洋效方计有 1 197 首。

宋代《太平惠民和剂局方》是最早的药局范本，可视为当时的处方规范。海洋中成药的处方，应当按照方剂学的要求，在处方形式和内容上力求规范。

完整的海洋中成药处方，应当包括下述内容。

① 中成药名称。一般说来，中成药处方系古代方剂者，可沿用古方名，不宜随便改动；处方系现代自拟方、经验方、临床方、实验方等，需要重新命名的，应力求规范。单方可用药材名+剂型，复方可用主药名或复方+主药+剂型，或主药+功效+剂型等。

② 处方组成。处方组成包括组成药物及用量。药材采用法定名称或通用名，有时采用原动（植）物名称及入药部位。需经炮制入药者，应采用炮制名。每味药物均需标明用量，应注意反映处方组成药物之间的剂量配比。可采用制备成1 000个制剂单位所需每味药材量，以公制重量单位标示。

③ 配制方法（简述）、剂型、规格、数量。

④ 用法、用量、必要的注意事项或疗程。

⑤ 功效、主治。功效应反映治法，采用中医药术语，必要时附加现代药理作用。主治应明确，采用中医病证名称为主，必要时附以现代医学病症名称。功效、主治应相对应。

⑥ 方解。方解或称方论，是研究者对处方的论述，形式多样，包括下述内容：以中医理论阐述适应证的病因病机，根据病机提出治则治法，按照方剂学理论论述处方来源、配伍意义、功效应用和特色。方解应注意理、法、方、药的完整性，重点在于配伍原理的阐述。

阐述方剂的配伍原理，主要运用“君臣佐使”法则解释方剂的结构关系和作用机制。处方中每一味药物的地位都应明确，从药物作用的讨论综合、归纳到全方的功效、主治。药物之间的配伍关系，主要运用配伍“七情”理论，以表达其相互作用。以“君臣佐使”法则和“七情”理论相结合，则能清晰完整地阐述组方配伍的原理。

（2）海洋中成药的制备　海洋中成药的制备，有其自身的特点。

① 药材采集。由于生长环境特殊，海洋中药材的药材采集与陆生药材全然不同，需要在沿海地区或海上结合海水、滩涂养殖业或渔业的捕捞作业进行。例如，珍珠母的采集，多在珍珠养殖场收获时剖取珍珠，珠去肉取壳；鱼首石的采集，可在汛期捕获黄鱼后加工时取出头骨中最大的一块耳石。

② 药材加工或炮制。产地初步加工，主要为去除杂质，便于储藏、运输。包括拣去杂物，冲去泥沙，淡水冲去盐分，晾干、晒干或烘干。鲜品入药者需采用冰冻或其他防腐措施。炮制是传统中药的特有方法，往往影响药物的性能。炮制方法和要求因药而异，随治疗目的不同而选择使用。如海蛤壳，可生用，或煅用，或捣末用，或水飞用。

③ 提取。中成药处方药味较多，体积庞大，每味药材均含多种成分，一般需经提取过程，以减少服用量，增加有效成分浓度，加快吸收速度，增强治疗作用。提取过程是中成药制备的关键，提取工艺和流程的确定，应经过筛选研究，其中包括几个重要环节：提取前的粉碎，确定处方中哪些药物需要粉碎，用什么方法粉碎，粉碎到什么程度；提取溶媒的选择，根据已知有效部位或成分的性质，选择适当的溶媒和用量，多用水、乙醇或其他有机溶媒以及酸、碱、盐等；提取方法和条件，方法主要有浸泡、回流、渗漉、水解等，提取的时间、温度、次数等条件需经考察；提取液的处理，经过溶媒的回收，杂质的分离、去除，提取液的浓缩、干燥等，获得半成品。

④ 造型。根据提取物（半成品）的理化性质和治疗需要，确定采用的剂型，以及相应的造型工艺路线和条件。其中，辅料的选择和使用至关重要。包括为提供造型条件而使用的赋形剂，如溶媒、分散剂、增溶剂、助溶剂、乳化剂、助悬剂、增稠剂、稀释剂、黏合剂、润湿剂等，为确定产品质量而使用的附加剂，如防腐剂、抗氧剂、pH值调节剂等以及根据临床需要而添加的崩解剂、阻滞剂、止痛剂、等渗调节剂等。中成药成型后，内、外包装设计和标签、说明书的制定，对药品的保护、方便使用和宣传介绍有重要意义。

三、海洋生物活性物质

（一）海洋生物活性物质的资源及其研究领域

1. 海洋生物活性物质的资源概况

海洋生物种类繁多，在自然界36个动物门中，海洋生物就有35个门，其中13个是海洋特有的，地球上80%的动物栖息在海洋中，此外，还存在大量的海洋植物和微生物。海洋生物的生态环境和陆地生物有很大差异，它们长期生活在高盐、高压、低温和无光照的封闭体系中，因此，海洋生物中蕴藏着大量化学结构新颖、生物活性极其强烈的物质，海洋生物物种的多样性及其代谢产物化学结构的多样性，形成了海洋生物活性物质的巨大宝库。

我国海域辽阔，纵跨暖温带、亚热带和热带3个气候带。生物物种、生态类型、群落结构方面有显著的多样性特点。在我国海域已有记载的生物共2万多种，它们隶属于44个门，其中12个门是特有的，如此丰富的海洋生物资源为海洋生物活性物质的研究与开发提供了极为良好的条件。海洋生物活性物质的原料，北方以大宗产品为优势，而南海地处热带，海洋生物种类众多，有名、优、特产品，是我国海洋生物活性物质的重要资源。

2. 海洋生物样品的采集

海洋生物样品的采集与保存比陆地生物困难得多，花费的经费也比较多。从潮间带到水深数千米的世界各大海均有海洋生物的存在。海洋生物活性物质的含量比较低，海洋生物样品经人工采集、晒干或工业酒精浸泡保存、直至使用，这个过程中也会损失了部分有效成分。近些年来，由于深水采集技术、干冰冷冻、冷冻干燥样品储存技术、活性离体测定技术、有效成分的分离技术以及先进的化学分析仪器等技术的广泛应用，现在已经能够分析测试数量极少的海洋生物的提取物。有些国家已建立海上生物实验室，进行大规模样品的采集，使得海洋生物活性物质的大量初筛工作在现场条件完成，这就大大提高了海洋生物活性物质的研究效率。

目前，海洋生物活性物质的研究主要集中在大型固有无脊椎动物和藻类上，因为这些海洋生物相对容易识别和采集。海洋微生物种类非常多，也能提供大量的海洋天然产物，但是，绝大部分海洋微生物还不清楚，很难将它们分离开，所以必须加强海洋微生物的分类学和培养条件的研究，才能在实验室中稳定地生成海洋生物活性物质。

3. 海洋生物活性物质的研究领域

海洋生物活性物质在此是指从海洋生物中分离出具有生物活性的天然物质，按照其生物活性的主要研究领域有药用活性物质、毒素、信息素与防御剂和功能性材料等。其中探索药用活性物质是当前最活跃的研究领域之一。海洋药物的研究开发途径有两种：从海洋生物中直接开发成新药的资源型；通过分子药物模型方法，从海洋生物中筛选出高活性的物质，然后通过人工合成或利用生物工程技术，在实验室里大量培养药用海洋生物的非资源型。

（1）药用活性物质　当前，癌症、心血管病、艾滋病和老年痴呆症等疾病，极大地威胁着人类的生命。而目前所用的一些化学药物，其毒副作用很大，特别是恶性肿瘤的治疗至今尚未找到一种理想的药物，寻找治疗这些严重疾病的新天然药物，其意义特别重大。随着人类以往所依赖的陆生资源日益减少，丰富多彩的海洋生物资源有着特异的药用活性物质（active substances for drugs），已成为人类开发利用的新目标。毫无疑问，寻找海洋生物新药是海洋生物活性物质的研究重点。

第一，目前已经开发应用的海洋药物种类如下。

① 海人草酸（kainic acid）。1955年日本学者 Murakami 等从红藻海人草（*Digenea simplex*）中分离出海人草酸的8种异构体，海人草酸是谷氨酸的衍生物，有驱虫作用，并曾直接作为药物广泛使

用。后来，发现海人草酸对脊椎动物中枢神经系统的神经元有兴奋作用，并能在脊椎动物中枢神经系统的某些区域内破坏神经细胞，因此，目前已不再作驱虫剂。我国的海南、东沙群岛等地盛产含有丰富海人草酸的海人草，黄海、渤海沿岸则盛产刺松藻（*Codium fragile*），其驱蛔作用是海人草的3.3倍（许实波，2002）。

② 阿糖胞苷 - C（arabinoside cytosine，Ara - C）。其先导物 spongouridine 是 1957 年 Bergmann 等从加勒比海海绵（*Cryptothya crypta*）中分离出来的，经过 20 多年的结构修饰，1980 年才正式获得应用，这是一类广泛用于抗病毒、抗肿瘤的药物。现已合成了海绵尿苷的其他衍生物——3′ - 叠氮基′ - 脱氧海绵尿苷以及氯与溴 3′ - 脱氧′ - 卤素海绵尿苷。据报道，这些化合物的抗病毒和抗肿瘤活性更强。我国南海佳丽鹿角珊瑚（*Acropora pulchra*）和南海多刺网结海绵（*Gelliodes spinosella*）中也提取出胸腺（尿）嘧啶脱氧核苷类化合物（许实波，2002）。

③ 噻孢菌素（cephalothin）。1952 年 Crawford 等从意大利撒丁岛附近的海洋污泥中分离到的真菌（*Cephalosporium acromonium*），经培养后分离出头孢菌素 C。头孢菌素 C 的抑菌作用并不强，但它可以分解为 7 - 氨基头孢霉烷酸（7 - amino - cephalosporanic acid），从而制取一系列半合成的头孢菌素类抗菌素，如噻孢菌素（cephalothin）等。头孢菌素类抗菌素与青霉素类抗菌素同为 β - 内酰胺类抗菌素，不同的是头孢菌素类抗菌素中含有一个噻嗪环，而青霉素类抗菌素中含有一个噻唑环。与陆地相比，从海洋中分离出的细菌所产生的抗菌素迄今仍然极少。但是，我们会发现，海洋微生物生存与陆地的环境条件不同，能使它们在代谢过程中产生与陆地微生物所产生的结构不同的抗生素或其他活性物质，是 21 世纪中开发海洋药物的重要课题。所以，近些年来，关于海洋微生物活性物质的研究报告急剧增加，我国在这方面的研究也已取得了较大的成就（许实波，2002）。

④ 巴丹（cartap）。日本学者 Iline 等于 1934 年从异足索沙蚕及马陆中分离出含有硫碱基、具有杀虫作用的沙蚕毒素（nereitoxin），1960 年 Hashimoto 等才确定其化学结构。1968 年又经 Sakai 等对它进行结构修饰和生物试验最后才开发出巴丹。目前，巴丹作为农药在农业上已广泛应用（许实波，2002）。

⑤ 前列腺素（prostalandins，PGs）。1969 年 Weiheimer 等从加勒比海柳珊瑚（*Plexaura homomalla*）中发现了丰富的前列腺素前体 15R - PGA_2及其衍生物，这一研究成果掀起了海洋生物中寻找前列腺素的高潮。后来，人们将其进行结构修饰制备具有强烈生理活性的前列腺素 15S - PGA_2及其衍生物，20 世纪 70 年代中期 Miyares 等在 *Flabellum linneo*、*Murceopsis flavida* 等珊瑚中也发现前列腺素。20 世纪 80 年代后期 Guerriro 等从南印度洋珊瑚（*Leiopathes* sp.）中分离出前列腺素，日本学者 Iguchi 等从日本产珊瑚（*Clavularia virides*）中分离出新型带环氧基的前列腺素。前列腺素是人体一类重要激素，具有强烈生理活性和高度专一作用，与机体生长、发育、繁殖等均有密切关系。珊瑚仍是目前人们获得大量前列腺素的唯一可利用的动物源（许实波，2002）。

⑥ PSS 藻酸双酯钠（polysaccharide sulfate）。它是在褐藻酸钠分子的羟基及羧基上分别引入磺酰基和丙二醇基形成的双酯钠盐，是由青岛海洋大学（现中国海洋大学）等单位联合研制成功的我国首创的防治缺血性心、脑血管病的海洋药物。PSS 的研制成功，使我国在海洋药物的研究领域达到国际先进水平（许实波，2002）。

⑦ 此外，我国已开发出鲎试剂，珍珠精母注射液，刺参多糖钾注射液，海星胶代血浆，褐藻淀粉硫酸酯，甘露醇烟酸酯等十几种海洋药物（许实波，2002）。

第二，目前正在研制中的海洋药物如下。

① 海兔素（dolastatin）。是 Pettit 等于 1976 年从腹足类软体动物（*Dolabella auricularia*）中首先发现的抗肿瘤活性物质，目前已经发现了 10 多个海兔素化合物。这是一类具有抗肿瘤活性物质，海兔素 - 10 是迄今发现活性最强的，其对 P_{388}白血病细胞的 IC_{50}为 0.04ng/ml，此外，还具有强烈的抗

真菌作用。海兔素-10已经进入临床Ⅱ期实验阶段（许实波，2002）。

② 膜海鞘素（didemnin）。是 Rinehart 等于 1981 年从被囊动物膜海鞘（*Trididemnum soltidum*）中发现的抗肿瘤活性物质，目前已发现了 10 多个膜海鞘素化合物，该类化合物有很强的抗肿瘤作用，对 L_{1210} 白血病细胞的 IC_{50} 为 2 μg/mL，并对几种淋巴细胞有较强的免疫作用。Didemnin-B 于 1984 年进行Ⅰ期临床实验，是第一例进入临床实验的海洋药物，目前，已完成Ⅱ期临床实验（许实波，2002）。

③ 苔藓虫素（bryostatin）。是 Pettit 等于 1982 年从苔藓动物总合草苔虫（*Bugula neritina*）中发现的抗肿瘤活性物质，目前已经发现的苔藓素有 19 个有机化合物，bryostatin-1 已经进入Ⅱ期临床实验阶段。实验结果表明，它能抑制 DNA 合成，对蛋白激酶有很强的结合力，能够刺激蛋白质磷酸化及激活完整的多核形白细胞，对 P_{388} 白血病细胞的 IC_{50} 为 0.892 μg/mL（许实波，2002）。

④ discodrmolide。是 Pomponi 等于 1987 年从海绵（*Discodermia dissoluta*）中发现的抗肿瘤活性物质，目前，已经由 Novartis 公司用于临床试验。药理研究表明，该化合物的抗肿瘤作用机制与紫杉醇类似（许实波，2002）。

⑤ 中国科学院海洋研究所从海带中开发出纯天然海洋新药 FPS，该药物对治疗心、脑、肾血管病效果好，无毒副作用，特别对改善肾功能，提高肾脏对肌酐清除率效果显著。

以上所列举的只是比较典型的使用中和研制中的海洋药物，有些还没有被列入，像在美国国立癌症研究所已经进入临床实验阶段的，除了 dolastation-10、didemnin-B、bryostatin-1、discodrmolide 以外，还对近 10 种活性物质进行临床试验。有些海洋生物活性物质在我国及日本、欧洲等国家或地区也正在临床试验阶段，但是从数量上与陆生药物相比仍有很大差距。人们对海洋药物的研制仅仅是 40 多年历史，现代新药的研究开发是一项费时间、高投入的项目，需要多学科、多方位的协作配合。据美国有关资料表明，新药从筛选到上市的成功率仅为 1/10 000～1/8 000，研究周期为 8～12 年，投资达 1.0 亿～1.5 亿美元。现在大量的研究课题仍均处于研究开发阶段，目前在全世界范围内，从海洋动、植物和微生物中已发现了 1 万多个新化合物，我国已报道约 300 个新化合物。它们中许多具有较强抗肿瘤、抗病毒、抗艾滋病和心脑血管活性的有机化合物，相信不久的将来这些活性物质，有不少可以研究开发成为海洋生物新药或新药的先导物（许实波，2002）。

（2）海洋毒素　海洋毒素是指从海洋生物中分离出的具有强烈生理活性，特别是致命毒性的化学物质。由于麻痹性中毒、西加中毒和赤潮中毒三大海洋生物公害严重，威胁人类海上生产和生活，所以人们对海洋有毒成分的研究有悠久历史。由于海洋毒素的含量极微，结构极其复杂，所以发展一直非常缓慢。近年来，由于提取分离技术和分析测试技术的进步，使得海洋毒素的研究有了飞跃的发展，所以海洋毒素成为海洋生物活性物质研究中进展最快的领域之一。下面扼要介绍几种重要的海洋毒素。

① 河豚毒素（tetrodotoxin，TTX）。河豚毒素是人们最熟悉的一种天然毒素，1964 年才确定其化学结构，1971 年由 Goto 等和 Keana 等分别通过不同的方法完成了全合成的工作。从而，河豚毒素的结构也得到了最后的证实。现在，又发现了近 10 个河豚毒素的同系物。河豚毒素是一种具有剧毒的弱碱性的无色结晶物质，LD_{50} 为 10 μg/kg。河豚毒素在细胞膜上能阻碍钠离子透过钠通道，阻碍兴奋传导，作为药物研究的工具药。河豚毒素具有抗癌作用，如对肝癌的抑制率为 37% 以上，对 S_{180} 的抑制率为 30% 以上，对其他癌症也有一定的效果。同时，河豚毒素的局部麻醉作用甚强，可作麻醉剂。我国解放军药物化学研究所和河北省水产研究所于 1979 年成功分离出河豚毒素，其产品不仅在国内几十个单位使用，而且远销西欧、北美等五国的十几个实验室，质量达到国际水平（许实波，2002）。

② 石房蛤毒素（saxtoxin，STX）。Schantz 等于 1957 年从一种阿拉斯加白塔蛤 *Saxidomus gigante-*

us 中发现的剧毒麻痹性甲壳类毒素，其毒性与河豚毒素差不多，石房蛤毒素 LD_{50} 为 8 μg/kg。Clardy 等于 1975 年通过 X 射线衍射的方法确定其结构。现在又发现 10 多个石房蛤毒素的同系物。石房蛤毒素与河豚毒素同样有胍胺基，同样有选择性阻碍 Na^+ 流入，也可考虑作为工具药使用。它们同属麻痹性神经毒素，具有局部麻醉作用，其作用强度比正常的局麻剂高千倍。目前，已将石房蛤毒素或河豚毒素与常用的局部麻药配伍使用。近来研究发现石房蛤毒素、河豚毒素不仅存在于鱼类、贝类中，而且广泛存在于藻类、软体生物和某些海洋细菌中。现在已确认这种毒素的真正生产者是涡鞭毛藻（*Gambierdiscus toxius*），通过食物链在二枚贝中积累，造成高死亡率的麻痹性贝中毒（许实波，2002）。

③ 西加毒素（ciguatoxin，CTX）。20 世纪 60 年代夏威夷大学 Scheuer 等首次从中毒的鱼中分离出西加毒素，并推测出分子内有多个醚结构的化合物。后来又从西加鱼类、岗比甲藻等生物中分离出它及其同系物，直到 20 世纪 80 年代末才将其结构搞清。西加毒素是一种剧毒的聚醚类化合物，LD_{50} 为 0.45 μg/kg。这是自然界分布最广的一种毒素，每年都有许多人受害，主要症状是泻痢、呕吐、血压下降、脉搏减缓、知觉异常等。虽然，由此引起的死亡率较低，但较为重要的鱼类因有毒化，从而危及食品卫生和经济。西加毒素已从海藻附着物涡鞭毛藻的培养物中分离出来，因而，这种毒素的生产者可能也是涡鞭毛藻（许实波，2002）。

④ 沙群海葵毒素（palytoxin，PTX）。20 世纪 70 年代初，沙群海葵毒素已经从腔肠动物海葵（*Palythoa* sp.）中分离出来，直到 1981 年正田义正等和 Moore 等才确定其化学结构。这是迄今所报道的最毒非蛋白物质，其 LD_{50} 为 0.15 mg/kg，1985 年日本人上村大浦等又从冲绳的海葵（*P. tuberculosa*）中分离出 4 个沙群海葵毒素的同系物。海葵毒素具有多种生理性，它是一种溶血剂，能使红血球的细胞膜产生小孔，使 Na^+、K^+ 等离子在膜上的通透性增加，这可以发展成为研究膜的工具药。它是一种非常强的心血管收缩剂，只要 16～17 mol/L 就能引起豚鼠冠状动脉完全收缩，又能使冠状动脉痉挛，可以作为一种药理研究的工具药。它还具有极强的抗肿瘤活性，能在致死量 1/10 的情况下完全治愈小鼠 Ehrlich 的腹水癌（许实波，2002）。

⑤ 赤潮毒素（brevetoxin，BTX）。涡鞭毛藻、硅藻和蓝藻等海洋生物季节性大量繁殖时，能使海水变红，称为赤潮。由于赤潮的发生，这些浮游生物产生的赤潮毒素引起鱼贝类大量死亡。自 1981 年从藻类（*Cymnodinium breve*）中分离出 brevetoxin－A，至今已获得 7 种以上此类化合物，brevetoxin－A 的 LD_{100} 为 4 ng/kg，其结构直到 1986 年才被确定。赤潮毒素也是一类神经毒素，能与细胞离子通道有选择性地结合（许实波，2002）。

此外，膝沟毒素（tonyautoxin），刺尾鱼毒素（maitotoxin），海参毒素（holotoxin），鱼腥藻毒素（antoxin），海兔毒素（aplysiatoxin），扇贝毒素（pectenotoxin）和冠柳珊瑚毒素（lophotoxin）也是重要的海洋毒素。近年来，肽类毒素的研究取得了较大的成就，已经分离出芋螺毒素（conotoxin），海葵毒素（anthoplerin toxin），章鱼毒素（cephalotoxin）等数十个肽类毒素。它们都具有独特的离子通道作用、强烈的细胞毒和神经毒作用。从化学结构可分为含氮化合物、聚醚类和肽类化合物等，其中聚醚类毒素是最为引人注目的。海洋毒素不仅在分子生物学和生物医药的研究和应用方面有广泛前景，而且有可能作神经系统和心血管系统药物的先导物。

（3）信息素与防御剂　由于海洋生物物种之间的生态作用远比陆地生物复杂和广泛，其作用多数是通过物种间的信息与防御剂（pheromones and allomones），如信息素（外激素，pheromone）、防御剂（异种信息素，allomone）、逃避原因物质（利他激素，kairomone）和拒食剂（feeding deterrent）等来实现。Mackie 等研究了光滑笠贝（*Acmaea limatula*）对海盘车（*Piaster ochraceus*）的分泌物质呈逃避行为的原因是甾体葡萄糖苷的硫酸盐所引起的。这种活性物质经水解后生成的主要活性成分为海盘车甾酮（marthasterone）。海参（*Holothuria difficilis*）在受到鱼类等外敌攻击时，放出居维氏管（Cuviers duct），其中含有强烈毒性的毒素——海参皂苷－A（holothurin－A）来攻击外敌，令鲨鱼等也感到恐惧，不敢接近。食草性卷贝黑彩螺（*Melagraphia aethiops*）与食肉性卷贝曳螺（*Haustrum haustrum*）接触时呈现逃避行为，其原因是鳃下腺分泌的胆碱衍生物——尿刊酰胆碱（urocanyl choline）所造成的。当秀丽黄海葵（*Anthopleura elegantissima*）在附近的个体受损伤时对体液所含的一种信息产生反应，呈现显著的收缩行为，其原因是氯化（3－羧基－2，3－二羟基－N，N，N－三甲基）－1－丙铵，这是一种海洋无脊椎动物的信息素。从海洋蓝藻（*Lyngbya majusculla*）中分离出δ－内酯化合物，具有抗白色念珠菌和新型隐球菌作用，是一种昆虫信息素。海绵和海藻中广泛存在西松烯类化合物，西松烯醇也是一种昆虫留迹信息素。此外，还从发光鱼等海洋生物中分离出许多信息素类的发光剂。海洋生物这些特殊功能物质对研究开发信息素、杀虫剂、除草剂、灭菌剂和拒食剂等方面都有重要意义。

（4）功能性材料　从海藻中分离出的多糖硫酸酯类——卡拉胶和琼胶，在医药上可作为微生物培养基、乳化剂、稳定剂、凝固剂等功能性材料（functional materials）应用。卡拉胶和琼胶可用于果冻、奶冻、凉粉、软糖、果酱等多种食品中。卡拉胶还可以用于牙膏、润肤霜和洗发香波等化妆品。

来自于虾、蟹等甲壳类动物的多糖甲壳质（chitin）、甲壳胺（chitosan，可溶性甲壳质）在医药上可作为药物的缓释、控制剂和外科缝合手术线，手术线具有促进伤口愈合及被人体吸收作用，术后不必拆线等优点。甲壳质是制造人造皮肤的最佳材料，在农业方面可作为抗病促生长剂、农药缓释剂及种子的包衣剂等。在纺织印染工业上作为织物防缩、防皱整理剂、硫化染料的固色剂、涂料印花的固着剂。在工业上，可作为处理污水和捕集重金属的沉降剂等。

（二）海洋生物有效化学成分的研究

目前，从海洋生物来源的民间药物与陆地上来源的相比，为数甚少，因此，过去从海洋生物寻找生物活性物质的工作以随机筛选为主。关于海洋生物活性物质的筛选，在20世纪50年代以抗菌为多，到20世纪60年代，美国国立癌症研究所开始筛选肿瘤活性物质，20世纪70年代以来，开始大规模的筛选，主要是侧重在抗肿瘤、抗病毒、抗炎、强心等作用，并发现了多种生物活性物质，20世纪90年代有多个海洋生物活性物质进入临床试验阶段。当前，海洋生物活性物质的大量筛选工作仍然侧重在抗肿瘤和抗真菌等方面。

由于在海洋生物中找到了许多具有重要生物活性和药用前景的有机化合物，使得沿海国家，尤其是美国、日本及欧洲各国先后制订了研究、开发海洋生物活性物质的计划，并取得了许多重要成果。卫生部于1979年7月在青岛主持召开首次海洋药物座谈会，这标志着我国现代海洋药物科学研究进入蓬勃发展的新时期。自1982年以来在全国高等学校、中国科学院及部、省、市等先后成立了多个研究所、研究小组专门从事海洋生物活性物质的研究，我国科学工作者经过30余年的不懈努力，在海洋生物活性物质的研究上，不管在应用开发研究还是在基础科学研究方面，都取得了重大的成果。

海洋生物有效化学成分，是指从海洋生物中分离纯化出具有生物活性的天然有机化合物。可来自于海藻、海绵、腔肠动物、苔藓动物、棘皮动物、被囊动物、海兔、鱼贝类等海洋动、植物和海洋微生物。研究得最多的海洋生物是海藻、海绵，其次是珊瑚。按照其化学结构类型主要分为多糖类、聚醚类、大环内酯、萜类、生物碱、多肽、甾醇、苷类和不饱和脂肪酸等化合物。新化合物是以甾醇最多，其次是萜类，生物碱也占有一定的比例。

1. 多糖类

人们对糖类化合物的认识，最初是看做食物中能量和纤维素的来源。海藻等多糖类（polysaccharides）的化学结构是极其复杂的。经过近百年人们对琼胶组分的研究，特别是荒木等在20世纪40—50年代所做的细致系统的研究，才弄清楚了琼胶主要是由琼胶糖分子构成。琼胶糖是由1，3连接的β-D-吡喃半乳糖与1，4连接的3，6-内醚-α-L-吡喃半乳糖反复交替连接的链形分子中性糖。来自海藻的琼脂（agar）、角叉藻聚糖（卡拉胶，carrageenan）、褐藻胶（海带多糖，algin）等多糖在生化、医学上作为培养基、悬浮剂和乳化剂应用。琼脂多糖硫酸酯、角叉藻多糖硫酸酯和海带多糖硫酸酯等具有抗凝血、降血脂和止血等作用，已在临床上获得应用，我国已开发出PSS和FPS等药物（许实波，2002）。

同时，人们发现多糖类及其缀合物（糖蛋白、糖脂等）参与了细胞各种生命现象的调节，是一种免疫调节剂。它能激活免疫细胞，提高机体的免疫功能，而对正常细胞没有副作用。因此，硫酸多糖作为抗肿瘤药、治疗艾滋病等抗病毒药和抗衰老药，在临床上已显示出越来越多的应用前景。例如，Nakashima等从红藻（*Schizymenia pacirica*）中提取的多糖硫酸盐（SAE），分子质量为2×10^6 D，能显著地抑制HIV感染的人MT-4细胞内HIV的复制；辛现良等研制出的一种海洋硫酸多糖“911”具有抗艾滋病病毒作用；来自棘皮动物的黏多糖（mucopolysaccharide）具有凝血、降血脂、抗病毒、抗肿瘤等作用；从虾蟹等外壳中提取出的甲壳质、甲壳胺及其衍生物，在工业和医药上除作为絮凝剂、功能膜、凝血剂和药物的缓释剂应用外，目前还作为抗肿瘤、抗衰老、抗动脉粥样硬化和心血管疾病的药物研究开发（许实波，2002）。

由于海洋生物中提取出具有生物活性的多糖，往往是组分复杂、分子质量变化很大，又因糖类的多个羟基，而且在还原末端连接时又有α和β两种构型，使得糖在连接时出现多种异构体的可能性，所以在研究其结构与功能关系时遇到很大的困难。同时，这也给科学工作者带来了许多机遇。

2. 聚醚类

来自海洋生物的聚醚类（polyethers）化合物多数是毒素，并具有强烈的生理活性。最有代表性的聚醚类化合物是沙群海葵毒素，这是非蛋白毒素中最毒的毒素，有显著的抗肿瘤作用，并促使血管强烈收缩和冠状动脉痉挛。Yasumoto等从虾夷扇贝（*Patinopecten yessoensis*）中分离到四种扇贝毒素的同系物（pectenotoxins），这是一类具有新颖碳骨架的聚醚类，并具有强的肝脏毒性。Tachibana等从日本海绵（*Halivchondria okadai*）中分离出大田酸（okadaic acid），其对P_{388}和L_{1210}白血病细胞的IC_{50}分别为1.7×10^{-3} μg/mL和1.7×10^{-2} μg/mL。后来，上村等从同一种海绵中分离出norhalichondrin-A和halichondrin-B，其对B_{16}黑色肿瘤细胞作用的IC_{50}分别为5.2 μg/mL和0.093 μg/mL，对接了B_{16}黑色肿瘤细胞和P_{388}白色肿瘤细胞的小鼠，当给予halichondrin-B的剂量为5 μg/kg时，其延长生命效率为244%和236%，这是一类很有希望的抗肿瘤化合物（许实波，2002）。

3. 大环内酯

海洋生物体内的大环内酯（macrocyclic lactones）化合物，具有特殊结构和强烈的生理活性，因而引起人们的广泛注意。例如，Moore等于1988年从海鞘（*Lissoclinum patella*）中得到一种含有噻唑基团的大环内酯patellazole-B，该化合物对KB细胞具有较强的抗肿瘤活性，其IC_{50}为0.3 μg/mL。同年，Moore等还从海绵（*Hyattele* sp.）中分离出对KB细胞有剧毒（IC_{50}为15 mg/mL）的两种大环内酯lausimalide和isolaulimalide，同时又从一种正在捕食这种海绵的狭长多彩海牛（*Chromodoris lochi*）中分离出这两种化合物，由此认为这些化合物的真正生产者是该海绵。Ishibashi等从伪枝藻（*Scytonema pseudohofmanni*）中分离出的scytophytin-A是强烈的细胞毒素和杀菌剂，对KB癌细胞最低抑制浓度为1 ng/mL，在浓度为10 μg/mL时，具有广谱的抗真菌作用。Pettit等从总合草苔虫（*Bugula neritina*）中分离出一系列具有抗肿瘤活性的大环内酯类苔藓虫素bryostalinx，其中bryostatin-1对白血病细胞P_{388}的ED_{50}为0.89 μg/mL，当剂量为10~70 μg/kg时，可使患有P_{388}的小鼠的 T/C 值为 52% ~96%，由美国国立癌症研究所进行生物试验，目前已进入临床试验。而 bryostatin - 4 对 PS 淋巴细胞的 ED_{50}值为 1.8×10^{-5} μg/mL，是继 bryostatin - 1 之后另一种正处于临床试验中的化合物。林厚文等从广东省大亚湾产总合草苔虫中分离出新的苔藓虫素bryostatin - 1，对 U_{937}单核白血病细胞株有极强的杀灭作用（ED_{50}为 2.8×10^{-3} μg/mL）。小林淳一等从珊瑚和海绵等生物中分离出共生的双鞭毛藻（*Amphidinium* sp.）在实验室里成功地大量繁殖培养，并分离出抗肿瘤活性成分 amphidinolide - A、amphidinolide - B、amphidinolide - C，这 3 种化合物对小白鼠白血病 L_{1210}细胞显示强的活性，IC_{50}值分别为 2.4 μg/mL，0.000 14 μg/mL 和 0.005 8 μg/mL。其中，化合物 amphidinolide - B 的活性最强，比目前广泛作用的抗癌药丝裂霉素强 1 400 倍。在实验室里利用生物工程技术大量繁殖培养海洋共生微小藻，从中获得具有较强生理活性物质将是今后一个很重要的研究方向（许实波，2002)。

4. 萜类

萜类（terpenes）是异戊二烯首尾相连的化合物。海洋萜类化合物的增长速度最快，许多具有独特的、新型碳骨架的萜类化合物不断地在海洋生物中被发现，其中在海藻和海绵中蕴藏的海洋萜化合物最为丰富。海洋萜类是海洋天然产物中为数较多的化合物，以倍半萜、二萜、二倍半萜居多，三萜化合物极少。Weiheimer 等从加勒比海柳珊瑚（*Plexaura homomalla*）中发现含有大量前列腺素前体 15R - PGA_2及其衍生物，是海洋天然产物最重大的成果之一，它不但推动了前列腺素研究的发展，也促进了海洋生物活性物质的研究。20 世纪 80 年代，Suzuki 等和 Sakemi 等分别从海藻 *Laurencia obtusa* 和 *L. venusta* 中发现新的萜类化合物 thyrsiferol，thyrsiferyl 23 - acetate 和 Venustatriol，它们都显示出强烈的细胞毒性，其中化合物 39 活性最强，对 P_{388} 细胞的 ED_{50}为 0.3 ng/mL。Luisa 等于 1994 年从海绵（*Dysidea avara*）中分离出两种倍半萜类化合物 avarol 和 avarone，在 1 μg/mL 浓度下能抑制 HTVL - III/LAV 的表达，而化合物 avarol 虽然有些细胞毒性，但对 H_9细胞或正常人外周淋巴细胞无抑制作用，抗 HIV 活性与氢氯噻嗪（hydrochlorothiazide，HZT）相似。鉴于它们的抗 HIV 活性，又具有免疫调节及低毒性的特点，可望开发成为治疗艾滋病的新药。曾陇梅等从南海杯叶海绵（*Phyllospongia foliascens*）中分离出的新二倍半萜 phyllofenone - B，对 P_{388}白血病细胞显示出强烈的作用（IC_{50}为 5 μg/mL）。苏镜娱等从南海一种软珊瑚（*Sarcophyton tortuosum*）中分离出新型四萜化合物扭曲肉芝甲酯，具有强烈地使子宫收缩作用，其效价相当于目前临床用的缩宫素的一半。同时，它对小鼠体内的 S_{180}具有显著抗癌活性。饶志刚等在我国南海一种海绵（*Rhabdastrella globostellata*）中发现的异臭椿三萜（isomalabaricane triterpene）rhabdastrellic acid - A 对 A - 549 人肺腺癌细胞的抑制率为 60%（浓度为 10^{-7}mol/L)；BALB/c - nu/nu 裸鼠，腹腔注射 50 mg/kg、35 mg/kg、20 mg/kg 时，对人肺巨细胞（PG）癌的抑制率分别为 59.5%、58.3%、50.5%（环磷酰胺为阳性对照，其抑制率为 50.5%），可望开发成为一种高效低毒的抗肿瘤海洋新药（许实波，2002)。

5. 生物碱

生物碱（alkaloids）是生物体内一类含氮有机化合物的总称，它们有类似碱的性质，能和酸生成盐，有旋光性和显著的生理活性。来源于植物中的许多生物碱已成为重要的药物，因此，生物碱一直是天然有机化合物的重要研究领域之一。自 1983 年 Kirkup 等首次从红藻（*Martensia fragilis*）中分离出吲哚生物碱 fragilamide 后，越来越多的生物碱从海洋生物中被发现，这些生物碱多数来源于海绵，并且都有特异化学结构和生理活性。例如，Sakai 等和邓松之等分别从冲绳产海绵（*Halichona* sp.）和海绵（*Pellina* sp.）中分离到 manzamin - A，具有强的抗肿瘤活性（对 P_{388} 细胞的 IC_{50}为 0.7 μg/mL）和强烈的抑制金色葡萄球菌作用（MIC 为 6.3 μg/mL）。Cimino 等从海绵（*Reniera sarai*）中分离出自然界罕见的新型生物碱 isosarain - 1，可作为相转移催化剂。Perry 等从海绵（*My-*

cale sp.）中分离出 mycalamide－A，体外对 P_{388}细胞作用的 IC_{50}值为 2.6 μg/mL；体内抗 P_{388}作用的 T/C 值为 183%，体内对 RNA 病毒抑制作用的 T/C 值大于 350%，是一种最有希望的抗病毒及抗肿瘤的有机化合物之一（许实波，2002）。

6. 环肽

一分子 α－氨基酸中的羧基与另一分子 α－氨基酸中的氨基生成酰胺键，所得的化合物叫做肽。肽分子中的酰胺键叫做肽键，由多个肽键组成环状的化合物叫做环肽（cyclic peptides）。海洋生物中的环肽，大多数具有抗肿瘤活性，因此成为最为吸引人的研究领域之一。海洋环肽化合物大部分来自海鞘。自 1980 年 Ireland 等从一种海鞘（*Lissoclinum patella*）中发现一个具有抗肿瘤活性的环肽 ulithiacyclamide 以来，环肽不断地从海洋生物中被发现。Itagaki 等从海绵（*Theonella* sp.）中分离出新型含有噻唑的环肽化合物 keramamide F，对 KB 细胞和 L_{1210}细胞的 IC_{50}值分别为 1.4 μg/mL 和 2.0 μg/mL。Toske 等从菲律宾海鞘 *Didemnum molle* 中分离出 cyclodidemnamide，在体外对人结肠癌细胞 HCT－116 有细胞毒性（ED_{50}为 16 μg/mL）。最令人注目的是 Rinehart 等于 1981 年从海鞘（*Trididenum solidum*）中分离出 3 种环肽——didemnin－A、didemnin－B、didemnin－C，1995 年 Rinehart 等又从同一种海鞘中分离出 7 个新的 didemnins，它们都具有体外和体内的抗病毒作用和抗肿瘤活性，其中以 didemnin－B 的活性最强，对 DNA 疱疹单纯病毒Ⅰ、Ⅱ的抑制量为 0.05 μg/mL；对 L_{1210}细胞的 IC_{50}为 7.5×10^{-4} μg/mL；对人体的乳腺癌、卵巢癌、肾癌等细胞，在剂量为 0.1 μg/mL 时，1 h 内可观察到明显的抑制作用。对患有 P_{388}白血病和黑色素瘤的小白鼠的 T/C 值分别为 199% 和 160%。目前已进行Ⅱ期临床试验，这是一种最有希望开发成为治疗癌症的新药（许实波，2002）。

7. 甾醇

甾醇（sterols）是生物膜的重要组成部分，也是某些激素的前体。从海洋生物中已分离出不少具有不同支链的甾醇和多羟基甾醇，有些甾醇具有明显的抗肿瘤、降血脂、抗菌和抗病毒作用。李瑞声等从一种南海软珊瑚（*Sinularia microclavata*）中分离出新 3β，5*a*，6β－三羟基－24－亚非拉甲基胆甾醇。饶志刚等从南海一种海绵（*Rhabdastrella globostellata*）中分离出具有强心血管活性的新胆甾醇 rhabdasterol。Sun 等从海绵 *Petrosia weinbergi* 中分离出两种新的甾醇硫酸盐 weinbersterol disulfate－A、weinbersterol disulfate－B，都具有体外抗猫白血病病毒作用，其 EC_{50}分别为 4.0 μg/mL 和 5.2 μg/mL，甾醇硫酸盐还显示体外抗 HIV 作用，其 EC_{50}值为 1.0 μg/mL。Fusetani 等从海绵 *Topsentia* sp. 中获得的末端带呋喃基的多羟基甾醇硫酸盐 topsentiasterol sulfate D，在浓度为 10 μg/disk 时，不仅具有广谱微生物作用，同时还具有抗真菌作用（许实波，2002）。

8. 苷类

苷类（glycosides）是由糖或糖的衍生物（氨基糖、糖醛酸等）与另一非糖物质（苷元或配糖体），通过糖的端基碳原子连接而成的化合物。海洋苷类绝大多数来自海星、海参和海绵，其他海洋生物中很少发现苷类。大多数苷类化合物具有抗肿瘤、抗菌、抗病毒、强心和溶血作用，因此，人们十分重视海洋苷类化合物的研究。由于它们的化学结构比较复杂，所以化学结构的确定比较困难。早在 1955 年 Yamanouchi 等已从荡皮海参（*Holothuria vagabunda*）的体壁中分离出海参素（holothurin），直到 1978 年 Kitagawa 等才确定海参素－B 的完整化学结构。此后，大量结构新颖、具有强生理活性的苷类从海洋生物中分离鉴定出来。例如，Riccio 等从海星（*Marthasterias glacialis*）中分离出多羟基甾醇苷 glacialosides－A。龙康侯等从南海一种软珊瑚（*Lemnalia bournei*）中分离到一种具有一定心血管活性的新二萜苷类化合物 lemnabourside。邓松之等从一种南海海绵（*Iotrochota ridley*）中分离出具有强细胞毒的新鞘类酯糖苷 iotroridoside－A，对小鼠 L_{1210}白血病细胞毒的 EC_{50}为

80 ng/mL（许实波，2002）。

9. 不饱和脂肪酸

海洋生物中的不饱和脂肪酸（unsaturated fatty acids）有二十碳四烯酸（AA），二十碳五烯酸（EPA）和二十二碳六烯酸（DHA），其药用价值甚高。最近，国外已大量用于防治心脑血管疾病。例如，利用EPA治疗动脉粥样硬化和脑血栓，此外，还有增强免疫功能和抗癌作用。在鱼油中含有极其丰富的不饱和脂肪酸，在多管藻等红藻中含量也相当高。目前，海洋不饱和脂肪酸的开发可探索一些应用高新技术进行分离、纯化的研究，为工业化提供一种操作简便、工艺条件稳定的方法。例如，利用超临界CO_2萃取技术等方法进行大量处理，提高产品的质量，降低成本等问题的研究（许实波，2002）。

以生物工程手段培养海洋微生物（主要是海洋细菌、海洋真菌），从中获得AA、EPA和DHA等不饱和脂肪酸，以满足人类日益增长的需求，已成为世界各国研究的新课题。目前，利用海洋微生物生产不饱和脂肪酸的工作，大多数仍处于实验室的研究阶段。国外已有数家公司进行工业化生产，如美国的Martek公司利用*Crypthecodinium*异养培养的方法生产DNA。国内仍未见有工业化生产的报道，但在实验室的研究工作已取得了不少成就。

第三节 人类活动与海洋生物

一、世界大洋环境与生物

地球表面总面积约为5.1亿km^2，分属于陆地和海洋。如以大地水准面为基准，陆地面积为1.49亿km^2，占地表总面积的29.2%；海洋面积为3.61亿km^2，占地表总面积的70.8%。海陆面积之比为2.5∶1，可见地表大部分为海水所覆盖，海洋是人类赖以生存发展的全球地理环境的主要组成部分。

根据水文及形态特征，可以把海洋分为主要部分的洋和附属部分的海、海湾、海峡等。洋一般远离大陆，面积广阔，水深大于3 000 m，有独立的潮汐和洋流系统，水文要素变化小，比较稳定，面积占海洋面积的89%。全世界共有五大洋（图5-1），即太平洋（Pacific Ocean）、大西洋（Atlantic Ocean）、印度洋（Indian Ocean）、北冰洋（Arctic Ocean）、南大洋（Southern Ocean）。海在洋的边缘，是大洋的附属部分，它紧靠陆地，面积小，水浅，潮汐、海流受陆地影响大，水文要素有明显的季节变化，面积占海洋面积的11%。海又可分为位于大陆之间的地中海和位于大陆边缘的边缘海以及内陆海。海湾是指洋或海的一部分伸入大陆，水深和宽度逐渐减小的水域，如渤海湾、波斯湾。海峡则是指相邻海区之间较窄的水道。

（一）太平洋

1. 基本概况

太平洋是世界海洋中面积最阔、深度最大、边缘海和岛屿最多的大洋，位于亚洲、大洋洲、北美洲、南美洲和南极洲之间，东及东南由巴拿马运河和麦哲伦海峡、德雷克海峡与大西洋相通，西经马六甲海峡、巽他海峡、龙目海峡等与印度洋相接，南北最大长度约为15 500 km，东西最大宽度约为21 300 km，总面积约为15 556万km^2，占地球表面积的28%，是世界海洋面积的50%。它以赤道以界，分为南、北太平洋；以160°E线为界，分为东、西太平洋。其边缘海主要有巴厘海、白令海、鄂霍次克海、日本海、黄海、东海、南海、爪哇海、菲律宾海、班达海、珊瑚海、塔斯曼海

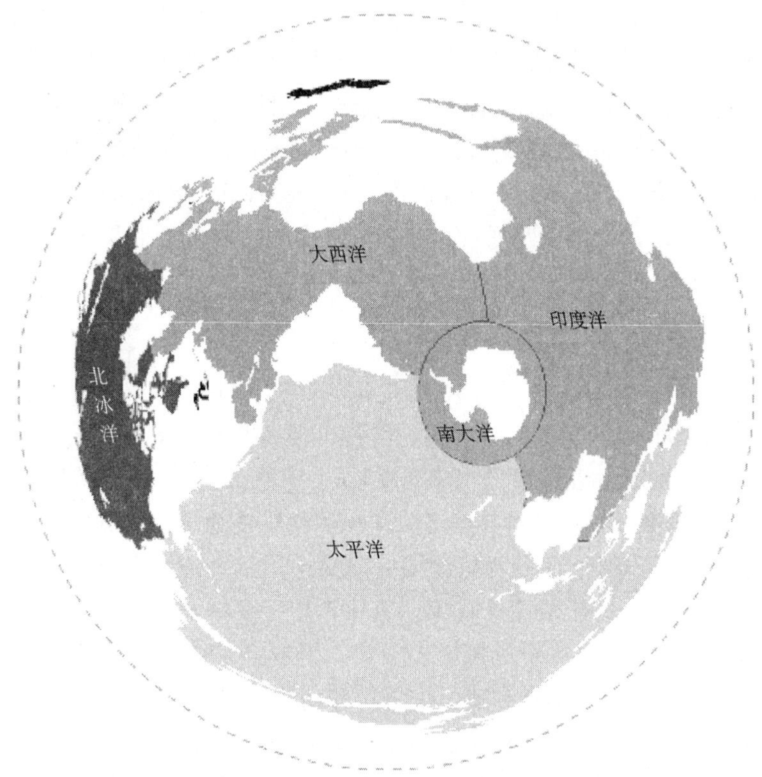

图 5-1 世界五大洋示意

和阿拉斯加湾等。太平洋是世界上最深的大洋，平均水深约为 4 637 m，全世界有 6 条万米以上的海沟全部集中在太平洋，最大水深为 10 924 m（马里亚纳海沟），水深 5 000 m 以上的面积约占其总面积的 1/3。只有白令海的北部、黄海、东海、南海（除南海中部）和爪哇海是浅海，水深多在 200 m 以内。

太平洋是世界上岛屿最多的大洋，岛屿面积约为 440 万 km^2，占世界岛屿面积的 45% 左右。多分布在西部和西南部海域，形成一系列巨大的岛弧，从北向南有阿留申群岛、千岛群岛、日本群岛、琉球群岛、菲律宾群岛和巽他群岛以及伊里安群岛、新西兰诸岛等。这些岛屿多为大陆岛，面积较大，地形条件较好。太平洋中部有密克罗尼西亚、美拉尼西亚和波利尼西亚 3 组群岛；东部岛屿既少又小。

太平洋地区有近 40 个国家和地区，西岸除我国外还有俄罗斯、日本、越南和印度尼西亚等 12 个国家，东岸有加拿大、美国、墨西哥、巴拿马和智利等 13 个国家，大洋洲有澳大利亚、新西兰、斐济和瑙鲁等 10 余个国家和地区，海岸线总长达 135 663 km。

2. 自然资源

太平洋中有着丰富的矿产资源。目前，矿产资源勘探开发工作主要集中在大陆架石油和天然气、滨海砂矿、深海盆多金属结核等方面。目前的主要产油区包括加利福尼亚沿海、库克湾、日本西部陆架、东南亚陆架、澳大利亚沿海、南美洲西海岸以及我国沿海大陆架。滨海砂矿的分布范围是：金砂、铂砂主要分布太平洋东海岸的俄勒冈至加利福尼亚沿岸以及白令海和阿拉斯加沿岸；锡矿主要分布在东南亚各国沿海，其中主要在泰国和印度尼西亚沿海；印度和澳大利亚沿海是钻石、金红石、钛铁矿最丰富的海区；我国沿海共有 10 余条砂矿带，有金刚石、金、锆石、金红石等多种砂矿资源。另外，我国、日本和智利大陆架上都有海底煤田。在深海盆区有丰富的多金属结核，其中主要集中在夏威夷东南的广大区域。总储量估计有 17 000 亿 t，占世界总储量的一半。

太平洋中有许多海洋生物，目前已知浮游植物380余种，主要为硅藻、甲藻、金藻、蓝藻等；底栖植物由各种大型藻类和显花植物组成。太平洋的海洋动物包括浮游动物、游泳动物、底栖动物等；鱼类产量高，如鲱鱼、鲑鱼、沙丁鱼、鲷鱼、箭鱼、金枪鱼等；我国、澳大利亚、日本、巴布亚新几内亚、尼加拉瓜、巴拿马与菲律宾等国沿海珍珠产品丰富。太平洋的许多海洋生物具有开发利用价值，成为水产资源最丰富的洋。太平洋的渔获量每年在3 500万～4 000万t，占世界海洋渔业总产量的55%，居各大洋首位。主要渔场在西太平洋渔区，即千岛群岛至日本海一带，我国的舟山渔场，秘鲁渔场，美国—加拿大西北沿海海域，年鱼产量近2000万t。

（二）大西洋

1. 基本概况

大西洋位于欧洲、非洲和南、北美洲之间，呈南北走向，似“S”形的洋带，两端宽中部窄，东西最宽约为6 845 km，赤道附近最窄约为2 800 km，南北长约为15 700 km，总面积约为9 336万km^2，相当于太平洋面积的1/2，是世界第二大洋，平均深度为3 626 m，最深处达9 219 m，位于波多黎各海沟处。它东、西分别经直布罗陀海峡—苏伊士运河和巴拿马运河连接印度洋和太平洋，有许多重要的属海和海湾。沿岸有50余个国家。其中西岸主要有加拿大、美国、墨西哥、古巴、委内瑞拉、巴西和阿根廷等国；东岸主要有挪威、瑞典、俄罗斯、德国、荷兰、法国、西班牙、葡萄牙、意大利、摩洛哥、利比里亚、尼日利亚、安哥拉和南非等国，海岸线长达111 866 km。

大西洋通常以5°N为南、北大西洋的分界线。北大西洋的海岸曲折，有许多深入大陆的内海和海湾，如欧洲西岸有北海、波罗的海、地中海和比斯开湾等；北美洲东岸有哈得孙湾、巴芬湾、圣劳伦斯湾、墨西哥湾和加勒比海等。南大西洋除非洲西岸的几内亚湾和邻近南极的威德尔海外，海岸均较平直。大西洋的岛屿不多，面积约为90万km^2（不含格陵兰岛），大部分集中在北大西洋，沿大陆周围分布。如大不列颠岛、爱尔兰岛、冰岛和纽芬兰岛等；较大的岛群分布在南、北美洲之间，通称西印度群岛，由巴哈马群岛、小安的列斯群岛和大安的列斯群岛三条岛弧组成。主要岛屿有古巴岛、海地岛、波多黎各岛和牙买加岛等。

2. 自然资源

大西洋的矿产资源有石油、天然气、煤、铁、硫、重砂矿和多金属结核。加勒比海、墨西哥湾、北海、几内亚湾是世界上著名的海底石油、天然气分布区。委内瑞拉沿加勒比海伸入内地的马拉开波湾，已探明石油储量48亿t；美国所属的墨西哥湾石油储量约为20亿t；北海已探明石油储量40亿t以上；尼日利亚沿海石油可采储量超过26亿t。英国、加拿大、西班牙、土耳其、保加利亚、意大利等国沿海都发现了煤矿，其中，英国东北部海底煤炭储量不少于5.5亿t，大西洋沿岸许多国家沿海发现了重砂矿，包括独居石、钛铁矿、锆石等。西南非洲南起开普敦、北至沃尔维斯湾的海底砂层，是世界著名的金刚石产地。大西洋的多金属结核总储量估计约10 000亿t，主要分布在北美海盆和阿根廷海盆底部。

大西洋的生物分布特征是：底栖植物一般分布在水深浅于100 m的近岸区，其面积约占洋底面积的2%；浮游植物共有240多种，主要分布在中纬度地区；动物主要分布在中纬度区、近极地区和近岸区，哺乳动物有鲸和海豹等鳍脚目动物，鱼类主要以鲱、鳕、鲈和鲽科为主。大西洋的生物资源开发很早，渔获量曾占世界各大洋的首位，20世纪60年代以后退居仅次于太平洋的第二位，每年的渔获量2 500万t左右。大西洋的单位渔获量平均约830 kg/km^2，陆架区约1 200 kg/km^2。在大西洋中，渔获量最高的区域是北海、挪威海、冰岛周围海域。纽芬兰、美国、加拿大东侧陆架区，地中海、黑海、加勒比海、比斯开湾和安哥拉沿海是重要渔场。海洋资源丰富，盛产鱼类，捕获量约占世界的1/5以上。大西洋的海运特别发达，东、西分别经苏伊士运河和巴拿马运河沟通印度洋和太平洋，其货运量约占世界货运总量的2/3以上。

（三）印度洋

1. 基本概况

印度洋位于亚洲、大洋洲、非洲和南极洲之间，大部分在南半球。南部开阔，与大西洋、太平洋连成一片，北部临亚、非大陆，总面积约为7 617.4万 km^2，平均深度为3 397 m，最大深度的爪哇海沟达7 450 m，是世界第三大洋。洋底中部有大致呈南北向的海岭。大部分处于热带和温带，水面平均温度为20～27℃。其边缘海红海是世界上含盐量最高的海域。它的周围共有30多个国家和地区，东岸主要有缅甸、印度尼西亚和澳大利亚等国，北岸主要有孟加拉国、印度、斯里兰卡、巴基斯坦、伊朗、伊拉克、科威特、沙特阿拉伯、埃及和也门等国，西岸主要有索马里、坦桑尼亚、莫桑比克和南非等国，海岸线长达66 526 km。

2. 自然资源

海洋资源以石油最丰富，波斯湾是世界海底石油最大的产区。印度洋是世界最早的航海中心，其航道是世界上最早被发现和开发的，是连接非洲、亚洲和大洋洲的重要通道。海洋货运量约占世界的10%以上，其中石油运输居于首位。科威特、沙特阿拉伯和澳大利亚沿海等印度洋海域均发现了油气资源。波斯湾海底石油储量为120亿 t，天然气储量为7.1万亿 m^3。印度洋也有多种金属结核资源，但资源量低于太平洋和大西洋。

印度洋拥有丰富的生物资源。浮游植物主要密集于上升流显著的阿拉伯半岛沿岸和非洲沿岸。浮游动物主要密集于阿拉伯海西北部，主要是索马里和沙特阿拉伯沿岸。底栖生物以阿拉伯海北部沿岸为最多，由北向南逐步减少。印度洋的鱼类有3 000～4 000种，目前的渔获量约400万 t，主要是鳀、鲐和虾类，还有沙丁鱼、鲨鱼、金枪鱼。

（四）北冰洋

1. 基本概况

北冰洋大致以北极为中心，由北美洲、亚洲、欧洲环抱，面积约为1 479万 km^2，仅占世界大洋面积的3.6%；是四大洋中面积和体积最小、深度最浅的大洋，平均深度为1 300 m，仅为世界大洋平均深度的1/3，最大深度也只有5 449 m。它通过挪威海、格陵兰和加拿大北极群岛各海峡和大西洋相连，通过白令海峡与太平洋相通。北冰洋又是四大洋中温度最低的寒带洋，终年积雪，千里冰封，覆盖于洋面的坚实冰层足有3～4 m厚。每当这里的海水向南流进大西洋时，随时随处可见一簇簇巨大的冰山随波飘浮，逐流而去，就像是一些可怕的庞然怪物，给人类的航运事业带来了一定的威胁。而且，北冰洋还有两大奇观。第一大奇观就是那里一年中几乎一半的时间，连续暗无天日，恰如漫漫长夜难见阳光；而另一半日子，则多为阳光普照，只有白昼而无黑夜。由于这种现象，北冰洋上的一昼一夜，仿佛是一天而不是一年。此外，置身大洋中，常常可见北极天空的极光，飘忽不定、变幻无穷、五彩缤纷，甚是艳丽。这是北冰洋上第二大奇观。

北冰洋属海主要有格陵兰海、挪威海、巴伦支海、喀拉海、拉普捷夫海、东西伯利亚海、楚科奇海和波弗特海等。周围的国家和地区有俄罗斯、挪威、冰岛、加拿大、美国的阿拉斯加和丹麦的格陵兰岛等。重要港口有摩尔曼斯克和阿尔汉格尔斯克等。北冰洋的战略地位相当重要。

2. 自然资源

北冰洋自然资源丰富，主要矿藏有石油、天然气、煤炭、磷灰石和有色金属等。大陆架是世界上海底石油主要蕴藏区之一，目前已发现了两个海区具有油、气远景，一是拉普捷夫海，二是加拿大群岛海域，北冰洋海底也有锰结核、锡石及硬石膏矿床。

由于北冰洋处于高寒地带，动植物种类都比较少。浮游植物的生产力比其他洋区要少10%，主要包括浮冰上的小型植物，表层水中的微藻类，浅海区的巨藻和海草等。鱼类主要有北极鲑鱼、鳕鱼、鲽鱼、毛鳞鱼，巴伦支海和挪威海都是世界上最大的渔场。北冰洋的许多哺乳动物具有重要的商业价值，如海豹、海象、鲸和海豚以及北极熊等。

（五）南大洋

1. 基本概况

南大洋又称南冰洋，由南太平洋、南大西洋和南印度洋各一部分，连同南极大陆周围的威德尔海、罗斯海、阿蒙森海、别林斯高晋海等组成，是国际水文地理组织于2000年新确定的一个大洋，但至今仍有争议。根据国际水文地理组织定义，南大洋包括60°S以南的所有海域，因此，南大洋也是世界上唯一完全环绕地球却没有被大陆分割的大洋。南大洋面积约为2 100万 km^2，海岸线长度为17 968 km。冬季南大洋约有2 000万 km^2的海域被海冰覆盖，夏末海冰区域缩小为350万 km^2。

2. 自然资源

南大洋生物种类少，耐严寒；脊椎动物个体大，发育慢；海洋食物链简短，即硅藻→磷虾→鲸类或其他肉食性动物；生态系统脆弱，易受外界扰动损害；生物资源丰富，特别是磷虾和鲸。浮游植物主体是硅藻，现已发现近百种，分布具有明显的区域性和季节性，平均初级生产力约6倍于其他海洋的总量。磷虾是世界上尚未开发的藏量最为丰富的生物资源，其蕴藏量一般估计为1.5亿~10.0亿t，最高估计数为50亿t，年捕获量可达1.0亿~1.5亿t。以磷虾为主要食料的须鲸是另一种重要的资源，出没于南大洋的须鲸有蓝鲸、长须鲸、黑板须鲸、巨臂须鲸、缟臂须鲸和南方露脊鲸等。此外，海豹、企鹅、鱼类、海鸟、龙虾、巨蟹和海草等资源也引人注目。

二、世界海洋生物资源开发

（一）海洋生物资源量估计

海洋是生物资源宝库，据生物学家统计，海洋中约有20万种生物，其中已知鱼类约为1.9万种，甲壳类约为2.0万种。许多海洋生物具有开发利用价值，为人类提供了丰富食物和其他资源。关于海洋生物资源的数量，特别是鱼类资源的数量，是人们十分关心的问题，生物学家曾做过许多研究。有些专家用全球海洋净初级生产力（浮游植物年产量）作为估算世界海洋渔业资源数量的基础，其结果为：世界海洋浮游植物产量为5 000亿t。折合成鱼类年生产量约为6亿t。假如以50%的资源量为可捕量，则世界海洋中鱼类可捕量约为3亿t。

（二）海洋生物资源开发状况

开发海洋生物资源的主要产业是海洋渔业，另外还有少量海洋药用生物资源开发。在接近2万种鱼类中，目前比较重要的捕捞对象800多种，其中年产量超过100万t的共8~10种，年产量10万~100万t的品种有60~62种，年产量1万~10万t的品种约为280种，年产量0.1万~1.0万t的品种约为300种。

世界上所有的沿海国家以及一部分非沿海国家都在开发利用海洋生物资源。但是，由于各种不同的原因，各国海洋渔业的发展水平差别很大。长期以来，日本和俄罗斯成为渔业产量超过1 000万t的渔业大国。我国的渔业发展比较快，1990年渔业产量达到1 200万t以上，成为第一渔业大国。美国、加拿大和欧洲的一些国家以及韩国和东南亚的某些国家，渔业也比较发达。

（三）海洋生物资源开发潜力

世界海洋渔业资源的总可捕量在2亿~3亿t，目前的实际捕捞量不足1亿t。另外，药用和其他生物资源也有很大开发潜力。近年来，日本、俄罗斯等国正在探索大洋深水区的生物资源开发问题，首先是进行资源调查，同时开发新的捕捞技术。据报道，过去被认为是海洋中的荒漠的大洋深水区，蕴藏着大量的中层鱼类资源，其中仅灯笼鱼的生物量就有9亿t，每年可捕量可达5亿t。大洋中的头足类资源也十分丰富，联合国粮农组织估计其资源量在1亿t以上，日本科学家估计为2.0亿~7.5亿t。南大洋磷虾资源年可捕量可达0.5亿~1.0亿t。另外，水深200~2 000 m的区域也有许多其他经济鱼类，如长尾鳕科鱼类，深海鳕科鱼类，平头鱼科鱼类以及金眼鲷、鲽鱼等，可捕量约为3 000万t。

从地理分布来说，世界大洋中的各种区域都有一定的开发潜力，其中比较重要的区域有：太平洋西北部潜在渔获量为1 980万~2 133万t，目前的实际捕捞量已达潜在可捕量的90%，头足类、鲽鱼是开发潜力大的资源；白令海东部和阿列乌特岛区的底层鱼类资源量约1 600万t，目前利用的比较少，尚有开发潜力；太平洋中西部的热带海区，头足类资源潜力很大，澳大利亚、巴布亚新几内亚沿岸的底层和中、上层鱼类尚有开发潜力，本区内的小型金枪鱼尚处于中等开发状态；太平洋西南部头足类的年捕捞量为6万~7万t，增产潜力尚大；太平洋东南部的竹筴鱼和枪乌贼，未充分开发；大西洋中东部区离岸50~200 n mile的底层鱼类资源，尚有开发潜力；印度洋西部的头足类资源潜力很大；太平洋西南部的鲣鱼，生物量比较大，还有一定的开发潜力。

三、我国海洋环境与自然资源

（一）我国海洋环境基本概况

我国海域北起41°N附近的辽东湾，南到3°N左右的曾母暗沙，东自129°E附近的冲绳海槽，西至106°E附近的北部湾，面积约为450万 km^2。海岸线北起鸭绿江口，南至北仑河口，总长为18 000 km，加上岛屿岸线，我国海岸线总长度约为32 000 km。我国近海海域由北而南依次是渤海、黄海、东海和南海。辽东半岛南端的老铁山角，经庙岛至山东半岛北端的蓬莱头一线，是渤海和黄海的分界；长江口北角至韩国济洲岛一线，是黄海与东海的分界；广东、福建两省交界处至台湾南端的鹅銮鼻一线，是东海与南海的分界。除南海中部和东海东部外，大部分海域水深在200 m以内。

我国管辖海域接近300万 km^2，领海面积为38万 km^2。人均海洋国土面积为0.002 7 km^2，相当于世界人均海洋国土面积的1/10；海陆面积比值为0.31∶1，在世界沿海国家中列第108位。

我国海域中拥有6 960多个岛屿，面积在500 m^2以上的岛屿7 372个，有人居住的岛屿有430多个，总人口450多万人，岛屿总面积近8万 km^2，岛屿海岸线总长14 000 km。其中最大的岛屿是台湾岛，面积约为3.6万 km^2；其次是海南岛，面积约为3.4万 km^2。我国拥有200万 km^2 以上的大陆架，面积居世界第五位。我国有4亿多人口生活在沿海地区，目前沿海地区工农业总产值占全国总产值的60%以上。我国30 m等深线以浅海域面积约为1.3亿 hm^2。我国原盐产量70%以上来自海盐，海盐产量居世界第一。

我国大陆海岸线长，北起辽宁鸭绿江口，南达广西的北仑河口，全长1.8万km，居世界第四；海岸线南北跨越热带、亚热带和温带3个气候带，其中位于亚热带部分，占60%。因此，沿海各地气候大相径庭。我国沿海地区属季风气候区，主要受海洋影响。夏季海上多东南风，沿岸高温多雨；冬季海上多东北风，气温低。

我国海岸的性质，一般以杭州湾为界点，南部地质构造以持续上升为主，在地貌上多为山地丘陵海岸，在垂向上高低起伏大，在平面上岬角、海湾交替分布，海岸曲折，海岸以侵蚀为主。北部地质构造以下降为主，如辽东湾、莱州湾和渤海湾等，在地貌上多为平原海岸，海岸地形单调、缓坦，海岸线平直，海滩辽阔，海岸以淤积为主。华南沿海地处低纬地区，气温高，发育形成了相应的红树林海岸和珊瑚礁海岸，这是热带海岸所特有的自然景观。

我国拥有丰富的海洋资源，品种繁多。油气资源沉积盆地约为70万km^2，石油资源储存量估计为240亿t左右，天然气资源量估计为14万亿m^3；蕴藏量以东海大陆架最佳，南海和渤海次之。还有大量的天然气水合物资源，即最有希望在20世纪成为油气替代能源的“可燃冰”。我国迄今共发现具有商业开采价值的海上油气田38个，获得石油储量约9亿t，天然气储量2 500亿m^3以上。海滨砂矿13种，累计探明储量15.27亿t。另外，经过10多年的努力，我国已成功地在太平洋国际海底圈定了7.5万km^2多金属结核资源的勘探矿区，多金属结核储量5亿t，并在今后商业开采时机成熟时享有对这一区域资源开发的优先权。

我国近海已确认的海洋生物物种有28 000余种，占世界海洋生物总数的1/4左右，隶属于5个生物界59个生物门。世界上具有捕捞价值的海洋鱼类有2 500余种、头足类有80余种、虾类有90余种、蟹类有680余种，海洋生物入药的种类约为700种。我国管辖海域内有海洋渔场70多个，约为280万km^2；其中黄渤海渔场、舟山渔场、南海沿岸渔场、北部湾渔场由于产量高，被称为我国的四大渔场；主要经济鱼类70多种；大黄鱼、小黄鱼、带鱼、墨鱼曾经被称为“中国四大海产”，是我国人民喜欢食用而且产量较大的海洋水产品。

（二）我国濒临的四大海区

1. 渤海

（1）基本概况　渤海是我国一个近封闭的内海，三面环陆，在辽宁、河北、山东、天津三省一市之间。具体位置在37°07′—41°0′N、117°35′—122°15′E。辽东半岛南端老铁山角与山东半岛北岸蓬莱遥相对峙，像一双巨臂把渤海环抱起来。渤海通过东面的渤海海峡与黄海相通。渤海海峡口宽59 n mile，有30多个岛屿，其中较大的有南长山岛、砣矶岛、钦岛和皇城岛等，总称庙岛群岛或庙岛列岛。其间构成8条宽狭不等的水道，扼渤海的咽喉，是京津地区的海上门户，地势极为险要。渤海古称沧海，又因地处北方，也有北海之称。

渤海面积约为8万km^2，平均水深为25 m，大陆海岸线长2 668 km，平均水深为18 m，最大水深为85 m，20 m以浅的海域面积占一半以上，特别是河流注入地方仅几米深；而东部的老铁山水道最深，达到86 m。渤海水温变化受北方大陆性气候影响，2月在0℃左右，8月达21℃。严冬来临，除秦皇岛和葫芦岛外，沿岸大都冰冻。3月初融冰时还常有大量流冰发生，平均水温11℃。渤海沿岸以粉砂淤泥质海岸占优势，尤以渤海湾与莱州湾为最。黄河口附近的三角洲海岸，则是比较典型的扇状三角洲海岸。辽东半岛西岸盖平以南，小凌河至北戴河，鲁北沿岸虎头崖至蓬莱角等几段，属于基岩沙砾质海岸。

（2）生物资源　浮游生物区系属北太平洋温带区东亚亚区，多为广温低盐种。浮游植物总量在四季代表月的平均值居四个海区之首，尤以夏季最高（6 883万个/m^3），而秋季最低（75万个/m^3）。浮游动物总生物量以春季最高（139 mg/m^3），冬季最低（62 mg/m^3）。底栖生物总生物量有明显的季节变化，从大至小依次为秋、夏、春、冬。浮游植物的优势种夏季是菱形海线藻，其次为梭角藻。浮游动物的优势种是强壮箭虫，四季均出现，而以夏季数量最多。最重要的浮游生物资源是中国毛虾，曾创年产10万t的纪录。

底栖动物属印度—西太平洋区系的暖水性成分。渤海沿岸有辽东湾、渤海湾、莱州湾，三大海湾均有丰富的虾、蟹和双壳类软体动物资源。最著名的中国明对虾，年捕捞量可达1万~3万t。三疣梭子蟹的产量居中国近海之首。主要经济贝类有毛蚶、牡蛎、蛤类、贻贝与扇贝。名贵的棘皮动物有刺参。底栖植物资源以温带种为主，如海带、紫菜、石花菜等。

鱼类区系是黄海区的组成部分，鱼类多达150种，半数以上属暖温带种，其次为暖水种。主要经济鱼类有小黄鱼、带鱼、黄姑鱼、鳓鱼、真鲷和鲅鱼等。主要渔场有辽东湾、渤海湾、莱州湾渔场等。

2. 黄海

（1）基本概况　黄海是全部位于大陆架上的一个半封闭的浅海。因古黄河在江苏北部入海时，携运大量泥沙而来，海水透明度变小，水色呈黄褐色，从而得名。黄海北接我国辽宁省，南与东海相连，西濒我国山东、江苏两省，东临朝鲜半岛，南北长约为 800 km，东西宽约为 650 km，面积约为 40 万 km^2，最深处在黄海东南部，约为 140 m。海洋学家以我国山东半岛的成山角与朝鲜的长山串一线为界，将黄海分为北黄海和南黄海。北黄海形状近似为一椭圆形，至山东半岛、辽东半岛和朝鲜半岛之间的半封闭海域，海域面积为 7.13 万 km^2，平均水深为 38 m，最大水深在白翎岛西南侧，为 86 m。南黄海是指长江口至济州岛连线以北的六边形半封闭海域，面积为 30.9 万 km^2，南黄海的平均水深为 45.3 m，最大水深在济州岛北侧，为 140 m。北黄海东北部有西朝鲜湾，南黄海西侧有胶州湾和海州湾，东岸较重要的海湾有江华湾等。

黄海的水温年变化小于渤海，为 15 ~ 24℃。黄海海水的盐度也较低，为 32。黄海海岸类型复杂，沿山东半岛、辽东半岛和朝鲜半岛，多为基岩沙砾质海岸或港湾式沙质海岸。苏北沿岸至长江口以北以及鸭绿江口附近，则为粉砂淤泥质海岸。黄海寒暖流交汇，特别是渤海和黄海沿岸地势平坦，面积宽广，适宜晒盐。例如，著名的长芦盐区，烟台以西的山东盐区以及辽东湾一带都是我国重要的盐产地。

（2）生物资源　浮游生物带有北太平洋暖温带系和印度—西太平洋热带区系的双重性，但以温带种占优势，多为广温性低盐种。通常在每年的春、秋两季出现两次数量高峰。在海区东南部，夏、秋两季有热带种掺入，是外来的，季节变化显著。浮游植物总量以冬季最高（414 万个/m^3），春季最低（16 万个/m^3），优势种是梭角藻。浮游动物总生物量亦为冬季最高（84 mg/m^3），高生物量主要由强壮箭虫、中华哲水蚤等组成。平均最低在夏季，为 50 mg/m^3。底栖生物总生物量的季节变化为：从大至小顺序为秋、夏、春、冬。最重要的浮游生物资源是中国毛虾、太平洋磷虾和海蜇等。

底栖动物区系具有较明显的暖温带特点，在黄海的沿岸浅水区，底栖动物主要是广温性低盐种，基本上属于印度—西太平洋区系的暖水性成分。经济贝类有牡蛎、贻贝、蚶、蛤、扇贝和鲍等；经济虾、蟹资源有中国明对虾、鹰爪虾、新对虾、褐虾和三疣梭子蟹，刺参的产量相当可观。底栖植物也以暖温带种为主，分为东、西两部分。西部冬、春季出现个别亚寒带优势种；夏、秋季还出现一些热带性优势种；主要资源是海带、紫菜和石花菜等。

鱼类区系属北太平洋东亚亚区，为暖温带性，又以温带性占优势。种类比渤海多一倍，主要经济鱼类有小黄鱼、带鱼、鲐鱼、鲅鱼、黄姑鱼、鳓鱼、太平洋鲱鱼、鲳鱼、鳕鱼、蓝点马鲛、叫姑鱼、白姑鱼、牙鲆等。主要渔场有海洋岛、烟威、石岛、海州湾、连青石、吕泗、大沙渔场等。

3. 东海

（1）基本概况　东海西邻上海市和浙江、福建两省，北界是启东嘴至济州岛西南角的连线。东北部经朝鲜海峡、对马海峡与日本海相通，分界线一般取为济州岛东端—五岛列岛—长崎半岛野母崎角的连线。东面以九州岛、琉球群岛和台湾岛连线为界，与太平洋相邻接。南界至台湾海峡的南端。东海南北长约为 1 300 km，东西宽约为 740 km，总面积约为 77 万 km^2，相当于黄海的 2 倍，渤海的 10 倍，平均水深为 370 m，最深可达 2 719 m，位于台湾省东北方的冲绳海槽中。

东海岸线曲折，岛屿星罗棋布，我国一半以上的岛屿分布在东海，港口和海湾众多，其中最大的海湾是杭州湾。海岸类型北部多为侵蚀海岸，但在杭州湾以南至闽江口以北，也间有港湾淤泥质海岸，这是因沿岸水流搬移的细颗粒泥沙，堆积于隐蔽的海湾而形成的。南部在 27°N 以南，则有红树林海岸，属于生物海岸的一种；台湾省东岸则属于典型的断层海岸，陡崖逼临深海，峭壁高达数百米。东海东岸九州至琉球、台湾一线，有众多的海峡、水道，与太平洋沟通，其中最重要的有苏澳—与那国水道、宫古岛—冲绳岛水道以及吐噶喇海峡和大隅海峡。

（2）生物资源　大陆流入东海的江河，长度超过百千米的河流有40多条，其中长江、钱塘江、瓯江、闽江四大水系是注入东海的主要江河，因而东海近岸是营养盐比较丰富的水域，又因东海属于亚热带和温带气候，年平均水温为20～24℃，年温差为7～9℃。与渤海和黄海相比，东海有较高的水温和较大的盐度，潮差6～8 m，水呈蓝色，利于浮游生物的繁殖和生长，是各种鱼虾繁殖和栖息的良好场所，也是我国海洋生产力最高的海域。东海有我国著名的舟山渔场，盛产大黄鱼、小黄鱼和墨鱼、带鱼。

浮游生物区系属北太平洋温带区的东亚亚区，而以暖温带性种为主，在受台湾暖流影响的区域还出现亚热带和热带种，台湾海峡则属印度—西太平洋热带区的印—马亚区。浮游植物总量在近河口区域高于外海，季节变化是春、夏最高，秋、冬最低。浮游动物总生物量夏季最高（平均达178 mg/m^3），尤以长江口外海、舟山渔场和埭泗渔场一带较密集；最低在冬季，平均仅为24 mg/m^3。高生物量主要是由中华哲水蚤、中华假磷虾和肥胖箭虫等组成。并基角刺藻是常见种，也是台湾海峡的优势种（春季），海峡的优势种还有洛氏角刺藻（春、秋季），尖刺菱形藻（夏季）等。夜光藻对江、浙、闽沿岸水有指示意义；热带戈斯藻、达蒂角刺藻、钩梨甲藻等可指示春季黑潮暖流和对马暖流的路径；在东海南部，密聚角刺藻、异角角刺藻等可指示台湾暖流北上的海域；真刺唇角水蚤可作为冬季长江冲淡水的指标种；中华假磷虾是沿岸低盐种的指标种；拿卡箭虫分布区域的变动，可指示沿岸水的消长进退。东海浮游有孔虫主要分布在黑潮及其分支所流经的高温高盐水域，敏纳圆辐虫也可作为该流系途径的指标种。隆线似哲水蚤对黑潮次表层水爬坡涌升有指示作用。

底栖生物总生物量以春季最高，依次再为冬、夏、秋。底栖动物西部属印度—西太平洋热带区的中—日亚区；东部属印度—西太平洋热带区的印—马亚区；在黑潮区域，热带性成分增大；冲绳海槽底部，表现出深海动物特征；长江口—济州岛—对马岛连线附近水域，是北太平洋温带区系和印度—西太平洋热带区系的交汇之处。底栖动物资源中，双壳类和虾类占重要地位，三疣梭子蟹和拟穴青蟹产量也很高。底栖植物西部属印度—西太平洋热带区的中—日亚区，东部属印度—西太平洋热带区的印—马亚区。闽江口之北以暖温带种为主，闽江口以南及九州西岸海域，则以亚热带种为主；黑潮区以热带种为主。沿海底栖植物资源相当丰富，浙闽沿岸有浒苔、海带、昆布、裙带菜、紫菜、石花菜和海萝，闽江口以南还盛产种子植物，特别是红树林。

东海鱼类多达600种。西部区系属印度—西太平洋热带区中—日亚区，暖水性种约占半数以上，其次为暖温性种；东部属印度—西太平洋热带区印—马亚区，以暖水性种占绝对优势。东海的传统经济鱼类主要是带鱼、大黄鱼和小黄鱼，最佳年捕获量曾分别创下50万 t、18万 t和15万 t的纪录。此外，马面鲀、鲐鱼、蓝圆鲹鱼和沙丁鱼等捕获量也较多，头足类的无针乌贼产量也很高。近海渔场主要有长江口、舟山、鱼山、温台、闽东、台北、闽南、济州岛和对马渔场等。其中，舟山渔场是中国最大的渔场，四季皆有鱼讯，春有小黄鱼、鲐鱼、马鲛鱼，夏有大黄鱼、墨鱼、鲷，秋有海蟹、海蜇，冬有带鱼、鳗和鲨等。

4. 南海

（1）基本概况　南海位于我国大陆南方，纵跨热带与亚热带，而以热带海洋性气候为主要特征。南海北接广东、广西、福建和台湾四省、自治区，南至印度尼西亚，西濒中南半岛，东抵菲律宾群岛，南北长约为3 000 km，东西宽约为1 700 km，面积约为350万 km^2（其中在我国传统海疆线内的海域约为200万 km^2，为我国海洋权益所辖的海区），几乎为渤海、黄海、东海面积总和的3倍；南海是我国大陆濒临的4个海域中最深、最大的海，也是仅次于珊瑚海和阿拉伯海的世界第三大陆缘海。南海的平均水深为 1 212 m，最深在马尼拉海沟南端，可达 5 377 m。东北侧的台湾海峡和巴士、巴林塘、巴布延海峡分别连接东海和菲律宾海，西南侧的马六甲海峡是进入印度的主要国际通道。南海不仅蕴藏着丰富的石油、天然气等战略资源，而且是我国和世界的重要海上交通要道。

南海有许多大海湾，其中最大的是泰国湾，面积约为 25 万 km^2，位于中南半岛与马来半岛之间，湾口以金瓯角至哥打巴鲁一线为界。其次是北部湾，面积为 12. 7 万 km^2，北临广东、广西，西接越南，其东界是雷州半岛南端的灯楼角至海南岛西北部的临高角一线，南界为海南岛西南的莺歌海与越南永灵附近来角的连线。其他较重要的海湾有广州湾，苏比克湾和金兰湾等。南海岸线绵长，曲折多变，形态类型更为复杂，但以各种形式的生物海岸占优势，如众多的红树林海岸和各种形式的珊瑚礁海岸。珠江口附近属于三角洲海岸，但以多汉道多岛屿为特色。

注入南海的河流主要分布于北部，主要有珠江、红河、湄公河、湄南河等。由于这些河的含沙量很小，所以海阔水深的南海总是呈现碧绿或深蓝色。南海地处低纬度地域，是我国海区中气候最暖和的热带深海。南海海水表层水温高（25 ~28℃），年温差小（3 ~4℃），终年高温高湿，长夏无冬。适于珊瑚繁殖。在海底高台上，形成很多风光绮丽的珊瑚岛，如东沙群岛、西沙群岛、中沙群岛和南沙群岛。

（2）生物资源　浮游生物区系属印度—太平洋热带区的印—马亚区，以热带种为主，具有热带大洋特征。北部沿岸浅水区，在冬季因受季风环流影响，有暖温带种出现，如并基角刺藻，洛氏角刺藻，四叶小舌水母、拟细浅室水母、拿卡箭虫、肥胖箭虫、中华哲水蚤、普通波水蚤、中型莹虾等；其特点是持续时间短，且有较大的年际变化。海盆深水中生活的浮游生物种类稀少，生物量也很低。沿岸水域主要浮游生物有日本毛虾、红毛虾、锯齿毛虾、海蜇和黄斑海蜇等。

底栖动物资源相当丰富。北部沿岸浅水区属印度—西太平洋热带区中—日亚区，基本上都是热带和亚热带性浅水种。南部，包括西沙、南沙群岛等，属印度—西太平洋热带区印—马亚区，基本上都是典型的热带种，特别是造礁珊瑚极其发达。1 000 m 以深的深水区，底栖动物具有深海特征。主要底栖动物资源有珠母贝、近江牡蛎、翡翠贻贝、日月贝、杂色鲍、墨吉对虾、长毛对虾、中国龙虾、远游梭子蟹、拟穴青蟹、梅花参和黑海参等。

底栖植物可分为南、北两区。北区的广东沿岸属印度—西太平洋热带区中—日亚区，出现以亚热带性种为主的代表种。南海诸岛为南区，属印度—西太平洋热带区印—马亚区，基本上都是典型的热带种。经济藻类资源主要有羊栖菜、紫菜、江蓠、鹧鸪菜、麒麟菜、海萝等。南海沿岸还有众多的红树林，构成了具有热带特色的红树林群落。

南海鱼类资源丰富，北部海区有 750 多种，以暖水性为主，暖温带种较少，区系属印度—西太平洋热带区的中—日亚区；南部海产鱼类更多，不下 1 000 种，均为暖水性，属印度—西太平洋热带区的印—马亚区，为热带区系。主要经济鱼类有蛇鲻、鲱鲤、红笛鲷、短尾大眼鲷、金线鱼、蓝圆鲹、马面鲀、沙丁鱼、大黄鱼、带鱼、石斑鱼、海鳗、金枪鱼等。此外，中国鱿鱼、牡蛎、马蹄螺、海蛇、海龟、海参、海豚、鲸类等，除有的需保护禁捕外，也有开发捕捞的价值。南海的渔场很多，当前主要开发利用的还仅是部分近海渔场，如粤东、粤西、北部湾、清澜、西沙渔场等，广阔的外海渔场还有待于开发利用。

（三）我国岛屿概况

在我国海域中拥有 6 960 多个岛屿，面积在 500 m^2以上的岛屿有 7 372 个；面积超过 1 000 km^2的大岛有 3 个，即台湾岛、海南岛、崇明岛。有人居住的岛屿有 430 多个，总人口 450 多万人。我国海岛总面积，约为 8 万 km^2。我国最大的岛屿是台湾岛，面积约为 3. 6 万 km^2，其次是海南岛，面积约为 3. 4 万 km^2。我国岛屿海岸线总长约为 14 000 km。

东海岛屿约占岛屿总数的60%，南海岛屿约占岛屿总数的30%，黄海、渤海岛屿约占岛屿总数的10%。我国岛屿按其成因可分3类：基岩岛、冲积岛、珊瑚礁岛。其中由基岩构成的岛屿占我国岛屿总数90%以上，它们受新华夏构造体系控制，多呈北北东方向，以群岛或列岛形式作有规律的分布，台湾岛和海南岛是我国两个最大的基岩岛。冲积岛是河流入海时泥沙常在口门附近堆积而形成的沙岛。

1. 台湾岛

台湾岛东邻太平洋，西与福建省隔海相望，位于祖国大陆的东南方，是我国海拔最高的岛屿。台湾岛面积3.578万 km^2，为我国第一大岛。台湾岛海岸平直，很少曲折，岸线长1 139 km。北回归线横贯全岛中部，每年夏至前后太阳垂直照射台湾岛。台湾岛纵跨了亚热带与热带两气候带，是我国唯一拥有热带和亚热带风光的海岛，也是我国最大的大陆岛。它以美丽多姿的阿里山、日月潭等胜景闻名天下。岛上山地占2/3，平原占1/3。台湾岛地质构造上位处西太平洋岛弧带，渐新世至上新世时由地槽回返成为年轻的褶皱带，因而岛上新构造运动强烈，地震活动频繁；早在第四纪冰期低海面时，台湾岛曾与大陆相连。在地形上，台湾西部为平原台地，东部为山岭。主要山脉有台东海岸山脉、中央山脉、玉山山脉和阿里山山脉，最高峰玉山主峰海拔3 997 m。整个岛屿及山脉走向均为北北东。河流多循断裂发育。浊水溪形成台湾最大的西螺——台南冲积平原，淡水溪形成屏东平原。台湾东海岸为断层海岸，岸线顺直，崖壁陡峭。

台湾岛四面环海，与大陆之间夹一条狭长水道——台湾海峡。像一条走廊一样连通着东海和南海，不仅海峡两岸过往船只经过于此，就是西欧和印度洋沿岸各国的船只来东北亚港口，也大都经过这里。台湾岛位于海上走廊的东侧，又正好介于世界最大的太平洋和最大的亚欧大陆之间，具有重要的战略地位。

2. 海南岛

海南岛面积为3.438万 km^2，海岸线长1 618 km，为我国第二大岛。海南岛与祖国大陆南端的雷州半岛仅一水之隔，中间是约20 km宽的琼州海峡。海南岛的长轴为北东南西走向，长约为300 km，短轴宽约为180 km，海南岛地势中央高四周低，水系呈放射状。台地平原占总面积的65%，山地丘陵占35%。主峰五指山海拔1 867 m。海南岛在更新世早中期才与雷州半岛分离。海南岛北部玄武岩分布广泛，并保留有完好的火山口。沿岸发育不少典型的沙坝和潟湖港湾，湾内生长红树林。

海南岛地处北回归线以南，为热带季风海洋气候，终年高温多雨，长夏无冬，年平均气温在22~27℃，热带资源极为丰富，被称为我国热带资源的宝库。这里热带作物，如橡胶、油棕、胡椒、香蕉、椰子等丰富多彩，四季常青。

五指山是海南岛的象征。它位于海南岛中部偏东琼中县境内，是海南岛最高的山峰，整个山体均由花岗岩构成。长期的强烈侵蚀，使得山体起伏呈锯齿状，形成五座山峰依次排列，如同五指，故此得名。五指山是海南岛风景区，也是我国南部沿海的名山之一。

3. 其他岛屿

(1) 辽东半岛近海　长山列岛位于辽东半岛东南沿海，共50多座岛屿，可分为3个岛群：北为石城列岛，包括石城岛和大、小王家岛等；西南为长山列岛，包括大、小长山岛、广鹿岛等；南为外长山列岛，包括海洋岛、獐子岛等。其中以大长山岛最大，海洋岛最高，海拔388 m。构成长山列岛的基岩为震旦—寒武系地层。受棋盘格构造制约，岛屿排列有一定的规律。此外，在辽东湾内也散布一些小岛。

(2) 山东半岛近海　庙岛群岛居渤海海峡，共有30多座岛屿，可分3个岛群：北岛群有南、北隍城岛和大、小钦岛；中岛群有砣矶岛、高山岛等；南岛群有南、北长山岛和大、小黑山岛、庙岛等。其中以南长山岛为最大，面积为20.4 km^2。群岛主要由前震旦系变质岩构成，岛屿排列方向与构造线一致，呈北北东向。此外，山东半岛沿海，还有刘公岛、田横岛及灵山岛等，并发育了一些陆连岛，如“芝罘岛”等。

(3) 浙闽近海　舟山群岛为我国最大的群岛，由大、小共1 339座岛屿组成，其中以舟山岛最大，面积为472 km^2，为我国第四大岛。其次有六横岛、朱家尖岛、普陀岛、岱山岛及泗礁岛等。群岛为浙闽隆起带向海延伸部分，主要由中生代火山岩构成。浙江沿海区域除舟山群岛外，尚有韭山、鱼山及南麂、北麂列岛等。福建沿海主要有台山、四礵、马祖及白犬等列岛。

(4) 华南近海　万山群岛位于珠江口外，共有150多座岛屿，主要有香港岛、高栏岛和上、下川岛等及担杆、万山等列岛。这些岛屿主要由燕山期花岗岩组成。此外，华南沿海还有东海、硇洲、涠洲和斜阳等岛散布。

(5) 台湾附近海域　澎湖列岛位于台湾海峡南部，共64座岛屿，八罩水道分其为南、北两岛群。北岛群有澎湖、渔翁和白沙岛，组成澎湖港；南岛群有八罩岛、花屿和大屿等。澎湖列岛是由玄武岩组成的火山岛，周围发育裾礁。钓鱼岛列岛位于台湾东北约100 n mile外，由钓鱼岛、黄尾屿、赤尾屿等组成。此外，还有绿岛、兰屿等。

(6) 崇明岛　位于长江口，面积为1 083 km^2，为我国第三大岛，也是我国最大的冲积岛。在公元7世纪前，长江口就出现东沙和西沙，其后沙洲游移不定，现在的崇明岛即是在16世纪长沙的基础上发展起来的。20世纪50年代以来，加固堤防，稳定坍势；同时围海造田，使崇明岛面积扩大了80%。崇明岛南面的长兴、横沙两沙岛原也是一群沙洲，100年前，这里尚是几片分散的河口沼泽地，19世纪下半叶开始围垦，近二三十年来修筑堤坝、人工促淤，渐成现状。

(7) 珠江河口沙岛　或由河口心滩发育而成，或受基岩岛屿阻拦，在其隐蔽处积沙而成。起初珠江口的汊道宽阔，沙洲散布，后经围垦和促淤，汊道束狭，逐步形成汊道纵横的珠江三角洲。现今沙岛仍在不断伸展，尤以万顷沙、灯笼沙淤涨最快。

(8) 台湾西岸沙岛　台湾西岸浊水溪和曾文溪三角洲外的几列沙岛，是典型的由河口沙嘴发育而成的沙岛。沙岛断续分布，其内侧与陆地之间为潟湖。

此外，在滦河、黄河和韩江三角洲等地亦有沙岛分布。

(四) 我国海峡

海峡是指两块陆地之间的狭窄水道，是连接洋与洋或洋与海的通道。由于不同洋域和海域的水文气象条件有较大的差异，所以海峡中间鲜见风平浪静的景象，目之所至，均是狂风劲吹，白浪滔天。

1. 渤海海峡

渤海海峡是指辽东半岛南端的老铁山与山东半岛蓬莱之间的水道，其最近距离为109 km，西部的渤海通过它与东部的黄海相贯通。

渤海海峡中岛屿众多，其中庙岛群岛闻名遐迩。群岛大小共有30余个岛屿，呈东北—西南走向“一”字形展开。其中较大的有北隍城岛、大钦岛、砣矶岛、高山岛、大黑山岛、北长山岛和南长山岛等。南长山岛陆域面积为13 km^2，是渤海海峡中面积最大的岛。这些海岛海拔高度大多为150～200 m，位于海峡中部的大钦岛高出海面202 m，是海峡中海拔高度最大的岛。

渤海海峡中众多的岛屿把海峡分割出许多大致呈东西向的水道。这些水道好像刀子一样把海峡切成了许多段。水道是海流进出海峡的主要通道。潮流长期的反复来回冲刷，使得原本浅浅的水道被切割得又陡又深。渤海海峡中水道较大的有6条：老铁山水道、小钦水道、大钦水道、北砣矶水道、南砣矶水道和登州水道。在形态上，海峡中的岛屿好像展开着的手指，而水道像指缝，手指与指缝相间分布，潮流往复穿越水道。

2. 台湾海峡

台湾海峡位于我国东南部，是我国最大的海峡。它和渤海海峡不同，渤海海峡是两个半岛之间的水道，而台湾海峡是我国的台湾岛与大陆之间的水道，也是我国台湾省与福建省之间的水上道路。海峡呈北东—南西走向，南北全长约为500 km，东西平均宽度为150 km，面积约为7.7万 km^2。台湾海峡的北界是福建界海潭岛至台湾省富贵角的连线，其东端止于台湾省南端的猫鼻头，西端起于福建、广东两省交界线。

台湾海峡海底总的地势是南高北低，从东西两侧向中部平缓倾斜，大部分海底地形平坦开阔，台湾浅滩是海峡中最浅的浅滩地形。海峡中平均水深为60 m，南部最浅水深为10~15 m，中部最大水深为100 m。位于海峡东南部的澎湖列岛是海峡中的主要岛屿。它由64个大小岛屿和许多个浅滩暗礁组成，南北延伸60 km。澎湖列岛海拔较低，一般为30~40 m，最高为79 m。这些岛屿岩石主要是玄武岩，澎湖列岛表面起伏变化大，地形复杂，地形切割剧烈。

3. 琼州海峡

琼州海峡是指海南岛与广东省雷州半岛之间的水道，连通着北部湾和珠江口外海域，是海南省和广东省的自然分界，是我国三大海峡之一。海峡东西长约为80 km，南北平均宽度为29.5 km。琼州海峡南岸南渡江三角洲凸出于海峡中，其突出点成为海峡南岸东端的岬角，后海至天尾间的礁石群便成为南岸西端的岬角。北岸西端的突出点为灯楼角，东端的突出点为排尾角。

琼州海峡与渤海海峡、台湾海峡比较，有四点相异之处：地理纬度低；是岛屿与半岛之间的水道；海峡海底地形是一个潮流深槽；海峡中没有岛屿。从地质学上讲，琼州海峡位于海南岛和雷州半岛断陷的中部，而断陷指的是受地壳断裂带造成的地块下陷。

琼州海峡两岸岸线曲折，呈锯齿状，岬角和海湾犬牙交错，而它的海底基本上是个潮流通道，其大体组成为一个中央潮流深槽及东西两端两个潮流三角洲。深槽是潮流强烈冲刷的地方，槽内地形起伏不定，深槽主槽轴水深大于80 m。在深槽形成的深水盆地中，却还断断续续地分布着椭圆形的隆起地形，它是由潮流冲蚀而成的。琼州海峡东口，在水深30 m以内发育着一个潮流三角洲。其间浅滩和水道相间分布。它们从海峡东口向东大致呈扇状辐射排列。在海峡西口，水深20 m以内也发育着一个潮流三角洲，其间长条形的浅槽和水下浅滩相间分布，它们自海峡西口向西北方向呈辐射状排列。

（五）我国的海湾和港口

我国海湾的数量较多，面积在10 km^2以上的海湾有150多个。总体特征是：以杭州湾为界，在它之北，是以平原性海湾为主，数量少，规模面积却大，开阔壮观，如辽东湾、渤海湾、莱州湾、海州湾等；而在它之南，多为山地丘陵基岩性海湾，数量多，范围则小，狭长而海岸曲折，如三门湾、罗源湾、钦州湾等。

我国北方的港口大多数集中在渤海湾，由于港口带动经济繁荣兴旺，所以渤海湾沿岸有“金项链”之称。渤海湾内最大的港口是大连港。它位于辽东半岛南端，东濒黄海，西临渤海，南隔渤海海峡与山东半岛上的蓬莱遥遥相望。

1. 大连港

大连港地处东北亚，与近邻朝鲜、韩国和日本之间海上运输十分便捷，与北美、南美和东南亚及世界各地之间的联络也十分频繁，四季通航。大连港不仅是辽宁省的外贸中心，亦是我国东北地区和内蒙古对外贸易的重要港口。大连港是我国东北地区通往我国其他地区和海外的海上大门。大连港是我国五大港口之一，有“北方明珠”之称。大连港扼守着黄海和渤海，是我国东北和华北地区的海防前哨，在战略上的地位十分重要。

大连港在大连湾的南岸，湾口朝东。大连湾是一个构造型盆地，整个海湾北、西、南三面被群山包围，绿水青山，自然风光十分迷人。这里的海岸是基岩海岸，岬角和海湾交相辉映，海岸呈锯齿状。大连湾口外侧有三山岛坐落在那里，成为海港的天然屏障，使海湾水域风平浪静。大连港水域面积在300 km^2以上，平均水深为10 m，最深处为33 m。码头岸线总长13 000 m。年平均气温为10℃左右，气候温和湿润，冬无严寒，夏无酷暑，四季分明，令人心旷神怡，使大连成为闻名中外的避暑、休假、疗养的风景城市，大连港是一个极佳的旅游胜地。

2. 天津港

天津港位于渤海湾西岸，是渤海湾“金项链”上又一颗明珠。它作为我国华北地区的第一大港，是华北地区经济贸易和交通中心，它的巨大影响，与它独有的区位优势是分不开的。因为它位于华北地区的东北部、渤海湾西岸、华北的有名大河——海河入海口；它又北依燕山山脉，南邻黄河三角洲，西接我国首都北京，被称之为京都的门户。天津港是平原淤泥质海岸型港口，整个区域地势和缓，海岸平直，海岸是由松散的粉沙淤泥物质组成。由于渤海湾开阔，湾口朝向东，所以整个港区夏季受东向、东南向风浪影响，冬季受东北向风浪影响较多。

天津港的气候属大陆性季风气候，四季分明：冬季寒冷干燥，夏季炎热多雨，春季风和日丽，秋季天高云淡。冬季平均气温约为－3.5℃，夏季平均气温为26.2℃，年均降水量为600 mm。天津港拥有多种专用码头，功能齐全，机械化程度很高，装卸便捷快速，是国际闻名的经贸大港。

3. 青岛港

青岛港位于山东半岛的东南部，东濒黄海，西临胶州湾。青岛港属海洋性气候，终年湿润温和，不冻不淤，年均气温12.5℃，年均降雨量600 mm，是我国东部沿海的主要通商口岸之一，也是太平洋西岸重要的国际性中转港和贸易港。同时，它又是连接我国南北海运的枢纽港。由于青岛港的历史和其地理位置，它开辟了国内外多条航线，目前已与世界120多个国家和地区通航，对促进山东省的经贸发展起到举足轻重的作用。

4. 上海港

上海港居全国海岸线的中点，又扼全国第一大河长江的出海口，加之地处产销最兴旺、经济最发达、文化氛围最浓郁的华东地区，是我国目前最大枢纽港。上海港属河口港，它南靠宽阔的杭州湾，北临浩浩荡荡的长江入海口，而在江的北面，则是富饶的苏北平原。上海港为亚热带季风气候，四季分明，1月份平均气温为3.5℃，7月份为27.8℃。它受海洋影响明显，雨量充沛，年均降水量为1 124 mm。目前，上海港与世界上170多个国家和地区通航。

5. 宁波港

宁波港位于我国海岸中部的杭州湾南侧，自然环境条件优势，距长江口仅为200 km，是我国沿海南北海运的交汇处。由于它背靠低山丘陵区，所以周围海岸曲折，深水岸线极长，港池多而且规模大。西北太平洋是夏季台风的多发区，尤其浙江沿岸是遭受台风袭击最多的地带，每年约有30%的台风在该地带登陆。但宁波外缘有舟山群岛作为天然屏障，所以宁波港少有浊浪汹涌的时候。宁波港与稍北面的上海港遥相呼应，连为一体，有可能成为世界瞩目的国际综合枢纽港。

6. 厦门港

厦门港地处福建省东南部沿海，九龙江入海口南侧；位于台湾海峡西岸中部，与台湾省简直伸手可及，厦门港与台湾血脉相通。厦门港为低山丘陵区基岩海港，海岸是侵蚀性基岩海岸，港湾口外有岛屿作屏障，港湾深入内陆；港区水深，风浪小，自然条件优异，为我国东南沿海主要通商口岸和海外华侨出入境港口。厦门港是我国的重要港口，尤其是对台湾的经贸往来十分频繁。现在的港区是由旧城港区、高崎港区和东渡新港区三部分组成。

7. 高雄港

高雄位于祖国宝岛台湾的西南海岸，北依半屏山，东临屏东平原，西扼台湾海峡南口，是台湾省最大的海港。高雄港夏季多西南风，冬季常刮东北风，夏秋两季台风频繁，这些季风和台风不仅带来大量的雨水，使年均降水量达 1 500 mm 以上；而且调节了气温，使得高雄港长夏无冬，即使在最冷的 1、2 月份，平均气温仍在 20℃以上。高雄港港口向西北开敞，南端为旗后山，北端为寿山，两山雄峙，挟持着一片晶莹璀璨的港域，因地理位置和自然条件优越，高雄港成为台湾省西南部的重要门户与货物集散中心，同时也是太平洋西岸的一个重要国际性港口。

8. 香港

香港素有“东方明珠”美称，是举世瞩目的美丽的海港城市。这里蓝天碧海，山峦秀丽，自然风光优美动人。香港位于我国南海之滨，珠江入海口东侧，北与深圳市毗邻，东北侧是大鹏湾，南侧为万山群岛和担杆列岛，西隔珠江口与广东省珠海市及澳门遥遥相对。香港是由香港岛、九龙半岛和新界以及周围海域中 230 多个岛屿组成的，总面积约为 1 092 km^2。

香港的主要港口是维多利亚港，它位于维多利亚海峡近岸。港区海底多为岩石基底，泥沙小，航道无淤积。港区水域辽阔，可以同时靠泊 50 艘巨轮。港内有 3 个海湾和两个避风塘能躲风避浪。另外，由于九龙半岛向南伸入海中，消减了风浪，使港区相对平静。

（六）我国海洋滩涂资源

海洋滩涂系指大潮时，高潮线以下、低潮线以上亦海亦陆的特殊地带。我国海洋滩涂总面积为 217.04 万 hm^2，是开发海洋、发展海洋产业的宝贵财富。滩涂不仅是一种重要的土地资源和空间资源，而且本身也蕴藏着各种矿产、生物及其他海洋资源。滩涂资源用途很广，主要有如下几方面：一是开辟盐田，是发展盐化工原料基地的好场所。我国目前有盐场 50 多个，盐田总面积为 33.7 万 hm^2，年产量达 2 000 万 t，是世界第一产盐大国，其中 80% 为海盐。二是围海造地，增加耕地面积。我国沿海地区人口稠密，耕地稀少的矛盾尤为突出。三是发展滩涂水产养殖业。目前水产养殖面积已达 16.4 万 hm^2，主要养殖对象有扇贝、牡蛎、蚶、蛤等贝类及海带等。四是填筑滩涂，解决沿海城市、交通及工业用地问题。海涂还是发展海洋旅游业的重要场所，无论是沙质海滩，还是泥质滩涂，都可发展具有特色的滨海旅游。

四、海洋保护区建立与管理

在人类历史的发展过程中，海洋占有着极其重要的地位。海洋约占地球表面 70.8%，丰富的资源储藏和便利的全球通道，吸引了世界各国加大对海洋的开发利用。然而，随着开发力度的加大，人类对海洋的超负荷利用，给海洋、地球以及人类都带来了深深的伤害。

人类活动长期影响着海洋极其复杂的生态系统。建立海洋自然保护区，具有经济和生态环境双重功能。它可以维护生态利益，保护有代表性的自然生态系统、珍稀濒危野生动植物物种的天然集中分布区等，为维护区域或全球生态环境提供条件。另外，它有效地保护了海洋环境，缓解海洋生态系统的压力，成为海洋资源保护的一个重要屏障。

（一）海洋保护区的概念

海洋保护区的概念是于 1962 年世界国家公园大会（world conference of national parks）首次被提出。海洋保护区（marine protected areas，MPAS）是指为保护珍稀、濒危海洋生物物种及其栖息地以及有重大科学、文化和景观价值的海洋自然景观和历史遗迹需要划定的海域，包括海洋和海岸自然生态系统自然保护区、海洋生物物种自然保护区、海洋自然遗迹和非生物资源自然保护区、海洋特别保护区。

世界自然保护联盟将海洋保护区界定为："潮间或低潮地带的任何区域，连同所覆盖的水域及相关植物、动物、历史和文化特点，以法律和其他有效手段加以保留，以保护部分或全部封闭环境。"目前，世界各国对海洋自然保护区的定义和分类存在不一致的情况，多数国家按国际惯例将建于海岛、沿岸、海域的保护区均称为海洋自然保护区；而少数国家只把建于海上的保护区定义为海洋自然保护区。另外，国际上对海洋类型的海洋自然保护区名称也多样化，如国家公园，海洋公园，海洋保护区，海滨、海岸、沿海、河口或沼泽保护区等。

我国海洋管理部门和大多数学者认可的海洋自然保护区定义是："是指以海洋自然环境和自然资源保护为目的，依法把包括保护对象在内的一定面积的海岸、河口、岛屿、湿地或海域划出来，进行特殊保护和管理的区域。"我国的海洋保护区分为海洋自然保护区和海洋特别保护区两种。国家海洋局在发布的《海洋自然保护区管理办法》中对海洋自然保护区进行了定义，是指以海洋自然环境和资源保护为目的，依法把包括保护对象在内的一定面积的海岸、河口、岛屿、湿地或海域划分出来，进行特殊保护和管理的区域。

（二）海洋保护区分类

世界海洋保护区类型多样，其分类标准各不相同，可按照保护区的主要保护目的、保护水平、保护地位、保护时限及保护的生态尺度等将保护区分为不同的类别（表 5－1）。

表 5－1　海洋保护区分类（刘洪滨和刘康，2007）

分类标准	具体类型
保护目的	自然遗产保护区、文化遗产保护区、可持续发展保护区等
保护水平	禁止进入、禁止所有有害活动、禁止开采性活动、具有核心保护区的综合利用区、分区的综合利用区和单一的综合利用区
保护地位	永久性保护区、阶段性保护区和临时性保护区
保护时限	全年性保护区、季节性保护区和轮替性保护区
生态尺度	生态系统保护区和特定资源（自然和文化）保护区
管理主体	私有保护区、志愿者保护区、社区管理保护区及政府管理保护区等

为了规范和统一世界海洋保护区分类和划分标准，国际自然保护区联盟（IUCN）、国家公园和保护区委员会（CNPPA）于 1978 年发布了《保护区分类、目的和标准》报告，将保护区分为 10 大类。到 1994 年，对原来分类标准进行了修订，依据管理目的和管理内容差异重新将保护区分为 6 大类，具体如下（刘洪滨等，2007）。

Ⅰ. 严格的保护区

a. 严格自然保留区；b. 原生荒野地

Ⅱ. 国家公园

Ⅲ. 自然纪念地

Ⅳ. 生境/物种管理区

Ⅴ. 陆地景观/海洋景观保护区

Ⅵ. 资源管理保护区

并且对不同类型的保护区功能和管理目的进行了详细定义，指出为了更有效地进行保护，建议Ⅰ～Ⅲ类保护区由中央政府统一管理，地方政府管理Ⅳ类和Ⅴ类保护区（表5－2）。

表5－2 IUCN保护区分类与管理目标

管理目的	类型						
	Ⅰa	Ⅰb	Ⅱ	Ⅲ	Ⅳ	Ⅴ	Ⅵ
科学研究	1	3	2	2	2	2	3
原生地保护	2	1	2	3	3	—	2
物种及多样性保护	1	2	1	1	1	2	1
环境服务功能维持	2	1	1	—	1	2	1
特定自然及文化特色保护	—	—	2	1	3	1	3
游憩和娱乐	—	2	1	1	3	1	3
教育	—	—	2	2	2	2	3
自然资源可持续利用	—	3	3	—	2	2	1
文化及传统属性的维持	—	—	—	—	—	1	2

注："1"表示主要目的；"2"表示次要目的；"3"表示潜在利用目的；"—"表示不适用。

从表中可以看出：保护区主要包括自然、文化和历史遗产保护、游憩、教育和科研功能。除了Ⅰa保护区外，其他类型保护区都可以进行不同程度的游憩和其他海洋资源开发活动，但前提是不影响保护区的生态功能和保护价值。按照国际自然保护区联盟的分类，海岸带开发强度较大的国家或地区，如欧洲、日本和韩国等国家或地区的海洋保护区以陆地景观/海洋景观保护区和自然纪念地（Ⅲ/Ⅴ类）为主，旅游产业发达；海岸线相对原始，多数地区自然景观保存相对完好的国家如美国、加拿大和澳大利亚等国的海洋保护区多以国家公园和生境/物种保护区（Ⅱ/Ⅳ类），兼顾保护和开发，旅游和捕捞等有条件发展；而严格的海洋保护区（Ⅰ类）相对较少，资源保护管理区（Ⅵ类）则主要为大型渔业保护区（刘洪滨和刘康，2007）。

（三）海洋保护区规划原则与实践

建立海洋保护区主要目的是通过对利用和影响海洋环境的人类活动进行管理，长期地保护、恢复以及明智地利用、理解和享受世界海洋遗产。我国环境保护"十一五"规划中生态保护的主要任务即"以促进人与自然和谐为目标，以生态功能区划分为基础，以控制不合理的资源开发活动为重点，坚持保护优先，自然修复为主，力争使生态环境恶化趋势得到基本遏制"。因此，在海洋保护区建设过程中，应以科学性、功能一致性、效益最大化、预防性和适应性相结合的原则确定海洋保护区的建立目标、位置、大小、结构和管理模式，按照科学发展观的要求，采取切实有效的措施，合理开发利用海洋资源，保护海洋环境，促进经济社会的可持续发展（杜萍等，2009）。

① 科学性原则。海水本身具有流动性和整体性，要想满足不同物种的保护需要，海洋保护区规划需要满足以下几点：首先，在一个生物地理区内划分出具有不同生境类型的代表区；其次，建立面积足够大、相互之间存在联系且可以自我维持的海洋保护区网络体系；最后，确保所有生境类型都在海洋保护区网络体系中有所体现，并相互作为缓冲区来预防自然环境变化和社会经济压力。此外，海洋保护区在设计规划过程中还必须在适当的区域尺度上考虑可重复性，以提供准确的生物学和社会学监测信息来进行继续评估。合适的海洋保护区大小和合理的核心区、缓冲区结构也是海洋保护区规划的重要参数。海洋保护区边界一般依据海域地形确定，但面积大小更多地考虑生物学属性；决定海洋保护区大小的主要因素是物种的扩散距离，包括成体溢出和幼体扩散距离，此外，还

与保护目标及所在网络有关。

② 功能一致性原则。为了合理使用海域、保护海洋环境、促进海洋经济的可持续发展，我国已根据海域区位、自然资源、环境条件和开发利用的要求，按照海洋功能标准将海域划分为不同类型的功能区并制定《全国海洋功能区划》。为促进我国海洋经济和生态的和谐发展以及建设海洋强国，规划海洋保护区时应综合考虑，尽量做到海洋保护区规划与海洋功能区划一致。目前，我国海洋特别保护区已经涉及各种经济发展规划、渔业规划、旅游规划、无居民海岛开发利用与保护规划和公路水路交通建设规划等各种相关规划，有些规划与海洋功能区划相吻合，如渔业规划与渔业资源利用和养护区，美国夏威夷、英国伦第岛和菲律宾等的实践经验都证明建立海洋渔业资源保护区能够提高渔业产量，促进当地经济；但有些规划与海洋功能区划存在一定冲突，需要通过保护区的保护重点、保护标准和保护持久性加以调整，做好海洋特别保护区规划和其他功能区划之间的协调工作。

③ 效益最大化原则。海洋保护区是一种海洋综合管理手段，其规划既要考虑海洋生物多样性保护与海洋生态系统与功能的维持，又要考虑海洋资源的社会经济效用。现实中，短期的社会和经济成本经常成为海洋保护区规划与实施的障碍，海洋保护区在规划时应在可持续发展条件下适度地开展各种非破坏性资源开发活动，以确保海洋资源与环境的效益最大化，并最大限度地减少外来威胁的破坏效应。我国是人口众多的发展中海洋大国，直接合理开发利用保护区内丰富的生物资源以获取经济效益，是保护区发展的经济基础，也是妥善解决当地居民生产、生活、就业问题的关键，因此，兼顾开发利用与保护目标于一体的海洋保护区管理方式是非常必要的。

④ 预防性及适应性原则。由于海洋生态系统复杂性、人类活动开发活动的不可避免性以及人类相关海洋知识的缺乏，海洋保护区的设计与规划不存在一个共同的建设模式。海洋保护区建设与规划必须结合当地的实际情况，包括自然环境、经济压力与社会管理等各方面的因素。综合考虑各方面的因素，全面考虑人类利用、自然环境、外部压力与风险评估之间的交互作用，尽可能将不确定性及风险性降至最低（刘洪滨和刘康，2007）。

（四）海洋保护区建立

1. 我国海洋保护区发展简史

我国海洋保护区的建设最早可追溯到 1963 年在渤海划定的蛇岛自然保护区。大规模的兴建始于 1988 年年底国家海洋局制定了《建立海洋自然保护区工作纲要》之后。到 2006 年，我国已建成海洋保护区 139 个，其中国家级海洋自然保护区 28 个（刘洪滨和刘康，2007）。国家海洋局于 1995 年颁布《海洋自然保护区管理办法》，为我国建立建设海洋自然保护区提供了法律保证。

与其他国家的海洋自然保护区保护面积相比，我国的海洋保护区面积占海洋面积的比例明显较小。根据世界各国 2000 年的海洋自然保护区统计资料，我国现在的海洋自然保护区面积占海域面积的比例只相当于 2000 年世界平均水平的一半。

我国海洋保护区的发展经历了零发展阶段（解放以前）、零星发展阶段（1955—1965 年）、停滞发展阶段（1966—1979 年）、恢复与快速发展阶段（1980—1996 年）和高速发展阶段（1997 年至今）（叶有华等，2008）。

2. 我国海洋保护区的分布

我国海洋自然保护区主要分布在辽宁、河北、天津、山东、江苏、上海、浙江、福建、广东、广西和海南 11 个省、直辖市、自治区。从数量看，广东是我国海洋自然保护区最多的一个省，占我国海洋自然保护区总数的 41.1%，江苏和天津最少。从保护的总面积看，我国海洋自然保护区总面积最大的是辽宁省，其次是山东省和广东省，它们的海洋自然保护区面积分别占全国海洋自然保护区总面积的 29.12%、28.13% 和 14.16%。辽宁省和山东省海洋自然保护区的总面积占全国海洋自然保护区面积的一半以上，其海洋自然保护区建设走在全国的前列。海南省海洋自然保护区数量较多，但由于其管辖范围内的各个海洋自然保护区面积较小，因此总保护面积也相对较小。

我国海洋自然保护区主要对潮间带生态系统、红树林生态系统、海洋珍稀与濒危生物物种、岛屿生态系统和海洋经济生物物种进行了保护，尤其是海洋生物物种的保护面积超过了总保护面积的一半。珊瑚礁、自然景观和遗迹也有一定的保护，但保护的面积低于总保护面积的5%。河口、盐沼、上升流等生态系统的保护力度极其薄弱。从海洋自然保护区保护类型看，几乎各个类型都有所涉及，但是对有些类型的重视程度不够。在同一种类型的保护区中，也只是对部分生态系统、物种、遗迹或自然景观进行了保护，而忽视了其他方面。以广东省为例，许多生态脆弱区域、众多珍稀濒危和重要经济品种的三场一通道以及珊瑚礁、海底草场、濒海湿地等典型海岸生态系统还没有提上保护的日程（叶有华等，2008）。

（五）海洋保护区的功能

1. 生物多样性保护

生物多样性是人类赖以生存的各种有生命资源的总汇和未来工农业、医药业发展的基础，为人类提供了食物、能源、材料等基本需求；同时，生物多样性对于维持生态平衡、稳定环境具有重要作用，为全人类带来了难以估价的利益。生物多样性的存在，使人类有可能多方面、多层次地持续利用甚至改造这个生机勃勃的生命世界。

海洋保护区可以恢复海洋生物的生命史特征和基因多样性，增加保护区内的产卵生物量，并通过溢出和扩散效应阻止已过度开发的种群崩溃。捕捞渔业的选择使捕捞物种出现小个体和性早熟变异，造成物种的性别比例扭曲，而海洋保护区可以减轻这种捕捞选择压力，保护渔业资源的经济价值。由于禁止捕捞活动，保护区内的生物个体变得更大、繁殖能力也更强，从而具有更高的生产力，通过幼体溢出和成体扩散向保护区外迁徙，来补充被捕捞海域的种群，以维持面临过度捕捞的渔业种群。同时，个体大、繁殖力强的生物种群比重的提高，增加了物种面对环境变化的恢复弹性，避免了由于过度捕捞可能造成的种群崩溃，并增加了已衰退渔业种群的恢复几率（庞晓雷，2010）。

2. 定居生物种群保护

定居物种并非指不能迁移的物种，定居生物是指相较渔船的活动空间或表层幼鱼的扩散而言，它们的运动的距离很短，如广东茂名海域的文昌鱼种群。海洋自然保护区是一种空间管理手段，对定居物种，空间管理比产量限制更容易理解、接受和执行。常规的资源评估和产量控制对小群的定居物种的管理成效不大。区域控制如海洋自然保护区反而能在这些渔业中出现成效。

3. 珍稀濒危物种的避难所

随着工农业生产活动的加剧，珍稀濒危物种所面临的威胁越来越严重。许多种类已面临灭绝的危险，而保护区的建立，为这些物种提供了一块相对比较安全的避难所。使其在相当长的时间内能够存活，并有希望以保护区为根据地来逐渐扩展其分布区，恢复野生种群的规模。

4. 监测全球环境变化的良好基地

全球环境变化与我们人类的生产、生活密切相关，因此已成为当前科学界研究的一个热点课题。自然保护区是地球上受到人类活动干扰相对较小的区域，自然环境具有典型性和原始性，因而在这些区域开展环境变化的研究可以得到十分客观的科学数据，对于揭示全球环境的演变规律发挥着重要作用。

（六）我国海洋保护区的管理

1. 海洋保护区管理存在的主要问题

管理体制复杂，不够合理。我国海洋自然保护区实行综合管理和分部门管理相结合的体制。国家海洋局负责海洋自然保护区的总体规划和建设，海洋、林业、环保、农业、国土等部门分别管理各种不同类型的海洋自然保护区。并且在同一个保护区内，各种管理职能也由不同部门行使。这样，各部门都从本部门的利益考虑，分头管理，各自为政，会出现相互争权或相互推卸责任的现象。这些部门分别制订用海计划和工作方案，相互之间沟通较少。他们依靠单纯的行业管理很难解决保护区复杂的综合性的问题，这种管理模式很难使各部门从生态开发和可持续发展的战略高度制订规划，管理保护区，不利于保护区的管理。对于海洋自然保护区，我国还实行中央和地方管理相结合的管理机制。国家海洋行政主管部门统一管理全国海洋自然保护区工作，各地海洋行政管理部门管理本行政区内海洋自然保护区。一般业务上由上级主管部门管理，行政由县级以上其他地方政府部门管理，也就是行政和业务相分离。这就决定了地方政府的实际权力在保护区管理中扮演着最重要的角色。于是，各种类型的保护区的具体执行机构都不可避免地受本地政府牵制。而政府在权衡本地经济发展与保护区生态保护和建设利益冲突时，往往是以本地经济发展为先。出现这种状况，主要是由于经济效益比环境效益更明显、直接，更能为当地居民带来眼前的经济实惠，更能证明行政首脑的政绩。

保护区经费不足。资金是海洋自然保护区建设的物质基础，资金不足直接影响保护区人才的引进和科研工作的开展，也影响到保护区基础设施的建设。不解决好资金难题，建设质量较高的海洋自然保护区将是一句空话。经费不足问题是目前包括自然保护区建设较好的发达国家在内的国家所面临的问题。我国海洋自然保护区经费大多数是来自当地政府，国家级保护区的一部分经费来自国家拨款，国家对地方海洋自然保护区很少拨款或不拨款。这就决定了地方经济的发展状况直接影响和限制自然保护区的经费来源，当地政府的行为和对保护区建设的态度直接影响了保护区的建设。在发达国家，保护区费用虽然纳入国家财政预算，但这也不能完全解决保护区不断需求的资金问题。我国的自然保护区资金不足问题，特别是海洋自然保护区资金不足问题尤其严重。因为我国海洋自然保护区相对于陆上的自然保护区来讲设立得比较晚，并且海洋自然保护区远离人们生活的密集区，人们对海洋自然保护区的建设和环境维护重视程度不够，使其往往被忽视。并且，很多时候，海洋自然保护区的旅游价值远不如陆上自然保护区。在此情况下，许多海洋自然保护区为了筹备运转资金不得不另谋出路，于是他们顺应世界潮流，挖掘利用本保护区资源和环境特色，开展生态旅游或海水养殖项目，力求解决资金问题。如广东省在海洋自然保护区内开展各种形式的生态旅游，产生了较大的社会和生态效益，对保护区发展起到一定推动作用。“南澳生态游”已成为该省八大旅游热线之一，成为其他海洋自然保护区效仿的楷模。但同时这种走“自养”道路的方法也带来了一些问题，它使有些生态保护区的主要职能发生了偏离：把生态保护功能置于经济开发利益之后，重视保护区旅游业的经营管理，而忽视设立保护区的真正作用。这样就不能很好地处理保护区管理和当地经济开发的关系，以致许多破坏行为得不到制止。而且，很多海洋自然保护区保护的内容具备旅游价值的很少，不能吸引较多的游客，满足不了资金自给自足的要求（崔凤和刘变叶，2006）。

总体布局规划有待完善。我国海洋自然保护区建设起步较晚，自我国第一个海洋自然保护区建立以来，虽然经过几十年的发展，仍然存在数量少，面积小；结构不甚合理，类型单一等问题。10年前，国家海洋部门曾编制了《中国海洋保护区发展规划纲要（1996—2010）》，已经不能满足目前海洋保护区发展的要求。目前，仅有部分省市根据本省的情况重新制定了海洋保护区规划，全国性的海洋自然保护区总体布局规划还有待完善。

2. 海洋保护区管理策略

（1）理顺保护区管理体制　目前，世界上许多国家对自然保护区实行统一管理。从长远看，我国也应该改变保护区管理体制，对保护区的管理机构重新进行行政定位，实行统一管理，彻底消除多部门分割管理带来的各种负面影响。环保、林业、农业、水利、海洋等对海洋自然保护行使职能和产生影响的部门是平行机构，相互之间难于协调。因此，建议集思广益，逐步建立起国务院直属的统一管理自然保护区的专门机构，各级政府也应该设立相应管理体系，使这些部门之中有着很好的相互沟通及协调，并且在很大的范围内能够实现资源共享，从而更加有效地开展管理工作。体制变革不可能一蹴而就，因此，在短期内多部门共管海洋保护区的体制弊端难以得到彻底解决，建议在综合管理部门协调各部门工作的同时，由海洋部门负责组织管理在海洋自然保护区范围内的全部活动，以此尽量减少现有体制的弊端。同时，针对地方政府积极性不高的问题，建议把保护区建设成绩纳入地方政府工作绩效的考核内容，以提高地方政府建设和发展保护区的积极性，改变目前我国海洋自然保护区建设依靠法律被动发展的局面（虞依娜等，2008）。

（2）补充和完善海洋自然保护区总体布局规划　逐步增加海洋自然保护区的面积，增加海洋自然保护区数量，满足海洋珍稀濒危物种及典型海洋生态系统保护的需要，调整海洋保护区类型结构，抓紧建立一批能反映各气候带的海洋生物多样性和近海、岛屿、河口海岸湿地的生物多样性，能体现热带特有的珊瑚礁、红树林群落分布区生态系特点的各种生态系统和物种类型的海洋自然保护区以及有特殊意义的自然景观和历史遗迹类型的海洋自然保护区。在全面规划建设涵盖具有特殊保护价值的自然生态系统、自然遗址、地质地貌、种质资源、珍稀濒危物种、湿地等类型保护区的基础上，要加快对具有重要价值、受破坏严重的“三场一通道”、珍稀濒危物种、近海海洋生态系统（珊瑚礁、红树林、海草床、湿地）等水域实行保护，尽快划建一批自然保护区，实行抢救性保护，重要区域尽快升级。在布局上要注意弥补空缺，完善已有的自然保护区网络和体系。

（3）改善经费不足问题　海洋保护是一项跨地区、跨部门、跨行业的综合性系统工程，需要投入的资金较多。因此，必须广辟资金来源，多渠道增加海洋开发利用与保护的投入。政府部门重视保护区建设，增加投资规模。

解决保护区经费短缺的难题不能仅靠政府投入，保护区本身也要寻求自养的途径。与其他自然保护区一样，对海洋自然保护区的资源价值进行合理利用，促进经济的可持续发展，从而解决保护区经费不足的问题，这在实践和理论上来说都是可行的。如美国、加拿大、澳大利亚等发达国家曾经用消减经费的办法鼓励国家公园自我创收解决部分所需的经费，但对创收比例有一定的控制，如加拿大总体控制在25%，另外75%由国家拨款。我国在增加政府投入的同时也应发挥保护区自我创收的能力，利用保护区的经济价值，解决经费不足的问题。

第四节　地球、海洋和人类的未来

一、海底安居乐业——开拓海底生存空间

设计过海上城市的日本建筑师清仪菊竹用诗一般的语言为我们描绘了一幅未来海上城市的动人景象：“明天的城市将从海中升起来并漂浮在海面，就像那睡莲一样。它们成长、成熟、开化只是为了人类的欢乐。”没有未来水世界的恐怖，也没有远古神话中的变幻莫测。人类为自己设计的海上家园充满了祥和、温馨和欢乐。一个熟悉的世界，如同童年的故乡一样可爱。

人类移居海洋的进程其实早就开始了。从一叶扁舟载着勇敢的先民走向平静的海湾到豪华的巨型邮轮稳如泰山地航行在巨浪滔天的大西洋；从第一根海底电缆接通了大洋两岸的文明之光到海底隧道传出孩子们悠扬的歌声，从航空母舰到海上机场，从海上运输到海中仓储，从围海造田到人工岛屿，从海洋探险到海洋游乐，人类在这条路上已经走了几千年。

最早进行围海造田的国家是人多地少，地势低洼的荷兰，其国土的1/5，包括现在的首都都是

靠围海得来的，荷兰人在这片来之不易的土地上，精耕细作，发展了先进的花卉、蔬菜种植业和畜牧业，一跃成为世界上第三大农产品出口国。

最早提出建设海上城市的国家是在工业化进程中被昂贵的土地所束缚的岛国日本。在向海洋进军的过程中，日本人毫不吝惜人力物力，从不惧怕工程浩大，更不屈服于任何艰难险阻，因为日本人早就懂得了“日本的未来在海洋”。第二次世界大战后50年间，日本人向大海要地2 000 km^2，相当于26个香港岛的面积。而且，日本人在新的居住空间上创造的是现代化的生产力、舒适快乐的生活方式。

香港、澳门的许多闹市区都曾经是大海。富有的新加坡不惜花钱买土填海造地。印度通过填海将一个离岸16 km的海中孤岛发展成为今日繁华的孟买市。土地富裕的美国人也因地制宜地向海上发展。在只有近30%的面积为陆地的地球上，新大陆的梦想一直存在于人类的脑海中。

似乎是一曲悠扬舒缓的乐曲突然开始了它节奏欢快的华彩乐章，人类在21世纪的大门前豪情满怀地加快了迈向海洋的步伐。

海上城市已不再是梦想。在日本的神户市以南约3 km的海面上，有一座长方形的海上城市，一座跨海大桥将它与神户市连在了一起。新城市是由神户西部的两座山填海建成的，面积为236万 m^2，其上设有国际饭店、旅馆、商店、博物馆、医院、室内游泳场、学校、娱乐场及3个公园和6 000套住宅，真可谓“麻雀虽小、五脏俱全”。

海上工厂也是日本人的杰作。东京湾人工岛钢铁基地通过涨度隧道与陆地相连，年产钢材600万t。新研制的多效浮动海水淡化厂每天额定生产能力是5 000 t蒸馏水。位于水深1 000 m处的海面设计的液化天然气厂可以用天然气为原料在海上生产出氨和尿素。

在离东京200 n mile、水深约为100 m的海上，日本人要建造一座可居住50万 ~100万人口的信息化现代城市。城市设计为4层，由大约1万根互相间隔为50 m的空心浮柱支持。浮柱里面装有储水箱，起平衡建筑物重量的作用。底部装有压力传感器，进行软着陆，以避免海底地震的破坏作用。与填海造地不同，这是真正现代意义上的海上城市。

与日本人的做法不同，生性浪漫的美国人设计了一座金字塔形的海上城市。太阳能将为这座城市供电，城市的物资可以反复循环利用。金字塔里有精心布局的住宅、学校、商店和游乐场所，里面的人步行即可到达城市的任何地方。金字塔表面是一层层阳光灿烂、鲜花盛开的阳台，在气候恶劣的时候，由电脑控制的自动系统可以将每一个位置彻底封闭。环绕金字塔的是海上工厂、农场和机场，这座城市的文明程度是显而易见的。与日本人方方正正的设计相比，它更像朵温柔的睡莲。

保守的英国人用橡皮做外壳在其南海岸建了一座圆锥形的人工岛，它注重的是实用性：有灯塔、电站，方便石油勘探。也许，叫它大橡皮艇更合适。

为了开发海洋油气而建起的海上石油平台可以称之为微型的海上城市，这样的海上城市已经数不胜数了。

海水有着巨大的浮载力，湛蓝的海面也使居住在它上面的人心旷神怡。到海面上生活似乎并不使你感到困难。但是到海底去生活又会怎样呢?

深海巨大的压力是第一个障碍。此外氧气和淡水都需要另外补充。在幽深的海底，你需要依靠人工光源来生活和工作，你与朋友的谈话也不能通过水传递，人类固有的恐惧可能会回到你的生活中。最后，海水的腐蚀性会让你为每一件普通的物体付出昂贵的价格，精密仪器的保养是一项长期而繁重的工作。几乎可以肯定地说，标志着人类文明的火光不可能在海底世界里燃烧，因为气体的保护比什么都重要。

那么，为什么人类要到海底去生活呢?

首先，探索未知是人类的天性。其次，人类的未来需要更多的保障。在克服了以上所罗列的困难之后，海底世界美好的一面就会显现出来。

虽然五光十色、珠光宝气的水晶宫只是神话，可是你一点也不会感到乏味，海底世界真实的神秘和美丽不是任何语言所能描述的。

无论春夏秋冬，不管狂风暴雨，海底的环境都是相对稳定的。你该干什么就干什么，不必看天气预报，也无须顾及洪涝旱灾。

将来的宇宙来客是友是敌？万一宇宙大战真的打了起来，地球的大气层里射线乱飞。人类最好的防空洞就是大洋深处了。

海底的资源需要开采，海上的田园和牧场也需要照料。属于人类的海底，必须有人去勘测和规划，建设和改造。就像人类会在陆地上做过的一样。

从生物圈的逻辑看，海洋里既有高山峡谷，又有广阔平原；既有丰富的矿藏，又有从低等微生物到高等动物的较为完善的生物链。多样化的复杂生态环境意味着智慧生物可以跻身其中。

从生物起源的观点来看，是海洋孕育了最初的生命现象，海洋是陆地生命的故乡，海洋提供的营养更适合人体的需要。科学家已经证实，海洋哺乳动物都是登陆之后又第二次入海的。那么，人类返回故乡也在情理之中了。

人类已经征服了地球的最高峰，也在地球大气层以外建立了载人空间站。科学的发展已经到了非常高级的阶段，没有理由让美丽富饶的海洋继续闲置。

1959 年，美国海军医学研究室的一个试验小组进行了首次水下居住试验。在距百慕大群岛 26 n mile 处，4 个人在 58.5 m 深的水下房间里生活了 11 d。室内充溢着与周围水介质压力相同的混合气体使水不能侵入，由停泊在海面上的保障船通过软管提供淡水和气体。同时也会敷设了供电电缆、有线电视电缆和电话通信线。出水后，居住者的身体没有任何不适。

1962 年，52 岁的美国人林克以业余爱好者的身份进行了一次“水下人”试验，它呼吸的是由 97% 氦气和 3% 氧气组成的高压混合气体，同样有一艘保障船停在海面上。

法国的“大陆架 1 号”计划是由潜水研究局完成的，水下居民出水时以呼吸适当比例的氮氧混合气体代替了传统的减压过程。

此后各国的海底居住试验向着脱离直接海面保障的方向发展。居住时间也越来越长。

根据海水的特性，海底房屋一般都设计成圆球形、圆锥形、圆弧形或三角形，外围常有一些触角般的管路系统向四周辐射，将许多形状类似的海底建筑联在一起，海底城市看起来就和电视中外星人基地差不多。

氧气、淡水、食物、能源的供给，排污、倾废、清洁、娱乐的进行，人类的基本需求都在系统内自行解决。

海底城市是真正的高科技园区，它的每一部分、每一个细节都是当代最高科学技术的结晶。海洋城市的建设过程充满了新材料、新方法、新发现、新观念和新理念，它的建造代表了一个国家的科技水平和综合实力，同时也会促进国家科技研究向更高更广的方向发展。

目前的海底居民还都是科学家，他们在水下居住时要完成一系列的研究工作，还要进行正常的学习和娱乐生活。作为人类移居海底的先驱者，他们力争使一切都完美无缺，将海底变成未来人类的理想家园。

与此同时，一些科学家又独辟蹊径，正设想在人类的身体中置入新器官、新基因或恢复远古的部分基因，把人类改造成适应海洋生态环境的两栖人。

科学家预测，21 世纪将有 1/10 的人移居海洋。海洋的全方位开发利用将全面展开。

童话中的自由地来往于海陆之间的麦克·哈里森、善良聪明才智过人的美人鱼公主、威力巨大的大西国水晶球，都将真实地出现在人类的世界里。

未来的财富和智慧将在这个过程中发展、积聚。未来的强国将崛起在海上。

作为21世纪的栋梁之才，你将如何走向海洋？蔚蓝的大海铺展在你的面前，发挥你的想象力，为我们描绘一幅未来中国海洋的全景图吧！

二、海洋旅游

我国海岸线曲折绵长，岸外岛屿众多，海岸地貌类型齐全，海岸带南北纵跨3个气候带，自然风光各异，拥有许多旅游价值很高的风景区。我国历史悠久，海洋文化积淀丰厚，海岸带人文景观也非常丰富。概括起来，我国海洋旅游景观大体可分为以下7类。

（一）海岸景观

海岸是地球上陆地和海洋两大自然体系的衔接地带，这是海洋旅游中最基本也是最有魅力的景观。浩瀚的大海和各式各样的海岸地貌，构成一幅幅壮丽的图画，让人流连忘返。海岸带的山地，往往岩石被海水蚀成各种奇特造型，具有较高的观赏价值。如大连金石滩是一种海上喀斯特地貌，千姿百态的礁石被誉为“海上石林”、“神力雕塑公园”。而沙质海岸，又往往沙软滩平，海水清澈，可以开辟成海水浴场，是进行日光浴、游泳和各种海上文体活动的好地方。目前，“阳光海滩”风靡世界。在我国，这种海滩很多，如北方的兴城、北戴河和昌黎海滩。昌黎海滩长达30 km，是我国最长的海滩。还有青岛汇泉湾浴场，这个浴场可同时容纳11万人。南方的北海银滩，雪白的沙滩别具特色，其规模之大堪称亚洲第一。我国的平原淤泥质海岸也很多，那里有宽阔的潮坪，如辽东湾、渤海湾和苏北海岸；退潮时，可在潮坪上挖贝壳、捉蟹子，观看各种海鸟，进行泥浆浴，参观盐场等。

（二）海岛景观

乘船到海岛旅游，可以体会到更浓的海洋情调。很多海岛耸立于海面，风光绚丽，宛若仙山。海岛地貌、生物、渔村对游客都极富吸引力。我国海岛成因多样，但多数是大陆岛，如北方的长山群岛、庙岛列岛，南方的舟山群岛、海坛岛、湄州岛、台湾岛、海南岛等；也有泥沙淤积的沙岛，如长江的崇明岛；南海的西沙群岛、南沙群岛是珊瑚岛，在那里，白色的环礁、碧蓝的大海、绿色的椰子树，构成一幅美丽的图画。另外，还有少数火山岛，如澎湖列岛、兰屿、涠洲岛，其黑色岩礁和玄武岩石柱也十分好看。

（三）海滨山岳景观

我国名山很多，然而名山又坐落在海滨实为难得。青岛崂山兼有奇峰、异洞、怪石、茂林、飞瀑、流云之美，更以“山海奇观”著称天下，素有“泰山虽云高，不如东海崂”之说。我国海岸带上的名山还有大连老铁山、连云港云台山、舟山普陀山、福建太姥山等。

（四）海洋生态景观

在海滨地带或一些与外界隔绝的小岛上，往往有一些珍稀的、独特的生物群落，具有很高的观赏价值和科研价值，如辽宁盘锦的苇田，山东车由岛的海鸟，江苏大丰的丹顶鹤与麋鹿，伶仃洋小岛上的猴群，海南的红树林等。

（五）海底景观

有些近岸海湾，海水清澈透底，海底渔礁跌宕，各式各样的鱼群翔游嬉戏，五光十色的贝类漫步海底，千姿百态的藻类随波荡漾，婀娜多姿的珊瑚笑靥生花，构成色彩斑斓的海底世界，适合开展潜水旅游和建立海底游乐宫。这种景观主要分布在南海，如电白放鸡岛、北海白虎头礁、涠洲岛、三亚玳瑁洲等海域。

（六）海洋历史文化景观

我国海岸带上的历史古迹、革命胜迹很多，如丹东九连城，万里长城起点的山海关老龙头，孟姜女庙，八仙过海的蓬莱仙阁，甲午战争时期的刘公岛北洋水师提督署，田横岛五百义士墓，徐福出海的琅琊台，《西游记》中提到的花果山，舟山群岛的普陀山佛教圣地，湄州岛的妈祖庙，福州的林则徐祠，海上丝绸之路起点的历史港口城市泉州，厦门的胡里山炮台，广州黄花岗七十二烈士墓，虎门炮台，等等。

（七）滨海城市景观

包括城市繁华街道、宏伟建筑、文化娱乐场所、购物中心等。这类景观如上海的南京路、外滩、豫园，青岛的栈桥、八大关、东海路雕塑群，大连的星海公园、老虎滩、自然博物馆，广州的南方大厦，深圳的沙头角，香港的海洋公园，等等。

海岸带的这 7 类景观既各有特色，又共具“蓝色”风情，吸引着越来越多的旅游者。

我国有珍奇的海洋旅游资源，海市、涌潮和海底震迹，是 3 种罕见而珍奇的旅游资源。这些景观规模小，出现的概率也小，有的只能依附于海岸带上其他景观之中，但对喜欢猎奇和探秘的旅游者来说，仍然具有极大的吸引力。

海市又称“海市蜃楼”。在山东半岛北端有一座丹崖山，上面有蓬莱仙阁。每逢春夏之交或夏秋之交，登蓬莱仙阁北眺，长岛诸岛历历在目。倏忽间它们一改平昔面貌，变得一会儿像雄城横亘大海，一会儿像虹桥飞架长天，迷蒙中似有行人车马，刹那间又见群峰倒悬。这便是令人称奇叫绝的海市现象了。在我国古代，传说中有 3 座神山，据《史记·封禅书》载：“自威、宣、燕昭使人入海求蓬莱、方丈、瀛洲。此三神山者，其傅在勃海中，去人不远；患且至，则船风引而去……未至，望之如云；及到，三神山反居水下。临之，风辄引去，终莫能至云。”可见“三神山”很可能是因“海市”现象而使人们产生的错觉。

现在人们知道，海市不过是一种奇特的大气光学现象。靠近海面的空气的温度受海水的影响往往比较高，而较高一层空气的温度有时比贴近海面的空气温度高几度，有时低几度。这两层空气温度有明显差异时，密度也就有了差异。这样，在这个界面上发生光折射现象时，光线路径向暖空气一边凸出。如果上层空气温度高，远处的物体看上去就像被抬上半空，出现“空中楼阁”的景象，有时甚至能在半空中看见百里以外的船只，这叫上现蜃景；当海面空气温度比上边空气温度高时，则出现下现蜃景，景物复杂错乱，渔民称之为“海滋”。海市现象以山东蓬莱、长岛出现的频率最高，在辽宁鹿岛、浙江舟山及广东惠来、湛江也时有发生。

涌潮是外海潮波传播到喇叭形河口或海湾时由于受到两岸的约束及海底地形的影响而使潮波发生激烈变形的现象。钱塘江口金秋大潮期间，涌潮最为闻名，对此宋代诗人苏东坡有“八月十八潮，壮观天下无”的诗句。每月农历初一和十五前后，是钱塘江大潮发生的时间。钱塘江入口之处叫杭州湾，湾口宽达 100 km 以上，往西到澉浦附近收缩到 20 km 左右，再往西到海宁县盐官附近，就只有 3 km 宽了。潮水进入杭州湾后，由于受到喇叭状河口约束，就涌涨起来，越往西涌起越高，最后变成一道直立的水墙推进；同时由于潮水的长期作用，把大量泥沙从湾外带进江口，堆积成沙坎，沙坎又阻碍后来的潮水，形成后浪推前浪、一浪叠一浪的壮观景象。钱塘潮高达八九米，像万马奔腾，来势凶猛。澎湃的潮流，撞击着海堤，卷起层层浪，发出雷霆般的轰鸣。每逢中秋，浙江盐官就成为观潮旅游的热点地区，成千上万的游客汇集于此，争睹钱塘奇观。

海底震迹景观是指受强烈的地震活动破坏又被保存在海底的建筑遗址等景观，在世界上很多地方都有保留。震迹奇观可供人参观、游览、凭吊和进行科学研究。我国最著名的震迹景观在海南省。1605 年 7 月 31 日，琼州发生 8 级地震，有 72 座村庄陷入海底。至今在琼州海峡南岸东寨港一带，退潮时，沉陷的村庄就袒露出来，那些锅碗盆罐、石臼、墓碑历历在目，向人们诉说着当年那次灭顶之灾。

海市蜃楼、涌潮和海底震迹显示了自然的奇妙和造物的威力，它们是海洋旅游资源中最为珍奇的部分。

三、休闲确有好去处——滨海国家旅游度假区

我国旅游业发展很快，旅游产品已由单一的观光型，向观光与度假相结合的综合型方向发展。为了充分开发利用丰富的旅游资源，1992 年年初国务院批准建立了 12 个国家级旅游度假区，其中有 7 个是滨海型度假区。它们是：金石滩国家旅游度假区、石老人国家旅游度假区、横沙岛国家旅游度假区、湄州岛国家旅游度假区、之江国家旅游度假区、银滩国家旅游度假区和亚龙湾国家旅游度假区。

① 金石滩度假区。位于大连市东北 58 km 处的黄海之滨，毗邻大连经济技术开发区、大连保税区及大窑湾国际深水港。度假区海滨风光独具特色，海蚀崖、海蚀洞、海蚀柱等地貌景观千姿百态、造型奇特，被誉为“神刀雕塑公园”和“海上石林”。它的沙质岸段沙软滩平、海水澄清，是难得的海水浴场。区内已辟有植物景区、田园风光区、森林狩猎区、海岸娱乐区、地质景观区等 8 个景区，各种健身、娱乐设施也都很齐全。

② 石老人度假区。位于青岛市东 5 km 处的黄海之滨，因海中矗立着一个海蚀柱，形若老翁而得名。度假区面积为 10. 8 km^2，东邻崂山风景区，西连九顶浮山，北有著名的青岛国际啤酒城，南对浩瀚的大海。一片金色海滩，沙软滩平，碧海翠峦，占尽山海之胜。游人至此，如凌太虚，观海听涛，欣赏日出，景色如斯，美不胜收。目前，石老人度假区已建成弄海园、18 洞高尔夫球场等 20 多处旅游景点和娱乐场所，另外，还兴建了海洋公园、海豚表演馆等供游人参观。

③ 湄州岛度假区。位于福建省莆田市东南 42 km 处的湄州岛上。那里地处亚热带，气候温暖湿润，周围水深港阔，岛上绿树葱茏，风光旖旎，堪称天然的旅游度假乐园。岛上有一座闻名海内外的“妈祖庙”，五组建筑群，雕梁画栋，金碧辉煌，犹如“海上龙宫”。这里是妈祖故乡，妈祖是宋初一普通的善良女子，人们认为她是航海保护神。湄州岛度假区还推出了渔岛民俗风情游、沙滩体育、海上游艇、潜水等旅游度假活动项目。

④ 银滩度假区。位于广西北海市东南 10 km 处的北部湾畔。这里地处南亚热带，海岸上一派榕荫夹道的南国风貌。海滩长达 20 km 以上，宽 300 ~500 m，以柔软的白色细沙为特色，号称“中国第一滩”。该区开辟了海上运动单元、海滩公园、中心浴场等活动区。北海市盛产珍珠，历来有“西珠不如东珠，东珠不如南珠”的说法。为此，度假区内还开展了珍珠文化和广西少数民族风情旅游项目。

⑤ 亚龙湾度假区。位于海南省南部三亚市亚龙湾风景区中部，距市区 18 km。这里地处热带，长夏无冬。度假区内海湾岸线长约为 20 km，海滩洁白细软，湾内风平浪静，海水清澈见底，珊瑚礁、热带鱼、贝类等构成了童话般的海底世界，是潜水爱好者的乐园。度假区内有丰富的热带植物和水果资源，可以观赏少女割胶表演，还可以品尝椰子、菠萝、芒果，而发育良好的红树林和罕见的龙血树更是热带丛林奇观。区内已开辟了 8 个功能区，设有国际游客度假村、海上运动俱乐部、飞碟射击场等。

⑥ 横沙岛度假村。位于上海宝山区东北部长江口的最东端，1992 年被国务院列为首批 12 个国家级旅游度假村之一。岛上田园景色美丽，有 5 个活动区，并拟建设小型飞机场。

⑦ 杭州之江国家旅游度假区。国务院 1992 年 10 月批准建立的 12 个国家级旅游度假区之一，位于杭州市区西南，南濒钱塘江，北依五云山，总面积为 9. 88 km^2。主要建成宋城、未来世界、杭州

西湖国际高尔夫球场三大主题项目和九溪玫瑰园等一批度假单元。

以上几个海滨旅游度假区还在不断发展之中，不久的将来，还会有更多的海滨旅游度假区被开辟出来，美丽的海滨将会为游人提供越来越多的休闲好去处。

四、昔日浩瀚不足喜，今日涓滴皆得益——效益巨大的海水全面利用渐成规模

夏日的海滨，游人如织。一些年轻人在尽情地游乐之后，喜爱静静地坐在沙滩上浮想联翩。面对着湛蓝湛蓝的海水，他们几乎都有一个问号：那看起来透明、尝起来咸咸的海水里到底有些什么？除了游泳划船捉鱼捞虾，海水还能用来做什么呢？有些人对此差不多一无所知，有些人知道海水中有我们通常吃的食盐，也许还知道碘，知道海水的真正价值的人恐怕只有极少数。

世界进入21世纪后，产业化的海水全面利用已经开始了，海水的巨大价值正在逐渐地显示出来。

海水其实是水和一些矿物质的混合物。在全球137×10^{16} t的海水中，大约96.5% ~97.0%是水，3.0% ~3.5%是溶解在水里的各种其他元素，它们许多都是以盐的形式存在着，共有约5×10^{16} t。其中我们熟悉的食盐（氯化钠）占78.0%，镁占15.0%，石膏占4.0%，钾盐占2.5%，其余所有元素一共占0.5%左右。

人类对海水的利用首先也是根据它的组分来进行的。

海水首先是“水”，科学家在海水的直接利用方面做了大量的工作。

海水虽然又苦又涩，但有一些植物却对它情有独钟。这些植物叫做耐盐植物，生活在盐碱地带、海岸滩涂上，它们天生就在这些缺乏淡水的地区生活，练就了一身变苦为甜的好本领。像大米草、黄蓿菜都是典型的耐盐植物。以前与海连接的地方常有一些肥沃的土地因为缺乏灌溉用水常年荒芜。现在农业科学家对这些自然生长的耐盐植物进行研究、选育，培育出了生长快、有营养的良种，在潮间带、盐碱地面积大的地区推广，直接用海水进行灌溉，照样获得好收成。

美丽的海滨城市青岛是一个淡水严重缺乏的城市。20世纪80年代初期，盛夏季节有时也实行按人配水的制度，那一长串等待接水的红水桶击退了很多游人的青岛梦。后来青岛市政府花大价钱修筑了“引黄济青水利工程”，才算解了围。黄河之水，来之不易。可是你知道有多少远道而来、又经过多道工序净化的黄河水顷刻之间就被作为工业冷却水和居民卫生用水流入了下水道吗？在一个家庭，卫生间用水占了整个家庭用水的大半；而在一个轻工业城市，工业用水也是大头，而这些水完全可以用海水代替。这方面的工作已经卓有成效。

当然，海水的直接利用是有一定条件的，能够直接使用海水的领域总是有限的。海水淡化后的应用就广泛多了，目前多种海水淡化技术都已经应用于生产，从大海中流出的淡水甘甜清澈，不仅用于海岛、轮船，也越来越多地流向了缺水的大陆。在沙特阿拉伯，人们用淡化海水在沙漠里建起了一片片的绿洲。

海水中的元素很多，传统的盐业和盐化工业却只能利用其中含量最大的几种物质，许多含量虽少、价值却很大的元素都被浪费了。如果能够将海水中的所有元素都为我所用，那该多好啊！从理论上讲，海水淡化后留下的浓缩液汁或固体物质经分离后至少可以得到几十种重要的元素。

现在人们对海水的全面利用已经作了多年的研究，每年从海水中得到的利益也很可观。一些技术先进的国家都采取措施、统筹规划，使几种海洋产业结合在一起进行，以降低成本，增加效益。目前，全面的、综合性的海水利用工业已经逐渐铺开、扩大，开创了人类开发海洋的新纪元。

科学家都是些异想天开的人。有人提出了这样一个理想的设计：在一个合适的地点，以大海深处的水为冷源，表面水为热源，首先建设一座先进的海洋温差发电站。在发电站的附近，建设一个年耗电5万度，抽水量为400万t的海水扬水站，利用电渗析法同时提取淡水和盐类，同时进行细

分离，每年可以获得300万t以上淡水、10万t氯化钠、3万t芒硝、5 000 t镁、500 t石膏、2 400 t硫酸钿、250 t溴、100 t硼酸、700 kg锂、200 kg碘和10 kg铀。最后还可以得到近600 t“重水”。

仅仅提取原料当然远远不够，一个现代化的大型海洋化工企业将在这个基础上形成。这将是一个没有废弃物的绿色企业，不需要任何外界能源的输入，一系列高附加值的化工产品将从这儿流向市场。

五、要珍惜人类最后的资源——科学、合理地开发海洋

地球可能是宇宙中唯一诞生生命、进化人类的蓝色星球。自从有了人类，便一直在陆地上生存、繁衍、发展，在同大自然和人类本身的斗争中建国立业、创造世界。人类从野蛮时代走向近代文明，部族与部族之间，国家与国家之间，可能从来也没有停止过争夺自然资源的斗争。人类的历史长河已流淌了二三百万年。而今，信息高速公路的开通、克隆技术的诞生、登月和向更遥远的星空发射探测器的实现……人类已经在地球上建立起了一座空前规模的文明大厦。这座大厦的支柱就是时时刻刻在被消耗着的自然资源。但是，人类从来都不曾担忧地球上的资源会被用光耗尽。到了今天，一系列问题却突然变得紧迫起来：人类不断地探索、开采资源，以满足人类的生存需要和取得社会进步，以大量资源消耗来换取文明进步与现代社会生活。人类追求优越的物质条件和丰富的文化生活，大量涌向现代城市，这是社会发展的必然规律，势不可挡。19世纪初，世界上超过10万人口的城市只有50座，占世界人口的2%；20世纪中叶，超过10万人口的城市有1 000多座，占世界人口的10%；预计21世纪，涌向城市的人潮将继续暴涨，城市人口将很快猛增到60%，世界上数百万、超千万人口的特大都市如雨后春笋般涌现。人类挥霍无度地消耗资源，地球已经无力满足人类发展的需要。城市人口剧增，带来了空间狭小，交通拥挤，环境污染严重，社会矛盾复杂等许多社会问题。据世界自然基金会报告：由于人类对自然资源的利用已经超出其更新能力的20%，2030年后，人类的整体生活质量将会下降；到2050年，人类所要消耗的资源将是地球生物潜力的1.8 ~2.2倍，需要“两个地球”才能满足人类对自然资源的需求。地球不断亮出“黄牌警告”，令世界各国考虑人类的未来，如何保持人类的可持续发展？

其实，海洋是地球的主体部分，如果没有海洋，陆地的生命运动就得停止，地球就会成为又一个“死亡之星”。中华民族的祖先对生命与水有着精辟的看法，早在公元7世纪的《管子·水池》中记载：“水者何也？万物之本源也，诸生之宗室也”，即一切生命来源于水、依赖于水。中文的“海”字，清晰地表明“水是人类母亲”的亲密关系。人类永远需要海洋的抚育，只有大海才有资格称为人类的母亲。

人类进化、发展到今天均依赖于水，一切生命离不开海洋。占地球表面积71%的海洋，热容量最大，吸收巨量太阳能，充当着世界气候调节器的“锅炉”，是推动大气循环、调节全球气候的动力；海洋是“风雨故乡”，海面每年蒸发巨量海水，以降水形式洒落全球，便是海洋赐给大地的生命水；海洋提供着大气中70%的O_2，吸收、储存着最多的CO_2，海洋中CO_2含量是大气中含量的60倍，海洋是维系全球生命系统的基础；海洋有很强的净化能力，不断分解、消除大量来自陆地的有害、有毒物质，保持着一个维持人类生存需要的纯净海洋。

自20世纪60年代起，随着新兴的海洋科学技术的重大突破，海洋高新技术广泛应用，新的海洋资源不断被发现，海洋资源开发前景十分广阔。人类对海洋的认识超越了海洋是“交通线”阶段，更加关注海洋资源的开发。海洋是人类在地球上的最后生存空间，是人类天然的归宿，人类必然走上“重返海洋”的第二次大迁徙，到海洋里去建设美好的家园。海洋空间广袤无垠，依靠现代科技和雄厚的资金，人类完全有能力在大海中建设各种各样的“海上城市”、“海底城市”，把大海变成为人类最理想的美好家园；海洋广袤深邃，是世界上最大的生物资源库，大海是人类的“蓝色

粮仓”，只要科学合理开发海洋，大海就不会让人类挨饿；由于海洋的高压、低温和黑暗的特殊条件，海洋动植物的生理活性物质，具有各种抗毒和免疫效能，利用现代高科技，提炼和合成各种保健品和医疗药物，“向海洋要药”，已经成为世界制药工业发展的新趋势；海洋集中着全球总水量的97.0%，其中96.5%是淡水，海水淡化技术迅速发展、广泛应用，为彻底解决人间水荒，为全球提供淡水带来了希望；海洋里的波浪、潮汐、海流和温差聚集着世界上最大的自然能量场，是人类取之不尽、用之不竭的“绿色”动力资源；在大洋深海储藏着品位很高的多金属结核、富钴结壳、多金属软泥和“可燃冰”的巨大矿床，含有50多种金属和非金属元素及多种稀有金属，足够人类使用千万年，是一种极有希望于21世纪中期投入商业开采的未来替代能源。

海洋是人类的寄托与希望。现代国家拥有海洋资源的丰富程度是一个国家综合国力的重要因素，而开发海洋资源的能力是海洋强国的主要标志，它们决定着一个国家综合国力和经济发展持续力的强弱。我国在海洋世纪的海洋竞争中无权落后，我们应该更加亲海、知海、爱海。

多少世纪以来，到外星上去开辟人类新的生存空间，一直是我们的追求和梦想。从哲学上讲，在无垠的宇宙中，地球绝不是唯一的具有生命存在条件的星体。但从天文学和宇航事业的发展来看，人类移居外星的希望还非常渺茫，也许在地球上的资源耗尽之前，这一希望也还实现不了。

我们只有将目光重新对准地球。在以往的日子里，人类主要消耗着陆地的资源，而占地球表面2/3面积的海洋，尚未进入全面的大规模的开发状态。海洋资源起码还可以供人类使用几千年，这为人类征服宇宙空间赢得了充裕的时间。1994年11月16日，《联合国海洋公约》生效，揭开了人类大规模开发海洋的序幕，全世界正以极大的热情，迎接着21世纪——“海洋世纪”的到来。

诚然，海洋资源的数量是十分巨大的，有的是不可再生的资源，有的则是可再生资源，甚至是恒定资源。但是，人类再也不应该以“取之不尽，用之不竭”的态度去对待它们了，而应倍加珍惜地球母亲留给我们的这份最后的财富，一定要科学地开发它们、养护它们。

就拿海洋生物资源来说，它们虽然是可再生资源，但是当人类开发超出其保持再生能力所需的限度时，就会使生物种群迅速减少，甚至濒临灭绝。目前，人类水产品需求量迅速增长，这促使捕捞技术不断改进，人们甚至动用卫星来侦察鱼群方位，渔船的数量和吨位也发展很快，大有“涸泽而渔”的劲头。为了保护海洋生物资源，国际上已出台了很多渔业协定和法规，这些协定和法规世界各国必须严格遵守。为了提高水产品产量，我们要推行人工鱼苗放养，实行渔业农牧化，还要推行水产品养殖工厂化；要严格控制污染物排放，保护好海洋生态环境，保护渔业饵料生产的海洋初级生产力，保护好天然渔礁。

海洋再生能源是太阳能转化来的，可视为恒定资源；海水化学资源的开发也不会改变海水盐度。所以，这些资源应予以大力开发。但是，在开发过程中存在着一系列技术问题和经济问题，如潮汐能虽到处都有，但是必须具备一定的海岸条件才能开发。我们要大力推行对海洋资源的综合开发，如在温差发电的同时制取淡水，并从海水中提炼多种盐化工产品等。

海底矿藏资源量虽然巨大，但也必将有采绝之时。如果不合理地野蛮采掘，将会降低回采率，造成资源的极大浪费。海底矿产资源比陆地资源的开发难度大得多，需要采取一系列的高科技手段；要进行高额资金投入，并伴随着高度风险性。所以，要开发海底矿产资源，科学研究必须先行。很多国家进行的大洋锰结核的调查，走的都是这样的路子。

海洋矿产开发、空间资源开发等，都可能破坏海洋环境。不仅生物资源开发过度，会直接导致种群灭绝，而且开发其他资源也会间接导致种群灭绝。如人类大量开采珊瑚礁（一种生物成因的矿藏），使某些鱼类失去栖息环境，从而导致种群衰败。海洋工程建筑的不合理，不仅会导致工程失败，而且会破坏人们已有的家园。目前在海岸带所发生的大量的地面沉降、海水倒灌等灾害，都是人类活动的失误造成的。

从海洋生物中寻找新药，已成为海洋生物学研究的一个重要方向。随着海洋药物研究的深入，海洋生物增殖和养殖事业的发展，分子化学、生物工程的理论和手段的引入，不但会出现造福于人类的新药、养殖新品种，而且将促进海洋分子生物学、海洋生物工程学的建立和发展。对海洋生物，尤其是对海底热泉化能自养细菌和动物及其生态系统等的深入研究，将推动生命起源和演化问题的研究。为了充分利用海洋生物资源，人们不断应用分子生物学技术进行海水养殖改良，功能食品开发、化妆品研发、生物能源研发，将来世界各国在海洋生物基因资源的研究领域的竞争会愈演愈烈。我国必须早做准备，保持跟踪并争取在某些领域保持领先地位。海洋资源是可贵的，只要人类科学、合理地利用和养护它们，海洋资源将会继续支撑着高高耸立的人类文明大厦，人类的前途会更加美好。

海洋是人类的母亲，也是地球生命的摇篮。海洋合成途径由于环境不同所涉及的基本结构单元和酶反应是地球环境的主要调节器，更是巨大资源的宝库和人类未来生存发展的第二空间。海洋是地球生命支持系统的重要组成部分，科学家们越来越认识到人类社会的可持续发展必将越来越多地依赖于海洋。有许多有识之士曾大胆地预言：21 世纪将是海洋的世纪，同时也是人类全面开发利用海洋的时代！海洋是人类及其他生命的发源地，那么，人类发展最终的归属必将还是辽阔的海洋。

思考题：

1. 我国已进行养殖的鱼、虾、蟹、贝、藻有哪些？
2. 了解海洋药物的分类及特点、现状及趋势。
3. 比较世界大洋环境及其物种分布的差异，试说明环境对生物生存和进化的重要作用。
4. 为什么说在我国建设海洋生物保护区是必要的？
5. 怎样理解生物多样性保护与开发利用的关系？
6. 如何理解海洋是人类的寄托与希望？
7. 怎样保护和开发海洋？

附录　中国濒危、珍稀海洋动物部分物种名录

一、海洋无脊椎动物

刺胞动物门 Cnidaria（腔肠动物门 Coelenterata）

石珊瑚目 Scleractinia（造礁石珊瑚 Hermatypic coral）

鹿角珊瑚科 Acroporidae

伞房鹿角珊瑚 *Acropora corymbosa* Lamarck，1816［Syn. *A. anthocercis*（Brook）］

松枝鹿角珊瑚 *A. brueggemanni*（Brook，1893）

谷鹿角珊瑚 *A. cerealis*（Dana，1846）［Syn. *A. tizardi*（Brook）］

浪花鹿角珊瑚 *A. cytherea*（Dana，1846）［Syn. *A. armata*（Brook）］

花鹿角珊瑚 *A. florida*（Dana，1846）［Syn. *A. affinis*（Brook）］

美丽鹿角珊瑚 *A. formosa*（Dana，1846）

粗野鹿角珊瑚 *A. humilis*（Dana，1846）

风信子鹿角珊瑚 *A. hyacinthus*（Dana，1846）［Syn. *A. conferta* Quelch；*A. surculosa*（Dana）］

宽片鹿角珊瑚 *A. lutkeni* Crossland，1952

多孔鹿角珊瑚 *A. millepora*（Enrenberg，1834）［Syn. *A. prostrata*（Dana）］

鼻形鹿角珊瑚 *A. nasuta*（Dana，1846）

佳丽鹿角珊瑚 *A. pulchra*（Brook，1891）

壮实鹿角珊瑚 *A. robusta*（Dana，1846）（Syn. *A. decipinens* Brook；*A. pacifica* Brook）

石松鹿角珊瑚 *A. selago*（Studer，1878）（Syn. *A. delicatula* Brook）

强壮鹿角珊瑚 *A. valida*（Dana，1846）（Syn. *A. dissimilis* Verrill）

狭片鹿角珊瑚 *A. haimei*（Milne – Edwards et Haime，1860）［Syn. *A. yongei* Veron et Wallac］

指状蔷薇珊瑚 *Montipora digitata*（Dana，1846）（Syn. *M. ramose* Bernard；*M. fruticosa* Bernard）

繁锦蔷薇珊瑚 *M. traberculata* Bernard，1897（Syn. *M. efflorescens* Bernard）

横错蔷薇珊瑚 *M. gaimardi* Bernard，1897

鬃刺蔷薇珊瑚 *M. hispida*（Dana，1846）

软蔷薇珊瑚 *M. mollis* Bernard，1897［Syn. *Circumval lata*（Ehrenberg）；*M. cristagalli* Ehrenberg］

单星蔷薇珊瑚 *M. monasteriata*（Forskål），1775）（Syn. *M. sinensis* Bernard）

斑星蔷薇珊瑚 *M. stellata* Bernard，1897（Syn. *M. striata* Bernard）

膨胀蔷薇珊瑚 *M. turgescens* Bernard，1897

多星孔珊瑚 *Astreopora myriophthalma*（Lamarck，1816）

菌珊瑚科 Agariciidae

球牡丹珊瑚 *Pavona cactus*（Forskål），1775）（Syn. *P. praetorta* Dana）

十字牡丹珊瑚 *P. decussata*（Dana，1846）（Syn. *P. lata* Dana）

叶状牡丹珊瑚 *P. frondifera* Lamarck，1816

异变牡丹珊瑚 *P. varians* Verrill，1864（Syn. *P. minikoiensis*）

皱纹厚丝珊瑚 *Pachyseris rugosa*（Lamarck，1801）

石芝珊瑚科 Fungiidae

刺石芝珊瑚 *Fungia echinata*（Pallas，1766）[Syn. *Ctenactis echinata*（Pallas）]

石芝珊瑚 *F. fungites*（Linnaeus，1758）

波莫特石芝珊瑚 *F. paumotensis* Stutchbury，1883

壳形足柄珊瑚 *Podabacia crustacea*（Pallas，1766）

紫小星珊瑚 *Leptastrea purpurea*（Dana，1846）

枇杷珊瑚科 Oculinidae

丛生盔形珊瑚 *Galaxea fascicularis*（Linnaeus，1758）（Syn. *G. aspera* Quelch）

稀杯盔形珊瑚 *G. lamarcki* Milne – Edwards et Haime，1816 [Syn. *G. astreata*（*Lamarck*）]

蜂巢珊瑚科 Faviidae

锯齿刺星珊瑚 *Cyphastrea serailia*（Forskål），1775）

翘齿蜂巢珊瑚 *Favia matthaii* Vaughan，1918

罗图马蜂巢珊瑚 *F. rotumana*（Gardiner，1899）

标准蜂巢珊瑚 *F. speciosa*（Dana，1846）

秘密角蜂巢珊瑚 *Favites abdita*（Ellis et Solander，1786）

中华角蜂巢珊瑚 *F. chinensis*（Verrill，1866）[Syn. *Goniastrea yamanarii*（Yabe et Sugiyama）]

五边角蜂巢珊瑚 *F. pentagona*（Esper，1794）

粗糙菊花珊瑚 *Goniastrea aspera* Verrill，1865

帛梳菊花珊瑚 *G. palauensis*（Yabe，Sugiyama et Eguchi，1936）（Syn. *Favia halauensis* Yabe et Sugiyama）

梳状菊花珊瑚 *G. pectinata*（Ehrenberg，1834）

网状菊花珊瑚 *G. retiformis*（Lamarck，1816）

交替扁脑珊瑚 *Platygyra crosslandi*（Matthai，1928）

精巧扁脑珊瑚 *P. daedalea*（Ellis et Solander，1786）[Syn. *P. rustica*（Dana）]

中华扁脑珊瑚 *P. sinensis*（Milne – Edwards et Haime，1849）（Syn. *P. ryukyuensis* Yabe et Sugiyama）

弗利吉亚肠珊瑚 *Leptoria phrygia*（Ellis et Solander，1786）[Syn. *Platygyra gracilis*（Dana）]

圆星珊瑚科 Lesiastreidae

同双星珊瑚 *Diploastrea heliopora*（Lamarck，1816）

瓣叶珊瑚科 Lobophylliidae

伞房叶状珊瑚 *Lobophyllia corymbosa*（Forskål），1775）

赫氏叶状珊瑚 *L. hemprichii*（Ehrenberg，1834）[Syn. *L. costata*（Dana）]

大棘星珊瑚 *Acanthasterea echinata*（Dana，1846）
菌状合叶珊瑚 *Symphyllia agaricia* Milne – Edwards et Haime，1849
辐射合叶珊瑚 *S. radiams* Milne – Edwards et Haime，1849
直纹合叶珊瑚 *S. recta*（Dana，1846）
粗糙刺叶珊瑚 *Echinophyllia aspera*（Ellis et Solander，1786）
褶叶珊瑚科 Mussidae
腐蚀刺柄珊瑚 *Hydnophora exesa*（Pallas，1766）[Syn. *H. contignatio*（Forskål）]
小角刺柄珊瑚 *H. microconos*（Lamarck，1816）
刺柄珊瑚 *H. rigida*（Dana，1846）
粗裸肋珊瑚 *Merulina scabricula* Dana，1846
葶叶珊瑚 *Scapophylla cylindrical* Milne – Edwards et Haime，1846
莴苣梳状珊瑚 *Pectinia lactuca*（Pallas，1766）
真叶珊瑚科 Euphyllidae
缨真叶珊瑚 *Cataphyllia fimbriata*（Spengler）
木珊瑚科 Dendrophyllidae
漏斗陀螺珊瑚 *Turbinaria crater*（Pallas，1766）
盾形陀螺珊瑚 *T. peltata*（Esper，1797）
铁星珊瑚科 Siderastreidae
毗邻沙珊瑚 *Psammocora contigua*（Esper，1797）
杯形珊瑚科 Pocilloporidae
鹿角杯形珊瑚 *Pocillopora damicornis*（Linnaeus，1758）（Syn. *P. brevicornis* Lamarck）
疣状杯形珊瑚 *P. verrucosa*（Ellis et Solander，1786）（Syn. *P. danae* Verrill）
滨珊瑚科 Poritidae
柱状滨珊瑚 *Porites cylindrica* Dana，1846（Syn. *P. andrewsi* Vaughan）
橙黄滨珊瑚 *P. lutea* Milne – Edwards et Haime，1851
黑滨珊瑚 *P. nigreseens* Dana，1846
火焰滨珊瑚 *P. rus* Forskål)，1775（Syn. *P. iwayamaensis* Eguchi）
根枝珊瑚目 Stolonifera
笙珊瑚科 Tubiporidae
笙珊瑚 *Tubipora musica* Linnaeus，1758（图版 27 – 5 至图版 27 – 8）
柳珊瑚目 Alcyonacea
红珊瑚科 Coralliidae
日本红珊瑚 *Corallium japonium* Kishinouye，1903（图版 29 – 7，图版 29 – 8）
皮滑红珊瑚 *C. konojoi* Kishinouye，1903
瘦长红珊瑚 *C. elatius*（Ridley，1882）

软体动物门 Mollusca
腹足纲 Gastropoda
原始腹足目 Archaeogastropoda
鲍科 Haliotidae
耳鲍 *Haliotis asinina* Linnaeus，1758

羊鲍 *H. ovina* Gmelin, 1791
多变鲍 *H. varia* Linnaeus, 1758
宝贝科 Cypraeidae
虎斑宝贝 *Cypraea tigris* Linnaeus, 1758
肉色宝贝 *C. carneola* Linnaeus, 1758
梭螺科 Ovulidae
卵梭螺 *Ovula ovum* Linnaeus, 1758
凤螺科 Strombidae
水字螺 *Lambis chiragra* (Linnaeus, 1758)
平顶蜘蛛螺 *L. truncata sebae* (Kiener, 1843)
橘红蜘蛛螺 *L. crocata* (Link, 1807)
蜘蛛螺 *L. lambis* (Linnaeus, 1758)
冠螺科 Cassidae
冠螺 *Cassis cornuta* (Linnaeus, 1758)
榧螺科 Olividae
织锦榧螺 *Oliva textilina* Lamarck, 1810
肩榧螺 *O. emicator* (Meuschen, 1787)
紫口榧螺 *O. caeulea* (Röding, 1798)
彩饰榧螺 *O. lignaria* Marrat, 1868
榧螺 *O. oliva* (Linnaeus, 1758)
红口榧螺 *O. miniacea* (Röding, 1798)
顶伶鼬榧螺 *O. mustelina concavospira* Sowerby, 1914
竖琴螺科 Harpidae
华贵竖琴螺 *Harpa nobilis* Röding, 1798
玲珑竖琴螺 *H. amouretta* Röding, 1798
江珧科 Pinnidae
旗红珧 *Atrina vexillum* (Born, 1778)
多棘裂江珧 *Pinna muricata* Linnaeus, 1758
二色裂江珧 *P. bicolor* Gmelin, 1791
砗磲科 Tridacnidae
砗磲 *Hippopus hippopus* (Linnaeus, 1758)
长砗磲 *Tridacna maxima* (Röding, 1798)
鳞砗磲 *T. derasa* (Röding, 1798)
鳞砗磲 *T. squamosa* Lamarck, 1819
大砗磲 *T. gigas* (Linnaeus, 1758)
红砗磲 *T. crocea* Lamarck, 1819
蛤蜊科 Mactridae
克氏腔蛤蜊 *Coelomactra cumingii* (Reeve, 1854)
西施舌 *C. antiquata* (Spengler, 1802)
头足纲 Cephalopoda
四鳃亚纲 Tetrabranchia

鹦鹉螺目 Nautiloidea

鹦鹉螺科 Nautilidae

鹦鹉螺 *Nautilus pompilius* Linnaeus，1758

节肢动物门 Arthropoda

软甲纲 Malacostraca

十足目 Decapoda

龙虾科 Palinuridae

三角脊龙虾 *Linuparus trigonus*（Von Siebold，1824）

泥污脊龙虾 *L. sordidus*（Bruce，1965）

锦绣龙虾 *Panulirus ornatus*（Fabricius，1798）（图版 38－2）

波纹龙虾 *P. homarus*（Linnaeus，1758）

中国龙虾 *P. stimpsoni* Holthuis，1963

蝉虾科 Scyllaridae

南极岩扇虾 *Parribacus antarcticus*（Lund，1793）

东方扁虾 *Thenus orientalis*（Lund，1793）

管须蟹科 Albuneidae

解放眉足蟹 *Blepharipoda liberata* Shen

日本冠鞭蟹 *Lophomastix japonica*（Durufle）

肢口纲 Merostomata

剑尾目 Xiphosura

鲎科 Tachypleidae

中国鲎 *Tachypleus tridentatus*（Leach）

南方鲎（大鲎）*T. gigas*（Müller）

圆尾鲎 *Carcinoscorpius roundicauda*（Latreille）

棘皮动物门 Echinodermata

海参纲 Holothuroidea

楯手目 Aspidochirota

海参科 Holothuriidae

棘辐肛参 *Actinopyga echinites*（Jaeger，1833）

子安辐肛参 *A. lecanora*（Jaeger，1833）

白底辐肛参 *A. mauritiana*（Quoy & Gaimard，1833）

乌皱辐肛参 *A. miliaris*（Quoy & Gaimard，1833）

蛇目白尼参 *Bohadschia argus* Jaeger，1833

图纹白尼参 *B. marmorata* Jaeger，1833

黑海参 *Holothuria atra* Jaeger，1833

红腹海参 *H. edulis* Lesson，1830

独特海参 *H. insignis* Ludwig，1875

豹斑海参 *H. pardalis* Selenka，1867

棕环海参 *H. fuscocinerea* Jaeger，1833

玉足海参 *H. leucospilota*（Brandt，1835）

虎纹海参 *H. pervicax* Selenka，1867

糙海参 *H. scabra* Jaeger，1833

白腹海参 *H. albiventer* Semper，1868

马氏海参 *H. martensi* Semper，1868

奇乳海参 *H. axiologa* H. L. Clark，1921

黄乳海参 *H. fuscogliva* Cherbonnier，1980

黑乳海参 *H. nobilis* （Selenka，1867）

扣环海参 *H. difficilis* Semper，1868

莫氏海参 *H. moebii* Ludwig，1883

中华海参 *H. sinica* Liao，1980

黑赤星海参 *H. cinerascens* （Brandt，1835）

黄斑海参 *H. flavomaculata* Semper，1868

异手海参 *H. discrepans* （Semper，1868）

褐绿海参 *H. olivacea* （Ludwig，1888）

网目海参 *H. ocellata* （Jaeger，1833）

尖塔海参 *H. spinifera* （Théel，1886）

沙海参 *H. arenicola* （Semper，1868）

黄疣海参 *H. hilla* （Lesson，1830）

丑海参 *H. impatiens* （Forskål），1775）

多瘤海参 *H. verrucosa* Selenka，1867

僵硬海参 *H. rigida* （Selenka，1867）

穴居海参 *H. inhabilis* Selenka，1867

明柄体参 *Labidodemas pertinax* （Ludwig，1875）

格氏皮海参 *Pearsonothuria graeffei* （Semper，1868）

刺参科 Stichopodidae

绿刺参 *Stichopus chloronotus* （Brandt，1835）

松刺参 *S. flaccus* Liao，1980

糙刺参 *S. horrens* Selenka，1867

花刺参 *S. variegatus* Semper，1868

梅花参 *Thelenota ananas* （Jaeger，1833）

巨梅花参 *T. anax* H. L. Clark，1921

枝手目 Dendrochirotia

瓜参科 Cucumariidae

二色桌片参 *Mensamaria intercedens* （Lampert，1885）

可疑翼手参 *Colochirus anceps* （Selenka，1867）

方柱翼手参 *C. quadrangularis* Troschel，1846

硬瓜参科 Sclerodactylidae

非洲异瓜参 *Afrocucumis africana* （Semper，1868）

棘杆瓜参 *Ohshimella ehrenbergi* （Selenka，1867）

许氏枝柄参 *Cladolabes schmeltzi* （Ludwig，1875）

针枝柄参 *C. aciculus* （Semper，1868）

沙鸡子科 Phyllophoridae

脆怀玉参 *Phyrella fragilis*（Ohshima，1912）
黑囊皮参 *Stolus buccalis*（Stimpson，1856）
芋参目 Molpadonia
尻参科 Caudinidae
白肛海地瓜 *Acaudina leucoprocta*（H. L. Clark，1938）
海地瓜 *A. molpadioides*（Semper，1868）
无足目 Apoda
锚参科 Synaptidae
斑锚参 *Synapta maculata*（Chamisso et Eysenhardt，1821）
高氏真锚参 *Euapta godeffroyi*（Semper，1868）
灰蛇锚参 *Opheodesoma grisea*（Semper，1868）
海胆纲 Echinoidea
脊齿目 Stirodonta
疣海胆科 Phymosomatidae
海刺猬 *Glyptocidaris crenularis*（A. Agassiz，1863）
口鳃海胆科 Stomopneustidae
口鳃海胆 *Stomopneustes variolaris*（Lamarck，1816）
拱齿目 Camarodonta
喇叭海胆科 Toxopneustidae
白棘三列海胆 *Tripneustes gratilla*（Linnaeus，1758）
球海胆科 Strongylocentrotidae
光棘球海胆 *Strongylocentrotus nudus*（A. Agassiz，1863）
马粪海胆 *Hemicentrotus pulcherrimus*（A. Agassiz，1863）
长海胆科 Echinometridae
紫海胆 *Anthocidaris crassispina*（A. Agassiz，1863）
石笔海胆 *Heterocentrotus mammillatus*（Linnaeus，1758）
头帕目 Cidaroidea
头帕科 Cidaridae
冠棘真头帕 *Eucidaris metularia*（Lamarck，1816）
海星纲 Asteroidea
瓣棘海星目 Valvatida
瘤海星科 Oreasteridae
原瘤海星 *Protoreaster nodosus*（Linnaeus，1758）
面包海星 *Culcita novaeguineae* Müller & Troschel，1842
粒皮海星 *Choriaster granulatus* Lütken，1869
蛇海星科 Ophidiasteridae
蓝指海星 *Linckia laevigata*（Linnaeus，1758）
锯腕海星科 Asteropseidae
脊锯腕海星 *Asteropsis carinifera*（Lamarck，1816）

二、海洋半索动物

半索动物门 Hemichordata

肠鳃纲 Enteropneusta

柱头虫目 Balanoglossida

玉钩虫科 Harrimaniidae

黄岛长吻虫 *Saccoglosus hwangtaoensis* (Tchang et Koo，1935)

殖翼柱头虫科 Ptychoderidae

多鳃孔舌形虫 *Glossoblanus polybranchioporus* (Tchang et Liang，1965)

三崎柱头虫 *Balanoglossus misakiensis* Kuwano，1902

黄殖翼柱头虫 *Ptychodera flava* (Eschscholtz，1825)

三、海洋脊索动物

脊索动物门 Chordata

尾索动物亚门 Urochordata

头索动物亚门 Cephalochordata

狭心纲 Leptocarida

文昌鱼科 Branchiostomatidae

白氏文昌鱼 *Branchiostoma belcheri* (Gray，1847)

青岛文昌鱼 *B. tsingtaoensis* Tchang & Koo，1936

脊椎动物亚门 Vertebrata

圆口纲 Cyclostomata

七鳃鳗目 Petromyzoniformes

七鳃鳗科 Petromyzoni

日本七鳃鳗 *Lampetra japonica* (Martens)（图版 41 -2）

雷氏七鳃鳗 *L. reissneri* (Dybowsky，1869)

软骨鱼纲 Chondrichthyes

虎鲨目 Heterodontiformes

虎鲨科 Heterodontidae

狭纹虎鲨 *Heterodontus zebra* (Gray，1831)

宽纹虎鲨 *H. japonicus* (Maclay et Macleay，1884)（图版 41 -3）

鼠鲨目 Lamniformes

锥齿鲨科 Odontaspididae

欧氏锥齿鲨 *Eugomphodus taurus* (Rafinesque，1810)

拟锥齿鲨科 Pseudocarchariidae

拟锥齿鲨 *Pseudocarcharias kamoharai* (Matsubara，1936)

姥鲨科 Cetorhinidae

姥鲨 *Cetorhinus maximus* (Günner，1765)（图版 41 -7）

鼠鲨科 Lamnidae

噬人鲨 *Carcharodon carcharias* (Linnaeus，1758)

灰（尖吻）鲭鲨 *Isurus oxyrinchus* Rafinesques，1809

长臂灰鲭鲨 *I. paucus* Guitart Manday，1966

须鲨目 Orectolobiformes

须鲨科 Orectolobidae

斑纹须鲨 *Orectolobus maculates* Bonnaterre, 1788

长尾须鲨科 Hemiscylliidae

印度斑竹鲨 *Chiloscyllium indicum*（Gmelin, 1789）

点纹斑竹鲨 *C. punctatum*（Müller et Henle, 1838）

豹纹鲨科 Stegostomatidae

豹纹鲨 *Stegostoma fasciatum*（Hermann, 1783）

鲸鲨科 Rhincodontidae

鲸鲨 *Rhincodon typus* Smith, 1829

真鲨目 Carcharhiniformes

猫鲨科 Scyliorhinidae

阴影绒毛鲨 *Cephaloscyllium isabellum*（Bonnaterre, 1788）

皱唇鲨科 Triakidae

下灰鲨 *Hypogaleus hyugaensis*（Miyosi, 1939）

半沙条鲨科 Hemigaleidae

小孔沙条鲨 *Hemigaleus microstoma* Bleeker, 1852

半锯鲨 *Hemipritis elongata*（Klunzinger, 1871）

真鲨科 Carcharhinidae

短尾真鲨 *Carcharhinus brachyuru*（Günther, 1870）

真齿真鲨 *C. brevipinna*（Müller et Henle, 1841）

镰形真鲨 *C. falciformis*（Bibrone, 1839）

公牛真鲨 *C. leucas*（Müller et Henle, 1839）

侧条真鲨 *C. limbatus*（Valenciennes, 1839）

长鳍真鲨 *C. longimanus*（Pocy, 1861）

乌翅真鲨 *C. melanopterus*（Quoy et Gaimard, 1824）

黑印真鲨 *C. menisorrah*（Müller et Henle, 1841）

暗体真鲨 *C. obscurus*（Lesueur, 1818）

阔口真鲨 *C. plumbeus*（Nardo, 1827）

鼬鲨 *Galeocerdo cuvier*（Lesueur, 1828）

长吻基齿鲨 *Hypoprion macloti*（Müller et Henle, 1839）

恒河鲨 *Glyphis gangeticus*（Müller et Henle, 1839）

大青鲨 *Prionace glauca*（Linnaeus, 1758）

尖吻鲨 *Rhizoprionodon acutus*（Rüppell, 1837）

双髻鲨科 Sphyrnidae

锤头双髻鲨 *Sphyrna zygaena*（Linnaeus, 1758）

六鳃鲨目 Hexanchiformis

皱鳃鲨科 Chlamydoselachidae

皱鳃鲨 *Chlamydoselachus anguineus* German, 1884

六鳃鲨科 Hexanchidae

达氏七鳃鲨 *Heptranchias dakini* Whitley, 1931

灰六鳃鲨 *Hexanchus griseus*（Bonnaterre, 1788）

棘鲨目 Echinorhiniformes

棘鲨科 Echinorhinidae

笠鳞棘鲨 *Echinorhinus cookei*（Pietschman，1928）

角鲨目 Squaliformes

刺鲨科 Centrophoridae

针刺鲨 *Centrophorus acus* German，1906

台湾刺鲨 *C. niaukang* Teng，1959

叶鳞刺鲨 *C. squamosus*（Bonnaterre，1788）

喙吻田氏鲨 *Deania calcea*（Lowe，1839）

角鲨科 Squalidae

长须卷盔鲨 *Cirrhigaleus barbifer* Tanaka，1912

白斑角鲨 *Squalus acanthias*（Linnaeus，1758）

铠鲨科 Dalatiidae

巴西达摩鲨 *Isistius brasiliensis*（Quoy et Gaimard，1824）

阿里拟角鲨 *Squaliolus aliae* Teng，1959

锯鲨目 Pristiophoriformes

锯鲨科 Pristiophoridae

日本锯鲨 *Pristiophorus japonicus* Günther，1870

锯鳐目 Pristiformes

锯鳐科 Pristidae

尖齿锯鳐 *Pristis cuspidatus* Latham，1794

鳐目 Rajiformes

圆犁头鳐科 Rhinidae

圆犁头鳐 *Rhina ancylostoma* Bloch et Schneider，1801

犁头鳐科 Rhinobatidae

台湾犁头鳐 *Rhinobatus formosensis* Norman，1926

颗粒蓝吻犁头鳐 *Glaucostegus granulatus*（Cuvier，1829）

鲼形目 Myliobatiformes

扁魟科 Urolophidae

褐黄扁魟 *Urolophus aurantiacus* Müller et Henle，1841

达氏巨尾魟 *Urotrygon daviesis* Wallace，1967

魟科 Dasyatidae

尖嘴魟 *Dasyatis zugei*（Müller et Henle，1841）

黑斑条尾魟 *Taeniura melanospilos* Bleeker，1873

燕魟科 Gymnuridae

条尾燕魟 *Gymnura zomura*（Bleeker，1852）

鲼科 Myliobatidae

花点无刺鲼 *Aetomylaeus maculates*（Gray，1832）

聂氏无刺鲼 *A. nichofii*（Bloch et Schneider，1801）

蝠状无刺鲼 *A. vespertilio*（Bleeker，1852）

无斑鳐鲼 *Aetobatus flagellum*（Bloch et Schneider，1801）

斑点鳐鲼 *A. narinari*（Euphrasen，1790）

爪哇牛鼻鲼 *Rhinoptera javanica* Müller et Henle, 1841
双吻前口蝠鲼 *Manta birostris*（Walbaum, 1792）
日本蝠鲼 *Mobula japonica*（Müller et Henle, 1841）
无刺蝠鲼 *M. mobular*（Bonnaterre, 1788）
银鲛目 Chimaeriformes
长吻银鲛科 Rhinochimaeridae
太平洋长吻银鲛 *Rhinochimaera pacifica*（Mitsukuri, 1895）
后鳍尖吻银鲛 *Harriotta opisthoptera* Deng, Xiong et Zhen, 1983
硬骨鱼纲 Osteichthyes
辐鳍亚纲 Actinopterygii（真口亚纲 Teleostomi）
鲟形目 Acipenseriformes
鲟科 Acipenseridae
中华鲟 *Acipenser sinensis* Gray, 1835（图版 42 - 5）
达氏鲟 *A. dabryanus* Duméril, 1869
史氏鲟 *A. schrencki*（Brandt, 1869）
白鲟 *Psephurus gladius*（Martens, 1861）
鲱形目 Clupeiformes
鲱科 Clupeidae
鲥鱼 *Tenualosa reevesii*（Richardson, 1846）
胡瓜鱼目 Osmeriformes
胡瓜鱼科 Osmeridae
香鱼 *Plecoglossus altivelis*（Temminck et Schlegel, 1846）
鳗鲡目 Anguilliformes
鳗鲡科 Anguillidae
花鳗鲡 *Anguilla marmorata* Quoy et Gaimard, 1824
刺鱼目 Gasterosteiformes
海龙鱼科 Syngnathidae
三斑海马 *Hippocampus trimaculatus* Leach, 1814
大海马（克氏海马）*H. kelloggi* Jordan et Snyder, 1901
刺海马 *H. histris* Kaup, 1853
管海马 *H. kuda* Bleeker, 1852
日本海马 *H. japonicus* Kaup, 1853
哈氏刀海龙 *Solenognathus hardwickii*（Gray, 1830）
尖海龙 *Syngnathus acus* Linnaeus, 1758
粗吻海龙 *Trachyrhamphus serratus*（Temminck et Schlegel, 1850）
低海龙 *Hippichthys heptagonus* Bleeker, 1849
鲈形目 Perciformes
隆头鱼科 Labridae
波纹唇鱼 *Cheilinus undulates* Rüppell, 1835
石首鱼科 Sciaenidae
黄唇鱼 *Bahaba taipingensis*（Herre, 1932）

褐毛鲿鱼 *Megalonibea fusca* Chu，Lo et Wu，1963

鰕虎鱼科 Gobiidae

潮汐鰕虎鱼 *Eucyclogobius newberryi*

鲉形目 Scorpaeniformes

杜父鱼科 Cottidae

淞江鲈 *Trachidermus fasciatus* Heckel，1837

爬行纲 Reptilia

龟鳖目 Chelonia

海龟科 Cheloniidae

绿海龟 *Chelonia mydas* Linnaeus，1758（图版 44－4）

玳瑁 *Eretmochelys imbricate* Linnaeus，1766

蠵龟 *Caretta caretta* Linnaeus，1758

太平洋丽龟 *Lepidochelys olivacca*（Escholtz，1829）

棱皮龟科 Dermochelyidae

棱皮龟 *Dermochelys coriacea*（Vendalli，1761）

蛇目 Serpentiformes

眼镜蛇科 Elapidae

扁尾海蛇亚科 Laticaudinae

蓝灰扁尾海蛇 *Laticauda colubrina*（Schneider，1799）

扁尾海蛇 *L. laticaudata*（Linnaeus，1758）

半环扁尾海蛇 *L. semifasciata*（Reinwardt，1837）

海蛇亚科 Hydrophiinae

龟头海蛇 *Emydocephalus ijimae* Stejneger，1898

棘鳞海蛇 *Astrotia stokesi*（Gray，1846）

青环海蛇 *Hydrophis cyanocinctus* Daudin，1803（图版 44－6）

环纹海蛇 *H. fasciatus atriceps*（Guenther，1864）

黑头海蛇 *H. melanocephalus*（Gray，1848）

淡灰海蛇 *H. ornatus*（Gray，1842）

平颏海蛇 *Lapemis curtus*（Shaw，1802）

小头海蛇 *Microcephalophis gracilis*（Shaw，1802）

长吻海蛇 *Pelamis platurus*（Linnaeus，1766）

海蝰 *Praescutata viperina*（Schmidt，1852）

鸟纲 Aves

今鸟亚纲 Ratitae

突胸总目（今颌总目）Carinatae

鹱形目 Procellariiformes

鹱科 Procellarinnae

短尾信天翁 *Diomedea albatrus* Pallas，1769

鹈形目 Pelecaniformes

鲣鸟科 Sulidae

褐鲣鸟 *Sula leucogaster*（Boddaert，1873）

鸬鹚科 Phalacrocoracidae

海鸬鹚 *Phalacrocorax pelagicus* Pallas, 1811

黑头鸬鹚 *P. niger*

鹈鹕科 Pelecanidae

斑嘴鹈鹕 *Pelecanus philippensis* Gmelin, 1789

白鹈鹕 *P. onocrotalus* Linnaeus, 1758

军舰鸟科 Fregatidae

白腹军舰鸟 *Fregata andrewsi* Mathews, 1914

鹤形目 Gruiformes

鹤科 Gruidae

白头鹤 *Grus monachus* Temminck

白鹤 *G. leucogeranus* Pallas

丹顶鹤 *G. japonensis* (P. L. S. Müller)

灰鹤 *G. grus* (Linnaeus)

沙丘鹤 *G. canadensis* (Linnaeus)

白枕鹤 *G. vipio* Pallas

蓑羽鹤 *Anthropoides virgo* (Linnaeus)

鹳形目 Ciconiiformes

丘鹬科 Scolopacidae

小杓鹬 *Numonuis borealisle* (Forster, 1841)

小青脚鹬 *Tringa guttifer* (Nordmann, 1835)

鹳科 Ciconiidae

白鹳 *Ciconia boyciana* (Linnaeus, 1873)

黑鹳 *C. nigra* (Linnaeus, 1758)

鹭科 Ardeidae

白鹭 *Egretta garzetta* (Linnaeus, 1766)

黄嘴白鹭 *E. eulophotes* (Swinhoe, 1860)

岩鹭 *E. sacra* (Gmelin, 1789)

鹮科 Threskiornithidae

白琵鹭 *Platalea leucorodia* Linnaeus, 1758

黑脸琵鹭 *P. minor* Temminck et Schlegel, 1849

彩鹮 *Plegadis falcinellus* (Linnaeus, 1766)

兽纲 Mammalia

鲸目 Cetacea

须鲸亚目 Mysticeta

露脊鲸科 Balaenidae

北太平洋露脊鲸 *Eubalaena japonica* (Lacépède, 1818)

灰鲸科 Eschrichtiidae

灰鲸 *Eschrichtius robustus* (Lilljeborg, 1861)

须鲸科 Balaenopteridae

蓝鲸（蓝鳁鲸，剃刀鲸）*Balaenoptera musculus* (Linnaeus, 1758)

长须鲸 *B. physalus* (Linnaeus, 1758)
塞鲸 *B. borealis* Lesson, 1828
布氏鲸（鳀鲸）*B. brydei* Olsen, 1913
小布氏鲸 *B. edeni* Anderson, 1878
小须鲸 *B. acutorostrata* Lacépède, 1804
座头鲸（驼背鲸，大翅鲸）*Megaptera novaeangliae* (Borowski, 1781)
齿鲸亚目 Odontoceti
抹香鲸科 Physeteridae
抹香鲸 *Physeter macrocephalus* Linnaeus, 1758
小抹香鲸 *Kogia breviceps* (de Blainville, 1838)
侏儒抹香鲸 *K. sima* Owen, 1866
剑吻鲸科 Ziphiidae
贝氏喙鲸 *Berardius bairdii* Stejneger, 1883
剑吻鲸 *Ziphius cavirostris* Cuvier, 1823
瘤齿喙鲸 *Mesoplodon densirostris* (de Blainville, 1817)
银杏齿喙鲸 *M. ginkgodens* Nishiwaki and Kamiya, 1958
巨头鲸科 Globicephalidae
逆戟鲸（虎鲸）*Orcinus orca* (Linnaeus, 1758)
伪虎鲸 *Pseudorca crassidens* (Owen, 1846)
瓜头鲸 *Peponocephala electra* (Gray, 1846)
短鳍领航鲸 *Globicephala macrorhynchus* Gray, 1846
小虎鲸 *Feresa attenuata* Gray, 1874
海豚科 Delphinidae
糙齿海豚 *Steno bredanensis* (Lesson, 1828)
瓶鼻海豚（宽吻海豚）*Tursiops truncatus* (Montagu, 1821)
印度洋瓶鼻海豚 *T. aduncus* (Ehremberg, 1883)
真海豚 *Delphinus delphis* Linnaeus, 1758
长喙真海豚 *D. capensis* (Gray, 1828)
中华白海豚 *Sousa chinensis* (Osbeck, 1765)
热带斑海豚 *Stenella attenuata* (Gray, 1846)
长吻原海豚 *S. longirostris* (Gray, 1828)
条纹海豚 *S. coeruleoalba* Meyen, 1833
弗氏海豚 *Lagenodelphis hosei* Fraser, 1956
太平洋斑纹海豚 *Lagenorhynchus obliquidens* Gill, 1865
灰海豚科 Grampidae
灰海豚 *Grampus griseus* (Cuvier, 1812)
鼠海豚科 Phocoenidae
江豚 *Neophocaena phocaenoides* (Cuvier, 1829)
鳍脚目 Pinnipedia
海豹科 Phocidae
斑海豹 *Phoca largha* Pallas, 1811 (图版 44－8)

环海豹 *P. hispida*（Schreber，1755）

髯海豹 *Erignathus barbatus* Erxleben，1777

海狮科 Otaridae

北海狮 *Eumetopias jubata*（Schreber，1776）

北海狗 *Callorhinus ursinus*（Linnaeus，1758）

海牛目 Sirenia

儒艮科 Dugongidae

儒艮 *Dugong dugon* Müller，1776

食肉目 Carnivora

鼬科 Musterlidae

水獭 *Lutra lutra*（Linnaeus）

小爪水獭 *Aonyx cinerea*（Liger）

参考文献

蔡难儿，林峰，柯亚夫，等. 1995. 中国对虾人工诱导雌核发育的研究：Ⅰ. 四步诱导法. 海洋科学，(3)：35—41.

岑建强，朱苇叶，黄晓宁. 2000. 图说世界珍稀动物. 南京：江苏少年儿童出版社.

常亚青. 2007. 贝类增养殖学. 北京：中国农业出版社.

常亚青，丁君，宋坚，等. 2004. 海参、海胆生物学研究与养殖. 北京：海洋出版社.

陈昌生. 1992. 坛紫菜和条斑紫菜的原生质体的电融合研究. 生物工程学报，8（1）：65—69.

陈奇. 1991. 中成药名方药理及临床应用. 深圳：海天出版社：27.

陈清潮，蔡永贞. 1994. 珊瑚礁鱼类. 北京：科学出版社.

陈清潮. 1997. 南沙群岛至华南沿岸的鱼类（一）. 北京：科学出版社.

陈廷超，吴显沪. 1999 a. 全球濒危珍稀动物画册——哺乳类. 上海：上海科学普及出版社.

陈廷超，吴显沪. 1999 b. 全球濒危珍稀动物画册——鸟类. 上海：上海科学普及出版社.

陈廷超，吴显沪. 1999 c. 全球濒危珍稀动物画册——鱼类、爬行类、两栖类、节肢动物. 上海：上海科学普及出版社.

陈晓军. 2001. 固定化酶降解壳聚糖的研究（学位论文）. 杭州：浙江大学.

程炜中，刘应伯，余其兴. 1995. 转基因动物的遗传修饰与应用. 遗传，17（2）：42—48.

崔凤，刘变叶. 2006. 我国海洋自然保护区存在的主要问题及深层原因. 中国海洋大学学报：社会科学版（2）：12—16.

大连水产学院. 1986. 贝类养殖学. 北京：中国农业出版社.

戴爱云，杨思谅，宋玉枝，等. 1986. 中国海洋蟹类. 北京：海洋出版社.

戴继勋，张全启，包振民，等. 1990. 紫菜营养细胞原生质体得遗传学和育种技术的研究//中国遗传学会. 植物遗传理论与应用研讨会文集：239—241.

丁安伟. 1999. 海洋药物的研究现状及发展趋势. 南京中医药大学学报：自然科学版（3）：129.

丁汉波. 1985. 脊椎动物学. 北京：高等教育出版社.

东秀珠，蔡妙英. 2001. 常见细菌系统鉴定手册. 北京：科学出版社.

窦昌贵，徐萱. 1992. 配伍基础理论//高晓山. 中药药性论. 北京：人民卫生出版社：250，405.

杜萍，徐晓群，高元森，等. 2009. 中国海洋保护区规划原则探讨. 海洋开发与管理，26（11）：97—102.

范航清，郑杏雯. 2007. 海草光合作用研究进展. 广西科学，14（2）：180—185.

范晓. 1999. 海洋生物技术新进展. 北京：海洋出版社.

樊廷俊，丛日山，王丽燕，等. 2008. 利用大菱鲆鳍细胞系繁殖大菱鲆出血性败血症病毒的方法：中国，200510045184. 4. 2008—02—20.

方宗熙，欧毓麟，崔竞进，等. 1978. 海带配子体无性生殖系培育成功. 科学通报（2）：115—116.

冯士筰，李凤岐，李少菁. 1999. 海洋科学导论. 北京：高等教育出版社：494—498.

国家药品监督管理局. 2000. 中国药品监督管理年鉴. 北京：化学工业出版社：47— 49.

国家食品药品监督管理局. 2007. 药品注册管理办法（附件 1—3）.

郭跃伟. 2001. 欧洲海洋药物的研究现状及对我国海洋药物研究的启示. 中国新药杂志（2）：81—84.

郭跃伟. 2009. 海洋天然产物和海洋药物研究的历史、现状和未来. 自然杂志（1）：27— 32.

关美君，丁源. 1999a. 我国海洋药物主要成分研究概况. 中国海洋药物，69（1）：32.

关美君，丁源. 1999b. 我国海洋药物主要成分研究概况. 中国海洋药物，71（3）：41.

关美君，丁源. 2000a. 我国海洋药物主要成分研究概况. 中国海洋药物，73（1）：38.

关美君，丁源. 2000b. 我国海洋药物主要成分研究概况. 中国海洋药物，75（3）：36.
管华诗，耿美玉，王长云. 2000. 21 世纪中国的海洋药物. 中国海洋药物（4）：44.
管华诗，王曙光. 2009. 中华海洋本草（上、中、下）. 北京：化学工业出版社，上海：上海科学技术出版社.
高绪生，常亚青. 1999. 中国经济海胆及其增养殖. 北京：中国农业出版社.
龚婕，宋豫秦，陈少波. 2009. 全球气候变化对浙江沿海红树林的影响. 安徽农业科学，37（20）：9742—9744.
韩秋影，施平. 2008. 海草生态学研究进展. 生态学报，28（11）：5561—5567.
郝天和. 1959. 脊椎动物学（上册）. 北京：高等教育出版社.
郝天和. 1964. 脊椎动物学（下册）. 北京：人民教育出版社.
何立居. 2009. 海洋观教程. 北京：海洋出版社：7—24.
贺强，安渊，崔保山. 2010. 滨海盐沼及其植物群落的分布与多样. 生态环境学报，19（3）：657—664.
贺强，崔保山，赵欣胜，等. 2009. 黄河河口盐沼植被分布、多样性与土壤化学因子的相关关系. 生态学报，29（2）：677—687.
黄华伟，王印庚. 2007. 海参养殖的现状、存在问题与前景展望. 中国水产，383（10）：50—52.
黄星，辛琨，王薛平. 2009. 我国红树林群落生境特征研究简述. 热带林业，37（2）：10—12.
黄宗国. 1994. 中国海洋生物种类与分布. 北京：海洋出版社.
黄宗国. 1984. 海洋污损生物及其防除（上册）. 北京：海洋出版社.
黄宗国. 2008. 海洋污损生物及其防除（下册）. 北京：海洋出版社.
黄宗国，林茂. 2012a. 中国海洋物种多样性（上、下册）. 北京：海洋出版社.
黄宗国，林茂. 2012b. 中国海洋生物图集（1—8 册）. 北京：海洋出版社.
黄宗国，林金美. 2002. 海洋生物学词典. 北京：海洋出版社.
黄宗国，刘文华. 2000. 中华白海豚及其它鲸豚. 厦门：厦门大学出版社.
贾玉梅. 1996. 中国海洋湖沼药物学. 北京：学苑出版社：11.
江苏新医学院. 1997. 中药大辞典. 上海：上海人民出版社.
姜凤吾，张玉顺. 1994 中国海洋药物辞典. 北京：海洋出版社.
姜鹏，秦松，曾呈奎. 2002. 乙肝病毒表面抗原（HBsAg）基因在海带中的表达. 科学通报，47（14）：1095—1097.
金德祥，郭仁强. 1953. 厦门文昌鱼. 动物学报，5（1）：65—78.
孔杰. 1987. 缘管浒苔和孔石莼原生质体融合. 海洋水产研究，8：21—29.
赖景阳. 1998. 贝类（二）. 台北：渡假出版社：1—146.
雷霁霖，马志珍，王清印，等. 1997. 海珍品养殖技术. 哈尔滨：黑龙江科学技术出版社.
李秉钧，姜文法，许修明，等. 2002. 裙带菜克隆配子体生产性育苗技术研究. 齐鲁渔业，19（5）：16—19.
李冠国，范振刚. 2011. 海洋生态学. 北京：高等教育出版社.
李利君，蔡慧农，苏文金. 2000. 海洋微生物生物活性物质的研究. 集美大学学报：自然科学版，6（5）：80.
李敏，赵谋明，叶林. 2001. 海洋食品及药物资源的开发利用. 食品与发酵工业，27（5）：60.
李森，范航清，邱广龙，等. 2010. 海草床恢复研究进展. 生态学报，30（9）：2443—2453.
李伟新，朱仲嘉，刘风贤. 1982. 海藻学概论. 上海：上海科学技术出版社：11.
李霞，刘淑范. 1997. 皱纹盘鲍的组织培养. 水产学报，21（2）：197—200.
廖玉麟. 1997. 中国动物志，棘皮动物门，海参纲. 北京：科学出版社：334.
梁羡圆. 1984. 中国潮间带肠鳃类的研究. 海洋科学集刊，22：127—144.
刘海金，于清海，周海涛，等. 2005. 牙鲆全雌化育苗技术研究. 中国水产科学研究院北戴河中心实验站. 科技成果.
刘洪滨，刘康. 2007. 海洋保护区——概念与应用. 北京：海洋出版社.
刘镜恪，周利，雷霁霖. 2002. 海水仔稚鱼脂类营养研究进展. 海洋与湖沼，33（4）：446—452.
刘凌云，郑光美. 1997. 普通动物学. 北京：高等教育出版社.
刘凌云，郑光美. 2006. 普通动物学（3 版）. 北京：高等教育出版社：91—344.
刘瑞玉，钟振如. 1988. 南海对虾类. 北京：中国农业出版社：128—130.

林干良．1984．海洋动物药的临床应用．海洋药物，3（2）：32．
楼子康．1965．中国近海榧螺科的研究．海洋科学集刊，7：1—12．
罗丹，李晓蕾，刘涛．2010．我国发展大型海藻养殖碳汇产业的条件与政策建议．中国渔业经济，28（2）：81—85．
吕军仪，许实波，许东晖，等．2001．海马工厂化健康养殖成果及开发前景．中药材，24（9）：629—631．
马继兴．1995．神农本草经辑注．北京：人民卫生出版社．
马秀玲，陈盛，黄丽梅，等．2003．磁性固定化酶处理含酚废水的研究．广州化学，28（1）：17—22．
马绣同．1976．中国近海凤螺科种类的初步记录．海洋科学集刊，11：355—371．
马绣同．1997．中国动物志，软体动物门，腹足纲，宝贝总科．北京：科学出版社：1—144．
孟范平，何东海，朱小山，等．2005．固定化鲅鱼乙酰胆碱酯酶的制备及部分性质测定．中国海洋大学学报，35（6）：1067—1071．
潘英，李琪，于瑞海，等．2004．栉孔扇贝人工雌核发育的细胞学观察．水产学报，28（6）：616—622．
庞晓雷．2010．浅析海洋保护区在渔业管理上的应用．海洋开发与管理，27（7）：50—52．
齐钟彦．1998．中国经济软体动物．北京：中国农业出版社：35—38．
齐钟彦，马绣同．1980．中国近海冠螺科的研究．海洋科学集刊，16：83—96．
齐钟彦，林光宇，张福绥，等．1986．中国动物图谱，软体动物，第三册．北京：科学出版社：115—116．
钱树本，刘东艳，孙军．2005．海藻学．青岛：中国海洋大学出版社：1—516．
邱芳，伏健民，金德敏，等．1998．遗传多样性的分子检测．生物多样性，6（2）：143—150．
任黎，邵强，施定基，等．1998．人肝金属硫蛋白—IA 基因在鱼腥藻中的克隆与表达．中国生物化学与分子生物学报，14（4）：365—371．
任淑仙．2007．无脊椎动物学（2 版）．北京：北京大学出版社：49—392．
阮洪超，吴光宗．1994．人工诱导鱼类的性转换．齐鲁渔业，11（4）：1—3．
山本荣一．1992．应用生物技术生产雌性化比目鱼种苗．周宽典，译．养鱼世界：123—132．
上海水产学院．1961．鱼类学（上、下册）．北京：中国农业出版社．
邵长伦，傅秀梅，王长云，等．2009．中国红树林资源状况及其药用调查．中国海洋大学学报，39（4）：712—718．
沈国英，黄凌风，郭峰，等．2010．海洋生态学．北京：科学出版社．
沈辉，陈静，李华，等．2007．国内外海参养殖技术研究概况．河北渔业，162（6）：3—5．
沈永明．2001．江苏沿海互花米草盐沼湿地的经济、生态功能．生态经济（9）：72—73．
施华宏，黄长江．2001．有机锡污染与海产腹足类性畸变．生态学报，21（10）：1711—1717．
石安静．1983．河蚌外套膜的组织培养．水产学报，7（2）：153—157．
石建功．1999．海洋生物中的抗肿瘤活性成分．中国药学科学发展战略与新药研究开发．上海：第二军医大学出版社：137．
宋立人．2001．现代中药学大辞典（上册）．北京：人民卫生出版社．
宋林生，相建海，李晨曦，等．1998．用 RAPD 标记研究对虾属六个种间的亲缘关系．动物学报，44（3）：353—359．
隋锡林，高绪生．2004．海参、海胆增养殖技术．北京：金盾出版社．
孙建璋．2006．藻类文选．北京：海洋出版社．
孙振兴．1993．日本水产生物技术研究的进展．国外水产（2）：1—5．
唐廷贵，张万钧．2003．论中国海岸带大米草生态工程效益与“生态入侵”．中国工程科学，5（3）：15—20．
陶天申，杨瑞馥，东秀珠．2007．原核生物系统学．北京：化学工业出版社．
童第周，叶毓芬，陆德裕，等．1973．鱼类不同亚科间的细胞核移植．动物学报，19（3）：24—27．
童第周，吴尚懃．1963．鱼类细胞核的移植．科学通报（7）：60—61．
童第周，严绍颐，杜森，等．1980．硬骨鱼类的细胞核移植——鲤鱼细胞核和鲫鱼细胞质配合的杂种鱼．中国科学（4）：376—380．
童裳亮．2003．海洋生物技术．北京：海洋出版社．
王捷．1998．α 型人肿瘤坏死因子在鱼腥藻 7120 中的表达及其初步纯化（学位论文）．广州：华南理工大学．

王家葵，张瑞肾. 2001. 神农本草经研究. 北京：北京科学技术出版社

王可玲，张培军，刘兰英，等. 1994. 中国近海带鱼种群生化遗传结构及其鉴别的研究. 海洋学报，16（1）：93—104.

王洛伟，韩燕，龚国川. 1999. 海洋药物开发现状及展望. 中华航海医学杂志（1）：12.

王梅林，郑家声，李永祺. 1998. 久效磷对僧帽牡蛎（*Ostrea cucullata*）染色体毒性效应研究. 青岛海洋大学学报，28（1）：75—81.

王丕烈. 1996. 中国海兽图鉴. 沈阳：辽宁科学技术出版社.

王荣，孙松，王克，等. 2002. 浮游动物种群动力学及其对生态系统中的调控作用//苏纪兰，唐启升. 中国海洋生态系统动力学研究Ⅱ：渤海生态系统动力学过程. 北京：科学出版社.

王如才，俞开康，姚善成，等. 2001. 海水养殖技术手册. 上海：上海科学技术出版社.

王素娟. 1993. 海藻生物技术. 上海：上海科学技术出版社.

王新成. 1994. 全雌牙鲆种苗培育技术. 海洋科学（6）：63.

王一农，张永靖. 2007. 浙江海滨生物200种. 杭州：浙江科学技术出版社.

王以康. 1958. 鱼类分类学. 上海：上海科学技术出版社.

王祯瑞. 1997. 中国动物志，软体动物门，双壳纲，贻贝目. 北京：科学出版社：214—239.

王帧瑞. 2002. 中国动物志（第31卷）. 北京：科学出版社.

王珠娜，陈秋波，余雪标. 2006. 盐生植物大米草在我国滩涂种植的利弊分析. 热带农业科学，26（2）：43—46.

吴清明，蔡明夷，刘贤德，等. 2009. 大黄鱼同质雌核发育的诱导及微卫星标记分析. 水产学报，33（5）：734—741.

吴尚懃，蔡难儿. 1980. 不同品系金鱼间细胞核的多代移植. 实验生物学报，13（1）：65—73.

吴垠，孙建明，杨志平. 2004. 气升式光生物反应器培养海洋微藻的中试研究. 农业工程学报，20（5）：237—240.

武建秋，秦松，邓田，等. 1999. 氯霉素乙酰转移酶（CAT）基因在海带中的表达. 海洋与湖沼，30（1）：28—33.

夏邦美. 2005. 中国海藻志（第2卷），红藻门. 北京：科学出版社：1—180.

相建海. 2003. 海洋生物学. 北京：科学出版社.

谢秀琼. 1994. 中药新制剂开发与应用. 北京：人民卫生出版社.

谢忠明. 1995. 海水增养殖技术问答. 北京：中国农业出版社.

谢忠明，李巍. 2004. 北方渔业发展新亮点：海参养殖、大网箱养殖. 中国水产（10）：16—17.

徐凤山. 1997. 中国海双壳类软体动物. 北京：科学出版社.

徐斌，张培军，李德尚. 1997. 鱼类生长激素的体内代谢、分泌调控和作用机制研究的进展. 海洋与湖沼，28（3）：328—333.

徐旭东，孔任秋，胡玉祥. 1993. 基因工程杀蚊幼蓝藻的研究. 中国媒介生物学及控制杂志（4）：244—247.

徐祖洪，李智恩，张星君，等. 1997. 海洋新药FPS的研究//中国海洋湖沼学会第七届会员代表大会暨学术年会论文摘要汇编：438.

许波，王长海. 2003. 微藻的平板式光生物反应器高密度培养. 食品与发酵工业，29（1）：36—40.

许东晖，许实波. 1995. 南亚斑海马提取物抗血栓药理研究. 中药材，18（11）：573—575.

许实波. 1996. 海洋生理活性物质的研究及发展趋势. 生物工程进展（6）：25.

许实波，唐孝礼，李瑞声，等. 1990. 海蛾甲醇提取物对机体抗氧化、抗炎及免疫功能的影响. 中山大学学报，29（增刊）：105—111.

许实波，许东晖，吕军仪，等. 2002. 我国海马中药材的研究开发前景. 中草药，33（1）：573—575.

许实波. 2002. 海洋生物制药. 北京：化学工业出版社.

许艳. 2010. 红树林生态系统刍议. 防护林科技，97（4）：52—53.

许战洲，黄良民，黄小平，等. 2007. 海草生物量和初级生产力研究进. 生态学报，27（6）：2594—2602.

许志坚，陈忠文，冯永勤，等. 1993. 海南岛贝类原色图鉴. 北京：科学出版社.

薛清儒. 2007. 我国海参养殖技术发展状况和存在的问题. 齐鲁渔业，24（11）：14—16.

严国安，李益健. 1994. 固定化小球藻净化污水的初步研究. 环境科学研究，7（1）：39—42.

严绍颐，陆德裕，杜森，等. 1985. 硬骨鱼类的细胞核移植：Ⅳa. 不同亚科间的细胞核移植——由草鱼细胞核和团头鲂细胞质配合而成的核质杂种鱼. 生物工程学报，1（4）：15—26.

杨安峰. 1992. 脊椎动物学. 北京：北京大学出版社.

杨殿荣. 1986. 海洋学. 北京：高等教育出版社.

杨德渐，孙世春. 2005. 海洋无脊椎动物学. 青岛：中国海洋大学出版社.

杨基森. 1992. 中药制剂设计学. 贵阳：贵州科技出版社.

杨文鹤. 2000. 中国海岛. 北京：海洋出版社：3—301.

杨宗岱，李淑霞. 1983. 海草系统分类的探讨. 山东海洋学院学报，18（4）：78—87.

叶昌臣，林军，刘海映，等. 2001. 黄海北部中国对虾增殖. 台北：水产出版社.

庞晓雷，彭少麟，侯玉平，等. 2008. 我国海洋自然保护区的发展和分布特征分析. 热带海洋学报，27（2）：70—75.

易杨华，焦炳华. 2006. 现代海洋药物学. 北京：科学出版社.

于登攀，邹仁林. 1996. 鹿回头岸礁造礁石珊瑚物种多样性的研究. 生态学报，16（5）：469—475.

俞树彪，阳立军. 2009. 海洋区划与规划导论. 北京：知识产权出版社：77—90.

虞依娜，彭少麟，侯玉平，等. 2008. 我国海洋自然保护区面临的主要问题及管理策略. 生态环境，17（5）：2112—2116.

载昌凤. 1989. 台湾的珊瑚. 台北：台湾省政府教育厅：1—194.

曾呈奎. 1998a. 海洋水产农牧化是海洋药物生产持续发展的根本保证//中国第五届海洋湖沼药物学术开发研讨会论文集（上册）. 北京.

曾呈奎. 1998b. 我们必须大力发展蓝色农业//中国香山科学会议第108次学术讨论会论文集. 北京.

曾呈奎. 1998c. 21世纪中国海藻栽培事业展望. 世界科技研究与发展，20（4）：15—17.

曾呈奎. 2005. 中国海藻志（第2卷），红藻门. 北京：科学出版社.

曾呈奎. 2009. 中国黄渤海海藻. 北京：科学出版社.

曾呈奎，陆保仁. 2000. 中国海藻志（第3卷），褐藻门. 北京：科学出版社.

曾嘉，郑连英，余世清. 2002. 壳聚糖微球固定化葡萄糖氧化酶的研究. 食品工业科技，23（1）：29—31.

湛江水产专科学校. 1979. 海洋生物学. 北京：中国农业出版社：151—168.

张大力. 1983. 两种绿藻长石莼和袋礁膜原生质体的制备、培养和融合的研究. 山东海洋学院学报，13（1）：57—65.

张放，梁茂新. 1996. 试论方剂君臣佐使法则的沿革与规范. 中药新药与临床药理，7（1）：48—50.

张凤瀛，廖玉麟，吴宝铃，等. 1964. 中国动物图谱，棘皮动物. 北京：科学出版社.

张基德，汪自源. 1990. 我国海洋中药的发展和临床应用. 中国海洋药物，9（2）：32.

张金鼎. 1998. 海洋药物与效方. 北京：中医古籍出版社.

张丽娟. 1997. 台海两岸经济海藻养殖技术研究概况. 福建水产，75（4）：69—73.

张培军. 2004. 海洋生物学. 济南：山东教育出版社.

张士璀，马军英，范晓. 1997. 海洋生物技术原理和应用. 北京：海洋出版社.

张淑梅，李忠红. 2001. 浅议中国海藻开发利用. 水产科学，20（4）：35—37.

张玺. 1962. 偏文昌鱼（*Asymmetron*）在中国海的发现和厦门文昌鱼的地理分布. 动物学报14（4）：525—528.

张玺，张凰瀛，吴宝铃，等. 1963. 中国经济动物志，环节（多毛纲）、棘皮、原索动物. 北京：科学出版社：141.

张玺，梁羡圆. 1965. 中国海肠鳃类一新种——多鳃孔舌形虫. 动物分类学报，20（1）：1—10.

张玺，顾光中. 1935. 胶州湾的两种肠鳃类. 国立北平研究院动物学研究所中文报告汇刊，13：1—12.

张玺，顾光中. 1936. 青岛文昌鱼与厦门文昌鱼的比较研究. 国立北平研究院动物研究所中文报告汇刊，18：1—35.

张震，路志正，吉良辰，等. 1995. 中药新药处方论述与审评探讨. 中药新药与临床药理，6（2）：1.

赵汝翼，程济民，赵大东. 1982. 大连海产软体动物志. 北京：海洋出版社.

赵盛龙，徐汉祥，俞国平. 2009. 东海区珍稀水生动物图鉴. 上海：同济大学出版社.

浙江省水产厅，上海向然博物馆. 1983. 浙江海藻原色图谱. 杭州：浙江科学技术出版社.

郑柏林，刘剑华，陈灼华. 2001. 中国海藻志（第2卷），红藻门. 北京：科学出版社.

郑宝福，李钧. 2009. 中国海藻志（第2卷），红藻门. 北京：科学出版社.

郑重. 1964. 浮游生物学概论. 北京：科学出版社.

郑重，李少菁，许振祖. 1984. 海洋浮游生物学. 北京：海洋出版社.

郑重. 1987. 郑重文集. 北京：海洋出版社.

周才武. 1958. 中国文昌鱼的比较研究. 山东大学学报（1）：162—204.

周玮，孙俭，王俊杰，等. 2008. 我国海胆养殖现状及存在问题. 水产科学，27（3）：151—153.

中国科学院动物研究所. 1961. 南海鱼类志. 北京：科学出版社.

中国科学院海洋研究所. 1964. 中国经济动物志海产鱼类. 北京：科学出版社.

中山大学生物系，南京大学生物系. 1978. 植物学. 北京：人民教育出版社.

朱元鼎. 1960. 中国软骨鱼类志. 北京：科学出版社.

朱元鼎. 1961. 东海鱼类志. 北京：科学出版社.

庄启谦. 1978. 西沙群岛的砗磲科软体动物. 海洋科学集刊（12）：133—139.

庄启谦. 2001. 中国动物志，软体动物门. 北京：科学出版社.

邹国华，郭志杰，叶维均，等. 2008. 常见水产品实用图谱. 北京：海洋出版社.

邹仁林. 2001. 中国动物志，珊瑚虫纲. 北京：科学出版社.

邹仁林，甘子钧，陈绍谋，等. 1993. 红珊瑚. 北京：科学出版社.

邹仁林，张映霞. 1998. 珊瑚及其药用. 北京：科学出版社.

岡田　要. 1965. 新日本動物図鑑（下）. 東京：株式会社北隆館.

町井　昭. 1989. 貝の組織培養. 蛋白質・核酸・酵素，34（3）：193—196.

Abbott R T, Dance S P. 2000. Compendium of Seashells. California: Odyssey Publishing.

Arezzo F, Giudice G.. 1989. Sea urchin sperm as a vector of foreign genetic information. Cell Biology International Reports, 13: 391—404.

Austin B. 1989. Novel pharmaceutical compumnds from marine bacteria. J Appl Bacteriol, 7: 461.

Bao W Y, Satuito C G, Yang J L, et al. 2007. Larval settlement and metamorphosis of the mussel Mytilus galloprovincialis in response to biofilms. Marine Biology, 150: 565—574.

Bhattacharya D, Mayes C, Druehl L D. 1991. Restriction endonuclease analysis of ribosomal DNA sequence variation in Laminaria (Phaeophyta). Journal of Phycology, 27: 624—628.

Björnsson B T, Halldórsson Ó, Haux C, et al. 1998. Photoperiod control of sexual maturation of the Atlantic halibut (*Hippoglossus hippoglossus*): plasma thyroid hormone and calcium levels. Aquaculture, 166 (1): 117—140.

Brackett B. 1971. Uptake of heterologous genome by mammalian spermatozoa and its transfer to ova through fertilisation. Proceedings of the National Academy of Sciences, USA, 68: 353—357.

Cheney D, Metz B, Levy K I, et al. 1997. Genetic manipulation and strain improvement of commercially valuable, phicocolloid - producing seaweeds. 4th International Marine Biotechnology Conference, Pugnochiuso, Italy. Abstracts: 58.

Coyer J A, Olsen J L, Stam W T, et al. 1997. Genetic variability and spatial separation in the sea palm kelp Postelsia palmaeformis (Phaeophyceae) as assessed with M13 fingerprints and RAPDs. Journal of Phycology, 33: 561—568.

Da Rocha A B, Lopes R M, Schwartsmann G. 2001. Natural products in anticancer therapy. Current Opinion in Phamacology (1): 364

Dai C F, Fan T Y, Wu C S. 1995. Coral fauna of Tungsha Tao (Pratas Islands). Acta Oceanog. Taiwanica, 34 (3): 1—16.

Dai C F, Fan T Y. 1996. Coral fauna of Taiping Island (Itu Aba Island) in the Spratlys of the South China Sea. Atoll Res Bull, 436: 1—20.

Davis J P. 1988. Growth rate of sibling diploid and tnpioid oysters (*Crassostrea gigas*). Journal of Shellfish Research, 7: 202.

De Vries D J, Beart P M. 1995. Fishing for drugs from the sea: status and strategies. Trends in Pharmacological Sciences, 16 (8): 275

Disney J E, Johnson K R, Banks D K, et al. 1988. Maintenance of foreign gene expression and independent chromosome fragments in adult transgenic rainbow trout and their offspring. The Journal of Experimental Zoology, 248 (3): 335—344.

Domingues P M, Sykes A, Andrade J P, et al. 2002. The effects of temperature in the life cycle of two consecutive generations of the cuttlefish *Sepia officinalis* (Linnaeus, 1758), cultured in the Algarve (South Portugal). Aquaculture International, 10: 207—220.

Driesch H. 1892. The potency of the first two cleavage cells in echinoderm development. Experimental production of partial and double formations//Foundations of Experimental Embryology. Hafner New York.

Du S J, Gong Z, Fletcher G L, et al. 1992. Growth enhancement in transgenic Atlantic salmon by the use of an "all - fish" chimeric growth hormone gene constructs. Biotechnology, 10: 176—181.

Erin A, William Fenical, Paul R. 2007. Phylogenetic diversity of gram - positive bacteria cultured from marine sediments. Applied and Environmental Microbiology: 3272—3282.

Eroglu E, Eroglu I, Gunduz U, et al. 2008. Effect of clay pretreatment on photofermentative hydrogen production from olive mill wastewater. Bioresource Technology, 99 (15): 6799—6808.

Faulker D J. 1998. Marine natural product. Nat Prod Rep, 15 (2): 113

Fenical W. 1998. New pharmaceuticals from marine organisms. Oceanographic Literature Review. 45 (2): 416.

Fresriksson G, Ericaon L E, Olsson R. 1984. Iodine binding in the endostyle of larval *Branchiostoma lanceolatum.* General and Comparative Endocrinology, 56: 177—184.

Fryer J L. 1994. Three decades of fish cell culture: a current listing of cell lines. Journal of Tissue Culture Methods, 16: 87—94.

Fujita Y, Migita S. 1987. Fusion of protoplasts from thalli of two different color types in *Porphyra yezoensis* Ueda and development of fusion products. The Japanese Journal of Phycology, 35: 201—208.

Geoffrey W, Rehm H J. 1992. Accumulation of cobalt zinc and manganese by the estuarine green microalgae *Chlorella salina* immobilized in alginate microbeads. Environmental Science and Technology, 26 (5): 764—770.

Gerge M Garrity. 2001. Bergey' s Manual of Systematic Bacteriology (2ed). New York: Springer - Verlag.

Goswami U. 1991. Sperm density required for inducing gynogenetic haploidy in scallop *Chlamys nobilis.* Indian Journal of Marine Sciences, 20: 255—258.

Graham M S, Fletcher G L, Benfey T J. 1985. Effect of triploidy on blood oxygen content of atlantic salmon. Aquaculture, 50: 133—139.

Hammerschmidt M, Brook A, Mcmahon A P. 1997. The world according to hedgehog. Trends Genetics, 13: 14—21.

Han S K, Nedashkovskaya O I, Mikhailov V V, et al. 2003. *Salinibacterium amurskyense* gen. nov., sp. nov., a novel genus of the family Microbacteriaceae from the marine environment. Int J Syst Evol Microbiol, 53: 2061—2066.

Hansen E. 1976. A cell line from embryos of *Biomphalaria glabrata* (Pulmonata): establishment and characteristics//Maramorosch K. Invertebrate Tissue Culture: Research Applications. New York: Academic Press: 75—97.

Hsu Y L, Yang Y H, Chen Y C, et al. 1995. Development of an in vitro sub—culture system for the oka organ (lymphoid tissue) of *Penaeus monodon.* Aquaculture, 136: 43—55.

Huang Chechung , Yan Rongtszong. 1979. A newly recorded lancelet (*Asymmetron luccayanum* Andrews) found in the southern tip of Taiwan. Acta Oceanog, Taiwan, 10: 172—173.

Huang Y M, Rorrer G L. 2003. Cultivation of microplantlets derived from the marine red alga *Agardhiella subulata* in a stirred tank photobioreactor. Biotechnology Progress, 19 (2): 418—427.

Imhoff J F. 2001. True marine and halophilic anoxygenic phototrophic bacteria. Arch Microbiol, 176 (4): 243—54.

Imhoff J F. 2003. Phylogenetic taxonomy of the family Chlorobiaceae on the basis of 16*S* rRNA and *fmo* (Fenna - Matthews - Olson protein) gene sequences. Int J Syst Evol Microbiol , 53: 941—951.

James B McClintock, Bill J Baker. 2001. Marine Chemical Ecology. Boca Raton: CRC Press.

Johnson R L, Laufer E, Riddle R D, et al. 1994. Ectopic expression of sonic hedgehog alters dorsolventral patterning of smites. Cell, 79: 115—173.

Kanazawa A. 1993. Nutritional mechanism involved in the occurrence of abnormal pigmentation in hatchery - reared flatfish. Journal of the World Aquaculture Society, 24: 162—166.

Karine Alain, Patricia Pignet, Magali Zbinden, et al. 2002. Joe l Querellou and Marie - Anne Cambon - Bonavita. *Caminicella sporogenes* gen. nov., sp. nov., a novel thermophilic spore—forming bacterium isolated from an East—Pacific Rise hydrothermal vent. Int J Syst Evol Microbiol, 52: 1621—1628.

Kobayashi M. 2000. Search for biologically active substances from marine sponges//Fusetani N. Drugs from the Sea. Switzerland: Karger: 46.

Kohlmeyer J, Kohlmeyer E. 1979. Marine Mycology. New York: Academic Press.

Kolenc R J, Inniss W E, Glick B R, et al. 1988. Transfer and expression of mesophilic plasmid mediated degradative capacity in a psychrotrophic bacterium. Applied and Environmental Microbiology, 54 (3): 638—641.

Kong J Y, Lee H W, Hong J W, et al. 1998. Utilization of a cell—bound polysaccharide produced by the marine bacterium *Zoogloea* sp.: New biomaterial for metal adsorption and enzyme immobilization. Journal of Marine Biotechnology, 6 (2): 99—103.

Koven W M, Henderson R J, Sargent J R. 1994. Lipid digestion in turbot (*Scophthalmus maximus*): Ⅰ. Lipid class and fatty acid commposition of digesta from different segments of the digestive tract. Fish Physiology and Biochemistry, 13: 69—79.

Kozmik Z, Holland N D, Kalousova A. 1999. Characterization of an amphioxus paired box gene, *Amphi - Pax2/5/8*: developmental expression patterns in optic support cells, nephridium, thyroid like structure, and pharyngeal gill slits, but not in the midbrain—hindbrain boundary region. Development, 126: 1295—1304.

Kurahashi M, Fukunaga Y, Sakiyama Y, et al. 2010. *Euzebya tangerina* gen. nov., sp. nov., a deeply branching marine actinobacterium isolated from the sea cucumber *Holothuria edulis*, and proposal of Euzebyaceae fam. nov., Euzebyales ord. nov. and Nitriliruptoridae subclassis nov. Int J Syst Evol Microbiol, 60 (Pt 10): 2314—2319.

Lazzaro D, Price M, de Felice M, et al. 1991. The transcription factor TTF - 1 is expressed at the onset of thyroid and lung morphogenesis and in restrected regions of the foetalbrain. Development, 113: 1093—1104.

Liao Y, Clark A M. 1995. The Echinoderma of southern China. Beijing: Science Press, 614, 23Pls.

Liberra K, Lindequst U. 1995. Marine fungi —— a prolific resource of biologically active products. Pharmazie, 50: 583.

Lu J K, Chen T T, Chrisman C L, et al. 1992. Integration, expression and germ - line transmission of foreign growth hormone genes in medaka (*Oryzias latipes*). Molecular Marine Biology and Biotechnology, 1 (4): 366—375.

Ma H, Yamazaki F. 1993. Chromosome transfer from pink salmon (*Oncorhynchus gorbuscha*) to masu (*O. masou*). Developmental and Reproductive Biology, 2 (2): 38—42.

Maldonado L A, Fenical W, Jensen P R, et al. 2005. *Salinispora arenicola* gen. nov., sp. nov. and *Salinispora tropica* sp. nov., obligate marine actinomycetes belonging to the family Micromonosporaceae. Int J Syst Evol Microbiol, 55: 1759—1766.

Marchant T A, Dulka J G, Peter R E. 1989. Relationship between serum growth hormone levels and the brain and pituitary content of immunoreactive somatostatin in the goldfish, *Carassius auratus* L. General and Comparative Endocrinology, 73: 458—468.

Marsac N T, Szulimajster J. 1987. Expression of the larvicidal gene of *Bacillus sphaevicae* 1953M in the cyanobacterium Anacystis nidulans R2. Mol Gen Genet, 209: 396—398.

Montalvo N F, Mohamed N M, Enticknap J J, et al. 2005. Novel actinobacteria from marine sponges. Antonie Leeuwenhoek, 87: 29—36.

Müller K M, Sheath R G, Vis M L, et al. 1998. Biogeography and systematics of *Bangia* (*Bangiales*, *Rhodophyta*) based on the Rubisco spacer, *rbcL* gene and 18*S* rRNA gene sequences and morphometric analyses. North America. Phycologia, 37 (3): 195—207.

Müller W. 1873. Ber die hypobranchialrinne der tunicaten und deren vorhandersein bei amphioxus und dencyklostomen. Jena Z Med Naturw, 7: 327—332.

Munro M H G, Blunt J W, Dumdei E J, et al. 1999. The discovery and development of marine compounds with pharmaceutical potential. Journal of Biotechnology, 70 (1/3): 15.

Murrhy R C, Stevens S E. 1992. Cloning and expression of the *cryIVD* gene of *Bacillus thuringiensis* subsp. israelensis in the cyanobacterium *Agmenellum quadruplicatum* PR - 6 and its resulting larvicidal activity. Applied and Environmental Microbiology, 58: 1650—1655.

Nishida H. 1987. Cell lineage analysis in ascidian embryos by intracellular injection of a tracer enzyme: Ⅲ. Up to the tissue restricted stage. Developmental Biology, 121: 526—541.

Odenthal J, Haffter P, Vogelsang E, et al. 1996. Mutations affecting the formation of the notochord in the zebrafish, *Danio rerio*. Development, 123: 103—115.

Ohno S. 1993. Patterns in genome evolution. Current Opinion in Genetics and Develepment, 3: 911—914.

Old R W, Primrose S B. 1980. Principles of Gene Manipulation: An Introduction to Genetic Engineering. Boston: University of California Press.

Oskar R Z. 1999. Marine bioprocess engineering: the missing link to commercialization. Biotechnol, 70: 403.

Øverli Ø, Sørensen C, Pulman K G T, et al. 2007. Evolutionary background for stress - coping styles: Relationships between physiological, behavioral, and cognitive traits in non - mammalian vertebrates. Neuroscience and Biobehavioral Reviews, 31: 396—412.

Palmiter R D, Brinster R L, Hammer R E, et al. 1982. Dramatic growth of mice that develop from eggs micro - injected with metallothionein - growth hormone fusion genes. Nature, 300: 611—615

Parker D B, Sherwood N M. 1990. Evidence of a growth hormonereleasing hormone - like molecule in salmon brain, *Oncorhynchus keta* and *O. kisutch*. General and Comparative Endocrinology, 79: 95—102.

Parsons J E, Thorgaard G H. 1985. Production of androgenetic diploid rainbow trout. J Heredity, 76: 177—181.

Patterson W D, Stewart J E. 1974. In vitro phagocytosis by hemocytes of American lobster (*Homarus amerianus*). Journal of the Fisheries Research Board of Canada, 31: 1051—1056.

Peponnet F, Quiot J M. 1971. Cell culture of Crustecean, Archnida and Merostomacea//Vago C. Invertebrate Tissue Culture: Vol. 1. New York: Academic Press: 341—459.

Peter R E, Nahorniak C S, Vale W W, et al. 1984. Human pancreatic growth hormone releasing factor (hpGRF) stimulates growth hormone release in goldfish. The Journal of Experimental Zoology, 231: 161—163.

Castro P, Huber M E. 2003. Marine Biology. New York: McGraw - Hill Publishers.

Prasit Sittikraiwong. 2000. Karyotype of the hybrid between *Clarias macrocephalus* and *Pangasius sutchi* Fowler. Abstracts of Master of Science Theses (Fisheries Science) 1985—1990, (Notes Fac Fish Kasetsart Univ) 13—14.

Rayment J E G. 1980. Plankton and Productivity in the Oceans (2ed). Oxford: Pergamon Press.

Rodriguez C, Perez J A, Lorenzo A, et al. 1994. n - 3 HUFA requirement of larval gilthead seabream *Sparus aurata* when using high levels of eicosapentaenoic acid. Comparative Biochemistry and Physiology, 107A: 693—698.

Scott P J B. 1984. The corals of Hong Kong. Hong Kong: Hong Kong University Press: 1—112.

Sergei A Markov, Michael J Bazin, David O Hall. 1995. Hydrogen photoproduction and carbon dioxide uptake by immobilized *Anabaena variabilis* in a hollow—fiber photobioreactor. Enzyme and Microbial Technology, 17 (4): 306—310.

Shears M A, Fletcher G L, Hew C L, et al. 1991. Transfer, expression and stable inheritance of antifreeze protein genes in Atlantic salmon (*Salmo salar*). Molecular Marine Biology and Biotechnology, 1: 58—63.

Silvia A Piňeiro, Henry N Williams, Colin O Stine. 2008. Phylogenetic relationships amongst the saltwater members of the genus *Bacteriovorax* using *rpo*B sequences and reclassification of *Bacteriovorax stolpii* as *Bacteriolyticum stolpii* gen. nov., comb. nov. Int J Syst Evol Microbiol, 58: 1203—1209

Sivan A, Thomas J C, Dubacq J P, et al. 1995. Protoplast fusion and genetic complementation of pigment mutations in the red microalga *Porphyridium* sp. Journal of Phycology, 31 (1): 167—172.

Sode K, Brodelius P, Meussdoerffer F, et al. 1988. Continuous production of somatomedin C with immobilized transformed yeast cells. Applied Microbiology and Biotechnology, 28: 215—221.

Sorokin DY, Muyzer G. 2010. Haloalkaliphilic spore - forming sulfidogens from soda lake sediments and description of *Desulfitispora alkaliphila* gen. nov., sp. nov. Extremophiles, 14 (3): 313—20.

Spemann H. 1938. Embryonic Development and Induction. New York: Hafner Publishing Co.: 210—211.

Springsteer F J, Ledorera F M. 1986. Shells of the Philippines, Manila, Philippines.

Stanley J G. 1976. Production of hybrid, androgenetic, and gynogenetic grass carp and carp. Transactions of the American Fisheries Society, 105 (1): 10—16.

Streelman J T, Zardoya Rafael, Meyer A, et al. 1998. Multilocus phylogeny of cichlid fishes (Pisces: Perciformes): Evolutionary comparison of microsatellite and single - copy nuclear loci. Molecular Biology and Evolution, 15 (7): 798—808.

Sugama K, Taniguchi N, Arakawa T, et al. 1988. Isozyme expression of artificially induced ploidy in red sea bream, black sea bream and their hybrid. Reports of the Usa Marine Biological Institute Kochi University, 10: 75—81.

Sugama K, Taniguchi N, Seki S. 1992. Survival, growth and gonad development of triploid red sea bream, *Pagrus major*: Use of allozyme markers for ploidy and family identification. Aquaculture and Fisheries Mangement, 23: 149—159.

Sun L Z, Farmanfarmaian A. 1992. Age - dependent effects of growth hormone on striped bass hybrids. Comparative Biochemistry and Physiology, 101A: 237—248.

Sunden S L F, Davis S K. 1991. Evaluation of genetic variation in a domestic population of *Penaeus vannamei* Boone: a comparison with three natural populations. Aquaculture, 97: 131—142.

Tandeau de Marsac N, de la Torre F, Szulmajst er J. 1987. Expression of the larvicidal gene of *Bacilus sphaericus* 1593M in the cyanobacterium *Anacystis nidulans* R2. Molecular General Genetics, 209 (2): 396—398.

Terrence M Gosliner, David W Behrens, Gary C Williams. 1996. Coral Reef Animals of the Indo—Pacific. Printed in Hong Kong through Global InterPrint, Petaluma, CA, USA.

Uematsu G, Yazawa K, Watanabe K, et al. 1989. Current Topics in Marine Biotechnology. Tokyo: Fuji Technology Press Ltd.

Varnavskaya N V, Wood C C, Everett R J. 1994. Genetic variation in sockeye salmon (*Oncorhynchus nerka*) populations of Asia and North America. Canadian Journal of Fisheries and Aquatic Sciences, 51: (1) 132—146.

Venkatesh T V, Holland N D, Holland L Z, et al. 1999. Sequence and developmental expression of *Amphi NK2* - 1: Insights into the evolution origin of the vertebrate thyroid gland and forebrain. Development Genes and Evolution, 209: 254—259.

Veron J E N. 1993. Corals of Australia and the Indo—Pacific. Honolulu: University of Hawaii Press: 1—664.

Veron J E N, Pichon M. 1976. Scleractinia of Eastern Australia. Part Ⅰ. Thamnasteriidae, Astrocoeniidae, Pocilloporidae. Aust Inst Mar Sci Monogr, 1: 1—86.

Veron J E N, Pichon M, Wijsman - Best M. 1977. Scleractinia of Eastern Australia. Part Ⅱ. Families Faviidae, Trachyphylliidae. Aust Inst Mar Sci Monogr, 3: 1—233.

Veron J E N, Pichon M. 1980. Scleractinia of Eastern Australia. Part Ⅲ, Families Agariciidae, Siderastreidae, Fungiidae, Oculinidae, Merulinidae, Mussidae, Pectiniidae, Caryophylliidae, Dendrophylliidae. Aust Inst Mar Sci Monogr, 4: 1—422.

Veron J E N, Pichon M. 1982. Scleractinia of Eastern Australia. Part Ⅳ. Family Poritidae. Aust Inst. Mar Sci Monogr, 5: 1—159.

Veron J E N, Wallace C C. 1984. Scleractinia of Eastern Australia. Part Ⅴ. Family Acroporidae. Aust Inst Mar sci Monogr, 6: 1—485.

Wada H, Saiga H, Satoh N, et al. 1998. Tripartite organization of the ancestral chordate brain and the antiquity of placodes: insights from ascidian *Pax—2/5/8*, *Hox* and *Otx* genes. Development, 125 (6): 1113—1122.

Wada S, Katsuyama Y, Yasugi S, et al. 1995. Spatially and temporally regulated expression of the LIM class homeobox gene *Hrlim* suggests multiple distinct functions in development of the ascidian, *Halocynthia roretzi*. Mechanisms of Development, 51: 115—126.

Ward R D, Elliott N G, Innes B H, et al. 1997. Global population structure of yellowfin tuna, *Thunnus albacares*, inferred from allozyme and mitochondrial DNA variation. Fishery Bulletin, 95: 566—575.

Wilson E B. 1892. On multiple and partial development in amphioxus. Anatomischer Anzeiger, 7: 732—740.

Wirgin I I, Proenca R, Grossfield J. 1989. Mitochondrial DNA diversity among populations of striped bass in the southeastern United States. Canadian Journal of Zoology, 67 (4): 891—907.

Wolf K and Marin J A. 1962. Poikilotherm vertebrate cell lines and viruses: a current listing for fishes. In Vitro Cellular and Developmental Biology, 16 (2): 168—179.

Yang J L, Satuito C G, Bao W Y, et al. 2007a. Larval settlement and metamorphosis of the mussel *Mytilus galloprvincialis* on different macroalgae. Marine Biology, 152: 1121—1131.

Yang J L, Bao W Y, Satuito C G, et al. 2007b. The research of gregariousness of the mussel *Mytilus galloprvincialis*. Sessile Organism, 24: 159—160.

Yi H, Schumann P, Sohn K, et al. 2004. *Serinicoccus marinus* gen. nov., sp. nov., a novel actinomycete with L-ornithine and L-serine in the peptidoglycan. Int J Syst Evol Microbiol, 54: 1585—1589.

Zhang P, Hayat M, Joyce C, et al. 1990. Gene transfer, expression and inheritance of *pRSV*-rainbow trout-*GH* cDNA in the common carp *Cyprinus carpio* (Linnaeus). Molecular Reproduction and Development, 25: 3—13.

Zhu Z, Li G, He L. et al. 1985. Novel gene transfer into the fertilized eggs of gold fish (*Carassius auratus* L. 1758). J Appl Ichthyol, 1: 31—34.

Zobell C E. 1946. Marine microbiology: A monograph on hydrobacteriology//Chronica Botanical Waltham (Massachusetts), USA: 240.

Zohar Y, Muñoz-Cueto J A, Elizur A, et al. 2010. Neuroendocrinology of reproduction in teleost fish. General and Comparative Endocrinology, 165 (3): 438—455.

中文名索引

阿德利企鹅　161－163
阿德利企鹅属　162
阿地螺科　108
阿格门氏藻　238
阿里拟角鲨　315
阿文绶贝　107
矮拟帽贝　105
艾氏活额寄居蟹　117
安波鞭腕虾　116
鮟鱇科　155
鮟鱇目　151，155
暗体真鲨　314
暗纹东方鲀　155
凹顶藻　51
凹顶藻属　51
螯虾次目　117
澳氏兔银鲛　141
澳洲肺鱼　142，152
澳洲肺鱼目　141，142，152
澳洲鳞沙蚕　80
八放珊瑚亚纲　76
八腕目　99－104，112
巴布亚企鹅　161－163
巴布亚硝水母　74
巴氏无齿蟹　119
巴西达摩鲨　315
巴西沙蠲　82
鲅科　154
白斑角鲨　136，140，315
白斑星鲨　140
白边真鲨　135，140
白翅鳍脚企鹅　161，162，164
白带琵琶螺　107
白带三角口螺　108
白底辐肛参　310
白额鹱　162
白腹海参　311
白腹军舰鸟　318
白肛海地瓜　312
白鹳　318
白鹤　163，318
白喉针尾雨燕　161，163
白棘三列海胆　258，312
白脊藤壶　114
白鲸　166
白鹭　163，318
白毛虫科　81
白毛钩虫　81
白茅带　190
白琵鹭　318
白鳍企鹅属　162
白色吻沙蚕　81
白氏文昌鱼　313
白鹈鹕　318
白头鹤　318
白头鹮鹳　163
白尾海雕　160，163
白鲟　316
白腰雨燕　163
白枕鹤　318
白枝海绵　69
斑点魟　140
斑点相手蟹　119
斑点鳐鲼　315
斑点月鱼　153
斑凤螺　106
斑海豹　165，167，319
斑鲦　152，256
斑锚参　312
斑鳍缨虫　83
斑雀鳝　143，152
斑纹须鲨　314
斑星蔷薇珊瑚　306
斑鳐　137，140
斑玉螺　88，106
斑嘴环企鹅　161，162，164
斑嘴鹈鹕　160，162，318
板鳃亚纲　134，139

板跳钩虾 115
半环扁尾海蛇 158，317
半锯鲨 314
半沙条鲨科 314
半索动物门 68，128－130，312
半叶马尾藻 60
半子囊菌纲 44，45
瓣棘海星目 312
瓣叶珊瑚科 307
蚌目 97
棒螅水母科 74
棒锥螺 106
孢子纲 40，58
宝贝科 85－87，106，309
宝贝总科 91，323
抱球虫科 42
豹斑海参 310
豹纹鲨 314
豹纹鲨科 314
鲍科 85，87，105，308
杯形珊瑚科 75，308
杯形珊瑚属 75
杯叶海绵 274
北海狗 167，320
北海狮 167，320
北极霞水母 74
北太平洋露脊鲸 166，318
贝日阿脱菌属 34
贝氏喙鲸 166，319
背盾目 108
背棘鱼目 146
背楯目 92，93
背叶虫 80
被壳翼足目 92，93
被芽亚目 74
被子植物门 66，68
鼻形鹿角珊瑚 306
吡邻沙珊瑚 308
笔尖形根管藻 54，55
笔螺科 86，108
笔帽虫科 83
蝙蝠变形虫 42
鞭棍水母科 74
鞭毛纲 40
扁魟科 315
扁裸藻 61
扁膜裂虫 81
扁鲨科 136，140
扁鲨目 134，136，140
扁头哈那鲨 134，139
扁尾海蛇 158，317
扁尾海蛇亚科 317
扁尾和美虾 117
扁形动物门 68，77，78，129
扁玉螺 106
扁栉水母 76
扁栉水母目 76
变肋变角贝 111
β－变形杆菌纲 30－32
变形杆菌门 30
变形裸藻目 60
变形目 41，42
辫鱼科 153
标准蜂巢珊瑚 307
表壳目 41，42
别氏好望参 170
滨螺科 106
滨珊瑚科 308
冰居菌属 35
秉氏泥蟹 119
柄杆菌目 32
柄杆菌属 32
柄海鞘 131
柄裸藻目 60
柄球藻目 53
柄细菌属 31
柄眼目 86，87，89，93，94
饼干镜蛤 110
并基角毛藻 54，55
波罗的海隐藻 62
波莫特石芝珊瑚 307
波纹巴非蛤 110
波纹唇鱼 316
波纹龙虾 310
玻璃虾科 116
玻璃虾总科 116
钵水母纲 71－74
帛梳菊花珊瑚 307
渤海鸭嘴蛤 111
薄背平涡虫 79

不倒翁虫 83
不倒翁虫科 83
不倒翁虫目 83
不等蛤科 95，110
不等蛤总科 96
不动孢子纲 58，60
不黏柄菌属 32
不整囊菌纲 44，45
布氏鲸 166，319
布氏双尾藻 55
布纹藻 56
彩虹明樱蛤 110
彩鹮 318
彩饰榧螺 309
苍珊瑚科 76
苍珊瑚目 76
苍珊瑚属 76
糙齿海豚 166，319
糙刺参 311
糙头细银汉鱼 153
草绿皮果藻 47
草莓叉棘海牛 109
草叶马尾藻 60
侧孔总目 134，139
侧鳃科 87，108
侧条真鲨 314
侧腕水母科 77
侧腕栉水母 76
叉棘海牛科 109
叉角藻 56，57
叉开网翼藻 60
叉毛锥头虫 82
叉枝藻 51
蝉虾科 310
蟾鱼目 151
蟾鱼总目 142，150
产碱杆菌属 32
产液菌门 27，28
产液菌属 27
颤藻科 48
颤藻目 47，48
鲳科 155
长臂灰鲭鲨 313
长臂虾科 116
长臂虾总科 116
长臂正龙虾 117
长柄指海绵 70
长砗磲 309
长冠企鹅 161，162，164
长海胆 127，195
长海胆科 127，312
长海毛藻 54，55
长喙真海豚 166，319
长脚蟹科 118
长牡蛎 97，175，230，244
长偏顶蛤 109
长鳍真鲨 314
长枪鱿 111
长蛸 112
长石莼 64
长突树蛰虫 83
长尾须鲨科 314
长吻 254 153
长吻海蛇 158，317
长吻基齿鲨 314
长吻吻沙蚕 80
长吻银鲛科 141，316
长吻原海豚 167，319
长胸线鳚 195
长须鲸 166，280，319
长须卷盔鲨 315
长眼虾科 116
长指近方蟹 119
长趾方蟹 119
长趾股窗蟹 119
长竹蛏 110
长紫菜 50
肠杆菌科 33
肠浒苔 64
肠鳃纲 130，313
巢沙蚕 82
朝天水母 75
朝鲜鳞带石鳖 105
潮汐鰕虎鱼 317
砗磲 200，264，309
砗磲科 110，309，326
柽柳 67
柽柳科 67
蛏螂科 95，96
蛏螂目 96

蛏属　190
橙黄滨珊瑚　308
持真节虫　82
齿大眼蟹　119
齿颌总目　159
齿鲸亚目　164，166，319
齿纹蜓螺　106
齿吻沙蚕科　81
赤潮异弯藻　53
赤魟　138，140
赤细菌属　31，32
赤虾　116
翅藻科　59
虫囊菌纲　44-46
丑海参　311
初生古菌门　27
川蔓藻　65
船蛆　1，8，94，95，111，175
船蛆科　111
船蛸　112
船蛸科　112
创伤弧菌　36
锤头双髻鲨　314
鹑螺科　87，89，107
鹑螺总科　91
慈母互敬蟹　118
磁螺细菌属　31
刺胞动物门　70，71，306
刺柄珊瑚　308
刺参科　124，128，311
刺海马　154，316
刺鸡爪海星　126
刺巨藤壶　114
刺鲨科　315
刺蛇尾　127
刺蛇尾科　127
刺石芝珊瑚　307
刺松藻　63，64，266，269
刺鱼目　148，149，154，316
丛生大叶藻　65
丛生盔形珊瑚　307
粗糙刺叶珊瑚　308
粗糙菊花珊瑚　307
粗唇龟鲻　189
粗鸡爪海星　126
粗裸肋珊瑚　308
粗珊藻　51
粗吻海龙　316
粗野鹿角珊瑚　306
粗枝软骨藻　51
簇生蓝枝藻　48
簇生曲舟藻　55
脆怀玉参　312
脆壳全海笋　111
脆毛虫　83
锉石鳖科　105
达氏巨尾魟　315
达氏七鳃鲨　314
达氏鲟　316
大变形虫　41，42
大砗磲　110，309
大翅鲸　166，319
大弹涂鱼　155
大多齿海鲇　147，153
大多甲藻　56，57
大海鲢　144，152
大海鲢科　152
大海马　154，316
大鲨　310
大黄鱼　154，189，230，232，245，256，282，284，285，324
大棘星珊瑚　308
大角贝　111
大角角藻　57
大鳞龟鲛　154
大鳞新灯鱼　145，153
大菱鲆　11，226，230，241，255，256
大蝼蛄虾　117
大轮螺　106
大麻哈鱼　145，226，265
大马蹄螺　105
大米草　67，190，302，323，324
大青鲨　314
大石花菜　50
大天鹅　160，163
大头鳕　148，153
大团扇藻　60
大洋热菌属　28
大叶藻　64，65
大叶藻科　65

大珠母贝 11，110
大竹蛏 110
玳瑁 8，156，158，264，265，317
带鹑螺 107
带凤螺 106
带纹白鲈 229
带鱼 256，264，265，282-285，324
带鱼科 154
带栉水母 76
带栉水母目 76
丹顶鹤 160，163，299，318
单板纲 83-85，104
单齿螺 105
单角螺 194
单角鲀科 155
单壳缝目 54，55
单鳍电鳐科 140
单星蔷薇珊瑚 306
单殖纲 77，78
单轴目 70
单子叶植物纲 65-67
淡海栉水母 77
淡灰海蛇 158，317
蛋白核小球藻 62，63
荡皮海参 275
刀鲚 152，265
刀形宽额虾 116
倒立水母科 75
灯笼鱼目 144，145，153
灯泡海鞘 170
灯塔水母 74
灯心草属 190
等鞭藻科 52
等片藻科 55
等指海葵 75
等足目 115，191
低海龙 316
低粒鳞侧石鳖 105
底鳉 189
帝企鹅 161，163
典型小头虫 82
点纹斑竹鲨 314
电光螺 108
电鳐科 141
电鳐目 137，138，141
鲽科 155，278
鲽形目 148，150，155
丁氏双鳍电鳐 141
顶伶鼬框螺 309
东方扁虾 310
东方长眼虾 116
东方缝栖蛤 111
东方砂海星 126
东方小藤壶 115
动鞭亚纲 40
动物界 2，22，40，77，83，112，120，129，130，132，141，171
兜水母目 76，77
豆海胆科 127
豆荚软珊瑚属 76
豆蟹科 118
豆形拳蟹 118
窦维虫科 82
独角鲸 166
独特海参 310
独指虫 82
杜父鱼科 317
杜鹃花目 68
杜氏盐藻 63
端正关公蟹 117
端足目 115
短滨螺 89，106
短脊鼓虾 116
短鳍领航鲸 166，319
短蛸 99，101，112
短石蛏 109
短尾次目 117
短尾信天翁 160，162，317
短尾真鲨 314
短纹楔形藻 55
对鳃总科 91
对虾科 113，116
对虾总科 116
钝顶螺旋藻 47，48
钝锯鳐 137，140
盾形目 127
盾形陀螺珊瑚 308
多板纲 83-85，105
多变鲍 309
多肠目 79

多齿沙蚕 81
多刺网结海绵 269
多管藻 48，276
多棘海盘车 126
多棘裂江珧 309
多棘麦秆虫 115
多甲藻科 57
多甲藻目 56，57
多甲藻亚纲 56，57
多角海牛科 108
多孔鹿角珊瑚 306
多孔螅属 196
多鳞虫科 80
多瘤海参 311
多毛纲 79，80，325
多美沙蚕 81
多鳍鱼目 142
多鳃齿吻沙蚕 81
多鳃孔舌形虫 313，325
多星孔珊瑚 306
多形滩栖螺 106
多叶珊瑚属 75
多枝卷发海牛 109
多足纲 112
鹅肠菜 59，266
蛾螺科 85，88，89，107
蛾螺总科 92
恶臭假单胞菌 239
鳄目 157，158
耳鲍 105，308
耳梯螺 106
耳乌贼科 112
二鳃亚纲 99，100，102，104，111
二色补血草 66
二色裂江珧 309
二色桌片参 311
二药藻 64，65
发光杆菌属 35
发水母 74
法螺 107
法囊藻 63
凡纳滨对虾 230，257
繁锦蔷薇珊瑚 306
繁枝蜈蚣藻 50
方斑东风螺 107
方腕寄居蟹 117
方蟹科 119
方柱翼手参 311
仿刺参 124，128，257
仿刺参属 124
纺锤角藻 57
放射虫目 41，43
放射太阳虫 41，43
放线菌门 38
飞鱼科 153
非洲异瓜参 311
菲律宾蛤仔 110，175，190，256
菲律宾正海星 126
鲱科 152，316
鲱形目 144，152，316
鲱形总目 142，144
肥壮巴豆蟹 118
榧螺 265，309
榧螺科 86，87，89，107，309，323
翡翠贻贝 109，285
肺螺亚纲 85，86，90，93，109
肺鱼总目 141，142
费氏弧菌 36
粉色活动菌属 31
鲼科 315
鲼形目 137，138，140，315
风信子鹿角珊瑚 306
蜂巢珊瑚科 307
缝栖蛤科 111
凤冠企鹅 161，162，164
凤凰螺总科 91
凤螺科 86，87，106，309，323
凤头鹛鹇 213，159
佛氏海线藻 55
弗朗西斯菌科 34
弗利吉亚肠珊瑚 307
弗氏海豚 319
浮霉菌属 39
浮霉状菌门 38，39
辐鳍亚纲 141，142，152，316
辐蛇尾科 127
辐射变形虫 42
辐射合叶珊瑚 308
辐足亚纲 41，43
福氏多角海牛 109

蝠状无刺鲼 315
腐蚀刺柄珊瑚 308
副鲈 205
副溶血弧菌 36
腹胚亚目 116
腹足纲 83，85-87，90，98，105，308，323
覆瓦哈鳞虫 80
覆瓦小蛇螺 106
钙质海绵纲 69，70
盖鳃水虱科 115
甘紫菜 48，50
杆状着色菌属 33
冈田指海绵 70
刚毛藻科 63
刚毛藻目 62，63
高峰星藤壶 115
高骨沙鸡子 128
高脊星藤壶 114
高氏真锚参 312
戈氏豆蟹 118
疙瘩拳蟹 118
格雷陆方蟹 119
格利菲斯瓦尔德磁螺菌 31
格氏皮海参 311
葛氏长臂虾 116
蛤蜊科 110，309
隔鳃目 98，111
根管藻科 55
根金藻目 52
根口水母科 72，74
根口水母目 72，74
根瘤菌目 31，32
根枝珊瑚目 76，308
根足亚纲 40，42
弓壳目 85
弓鳍鱼目 143
弓舌总科 88，92
弓蟹科 119
公牛真鲨 314
拱齿目 127，312
沟鹑螺 107
沟纹鬘螺 107
钩手水母 74
钩虾亚目 115
孤生皮果藻 47
古多齿亚纲 95，96
古颌总目 159
古鸟亚纲 159
古纽舌总科 91
古球菌纲 26
古球菌属 26
古氏滩栖螺 106
古藤壶科 114
古异齿亚纲 95，97
古祐目 85
谷鹿角珊瑚 306
骨螺科 88，89，107
骨螺总科 92
骨舌鱼目 147
骨舌总目 142，147
鼓虾科 116
鼓虾总科 116
固氮菌科 33
固着吸管虫 42，43
瓜参科 127，311
瓜螺 108
瓜水母 76，77
瓜水母科 77
瓜水母目 76，77
瓜头鲸 166，319
寡杜父鱼 195
寡毛纲 79，80
寡鳃齿吻沙蚕 81
寡盂对平角涡虫 79
罫纹笋螺 108
关公蟹科 117
冠棘真头帕 312
冠螺 309
冠螺科 107，309，323
冠企鹅 161，162，164
冠指软珊瑚 76
管胞藻目 47
管海马 154，316
管海绵 70
管角贝目 98
管角螺 107
管壳缝目 54，55
管水母亚纲 74
管形海葵 75
管须蟹科 310

管藻目　53，59，62，63
管枝藻目　62，63
管状硅藻目　54，55
鹳科　163，318
鹳形目　160，163，318
光背节鞭水虱　115
光滑笠贝　271
光棘球海胆　127，258，312
光碱蓬　66
光裸星虫　261
光突齿沙蚕　81
广大扁玉螺　106
广古菌门　24，26
龟鲛　154
龟鳖目　156，158，317
龟头海蛇　158，317
龟足　194
硅鞭藻亚目　52
硅藻门　46，47，54，55
鲑鲈目　148
鲑鲈总目　142，148
鲑肾杆菌　38
鲑形目　144，145，148
哈氏叉齿鱼　169
哈氏刀海龙　154，316
哈氏刻肋海胆　127
哈氏美人虾　117
哈氏圆柱水虱　115
哈维弧菌　36
海百合纲　120，125，126，128
海棒槌　128
海豹科　167，319
海参纲　10，120，123，124，127，262，310，322
海参科　310
海菖蒲　64，65
海刺猬　127，258，312
海带　1，11，13，14，18，19，46，58，131，230，240，248－252，255，257，261，265，266，270，282－284，290，321，322，324
海带科　59
海带目　58，59
海带属　204，229
海胆纲　10，120－122，127，262，312
海地瓜　128，312
海蛾鱼目　151
海鲂目　148，153
海杆菌属　35
海杆状菌属　35
海蛄虾次目　117
海蛄虾总科　117
海龟科　158，317
海弧菌　35
海鲫鱼　205
海葵科　75
海葵目　75
海蝰　158，317
海螂科　111
海螂目　97，98，110
海莲　67，68
海鲢目　144，152
海链藻　55
海龙鱼科　154，316
海鸬鹚　162，318
海陆蛙　155
海萝　48，51，265，266，284，285
海鳗　153，264，266，285
海鳗科　153
海绵动物门　68，69，129
海绵（栉螯）寄居蟹　117
海绵状海蛇尾　170
海膜科　51
海牛目　164，165，167，320
海女虫　81
海女虫科　81
海鸥　161，163
海盘车科　126
海栖热袍菌　28
海鞘纲　130，131
海球藻科　53
海热菌属　28
海人草　48，266，269
海鳃目　76
海三棱藨草　67
海桑　68
海桑科　68
海蛇尾纲　120，121，126
海蛇亚科　317
海神草　64，65
海神藻　64，65
海神藻科　65

海狮科 167，320
海笋 94，98，175，204
海笋科 111
海索面目 49
海索面属 48
海兔科 92，108
海兔目 92
海豚科 166，319
海湾扇贝 110，230，256
海蝎子 171
海星纲 10，120，121，126，262，312
海燕 121，262，264－266
海燕科 126
海阳豆蟹 118
海洋齿科 128
海洋多甲藻 57
海洋分枝杆菌 39
海洋鬣蜴 157，158
海洋螺菌目 33，34
海洋螺菌属 34
海洋硝化螺菌 29
海洋着色杆菌属 33
海蛹科 82
海蛹目 82
海月 110，265
海月蛤科 110
海月水母 74，261
海蟑螂 115
海蟑螂科 115
海蜇 71－74，129，131，261，264，265，283－285
海蜇属 72
海蜘蛛纲 114，119
海稚虫科 82
海稚虫目 82
海樽纲 131
蚶科 94，109
蚶蜊科 109
蚶目 96，109
函馆锉石鳖 105
禾本科 66
合浦珠母贝 11，109，175，230
合鳃鱼目 150
河流弧菌 35，36
河氏菌科 34
核菌纲 43，44，46
盒形藻科 55
盒形藻目 54，55
颌针鱼目 147，153
赫氏叶状珊瑚 307
褐菖鲉 150，155
褐管蛾螺 107
褐蚶 109
褐黄扁魟 315
褐鲣鸟 162，317
褐绿海参 311
褐毛鲿鱼 317
褐虾科 116
褐虾总科 116
褐藻门 46，47，57，59，325
褐枝藻目 52
褐指藻科 55
褐子藻纲 58，59
鹤科 163，318
鹤形目 160，163，318
黑斑双鳍电鳐 141
黑斑水蛇 158
黑斑条尾魟 315
黑滨珊瑚 308
黑赤星海参 311
黑顶藻目 58
黑鹳 318
黑海参 285，310
黑海蛾鱼 170
黑棘鲷 154
黑口凤螺 106
黑脸琵鹭 318
黑囊皮参 312
黑乳海参 311
黑头海蛇 158，262，317
黑头鸬鹚 318
黑线银鲛 139，141
黑印真鲨 314
痕掌沙蟹 119
恒河鲨 314
鸻形科 163
鸻形目 160，163
横错蔷薇珊瑚 306
红斑瓢蟹 118
红砗磲 309
红大麻哈鱼 229

红带织纹螺　107
红腹海参　310
红海菌属　30
红喉潜鸟　159，162
红弧菌属　30
红角沙蚕　81
红菌属　31
红口榧螺　108，309
红翎菜科　51
红螺菌目　30，31
红螺旋菌属　30
红毛菜　230，257
红毛菜科　50
红毛菜目　48，50
红皮藻科　51
红皮藻目　50，51
红色单胞菌属　31
红色水母　74
红珊瑚科　308
红树　68
红树科　68
红隼　163
红条鞭腕虾　116
红条毛肤石鳖　105，261
红微菌属　31
红翁戎螺　105
红细杆菌科　31
红细杆菌目　31
红细菌目　30
红线黎明蟹　118
红藻门　46－48，50，324，325
虹彩圆筛藻　55
洪氏环企鹅　161，162，164
魟科　140
喉盘鱼目　151
后鳍尖吻银鲛　316
后鳃亚纲　90，92，108
后生动物界　22
后生植物界　22
厚壳贻贝　96，109，174，175
厚膜藻　50
厚丝珊瑚属　75
厚涡虫　78
厚缘藻　60
鲎科　310
弧边招潮　119
弧菌科　35，36
弧菌目　33，35
弧菌属　35
胡瓜鱼科　152，316
胡瓜鱼目　152，316
胡桃蛤目　96
糊斑藤壶　114
虎斑宝贝　107，309
虎鲸　166，319
虎鲨科　139，313
虎鲨目　134，139，313
虎纹海参　310
浒苔　64，176，189，284，322
琥珀刺沙蚕　81
互花米草　67，190，323
鹱科　162，317
鹱形目　159，162，317
花斑锉石鳖　105
花刺参　257，311
花点无刺鲼　315
花笠水母科　74
花鲈　149，154，256
花鹿角珊瑚　306
花鳗鲡　316
花帽贝科　105
花茗荷科　114
花石莼　63
花水母目　73
花索沙蚕　82
花索沙蚕科　82
华贵竖琴螺　108，309
滑顶薄壳鸟蛤　110
环唇沙蚕　81
环沟笋螺　108
环海豹　167，320
环节动物门　68，79，129，207
环节藻科　51
环纹海蛇　158，317
环纹货贝　107
鹮科　318
皇带鱼　149，154
皇带鱼科　153
皇家光滑羽枝　128
黄鮟鱇　151，155

黄斑海参 311
黄斑海毛虫 83
黄唇鱼 316
黄岛长吻虫 313
黄道蟹科 118
黄短口螺 108
黄杆菌属 39
黄姑鱼 256，264，283
黄昏鸟 159
黄口荔枝螺 107
黄鳍马面鲀 155
黄乳海参 311
黄色刺沙蚕 81
黄色菌纲 39
黄丝藻科 53
黄丝藻目 53
黄眼企鹅 161，162，164
黄眼企鹅属 162
黄疣海参 311
黄藻门 47，52，53
黄殖翼柱头虫 313
黄嘴白鹭 318
灰海豚 167，319
灰海豚科 167
灰鹤 163，318
灰（尖吻）鲭鲨 313
灰鲸 166，203，318
灰鲸科 166，318
灰六鳃鲨 314
灰绿碱蓬 66
灰蛇锚参 312
灰星鲨 140
汇螺科 106
喙头目 156
喙吻田氏鲨 315
活额寄居蟹科 117
火枪鱿 111
火球菌属 24
火山热菌属 28
火珊瑚 196，197，200
火焰滨珊瑚 308
火叶菌属 24
货贝 107
霍乱弧菌 36，232
霍氏三强蟹 119
矶沙蚕科 82
矶沙蚕目 81
鸡毛菜 50
鸡爪海星 126
基眼目 86，93，94，109
畸形圆筛藻 55
极大螺旋藻 48
棘刺瓜参 128
棘刺锚参 128
棘刺牡蛎 110
棘刀茗荷（棘花龟足） 114
棘辐肛参 310
棘杆瓜参 311
棘海星科 126
棘鳞海蛇 158，317
棘皮动物门 68，120，121，124，129，310，322
棘软珊瑚科 76
棘鲨科 315
棘鲨目 314
棘穗软珊瑚属 76
棘头梅童鱼 154
棘眦海蛇 158
脊齿目 127，312
脊锯腕海星 312
脊膜螺旋体属 39
脊索动物门 129，130，171，227，231，313
脊尾白虾 116
脊尾褐虾 117
脊椎动物亚门 130，132，171，227，262，313
鹿眼螺总科 91
寄居蟹科 117
寄居蟹皮海绵 70
寄居蟹总科 117
寄生藻亚门 56
加岛环企鹅 161，162，164
加州扁鸟蛤 110
加州齿吻沙蚕 81
佳丽鹿角珊瑚 269，306
甲虫螺 107
甲基单胞菌属 34
甲基杆状菌属 34
甲基球菌目 33，34
甲基球菌属 34
甲基球状菌属 34
甲基微菌属 34

甲壳纲 112－114，198，202
甲烷超嗜热球菌科 25
甲烷超嗜热球菌属 25
甲烷杆菌纲 25
甲烷火菌纲 25
甲烷火菌目 25
甲烷火菌属 25
甲烷球菌纲 25
甲烷球菌目 25
甲烷微菌纲 25
甲形海洋水母 74
甲藻纲 56，57
甲藻门 40，46，47，56，57
甲藻亚门 56
假单胞菌科 33，35
假交替单胞菌属 35
假双管藻 53
假主棒螺 108
嫁蝛 105
尖齿锯鳐 315
尖刺拟菱形藻 54，56
尖豆海胆 127
尖高旋螺 106
尖海龙 154，265，316
尖棘篩海盘车 126
尖角水母 74
尖脚海蜘蛛科 119
尖塔海参 311
尖头龟鲅 154
尖尾蓝隐藻 62
尖吻鲭鲨 140
尖吻鲨 314
尖吻藤壶 114
尖嘴魟 315
坚壁菌门 38
肩棰螺 309
鲣鸟科 162，317
简枝沙菜 51
剑尾目 310
剑吻鲸 319
剑吻鲸科 166，319
江口突柄绿菌 30
江蓠 91，189，246，247，265，266，285
江蓠科 51
江豚 167，262，319
江珧科 109，309
将军芋螺 108
僵硬海参 311
鳉形目 147
交替扁脑珊瑚 307
交替单胞菌目 33，35
交替单胞菌属 35
胶管虫 83
胶毛藻目 62
焦河篮蛤 111
礁螯虾科 117
礁螯虾总科 117
礁膜 64
礁膜科 64
角贝科 111
角贝目 98，111
角叉菜 51，251
角齿鱼目 142，152
角果木 68
角果藻 65
角鲸 166
角毛藻科 55
角企鹅属 161，162
角蝾螺 105
角鲨科 140，315
角鲨目 134，136，140，315
角珊瑚（黑珊瑚）属 75
角珊瑚目 75
角突麦秆虫 115
角藻科 57
皆足目 119
节荚藻 51
节节虫科 82
节肢动物门 68，112－114，129，207，231，310
结蚶 109
结合藻纲 62
截吻海蛇 158
解放眉足蟹 310
今颌总目 159，162，317
今鸟亚纲 159，162，317
金胞藻目 52
金胞藻亚目 52
金刚螺 108
金口蝾螺 106
金膜藻 50，51

金囊藻目 52
金球藻目 52
金扇虫科 80
金氏真蛇尾 127
金乌贼 99－101，111
金星蝶铰蛤 98
金眼鲷目 148，153
金藻纲 52
金藻门 40，47，51，52
锦葵船蛸 112
锦绣龙虾 117，310
近辐蛇尾 127
近江巨牡蛎 110
近缘黄丝藻 53
经氏壳蛞蝓 108
精巧扁脑珊瑚 307
鲸目 164，166，318
鲸鲨 135，136，139，314
鲸鲨科 140，314
颈刺铠虾 244
静止嗜冷菌 35
菊花螺科 109
橘红蜘蛛螺 309
巨梅花参 311
巨头鲸科 166，319
巨指长臂虾 116
具尾鳍藻 56，57
锯齿鞭腕虾 116
锯齿长臂虾 116
锯齿刺星珊瑚 307
锯腹鳓科 152
锯脚泥蟹 119
锯鲨科 140，315
锯鲨目 134，136，140，315
锯腕海星科 312
锯鳐科 137，140，315
锯鳐目 137，140，315
锯羽丽海羊齿 128
聚集豆荚软珊瑚 76
聚伞藻科 65
聚散藻 65
卷贝黑彩螺 272
卷贝曳螺 272
绢丝刚毛藻 63
掘足纲 83，98，111
军曹鱼 154
军曹鱼科 154
军舰鸟科 163，318
菌珊瑚科 75
菌物界 22
菌状合叶珊瑚 308
铠茗荷科 114
铠鲨科 315
坎氏甲烷火菌 25
尻参科 128，312
柯氏双鳞蛇尾 126
科威尔菌属 35
颗粒仿权位蟹 118
颗粒蓝吻犁头鳐 315
颗粒拟关公蟹 117
壳蛞蝓科 108
壳砂笔帽虫 83
壳形足柄珊瑚 307
可疑翼手参 311
克氏海马 154，316
克氏腔蛤蜊 309
刻孔海胆 127
刻肋海胆科 127
孔螂科 111
孔雀扇虫 170
孔石莼 63，64，247，261，322
孔子鸟 159
口鳃海胆 312
口鳃海胆科 312
口虾蛄 115
口足目 115
扣环海参 311
枯瘦突眼蟹 118
宽豆蟹 118
宽片鹿角珊瑚 306
宽身闭口蟹 119
宽身大眼蟹 119
宽纹虎鲨 134，139，313
宽吻海豚 166，319
宽咽鱼 153
宽咽鱼科 153
宽叶沙蚕 81
盔螺科 107
魁蚶 109，261，264
蝰科 158

昆虫纲 68, 112
蛞蝓变形虫 42
阔口真鲨 314
拉文海胆科 127
喇叭海胆科 312
蓝斑背肛海兔 92
蓝点马鲛 6, 154, 283
蓝灰扁尾海蛇 158, 317
蓝鲸 164－166, 280, 318
蓝氏三强蟹 119
蓝鳁鲸 166, 318
蓝无壳侧鳃 93, 108
蓝细菌 23, 29, 30, 173, 187, 194
蓝雪科 66
蓝隐藻 61, 62
蓝隐藻属 61
蓝藻纲 47
蓝藻门 46, 47
蓝枝藻科 48
蓝指海星 126, 312
篮蛤科 111
狼鲈科 154
浪花鹿角珊瑚 306
姥鲨 136, 140, 313
姥鲨科 140, 313
鳓鱼 6, 152, 264, 283
雷氏发光细菌 36
雷氏七鳃鳗 313
雷氏藻钩虾 115
雷伊著名团水虱 115
棱皮龟 156, 158, 317
棱皮龟科 158, 317
犁头鳐科 315
黎明蟹科 117
藜科 65, 66
李斯特菌属 38
鲤形目 147
鲤形总目 142, 147
立克次体目 31
利斯特菌属 35
栗壳孔螂 111
栗色仙须虫 80
蛎鹬 161, 163, 190, 194
笠贝科 105
笠鳞棘鲨 315
粒结节滨螺 106
粒帽蚶 109
粒皮海星 312
粒神螺 107
帘蛤科 110
帘蛤目 97, 110
莲花海葵 75
镰形真鲨 314
镰状真鲨 140
链霉菌属 38
链球菌属 38
两栖纲 132, 155
两栖黄道蟹 118
亮点舌片鳃 109
亮发菌属 34
裂虫科 81
磷虫科 82
磷海鳃（海笔） 76
鳞侧石鳖科 85, 105
鳞侧石鳖目 85, 105
鳞砗磲 110, 309
鳞海底柏 261
鳞棘目 127
鳞沙蚕科 80
伶鼬榧螺 107
玲珑竖琴螺 309
菱蟹科 118
菱形藻科 55
硫发菌科 34
硫发菌目 33, 34
硫红弧菌属 33
硫化叶菌目 23
硫还原单胞菌目 37
硫还原单胞菌属 37
硫还原球菌科 24
硫还原球菌目 23, 24
硫碱球菌属 33
硫球菌属 33
瘤齿喙鲸 166, 319
瘤海星科 312
柳珊瑚目 76, 197, 308
柳珊瑚属 76
六齿猴面蟹 119
六放海绵纲 69, 70
六放珊瑚亚纲 75

六鳃鲨科 139，314
六鳃鲨目 134，139，314
六异刺硅鞭藻 52
龙介虫科 83
龙虾次目 117
龙虾科 117，310
龙虾总科 117
龙须菜 51，230，257，266
隆背黄道蟹 118
隆头鱼科 316
隆线拟闭口蟹 119
隆线强蟹 118
隆线拳蟹 118
隆线新月贝 104
蝼蛄虾科 117
漏斗陀螺珊瑚 308
芦苇 66，67
鸬鹚科 162，318
鲈形目 148，150，154，316
鲈形总目 142，148
陆寄居蟹科 117
鹿角杯形珊瑚 308
鹿角菜 60，265，266
鹿角菜目 59，60
鹿角珊瑚科 73，75，306
鹿角珊瑚属 73，75
鹿角藻 194
路氏双髻鲨 139
鹭科 163，318
露脊鲸 166，280
露脊鲸科 166，318
履形珊瑚属 75
绿刺参 257，311
绿海龟 156，158，317
绿海葵 75
绿海葵科 75
绿海球藻 53
绿滑菌属 29
绿鳍马面鲀 151，155，264
绿球藻目 62，63
绿色巴夫藻 52
绿头鸭 163
绿细菌门 29，30
绿细菌属 29
绿疣海葵 75
绿藻纲 62，63
绿藻门 40，46，47，60，62，63
卵板步锚参 128
卵梭螺 106，309
卵形瓜水母 77
卵形网足虫 41，42
卵形隐藻 61，62
卵形藻 54
卵形藻科 55
卵圆斜海胆 127
略胀管蛾螺 107
轮海星 126
轮螺科 106
罗图马蜂巢珊瑚 307
螺杆菌属 38
螺旋虫科 83
螺旋触手海葵 75
螺旋体门 39
螺旋体属 39
裸甲藻 56
裸甲藻科 57
裸甲藻目 56，57
裸甲藻亚纲 56，57
裸盲蟹 118
裸鳃目 92，93，108
裸体翼足目 92，93
裸芽亚目 74
裸藻 60，61
裸藻纲 60，61
裸藻门 40，47，60，61
裸藻目 60，61
瘰鳞蛇 158
瘰鳞蛇科 158
洛氏角毛藻 55
洛氏菱形藻 56
马鲛科 154
马鞭藻目 58
马丁海稚虫 82
马粪海胆 127，258，262，312
马赛克水母 74
马氏刺蛇尾 127
马氏海参 311
马氏毛粒蟹 118
马蹄螺科 86，88，105
马蹄螺总科 90

马尾藻 8, 19, 46, 250 - 252
马尾藻科 60
玛丽羽枝科 128
迈氏交替单胞菌 35
麦秆虫科 115
麦秆虫亚目 115
麦氏环企鹅 161, 162, 164
脉红螺 92, 107
馒头蟹科 117
鳗弧菌 35
鳗鲡科 153, 316
鳗鲡目 146, 153, 316
鳗鲡总目 142, 146
鳗利斯特菌 35
曼氏无针乌贼 104, 112, 261
蔓足亚纲 114
慢生根瘤菌科 32
盲鳗科 132, 133
盲鳗目 132, 133
猫鲨科 140, 314
毛板壳虫 41, 43
毛齿吻沙蚕 81
毛肤石鳖科 105
毛蚶 109, 261, 264, 282
毛磷虫 82
毛皮贝目 84, 104
毛嵌线螺 107
毛头藻目 58
毛指海绵 70
毛足寄居蟹 117
矛毛虫 82
矛尾鱼 141, 142, 152
矛尾鱼科 142, 152
锚参科 128, 312
帽贝总科 90
帽蚶科 109
帽状珊瑚属 75
玫瑰变色杆菌属 31
玫瑰螺菌属 30, 31
玫瑰色杆菌属 31
梅花参 123, 128, 257, 264, 285, 311
梅花鲨 140
美国红鱼 256
美丽鹿角珊瑚 306
美丽突额隆头鱼 205
美妙刺蛇尾 127
美人虾科 117
美涡虫科 79
美洲大绵鳚 238
美洲肺鱼 142, 152
美洲肺鱼目 141, 142, 152
米草属 190
秘密角蜂巢珊瑚 307
密点石斑鱼 154
密鳞牡蛎 110
绵蟹科 117
鮸鱼 154
面包海星 312
明壁圆筛藻 55
明柄体参 311
明亮发光细菌 36
茗荷 114
茗荷科 114
抹香鲸 79, 166, 262, 319
抹香鲸科 166, 319
莫氏海参 311
莫氏海马 154
墨角藻 194, 227
墨角藻科 60
牡丹珊瑚属 75
牡蛎科 110
牡蛎目 96, 97, 110
木榄 67, 68
木珊瑚科 308
木叶鲽 155
纳米古菌门 27
衲螺科 108
南方鲎（大鲎） 310
南极企鹅 161, 162, 164
南极岩扇虾 310
囊海胆 127
囊礁膜 46
囊螺科 108
囊裸藻 61
囊鳃鳗 207
囊鳃鳗目 153
囊舌目 92, 93
囊叶齿吻沙蚕 81
囊泳目 74
囊藻 59

内刺盘管虫 83
内壳亚纲 104
内枝藻科 51
泥东风螺 107
泥蚶 92，96，109，190，203，255，264
泥脚隆背蟹 118
泥螺 92，108，264
泥藤壶 114
泥污脊龙虾 310
拟棒鞭水虱 115
拟杆菌纲 39
拟杆菌门 39
拟杆菌属 39
拟厚膜藻 50
拟鲸鱼目（辫鱼目） 144，146，153
拟铃虫属 42，43
拟目乌贼 112
拟特须虫 80
拟突齿沙蚕 81
拟蟹守螺属 190
拟银汉鱼 205
拟锥齿鲨 313
拟锥齿鲨科 313
鲇（鲶）形目 147，153
黏细菌目 36
鸟纲 132，159，162，317
鸟蛤科 110
聂氏无刺鲼 315
牛背鹭 160，163
暖球形菌目 23
诺福克蛞蝓 170
诺卡氏菌属 38
诺氏曲舟藻 55
欧努菲虫科 82
欧氏锥齿鲨 313
鸥科 161，163
鸥形目 161，163
爬行纲 132，156，158，317
爬行亚目 113
排孔珊瑚属 75
盘菌纲 45
泡抱球虫 41，42
膨胀刚毛藻 63
膨胀蔷薇珊瑚 306
皮果藻科 47
皮滑红珊瑚 76，308
枇杷珊瑚科 307
琵琶螺科 86，107
片鳃科 109
偏心圆筛藻 54
漂亮海葵 170
平背蜞 119
平顶蜘蛛螺 309
平衡囊尖锥虫 82
平角科 79
平角涡虫 79
平颏海蛇 158，317
平坦薮枝螅 74
平尾棒鞭水虱 115
平胸总目 159
平鲉 205
平足目 123
瓶鼻海豚 166，319
婆罗囊螺 108
剖刀鸭嘴蛤 111
匍匐石花菜 50
葡萄球菌属 38
葡萄嗜热菌属 24
蒲氏黏盲鳗 132，133
普通表壳虫 42
七鳃鳗科 133，313
七鳃鳗目 132，133，313
栖热菌属 28
栖热袍菌门 27，28
栖热袍菌属 27，28
奇乳海参 311
旗红珧 309
旗口水母目 74
旗须沙蚕 81
鳍脚目 164，165，167，278，319
鳍藻科 57
鳍藻目 56，57
鳍藻亚纲 56，57
麒麟菜 247，251，257，265，266，285
气热火菌属 24
气生硬毛藻 63
企鹅科 161，163
企鹅目 161，163
企鹅属 162
企鹅总目 159，161，163

千岛膜裂虫 81
铅灰真鲨 140
前鳃亚纲 90，105
钳棘目 126
潜鸟科 162
潜鸟目 159，162
浅缝骨螺 107
浅水萨氏真蛇尾 127
嵌条扇贝 110
嵌线螺科 107
枪乌贼科 111
枪形目 99，104，111
腔肠动物门 68，70，71，129，306
腔棘目 141，152
腔菌纲 44，46
强健鹿角珊瑚 73
强肋锥螺 106
强黏杆菌属 39
强壮鹿角珊瑚 306
强壮武装紧握蟹 118
强壮藻钩虾 115
蔷薇珊瑚属 75
巧言虫 80
翘齿蜂巢珊瑚 307
鞘藻目 62
青岛豆蟹 118
青岛文昌鱼 313，325
青蛤 110，265
青环海蛇 157，158，317
青灰海蛇 158
青枯菌属 32
青石斑鱼 154
鲭科 154
琼氏圆筛藻 54
丘鹬科 318
秋刀鱼 153
秋茄 68，191
球等鞭金藻 52
球海胆科 127，312
球牡丹珊瑚 307
球型侧腕水母 77
球栉水母目 76，77
曲膝薮枝螅 74
屈腹七腕虾 116
屈挠杆菌属 39
全雕目 127
全毛目 41，43
全头亚纲 139，141
全楔藻 65
泉古菌门 23，24
雀斑拟帽贝 105
雀鳝目 144，152
裙带菜 58，59，91，248，250，255，257，265，266，284，322
髯海豹 167，320
绕石珊瑚属 75
热变形菌纲 23
热变形菌目 23
热变形菌属 23
热带斑海豚 167，319
热盘菌属 24
热球菌纲 25
热球菌属 26
热网菌科 24
热网菌属 24
日本凹顶藻 51
日本倍棘蛇尾 126
日本扁鲨 136，140
日本叉毛豆维虫 82
日本长腕海盘车 126
日本臭海蛹 82
日本刺沙蚕 81
日本大眼蟹 119
日本大叶藻 65
日本单鳍电鳐 138，141
日本对虾 240，241，257
日本蝠鲼 316
日本鼓虾 116
日本冠鞭蟹 310
日本海马 316
日本海神蛤 111
日本红珊瑚 76
日本花棘石鳖 105
日本矶海绵 70
日本镜蛤 110
日本菊花螺 89，94，109
日本锯鲨 136，140，315
日本壳蛞蝓 108
日本鳗鲡 146，153
日本毛壶 70

日本毛虾 116，285
日本拟背尾水虱 115
日本拟平家蟹 117
日本七鳃鳗 133，313
日本枪鱿 111
日本鲭 154
日本沙钩虾 115
日本石璜海牛 109
日本双边帽虫 83
日本松球鱼 148，153
日本尾突水虱 115
日本五角瓜参 128
日本仙菜 51
日本蟳 118
日本右旋虫 83
日本圆柱水虱 115
日本中磷虫 82
日本蛀木水虱 115
绒毛近方蟹 119
绒枝藻目 62
溶藻弧菌 36
蝾螺 105，266
蝾螺科 105
柔海胆科 127
柔弱拟菱形藻 56
柔鱼科 111
肉鳍亚纲 141，152
肉球近方蟹 119
肉色宝贝 309
肉色裂江珧 203
肉质豆荚软珊瑚 76
肉质软珊瑚属 76
肉足虫纲 40，42，171
儒艮 165，167，320
儒艮科 167，320
乳酸杆菌属 38
乳突半突虫 80
软背鳞虫 80
软骨鱼纲 132，134，139，141，171，313
软甲纲 310
软甲亚纲 113，115
软珊瑚科 76
软珊瑚目 76，197
软水母目 74
软丝藻 63
软体动物门 68，83，85，129，208，308，323，324，326
锐足全刺沙蚕 81
塞鲸 166，319
三斑海马 149，154，316
三犄旋鳃虫 83
三角褐指藻 55
三角脊龙虾 310
三角角藻 57
三列笋螺 85
三岐海牛科 109
三崎柱头虫 313
三疣梭子蟹 118，261，282－284
伞房鹿角珊瑚 306
伞房叶状珊瑚 307
色球藻科 48
色球藻目 47
僧帽牡蛎 224，324
僧帽囊牡蛎 110
僧帽水母 74
僧帽水母科 74
杀对虾弧菌 36
杀鲑弧菌 36
沙菜科 51
沙蚕科 81
沙海参 311
沙海蜇 75
沙鸡子科 128，311
沙壳虫目 42，43
沙丘鹤 318
沙蟹科 119
沙蠋科 82
砂表壳虫 41，42
砂海螂 111
砂海星 126
砂海星科 126
砂海蜘蛛科 120
莎草科 67
鲨鱼弧菌 36
鲨总目 134
杉藻科 51
杉藻目 50，51
珊瑚纲 71，73，75，197
珊瑚藻 51，198，209
珊瑚藻科 50

闪光原甲藻 56，57
闪耀毛皮贝 104
扇贝科 110
扇贝总科 96
扇蟹科 118
商乌贼 224
烧土火丝菌 45
蛸亚纲 104
舌鳎科 155
舌状蜈蚣藻 50
蛇岛蝮蛇 158
蛇海星科 126，312
蛇螺科 106
蛇目 157，158，317
蛇目白尼参 257，310
蛇首眼球贝 107
深海杆菌属 35
深隐藻 62
神海燕 126
沈氏厚蟹 119
沈氏拟绵蟹 117
生丝微菌科 32
生丝微菌属 32
笙珊瑚 76，308
笙珊瑚科 76，308
狮鬃水母 74
十字牡丹珊瑚 307
十足目 113，115，310
石笔海胆 127，312
石鳖科 105
石鳖目 85，105
石莼 46，63，91，93，176，190，193，261，266
石莼科 63
石莼目 62，63
石花菜 48，50，240，251，265，266，282－284
石花菜科 50
石花菜目 49，50
石璜海牛科 109
石珊瑚目 73，75，197，306
石首鱼科 10，154，316
石松鹿角珊瑚 306
石叶珊瑚属 75
石芝珊瑚 307
石芝珊瑚科 75，307
石芝珊瑚属 75
石竹目 66
食碱菌科 34
食菌蛭弧菌 37
食肉目 164，165，167，320
食细菌属 37
鲥鱼 152，316
史纳尔岛企鹅 161，162，164
史氏背尖贝 105
史氏角企鹅 161，162，164
史氏鲟 316
史氏鬃毛石鳖 105
始祖鸟 159
嗜胞菌纲 39
嗜高温产液菌 27
嗜冷单胞菌属 35
嗜冷菌属 35
嗜冷科威尔菌 35
嗜硫小红卵菌 31
嗜氢菌目 33
嗜酸产水小杆菌 27
嗜盐杆菌属 26
噬人鲨 140，313
噬纤维菌属 39
噬纤维素菌属 39
兽纲 164，166，318
瘦长红珊瑚 76，308
梳状菊花珊瑚 307
鼠海豚科 167，319
鼠鲨科 140，313
鼠鲨目 140，313
鼠尾藻 60，257，260
鼠鱚目 152
树状聚缩虫 42，43
竖冠企鹅 161，162，164
竖琴螺 87，108
竖琴螺科 87，108，309
双斑蟳 118
双边伪角涡虫 79
双鞭毛藻 61，274
双齿围沙蚕 81
双齿相手蟹 119
双唇索沙蚕 82
双刺板壳虫 43
双带巧言虫 80
双管阔沙蚕 81

双喙耳乌贼 112
双髻鲨科 140，314
双壳缝目 54，55
双壳纲 83，94，95，109，324
双列珊瑚属 75
双菱藻科 56
双扇股窗蟹 119
双生水母科 74
双吻前口蝠鲼 316
双眼钩虾科 115
双枝薮枝螅 74
双子叶植物纲 66－68
水鳖科 65
水晶凤螺 106
水晶海蛞蝓 170
水母宽额虾 116
水生栖热菌 28，29
水獭 165，167，320
水螅纲 71－73，197
水螅水母亚纲 73
水云 60
水云科 60
水云目 58，60
水字螺 106，309
吮吸蛭弧菌属 37
楯手目 123，124，128，310
司氏盖蛇尾 127
司氏黏盲鳗 262
丝鳃虫科 82
丝微菌属 31
丝异须虫 82
丝藻目 62，63
斯提特菌属 24
四孢藻目 62
四齿矶蟹 118
四角蛤蜊 110
四鳃亚纲 99，103，111，309
四索沙蚕 82
四指马鲅 154
似环膜裂虫 81
似钟虫 43
松刺参 311
松节藻科 50，51
松球鱼科 153
松藻科 64
松枝鹿角珊瑚 306
淞江鲈 317
薮枝螅 71，72
薮枝螅科 74
酸藻 59
酸藻科 59
酸藻目 58，59
笄蛳目 98，111
笋螺科 85，88，108
隼科 163
隼形目 160，163
梭螺科 86，87，106，309
梭状杆菌属 38
梭子蟹科 118
蓑羽鹤 318
鲮鱼 189
索沙蚕科 82
索藻目 58，59
塔螺科 108
鳎科 155
台湾刺鲨 315
台湾犁头鳐 315
苔藓虫 93，129，131，198，205，241
太的黄鲫 152
太平洋斑纹海豚 319
太平洋鲱 144，152
太平洋丽龟 156，158，317
太平洋鱿 111
太阳虫目 41，42
太阳海星科 126
贪精武蟹 118
滩栖阳燧足 126
坛紫菜 50，230，247，257，261，321
谭氏泥蟹 119
唐冠螺 107
绦虫纲 77，78
桃金娘目 68
陶氏太阳海星 126
特须虫科 80
藤壶科 114
梯斑海毛虫 83
梯螺科 86，106
鹈鹕科 162，318
鹈形目 160，162，317
鳀 152，279

鳀鲸 166，319
鳀科 152
剃刀鲸 166，318
天津厚蟹 119
天蓝喇叭虫 43
条斑紫菜 50，230，247，257，261，321
条鳎 150，155
条尾燕 S1 315
条纹隔贻贝 109
条纹海豚 167，319
条纹小环藻 55
跳钩虾科 115
铁钉菜 58，59，266
铁钉菜科 59
铁还原单胞菌属 35
铁星珊瑚科 308
铁锈色伪角涡虫 79
葶叶珊瑚 308
同腔目 70
同双星珊瑚 307
桐花树 67，68
铜锈微囊藻 47，48
铜藻 60，257，260，266
桶形芋螺 108
筒管孢藻 47
头帕科 312
头帕目 312
头楯目 92，108
头索动物亚门 130，131，171，313
头索纲 131
头吻沙蚕 81
头足纲 83，99，111，309
透明等棘虫 41，43
透明海参 170
突柄菌属 29
突胸总目 159，162，317
图纹白尼参 257，310
土栖藻科 52
团岛毛刺蟹 118
团水虱科 115
团藻目 62，63
吞噬鳗 207
鲀科 155
鲀形目 148，150，155
脱硫杆菌目 37
脱硫杆菌属 37
脱硫弧菌科 37
脱硫弧菌目 37
脱硫弧菌属 37
驼背鲸 166，319
蛙螺科 107
瓦氏马尾藻 60
歪刺锚参 128
外壳亚纲 103
外硫红螺菌科 33
弯齿围沙蚕 81
弯曲杆菌目 38
弯曲杆菌属 38
万宝螺（宝冠螺） 107
王企鹅 161，163
王企鹅属 161
网地藻 59，60
网地藻科 60
网地藻目 58，60
网骨藻科 52
网管藻目 58
网目海参 311
网纹藤壶 114
网纹鬃毛石鳖 105
网状菊花珊瑚 307
网足目 41，42
微点舌片鳃 109
微黄镰玉螺 91，106
微泡菌属 35
微球菌属 38
韦氏深海水母 169
围胸目 114
伪虎鲸 166，319
伪角科 79
尾海鞘纲 130
尾索动物亚门 130，171，227，313
文昌鱼科 313
文昌鱼目 131
文蛤 97，110，175，176，203，255，261，262，265，266
吻沙蚕科 80
翁戎螺科 105
莴苣梳状珊瑚 308
涡鞭毛藻 271
涡虫纲 77－79

涡螺科 87，108
涡螺总科 92
乌翅真鲨 314
乌贼科 111
乌贼目 104，111
乌皱辐肛参 310
无斑鳐鲼 315
无板纲 83，84，104
无柄珊瑚藻 51
无齿相手蟹 119
无触手纲 76，77
无刺蝠鲼 316
无盾目 108
无壳缝目 54，55
无壳目 92，93
无尾目 155
无疣卷齿吻沙蚕 81
无足目 123，128，312
蜈蚣藻 50，266
五边角蜂巢珊瑚 307
伍氏蝼蛄虾 117
西方礁螯虾 117
西方金扇虫 80
西施舌 110，264，309
吸虫纲 77，78
吸管虫纲 40，42，43
吸管虫目 42，43
希瓦氏菌属 35
稀杯盔形珊瑚 307
溪菜目 62
蜥蜴目 157，158
膝沟藻目 56，57
蠵龟 156，158，317
习见赤蛙螺 107
喜热嗜甲基属 34
喜盐草 64，65
细螯虾 116
细长海洋螺菌 35
细雕刻肋海胆 127
细肋蕾螺 108
细弱圆筛藻 54
细指海葵科 75
虾蛄科 115
虾夷扇贝 110，230，245，256，273
鰕虎鱼科 155，317
狭长多彩海牛 273
狭颚新绒螯蟹 119
狭片鹿角珊瑚 306
狭舌目 92，107
狭纹虎鲨 313
狭心纲 313
霞水母科 74
下齿爱洁蟹 118
下灰鲨 314
下孔总目 134，137，140
仙菜科 50，51
仙菜目 50，51
仙女虫科 83
仙女虫目 82
纤扁科 79
纤毛纲 40，41，43
鲜明鼓虾 116
咸水鳄 157，158
显带目 126
线沙蚕 82
线形圆筛藻 55
线翼藻目 58
相手蟹科 119
香螺 91，107
香鱼 153，316
硝化刺菌科 31
硝化刺菌属 31，36
硝化杆菌属 31，32
硝化螺菌门 29，31
硝化螺菌属 29
硝化球菌属 31，33
硝水母科 74
小杓鹬 318
小布氏鲸 166，319
小单孢菌亚目 38
小等刺硅鞭藻 52
小红卵菌属 30，31
小胡桃蛤 96
小虎鲸 319
小黄鱼 154，175，189，282－284
小健足虫 81
小角刺柄珊瑚 308
小军舰鸟 163
小孔沙条鲨 314
小抹香鲸 166，319

小鳍脚企鹅 161，162，164
小青脚鹬 318
小杉藻 51
小藤壶科 115
小梯螺 106
小天鹅 163
小头虫科 82
小头虫目 82
小头海蛇 158，317
小型黄丝藻 53
小型毛刺蟹 118
小须鲸 166，319
小银汉鱼科 153
小爪水獭 167，320
楔翼总目 159，161，163
偕老同穴 70
斜海胆科 127
蟹板茗荷 114
蟹守螺总科 91
蟹总科 117
心形扁藻 62，63
心形海胆 122，127
心形海胆目 127
新灯鱼科 153
新蝶贝 84，104
新飞地海星 126
新腹足目 90，92，107
新月贝目 84，104
新种海葵 170
新种珊瑚 170
信号芋螺 108
星虫动物门 68，129
星虫纲 261
星虫科 261
星孔珊瑚属 75
星脐圆筛藻 55
秀丽黄海葵 272
绣球海葵 75
锈凹螺 105
须鲸科 166，318
须鲸亚目 164，166，318
须鳃虫 82
须鲨科 313
须鲨目 134，135，139，313
许氏枝柄参 311
萱藻 58，59
萱藻科 59
旋壳乌贼 99
旋毛目 42，43
穴居海参 311
鳕科 153
鳕形目 148，153
寻常海绵纲 69，70
鲟科 152，316
鲟形目 142，143，152，316
鸭科 163
鸭毛藻 51
鸭嘴蛤 111
鸭嘴蛤科 111
牙鲆 11，14，155，230，240，241，245，255，256，283，322，324
牙鲆科 155
芽孢杆菌属 38
亚得里亚海杆线藻 55
亚栖热菌属 28
亚硝化单胞菌科 31，33
亚硝化单胞菌属 33
亚硝化螺菌属 33
亚硝化球菌属 31，33
烟囱火叶菌 24
岩虫 82
岩鹭 318
盐草属 190
盐单胞菌科 34
盐地碱蓬 66
盐杆菌纲 26
盐蒿带 190
盐弧菌属 35
盐荚硫菌属 33
盐角草 66
盐角草属 190
盐硫杆菌科 33
盐着色杆菌属 33
蜒螺科 89，90，105
蜒螺总科 90
眼镜蛇科 158，317
眼子菜科 65
雁形目 160，163
燕魟科 315
燕鳐须唇飞鱼 148，153

羊鲍　309
羊栖菜　8，59，60，240，257，261，285
阳燧足科　126
洋须水母科　74
氧化乙酸硫还原单胞菌　37
鳐科　140
鳐目　315
鳐形目　137，140
鳐形总目　134，137
椰子蟹　117
叶鳞刺鲨　315
叶须虫科　80
叶须虫目　80
叶状牡丹珊瑚　307
叶状栉水母　77
夜光虫纲　56，57
夜光虫目　56，57
夜光蝾螺　105
夜光藻　56，58
夜光藻科　58
一角鲸　166
一角鲸科　166
伊氏海蜘蛛　114，120
衣蚶蜊　109
衣藻　46，63
贻贝科　95，109
贻贝目　96，109，324
异鞭藻科　53
异鞭藻目　52，53
异变牡丹珊瑚　307
异齿短脊虫　82
异齿亚纲　95，97，110
异单胞菌属　35
异钩虾科　115
异管藻目　53
异胶藻　53
异毛虫科　82
异囊藻科　53
异囊藻目　53
异腔目　70
异球藻目　53
异韧带亚纲　95，98，111
异色海盘车　126
异手海参　311
异丝藻目　53
异尾次目　117
异希瓦氏菌属　35
异线目　61
异须沙蚕　81
异足索沙蚕　82，269
鲉科　154
翼形亚纲　95，96，109
阴影绒毛鲨　314
银鲳　155
银汉鱼目　148，153
银汉鱼总目　142，147
银鲛科　141
银鲛目　141，316
银口蝾螺　106
银龙鱼　147
银杏齿喙鲸　166，319
隐鞭藻科　62
隐鞭藻目　62
隐齿亚纲　95，96
隐居亚纲　82
隐匿豆蟹　118
隐丝藻目　49，50
隐藻纲　61，62
隐藻门　40，47，62
隐藻属　61
印度斑竹鲨　314
印度蓝鲸　165
印度洋瓶鼻海豚　166，319
英高虫科　115
英高虫亚目　115
缨鳃虫科　83
缨鳃虫目　83
缨真叶珊瑚　308
樱蛤科　110
樱花海葵　75
樱虾科　116
樱虾总科　116
鹦鹉螺　99－104，111，310
鹦鹉螺科　111，310
鹦鹉螺目　103，111，310
鹦鹉螺亚纲　103
鹦鹉螺属　103
鹰科　163
鹰爪虾　116，283
硬骨鱼纲　132，141，152，171，316

硬瓜参科 311
硬鳞总目 142
硬水母目 74
庸鲽 224
油魣 155
疣海胆科 127，312
疣荔枝螺 107，194
疣微菌门 40
疣状杯形珊瑚 308
游仆虫 42
游沙蚕 81
游蛇科 158
游泳亚目 113
游走亚纲 80
鲉科 155
鲉形目 148，150，155，317
有柄亚目 114
有触手纲 76，77
有盖亚目 114
有棘目 126
有孔虫目 41，42
有尾纲 130
有疣英雄蟹 118
有爪纲 112
幼形纲 130，131
鼬科 165，167，320
鼬鲨 314
鱼肠道弧菌 36
鱼立克次体 34
鱼立克次体科 34
鱼腥藻 238，323
渔舟蜒螺 105
魣科 155
羽鳃纲 130
羽纹硅藻纲 54，55
羽藻 64
羽藻科 64
羽状羽藻 64
雨燕科 163
雨燕目 161，163
玉钩虫科 313
玉螺科 87，89，106
玉螺总科 91
玉蟹科 118
玉足海参 310
芋参科 128
芋参目 123，128，312
芋螺科 87，88，108
育叶藻科 51
原核生物界 2，22
原红藻纲 48，50
原甲藻目 56，57
原甲藻亚纲 56，57
原节肢动物亚门 112
原瘤海星 312
原绿藻门 47
原气管纲 112
原鳃亚纲 96
原生生物界 2，22
原始腹足目 88 –90，105，308
圆饼珊瑚属 75
圆豆蟹 118
圆腹褐虾 117
圆口纲 132，133，313
圆犁头鳐 315
圆犁头鳐科 315
圆球股窗蟹 119
圆筛藻科 54
圆筛藻目 54
圆尾鲎 310
圆星珊瑚科 307
圆罩鱼 207
圆柱水虱科 115
圆子纲 58 –60
圆紫菜 50
缘管浒苔 64，247，322
缘毛目 42
缘美涡虫 79
远东海鲂 149，153
月鱼科 153
月鱼目 148，149，153
悦目大眼蟹 119
云母弧菌属 37
杂色鲍 105，176，261，285
杂色龙虾 117
杂色膜裂虫 81
杂色伪沙蚕 81
藻钩虾科 115
藻虾科 116
藻虾属 176

窄体舌鳎 155
詹氏甲烷超嗜热球菌 25
湛江等鞭金藻 52
张氏神须虫 80
章鱼科 112
掌丽羽枝 128
獐茅带 190
招潮蟹 190，191
沼生目 64，65
罩螺目 84
遮目鱼 144，152
遮目鱼科 152
蛰龙介虫目 83
蛰龙介科 83
褶痕厚纹蟹 119
褶叶珊瑚科 308
鹧鸪菜 48，265，266，285
针刺鲨 315
针乌贼 112
针叶藻 64，65
针枝柄参 311
珍珠贝科 109
珍珠贝目 96，109
珍珠贝总科 96
珍珠水母 74
真齿沙蚕 81
真齿真鲨 314
真赤鲷 154
真海豚 166，319
真红藻纲 49，50
真江蓠 51
真节肢动物亚门 112
真菌界 2，22
真口亚纲 142，152，316
真瘤手水母科 74
真鲨科 140，314
真鲨目 134，135，140，314
真蛸 112
真蛇尾科 127
真蛇尾目 126
真虾次目 116
真叶珊瑚科 308
真枝螅科 74
鱵科 153
正海星科 126
正环沙鸡子 128
枝鳃亚目 116
枝手目 123，127，311
肢口纲 112，310
织锦榧螺 309
织锦芋螺 108
织纹螺科 107
织纹螺属 190
蜘蛛螺 309
蜘蛛蟹科 118
直额七腕虾 116
直神经亚纲 92
直纹合叶珊瑚 308
植鞭亚纲 40
植物界 2，22
殖翼柱头虫科 313
指软珊瑚属 76
指手目 123
指状蔷薇珊瑚 306
栉江珧 109
栉孔扇贝 96，110，175，245，256，323
栉水母动物门 68，76
栉羽星目 128
蛭纲 79，80
蛭弧菌 36－38
蛭弧菌目 37
蛭弧菌属 37
中腹足目 88，90，91，106
中国笔螺 108
中国不等蛤 110
中国鹑螺 107
中国大银鱼 153
中国鲎 112，261，310
中国龙虾 285，310
中国毛虾 116，282，283
中国明对虾 113，114，116，230，245，256，282，283
中国枪乌贼 104
中华安乐虾 116
中华白海豚 167，319，322
中华半突虫 80
中华扁脑珊瑚 307
中华补血草 66
中华豆蟹 118
中华海参 311

中华海兔 108
中华盒形藻 55
中华虎头蟹 117
中华角蜂巢珊瑚 307
中华近方蟹 119
中华内卷齿蚕 81
中华绒螯蟹 119，189，261
中华鲟 143，152，316
中华原钩虾 115
中间型蓝鲸 165
中间硬毛藻 63
中肋骨条藻 54，55
中锐吻沙蚕 80
中心硅藻纲 54
中型三强蟹 119
钟泳目 74
舟蚶 109
舟形藻 54
舟形藻科 55
周氏新对虾 116
轴丝光球虫 43
帚毛虫科 83
皱唇鲨 140
皱唇鲨科 140，314
皱鳃鲨 314
皱鳃鲨科 314
皱纹厚丝珊瑚 307
皱纹盘鲍 88，90，91，105，176，230，240，256，322
侏儒蓝鲸 165
侏儒抹香鲸 166，319
珠带拟蟹守螺 106
珠母贝 95，110，285
蛛形纲 112，114
竹蛏科 110
竹刀鱼科 153
柱头虫目 313
柱形珊瑚属 75
柱状滨珊瑚 308
蛀木水虱科 115
爪哇牛鼻鲼 316
壮丽无缝海蜘蛛 120
壮实鹿角珊瑚 306
锥齿鲨科 313
锥螺科 85，106
锥毛似帚毛虫 83
锥头虫科 82
锥头虫目 82
着色杆菌科 31，33
着色菌属 33
鲻科 149，154
鲻形目 148，149，154
鲻鱼 8，14，149，154，177，264，265
子安辐肛参 310
子囊菌亚门 43－45
紫斑光背蟹 118
紫鳞鱼 153
紫菜 1，11，48，49，175，240，246，248，251，255，257，266，282－284，321
紫海胆 258，262，312
紫金牛科 68
紫口榧螺 309
紫色海蚯蚓 170
紫蛇尾 127
紫纹芋参 128
紫小星珊瑚 307
紫贻贝 109，175
纵带滩栖螺 106
纵肋织纹螺 107
总合草苔虫 270，273，274
总鳍总目 141
棕环海参 310
棕颈鸭 163
棕色海毛虫 83
棕色霞水母 74
鬃刺蔷薇珊瑚 306
鬃毛石鳖科 105
足柄珊瑚属 75
最小弧菌 36
樽海鞘 131
樽海鞘纲 130，131
座冠海星 126
座头鲸 166，319

拉丁文名索引

Acalyptophus peronii 158
Acanthasterea echinata 308
Acanthephyra 176
Acanthina 194
Acanthochitonidae 105
Acanthochiton rubrolineatus 105
Acanthometra pellucida 41, 43
Acanthopagrus schlegelii 154
Acanthoplura japonica 105
Acaudina leucoprocta 312
Acaudina molpadioides 128, 312
Accipitridae 163
Acetabularia sp. 227
Acetes chinensis 116
Acetes japonica 116
Achaeus tuberculatus 118
Achelia superba 120
Acipenser dabryanus 316
Acipenseridae 152, 316
Acipenseriformes 143, 152, 316
Acipenser schrencki 316
Acipenser sinensis 143, 152, 316
Acmaea limatula 271
Acmaeidae 105
Acmaeopleura balssi 119
Acochlidiacea 93
Acrilla acuminata 106
Acrochordidae 158
Acrochordus granulatus 158
Acropora 73
Acropora affinis 306
Acropora anthocercis 306
Acropora armata 306
Acropora brueggemanni 306
Acropora cerealis 306
Acropora conferta 306
Acropora corymbosa 306
Acropora cytherea 306
Acropora decipinens 306
Acropora delicatula 306
Acropora dissimilis 306
Acropora florida 306
Acropora formosa 306
Acropora haimei 306
Acropora humilis 306
Acropora hyacinthus 306
Acropora lutkeni 306
Acropora millepora 306
Acropora nasuta 306
Acropora pacifica 306
Acropora prostrata 306
Acropora pulchra 269, 306
Acropora robusta 73, 306
Acropora selago 306
Acropora spp. 75
Acropora surculosa 306
Acropora tizardi 306
Acropora valida 306
Acropora yongei 306
Acroporidae 73, 75, 306
Actinia equine 75
Actiniaria 75
Actiniidae 75
Actinobacteria 38
Actinophryida 41, 43
Actinophrys sol 41, 43
Actinopoda 41, 43
Actinopterygii 142, 152, 316
Actinopyga echinites 310
Actinopyga lecanora 310
Actinopyga mauritiana 310
Actinopyga miliaris 310
Actinoscyphia sp. 170
Actinosphaerium eichhorni 43
Aegiceras corniculatum 67, 68
Aeluropus littoralis var. *sinensis* 190
Aeropyrum 24
Aestuariibacter 35

Aetobatus flagellum 315
Aetobatus narinari 315
Aetomylaeus maculates 315
Aetomylaeus nichofii 315
Aetomylaeus vespertilio 315
Afrocucumis africana 311
Agardhiella 204
Agariciidae 75, 306
Agatdhiella subulat 254
Aglaophamus sinensis 81
Agmenellum quadruplicatum 238
Alariaceae 59
Albuneidae 310
Alcaligens 33
Alcanivoraceae 34
Alcyonacea 76, 308
Alcyoniidae 76
Alishewanella 35
Allomonas 35
Allomonas enterica 35
Alpheidae 116
Alpheoidea 116
Alpheus brevicristatus 116
Alpheus distinguendus 116
Alpheus japonicus 116
Altermonadales 35
Alteromonas 35
Alteromonas macleidii 35
Amblyrhynchus cristatus 157, 158
Amiiformes 143
Ammotheidae 120
Amoeba limax 42
Amoeba proteus 41, 42
Amoeba radiosa 42
Amoeba vespertilis 42
Amoebida 41, 42
Ampeliscidae 115
Amphibia 155
Amphictene japonica 83
Amphidinium sp. 274
Amphinomida 83
Amphinomidae 83
Amphioctopus fangsiao 112
Amphioplus japonicus 126
Amphioxiformes 131
Amphipholis kochii 126
Amphipoda 115
Amphiura vadicola 126
Amphiuridae 126
Ampithoe ramondi 115
Ampithoe valida 115
Ampithoidae 115
Anabaena 238
Anas luzonica 163
Anas platyrhychos 163
Anatidae 163
Andresia parthenopea 75
Angiospermae 66, 68
Anguilla japonica 146, 153
Anguilla marmorata 316
Anguilla spp. 189
Anguillidae 153, 316
Anguilliformes 146, 153, 316
Anguillomorpha 146
Animalia 22
Anisogammaridae 115
Annelida 79
Anomalodesmacea 98, 111
Anomiacea 96
Anomia chinensis 110
Anomiidae 110
Anomura 117
Anoplodactylus evansi 114, 120
Anoxypristis cuspidata 137
Anseriformes 160, 163
Anspindea 108
Antedonidae 128
Antedon serrata 128
Anthocidaris crassispina 312
Anthomedusae 73
Anthopleura elegantissima 272
Anthopteura midori 75
Anthozoa 73, 75
Anthropoides virgo 318
Antipatharia 75
Antipatharia spp. 75
Aonyx cinerea 167, 320
Aphlanoporeae 60
Aphrodita australis 80
Aphroditidae 80

Aplacophora 84, 104
Aplysia sinensis 108
Aplysiidae 92, 108
Apoda 128, 312
Apodidae 163
Apodiformes 161, 163
Apollon olivator rubustus 107
Apostichopus 124
Apostichopus japonicus 124, 128
Appendiculariae 130
Appendiculata 130
Aptenodytes 161
Aptenodytes forsteri 163
Aptenodytes patagonicus 163
Apus pacificus 163
Aquifex 27
Aquifex pyrophilus 27
Aquificae 27
Arabella iricolor 82
Arabellidae 82
Arachnoida 112
Araphidinales 54, 55
Arca navicularis 109
Arcella arenaria 41
Arcella vulgaris 42
Arcellinida 41, 42
Archaeobalanidae 114
Archaeogastropoda 91, 105, 308
Archaeoglobi 26
Archaeoglobus 26
Archaeopteryx 159
Archaeornithes 159
Archinacelloidea 85
Architaenioglossa 91
Architectonica maxima 106
Architectonicidae 106
Arcidae 109
Arcoida 96, 109
Ardeidae 163, 318
Arenicola brasiliensis 82
Arenicolidae 82
Argonauta argo 112
Argonauta hians 112
Argonautidae 112
Argopecten irradians 110
Arhodomonas 33
Aricidea fragilis 82
Armina babai 109
Armina punctilucens 109
Arminidae 109
Arthropoda 112, 310
Ascidiacea 131
Ascomycotion 43
Aspidochirota 124, 128, 310
Astacidea 117
Asterias amurensis 126
Asterias versicolor 126
Asteriidae 126
Asterina pectinifera 121
Asterinidae 126
Asteroidea 120, 126, 312
Asteropseidae 312
Asteropsis carinifera 312
Astertina cepheus 126
Asthenosoma varium 127
Asticcacaulis 32
Astreopora myriophthalma 306
Astreopora spp. 75
Astrotia stokesi 158, 317
Asychis disparidentata 82
Ateleopodidae 153
Ateleopus purpureus 153
Atergatopsis subdentatus 118
Atheriniformes 148, 153
Atherinomorpha 147
Atherinops 205
Atherion elymus 153
Atherionidae 153
Atolla wyvillei 169
Atrina pectinata 109
Atrina vexillum 309
Atyidae 108
Aurelia aurita 74
Aves 159, 162, 317
Azotobacteriaceae 33
Babylonia areolata 107
Babylonia lutosa 107
Bacillariophyta 47, 55
Bacillus 38
Bacteriovorax 37

Bacteroides 39
Bacteroidetes 39
Bahaba taipingensis 316
Balaenidae 166
Balaenoptera acutorostrata 166, 319
Balaenoptera borealis 166, 319
Balaenoptera brydei 166, 319
Balaenoptera edeni 166, 319
Balaenoptera musculus 164, 166, 318
Balaenoptera musculus brevicauda 165
Balaenoptera musculus indica 165
Balaenoptera musculus intermedia 165
Balaenoptera musculus musculus 164
Balaenoptera physalus 166, 319
Balaenopteridae 166, 318
Balanidae 114
Balanoglossida 313
Balanoglossus misakiensis 313
Balanus albicostatus 114
Balanus cirratus 114
Balanus reticulates 114
Balanus rostratus 114
Balanus uliginosus 114
Bangia 230
Bangiaceae 50
Bangiales 49, 50
Barnea fragilis 111
Basommatophora 94, 109
Bathycyroe fosteri 77
Bathymodiolus 208
Batillaria cumingi 106
Batillaria multiformis 106
Batillaria zonalis 106
Batomorphp 137
Batrachoidiformes 151
Batrachoidomorpha 151
Bdellobibrionales 37
Bdellovibrio 36, 37
Bdellovibrio bacteriovorus 37
Beggiatoa 34
Beloniformes 147, 153
Berardius bairdii 166, 319
Beroe cucumis 76, 77
Beroe ovata 77
Beroida 77
Beroidae 77
Beryciformis 153
Biddulphiaceae 55
Biddulphiales 54, 55
Biddulphia sinensis 55
Biraphidinales 54, 55
Birgus latro 117
Bivalvia 94, 109
Blepharipoda liberata 310
Bohadschia argus 310
Bohadschia marmorata 310
Boleophthalmus pectinirostris 155
Brachyistius 205
Brachyura 117
Bradyrhizobiaceae 32
Branchiomma cingulata 83
Branchiostoma belcheri 132, 313
Branchiostomatidae 313
Branchiostoma tsingtaoensis 313
Bromphalaria glabrata 240
Bruguiera gymnorrhiza 68
Bruuiera sexangula 68
Bryopsidaceae 64
Bryopsis lumose 64
Bryopsis pennata 64
Bubulcus ibis 160, 163
Buccinacea 92
Buccinidae 107
Bugula neritina 270, 273
Bullacta exarata 92, 108
Bursa rana 107
Bursidae 107
Byblis japonicus 115
Cabira pilargitormis 81
Calappidae 117
Calcarea 69, 70
Caldisphaerales 23
Callianassidae 117
Calliarthron yessoense 51
Callioplana marginata 79
Callioplanidae 79
Callorhinus ursinus 167, 320
Caloglossa leprieurii 48
Caloplocamus ramosus 109
Calycophorae 74

Calyptoblastea 74
Calyptogena 208
Camarodonta 127, 312
Camptandrium sexdentatum 119
Campylobacter 38
Campylobacterales 38
Cancellaria spengleriana 108
Cancellariidae 108
Cancer amphioctus 118
Cancer gibbosulus 118
Cancridae 118
Cantharus cecillei 107
Capitella capitata capitata 82
Capitellida 82
Capitellidae 82
Caprella acanthogaster 115
Caprella scaura 115
Caprellidae 115
Caprellidea 115
Carcharhinidae 140, 314
Carcharhiniformes 135, 139, 314
Carcharhinus albimarginatus 135, 140
Carcharhinus brachyuru 314
Carcharhinus brevipinna 314
Carcharhinus falciformis 140, 314
Carcharhinus leucas 314
Carcharhinus limbatus 314
Carcharhinus longimanus 314
Carcharhinus melanopterus 314
Carcharhinus menisorrah 314
Carcharhinus obscurus 314
Carcharhinus plumbeus 140
Carcharodon carcharias 140, 313
Carcinoplax vestitus 118
Carcinoscorpius roundicauda 310
Cardiidae 110
Caretta caretta 156, 158, 317
Caridea 116
Carinatae 159, 162, 317
Carnivora 165, 167, 320
Carpilius maculatus 118
Caryophyllales 66
Cassidae 309
Cassididae 107
Cassiopeia frondosa 75
Cassiopeidae 75
Cassis cornuta 107, 309
Cataphyllia fimbriata 308
Catostylidae 74
Catostylus mosaicus 74
Caudinidae 128, 312
Caulobacter 31, 32
Caulobacterales 32
Cebidichthys 195
Cellana toreuma 105
Cellulophaga 39
Centrophoridae 315
Centrophorus acus 315
Centrophorus niaukang 315
Centrophorus squamosus 315
Cephalaspidea 92, 108
Cephalochorda 131
Cephalochordata 131, 313
Cephalopoda 99, 111, 309
Cephaloscyllium isabellum 314
Cephalosporium acromonium 269
Ceramiaceae 51
Ceramiales 50, 51
Ceramium 204
Ceramium japonicum 51
Ceratiaceae 57
Ceratium furca 56, 57
Ceratium macroceros 57
Ceratium tripos 57
Ceratodiformes 142, 152
Ceratonereis erythraeensis 81
Cerianthids sp. 75
Ceriops tagal 68
Cerithiacea 91
Cerithidea 190
Cerithidea cingulata 106
Cervimunida princeps 244
Cestida 76
Cestoda 78
Cestum 76
Cetacea 164, 166, 318
Cetomimiformes 146, 152
Cetorhinidae 140, 313
Cetorhinus maximus 136, 140
Chaetoceraceae 55

Chaetoceros decipiens 54, 55
Chaetoceros lorenzianus 55
Chaetoderma nitidulum 105
Chaetodermomrpha 84, 105
Chaetomorpha aerea 63
Chaetomorpha media 63
Chaetophorales 62
Chaetopteridae 82
Chaetopterus variopedatus 82
Chamaesiphonales 47, 48
Chamaesiphon incrustans 48
Champiaceae 51
Chanidae 152
Chanos chanos 144, 152
Charadriidae 163
Charadriiformes 160, 163
Charonia tritonis 107
Charybdis bimaculata 118
Charybdis japonica 118
Cheilinus undulates 316
Cheiloneresis cyclurus 81
Cheilopogon agoo 148, 153
Chelon haematocheila 154
Chelonia 156, 158, 317
Chelonia mydas 156, 158, 317
Cheloniidae 158, 317
Chelon labrosus 189
Chelon macrolepis 154
Chelon tade 154
Chenopodiaceae 65, 66
Chiasmodon harteli 169
Chiloscyllium indicum 314
Chiloscyllium punctatum 314
Chimaera phantasma 139, 141
Chimaeridae 141
Chimaeriformes 139, 141, 316
Chirona amaryllis 115
Chirona cristatus 114
Chitonida 85, 105
Chitonidae 105
Chlamydomonas reinhardii 63
Chlamydomonas sp. 46
Chlamydoselachidae 314
Chlamydoselachus anguineus 314
Chlamys farreri 96, 110
Chloeia flava 83
Chloeia fusca 83
Chloeia parva 83
Chlorella puenoidosa 62, 63
Chlorobaculum 29
Chlorobi 29
Chlorobium 29
Chlorococcales 62, 63
Chloroherpeton 29
Chlorophyceae 62
Chlorophyta 47, 63
Chlorostoma rustica 105
Chlorphyceae 63
Chondria crassicaulis 51
Chondrichthyes 134, 139, 313
Chondrus ocellatus 51
Chordaria 204
Chordariales 58, 59
Chordata 130, 313
Choriaster granulatus 312
Chrometiaceae 33
Chromodoris lochi 273
Chroococcaceae 48
Chroococcales 47
Chroomonas 61
Chroomonas acuta 62
Chroomonas sp. 61, 62
Chrysocapsales 52
Chrysomonadales 52
Chrysomonadineae 52
Chrysopetalidae 80
Chrysopetalum occidentale 80
Chrysophaerales 52
Chrysophyceae 52
Chrysophyta 47, 52
Chrysotrichales 52
Chrysymenia wrightii 50, 51
Chthamalidae 115
Chthamalus challengeri 115
Ciconia boyciana 318
Ciconia nigra 318
Ciconiidae 162, 318
Ciconiiformes 160, 162, 318
Cidaridae 312
Cidaroidea 312

Ciliata 40, 43
Circumval lata 306
Cirolana harfordi japonica 115
Cirolana japonensis 115
Cirolanidae 115
Cirratulidae 82
Cirrhigaleus barbifer 315
Cirriformia tenticulata 82
Cirripedia 114
Cladolabes aciculus 311
Cladolabes schmeltzi 311
Cladophoraceae 63
Cladophorales 62, 63
Cladophora stimpsonii 63
Cladophora utriculosa 63
Clarias macrocephalus 243
Clathromorphum 204
Clavelina lepadiformis 170
Clavidae 74
Clavularia virides 269
Cleantiella isopus 115
Cleantis planicauda 115
Cleistostoma dilatatum 119
Clinocardium californiense 110
Clostrium 38
Clupea pallasi 144, 152
Clupeidae 152, 316
Clupeiformes 144, 152, 316
Clupeomorpha 144
Clypeasteridae 127
Cnidaria 70, 306
Cocconeiaceae 55
Cocconeis sp. 54, 55
Codiaceae 64
Codium fragile 63, 64, 269
Coelacanthiformes 141, 152
Coelenterata 70, 73, 306
Coelomactra antiquata 110, 309
Coelomactra cumingii 309
Coenobitidae 117
Coilia nasus 152
Colaciales 60
Coleps bicuspis 43
Coleps hirtus 42
Collichthys lucidus 154
Colochirus anceps 311
Colochirus quadrangularis 311
Cololabis saira 153
Colpomenia sinuosa 59
Colubridae 158
Colwellia 35
Colwellia hadaliensis 35
Colwellia psychrerythraea 35
Comatulida 128
Confuciusornis 159
Conidae 108
Conus betulinus 108
Conus generalis 108
Conus litteratus 108
Conus textile 108
Coralliidae 308
Corallinaceae 51
Corallina officinalis 51
Corallina sesslis 51
Corallium elatius 76, 308
Corallium japonium 76, 308
Corallium konojoi 76, 308
Corbulidae 111
Coronaster volsellanus 126
Coscinasterias acutispina 126
Coscinodiscaceae 55
Coscinodiscales 54, 55
Coscinodisus asteromphalus 55
Coscinodisus debilis 55
Coscinodisus deformatus 55
Coscinodisus excentricus 55
Coscinodisus jonesianus 55
Coscinodisus lineatus 55
Coscinodisus oculusiridis 55
Coscinodisus subtilis 55
Cottidae 317
Crangon affinis 117
Crangon cassiope 117
Crangonidae 116
Crangonoidea 116
Crassostrea ariakensis 110
Crassostrea gigas 97
Crenarchaeota 23
Crinoidea 128
Critispira 39

Crocodilia 157, 158
Crocodylus porosus 157, 158
Crossaster papposus 126
Crossopterygiomorpha 141
Crossota norvegica 74
Crustacea 112, 114
Cryptodonta 96
Cryptomonadaceae 62
Cryptomonadales 62
Cryptomonas 61
Cryptomonas baltica 62
Cryptomonas ovata 61, 62
Cryptomonas prvfunda 62
Cryptonemiales 49, 50
Cryptophyceae 61, 62
Cryptophyta 47, 62
Cryptothya crypta 269
Ctenactis echinata 307
Ctenophora 76
Ctenoplana 76
Cucullaea labiata granulose 109
Cucullaeidae 109
Cucumariidae 127, 311
Culcita novaeguineae 312
Cutleriales 58
Cyanea arctica 74
Cyanea capillata 74
Cyanea ferruginea 74
Cyaneidae 74
Cyanobacteria 29
Cyanophyceae 47
Cyanophyta 47
Cybiidae 154
Cyclina sinensis 110
Cycloseris spp. 75
Cyclosporeae 58, 60
Cyclostomata 132, 133, 313
Cyclotella striata 55
Cyclothone 176
Cydippida 76, 77
Cygnus columbianus 163
Cygnus cygnus 160, 163
Cymatiidae 107
Cymatium pileare 107
Cymbium melo 108
Cymnodinium breve 271
Cymodoceaceae 65
Cymodocea rotundata 65
Cymodoce japonica 115
Cynoglossidae 155
Cynoglossus gracilis 155
Cyperaceae 67
Cyphastrea serailia 307
Cypraea carneola 309
Cypraea tigris 107, 309
Cypraecassis rufa 107
Cypraeidae 91, 106, 309
Cypriniformes 147
Cyprinodontiformes 147
Cyprinomorpha 147
Cyrtonellida 85
Cystonectae 74
Cystoseira 240
Cytophaga 39
Dactylochirotida 123
Dalatiidae 315
Dasyatidae 140, 315
Dasyatis akajei 138, 140
Dasyatis zugei 315
Dasycladales 62
Deania calcea 315
Decapoda 115, 310
Delphinapterus leucas 166
Delphinus capensis 166, 319
Delphinus delphis 166, 319
Demospongia 70
Dendrobranchiata 116
Dendrochirota 127
Dendrochirotia 311
Dendronephthya spp. 76
Dendrophyllidae 308
Dentalium octangulatum 111
Dentalliida 98, 111
Dentalliidae 111
Depressiscala aurita 106
Dermocarpaceae 48
Dermocarpa prasina 48
Dermocarpa solitaria 48
Dermochelyidae 158, 317
Dermochelys coriacea 156, 158, 317

Desmarestia 204
Desmarestiaceae 59
Desmarestiales 58, 59
Desmarestia viridis 59
Desulfobacter 37
Desulfobacterales 37
Desulfovibrio 37
Desulfovibrionaceae 37
Desulfovibrionales 37
Desulfurococcaceae 24
Desulfurococcales 23
Desulfuromonadales 37
Desulfuromonas 37
Desulfuromonas acetoxidans 37
Dexiospira nipponicus 83
Diaseris spp. 75
Diatomaceae 55
Dibranchia 104, 111
Dicotyledoneae 66, 68
Dictyochaceae 52
Dictyocha fibula 52
Dictyocha speculum 52
Dictyopteris divaricata 60
Dictyosiphonales 58, 59
Dictyotaceae 60
Dictyota dichotoma 59, 60
Dictyotakes 60
Didemnum molle 275
Didmarca tenebriea 109
Digenea simplex 48, 268
Dilophus okamurai 60
Dinophyceae 56, 57
Dinophycidae 56, 57
Dinophysiaceae 57
Dinophysiaoes 56, 57
Dinophysis caudata 56, 57
Dinophytahe 56
Diogenes edwardsii 117
Diogenidae 117
Diomedea albatrus 160
Diopatra amboinensis 82
Diphyidae 74
Diploastrea heliopora 307
Dipneustomorpha 142
Discodermia dissoluta 270
Discomycetes 46
Disticlis 190
Distolasterias nipon 126
Ditylum brightwellii 55
Dolabella auricularia 269
Doliolum deuticulatum 131
Dorippe polita 117
Dorippidae 117
Dorvillea japonica 82
Dorvilleidae 82
Dosinia biscocta 110
Dosinia japonica 110
Drilonereis filum 82
Dromiidae 117
Dugong dugon 165, 167, 320
Dugongidae 167, 320
Dunaliella salina 63
Dysidea avara 274
Echinasteridae 126
Echinocardium cordatum 127
Echinodermata 120, 124, 310
Echinoidea 122, 127, 312
Echinometra mathaei mathaei 127
Echinometridae 127, 312
Echinoneidae 127
Echinoneus cyclostomus 127
Echinophyllia aspera 308
Echinorhinidae 315
Echinorhiniformes 314
Echinorhinus cookei 315
Echinothuridae 127
Ectocarpaceae 60
Ectocarpales 58, 60
Ectocarpus arctus 60
Ectocochlia 104
Ectothiorhodospiraceae 33
Egretta eulophotes 318
Egretta garzetta 163, 318
Egretta sacra 318
Elapidae 158, 317
Elasipodida 123
Elasmobranchii 134, 139
Eleutheronema tetradactylum 154
Elopiformes 144, 152
Elpidia belyaevi 170

Emydocephalus ijimae 158, 317
Endarachne binghamiae 59
Endkocladiaceae 51
Engraulidae 152
Engraulis japonicus 152
Enhalus acoroides 65
Enhydris bennetii 158
Enoplolambrus validus 118
Enoplometopoidae 117
Enoplometopoidea 117
Enoplometops occidentalis 117
Enterobacteriaceae 33
Enteromorpha intestinalis 64
Enteromorpha linza 64
Enteromorpha prolifera 64
Enteropneusta 130, 313
Entocochlia 104
Enypniastes sp. 170
Eogammarus sinensis 115
Epinephelus awoara 154
Epinephelus chlorostigma 154
Epitoniidae 106
Epitonium scalare minor 106
Eptatretus burgeri 132, 133
Eptatretus stoutii 262
Eretmochelys imbricate 158, 317
Ericales 68
Erignathus barbatus 167, 320
Eriocheir sinensis 119
Erosaria caputserpentis 107
Errantia 80
Erythrobacter 31
Eschrichtiidae 166, 318
Eschrichtius robustus 166, 318
Eteone (*Mysta*) *tchagsii* 80
Eualus sinensis 116
Euapta godeffroyi 312
Euarthropoda 112
Eubalaena glacialis 166
Eubalaena japonica 166, 318
Eucheuma sp. 51
Eucidaris metularia 312
Euclymene annandalei 82
Eucopidae 74
Eucrate crenata 118
Eucyclogobius newberryi 317
Eudendridae 74
Eudendrium sp. 74
Eudoxoides sp. 74
Eudyptes 162
Eudyptes atratus 164
Eudyptes chrysolophus 164
Eudyptes crestatus 164
Eudyptes pachyrhynchus 163
Eudyptes robustus 164
Eudyptes schlegeli 164
Eudyptula 162
Eudyptula albosignata 164
Eudyptula minor 164
Euglenales 60, 61
Euglena sp. 61
Euglenophyceae 60, 61
Euglenophyta 47, 61
Eugomphodus taurus 313
Eulalia bilineata 80
Eulalia viridis 80
Eumetopias jubata 167, 320
Eunicida 82
Eunicidae 82
Euphyllidae 308
Euplectella sp. 70
Euplotes sp. 42, 43
Euryarchaeota 24
Eurypharyngidae 153
Eurypharynx 207
Eurypharynx pelecanoides 153
Euthyneura 92
Eutimidae 74
Eutrepiales 60
Exocoetidae 153
Exopalaemon carinicauda 116
Facelina auriculata 170
Falconidae 163
Falconiformes 160, 163
Falco tinnuncnlus 163
Favia halauensis 307
Favia matthaii 307
Favia pentagona 307
Favia rotumana 307
Favia speciosa 307

Faviidae 307
Favites abdita 307
Favites chinensis 307
Fenneropenaeus chinensis 113，116
Feresa attenuata 319
Ferrimonas 35
Fibularia acuta 127
Fibulariidae 127
Ficidae 107
Ficus subintermedius 107
Firmucutes 38
Fissidentalium vernedei 111
Flabellina pedata 170
Flabellum linneo 269
Flavobacteria 39
Flavobacterium 39
Flexibacter 39
Florideae 49，50
Foraminifera 41，43
Forcipulata 126
Francisellaceae 34
Fregata andrewsi 318
Fregata minor 163
Fregatidae 163，318
Fucaceae 60
Fucales 59，60
Fucus 194
Fucus sp. 227
Fugu obscurus 155
Fulgoraria rupestris 108
Fulvia mutica 110
Fundulus heteroclitus 189
Fungi 22
Fungia echinata 307
Fungia fungites 307
Fungia paumotensis 307
Fungia spp. 75
Fungiidae 75，307
Gadidae 153
Gadiformes 148，153
Gadus macrocephaius 148，153
Gaetice depressus 119
Galaxea aspera 307
Galaxea astreata 307
Galaxea fascicularis 307
Galaxea lamarcki 307
Galeocerdo cuvier 314
Galeodidae 107
Galonectris leucomelas 162
Gambierdiscus toxius 271
Gammeridea 115
Ganoidomorpha 142
Gasterosteiformes 149，154，316
Gastropoda 85，105，308
Gavia stellata 159，162
Gaviidae 162
Gaviiformes 159，162
Gelidiaceae 50
Gelidiales 49，50
Gelidium amansii 50
Gelidium pacificum 50
Gelidium pusillum 50
Gelliodes spinosella 269
Gemmula deshayesii 108
Genetyllis castanea 80
Gentricae 54
Geograpsus grayi 119
Gigartina 204
Gigartinaceae 51
Gigartina intermedia 51
Gigartinales 50，51
Glaciecola 35
Glaucostegus granulatus 315
Globicephala macrorhynchus 166，319
Globicephalidae 166，319
Globigerina bulloides 41，43
Globigerinidae 43
Gloiopeltis furcata 48，51
Glossoblanus polybranchioporus 313
Gloyclius shedaoensis 158
Glycera alba 81
Glycera capitata 81
Glycera chirori 81
Glycera rouxii 81
Glyceridae 80
Glycymerididae 109
Glycymeris vestita 109
Glyphis gangeticus 314
Glyptocidaris crenularis 127，312
Gnorimosphaeroma rayi 115

Gobiesociformes 151
Gobiidae 154, 317
Goneplacidae 118
Goniastrea aspera 307
Goniastrea palauensis 307
Goniastrea pectinata 307
Goniastrea retiformis 307
Goniastrea yamanarii 307
Gonionemus vertens 74
Gonorhynchiformes 144, 152
Gonyaulacales 56, 57
Gorgonian spp. 76
Gracilariaceae 51
Gracilaria lemaneiformis 51
Gracilaria minor 91
Gracilaria vermiculophylla 51
Gramineae 66
Grammatostomias flagellibarba 170
Grampidae 167, 319
Grampus griseus 167, 319
Grantessa shimeji 70
Grantia nipponica 70
Grapsidae 119
Grapus longitarsis 119
Grateloupia filicina 51
Grateloupia livida 51
Grateloupia ramosissima 51
Gromia oviformis 41, 42
Gromiida 41, 42
Gruidae 163, 318
Gruiformes 160, 163, 318
Grus canadensis 318
Grus grus 163, 318
Grus japonensis 160, 163, 318
Grus leucogeranus 163, 318
Grus monachus 318
Grus vipio 318
Gymnoblastea 74
Gymnodiniaceae 57
Gymnodiniales 56, 57
Gymnodiniphycidae 56, 57
Gymnodinium sp. 56, 57
Gymnogongrus sp. 51
Gymnosomata 93
Gymnura zomura 315
Gymnuridae 315
Gyrosigma sp. 56
Haematopus ostralegus 161, 163
Hahellaceae 34
Halaelurus burgeri 140
Haliaeetus albicilla albicilla 160
Halichona sp. 274
Halimeda 198, 204
Haliotidae 105, 308
Haliotis asinina 105, 308
Haliotis discus hannai 91, 105
Haliotis diversicolor 105
Haliotis ovina 309
Haliotis varia 309
Halivchondria okadai 273
Halixeus albicilla albicilla 163
Halobacteria 26
Halobacterium 26
Halochromatium 33
Halocynthia roretzi 227
Halodule uninervis 65
Halomitra spp. 75
Halomonadaceae 34
Halophila ovalis 65
Halosphaeraceae 53
Halosphaera viridis 53
Halothiobaccillaceae 33
Halymeniaceae 51
Harmothoë imbricata 80
Harpa amouretta 309
Harpa conoidalis 108
Harpa nobilis 108
Harpidae 108, 309
Harrimaniidae 313
Harriotta opisthoptera 316
Haustrum haustrum 272
Heikeopsis japonica 117
Helice sheni 119
Helice tientsinensis 119
Helicobacter 38
Helioporacea 76
Heliopora spp. 76
Helioporidae 76
Helobiae 64, 65
Hemiascomycetes 45

Hemicentrotus pulcherrimus 127, 312
Hemichordata 128, 312
Hemifusus tuba 107
Hemigaleidae 314
Hemigrapsus longitarsis 119
Hemigrapsus penicillatus 119
Hemigrapsus sanguineus 119
Hemigrapsus sinensis 119
Hemipritis elongata 314
Hemiramphidae 153
Hemiramphus viridis 153
Hemiscylliidae 314
Henricia aspera robusta 126
Henricia leviuscula 126
Henricia spiculifera 126
Heptacarpus geniculatus 116
Heptacarpus rectirostris 116
Heptranchias dakini 314
Herpolitha spp. 75
Hesione splendida 81
Hesionidae 81
Hesperornis 159
Heterloligo bleekeri 111
Heterocapsaceae 53
Heterocentrotus mammilatus 127
Heterochloridaceae 53
Heterochloridales 53
Heterococcales 53
Heterocoela 70
Heterodonta 97, 110
Heterodontidae 139, 313
Heterodontiformes 134, 139, 313
Heterodontus japonicus 134, 139, 313
Heterodontus zebra 313
Heteroglocales 53
Heterogloea endochloris 53
Heteromastus filiforms 82
Heteromenatales 61
Heterosigma akashiwo 53
Heterosiphonales 53
Heterotrichales 53
Hexacorallia 75
Hexactinellida 69
Hexanchidae 139, 314
Hexanchiformes 134, 139
Hexanchus griseus 314
Hiatella orientalis 111
Hiatellidae 111
Hippichthys heptagonus 316
Hippocampus histris 153
Hippocampus japonicus 316
Hippocampus kelloggi 154, 316
Hippocampus kuda 154, 316
Hippocampus mohnikei 154
Hippocampus trimaculatus 149, 154, 316
Hippoglossus hippoglossus 224
Hippolyte 176
Hippolytidae 116
Hippopus hippopus 309
Hirudinea 80
Hirundapus audacutus 161, 163
Hizikia fusiforme 59
Holectypoida 127
Holocephali 139, 141
Holothuria albiventer 311
Holothuria arenicola 311
Holothuria atra 310
Holothuria axiologa 311
Holothuria cinerascens 311
Holothuria difficilis 271, 311
Holothuria edulis 310
Holothuria flavomaculata 311
Holothuria fuscocinerea 310
Holothuria fuscogliva 311
Holothuria hilla 311
Holothuria impatiens 311
Holothuria inhabilis 311
Holothuria insignis 310
Holothuria leucospilota 310
Holothuria martensi 311
Holothuria moebii 311
Holothuria ocellata 311
Holothuria olivacea 311
Holothuria pardalis 310
Holothuria pervicax 310
Holothuria rigida 308, 311
Holothuria scabra 311
Holothuria sinica 311
Holothuria spinifera 311
Holothuria vagabunda 275

Holothuria verrucosa 311
Holothuriidae 310
Holothuroidea 123, 124, 127, 310
Holotricha 42, 43
Homocoela 70
Homoiodorididae 109
Homoiodoris japonica 93, 109
Hyastenus pleione 118
Hyattele sp. 273
Hydnophora contignatio 308
Hydnophora exesa 308
Hydnophora microconos 308
Hydrocharitaceae 65
Hydrogenobaculum acidophilum 27
Hydrogenophilales 33
Hydroides ezoensis 83
Hydroidomedusae 73
Hydrolagus ogilbyi 141
Hydrophiinae 317
Hydrophis caerulescens 158
Hydrophis cyanocinctus 157, 158, 317
Hydrophis fasciatus atriceps 158, 317
Hydrophis melanocephalus 158, 317
Hydrophis ornatus 158, 317
Hydrozoa 71, 73
Hyella caespitosa 48
Hyellaceae 48
Hyphomicrobiaceae 32
Hyphomicrobium 31, 32
Hypneaceae 51
Hypnea chordacea 51
Hypogaleus hyugaensis 314
Hypoprion macloti 314
Hypotremata 137, 140
Idiomarina 35
Idoteidae 115
Ignicoccus 24
Ilisha elongata 152
Ilyoplax dentimerosa 119
Ilyoplax deschampsi 119
Ilyoplax pingi 119
Impennes 159, 163
Imperata cylindrica var. *major* 190
Inermonephtys inermis 81
Ingolfiellidae 115
Inquistor flavidula 108
Inquistor pseudoprinciplis 108
Insecta 112
Iotrochota ridley 275
Ischnochiton comptus 105
Ischnochiton hakodaensis 105
Ischnochitonidae 105
Ishigeaceae 59
Ishige okamurai 58, 59
Isistius brasiliensis 315
Isochromatium 33
Isochrysidaceae 52
Isochrysis galbana 52
Isochrysis zhangjiangensis 52
Isopoda 115
Isurus oxyrinchus 140, 313
Isurus paucus 313
Janolus cristatus 170
Juncus 190
Justitia longimanus 117
Kandelia candel 68
Kerilia jerdonii 158
Kogia breviceps 166, 319
Kogia sima 166, 319
Konosirus punchtatus 152
Korarchaeota 27
Labidodemas pertinax 311
Laboulbeniomycetes 45
Labridae 316
Lactobacillus 38
Lacydoniidae 80
Lagenodelphis hosei 319
Lagenorhynchus obliquidens 319
Lambis chiragra 106, 309
Lambis crocata 309
Lambis lambis 86, 309
Lambis truncata sebae 309
Laminaria 205, 229
Laminariaceae 59
Laminaria japonica 46, 59, 91
Laminariales 58, 59
Laminaria longicruris 229
Laminaria saccharina 229
Lamnidae 140, 313
Lamniformes 140, 313

Lampetra japonica 133
Lampridae 153
Lampriformes 149, 153
Lampris guttatus 153
Lamprometra palmata palmata 128
Lapemis curtus 158, 317
Laridae 163
Lariformes 161, 163
Larimichthys crocea 154
Larimichthys polyactis 154
Larus canus 161, 163
Larvacea 130
Lateolabrax japonicus 150, 154
Laternula anatina 111
Laternula boschasina 111
Laternula marilina 111
Laternulidae 111
Laticauda colubrina 158
Laticauda laticaudata 158, 317
Laticauda semifasciata 158, 317
Laticaudinae 317
Latimeria chalumnae 141, 152
Latimeriidae 142, 152
Latreutes anoplonyx 116
Latreutes laminirostris 116
Laurencia nipponica 51
Laurencia obtusa 274
Laurencia sp. 51
Laurencia venusta 274
Lecertifromes 157, 158
Lemnalia bournei 275
Leonnates persica 81
Lepadidae 114
Lepas anatifera anatifera 114
Lepidocentroida 127
Lepidochelys olivacca 156, 158, 317
Lepidonotus helotypus 80
Lepidopleurida 85, 105
Lepidopleuridae 85, 105
Lepidopleurus assimilis 105
Lepidosireniformes 142, 152
Lepidosiren paradoxa 142, 152
Lepidozona coreanica 105
Lepisosteiformes 144, 152
Lepisosteus oculatus 144, 152
Leptastrea purpurea 307
Leptocarida 313
Leptochela gracilis 116
Leptomedusae 74
Leptoplanidae 79
Leptoria phrygia 307
Lesiastreidae 307
Leucosiidae 118
Leucosolenia sp. 70
Leucothrix 34
Licmophora abbreviata 55
Ligia exotica 115
Ligiidae 115
Limnoria japonica 115
Limnoridae 115
Limonium bicolor 66
Limonium sinense 66
Linckia laevigata 126, 312
Linuparus sordidus 310
Linuparus trigonus 310
Liparometra regalis 128
Lissocarcinus orbicularis 118
Lissoclinum patella 273, 275
Listeria 38
Listonella 35
Listonella anguillarum 35
Lithophaga curta 109
Lithophyllon spp. 75
Lithothamnion 204
Littorina (*L.*) *brevicula* 106
Littorinidae 106
Liza haematocheila 189
Lobata 76, 77
Lobophyllia corymbosa 307
Lobophyllia costata 307
Lobophyllia hemprichii 307
Lobophylliidae 307
Lobophytum mirabile 76
Lobophytum sarcophytoides 76
Lobophytum spp. 76
Loculoascomycetes 46
Loliginidae 111
Loligo chinensis 104
Loliolus beak 111
Loliolus japonica 111, 313

Lomentaria hakodatensis 51
Lophiidae 155
Lophiiformes 151, 155
Lophius litulon 151, 155
Lophomastix japonica 310
Loveniidae 127
Luidia orientalis 126
Luidia quinaria 126
Luidiidae 126
Lumbrineridae 82
Lumbrineris cruzensis 82
Lumbrineris heteropoda 82
Lumbrineris tetraura 82
Lunatica gilva 91, 106
Lutra lutra 167, 320
Lycastopsis augeneri 81
Lygdamis giardi 83
Lyngbya majusculla 272
Lysmata amboinensis 116
Lysmata debelius 116
Lysmata vittata 116
Macrodactyla cf. *doreensis* 75
Macrophthalmus dentatus 119
Macrophthalmus dilatum 119
Macrophthalmus erato 119
Macrophthalmus japonicus 119
Macrozoarces americanus 238
Mactridae 110, 309
Magnetospirillum 31
Magnetospirillum gryphiswaldense 31
Majidae 118
Malacostraca 115, 310
Maldanidae 82
Mammalia 164, 166, 318
Manta birostris 316
Mariametridae 128
Marichromatium 33
Marinithermus 28
Marinobacter 35
Marinobacterium 35
Marphysa sanguinea 82
Martensia fragilis 274
Marthasterias glacialis 275
Mastigias papua 74
Mastigiidae 74
Mastigophora 40
Matuta planipes 118
Matutidae 117
Mauritia arabica 107
Medaeus granulosus 118
Megabalanus volcano 114
Megadyptes antipodes 164
Megadytes 162
Megalonibea fusca 317
Megalopidae 152
Megalops cyprinoids 144, 152
Megaptera novaeangliae 166, 319
Meiothermus 28
Melagraphia aethiops 272
Melithaea squamata 261
Melosira sp. 55
Membranipora 205
Mensamaria intercedens 311
Meretrix meretrix 97, 110
Merostomata 112, 310
Merulina scabricula 308
Mesochaetopterus japonicus 82
Mesogastropoda 91, 106
Mesoplodon densirostris 166, 319
Mesoplodon ginkgodens 166, 319
Metapenaeopsis sp. 116
Metapenaeus joyneri 116
Metaphyta 22
Metazoa 22
Methanobacteria 25
Methanocaldococcaceae 25
Methanocaldococcus 25
Methanocaldococcus jannaschii 25
Methanococcales 25
Methanococci 25
Methanomicrobia 25
Methanopyrales 25
Methanopyri 25
Methanopyrus 25
Methanopyrus kandleri 25
Methylobacter 34
Methylocaldum 34
Methylococcales 34
Methylococcus 34
Methylomicrobium 34

Methylomonas 34
Methylosphaera 34
Metridiidae 75
Metridium senile 75
Micavibrio 37
Microbulbifer 35
Microcephalophis gracilis 158, 317
Micrococcus 38
Microcystis aeruginosa 47
Micromonosporineae 38
Micropodarke dubia 81
Miichthys miiuy 154
Mikadotrochus hirasei 105
Millepora 197
Mischococcales 53
Mitra chinensis 108
Mitridae 108
Mnemiopsis 76
Mnemiopsis leidyi 77
Mobula japonica 316
Mobula mobular 316
Modiolus elongatus 109
Moerella iridescens 110
Mollusca 83, 308
Molpadia roretzii 128
Molpadiidae 128
Molpadonia 128, 312
Monacanthidae 155
Monaxonida 70
Monera 22
Monetaria annulus 107
Monetaria moneta 107
Monocentridae 153
Monocentrus japonicus 148, 153
Monocotyledoneae 65, 66
Monodonidae 166
Monodon monoceros 166
Monodonta labio 105
Monogenea 78
Monolacophora 84, 105
Monoraphidinales 54, 55
Monostroma angicava 46
Monostroma nitidum 64
Monostromataceae 64
Montipora cristagalli 306
Montipora digitata 306
Montipora efflorescens 306
Montipora gaimardi 306
Montipora hispida 306
Montipora mollis 306
Montipora monasteriata 306
Montipora ramose 306
Montipora sinensis 306
Montipora spp. 75
Montipora stellata 306
Montipora striata 306
Montipora traberculata 306
Montipora turgescens 306
Mopalia retifera 105
Mopalia schrenckii 105
Mopaliidae 105
Moriella 35
Moronidae 154
Mugil cephalus 154
Mugilidae 154
Mugiliformes 149, 154
Muraenesocidae 153
Muraenesox cinereus 153
Murceopsis flavida 269
Murex trapa 107
Muricacea 92
Muricidae 107
Mussidae 308
Mustelus griseus 140
Mustelus manazo 140
Musterlidae 167, 320
Mya arenaria 111
Mycale sp. 274
Myceteae 23
Mycobacterium marinum 39
Mycota 22
Mycteria leucocephala 163
Myctophiformes 145, 153
Myidae 111
Myliobatidae 315
Myliobatiformes 138, 140, 315
Myoida 98, 110
Myriapoda 112
Myrsinacea 68
Myrtales 68

Mysticeta 166, 318
Mytilidae 109
Mytiloida 96, 109
Mytilus coruscus 96, 109
Mytilus edulis 109
Myxicola infundibulum 83
Myxinidae 133
Myxiniformes 132, 133
Myxococcales 36
Nacellidae 105
Nanoarchaeota 27
Nanoarcheaum 27
Narcine maculata 141
Narcine timleii 141
Narke japonica 138, 141
Narkidae 141
Nassariidae 107
Nassarius 190
Nassarius succinctus 107
Nassarius variciferus 107
Natantia 113
Naticacea 91
Natica tigrina 106
Naticidae 106
Nautilidae 111, 310
Nautiloidea 104, 111, 310
Nautilus 104
Nautilus pompilius 111, 310
Naviculaceae 55
Navicula sp. 54, 55
Neanthes flava 81
Neanthes japonica 81
Neanthes succinea 81
Nectoneanthes oxypoda 81
Nemalion 48
Nemalionales 49
Nemopilema nomurai 75
Neoceratodus forsteri 142, 152
Neocoleoidea 104
Neoeriocheir leptognathus 119
Neoferdina cumingii 126
Neogastropoda 91, 107
Neomenia carinata 104
Neomeniomorpha 84, 104
Neophocaena phocaenoides 167, 319
Neopilina galatheae 84, 105
Neoscopelidae 153
Neoscopelus macrolepidotus 145, 153
Nephtheidae 76
Nephthyidae 81
Nephtys caeca 82
Nephtys californiensis 81
Nephtys ciliata 81
Nephtys oligobranchia 81
Nephtys polybranchia 81
Neptunea arthritica cumingii 107
Nereidae 81
Nereis grubei 81
Nereis heterocirrata 81
Nereis multignatha 81
Nereis neoneanthes 81
Nereis pelagica 81
Nereis vexillosa 81
Neritacea 91
Neritidae 106
Nertia albicilla 106
Nertia yoldii 106
Netuma thalassina 153
Neverita didyma 106
Neverita reiniana 106
Nibea albiflora 154
Nihonotrypaea harmandi 117
Nihonotrypaea petalura 117
Nitrobacter 31, 32
Nitrococcus 31
Nitromonas 33
Nitrosococcus 31
Nitrosomonaceae 31
Nitrosomononaceae 33
Nitrosospira 33
Nitrospina 31
Nitrospinaceae 31
Nitrospira 29
Nitrospirae 29
Nitrospira marina 29
Nitzschiaceae 56
Nitzschia lorenziana 56
Nocardia 38
Noctilucaceae 58
Noctilucales 57

Noctiluca scintillans 57
Noctiluciphyceae 57
Nodilittorina radiata 106
Notacanthiformes 146
Notarchus leachii 92
Notaspidea 93, 108
Notoacmea schrenckii 105
Notophyllum foliosum 80
Notoplana humilis 79
Notorynchus cepedianus 134, 139
Nucula paulula 96
Nuculoida 96
Nuda 76, 77
Nudibnanchia 108
Numonuis borealisle 318
Obelia dichotoma 74
Obelia geniculata 74
Obelia plana 74
Obelia sp. 71
Oceania armata 74
Oceanithmus 28
Oceanospirillum 34
Oceanospirillum linum 35
Octocorallia 76
Octolasmis neptuni 114
Octopoda 104, 112
Octopodidae 112
Octopus minor 112
Octopus vulgaris 112
Oculinidae 307
Ocypoda stimpsoni 119
Ocypodidae 119
Odontaspididae 313
Odontoceti 166, 319
Odontognathae 159
Oedogoniales 62
Ogyridae 116
Ogyrides orientalis 116
Ohshimella ehrenbergi 311
Oligochaeta 80
Oligocottus 195
Olindioidae 74
Oliva caeulea 309
Oliva emicator 309
Oliva lignaria 309
Oliva miniacea 108, 309
Oliva mustelina 107
Oliva mustelina concavospira 309
Oliva oliva 309
Oliva textilina 309
Olividae 107, 309
Ommastrephidae 111
Oncorhynchus gorbuscha 246
Oncorhynchus keta 145
Oncorhynchus masou 246
Oncorhynchus nerka 229
Onuphidae 82
Onychophora 112
Operculata 114
Opheliida 82
Opheliidae 83
Opheodesoma grisea 312
Ophiactidae 127
Ophiactis affinis 127
Ophidiasteridae 126, 312
Ophiopholis mirabilis 127
Ophiothrix marenzelleri 127
Ophiothrix nereidina 127
Ophiothrix sp. 127
Ophiothrix suensonii 170
Ophiotrichidae 127
Ophiurae 126
Ophiura kinbergi 127
Ophiura sarsii vadicola 127
Ophiuridae 127
Ophiuroidea 121, 126
Opisthobranchia 92, 108
Oratosquilla oratoria 115
Orbinia dicrochaeta 82
Orbiniida 82
Orbiniidae 82
Orchestia plantensis 115
Orcinus orca 166, 319
Oreasteridae 312
Orectolobidae 313
Orectolobiformes 135, 139, 313
Orectolobus maculates 314
Oregonia gracilis 118
Orithyia sinica 117
Osillatoriaceae 48

Osillatoriales 47, 48
Osmeridae 152, 316
Osmeriformes 152, 316
Osmerus eperlanus 189
Osteichthyes 141, 151, 316
Osteoglossiformes 147
Osteoglosso 147
Osteoglossum bicirrhosum 147
Osteroida 97, 110
Ostrea cucullata 224
Ostrea denselamellosa 110
Ostreidae 110
Otaridae 167, 320
Ovula ovum 106, 309
Ovulidae 106, 309
Pachygrapsus plicatus 119
Pachymenia carnosa 51
Pachymeniopsis elliptica 51
Pachyseris rugosa 307
Pachyseris spp. 75
Padina crassa 60
Pagrus major 154
Paguridae 117
Paguroidea 117
Pagurus nigrivittatus 117
Pagurus ochotensis 117
Palaemonidae 116
Palaemon macrodactylus 116
Palaemonoidea 116
Palaemon (*Palaemon*) *gravieri* 116
Palaemon serrifer 116
Palaeoheterodonta 97
Palaeotaxodonta 95
Palinuridae 117, 310
Palinuridea 117
Palinuroidea 117
Palythoa sp. 271
Palythoa tuberculosa 271
Pampus argenteus 155
Pangasius sutchi 243
Panopea japonica 111
Pantopoda 119
Panulirus homarus 310
Panulirus ornatus 117, 310
Panulirus stimpsoni 310
Panulirus versicolor 117
Paphia undulata 110
Paracaudina chilensis 128
Paracleistostoma cristatum 119
Paradorippe granulata 117
Paradromia sheni 117
Paralabrax clathratus 205
Paralacydonia paradoxa 80
Paraleonnates uschakovi 81
Paralichthyidae 155
Paralichthys olivaceus 155
Paranthura japonica 115
Paraonidae 82
Parapanope euagora 118
Parapercomorpha 148
Paraplanocera oligoglena 79
Parazoanthus sp. 170
Parietochloris incise 254
Parribacus antarcticus 310
Parthenopidae 118
Pasiphaeidae 116
Pasiphaeoidea 116
Patellacea 91
Patelloida lentiginosa 105
Patelloida pygmaea 105
Patinapta ooplax 128
Patinopecten yessoensis 273
Pavlova viridis 52
Pavona cactus 307
Pavona decussata 307
Pavona frondifera 307
Pavona minikoiensis 307
Pavona praetorta 307
Pavona spp. 75
Pavona varians 307
Payurus pectinatus 117
Pearsonothuria graeffei 311
Pecten albicans 110
Pectinacea 96
Pectinaria conchilega 83
Pectinariidae 83
Pectinia lactuca 308
Pectinidae 110
Pedunculata 114
Pegasiformes 151

Pelamis platurus 158, 317
Pelecanidae 162, 318
Pelecaniformes 160, 162, 317
Pelecanus onocrotalus 318
Pelecanus philippensis 160, 162, 318
Pellina sp. 274
Pelvetia 194
Penaeidae 116
Penaeidea 116
Penaeus 189
Penaeus japonicus 240
Penaeus vannamei 229
Pennatae 54, 55
Pennatulacea 76
Pennatula phosphorea 76
Pentacta nipponensis 128
Peponocephala electra 166, 319
Perciformes 150, 154, 316
Percomorpha 148
Percopsiformes 148
Peridiniaceae 57
Peridiniales 56, 57
Peridiniphycidae 56, 57
Peridinium grande 56, 57
Peridinium oceanicum 57
Perinereis aibuhitensis 81
Perinereis camiguinoides 81
Peritrichida 42
Perna viridis 109
Petromyzoni 313
Petromyzoniformes 133, 313
Petromyzontidae 133
Petrosia weinbergi 275
Phacellophora sp. 74
Phacus sp. 61
Phaeodactylaceae 55
Phaeodactylum tricornutum 55
Phaeophyta 47, 59
Phaeosporeae 58, 59
Phalacrocoracidae 162, 318
Phalacrocorax niger 318
Phalacrocorax pelagicus 162, 318
Phalium strigatum strigatum 107
Phanerozonia 126
Pherecardia striata 83
Philine japonica 108
Philine kinglipini 108
Philinidae 108
Philyra carinata 118
Philyra pisum 118
Philyra tuberculata 118
Phoca hispida 167
Phoca largha 165, 167, 319
Phocidae 167, 319
Phocoenidae 166, 319
Pholadidae 111
Pholadomyoida 98, 111
Pholas dactylus 98
Photobacterium 35
Photobacterium leiognathi 36
Photobacterium phosphoreum 36
Phoxichilidiidae 119
Phragmites communis 67
Phyllodoce (*Anaitides*) *chinensis* 80
Phyllodoce (*Anaitides*) *papillosa* 80
Phyllodocida 80
Phyllodocidae 80
Phyllophoraceae 51
Phyllophoridae 128, 311
Phyllophorus hypsipyrga 128
Phyllophorus ordinatus 128
Phyllorhiza punctata 74
Phyllospongia foliascens 274
Phylo felix 82
Phymosomatidae 127, 312
Phyrella fragilis 312
Physalia physalis 74
Physaliidae 74
Physeteridae 166, 319
Physeter macrocephalus 166, 319
Phytomastigina 40
Piaster ochraceus 271
Pilargiidae 81
Pilumnopeus makiana 118
Pilumnus spinulus 118
Pilumnus tuantaoensis 118
Pinctada fucata martensii 109
Pinctada margaritifera 110
Pinctada maxima 110
Pinna bicolor 309

Pinna carnea 203
Pinna muricata 309
Pinnidae 109, 309
Pinnipedia 165, 167, 319
Pinnixa tumida 118
Pinnotheres cyclinus 118
Pinnotheres dilatatus 118
Pinnotheres gordoni 118
Pinnotheres haiyangensis 118
Pinnotheres pholadis 118
Pinnotheres sinensis 118
Pinnotheres tsingtaoensis 118
Pinnotheridae 118
Pirulella 39
Piscirichettsia 34
Piscirichettsiaceae 34
Pista elongata 83
Plactomyces 39
Plactomycetes 39
Placuna placenta 110
Placunidae 110
Planocera reticulata 79
Planoceridae 79
Plantae 22
Platalea leucorodia 318
Platalea minor 318
Platyctenea 76
Platygyra crosslandi 307
Platygyra daedalea 307
Platygyra gracilis 307
Platygyra rustica 307
Platygyra ryukyuensis 307
Platygyra sinensis 307
Platyheminthes 77
Platymonas subcordiformis 62, 63
Platynereis bicanaliculata 81
Plecoglossus altivelis 152, 316
Plectomycetes 45
Plegadis falcinellus 318
Pleocyemata 116
Pleurbranchaea novaezealandiae 93
Pleurobrachia 76
Pleurobrachia globosa 77
Pleurobrachidae 77
Pleurobranchaea novaezealandiae 108
Pleurobranchidae 108
Pleuronectidae 155
Pleuronectiformes 150, 155
Pleuronichthys cornutus 155
Pleurosigma fasciola 56
Pleurosigma normanii 55
Pleurotomariidae 105
Pleurotremata 134, 139
Plexaura homomalla 269, 274
Plumbaginaceae 66
Pocillopora brevicornis 308
Pocillopora damicornis 308
Pocillopora danae 308
Pocillopora spp. 75
Pocillopora verrucosa 308
Pocilloporidae 75, 308
Podabacia spp. 75
Podiceps cristatus 159, 162
Podicipedidae 162
Podicipediformes 159, 162
Podophrya fixa 42, 43
Poecilasmatidae 114
Pollicipes 194
Polycera fuitai 109
Polyceridae 108
Polychaeta 79, 80
Polycladida 79
Polynemidae 154
Polynoidae 80
Polyphyllia spp. 75
Polyplacophora 85, 105
Polypteriformes 142
Polysiphonia 48
Porites andrewsi 308
Porites cylindrica 308
Porites iwayamaensis 308
Porites lutea 308
Porites nigreseens 308
Porites rus 308
Poritidae 308
Poromya castanea 111
Poromyidae 111
Porphyra 48, 204
Porphyra dentata 50
Porphyra haitanensis 50

Porphyra suborbiculata 50
Porphyra tenera 50
Porphyra yezoensis 50
Portunidae 118
Portunus trituberculatus 118
Posidonia australis 65
Posidoniaceae 65
Postelsia palmaeformis 229
Potamocorbula ustulata 111
Potamodidae 106
Potamogetonaceae 65
Potamotrygon motoro 140
Praescutata viperina 158, 317
Prasiolales 62
Prionace glauca 314
Pristidae 140, 315
Pristiformes 137, 140, 315
Pristigasteridae 152
Pristiophoridae 140, 315
Pristiophoriformes 137
Pristiophorus japonicus 136, 140, 315
Pristis cuspidatus 315
Procellariiformes 159, 162, 317
Procellarinnae 162, 317
Prochlorophyta 47
Prokaryotes 22
Prorocentrales 57
Prorocentrophycidae 57
Prorocentrum micans 57
Prosobranchia 90, 105
Prosthecochloris 29
Prosthecochloris aestuarii 30
Protankyra asymmetrica 128
Protankyra bidentata 128
Protarthropoda 112
Proteobacteria 30
Protista 22
Protobranchia 96
Protoflloridеae 50
Protoreaster nodosus 312
Protosalanx chinensis 153
Prototracharta 112
Prymnesiaceae 52
Psammocora contigua 308
Psephurus gladius 316
Pseudoalteromonas 35
Pseudocarcharias kamoharai 313
Pseudocarchariidae 313
Pseudoceridae 79
Pseudoceros bimarginatus 79
Pseudoceros ferrugineus 79
Pseudocnus echinatus 128
Pseudoctylochus obscurus 78
Pseudodictomosiphon constricta 53
Pseudomonadaceae 33
Pseudomonas putida 239
Pseudonereis variegata 81
Pseudonitzschia delicatissima 56
Pseudonitzschia pungens 54
Pseudorca crassidens 166, 319
Psychrobacter 35
Psychrobacter immobilis 35
Psychromonas 35
Pteriacea 96
Pteriidae 109
Pterimorphia 96, 109
Pterioida 96, 109
Pterobranchia 130
Pterocladia tenuis 50
Ptychodera flava 313
Ptychoderidae 313
Pugettia quadridens 118
Pulmonata 93, 109
Pycnogonida 114, 119
Pygoscelis 162
Pygoscelis adeliae 163
Pygoscelis antarctica 163
Pygoscelis papua 163
Pyrenomycetes 46
Pyrodictiaceae 24
Pyrodictium 24
Pyrolobus 24
Pyrolobus fumarii 24
Pyronema omphalodes 45
Pyrrophyta 47, 57
Rachycentridae 154
Rachycentron canadum 154
Radiolaria 41, 43
Raja (*Okamejei*) *kenojei* 137, 140
Rajidae 140

Rajiformes 137, 140, 315
Ralstonia 33
Rana cancriuvora 155
Rapana venosa 92, 107
Raphidionales 54, 56
Ratitae 159, 162, 317
Regalecidae 153
Regalecus glesne 149, 154
Renibacterium salmoninarum 38
Reniera japonica 70
Reniera sarai 274
Reptania 113
Reptilia 156, 158, 317
Retusa boenensis 108
Retusidae 108
Rhabdastrella globostellata 274, 275
Rhabdochromatium 33
Rhabodonema adriaticum 55
Rhacochilus 205
Rhigochrgsidales 52
Rhina ancylostoma 315
Rhincodontidae 139, 314
Rhincodon typus 135
Rhinidae 315
Rhinobatidae 315
Rhinochimaera pacifica 141, 316
Rhinochimaeridae 141, 316
Rhinoptera javanica 316
Rhizobiales 31
Rhizophiraceae 68
Rhizophora apiculata 68
Rhizoprionodon acutus 314
Rhizosoleniaceae 55
Rhizosoleniales 54, 55
Rhizosolenia styliformis 54, 55
Rhizostomatidae 74
Rhizostomeae 72, 74
Rhodobaca 31
Rhodobacteraceae 31
Rhodobacterales 31
Rhodobium 31
Rhodomelaceae 51
Rhodomicrobium 31
Rhodophyta 47, 50
Rhodospira 31
Rhodospirillales 31
Rhodothalassium 31
Rhodovibrio 31
Rhodovulum 31
Rhodovulum sulfidophilus 31
Rhodymeniaceae 51
Rhodymeniales 50, 51
Rhopilema 73
Rhopilema esculentum 72, 74
Rhynchocephalia 156
Rickettsiales 31
Rissoacea 91
Roccus saxatilis 229
Roseivivax 31
Roseobacter 31
Roseospira 31
Roseospirillum 31
Roseovarius 31
Rostanga arbutus 109
Rostangidae 109
Rubrimonas 31
Ruditapes philippinarum 110
Ruppia rostellata 65
Sabella pavonina 170
Sabellaridae 83
Sabellida 83
Sabellidae 83
Saccoglosus hwangtaoensis 313
Saccopharynhiformes 153
Saccopharynx 207
Saccostrea cucullata 110
Saccostrea echinata 110
Sacoglossa 93
Sagartia leucolena 75
Sagartiidae 75
Salicornia 190
Salicornia europaea 66
Salientia (Anura) 155
Salinivibrio 35
Salmoniformes 145
Sandalolitha spp. 75
Sarcodina 40, 42
Sarcophyton spp. 76
Sarcophyton tortuosum 274
Sarcopterygii 141, 152

Sargassaceae 60
Sargassum graminifolium 60
Sargassum hemiphyllum 60
Sargassum horneri 60
Sargassum sp. 46
Sargassum thunbergii 60
Sargassum vachellianum 60
Sargatia elegans 170
Saxidomus giganteus 270
Scapharca broughtonii 109
Scapharca subcrenata 109
Scaphopoda 98, 111
Scapophylla cylindrical 308
Schizymenia pacirica 273
Sciaenidae 154, 316
Sciaenops ocellata 256
Scirpus mariqueter 67
Scleractinia 73, 75, 306
Sclerodactylidae 311
Scolopacidae 318
Scoloplos (*S.*) *acmeceps* 82
Scomber japonicus 154
Scombermorus niphonius 154
Scombresocidae 153
Scombridae 154
Scophthalmus maximus 256
Scopimera bitympana 119
Scopimera globosa 119
Scopimera longidactyla 119
Scorpaenidae 155
Scorpaeniformes 150, 155, 317
Scyliorhinidae 140, 314
Scyllaridae 310
Scyphozoa 72, 74
Scytosiphonaceae 59
Scytosiphon lomentarius 58, 59
Sebastes 205
Sebastiscus marmoratus 150, 155
Sedentaria 82
Selachomorpha 134
Semaeostomeae 74
Semicossyphus pulcher 205
Sepia aculeata 112
Sepia esculenta 111
Sepia lycidas 112
Sepia officinalis 224
Sepiella maindroni 104, 111
Sepiidae 111
Sepioidea 104, 111
Sepiola birostrata 112
Sepiolidae 112
Septibranchida 98, 111
Septifer virgatus 109
Sergestidae 116
Sergestioidea 116
Seriatopora spp. 75
Serpentiformes 157, 158, 317
Serpulidae 83
Serpulorbis imbricata 106
Serranidae 154
Sesarma bidens 119
Sesarma dehaani 119
Sesarma pictum 119
Sesarmindae 119
Setipinna taty 152
Shewanella 35
Siderastreidae 308
Silicoflagellineae 52
Siluriformes 147, 153
Silvetia siliquosa 60
Sinonovacula 190
Sinularia microclavata 275
Sinularia pavida 76
Sinularia spp. 76
Siphonales 62, 64
Siphonalia subdilatata 107
Siphonaria japonica 94, 109
Siphonariidae 109
Siphonocladales 62
Siphonodentaliacea 98
Siphonophorae 74
Siponalia spadicea 107
Sipuncula 261
Sipunculida 261
Sipunculiidae 261
Sipunculus nudus 261
Sirenia 165, 167, 320
Skeletomema costatum 54, 55
Smilium scorpic 114
Solaster dawsoni 126

Solasteridae 126
Soleidae 155
Solemyidae 96
Solemyoida 96
Solen graudis 110
Solenidae 110
Solenognathus hardwickii 154, 316
Solen strictus 110
Solieriaceae 51
Sonneratia caseolaris 68
Sonneratiaceae 68
Sousa chinensis 166, 319
Sparidae 154
Spartina 190
Spartina alterniflora 66, 190
Spartina anglica 67
Spartina anglica 190
Spatangoida 127
Sphacelariales 58
Sphaeromidae 115
Spheniscidae 161, 163
Sphenisciformes 159, 161, 163
Spheniscus 162
Spheniscus demersus 164
Spheniscus humboldti 164
Spheniscus magellanicus 164
Spheniscus mendiculus 164
Sphingobacteria 39
Sphyraena pinguis 155
Sphyraenidae 155
Sphyrna lewini 140
Sphyrna zygaena 314
Sphyrnidae 140, 314
Spinulosa 126
Spio martinensis 82
Spionida 82
Spionidae 82
Spirobranchus tricornis 83
Spirochaeta 39
Spirochaetes 39
Spirorbidae 83
Spirula spirula 99
Spirulina maxima 48
Spirulina platensis 47, 48
Spongia 69
Sporochnales 58
Sporozoa 40
Squalidae 140, 315
Squaliformes 136, 140, 315
Squaliolus aliae 315
Squalus acanthias 136, 140
Squatina japonica 136, 140
Squatinidae 140
Squatiniformes 136, 140
Squillidae 115
Stalommatophora 94
Staphylococcus 38
Staphylothermus 24
Stegophiura sladeni 127
Stegostoma fasciatum 314
Stegostomatidae 314
Stenella attenuata 167, 319
Stenella coeruleoalba 167, 319
Stenella longirostris 167, 319
Steno bredanensis 166, 319
Stenoglossa 107
Stentor coeruleus 43
Sternaspida 83
Sternaspidae 83
Sternaspis scutata 83
Stetteria 24
Stichopodidae 124, 128, 311
Stichopus chloronotus 311
Stichopus flaccus 311
Stichopus variegatus 311
Stiohopus horrens 311
Stirodonta 127, 312
Stolonifera 76, 308
Stolus buccalis 312
Stomatopoda 115
Stomopneustes variolaris 312
Stomopneustidae 312
Streptococcus 38
Streptomyces 38
Stromateidae 155
Strombacea 91
Strombidae 106, 309
Strombus canarium 106
Strombus lentiginosus 106
Strombus sratrum 106

Strombus vittatus 106
Strongylocentrotidae 127, 312
Strongylocentrotus nudus 127, 312
Styela clava 131
Stylonychia 42, 43
Stylophora spp. 75
Suaeda glauea 66
Suaeda laevissima 66
Suaeda salsa 66
Suaeda ussuriensis 190
Suberites domumcula 70
Suctoria 40, 43
Suctorida 42, 43
Sula leucogaster 162, 317
Sulfolobales 23
Sulidae 162, 317
Surirellaceae 55
Surirella sp. 55
Sycon coronatum 70
Sycon okadai 70
Sycon yatsui 70
Syllidae 81
Symphyllia agaricia 308
Symphyllia radiams 308
Symphyllia recta 308
Symphyocladia latiuscula 51
Synapta maculata 312
Synaptidae 128, 312
Synbranchiformes 150
Syndiniopycidae 56
Synechococcus 236
Synechocystis 236
Syngnathidae 154, 316
Syngnathus acus 154, 316
Synidotea laevidorsalis 115
Syrinodium isoetifolium 65
Tachypleidae 310
Tachypleus gigas 310
Tachypleus tridentatus 112, 310
Taeniura melanospilos 315
Talitridae 115
Tamaricaceae 67
Tamarix chinensis 67
Taurulus bubalis 171
Tegillarca granosa 96, 109
Tegillarca nodifera 109
Teleostomi 142, 152, 316
Tellinida 110
Temnopleuridae 127
Temnopleurus hardwikii 127
Temnopleurus tereumaticus 127
Temnotrema sculptum 127
Tenacibaculum 39
Tentaculata 76, 77
Tenualosa reevesii 152, 316
Terebellida 83
Terebellidae 83
Terebra bellanodosa 108
Terebra maculata 108
Terebra triseriata 85
Terebridae 108
Teredinidae 111
Teredo navalis 111
Tetrabranchia 103, 111, 309
Tetraodontidae 155
Tetraodontiformes 150, 155
Tetrasporales 62
Teuthoidea 104, 111
Thais clavigera 107
Thais luteostoma 107
Thalassia hemprichii 65
Thalassinidea 117
Thalassinoidea 117
Thalassionema frauenfeldii 55
Thalassiosira sp. 55
Thalassiothrix longissima 54, 55
Thalassodendron ciliatum 65
Thalassomonas 35
Thaliacea 131
Thamnaconus hypargyreus 155
Thamnaconus septentrionalis 151, 155
Thecosomata 93
Thelenota ananas 128, 311
Thelenota anax 311
Thenus orientalis 310
Theonella sp. 275
Thermococci 26
Thermodiscus 24
Thermoproteales 23
Thermoprotei 23

Thermoproteus 23
Thermoproteus tenax 24
Thermotogae 27
Thermotogo 28
Thermotogo maritime 28
Thermus 28
Thermus aquaticus 29
Thioalkalicoccus 33
Thiococcus 33
Thioflavicoccus 33
Thiohalocapsa 33
Thiorhodovibrio 33
Thiotrichaceae 34
Thiotrichales 34
Thoracica 114
Threskiornithidae 318
Thunnus albacares 229
Tilopteridales 58
Tintinnida 42, 43
Tintinnopsis 42, 43
Todarodes pacificus 111
Tonna chinensis 107
Tonna olearium 107
Tonna sulcosa 107
Tonniacea 91
Tonnidae 107
Topsentia sp. 275
Torpedinidae 141
Torpediniformes 138, 141
Toxoglossa 92
Toxopneustidae 312
Trachelomonas sp. 61
Trachidermus fasciatus 317
Trachylina 74
Trachypenaeus curvirostris 116
Trachyrhamphus serratus 316
Travisia japonica 83
Trematoda 78
Triakidae 140, 314
Triakis scyllium 140
Tribonema affine 53
Tribonema minus 53
Tribonemataceae 53
Trichiuridae 154
Trichiurus japonicus 154
Trichiurus sp. 229
Tridacna crocea 309
Tridacna derasa 309
Tridacna gigas 110, 309
Tridacna maxima 309
Tridacna squamosa 110, 309
Tridacnidae 110, 309
Trididemnum soltidum 270
Trididenum solidum 275
Trigonaphera bocageana 108
Trigonthracia jinxingae 98
Tringa guttifer 318
Triophidae 109
Tripneustes gratilla 312
Tritodynamia harvathi 119
Tritodynamia intermedia 119
Tritodynamia rathbunae 119
Trochacea 91
Trochidae 105
Trochus niloticus 105
Tryblidioidea 85
Tubipora musica 76, 308
Tubiporidae 76, 308
Turbellaria 77, 79
Turbinaria crater 308
Turbinaria peltata 308
Turbinidae 105
Turbo argyrostomus 106
Turbo chrysostomus 106
Turbo cornutus 105
Turbo marmoratus 106
Turbo petholatus 106
Turridae 108
Turritella bacillum 106
Turritella fortilirata 106
Turritellidae 106
Turritopsis nutricula 74
Tursiops aduncus 166, 319
Tursiops truncatus 166, 319
Typhlocarcinus nudus 118
Typosyllis adamantens kurilensis 81
Typosyllis armillaris 81
Typosyllis fasciata 81
Typosyllis variegate 81
Uca 190

Uca arcuata 119
Ulmaridae 74
Ulothrix flacca 63
Ulotrichales 62
Ulvaceae 63
Ulva conglobata 63
Ulva lactuca 63
Ulvales 62, 63
Ulva linza 64
Ulva pertusa 63
Ulva spp. 91
Undaria pinnatifida 58, 59, 91
Unionoida 97
Upogebia major 117
Upogebia wuhsienweni 117
Upogebiidae 117
Urochordata 130, 313
Urolophidae 315
Urolophus aurantiacus 315
Urotrygon daviesis 315
Urticina felina 75
Uva lactuca 46
Valonia aegagropila 63
Valvatida 312
Vampirovibrio 37
Varunidae 119
Veneridae 110
Veneroida 97, 110
Vermetidae 106
Verrucomicrobia 40
Vertebrata 132, 313
Vibrio 35
Vibrio alginolyticus 36
Vibrio anguillarum 35
Vibrio carchariae 36
Vibrio cholerae 36
Vibrio fischeri 36
Vibrio fluvialis 35
Vibrio harveyi 36
Vibrio ichthyoenteri 36
Vibrio mimicus 36
Vibrionaceae 35
Vibrionales 35
Vibrio parahaemolyticus 36
Vibrio pelagius 35
Vibrio penaeisida 36
Vibrio salmonicida 36
Vibrio vulnificus 36
Viperidae 158
Volutacea 92
Volutidae 108
Volvocales 62, 63
Vorticella similes 43
Vulcanithermus 28
Xanthidae 118
Xanthophyta 47, 53
Xiphosura 310
Zamnichellia palustis 65
Zebrias zebra 150, 155
Zeidae 153
Zeiformes 149, 153
Zeugobranchia 91
Zeus faber 149, 153
Ziphiidae 166, 319
Ziphius cavirostris 166, 319
Zoogloea sp. 253
Zoomastigina 40
Zoothamnium arbuscula 42, 43
Zoroaster carinatus philippinensis 126
Zoroasteridae 126
Zostera caespitosa 65
Zosteraceae 65
Zostera japonica 65
Zostera marina 65

1. 大变形虫 *Amoeba proteus*
2. 砂表壳虫 *Arcella arenaria*
3. 卵形网足虫 *Gromia oviformis*
4. 泡抱球虫 *Globigerina bulloides*
5. 放射太阳虫 *Actinophrys sol*
6. 轴丝光球虫 *Actinosphaerium eichhorni*
7. 透明等棘虫 *Acanthometra pellucidar*
8. 毛板壳虫 *Coleps hirtus*

图版 1

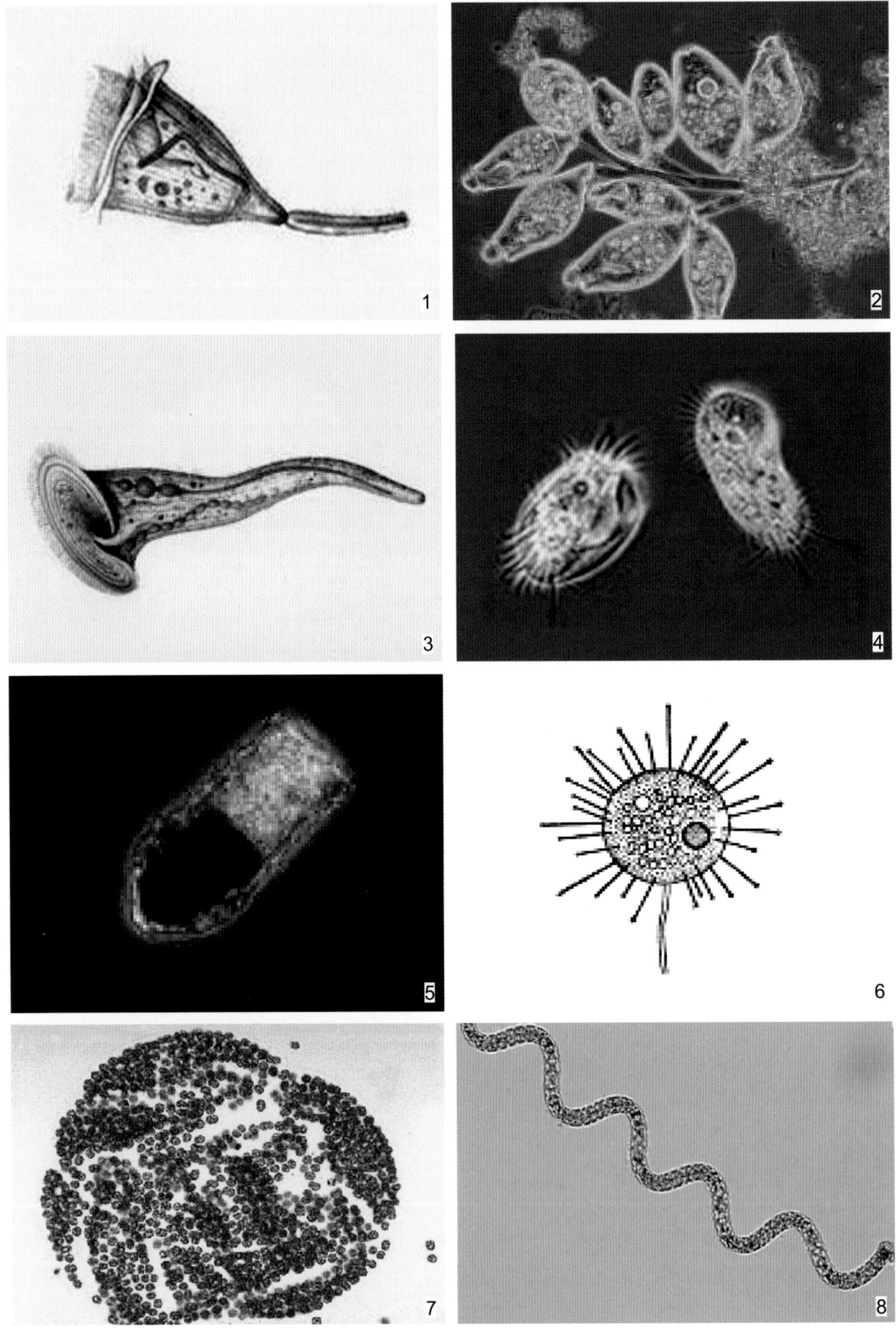

1. 似钟虫 *Vorticella similes*
2. 树状聚缩虫 *Zoothamnium arbuscula*
3. 天蓝喇叭虫 *Stentor coeruleus*
4. 游仆虫属未定种 *Euplotes* sp.
5. 拟铃虫属未定种 *Tintinnopsis* sp.
6. 固着吸管虫 *Podophrya fixa*
7. 铜锈微囊藻 *Microcystis aeruginosa*
8. 钝顶螺旋藻 *Spirulina platensis*（蒋霞敏提供）

图版 2

1. 条斑紫菜 *Porohyra yezoensis*（蒋霞敏提供）
2. 坛紫菜 *P. haitanensis*（蒋霞敏提供）
3. 大石花菜 *Gelidium pacificum*（蒋霞敏提供）
4. 鸡毛菜 *Pterocladia tenuis*（蒋霞敏提供）
5. 蜈蚣藻 *Grateloupia filicina*（蒋霞敏提供）
6. 海萝 *Gloeopeltis furcata*（蒋霞敏提供）
7. 拟厚膜藻 *Pachymeniosis elliptica*（蒋霞敏提供）
8. 厚膜藻 *Pachymenia carnosa*（蒋霞敏提供）

图版 3

1. 珊瑚藻 *Corallina officinalis* （蒋霞敏提供）
2. 叉枝藻属未定种 *Gymnogongrus* sp.（蒋霞敏提供）
3. 麒麟菜属未定种 *Eucheuma* sp.（蒋霞敏提供）
4. 龙须菜 *Gracilaria lemaneiformis*(蒋霞敏提供)
5. 金膜藻 *Chrysymenia wrightii*（蒋霞敏提供）
6. 粗枝软骨藻 *Chondria crassicaulis*（蒋霞敏提供）
7. 鸭毛藻 *Symphyocladia Latiuscula*（蒋霞敏提供）
8. 凹顶藻属未定种 *Laurencia* sp.（蒋霞敏提供）

图版 4

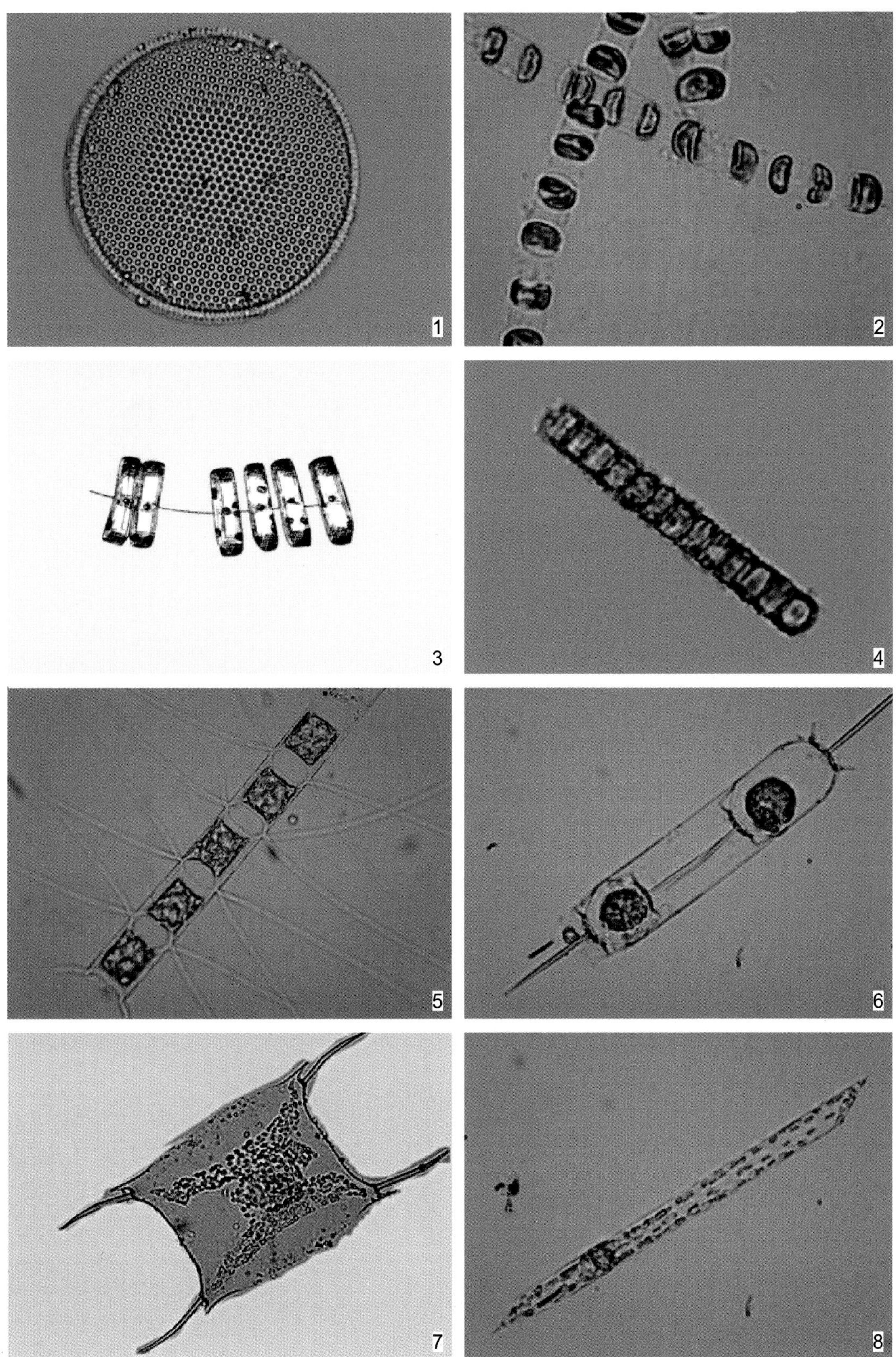

1. 线形圆筛藻 *Coscinodisus lineatus*（蒋霞敏提供）
2. 中肋骨条藻 *Skeletonema costatum*（蒋霞敏提供）
3. 海链藻属未定种 *Thalassiosira* sp.
4. 直链藻属未定种 *Melosira* sp.（蒋霞敏提供）
5. 并基角毛藻 *Chaetoceros decipiens*（蒋霞敏提供）
6. 布氏双尾藻 *Ditylum brightwellii*（蒋霞敏提供）
7. 中华盒形藻 *Biddulphia sinensis*（蒋霞敏提供）
8. 笔尖形根管藻 *Rhizosolenia styliformis*（蒋霞敏提供）

图版 5

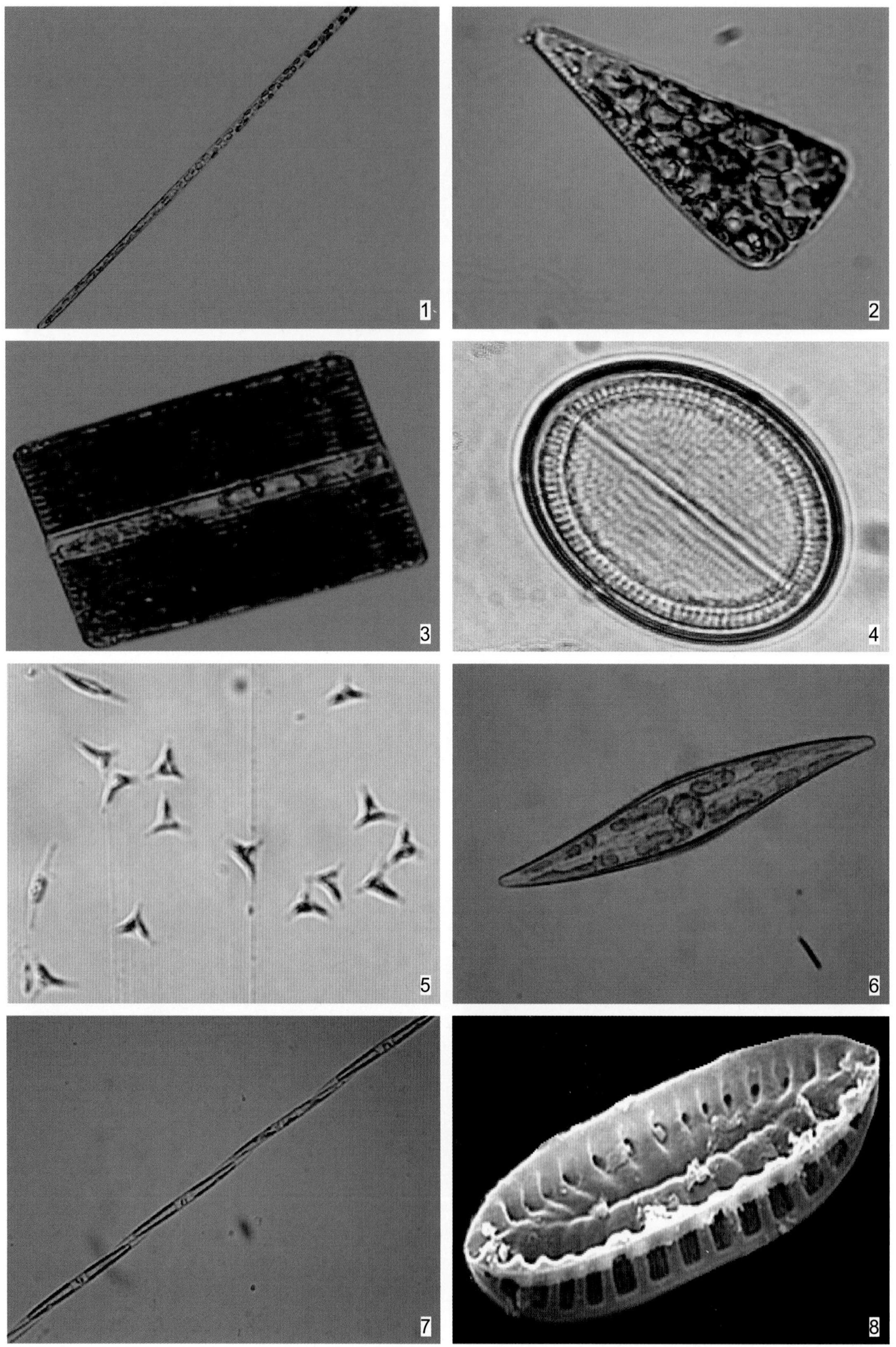

1. 长海毛藻 *Thalassiothrix longissima*（蒋霞敏提供）
2. 短纹楔形藻 *Licmophora abbreviata*（蒋霞敏提供）
3. 亚得里亚海杆线藻 *Rhabdonema adriaticum*（蒋霞敏提供）
4. 卵形藻属未定种 *Cocconeis* sp.（蒋霞敏提供）
5. 三角褐指藻 *Phaeodactylum tricornutum*（蒋霞敏提供）
6. 舟形藻属未定种 *Navicula* sp.（蒋霞敏提供）
7. 尖刺拟菱形藻 *Pseudonitzschia pungens*（蒋霞敏提供）
8. 双菱藻属未定种 *Surirella* sp.

图版 6

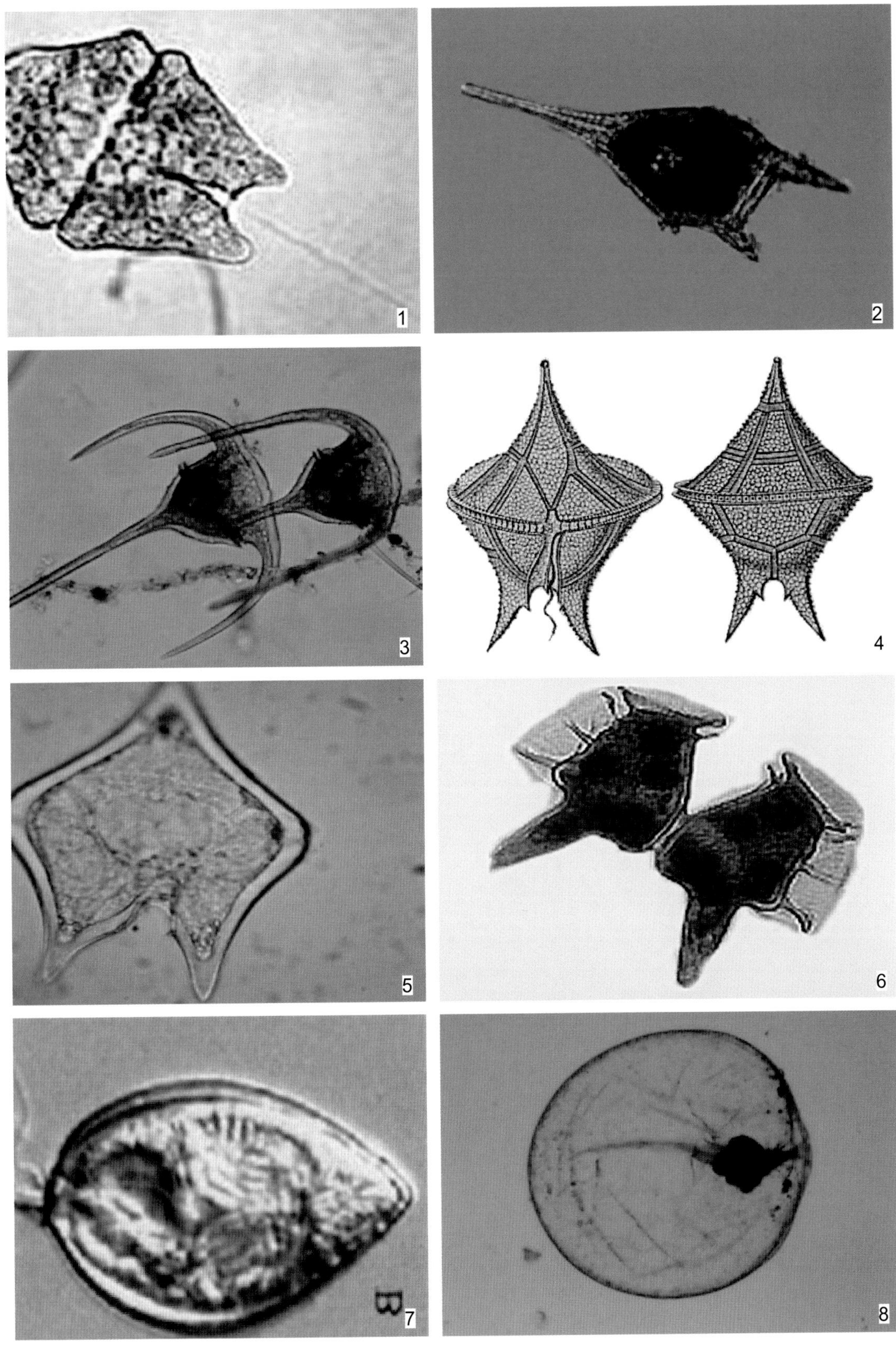

1. 裸甲藻属未定种 *Gymnodinium* sp.
2. 叉角藻 *Ceratium furca*（蒋霞敏提供）
3. 三角角藻 *C. tripos*（蒋霞敏提供）
4. 大多甲藻 *Peridinium grande*（蒋霞敏提供）
5. 海洋多甲藻 *P. oceanicum*（蒋霞敏提供）
6. 具尾鳍藻 *Dinophysis caudata*（蒋霞敏提供）
7. 闪光原甲藻 *Prorocentrum micans*
8. 夜光藻 *Noctiluca scintillans*（蒋霞敏提供）

图版 7

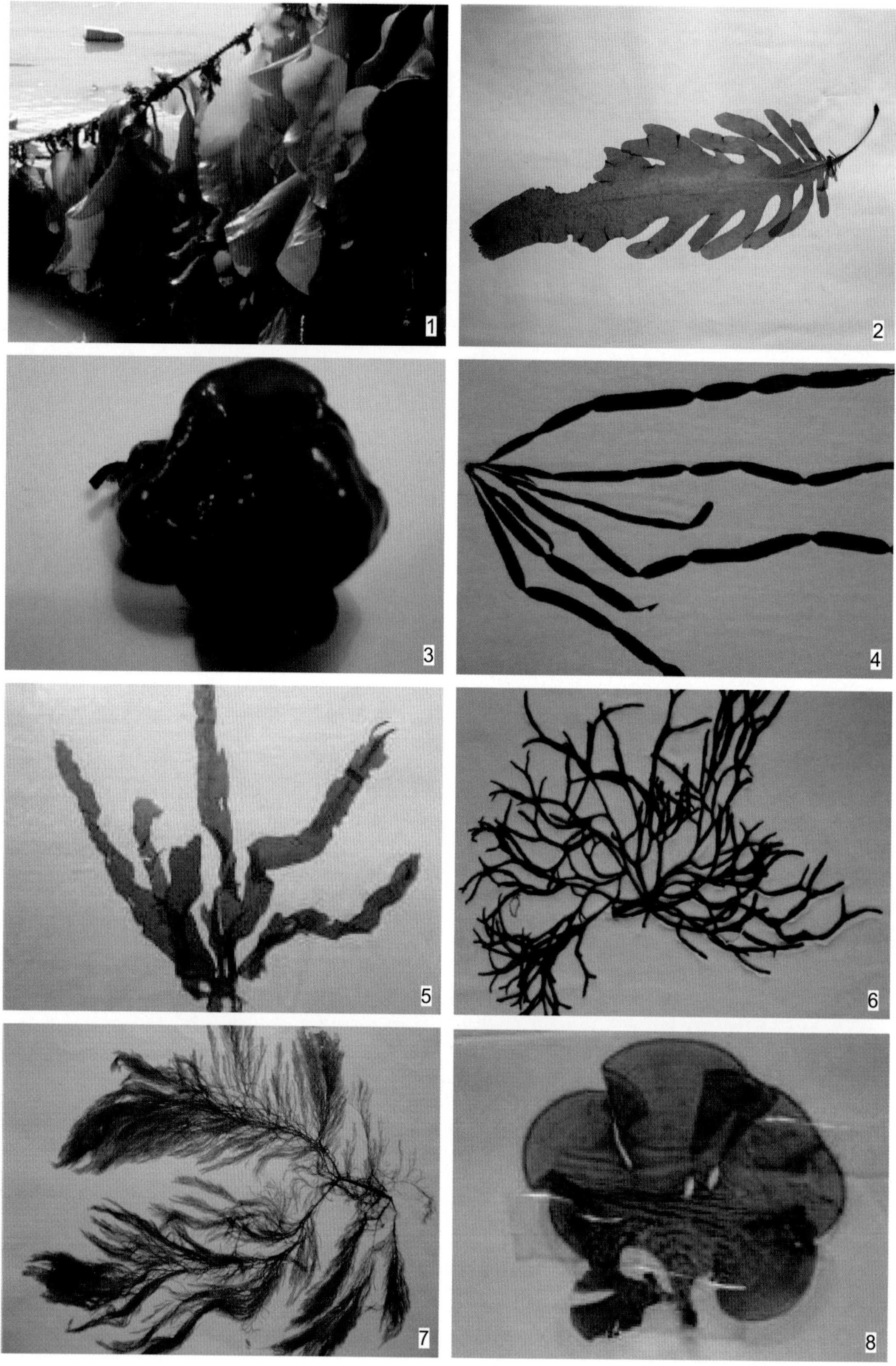

1. 海带 *Laminaria japonica*（蒋霞敏提供）
2. 裙带菜 *Undaria pinnatifida*（蒋霞敏提供）
3. 囊藻 *Colpomenia sinuosa*（蒋霞敏提供）
4. 萱藻 *Scytosihon lomentarius*（蒋霞敏提供）
5. 鹅肠菜 *Endarachne binghamiae*（蒋霞敏提供）
6. 铁钉菜 *Ishige okamurai*（蒋霞敏提供）
7. 酸藻 *Desmarestiales viridis*（蒋霞敏提供）
8. 大团扇藻 *Padina crassa*（蒋霞敏提供）

图版 8

1. 网地藻 *Dictyota dichotoma*（蒋霞敏提供）
2. 叉开网翼藻 *Dictyopteris divaricata*（蒋霞敏提供）
3. 厚缘藻 *Dilophus okamurai*（蒋霞敏提供）
4. 鹿角菜 *Silvetia siliquosa*（蒋霞敏提供）
5. 瓦氏马尾藻 *Sargassum vachellianum*（蒋霞敏提供）
6. 鼠尾藻 *S. thunbergii*（蒋霞敏提供）
7. 铜藻 *S. horneri*（蒋霞敏提供）
8. 羊栖菜 *Hizikia fusiforme*（蒋霞敏提供）

图版 9

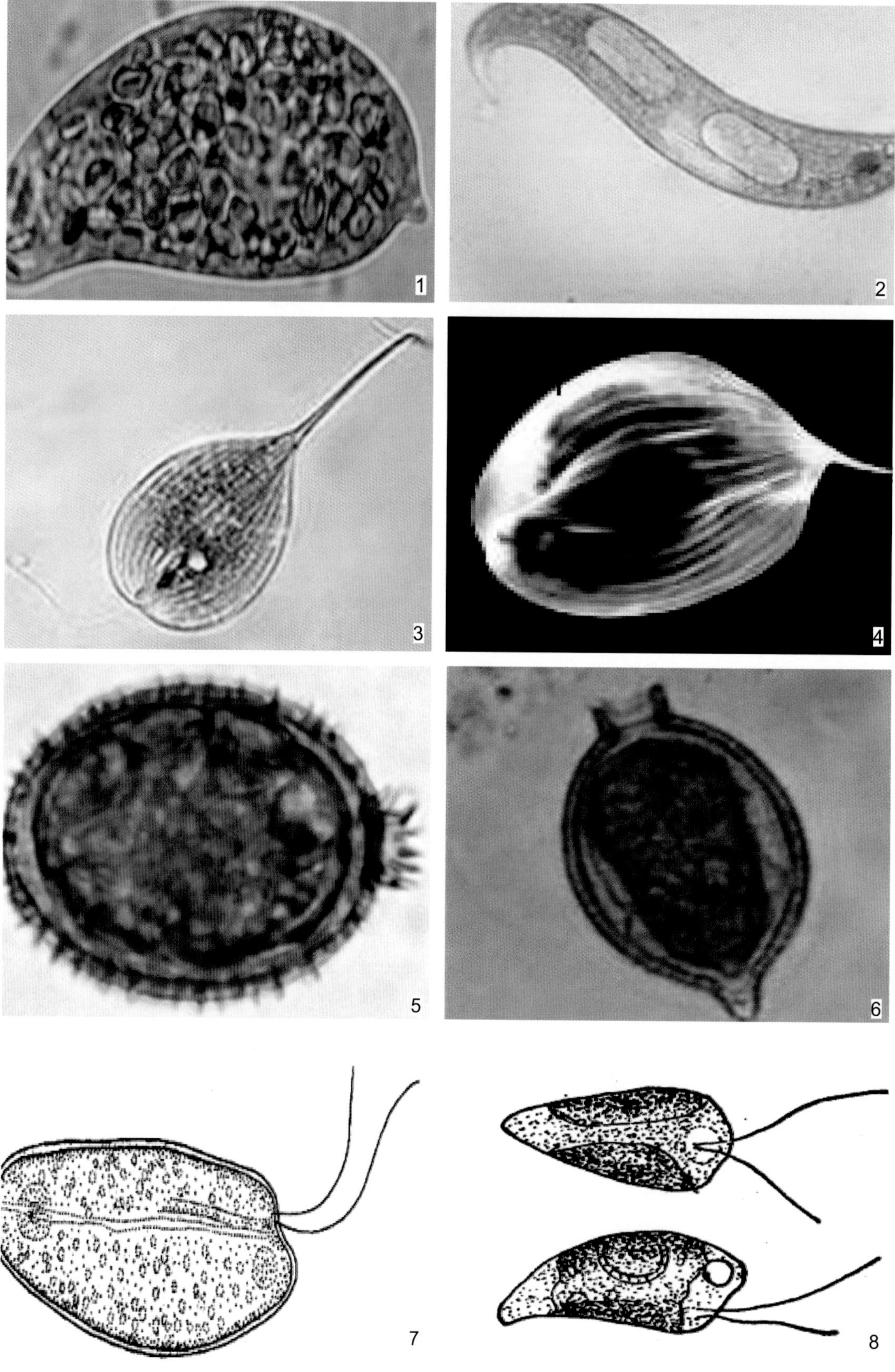

1. 裸藻属未定种 *Euglena* sp.
2. 裸藻属未定种 *E.* sp.
3. 扁裸藻属未定种 *Phacus* sp.
4. 扁裸藻属未定种 *P.* sp.
5. 囊裸藻属未定种 *Trachelomonas* sp.
6. 囊裸藻属未定种 *T.* sp.
7. 卵形隐藻属未定种 *Cryptomonas ovata*
8. 蓝隐藻属未定种 *Chroomonas* sp.

图版 10

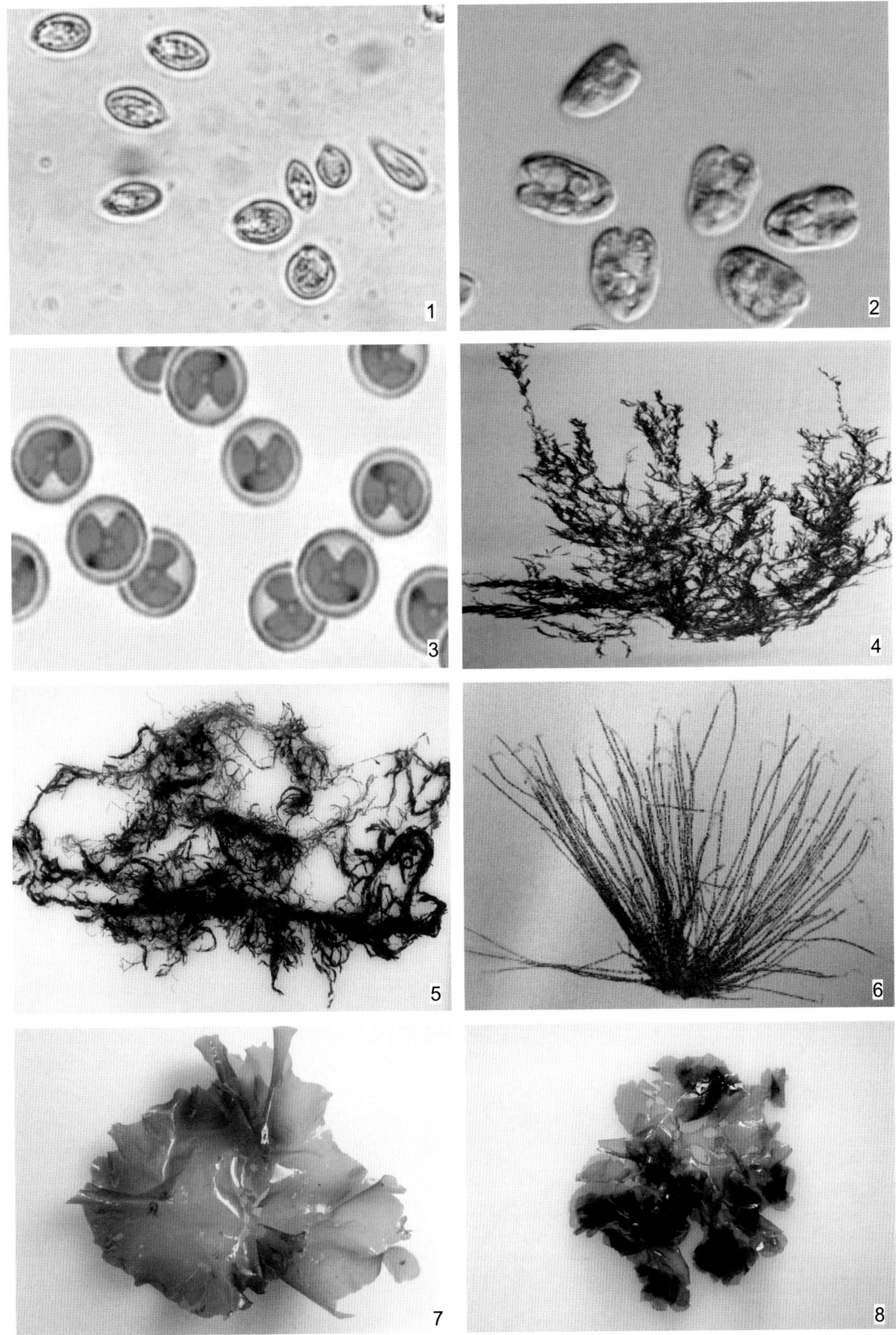

1. 杜氏盐藻 *Dunaliella salina*（蒋霞敏提供）
2. 心形扁藻 *Platymonas subcordiformis*（蒋霞敏提供）
3. 蛋白核小球藻 *Chlorella puenoidosa*（蒋霞敏提供）
4. 膨胀刚毛藻 *Cladophora utriculosa*（蒋霞敏提供）
5. 绢丝刚毛藻 *C. stimpsonii*（蒋霞敏提供）
6. 中间硬毛藻 *Chaetomorpha media*（蒋霞敏提供）
7. 石莼 *Ulva lactuca*（蒋霞敏提供）
8. 花石莼 *U. conglobata*（蒋霞敏提供）

图版 11

1. 孔石莼 *Ulva pertusa*（蒋霞敏提供）
2. 肠浒苔 *Enteromorpha intestinalis*（蒋霞敏提供）
3. 缘管浒苔 *E. linza*（蒋霞敏提供）
4. 礁膜 *Monostroma nitidum*（蒋霞敏提供）
5. 软丝藻 *Ulothrix flacca*
6. 羽藻 *Bryopsis lumose*（蒋霞敏提供）
7. 刺松藻 *Codium fragile*（蒋霞敏提供）
8. 法囊藻 *Valonia aegagropila*

图版 12

1. 海菖蒲 *Enhalus acoroides*
2. 喜盐草 *Halophila ovalis*
3. 盐角草 *Salicornia europaea*
4. 盐地碱蓬 *Suaeda salsa*
5. 二色补血草 *Limonium bicolor*
6. 芦苇 *Phragmites australis*（蒋霞敏提供）
7. 秋茄 *Kandelia candel*（徐永健提供）
8. 木榄 *Bruguiera gymnorrhiza*

图版 13

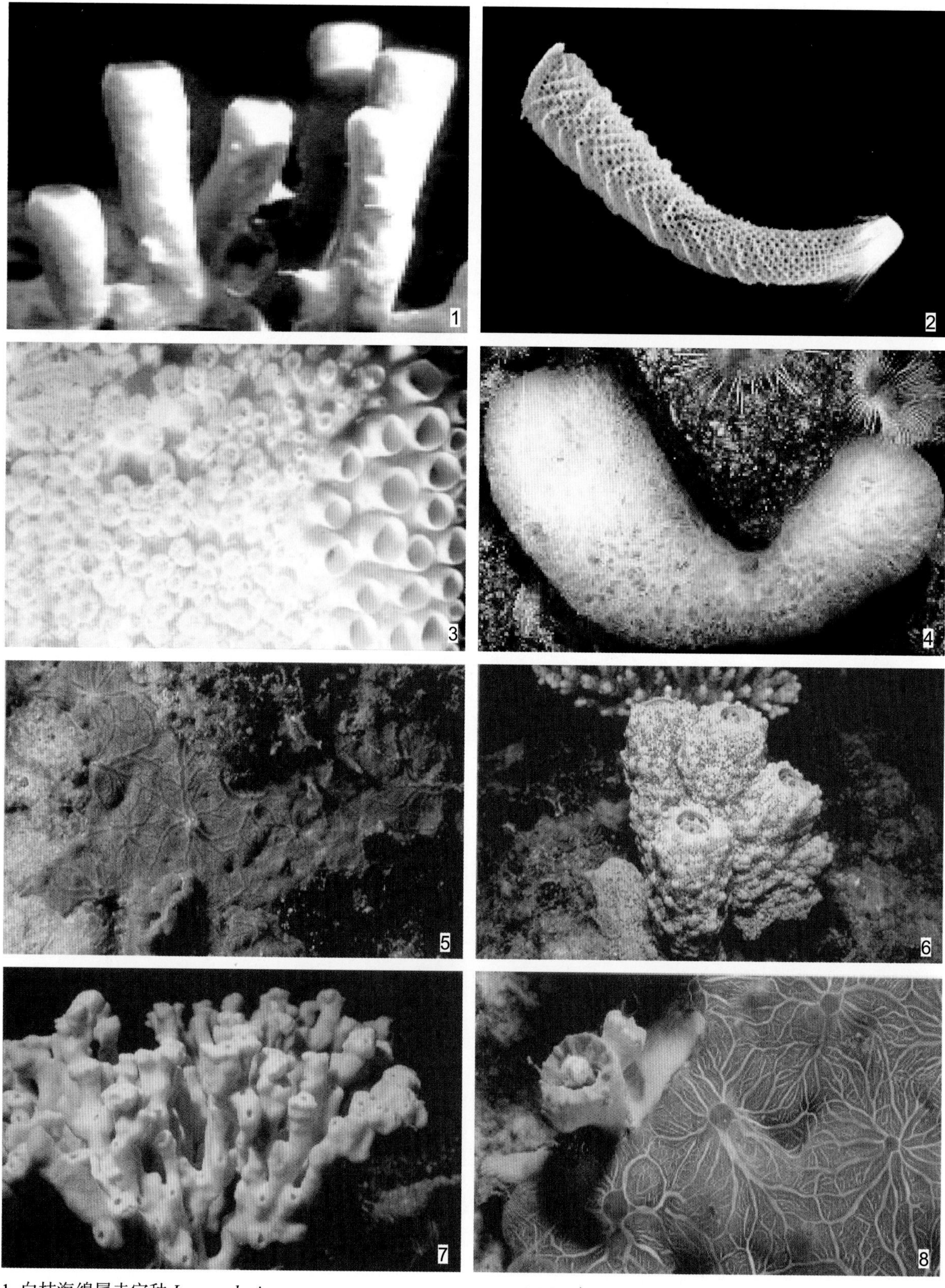

1. 白枝海绵属未定种 *Leucosolenia* sp.
2. 偕老同穴属未定种 *Euplectella* sp.
3. 穿贝海绵 *Cliona celata*
4. 蜂海绵属未定种 *Haliclona* sp.（引自 Terrence et al, 1996）
5. 刺指海绵属未定种 *Echinochalina* sp.（引自 Terrence et al, 1996）
6. 颗粒管海绵属未定种 *Liosina granularis*（引自 Terrence et al, 1996）
7. 联体笛海绵属未定种 *Auletta* sp.（引自 Terrence et al, 1996）
8. 网脉格海绵 *Clathria mima*（引自 Terrence et al, 1996）

图版 14

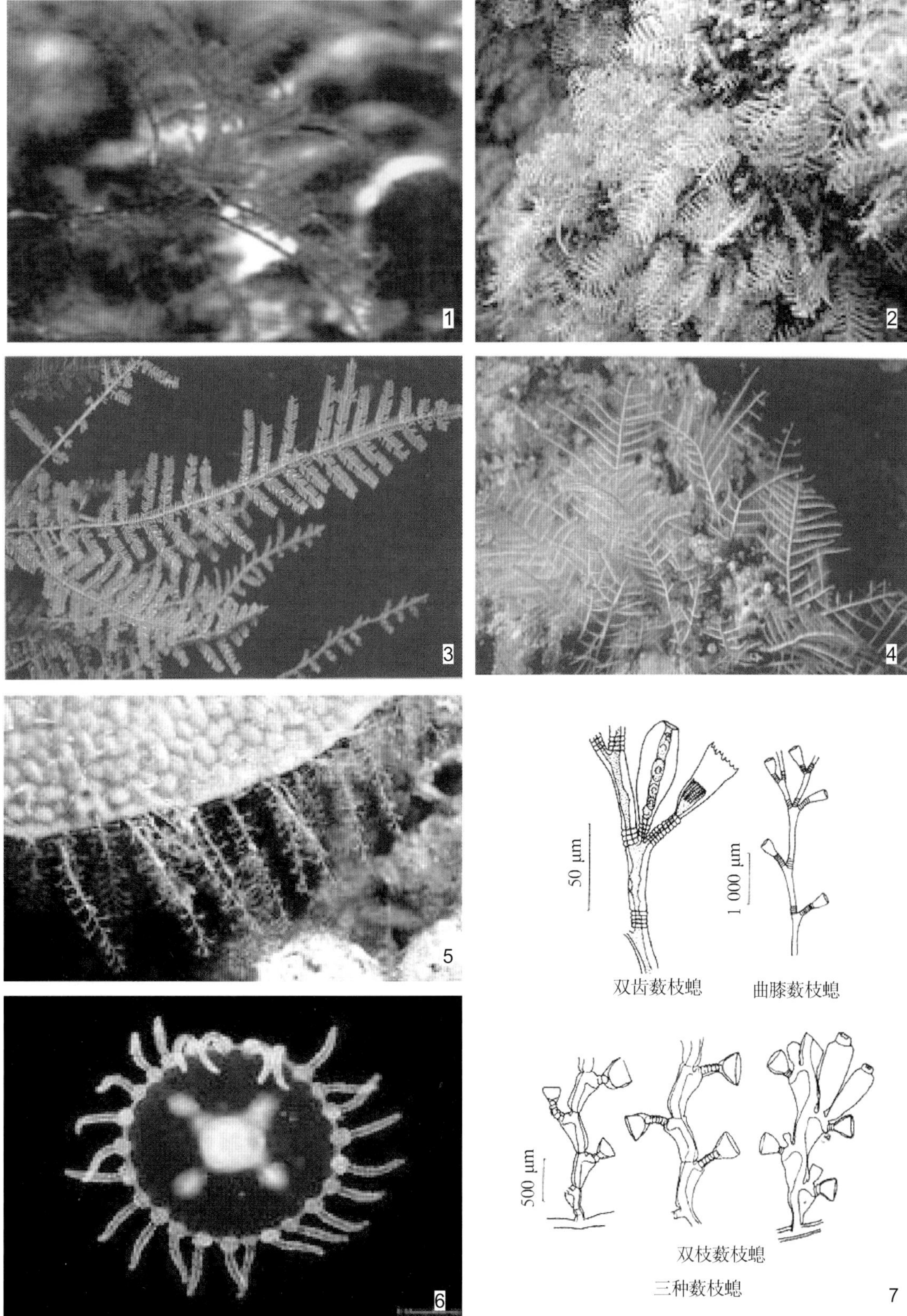

1. 曲膝薮枝螅 *Obelia geniculata*
2. 薮枝螅属未定种 *Obelia* sp.
3. 柏美羽螅 *Aglaophenia cupressina*（引自 Terrence et al, 1996）
4. 细茎裸果羽螅 *Gymnangium gracilicaulis*（引自 Terrence et al, 1996）
5. 真枝螅属未定种 *Eudendrium* sp.
6. 薮枝螅属未定种 *Obelia* sp.（水母型，示其消化体系）
7. 三种薮枝螅比较简图

图版 15

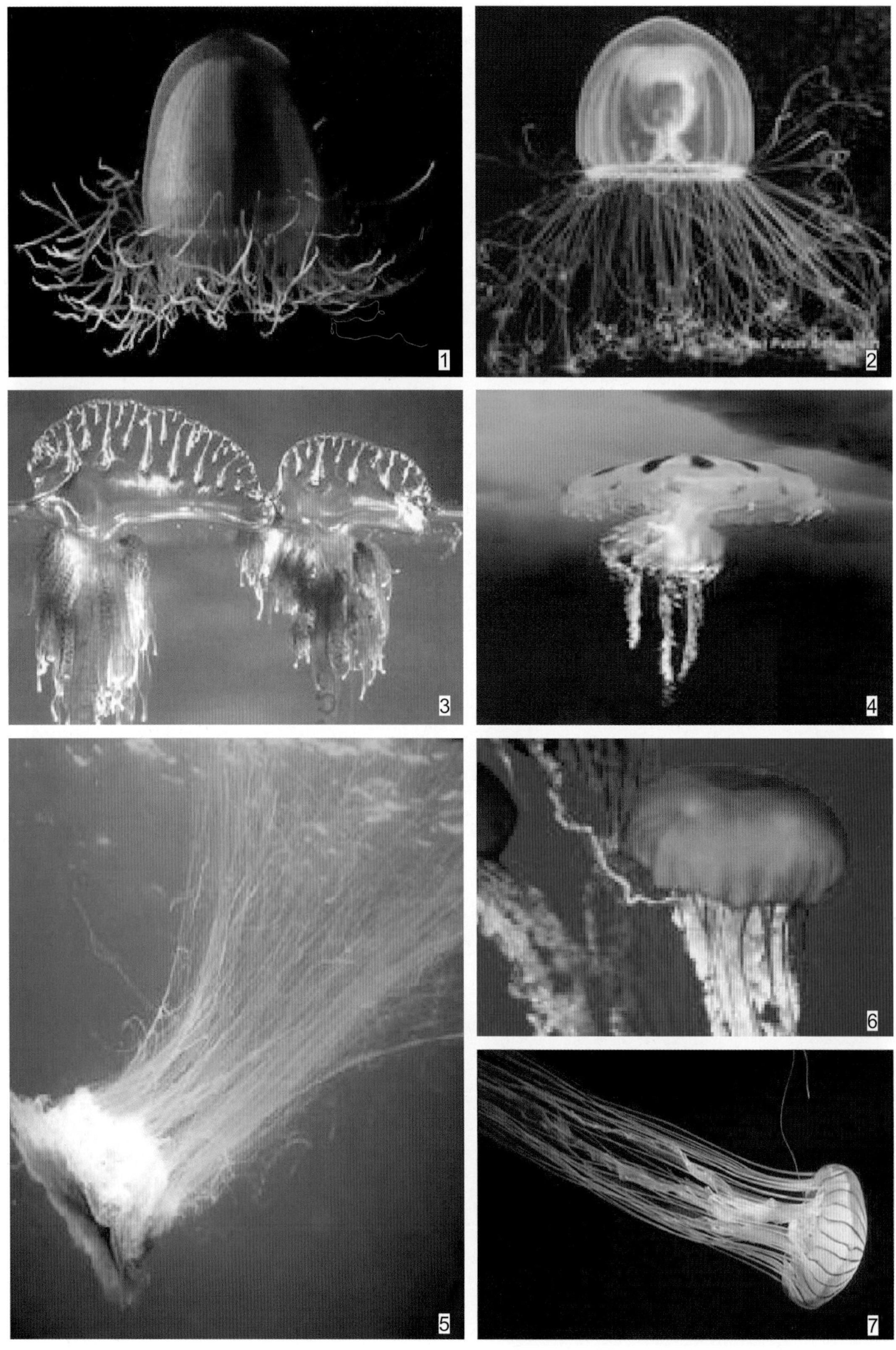

1. 红色水母 *Crossota norvegica*
2. 灯塔水母 *Turritopsis nutricula*
3. 尖角水母属未定种 *Eudoxoides* sp.
4. 僧帽水母 *Physalia physalis*
5. 发水母属未定种 *Phacellophora* sp.
6. 棕色霞水母 *Cyanea ferruginea*
7. 北极霞水母 *C. arctica*

图版 16

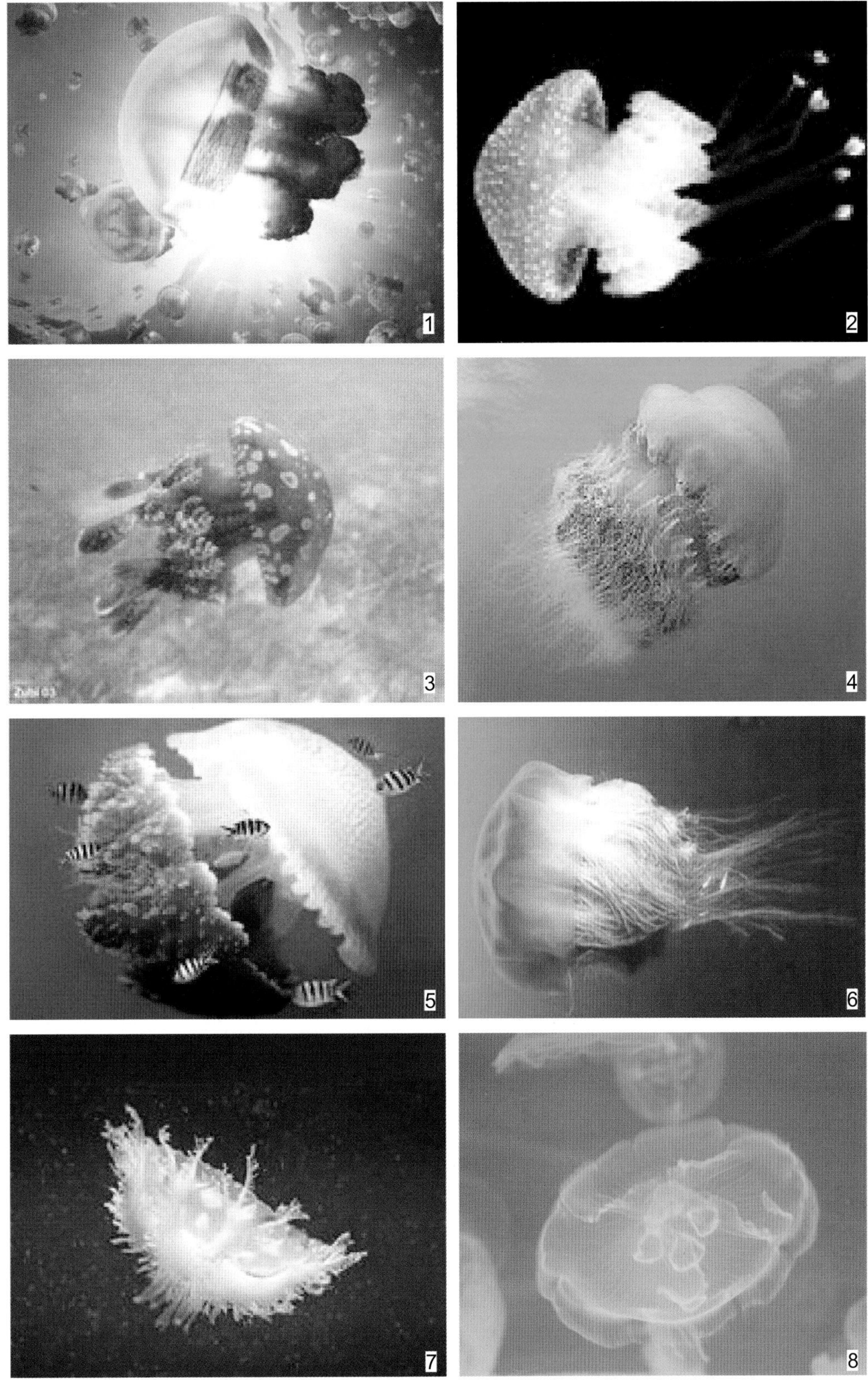

1. 海蜇 *Rhopilema esculentum*
2. 珍珠水母 *Phyllorhiza punctata*
3. 巴布亚硝水母 *Mastigias papua*
4. 沙海蜇 *Nemopilema nomurai*
5. 马赛克水母 *Catostylus mosaicus*
6. 狮鬃水母 *Cyanea capillata*
7. 朝天水母 *Cassiopeia frondosa*
8. 海月水母 *Aurelia aurita*（李太武提供）

图版 17

1. 管形海葵属未定种 *Cerianthids* sp.
2. 绿海葵 *Sagartia leucolena*
3. 螺旋触手海葵 *Macrodactyla* cf. *doreensis*
4. 樱花海葵 *Urticina felina*
5. 绣球海葵 *Metridium senile*
6. 等指海葵 *Actinia equine*
7. 莲花海葵 *Andresia parthenopea*
8. 绿疣海葵 *Anthopteura midori*

图版 18

1~7. 杯形珊瑚属 *Pocillopora* spp.
8. 多曲杯形珊瑚 *P. meandrian*

图版 19

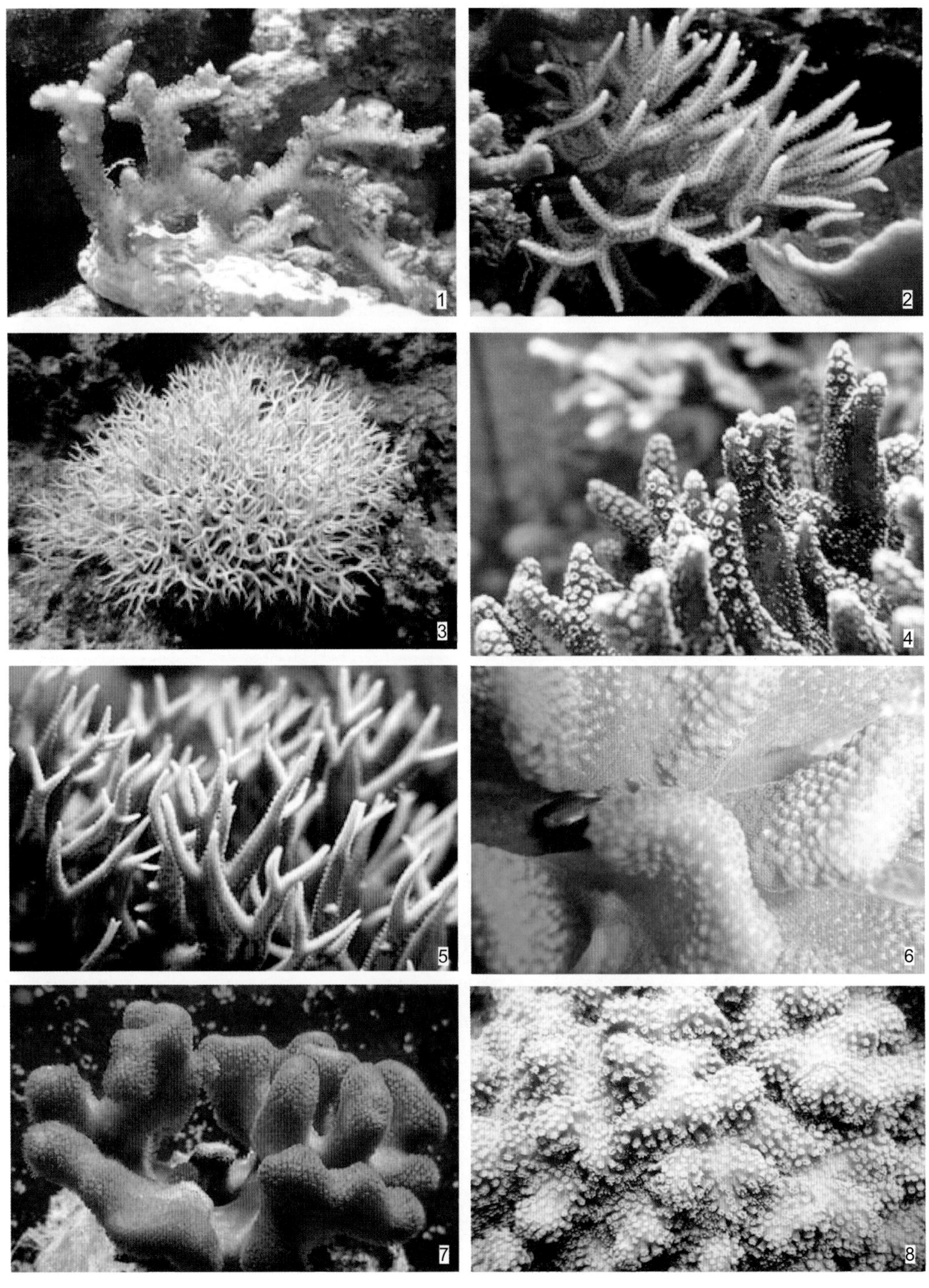

1~5. 排孔珊瑚属 *Seriatopora* spp.
6~8. 柱形珊瑚属 *Stylophora* spp.

图版 20

1~6. 蔷薇珊瑚属 *Montipora* spp.

7. 星孔珊瑚属未定种 *Astreopora* sp.

8. 多星孔珊瑚 *A. myriophthalma*

图版 21

1~7. 鹿角珊瑚属 *Acropora* spp.
2. 鹿角花珊瑚 *A. nobilis*

图版 22

1,2. 圆饼珊瑚属 *Cycloseris* spp.
3~5. 双列珊瑚属 *Diaseris* spp.
6~8. 石芝珊瑚属 *Fungia* spp.

图版 23

1~3. 绕石珊瑚属 *Herpolitha* spp.
4~6. 多叶珊瑚属 *Polyphyllia* spp.
7, 8. 履形珊瑚属 *Sandalolitha* spp.

图版 24

1, 2. 帽状珊瑚属 *Halomitra* spp.

3, 4. 足柄珊瑚属 *Podabacia* spp.

5. 壳形足柄珊瑚 *P. crustacean*

6~8. 石叶珊瑚属 *Lithophyllon* spp.

图版 25

1~3. 牡丹珊瑚属 *Pavona* spp.

4~6. 厚丝珊瑚属 *Pachyseris* spp.

7, 8. 角珊瑚（黑珊瑚）属 *Antipatharia* spp.

图版 26

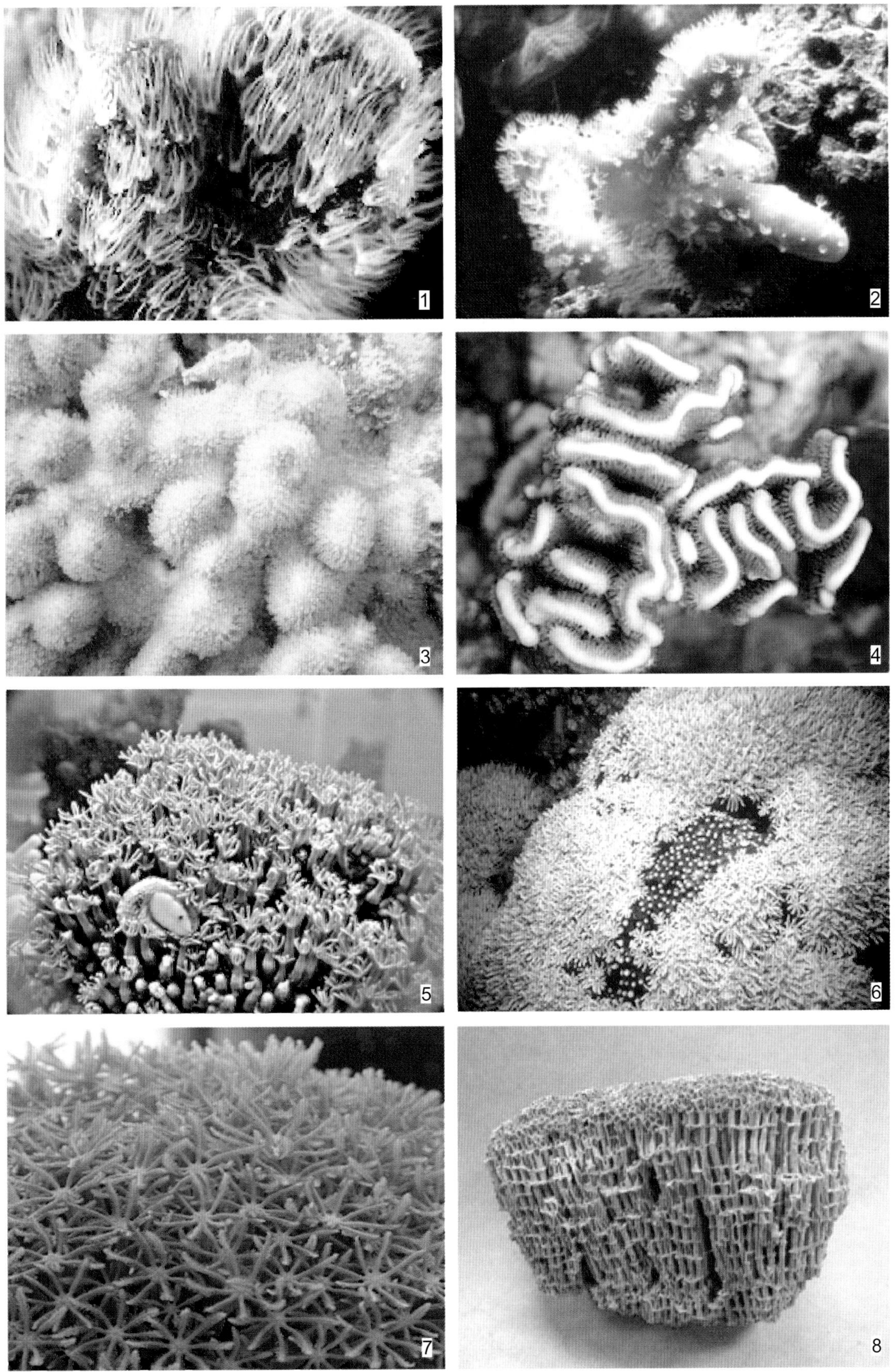

1~4. 苍珊瑚（蓝珊瑚）属 *Heliopora* spp.

5~7. 笙珊瑚 *Tubipora musica*

8. 笙珊瑚的骨骼

图版 27

1~8. 软珊瑚目 Alcyonacea
2. 肉质软珊瑚属未定种 *Sarcophyton* sp.
3. 棘穗软珊瑚属未定种 *Dendronephthya* sp.
5. 聚集豆荚软珊瑚 *Lobophytum mirabile*
6. 豆荚软珊瑚属未定种 *L.* sp.
7. 肉质豆荚软珊瑚 *L. sarcophytoides*
8. 冠指软珊瑚 *Sinularia pavida*

图版 28

1. 扁小尖柳珊瑚 *Muricella sibogae*
2. 鳞海底柏 *Melithaea squamata*
3~6. 柳珊瑚属 *Gorgonian* spp.
7, 8. 日本红珊瑚 *Corallium japonium*

图版 29

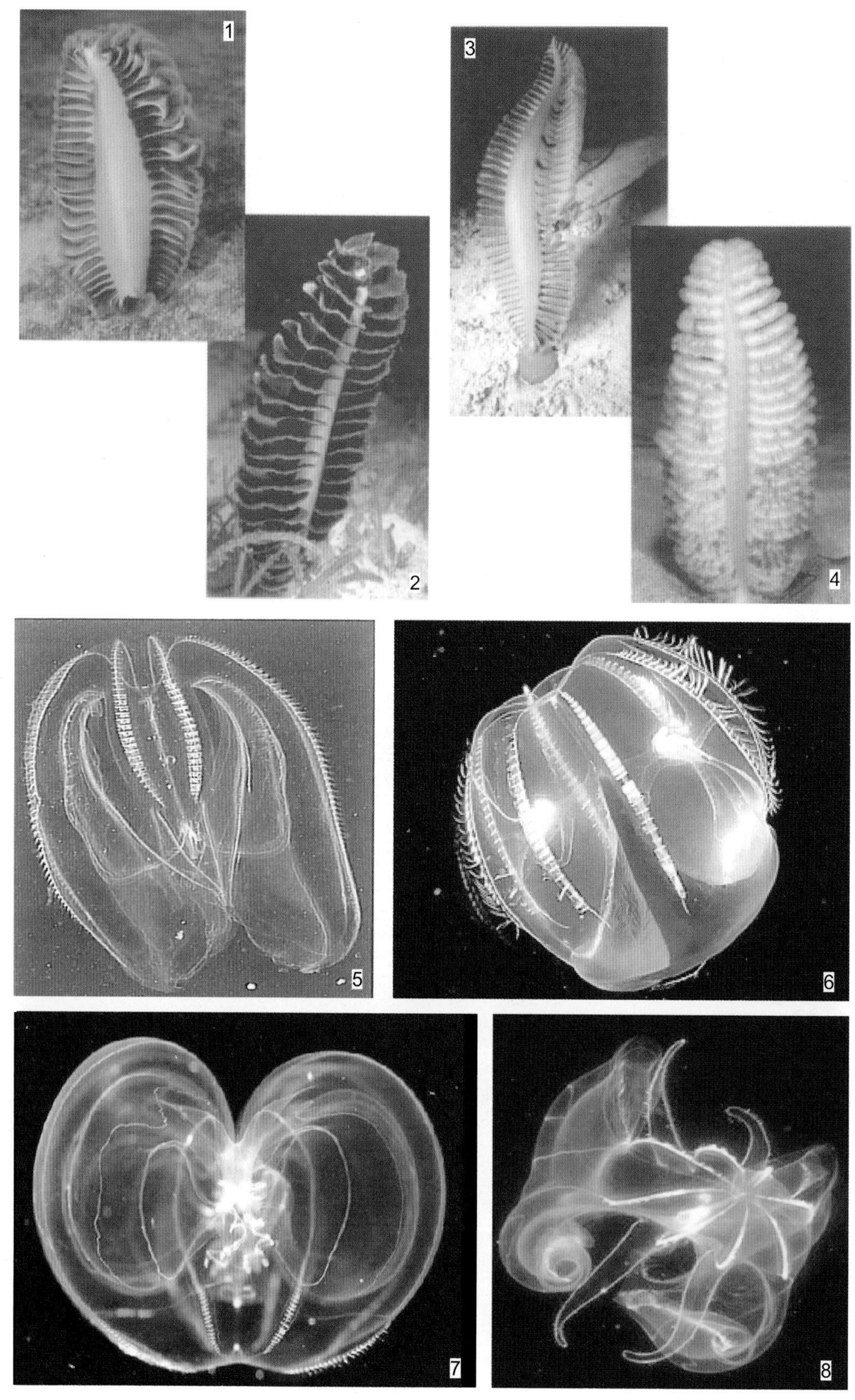

1~4. 磷海鳃（海笔）*Pennatula phosphorea*

5. 淡海栉水母 *Mnemiopsis leidyi*（引自 Castro and Huber, 2003）

6, 7. 球型侧腕水母 *Pleurobranchia globosa*

8. 叶状栉水母 *Bathycyroe fosteri*

图版 30

1. 缘美涡虫 *Callioplana marginata*
2. 寡盂对平角涡虫 *Paraplanocera oligoglena*
3. 双边伪角涡虫 *Pseudoceros bimarginatus*
4. 铁锈色伪角涡虫 *P. ferrugineus*
5. 黄斑海毛虫 *Chloeia flava*
6. 棕色海毛虫 *C. fusca*
7. 梯斑海毛虫 *C. parva*
8. 脆毛虫 *Pherecardia striata*

图版 31

1. 红条毛肤石鳖 *Acanthochiton rubrolineatus*（王一农提供）
2. 日本花棘石鳖 *Acanthoplura japonica*（王一农提供）
3. 嫁䗩 *Cellana toreuma*（王一农提供）
4. 皱纹盘鲍 *Haliotis discus hannai*（王一农提供）
5. 史氏背尖贝 *Notoacmea schrenckii*（王一农提供）
6. 杂色鲍 *H. diversicolor*（王一农提供）
7. 大马蹄螺 *Trochus niloticus*（王一农提供）
8. 锈凹螺 *Chlorostoma rustica*（王一农提供）

图版 32

1. 角蝾螺 *Turbo cornutus*（王一农提供）
2. 渔舟蜒螺 *Nertia albicilla*（王一农提供）
3. 粒结节滨螺 *Nodilittorina radiata*（王一农提供）
4. 珠带拟蟹守螺 *Cerithidea cingulata*（王一农提供）
5. 覆瓦小蛇螺 *Serpulorbis imbricata*（王一农提供）
6. 大轮螺 *Architectonica maxima*（王一农提供）
7. 阿文绶贝 *Mauritia arabica*（王一农提供）
8. 货贝 *Monetaria moneta*（王一农提供）

图版 33

1. 中国鹑螺 *Tonna chinensis*（王一农提供）
2. 沟鹑螺 *T. sulcosa*（王一农提供）
3. 脉红螺 *Rapana venosa*（王一农提供）
4. 罫纹笋螺 *Terebra maculata*（王一农提供）
5. 泥螺 *Bullacta exarata*（王一农提供）
6. 日本菊花螺 *Siphonaria japonica*（王一农提供）
7. 泥蚶 *Tegillarca granosa*（王一农提供）
8. 毛蚶 *Scapharca subcrenata*（王一农提供）

图版 34

1. 粒帽蚶 *Cucullaea labiata*（王一农提供）
2. 衣蚶蜊 *Glycymeris vestita*（王一农提供）
3. 厚壳贻贝 *Mytilus coruscus*（王一农提供）
4. 翡翠股贻贝 *Perna viridis*（王一农提供）
5. 栉孔扇贝 *Chlamys farreri*（王一农提供）
6. 合浦珠母贝 *Pinctada fucata martensii*（王一农提供）
7. 中国不等蛤 *Anomia chinensis*（王一农提供）
8. 海月 *Placuna placenta*（王一农提供）

图版 35

1. 僧帽囊牡蛎 *Saccostrea cucullata*（王一农提供）
2. 棘刺牡蛎 *S. echinata*（王一农提供）
3. 文蛤 *Meretrix meretrix*（王一农提供）
4. 西施舌 *Coelomactra antiquata*（王一农提供）
5. 彩虹明樱蛤 *Moerella iridescens*（王一农提供）
6. 大角贝 *Fissidentalium vernedei*（王一农提供）
7. 船蛸 *Argonauta argo*（王一农提供）
8. 锦葵船蛸 *A. hians*（王一农提供）

图版 36

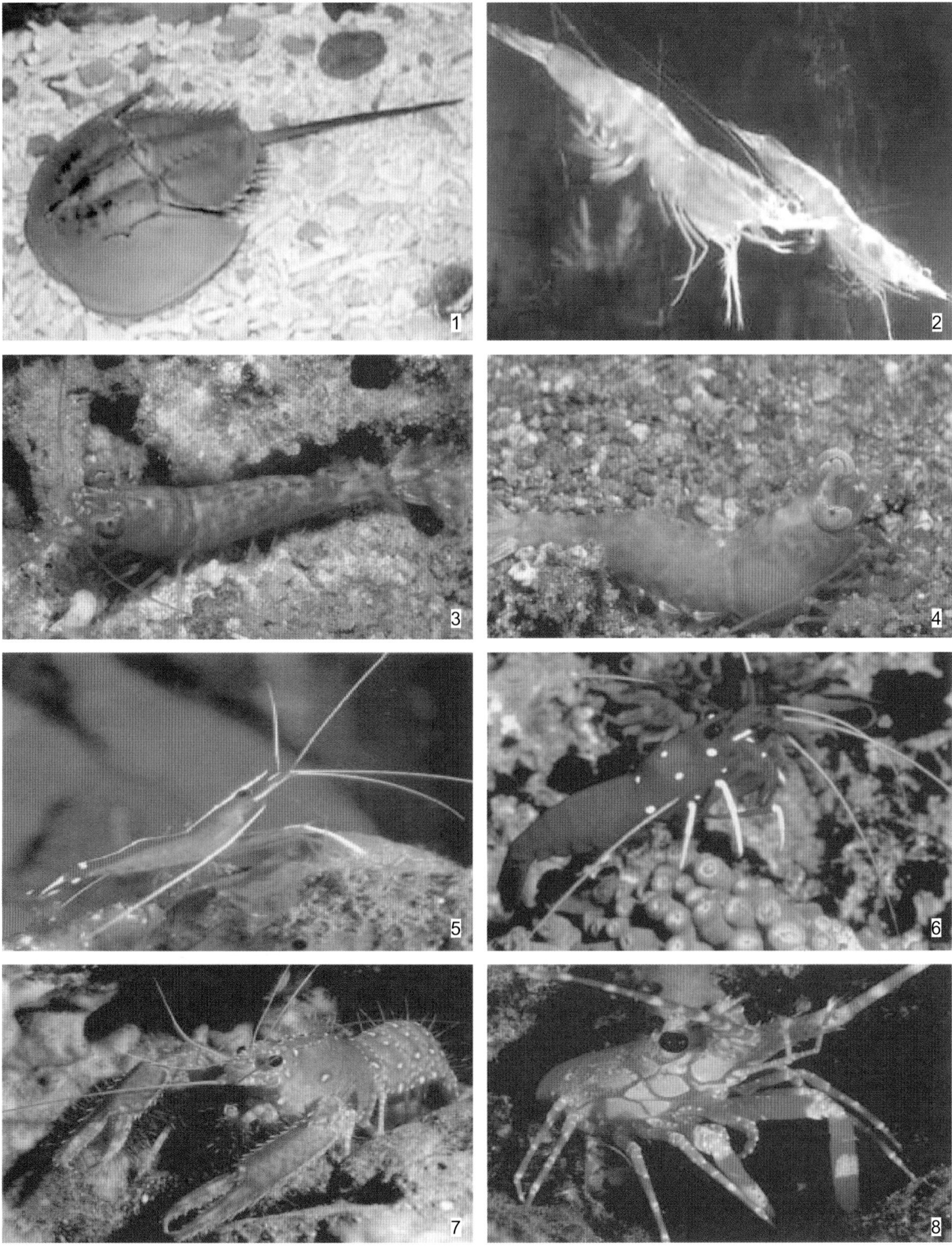

1. 中国鲎 *Tachypleus tridentatus*
2. 中国明对虾 *Fenneropenaeus chinensis*
3. 赤虾属未定种 *Metapenaeopsis* sp.
4. 赤虾属未定种 *M.* sp.
5. 安波鞭腕虾 *Lysmata amboinensis*
6. 锯齿鞭腕虾 *L. debelius*
7. 西方礁螯虾 *Enoplometops occidentalis*
8. 长臂正龙虾 *Justitia longimanus*

图版 37

1. 杂色龙虾 *Panulirus versicolor*
2. 锦绣龙虾 *P. ornatus*
3. 椰子蟹 *Birgus latro*
4. 方腕寄居蟹 *Pagurus ochotensis*
5. 格雷陆方蟹 *Geograpsus grayi*
6. 褶痕厚纹蟹 *Pachygrapsus plicatus*
7. 双齿相手蟹 *Sesarma*（*Chiromantes*）*bidens*
8. 长趾方蟹 *Grapsus longitarsis*

图版 38

1. 下齿爱洁蟹 *Atergatopsis subdentatus*
2. 红斑瓢蟹 *Carpilius maculatus*
3. 紫斑光背蟹 *Lissocarcinus orbicularis*
4. 伊氏海蜘蛛 *Anoplodactylus evansi*
5. 蓝指海星 *Linckia laevigata*
6. 新飞地海星 *Neoferdina cumingi*
7. 刺蛇尾属未定种 *Ophiothrix* sp.
8. 美妙刺蛇尾 *O. nereidina*

图版 39

1. 囊海胆 *Asthenosoma varium*
2. 石笔海胆 *Heterocentrotus mammilatus*
3. 卵圆斜海胆 *Echinoneus cyclostomus*
4. 长海胆 *Echinometra mathaei mathaei*
5. 皇家光滑羽枝 *Liparometra regalis*
6. 掌丽羽枝 *Lamprometra palmata palmata*
7. 梅花参 *Thelenota ananas*
8. 仿刺参 *Apostichopus japonicus*

图版 40

1. 柄海鞘 *Styela clava*（王一农提供）
2. 日本七鳃鳗 *Lampetra japonica*
3. 宽纹虎鲨 *Heterodontus japonicus*
4. 鲸鲨 *Rhincodon typus*
5. 白边真鲨 *Carcharhinus albimarginatus*（李太武提供）
6. 路氏双髻鲨 *Sphyrna lewini*
7. 姥鲨 *Cetorhinus maximus*
8. 日本扁鲨 *Squatina japonica*

1. 钝锯鳐 *Anoxypristis cuspidata*
2. 斑鳐 *Raja* (*Okamejei*) *kenojei*
3. 赤魟 *Dasyatis akajei*
4. 斑点魟 *Potamotrygon motoro*（李太武提供）
5. 中华鲟 *Acipenser sinensis*（李太武提供）
6. 斑雀鳝 *Lepisosteus oculatus*（蒋霞敏提供）
7. 斑鰶 *Konosirus punchtatus*（王一农提供）
8. 海鳗 *Muraenesox cinereus*（王一农提供）

图版 42

1. 花鲈 *Lateolabrax japonicus*（王一农提供）
2. 小黄鱼 *Larimichthys polyactis*（王一农提供）
3. 黄姑鱼 *Nibea albiflora*（王一农提供）
4. 黑棘鲷 *Acanthopagrus schlegelii*（王一农提供）
5. 日本鲭 *Scomber japonicus*（王一农提供）
6. 带鱼 *Trichiurus japonicus*（王一农提供）
7. 褐菖鲉 *Sebastiscus marmoratus*（王一农提供）
8. 条鳎 *Zebrias zebra*（王一农提供）

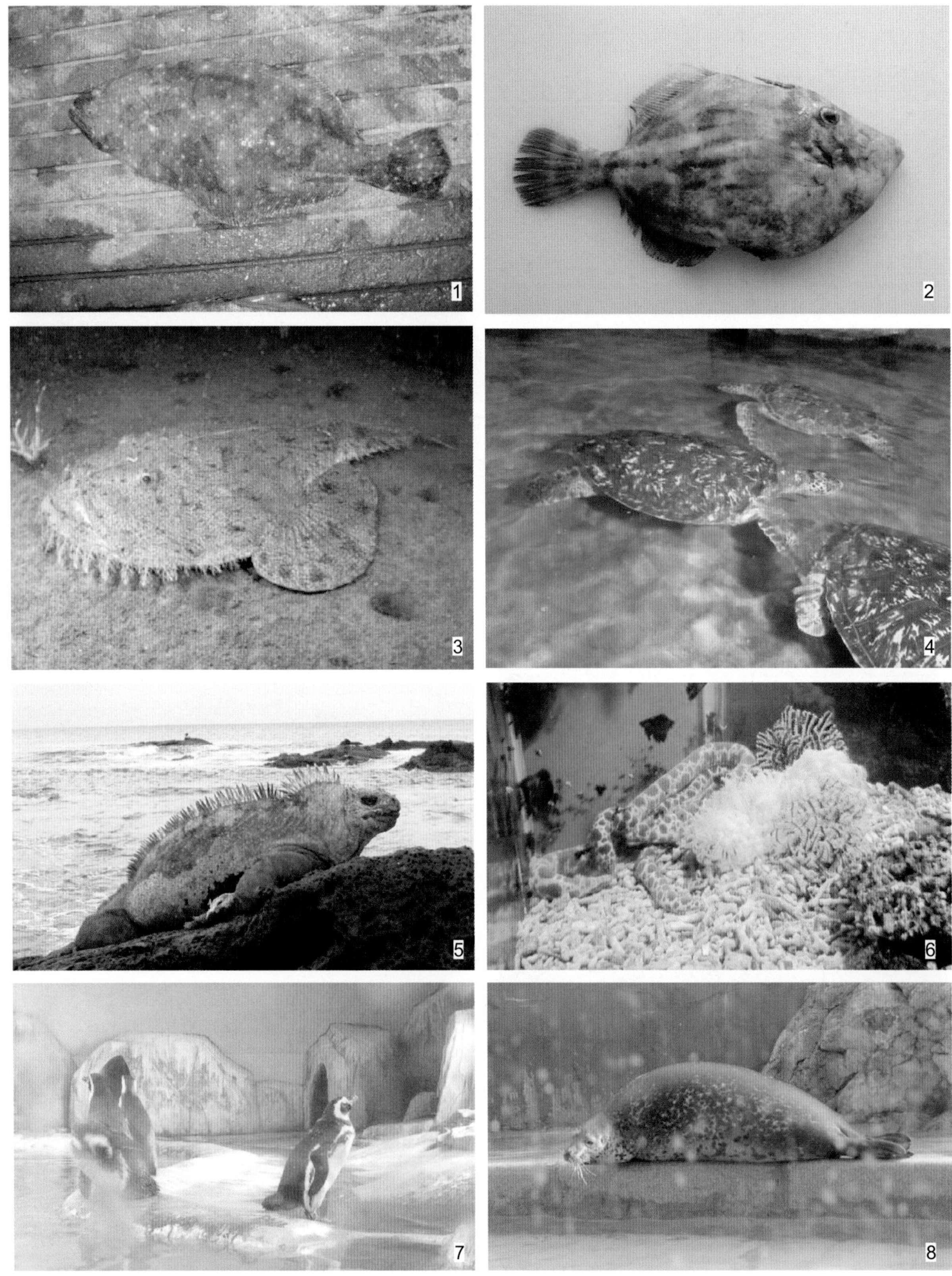

1. 牙鲆 *Paralichthys olivaceus*（王一农提供）
2. 绿鳍马面鲀 *Thamnaconus septentrionalis*（王一农提供）
3. 黄鮟鱇 *Lophius litulon*
4. 绿海龟 *Chelonia mydas*（蒋霞敏提供）
5. 海洋鬣蜥 *Amblyrhynchus cristatus*
6. 青环海蛇 *Hydrophis cyanocinctus*（李太武提供）
7. 阿德利企鹅 *Pygoscelis adeliae*（王一农提供）
8. 斑海豹 *Phoca largha*（李太武提供）

图版 44

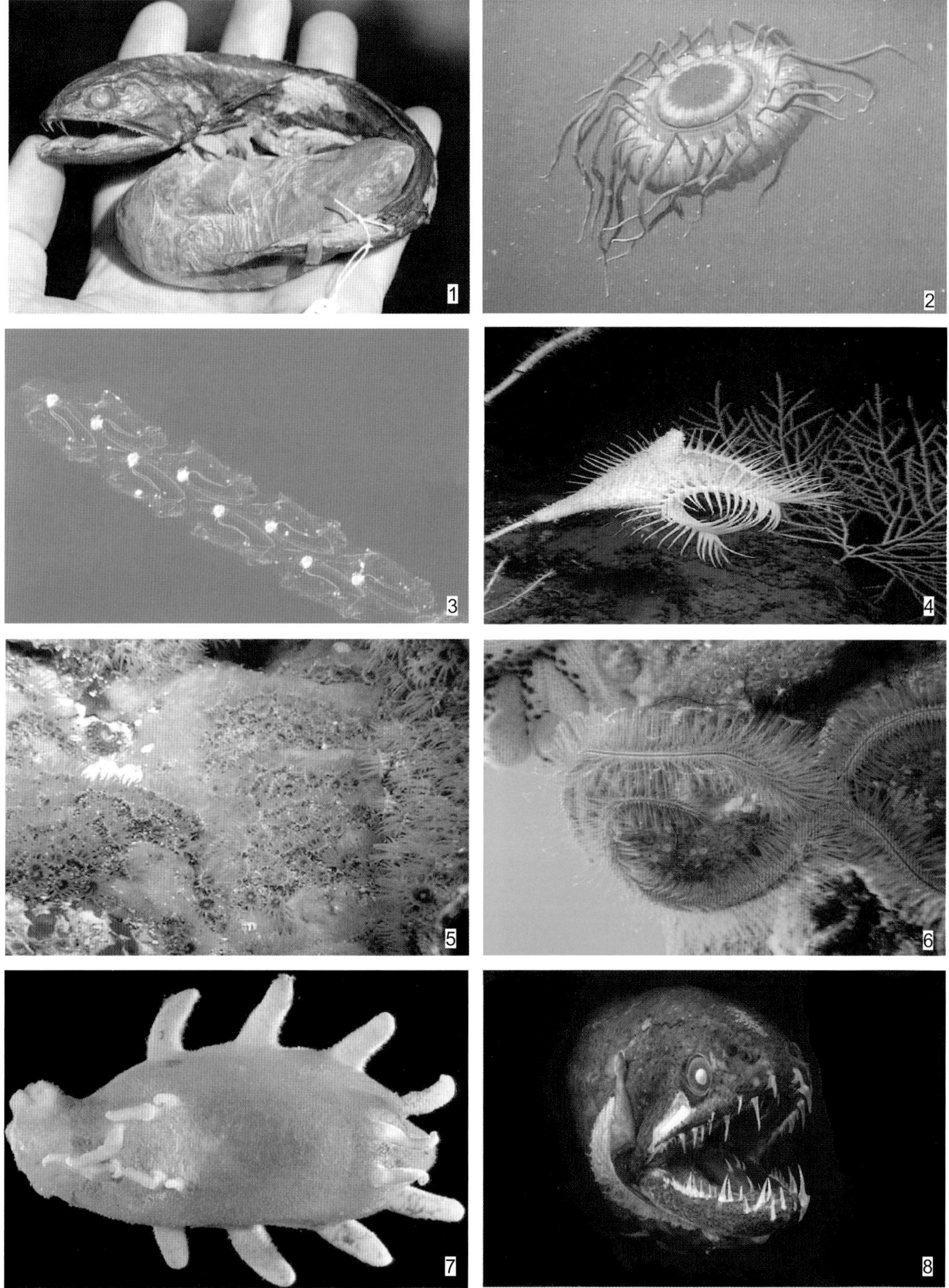

1. 哈氏叉齿鱼 *Chiasmodon harteli*
2. 韦氏深海水母 *Atolla wyvillei*
3. 群体管形水母 colonial salp
4. 新种海葵 *Actinoscyphia* sp.
5. 新种珊瑚 *Parazoanthus* sp.
6. 海绵状海蛇尾 *Ophiothrix suensonii*
7. 别氏好望参 *Elpidia belyaevi*
8. 黑海蛾鱼 *Grammatostomias flagellibarba*

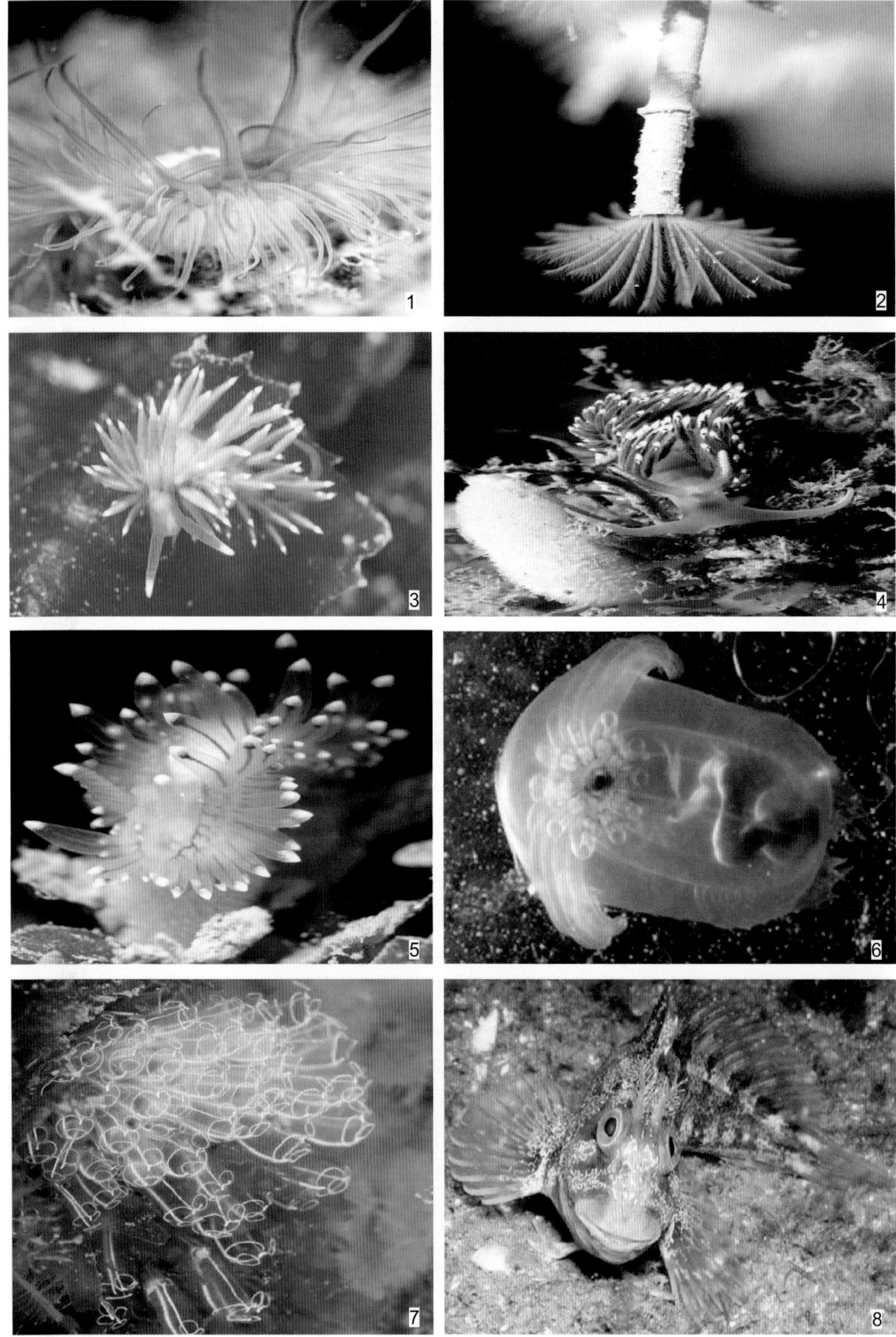

1. 漂亮海葵 *Sargatia elegans*
2. 孔雀扇虫 *Sabella pavonina*
3. 紫色海蛞蝓 *Flabellina pedata*
4. 诺福克蛞蝓 *Facelina auriculata*
5. 水晶海蛞蝓 *Janolus cristatus*
6. 透明海参属未定种 *Enypniastes* sp.
7. 灯泡海鞘 *Clavelina lepadiformis*
8. 海蝎子 *Taurulus bubalis*

图版 46